运筹学基础

（第二版）

张 莹 编著

清华大学出版社
北 京

内 容 简 介

本书是张莹教授讲授28年运筹学后编写而成。书中系统介绍了线性规划、整数规划、目标规划、非线性规划、动态规划、图与网络分析、决策论、对策论、存储论、排队论等运筹学十大分支，包括各种确定型数学模型、随机型数学模型以及百余种实用的最优化算法，配有136个例题（含各行各业的应用实例）。各分支后均有习题，书末附有运筹学课程学生自选题研究指导书。

全书基本概念清晰、基本理论深入浅出，内容全面，实用性强，易于自学，可作高等院校的运筹学通用教材，也可供自学使用。

图书在版编目(CIP)数据

运筹学基础/张莹编著. —2版. —北京：清华大学出版社，2010.4（2022.12重印）
ISBN 978-7-302-20975-1

Ⅰ. 运…　Ⅱ. 张…　Ⅲ. 运筹学－高等学校－教材　Ⅳ. O22

中国版本图书馆CIP数据核字(2009)第164523号

责任编辑：王一玲　刘佩伟
责任校对：李建庄
责任印制：沈　露

出版发行：清华大学出版社
　网　　址：http://www.tup.com.cn，http://www.wqbook.com
　地　　址：北京清华大学学研大厦A座　　**邮　　编**：100084
　社 总 机：010-83470000　　**邮　　购**：010-62786544
　投稿与读者服务：010-62776969，c-service@tup.tsinghua.edu.cn
　质量反馈：010-62772015，zhiliang@tup.tsinghua.edu.cn
印 装 者：三河市龙大印装有限公司
经　　销：全国新华书店
开　　本：185mm×260mm　　**印　张**：24.75　　**字　　数**：612千字
版　　次：2010年5月第2版　　**印　　次**：2022年12月第12次印刷
定　　价：69.00元

产品编号：008153-04

第二版前言

《运筹学基础》第一版自1995年出版以来，受到了广大读者的欢迎，曾获得清华大学2001年优秀教材评选一等奖。

第二版从总体上保持了第一版的基本体系与特点。在教学方法上，第二版依然遵循由特殊到一般、由一般到特殊的认识规律，借助大量认真设计的例题，讲授最优化理论与算法——运筹学各个分支的主要内容。这也是本教材的一个特点。例题可以用于复习、巩固已学的知识，也可以在讲授新知识的过程中发挥重要作用。下面仅举几例。

1. 在第2章2.1节，讲授著名的单纯形法原理前，先引入例2.1。介绍单纯形法的每个求解步骤时，都同步演算例2.1的相应的一步，使读者十分清楚这一步是怎么算的，进而容易理解和应用书上关于该步骤的一般性讲述。另外，在各求解步骤中，总共插入了5个有关定理，使读者不仅学会每一步是怎么算的，而且明白为什么这样算。书中不少算法，尤其是比较复杂的算法，都是这样借助例题讲授的，这也是本书易于自学的一个原因。

2. 第6章目标规划中，介绍了图解法、序贯式算法、单纯形法，这三种算法选用了同一例题例6.4。类似地，第9章中，有四种不同的基本算法选用了同一例题例9.3。这样，不仅学习而且深入比较了多种算法。

3. 第1章中，由例1.1直接引出了线性规划问题（原问题）。第3章中，换一个角度讨论例1.1，引出了线性规划的对偶问题。第5章中，在例1.1基础上增加变量为整数的约束，引出了整数规划问题。第6章中，在例1.1基础上增加几个新目标，引出了目标规划问题。这种源于同一例题的不同演变，清晰展示了线性规划原问题与对偶问题之间，线性规划、整数规划、目标规划等重要分支之间的联系与区别。

4. 例题中还有一部分是各行各业的应用实例，如第4章例4.1～例4.10。这些例题是为了培养、提高建模能力，建模是运筹学解决实际问题的法宝。

5. 第17章排队论中，先讲了四种单服务台的"特殊"的排队系统，又讲了四种多服务台的"一般"的排队系统。这样学完了八种基本的排队系统后，用图17.4.2与图17.4.3小结了它们之间的一般与特殊的关系。在经历了由特殊到一般以及由一般到特殊之后，读者对这八种基本的排队系统及其相互关系，会有更深刻的理解。

第二版对第一版内容的主要改动有：新增了4.10节露天矿车流规划的数学模型及其可行性检验标准、10.6节复合形搜索法、附录一运筹学课程学生自选题研究指导书、附录二历届运筹学课程学生自选题研究题目100例，重写了绪论，撤掉了"附录　常用算法的FORTRAN语言程序"等。

第二版内容上最大的变化是新增了对策论、存储论、排队论三个随机型模型分支。全书共包括线性规划、整数规划、目标规划、非线性规划、动态规划、图与网络分析、决策论、对策论、存储论、排队论等运筹学十大分支，是一本内容全面、实用性强、易于自学的运筹学通用教材。重新写过的绪论包括运筹学释义、运筹学简史、运筹学十大分支与运筹学关键词。

由于作者水平有限，书中缺点错误在所难免，敬请指教。

从1980年至2007年，作者一直在清华大学自动化系讲授运筹学课程。衷心感谢自动化系领导的一贯支持；感谢教师们的热情帮助；感谢一届又一届学生在自选题研究及运筹学科研项目中的真诚付出；感谢清华大学出版社领导的大力支持；感谢责任编辑王一玲等年轻专家的卓越工作。

作　者

2010年3月

于清华大学

第一版前言

运筹学，即通常说的管理科学或最优化技术，它广泛应用于机械、电力、电子、计算机、自动化、纺织、化工、石油、冶金、矿山、汽车、建筑、水利、交通运输、邮电通信、环境保护、轻工、农业、林业、商业、国防、政府部门等许多方面，可以说是无所不在。它可以解决诸如最优计划、最优分配、最优设计、最优管理、最优决策等各行各业的最优化问题。要提高经济效益，要实现科学的管理与决策，不懂得运筹学是不行的。因此，无论学什么专业，也无论从事什么工作，学习一些运筹学基础知识，都是必要的。

近年来，一大批工科专业纷纷增设了运筹学类课程，社会上也出现了自学运筹学的热潮。本书正是为高等院校工科专业编写的运筹学教材，也适合于社会上各行各业的工程技术人员、管理人员自学参考。

运筹学主要包括确定型、概率型两大类模型。二者相比，前者为基本与重点，应用也更加广泛。本书的前六个部分是：线性规划、整数规划、目标规划、非线性规划、动态规划、图与网络分析，基本包括了各种确定型模型，其中又以线性规划、非线性规划为重点，因为对工科专业和社会上最广大的读者而言，这两部分应用得最多。本书的第七部分是决策分析，这是运筹学中最典型、应用最普遍、最有发展前景的一个概率型模型。讲决策分析，旨在以点带面，使读者在全面学习确定型模型的同时，对概率型模型也有重点而深入的了解。本书的七个部分覆盖了运筹学的大部分内容，讲授全书约需60学时。

本书在阐述基本概念与原理时力求清晰、透彻，部分主要定理有证明，各种基本算法有推导过程。书中共详细介绍了50余种实用的基本算法，还有结合各行各业的应用实例及常用算法的FORTRAN语言程序，这些都能有效地解决实际的最优化问题。为了便于自学，作者对全书的顺序作了尽可能合理的安排。对学习运筹学所必需的线性代数、概率论的基本知识作了扼要的介绍与复习。对每个基本算法，都配了例题。全书共有近百个不同类型、不同解法的例题。参照例题的详细求解过程，读者可以比较容易地理解基本算法，并学会应用基本算法。在详细求解例题的过程中，作者特别注意总结规律性的东西，抽象出一般原则与方法，以便举一反三。书中还经常将同一个例题用多种不同的算法去求解，这不仅有助于学习各种算法，而且有助于比较各种算法，做到融会贯通。相信广大读者学习本书后，能较快掌握运筹学的基本知识，并应用到本行业的实际工作中。

运筹学属于技术基础课，作者在清华大学自动化系讲授该课已经15年了。其间，曾与范鸣玉副教授合作编著过《最优化技术基础》(1982年由清华大学出版社出版)教材，后来作者又编著了《运筹学基础》讲义。本书是在该讲义的基础上补充、修改而成，力求为读者提供一本内容丰富、实用性强、易于自学、质量较高而学时较少的教材。

本书得以顺利出版，与很多人的支持密不可分，尤其是范鸣玉副教授，曾给作者以极大的帮助。在长期的教学过程中，作者从许多国内外学者的著作中汲取了营养，本书直接或间接地引用了他们的部分成果(详见书末参考文献)。在此一并表示衷心的感谢。

由于水平有限，书中缺点错误在所难免，敬请指教。

作　者

1994年8月于清华大学

目　录

第二部分 整数规划

第三部分 目标规划

第四部分 非线性规划

第五部分　动态规划

第六部分　图与网络分析

第七部分 决 策 论

第八部分 对 策 论

第九部分 存 储 论

第十部分 排 队 论

附录　学生自选题研究

绪　论

一、运筹学释义

运筹学一词起源于 20 世纪 30 年代末期。被称为运筹学的活动是第二次世界大战早期由军事部门开始的。当时，英国为了研究“如何最好地运用空军及最新发明的雷达保卫国家”，成立了一个由各方面专家组成的交叉学科小组，这就是最早的运筹学小组，它的任务是进行“运用研究”(operational research)。后来，美国从事这方面研究的科学家又称之为“operations research”(缩写为 OR)，该名字广泛使用至今。1957 年我国从《史记·高祖本纪》里“夫运筹帷幄之中，决胜千里之外”的古语中摘取了“运筹”二字，将 OR 正式译作“运筹学”，含有运用筹划，以最优方案取胜等意义。下面列举几种有代表性的运筹学释义以供参考。

中国大百科全书出版社 2009 年出版的《中国大百科全书》(第二版)第 27 卷：运筹学是“主要用数学方法研究国民经济和国防等方面的运行系统在人力、物力、财力等资源和其他约束条件下系统地设计和管理的最有效(最优)决策，使得合理利用有限资源，并使系统得到最佳运行的一门应用科学。”

《中国企业管理百科全书》(1984 年版)：运筹学“应用分析、试验、量化的方法，对经济管理系统中人、财、物等有限资源进行统筹安排，为决策者提供有依据的最优方案，以实现最有效的管理”。

《辞海》(1979 年版)：运筹学“主要研究经济活动与军事活动中能用数量来表达有关运用、筹划与管理方面的问题，它根据问题的要求，通过数学的分析与运算，作出综合性的合理安排，以达到较经济较有效地使用人力物力”。

《大英百科全书》：“运筹学是一门应用于管理有组织系统的科学”，“运筹学为掌管这类系统的人提供决策目标和数量分析的工具”。

1976 年美国运筹学会释义：“运筹学是研究用科学方法来决定在资源不充分的情况下如何最好地设计人机系统，并使之最好地运行的一门学科。”(引自《中国大百科全书》(第二版)第 27 卷)

1978 年联邦德国的科学辞典上释义：“运筹学是从事决策模型的数字解法的一门学科。”(引自《中国大百科全书》(第二版)第 27 卷)

二、运筹学简史

从20世纪30年代末期到现在,运筹学已经走过了70年的发展历程,下面仅作一简单介绍。

1. 运筹学的早期活动(20世纪30年代末期—20世纪40年代中期)

第二次世界大战期间,英国和美国的军队中都有运筹学小组,它们研究诸如护航舰队保护商船队的编队问题;当船队遭受德国潜艇攻击时,如何使船队损失最小的问题;反潜深水炸弹的合理起爆深度问题;稀有资源在军队中的分配问题等。研究了船只受到敌机攻击时应采取的策略后,它们提出了大船应急转向,小船应缓慢转向的躲避方法,该研究成果使船只的中弹率由47%降低到29%;研究了反潜深水炸弹的合理起爆深度后,德国潜艇的被摧毁数增加到原来的400%。当时的英国空中战斗、太平洋岛屿战斗、大西洋北部战斗等一系列战斗的胜利,被公认为与运筹学密切相关。运筹学在军事上的显著成功,引起了人们广泛的关注。另外,值得一提的是:早在1939年,前苏联学者康托洛维奇(Л. В. Канторович)就出版了《生产组织与计划中的数学方法》一书,书中提出了线性规划问题的模型和"解乘数法"的求解方法,为线性规划方法的建立与发展做出了开创性贡献。

2. 运筹学创建时期(20世纪40年代中期—20世纪50年代初期)

这一时期的特点是从事运筹学研究的人员不多、研究范围较小,运筹学的刊物、学会很少。1947年,美国数学家丹捷格(G. B. Dantzig)提出了一般的线性规划数学模型和通用的求解方法——著名的单纯形法,为线性规划的应用与发展做出了重要贡献。第二次世界大战结束后,百业待兴,运筹学开始从军事扩展到工业、商业、政府部门等众多领域。当时英国一些战时研究运筹学的人于1948年成立了英国运筹学俱乐部,在电力、煤炭等部门推广应用运筹学已取得的成果。后来,英国、美国一些大学正式开设了运筹学课程。1950年第一本运筹学杂志《运筹学季刊》于英国创刊。1951年莫尔斯(P. M. Morse)和金博尔(G. E. Kimball)合著的《运筹学方法》一书出版。1952年美国运筹学会成立。1953年,英国运筹学俱乐部改名为英国运筹学会。以上种种标志着运筹学学科已基本形成。

3. 运筹学成长时期(20世纪50年代初期—20世纪50年代末期)

这一时期,恰是电子计算机技术迅速发展的时期。由于电子计算机的出现与发展,使许多运筹学算法如著名的单纯形法等得以实现,能够去解决实际中的优化问题,这就大大促进了运筹学的推广应用及发展。20世纪50年代末,美国的大公司中约有一半在自己的经营管理中应用了运筹学。这一时期也出现了更多的运筹学刊物、学会。1959年国际运筹学联合会成立。

4. 运筹学开始普及与迅速发展时期(20世纪60年代以后)

这一时期,运筹学进一步细分为各个分支,专业学术团体、专业刊物、专业书籍迅速增加,越来越多的学校将运筹学课纳入教学计划。随着电子计算机的不断更新换代,运筹学得以研究的问题更大更复杂了,运筹学的应用更广泛更深入了。

5. 运筹学在我国的发展

我国是伟大的文明古国,历史悠久,文化灿烂,朴素的运筹学思想古已有之。家喻户晓的田忌与齐王赛马,就是对策论思想在战国时代(公元前475年～公元前221年)的成功应用案例。田忌是在著名军事家孙膑的指点下取胜的,而孙膑的策略深得矩阵对策的精髓。

那可是发生在2000多年以前啊！我国历史上，类似的例子很多，不再一一列举。到了20世纪50年代，运筹学作为一个学科，在我国悄然兴起。1956年，我国第一个运筹学小组在中国科学院力学研究所诞生。1957年，我国将"OR"正式译作"运筹学"。1960年，全国应用运筹学经验交流推广会议在济南召开。1962年、1978年，全国运筹学专业学术会议先后在北京、成都召开。1980年，中国运筹学会成立。1982年，中国加入国际运筹学联合会。当时，我国已有一批高等院校将运筹学课纳入教学计划。

下面简单介绍一下20世纪50年代以后我国运筹学的应用与发展。1957年，我国在建筑业和纺织业中首先应用运筹学。从1958年开始运筹学在交通运输、工业、农业、水利建设、邮电等方面陆续得到推广应用。比如，粮食部门为解决粮食的合理调运问题，提出了"图上作业法"，我国的运筹学工作者从理论上证明了它的科学性；又如邮递员最短投递路线问题，就是我国学者管梅谷于1960年最早提出并加以研究的，他还给出了求解这个问题的第一个算法，因此国际上称之为"中国邮路问题"。从20世纪60年代起，运筹学在钢铁和石油部门得到了比较全面、深入的应用。从1965年起统筹法在建筑业、大型设备维修计划等方面的应用取得可喜的进展。从1970年起优选法在全国大部分省、市和部门得到推广应用。20世纪70年代中期，最优化方法在工程设计界受到广泛的重视，并在许多方面取得成果；排队论开始应用于研究矿山、港口、电讯及计算机设计等；图论用于线路布置、计算机设计、化学物品的存放等。20世纪70年代后期，存储论应用于汽车工业等方面并获得成功。从20世纪70年代后期到现在，又过去了30多年。其间，运筹学这一年轻学科得到了突飞猛进的发展，已经广泛应用于各行各业、各个领域，为社会创造了巨大的经济效益与社会效益。我国运筹学的明天会更美好。

三、运筹学十大分支

本书系统介绍了线性规划、整数规划、目标规划、非线性规划、动态规划、图与网络分析、决策论、对策论、存储论、排队论等运筹学十大分支。其中前六个分支属于确定型模型分支，后四个分支属于随机型模型分支。每个分支前面，都有对该分支概括性的简短说明。而在绪论里介绍运筹学的十大分支，是希望大家从一开始就对运筹学全局有所了解。每个分支的基本特点是什么？每个分支学习的重点是什么？各个分支的主要区别是什么？了解这些有助于整个运筹学课程的学习。为了便于理解，在绪论中介绍各分支时，均借助书中一些应用实例（例题）进行讲授，但只给出有关例题的序号及所在节的序号，例题的内容不再重复。

1. 线性规划

讲解例1.1（详见1.1节）题意并用数学式子描述该问题（建立该问题的数学模型），然后小结该数学模型的基本特点：

有未知量——变量；

有约束条件——变量的线性等式或线性不等式；

有目标函数——变量的线性函数。

这类以未知量的线性函数为特征的约束极值问题即线性规划，它是一类最优化问题。线性规划是应用极为广泛的运筹学分支。

对于线性规划问题，将重点介绍其数学模型、基本理论、基本算法、应用实例等四方面内容。对于其他分支，重点介绍的也是上述四方面内容。

2. 整数规划

若在例 1.1 基础上增加“甲、乙的产量均为整数”的约束条件,则问题变为整数规划。这里的整数规划指整数线性规划。整数规划即要求部分变量或全部变量为整数的线性规划。整数规划的数学模型、基本算法都与线性规划有重要区别。整数规划分为纯整数规划与混合整数规划两大类。

3. 目标规划

这里的目标规划指线性目标规划。若在例 1.1 基础上增加以下目标:

第一目标:甲产量不大于乙产量;

第二目标:尽可能充分利用各设备工时,但不希望加班;

第三目标:尽可能达到并超过计划利润指标 300 元。

问题则变为目标规划。线性规划只有一个目标;而目标规划有多个目标,其重要性各不相同,且往往具有不同的度量单位又相互冲突。

4. 非线性规划

讲解例 7.1(详见 7.1 节)题意并建立数学模型,然后小结该数学模型的基本特点:目标函数和(或)约束条件中有变量的非线性函数关系。这一类最优化问题即是非线性规划。简单比较非线性规划与线性规划的相同点与不同点。在非线性规划中,除了介绍基本理论,还介绍三类寻优方法:单变量函数的寻优方法、无约束条件下多变量函数的寻优方法、约束条件下多变量函数的寻优方法。

5. 动态规划

线性规划、整数规划、非线性规划等统称为静态规划,静态规划问题是空间(可行域内)寻优的问题。动态规划与静态规划的区别在于:优化问题中加入了时间因素,它不仅有空间寻优,而且有时间上的寻优。

讲解例 11.1(详见 11.1 节)题意,通过这个最短路径问题理解“多阶段决策过程最优化”。再讲解例 12.1(详见 12.1 节)题意,理解动态规划问题中的“时间因素”。动态规划的模型构成、基本理论、基本算法与静态规划的有很大不同。

6. 图与网络分析

这里的图与网络分析属于图论。图论中的问题可以形象直观地采用图形方式描述,并在图上求最优解。本部分重点介绍最短路问题、最大流问题、最小费用最大流问题,参见 13.2 节的例 13.2、13.3 节的例 13.3、13.4 节的例 13.5。

7. 决策论

讲解 14.1 节的例 14.1、例 14.2 的题意,介绍决策问题三要素:自然状态、策略(行动方案)、益损值。决策是依据一定的准则,从全部可能的策略中选择最优策略的过程。根据对未来自然状态的把握程度的不同,可将决策问题分为三类。若未来的自然状态是确定的,则为确定型决策,例如各种静态规划等。若不知道未来哪个自然状态一定发生,但知道各自然状态发生的概率,则为风险型决策,如例 14.2。若对未来各自然状态发生的可能性一无所知,则为不确定型决策,如例 14.1。本部分重点介绍后两类决策中常用的一些决策准则与决策方法。

8. 对策论

日常生活中存在着很多对抗或竞争,例如下棋、谈判、军事战争、商业竞争等。讲解

15.1 节的例 15.1 题意,介绍对策问题的三要素:局中人、策略集、赢得函数。对策论又称博弈论,它为处于激烈对抗、竞争等高度不确定环境中的局中人提供选择最优策略的理论与方法。在对策论中,将重点介绍矩阵对策(二人有限零和对策)的数学模型、基本理论、基本算法,简要介绍其他对策。例 15.1 属于矩阵对策问题。决策问题可以看做是对策问题的特例,其局中人是决策者和"自然"。

9. 存储论

所谓存储,就是把诸如企业生产所需的原材料、商店销售所需的商品等物资暂时地保存起来,以备将来之需求。存储论研究的基本问题是最优库存量问题,也就是对库存何时补充以及补充多少的问题。讲解例 16.2(详见 16.1 节)题意,介绍存储问题的三要素:需求、补充、费用。根据需求和补充中是否包含随机因素,将存储问题分为确定型存储模型和随机型存储模型。对这两大类存储模型,我们将分别介绍四种典型模型及其求解方法。

10. 排队论

排队是日常生活中经常遇到的现象。例如,顾客到超市购物后付款时,在服务台(收款台)前往往要排队。一般情况下,顾客相继到达的时间间隔和对每个顾客的服务时间都是随机的,所以排队难以避免。

排队论中将介绍有关基本概念、基本理论,分析各种典型的排队系统,计算它们的各项性能指标,例如平均等待队长、平均等待时间、平均逗留队长、平均逗留时间等。本部分重点分析单服务台、负指数分布的排队系统和多服务台、负指数分布的排队系统各四种。

四、运筹学关键词

在绪论的最后,我们用四个关键词最简单地小结一下运筹学,希望对大家了解、学习运筹学有所帮助。

1. 优化——运筹学的核心

优化,即优化理论与算法。它是运筹学各个分支的主要内容,属于现代应用数学范畴,是基础知识,是大家学习的重点。不言而喻,优化是站在全局高度,追求整体效益最大。没有优化,就没有运筹学。优化是运筹学的核心。

2. 应用——运筹学的根本

应用,即用优化理论与算法去解决实际问题。运筹学的应用极其广泛,可以说是无所不在。如果没有应用,那些优化理论与算法只能束之高阁,没有什么实际意义。回顾运筹学的历史,运筹学的诞生及每一步发展都源于应用。没有应用,运筹学就成了无源之水、无本之木,不可能再发展。现在,运筹学面临的大量新问题是经济、技术、社会、生态、心理、政治等多学科交叉的复杂系统问题。有各种各样的实际问题等待着运筹学去解决。应用是运筹学的根本。

3. 建模——运筹学的法宝

建模,即给实际问题建立模型,主要是数学模型。建模是运筹学解决实际问题的必要手段,是运筹学解决实际问题的关键。没有建模,优化理论与算法就无法应用;没有建模,实际问题就无法解决。因此,培养、提高建模能力是十分重要的。建模是运筹学的法宝。

4. 效益——运筹学的果实

效益,即经济效益与社会效益。因为优化,所以才有效益。因为建模、应用,所以才有效益。优化、建模、应用的必然结果是效益。效益是运筹学的果实。

运筹学像一个睿智的人,他的灵魂是优化,他的法宝是建模。运筹学像一棵参天的树,它的根是应用,它的果是效益。我们学习运筹学,就要应用它解决实际问题,为社会创造更多的效益。

第一部分　线性规划

线性规划(linear programming)是运筹学的一个确定型模型分支。早在1939年,前苏联经济学家、数学家康托洛维奇(Л. В. Канторович)就出版了《生产组织与计划中的数学方法》一书。书中针对生产实际问题建立了线性规划模型,并提出了"解乘数法"的求解方法。但是,这一工作直到1960年他的《最佳资源利用的经济计算》一书出版后,才得到广泛的重视。1975年,康托洛维奇与美国经济学家库普曼斯一起获得了诺贝尔经济学奖,以表彰他们在创建、发展线性规划方法和革新、推广资源最优利用理论等方面的杰出贡献。1947年,美国数学家丹捷格(G. B. Dantzig)提出了一般的线性规划数学模型和通用的求解方法——著名的单纯形法,为线性规划的应用与发展做出了重要贡献。

线性规划的应用极其广泛。这一方面是因为客观上存在着大量的线性目标函数与线性约束条件,即使不是严格的线性关系,也往往允许近似为线性,而且这样近似一般最容易实现。另一方面是因为线性规划具有很多无可比拟的优越性,比如:它有简单、统一的数学模型;有通用的单纯形法解法,该法简捷、有效、可靠,求出的解是精确的全局最优解;它的数学理论完整、成熟;应用软件非常丰富等。

本部分将重点介绍线性规划的数学模型、基本理论、基本算法与应用实例。

第1章　线性规划的基本性质

1.1　线性规划的数学模型

一、线性规划问题的特点

为了说明什么是线性规划问题，我们先来看两个例子。

例 1.1　某工厂生产甲、乙两种产品。这两种产品都需要在 A、B、C 三种不同设备上加工。每吨甲、乙产品在不同设备上加工所需的台时、它们销售后所能获得的利润值以及这三种加工设备在计划期内能提供的有限台时数均列于表 1.1.1。试问：如何安排生产计划，即甲、乙两种产品各生产多少吨，可使该厂所得利润最大？

表 1.1.1　生产计划问题

设　备	每吨产品的加工台时		总有限台时
	甲	乙	
A	3	4	36
B	5	4	40
C	9	8	76
利润(元/t)	32	30	求 max

解　这是一个简单的生产计划问题，可用数学式子描述它。设计划期内甲、乙两种产品的产量分别为 x_1 吨、x_2 吨，令 $z=32x_1+30x_2$，则有

目标函数　$\max z=32x_1+30x_2$

约束条件

$$
\begin{aligned}
&3x_1+4x_2\leqslant 36\\
&5x_1+4x_2\leqslant 40\\
&9x_1+8x_2\leqslant 76\\
&x_1\geqslant 0, x_2\geqslant 0
\end{aligned}
$$

以上就是这个生产计划最优化问题的数学模型。

例 1.2　某公司经销一种产品。它下设三个生产点，每日的产量分别为 $A_1=5\mathrm{t}$，$A_2=7\mathrm{t}$，$A_3=8\mathrm{t}$。该公司把这些产品分别运往四个销售点，各销售点每日销量为 $B_1=3\mathrm{t}$，$B_2=4\mathrm{t}$，$B_3=5\mathrm{t}$，$B_4=8\mathrm{t}$。已知每吨产品从各生产点到各销售点的运价如表 1.1.2 所示。问：该公司应如何调运产品，可在满足各销售点需要量的前提下，使总运费最少？

表 1.1.2 产销平衡的运输问题

运价(元/t) 销售量(t) 生产量(t)	$B_1=3$	$B_2=4$	$B_3=5$	$B_4=8$
$A_1=5$	4	11	3	10
$A_2=7$	1	9	2	8
$A_3=8$	7	4	10	5

解 这是一个产销平衡的运输问题。设从生产点 i 到销售点 j 的调运数量为 x_{ij} 吨,则目标函数

$$\begin{aligned}\min z =& 4x_{11}+11x_{12}+3x_{13}+10x_{14}+x_{21}+9x_{22}\\&+2x_{23}+8x_{24}+7x_{31}+4x_{32}+10x_{33}+5x_{34}\end{aligned}$$

约束条件

$$\begin{aligned}&x_{11}+x_{12}+x_{13}+x_{14}=5\\&x_{21}+x_{22}+x_{23}+x_{24}=7\\&x_{31}+x_{32}+x_{33}+x_{34}=8\\&x_{11}+x_{21}+x_{31}=3\\&x_{12}+x_{22}+x_{32}=4\\&x_{13}+x_{23}+x_{33}=5\\&x_{14}+x_{24}+x_{34}=8\\&x_{ij}\geqslant 0\quad(i=1,2,3;j=1,2,3,4)\end{aligned}$$

上述两个数学模型具有共同的特征:目标函数是未知量的线性函数,约束条件是未知量的线性等式或线性不等式。这种以未知量的线性函数为特征的约束极值问题(一类最优化问题)即是线性规划问题。

二、数学模型的标准型

实际问题的线性规划模型是多种多样的,在众多的样式中,我们规定一种叫标准型。下面先介绍标准型,再说明任一模型如何化为标准型。

在数学模型的标准型中,有 n 个变量,m 个约束条件,约束条件为等式约束,变量非负,求解目标函数的最小值。标准型有以下几种常见形式。

1. 繁写形式

$$\begin{aligned}&\min z=c_1x_1+c_2x_2+\cdots+c_nx_n\\&a_{11}x_1+a_{12}x_2+\cdots+a_{1n}x_n=b_1\\&a_{21}x_1+a_{22}x_2+\cdots+a_{2n}x_n=b_2\\&\cdots\cdots\\&a_{m1}x_1+a_{m2}x_2+\cdots+a_{mn}x_n=b_m\\&x_1,x_2,\cdots,x_n\geqslant 0\end{aligned}$$

令

$$
\boldsymbol{p}_j=\begin{bmatrix}a_{1j}\\a_{2j}\\\vdots\\a_{mj}\end{bmatrix}\quad \boldsymbol{A}=\begin{bmatrix}a_{11}&a_{12}&\cdots&a_{1n}\\a_{21}&a_{22}&\cdots&a_{2n}\\\vdots&\vdots&\ddots&\vdots\\a_{m1}&a_{m2}&\cdots&a_{mn}\end{bmatrix}=[\boldsymbol{p}_1,\boldsymbol{p}_2,\cdots,\boldsymbol{p}_n]
$$

$$
\boldsymbol{b}=\begin{bmatrix}b_1\\b_2\\\vdots\\b_m\end{bmatrix}\quad \boldsymbol{c}=(c_1,c_2,\cdots,c_n)\quad \boldsymbol{x}=\begin{bmatrix}x_1\\x_2\\\vdots\\x_n\end{bmatrix}
$$

其中,$\boldsymbol{p}_j$ 为约束条件的系数列向量;

$\boldsymbol{A}$ 为约束条件的 $m\times n$ 系数矩阵,$m>0$,$n>0$,一般 $n>m$;

$\boldsymbol{b}$ 为限定向量,在标准型中假设 $\boldsymbol{b}\geqslant\boldsymbol{0}$,否则等式两端同乘以“$-1$”;

$\boldsymbol{c}$ 为价值向量;

$\boldsymbol{x}$ 为决策变量向量,在标准型中 $\boldsymbol{x}\geqslant\boldsymbol{0}$。

通常 $\boldsymbol{A},\boldsymbol{b},\boldsymbol{c}$ 为已知,$\boldsymbol{x}$ 为未知。

需要注意的是,标准型中目标函数的含义为:令 $z=c_1x_1+c_2x_2+\cdots+c_nx_n$,线性规划问题是求 $\min z$,即求 $\min(c_1x_1+c_2x_2+\cdots+c_nx_n)$。

2. 缩写形式

$$
\min z=\sum_{j=1}^{n}c_jx_j
$$

$$
\sum_{j=1}^{n}a_{ij}x_j=b_i\quad(i=1,2,\cdots,m)
$$

$$
x_j\geqslant 0\quad(j=1,2,\cdots,n)
$$

3. 向量形式

$$
\min z=\boldsymbol{cx}
$$

$$
\sum_{j=1}^{n}\boldsymbol{p}_jx_j=\boldsymbol{b}
$$

$$
\boldsymbol{x}\geqslant 0
$$

4. 矩阵形式

$$
\begin{cases}\min z=\boldsymbol{cx}\\\boldsymbol{Ax}=\boldsymbol{b}\\\boldsymbol{x}\geqslant 0\end{cases}\tag{1.1.1}
$$

三、任一模型如何化为标准型

1. 若原模型要求目标函数实现最大化,如何将其化为最小化问题

这种情况下可将原模型的目标函数式 $\boldsymbol{cx}$ 中的各项反号,得到$(-\boldsymbol{cx})$,先求$(-\boldsymbol{cx})$的最小值,然后再反号,即等于原模型目标函数式的最大值。即有

$$
\max(\boldsymbol{cx})=-[\min(-\boldsymbol{cx})]
$$

我们用图 1.1.1 加以示意。

2. 若原模型中约束条件为不等式,如何化为等式

若原约束不等式左端≥右端,则化为

$$左端-剩余变量=右端 \quad (剩余变量\geqslant 0)$$

若原约束不等式左端≤右端,则化为

$$左端+松弛变量=右端 \quad (松弛变量\geqslant 0)$$

有时也将上述剩余变量和松弛变量统称为附加变量。我们采用引入附加变量即增加维数的方法,使原模型中的约束不等式变为等式。在上述变化过程中,约束条件进行的是恒等变换,故目标函数并不发生改变,即在目标函数中,附加变量的系数为零。

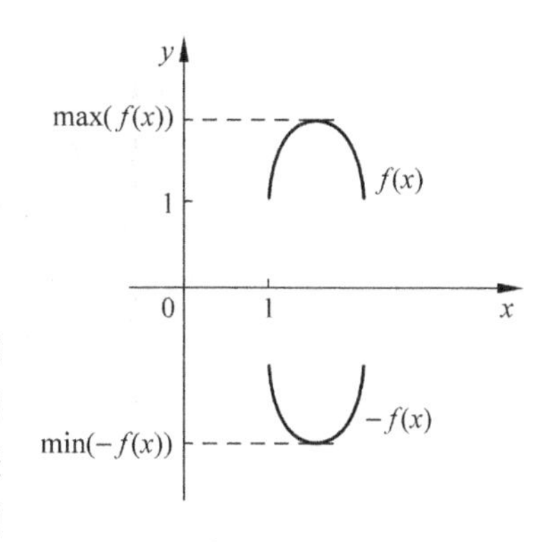

图 1.1.1 将目标函数化为标准型

3. 若原模型中变量 x_k 是自由变量,如何化为非负变量

令

$$x_k = x'_k - x''_k$$

其中 $x'_k \geqslant 0, x''_k \geqslant 0$。这里,用$(x'_k - x''_k)$代替 x_k,也是通过增加维数,将原模型化为标准型。

4. 若原模型中变量 x_j 有上下界,如何化为非负变量

(1) 有下界:若 $x_j \geqslant t_j$,即 $x_j - t_j \geqslant 0$,令 $x'_j = x_j - t_j$,有 $x'_j \geqslant 0$,用$(x'_j + t_j)$代替 x_j 即可。

(2) 有上界:若 $x_j \leqslant u_j$,即 $u_j - x_j \geqslant 0$,令 $x''_j = u_j - x_j$,有 $x''_j \geqslant 0$,用$(u_j - x''_j)$代替 x_j 即可。

(3) 有上、下界:若 $t_j \leqslant x_j \leqslant u_j$,即 $x_j \geqslant t_j$ 且 $x_j \leqslant u_j$,则用$(x'_j + t_j)$或$(u_j - x''_j)$代替 x_j,并增加约束条件 $x'_j + x''_j = u_j - t_j$,其中 $x'_j \geqslant 0, x''_j \geqslant 0$。这种做法增加了约束条件和变量的个数。

1.2 图解法

图解法简单直观,平面上作图适于求解二维问题。在用图解法求解线性规划问题时,不必把数学模型化为标准型。

一、图解法步骤

下面通过求解例 1.3 来介绍图解法的步骤。

例 1.3

$$\max z = 2x_1 + 3x_2$$

$$x_1 + 2x_2 \leqslant 8 \tag{1.2.1}$$

$$4x_1 \leqslant 16 \tag{1.2.2}$$

$$x_1 \geqslant 0 \tag{1.2.3}$$

$$x_2 \geqslant 0 \tag{1.2.4}$$

1. 由全部约束条件作图求出可行域

首先考虑约束条件式(1.2.1),若取等号,得 $x_1 + 2x_2 = 8$,作此直线,它将整个平面划分为两个部分,满足约束条件式(1.2.1)的点全部在该直线及其左下部的平面内;而该直线及其左下部的平面内的任一点也都满足约束条件式(1.2.1)。同理可得满足约束条件式(1.2.2)、式(1.2.3)、式(1.2.4)相应的各个部分平面。全部约束条件相应的各个部分平面的交集即为线性规划问题的可行域,如图 1.2.1 中阴影部分所示。

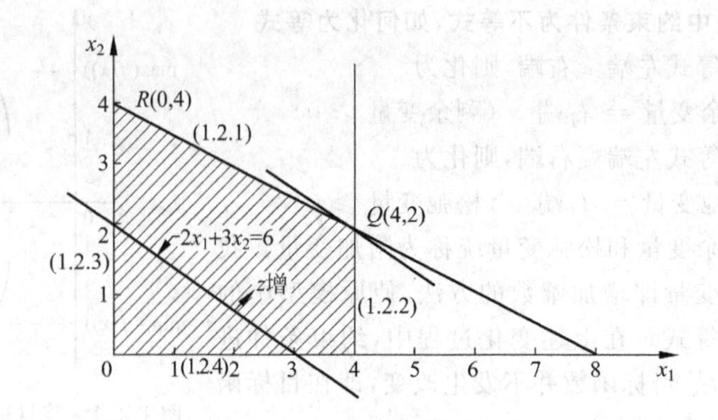

图 1.2.1　线性规划的图解法

2. 作出一条目标函数的等值线

设 $2x_1+3x_2=6$，作该直线，其上任一点的目标函数值都等于 6，它是一条目标函数等值线。在坐标平面内，目标函数 $z=2x_1+3x_2$ 的图形是与 $2x_1+3x_2=6$ 平行的一族直线。因为本例题是求 $\max z$，故作出一条目标函数等值线后，还要确定：在可行域内，这条等值线向哪个方向平移可使 z 值增大，如图 1.2.1 所示。

3. 平移目标函数等值线，作图求解最优点，再算出最优值

本例中，顶点 $Q(4,2)$ 是最优点，即 $x_1=4, x_2=2$。将最优点代入 z 式，得目标函数最优值为 14。

二、从图解法看线性规划问题解的几种情况

1. 有唯一最优解

这是一般情况，如例 1.3 所示。

2. 有无穷多组最优解

若将例 1.3 的目标函数改为 $\max z=2x_1+4x_2$，则目标函数等值线恰与约束条件式(1.2.1)构成的边界平行，即同时在两个顶点 Q、R 上得到最优，则这两个顶点之间的可行域边界上的各点均为最优点，它们对应同一个最优值。

3. 无可行解

若将例 1.3 再增加一个约束条件：$x_2 \geqslant 5$，则可行域变为空集，该线性规划问题无可行解。一般来说，出现无可行解的情况，即表明数学模型中存在矛盾的约束条件。

4. 无有限最优解(无界解)

如果全部约束条件构成的可行域是无界的，则有可能出现无有限最优解的情况。

例 1.4

$$\max z=x_1+x_2$$

$$x_1-2x_2 \leqslant 4 \tag{1.2.5}$$

$$-x_1+x_2 \leqslant 2 \tag{1.2.6}$$

$$x_1 \geqslant 0 \tag{1.2.7}$$

$$x_2 \geqslant 0 \tag{1.2.8}$$

解 该例用图解法求解结果见图 1.2.2。图中的阴影部分即为可行域，其可行域无界，目标函数的最大值可以增大到无穷大。这种情况就叫做无有限最优解，亦即目标函数无有限最优值。一般来说，出现无有限最优解的情况，即表明数学模型中缺少必要的约束条件。

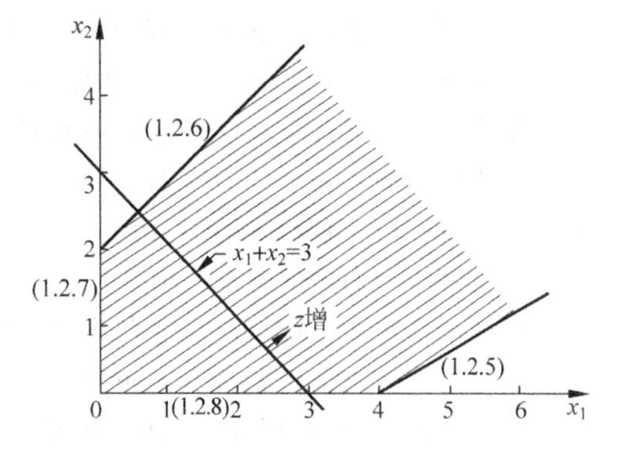

图 1.2.2 无有限最优解

那么，无界可行域一定无有限最优解吗？不一定。若例 1.4 中把目标函数改为 $\min z = x_1 + x_2$，虽然可行域未变，仍为无界，但最优解为 $(0,0)^{\mathrm{T}}$，最优值为 0。

从线性规划的图解法可以得出两点直观结论：其一为，线性规划问题的可行域为凸集，特殊情况下为无界域（但有有限个顶点）或空集；其二为，线性规划问题若有最优解，一定可以在其可行域的顶点上得到。

1.3 线性规划的基本概念和基本定理

一、线性规划问题的基与解

我们先复习一下向量的线性相关、线性无关及矩阵的秩等基本概念。

对于 n 维空间的一组向量 $\boldsymbol{p}_1, \boldsymbol{p}_2, \cdots, \boldsymbol{p}_m$，若数域 F 中有一组不全为 0 的数 $\alpha_i (i=1,2,\cdots,m)$，使

$$\alpha_1 \boldsymbol{p}_1 + \alpha_2 \boldsymbol{p}_2 + \cdots + \alpha_m \boldsymbol{p}_m = 0$$

成立，则称这组向量在 F 上线性相关，否则称这组向量在 F 上线性无关。

设 $\boldsymbol{A}$ 是 $m \times n$ 矩阵。若 $\boldsymbol{A}$ 的 n 个列向量中有 r 个线性无关（$r \leqslant n$），而所有个数大于 r 的列向量组都线性相关，则称数 r 为矩阵 $\boldsymbol{A}$ 的列秩。类似可定义矩阵 $\boldsymbol{A}$ 的行秩。矩阵 $\boldsymbol{A}$ 的列秩与行秩一定相等，它也称为矩阵 $\boldsymbol{A}$ 的秩。

为了讨论问题方便，我们给出线性规划问题的标准型

$$\boldsymbol{Ax} = \boldsymbol{b} \tag{1.3.1}$$

$$\boldsymbol{x} \geqslant 0 \tag{1.3.2}$$

$$\min z = \boldsymbol{cx} \tag{1.3.3}$$

下面介绍线性规划的基本概念。

可行解：满足约束条件式(1.3.1)和式(1.3.2)的解叫可行解。

最优解：满足式(1.3.3)的可行解叫最优解。

基：已知 $\boldsymbol{A}$ 是约束条件的 $m \times n$ 系数矩阵，其秩为 m。若 $\boldsymbol{B}$ 是 $\boldsymbol{A}$ 中 $m \times m$ 非奇异子矩阵（即可逆矩阵，有 $|\boldsymbol{B}| \neq 0$），则称 $\boldsymbol{B}$ 是线性规划问题的一个基，$\boldsymbol{B}$ 是由 $\boldsymbol{A}$ 中 m 个线性无关的系数列向量组成的。

基向量：基 $\boldsymbol{B}$ 中的一列（例如 $\boldsymbol{p}_i$）即为一个基向量。基 $\boldsymbol{B}$ 中共有 m 个基向量。

非基向量：基 $\boldsymbol{B}$ 之外（矩阵 $\boldsymbol{A}$ 之中）的一列（例如 $\boldsymbol{p}_j$）即为一个非基向量。$\boldsymbol{A}$ 中共有 $(n-m)$ 个非基向量（假设 $n > m$）。

基变量：与基向量 $\boldsymbol{p}_i$ 相应的变量 x_i 叫基变量，基变量共有 m 个。

非基变量：与非基向量 $\boldsymbol{p}_j$ 相应的变量 x_j 叫非基变量，非基变量共有$(n-m)$个。

基本解：令所有非基变量为0，求出的满足约束条件式(1.3.1)的解叫基本解。

基本可行解：满足约束条件式(1.3.2)的基本解叫基本可行解。不能满足约束条件式(1.3.2)的基本解就是不可行解。

最优基本可行解：满足约束条件式(1.3.3)的基本可行解叫最优基本可行解。

退化的基本解：若基本解中有基变量为0者，则称之为退化的基本解。类似地，有退化的基本可行解和退化的最优基本可行解。

一般情况下，我们假设不出现"退化"。在2.4节中，我们将专门介绍退化问题。

二、几何意义上的几个基本概念

1. 凸集

设 K 是 n 维欧氏空间的一个点集，若任意两点 $\boldsymbol{x}^{(1)}\in K$、$\boldsymbol{x}^{(2)}\in K$ 的连线上的一切点 $\alpha\boldsymbol{x}^{(1)}+(1-\alpha)\boldsymbol{x}^{(2)}\in K(0\leqslant\alpha\leqslant1)$，则称 K 为凸集。

比如一个点是凸集，一段直线是凸集，平面上的凸多边形、空间中的实心球或凸多面体都是凸集。从直观上说，凸集没有凹入部分，其内部没有孔洞。两个凸集的交集仍是凸集。

2. 凸组合

设 $\boldsymbol{x}^{(1)},\boldsymbol{x}^{(2)},\cdots,\boldsymbol{x}^{(k)}$ 是 n 维欧氏空间中的 k 个点。若存在 $\mu_1,\mu_2,\cdots,\mu_k\left(\text{其中 } 0\leqslant\mu_i\leqslant1;\ i=1,2,\cdots,k;\text{且 }\sum\limits_{i=1}^{k}\mu_i=1\right)$，使 $\boldsymbol{x}=\mu_1\boldsymbol{x}^{(1)}+\mu_2\boldsymbol{x}^{(2)}+\cdots+\mu_k\boldsymbol{x}^{(k)}$ 成立，则称 $\boldsymbol{x}$ 为 $\boldsymbol{x}^{(1)},\boldsymbol{x}^{(2)},\cdots,\boldsymbol{x}^{(k)}$ 的凸组合。

我们知道，平面内两点 $\boldsymbol{x}^{(1)}$、$\boldsymbol{x}^{(2)}$ 连线上任一点 $\boldsymbol{x}$ 的坐标是 $\boldsymbol{x}=\alpha\boldsymbol{x}^{(1)}+(1-\alpha)\boldsymbol{x}^{(2)}$ $(0\leqslant\alpha\leqslant1)$，而凸组合不过是上述概念的推广。

3. 顶点

设 K 是凸集，$\boldsymbol{x}\in K$，若 $\boldsymbol{x}$ 不能用 K 内不同的两点 $\boldsymbol{x}^{(1)},\boldsymbol{x}^{(2)}$ $(\boldsymbol{x}^{(1)}\neq\boldsymbol{x},\boldsymbol{x}^{(2)}\neq\boldsymbol{x})$ 的凸组合表示，则称 $\boldsymbol{x}$ 为 K 的一个顶点。

顶点可以表示为 K 内一点(不包括该顶点)和 K 外一点的凸组合。

三、线性规划问题的基本定理

定理 1.1：若线性规划问题存在可行域，则其可行域是凸集。

证明：设有线性规划问题(1.1.1)，其可行域为 R，从 R 中任取两点 $\boldsymbol{x}^{(1)}$ 和 $\boldsymbol{x}^{(2)}$ $(\boldsymbol{x}^{(1)}\neq\boldsymbol{x}^{(2)})$，则

$$\boldsymbol{A}\boldsymbol{x}^{(1)}=\boldsymbol{b}$$

$$\boldsymbol{A}\boldsymbol{x}^{(2)}=\boldsymbol{b}$$

$$\boldsymbol{x}^{(1)}\geqslant0,\quad \boldsymbol{x}^{(2)}\geqslant0$$

令 $\boldsymbol{x}$ 为线段 $\boldsymbol{x}^{(1)}\boldsymbol{x}^{(2)}$ 上的任一点，即有

$$\boldsymbol{x}=\mu\boldsymbol{x}^{(1)}+(1-\mu)\boldsymbol{x}^{(2)}\quad(0\leqslant\mu\leqslant1)$$

则

$$\begin{aligned}\boldsymbol{A}\boldsymbol{x} &= \boldsymbol{A}[\mu\boldsymbol{x}^{(1)} + (1-\mu)\boldsymbol{x}^{(2)}] \\ &= \mu\boldsymbol{A}\boldsymbol{x}^{(1)} + \boldsymbol{A}\boldsymbol{x}^{(2)} - \mu\boldsymbol{A}\boldsymbol{x}^{(2)} \\ &= \mu\boldsymbol{b} + \boldsymbol{b} - \mu\boldsymbol{b} \\ &= \boldsymbol{b}\end{aligned}$$

又因为 $\boldsymbol{x}^{(1)} \geqslant 0, \boldsymbol{x}^{(2)} \geqslant 0 \quad (0 \leqslant \mu \leqslant 1)$

于是得 $\boldsymbol{x} = \mu\boldsymbol{x}^{(1)} + (1-\mu)\boldsymbol{x}^{(2)} \geqslant 0$

故有 $\boldsymbol{x} \in R$

由凸集定义可知，R 为凸集。

定理 1.2：线性规划问题的可行解 $\boldsymbol{x}=(x_1,x_2,\cdots,x_n)^{\mathrm{T}}$ 为基本可行解的充要条件是 $\boldsymbol{x}$ 的正分量对应的系数列向量是线性无关的。

我们把定理 1.2 分为必要性和充分性两个命题来证明。

必要性：若线性规划问题的可行解 $\boldsymbol{x}=(x_1,x_2,\cdots,x_n)^{\mathrm{T}}$ 是基本可行解，则 $\boldsymbol{x}$ 的正分量对应的系数列向量是线性无关的。

证明：因为 $\boldsymbol{x}$ 是基本可行解，故 $\boldsymbol{x}$ 的正分量就是各个基变量，而各个基变量对应的系数列向量就是各个基向量。根据基的定义，它们线性无关。

充分性：若线性规划问题的可行解 $\boldsymbol{x}$ 的正分量对应的系数列向量是线性无关的，则可行解 $\boldsymbol{x}$ 是基本可行解。

证明：设可行解 $\boldsymbol{x}$ 的正分量为前 K 个，其对应的线性无关的系数列向量为 $\boldsymbol{p}_1,\boldsymbol{p}_2,\cdots,\boldsymbol{p}_K$，因为 $\boldsymbol{A}$ 的秩为 m，故 $K\leqslant m$。当 $K=m$ 时，$\boldsymbol{p}_1,\boldsymbol{p}_2,\cdots,\boldsymbol{p}_K$ 恰构成一组基($m\times m$)，故可行解 $\boldsymbol{x}=(x_1,x_2,\cdots,x_K,0,0,\cdots,0)^{\mathrm{T}}$ 为相应的基本可行解。当 $K<m$，即 $\boldsymbol{x}$ 的正分量的个数小于秩 m 时，则一定可以从其余的($n-K$)个列向量中取出($m-K$)个与 $\boldsymbol{p}_1,\boldsymbol{p}_2,\cdots,\boldsymbol{p}_K$ 构成由 m 个列向量组成的最大线性无关向量组，即一组基，其对应的解恰为 $\boldsymbol{x}$，根据定义它是基本可行解(退化的)。

定理 1.3：线性规划问题的基本可行解对应于可行域的顶点。

我们把定理 1.3 分为下述两个命题来证明。

命题 1：若 $\boldsymbol{x}$ 是基本可行解，则一定是可行域的顶点。

证明(用反证法)：假设 $\boldsymbol{x}=(x_1,x_2,\cdots,x_m,0,0,\cdots,0)^{\mathrm{T}}$ 是一个基本可行解，但不是可行域的顶点，则 $\boldsymbol{x}$ 必可表示为可行域中另外两点 $\boldsymbol{y}$、$\boldsymbol{z}$ 的凸组合($\boldsymbol{y}\neq\boldsymbol{z}$)。即有

$$\boldsymbol{x} = \alpha\boldsymbol{y} + (1-\alpha)\boldsymbol{z} \qquad 0 < \alpha < 1 \tag{1.3.4}$$

前已假设 $\boldsymbol{x}$ 的前 m 个分量为正，$\boldsymbol{x}$ 的后($n-m$)个分量为 0，又因为 $\alpha>0$，$(1-\alpha)>0$，$\boldsymbol{y}\geqslant 0$，$\boldsymbol{z}\geqslant 0$，故根据式(1.3.4)有 $\boldsymbol{y}$、$\boldsymbol{z}$ 的后($n-m$)个分量也为 0，即有

$$\sum_{j=1}^{m} \boldsymbol{p}_j y_j = \boldsymbol{b} \tag{1.3.5}$$

$$\sum_{j=1}^{m} \boldsymbol{p}_j z_j = \boldsymbol{b} \tag{1.3.6}$$

用式(1.3.5)减式(1.3.6)得 $\sum\limits_{j=1}^{m} \boldsymbol{p}_j(y_j - z_j) = 0$。因为 $\boldsymbol{y}\neq\boldsymbol{z}$，故$(y_j-z_j)$不全为 0。由定义知 $\boldsymbol{x}$ 正分量对应的系数列向量 $\boldsymbol{p}_1,\boldsymbol{p}_2,\cdots,\boldsymbol{p}_m$ 线性相关，因此 $\boldsymbol{x}$ 不是基本可行解。

上述结论与假设前提相矛盾，故命题 1 成立。

命题 2：若 $\boldsymbol{x}$ 是可行域的顶点，则一定是基本可行解。

证明(用反证法)：假设 $\boldsymbol{x}$ 是可行域的顶点，但不是基本可行解。

因为 $\boldsymbol{x}$ 是可行域的顶点，故为可行解。假设 $\boldsymbol{x}$ 的前 K 个分量为正，后面 $(n-K)$ 个分量为 0，必满足约束条件

$$\sum_{j=1}^{K} \boldsymbol{p}_j x_j = \boldsymbol{b} \tag{1.3.7}$$

因为 $\boldsymbol{x}$ 不是基本可行解，故 $\boldsymbol{x}$ 的正分量对应的系数列向量 $\boldsymbol{p}_1,\boldsymbol{p}_2,\cdots,\boldsymbol{p}_K$ 线性相关，即存在一组不全为 0 的数 $\alpha_j(j=1,2,\cdots,K)$，使得

$$\sum_{j=1}^{K} \boldsymbol{p}_j \alpha_j = \boldsymbol{0} \tag{1.3.8}$$

假设有 $\mu>0$，将式(1.3.7)与 μ 乘以式(1.3.8)相加得

$$\sum_{j=1}^{K} \boldsymbol{p}_j (x_j + \mu\alpha_j) = \boldsymbol{b} \tag{1.3.9}$$

将式(1.3.7)减去 μ 乘以式(1.3.8)得

$$\sum_{j=1}^{K} \boldsymbol{p}_j (x_j - \mu\alpha_j) = \boldsymbol{b} \tag{1.3.10}$$

令

$$\boldsymbol{y} = [(x_1+\mu\alpha_1),(x_2+\mu\alpha_2),\cdots,(x_K+\mu\alpha_K),0,0,\cdots,0]^{\mathrm{T}} \tag{1.3.11}$$

$$\boldsymbol{z} = [(x_1-\mu\alpha_1),(x_2-\mu\alpha_2),\cdots,(x_K-\mu\alpha_K),0,0,\cdots,0]^{\mathrm{T}} \tag{1.3.12}$$

由式(1.3.11)、式(1.3.12)可知：$\boldsymbol{x}=\frac{1}{2}\boldsymbol{y}+\frac{1}{2}\boldsymbol{z}$；由式(1.3.9)、式(1.3.10)可知：$\boldsymbol{y}$、$\boldsymbol{z}$ 满足约束方程。因为 $x_j>0(j=1,2,\cdots,K)$，$\mu>0$，故当 μ 充分小时，可保证

$$x_j+\mu\alpha_j \geqslant 0,\quad x_j-\mu\alpha_j \geqslant 0 \quad (j=1,2,\cdots,K)$$

即 $\boldsymbol{y}$、$\boldsymbol{z}$ 亦满足非负约束，故 $\boldsymbol{y}$、$\boldsymbol{z}$ 是可行解。

因为 $\boldsymbol{x}$ 可用可行域内不同的两点 $\boldsymbol{y}$、$\boldsymbol{z}$ 的凸组合表示，所以 $\boldsymbol{x}$ 不是可行域的顶点。

上述结论与假设前提相矛盾，故命题 2 成立。

顶点是个几何概念，它的直观性强，但不便于演算。定理 1.3 揭示了顶点的代数意义，同时指出了基本可行解的几何意义，这无疑是重要的。

定理 1.4：如果线性规划问题有可行解，则一定有基本可行解。

定理 1.4 的证明，详见参考文献[5]。

定理 1.5：如果线性规划问题有有限最优解，则其目标函数最优值一定可以在可行域的顶点上达到。

定理 1.5 说明，虽然不是顶点也可能是最优解，但我们可以不去管它，只从顶点中找最优解就行了。也就是说，线性规划问题的求解，可以归结为求最优基本可行解。

定理 1.5 的证明，详见参考文献[28]。

四、求解线性规划问题的基本思路

我们已经学习了线性规划的基本概念和基本定理，把这些基础知识连贯起来思索一下，应该能够分析出求解线性规划问题的单纯形法的基本思路。

单纯形法是用来求解线性规划问题的最优解的。由定理 1.5 可知，欲求最优解，只要在

可行域的顶点中寻找即可，而顶点对应的就是基本可行解(定理 1.3)，故只需在有限个基本可行解中寻找最优基本可行解。根据定理 1.2，要得到一个基本可行解，关键是找一个基，即 m 个线性无关的系数列向量。而得到一个基本可行解后，要能够判断它是否是最优解。若是最优解，即停止迭代；否则，必须由这个基本可行解换到另一个基本可行解，其实质就是换基，但要保证新的基本可行解的目标函数值比原来的更优而不是更劣。关于单纯形法的具体做法，留待第 2 章中解决，这里只是预先分析一下单纯形法的基本思路，以使后面的学习更加主动。

第2章 单纯形法

在求解线性规划问题的算法中，目前应用最广泛的是著名的单纯形法。这是1947年美国数学家丹捷格(G. B. Dantzig)提出的，后来人们又进行了一些改进。几十年的实践表明，单纯形法确实是一种成熟、简便、有效的算法。

2.1 单纯形法原理

我们先来学习单纯形法(大 M 法)的原理。以下通过对例2.1的求解，介绍单纯形法是怎样一步一步进行的以及为什么这样做。

例2.1

$$\min z=4x_1+3x_2+8x_3$$

$$x_1+x_3\geqslant 2$$

$$x_2+2x_3\geqslant 5$$

$$x_j\geqslant 0\quad (j=1,2,3)$$

一、构造初始可行基

所谓可行基，就是这样一种基：它相应的基本解是可行的。

这里要构造的初始可行基，是一个 $m\times m$ 单位阵，即 m 个不同的单位列向量，也就是说，每个约束等式中都必须有一个系数为+1且不为其他约束等式具有的变量。

需要特别说明的是，为了计算简单，我们举的例2.1(该例题还要多次使用)数据比较特殊，其约束条件本身就含有2×2单位阵($\boldsymbol{p}_1,\boldsymbol{p}_2$)，故该题只要化为标准型，就自然得到了初始可行基，不必再“构造”了。但是，我们的目的是介绍单纯形法的一般解法，因此仍假设约束本身没有初始可行基，学习构造它的方法。

1. 引入附加变量，把数学模型化为标准型

首先检查向量 $\boldsymbol{b}$，若不满足 $\boldsymbol{b}\geqslant 0$，就要将右端常数项为负的约束条件两端同乘以(−1)，以使右端常数项变为非负。本例中，满足 $\boldsymbol{b}\geqslant\boldsymbol{0}$，故不需变换，直接引入附加变量即可。

$$x_1+x_3-x_4=2$$

$$x_2+2x_3-x_5=5$$

$$x_j\geqslant 0\quad (j=1,2,3)$$

附加变量 $x_4\geqslant 0,x_5\geqslant 0$

$$\min z = 4x_1 + 3x_2 + 8x_3 + 0x_4 + 0x_5$$

因为引入附加变量后，约束条件的变换是等价变换，故目标函数不应改变。

2. 若约束条件中附加变量的系数是-1或原约束即为等式，则必须引入人工变量，以构成初始可行基

因上述附加变量x_4、x_5在约束条件中的系数均为-1，故引入人工变量x_6、x_7

$$x_1 + x_3 - x_4 + x_6 = 2 \tag{2.1.1}$$

$$x_2 + 2x_3 - x_5 + x_7 = 5 \tag{2.1.2}$$

$$x_j \geqslant 0 \quad (j = 1,2,\cdots,5)$$

$$\text{人工变量 } x_6 \geqslant 0, \quad x_7 \geqslant 0$$

这样，初始可行基$(\boldsymbol{p}_6,\boldsymbol{p}_7)$已经构成，即约束条件式(2.1.1)中的基变量是$x_6$，约束条件式(2.1.2)中的基变量是$x_7$。

前面讲过：引入附加变量后，目标函数不需改变。那么，引入人工变量后，目标函数是否需要改变呢？回答是肯定的。

3. 目标函数中，附加变量的系数为0，而人工变量的系数为M(很大的正数)

$$\min z = 4x_1 + 3x_2 + 8x_3 + 0x_4 + 0x_5 + Mx_6 + Mx_7 \tag{2.1.3}$$

为什么目标函数中，人工变量的系数取为大M呢？

引入人工变量前，约束条件已变成标准型等式。而等式左边加上人工变量($\geqslant 0$)后，仍取等式，这就是说，只要人工变量不等于0，现在的约束条件就和原始的不等价了。这是个严重问题。但不引入人工变量，在标准型不具备初始可行基时，又不能开始单纯形法的第一步，无从求解线性规划问题。因此，这种情况下只能引入人工变量同时修改目标函数，规定人工变量在目标函数中的系数为大M。这样，只要人工变量大于0，所求的目标函数最小值就是一个很大的数，这也算是对"篡改"约束条件的一种惩罚。上述M叫做罚因子，大M法也叫罚函数法。

在极小化目标函数的过程中，由于大M的存在，将迫使人工变量离基，一旦它成为非基变量，取值即为0，则问题变成原问题。如果一直到最后，人工变量仍不能离基，则该问题无可行解。

二、求出一个基本可行解

1. 用非基变量表示基变量和目标函数式

由式(2.1.1)移项得

$$x_6 = 2 - x_1 - x_3 + x_4 \tag{2.1.4}$$

又由式(2.1.2)移项得

$$x_7 = 5 - x_2 - 2x_3 + x_5 \tag{2.1.5}$$

将式(2.1.4)、式(2.1.5)代入式(2.1.3)得

$$z = (4-M)x_1 + (3-M)x_2 + (8-3M)x_3 + Mx_4 + Mx_5 + 7M \tag{2.1.6}$$

由式(2.1.6)可知，目标函数式等于各非基变量乘以其相应系数所得的各项与一个常数之和。

2. 求出一个基本可行解及相应 z 值

令各非基变量=0,即 $x_1=x_2=x_3=x_4=x_5=0$,由式(2.1.4)、式(2.1.5)、式(2.1.6)可得

$$x_6 = 2$$

$$x_7 = 5$$

$$z = 7M$$

显然,基变量的取值即为它所在的约束条件的右端常数项,这也正是假设线性规划标准型中 $\boldsymbol{b} \geqslant 0$ 的原因。从上述结果可知,因为人工变量在基里,所以受到惩罚,致使第一个基本可行解相应的目标函数最小值 $z=7M$。

三、最优性检验

最优性检验,即判断上述基本可行解是否最优解。

1. 最优性检验的依据——检验数 $\boldsymbol{\sigma_j}$

前面用非基变量表示的目标函数式(2.1.6)中,各非基变量的系数即称为各非基变量的检验数。例如 x_3 的检验数 $\sigma_3=8-3M$,而各基变量的检验数为 0。因此,用非基变量表示的目标函数式可写成:$z=z_0+\sum_{j\in J}\sigma_j x_j$,其中 z_0 是式(2.1.6)中的常数项,J 是所有非基变量下标的集合。

2. 最优解判别定理

定理 2.1:若在极小化问题中,对于某个基本可行解,所有检验数 $\sigma_j \geqslant 0$,且人工变量为 0,则这个基本可行解是最优解。

对于极大化问题,只要把定理 2.1 中的 $\sigma_j \geqslant 0$ 改为 $\sigma_j \leqslant 0$ 即可。这里的检验数 σ_j 即为 $(c_j - z_j)$。关于这一点,我们将在 2.2 节中介绍。

例题中,因为 $\sigma_1,\sigma_2,\sigma_3$ 都小于 0,故还不是最优解,要继续迭代。

3. 无穷多最优解判别定理

定理 2.2:若在极小化问题中,对于某个基本可行解,所有检验数 $\sigma_j \geqslant 0$,又存在某个非基变量的检验数为 0,且人工变量为 0,则线性规划问题有无穷多最优解。

4. 无可行解判别定理

定理 2.3:若在极小化问题中,对于某个基本可行解,所有检验数 $\sigma_j \geqslant 0$,但人工变量 $\neq$ 0,则该线性规划问题无可行解。

四、基变换

上面求出的基本可行解还不是最优解。下面我们将介绍:如何通过基变换,求一个新的基本可行解?如何保证基变换后新的目标函数值更优?

1. 基本可行解的改进定理

定理 2.4:已知一个非退化的基本可行解具有目标函数值 z_0,假定对于某一非基变量 x_j,其 $\sigma_j<0$,那么存在一个可行解具有目标函数值 $z<z_0$,如果能用列 $\boldsymbol{p}_j$ 代替原基中的某一列向量而产生一个新的基本可行解,则这个新的解将有 $z<z_0$。

2. 换入变量的确定

根据定理 2.4,只要将 $\sigma_j<0$ 的非基变量 x_j 换入做基变量,就可保证基变换后新的目标

函数值比原来更小。通常选择 σ_j 为负者中最小的一个，例题中，σ_3 是负检验数中最小的一个，故选 x_3 做换入变量。

3. 换出变量的确定

前面已确定换入变量是 x_3，即 x_3 要由非基变量变为基变量。原来的基变量是 x_6、x_7，现在要将其中之一换出，即由基变量变为非基变量，究竟换出哪一个呢？

假设换出 x_6，则基变量变为 x_3、x_7：

因为非基变量 $x_6=x_1=x_2=x_4=x_5=0$，由式(2.1.4)得到新换入的基变量 $x_3=2$，将 $x_3=2$ 代入式(2.1.5)，得到 $x_7=1$。

假设换出 x_7，则基变量变为 x_3、x_6：

因为非基变量 $x_7=x_1=x_2=x_4=x_5=0$，由式(2.1.5)得到新换入的基变量 $x_3=\dfrac{5}{2}$，将 $x_3=\dfrac{5}{2}$ 代入式(2.1.4)，得到 $x_6=-\dfrac{1}{2}$。

从以上分析可知，若换出 x_7，仍留下做基变量的 x_6 将不能满足非负约束，这是不允许的。因此，换入 x_3 时，只能换出 x_6，不能换出 x_7。

那么，一般而言，换出向量到底有什么特点呢？如何从 m 个基向量中选择一个作为换出向量呢？

对标准型式(1.1.1)而言，假设有基本可行解 $\boldsymbol{x}=(x_1,x_2,\cdots,x_r,\cdots,x_m,0,\cdots,0)^{\mathrm{T}}$，则 $\boldsymbol{x}$ 必满足约束条件，有

$$\boldsymbol{p}_1x_1+\boldsymbol{p}_2x_2+\cdots+\boldsymbol{p}_rx_r+\cdots+\boldsymbol{p}_mx_m=\boldsymbol{b} \tag{2.1.7}$$

其中 $x_i>0(i=1,2,\cdots,m)$。

设系数矩阵如下(各元素用 a_{ij} 表示)

$\boldsymbol{p}_1$	$\boldsymbol{p}_2$	$\cdots$	$\boldsymbol{p}_r$	$\cdots$	$\boldsymbol{p}_m$	$\boldsymbol{p}_{m+1}$	$\cdots$	$\boldsymbol{p}_k$	$\cdots$	$\boldsymbol{p}_n$	$\boldsymbol{b}$
1	0	$\cdots$	0	$\cdots$	0	$a_{1,m+1}$	$\cdots$	a_{1k}	$\cdots$	a_{1n}	b_1
0	1	$\cdots$	0	$\cdots$	0	$a_{2,m+1}$	$\cdots$	a_{2k}	$\cdots$	a_{2n}	b_2
$\vdots$	$\vdots$	$\vdots$	$\vdots$	$\vdots$	$\vdots$	$\vdots$	$\vdots$	$\vdots$	$\vdots$	$\vdots$	$\vdots$
0	0	$\cdots$	1	$\cdots$	0	$a_{r,m+1}$	$\cdots$	a_{rk}	$\cdots$	a_{rn}	b_r
$\vdots$	$\vdots$	$\vdots$	$\vdots$	$\vdots$	$\vdots$	$\vdots$	$\vdots$	$\vdots$	$\vdots$	$\vdots$	$\vdots$
0	0	$\cdots$	0	$\cdots$	1	$a_{m,m+1}$	$\cdots$	a_{mk}	$\cdots$	a_{mn}	b_m

设换入向量为 $\boldsymbol{p}_k(m<k<n)$，则 $\boldsymbol{p}_k$ 可用各单位列向量 $\boldsymbol{p}_1,\boldsymbol{p}_2,\cdots,\boldsymbol{p}_r,\cdots,\boldsymbol{p}_m$ 线性表示，即有

$$\boldsymbol{p}_k=\begin{bmatrix}a_{1k}\\a_{2k}\\\vdots\\a_{rk}\\\vdots\\a_{mk}\end{bmatrix}=\boldsymbol{p}_1a_{1k}+\boldsymbol{p}_2a_{2k}+\cdots+\boldsymbol{p}_ra_{rk}+\cdots+\boldsymbol{p}_ma_{mk} \tag{2.1.8}$$

用式(2.1.7)减去 θ 乘以式(2.1.8)($\theta\geqslant0$)，有

$$\boldsymbol{p}_1(x_1-\theta a_{1k})+\boldsymbol{p}_2(x_2-\theta a_{2k})+\cdots+\boldsymbol{p}_r(x_r-\theta a_{rk})+\cdots+\boldsymbol{p}_m(x_m-\theta a_{mk})+\boldsymbol{p}_k\theta=\boldsymbol{b} \tag{2.1.9}$$

当 $\theta=0$ 时,式(2.1.9)给出原来的基本可行解 $\boldsymbol{x}$。

当 θ 从 0 开始增加时,$\boldsymbol{p}_k$ 的系数随之增加,而只要 θ 足够小,就能保证 $\boldsymbol{p}_1$ 至 $\boldsymbol{p}_m$ 的系数仍大于 0。因此,式(2.1.9)中各 $\boldsymbol{p}_i$ 的系数给出了一个一般的可行解,它有 $m+1$ 个正分量,不是基本可行解。

若有 $\boldsymbol{p}_i$ 的系数是随 θ 增加而线性减小(即有 $a_{ik}>0$),则我们令 θ 增大到第一次出现某一个系数(例如 $\boldsymbol{p}_r$ 的系数,其中 $1\leqslant r\leqslant m$)由正变为 0,即 x_r 由基变量变为非基变量,这时其他 m 个系数(包括 $\boldsymbol{p}_k$ 的系数)还是正的。可以证明,这 m 个正分量对应的系数列向量是线性无关的,即得到一个新的基本可行解。在上述基变换的过程中,$\boldsymbol{p}_k$ 为换入向量,$\boldsymbol{p}_r$ 为换出向量。

因为 $x_r-\theta a_{rk}=0$,即 $\theta=\dfrac{x_r}{a_{rk}}$,其中 x_r 是基变换前作为基变量的 x_r 的值,也就是当时的常数项 b_r 的值,故 $\theta=\dfrac{b_r}{a_{rk}}$。

当上述 $x_r-\theta a_{rk}=0$ 时,其他 m 个系数都是正的。即对于 $i\neq r$,有 $x_i-\theta a_{ik}>0$,也就是 $b_i-\theta a_{ik}>0$。当 $a_{ik}>0$ 时,必有 $\theta<\dfrac{b_i}{a_{ik}}$。

综上所述,当 $a_{ik}>0$ 时,有

$$\theta=\frac{b_r}{a_{rk}}<\frac{b_i}{a_{ik}}\quad(i\neq r)$$

由以上分析可知,当换入列 $\boldsymbol{p}_k$ 确定后,首先找出换入列中的所有正元素,用相应的常数项分别除以这些正元素,得到一系列非负比值,选择其中最小者为 θ 值,即

$$\theta=\frac{b_r}{a_{rk}}=\min_i\left\{\frac{b_i}{a_{ik}}\middle|a_{ik}>0\right\}$$

则最小非负比值 θ 所在的第 r 行约束式的基变量为换出变量。这就是确定换出变量的最小非负比值规则。只有按最小非负比值规则确定换出变量,才能保证仍留在基中继续做基变量的那些变量全部满足非负约束。

下面,我们结合本节的例 2.1,介绍确定换出变量的简便方法。

将约束条件式(2.1.4)、式(2.1.5)化成标准型,列为表 2.1.1。

表 2.1.1 确定换出变量

基变量	x_1	x_2	x_3	x_4	x_5	x_6	x_7	b	比值
x_6	1	0	1	−1	0	1	0	2	2
x_7	0	1	2	0	−1	0	1	5	$\frac{5}{2}$

表 2.1.1 中,已知换入列 $\boldsymbol{p}_3=\begin{bmatrix}1\\2\end{bmatrix}$,常数列 $\boldsymbol{b}=\begin{bmatrix}2\\5\end{bmatrix}$,而"比值"列元素是用相应的常数列元素除以换入列元素得到的。"比值"列中,比值"2",恰是它所在的第 1 行约束式的基变量 x_6 换出时,新换入的基变量 x_3 的取值;比值"$\frac{5}{2}$",恰是它所在的第 2 行约束式的基变量 x_7 换出时,新换入的基变量 x_3 的取值。根据"比值"列的数据,由最小非负比值规则可知,换出变量应为 x_6。

经过基变换之后，新的基变量是 x_3、x_7，其余变量皆为非基变量。至此，可返回步骤二继续迭代。

在新的一次迭代中，仍然是用非基变量表示基变量和目标函数式，只是基变量变成了 x_3 和 x_7。

由式(2.1.1)移项得

$$x_3 = 2 - x_1 + x_4 - x_6 \tag{2.1.10}$$

又由式(2.1.2)移项得式(2.1.5)，将式(2.1.10)代入式(2.1.5)得

$$x_7 = 5 - x_2 - 2x_3 + x_5 = 1 + 2x_1 - x_2 - 2x_4 + x_5 + 2x_6 \tag{2.1.11}$$

将式(2.1.10)、式(2.1.11) 代入式(2.1.3)得

$$z = (2M - 4)x_1 + (3 - M)x_2 + (8 - 2M)x_4 + Mx_5 + (3M - 8)x_6 + (M + 16)$$

令各非基变量=0，可得

$$x_3 = 2$$
$$x_7 = 1$$
$$z = M + 16$$

经最优性检验可知，上述基本可行解还不是最优解，应继续进行基变换。选 x_4 做换入变量。换出变量的确定，必须列出以 x_3、x_7 为基变量的系数矩阵。

将式(2.1.10)移项，写成标准型约束

$$x_1 + x_3 - x_4 + x_6 = 2 \tag{2.1.12}$$

将式(2.1.11)移项，写成标准型约束

$$-2x_1 + x_2 + 2x_4 - x_5 - 2x_6 + x_7 = 1 \tag{2.1.13}$$

由式(2.1.12)和式(2.1.13)列出系数矩阵如表 2.1.2 所示。

表 2.1.2 换入列只有一个正元素

基变量	x_1	x_2	x_3	x_4	x_5	x_6	x_7	b	比值
x_3	1	0	1	−1	0	1	0	2	
x_7	−2	1	0	2	−1	−2	1	1	$\frac{1}{2}$

表 2.1.2 中，$\boldsymbol{p}_3$ 与 $\boldsymbol{p}_7$ 是单位列向量；而表 2.1.1 中，$\boldsymbol{p}_6$ 与 $\boldsymbol{p}_7$ 是单位列向量。

从表 2.1.2 可知，换入列 $\boldsymbol{p}_4$ 中只有一个正元素 2，故换出变量就是第 2 行约束式原来的基变量 x_7。下一次迭代的新基变量是 x_3、x_4，可返回步骤二继续迭代……本例的最优结果为

$$x_1 = x_4 = x_5 = x_6 = x_7 = 0$$
$$x_2 = 1$$
$$x_3 = 2$$
$$\min z = 19$$

在单纯形法迭代中，基变换带来可行域顶点的变换，且相邻两次迭代所对应的顶点也是相邻的。

4. 无有限最优解(无界解)判别定理

定理 2.5：若在极小化问题中，对于某个基本可行解，有一个非基变量的检验数 $\sigma_k < 0$，但 $\boldsymbol{p}_k$ 列中没有正元素，且人工变量为 0，则线性规则问题无有限最优解(具有无界解)。

2.2 单纯形法的表格形式

表格形式是单纯形法最常用的一种形式，它简洁明了，实用方便。下面仍结合例 2.1 加以介绍。

例 2.2 用单纯形法的表格形式求解例 2.1。

一、构造初始可行基，并计算初始检验数 σ_j

首先构造初始可行基(详见 2.1 节)，然后将该数学模型的数据列成初始单纯形表，即表 2.2.1 中的第 0 次迭代表。

下面，我们介绍如何计算检验数，先从一般数学模型推导出检验数 σ_j 的表达式。

已构成可行基的线性规划模型如下(假设其首 m 列是单位列向量)

$$\min z = \sum_{k=1}^{n} c_k x_k$$

$$x_1 + a_{1,m+1} x_{m+1} + \cdots + a_{1n} x_n = b_1$$

$$x_2 + a_{2,m+1} x_{m+1} + \cdots + a_{2n} x_n = b_2$$

$$\cdots\cdots$$

$$x_m + a_{m,m+1} x_{m+1} + \cdots + a_{mn} x_n = b_m$$

$$x_k \geqslant 0 \quad (k = 1,2,\cdots,n)$$

以下用 $x_i(i=1,2,\cdots,m)$ 表示基变量，用 $x_j(j=m+1,\cdots,n)$ 表示非基变量。

用非基变量表示基变量，即有

$$x_i = b_i - \sum_{j=m+1}^{n} a_{ij} x_j \quad (i = 1,2,\cdots,m) \tag{2.2.1}$$

用非基变量表示目标函数式，则

$$z = \sum_{k=1}^{n} c_k x_k = \sum_{i=1}^{m} c_i x_i + \sum_{j=m+1}^{n} c_j x_j \tag{2.2.2}$$

把式(2.2.1)代入式(2.2.2)中，以消去 z 式中的基变量 x_i，整理后得到

$$z = \sum_{i=1}^{m} c_i b_i + \sum_{j=m+1}^{n} \left(c_j - \sum_{i=1}^{m} c_i a_{ij} \right) x_j = z_0 + \sum_{j=m+1}^{n} (c_j - z_j) x_j = z_0 + \sum_{j=m+1}^{n} \sigma_j x_j$$

其中

$$z_0 = \sum_{i=1}^{m} c_i b_i$$

$$\sigma_j = c_j - z_j$$

$$z_j = \sum_{i=1}^{m} c_i a_{ij} = c_1 a_{1j} + c_2 a_{2j} + \cdots + c_m a_{mj}$$

$$= (c_1, c_2, \cdots, c_m) \begin{bmatrix} a_{1j} \\ a_{2j} \\ \vdots \\ a_{mj} \end{bmatrix} = (c_1, c_2, \cdots, c_m) \cdot \boldsymbol{p}_j$$

上面假设 $x_1 \sim x_m$ 是基变量，即第 i 行约束式的基变量恰为 x_i，而经过若干次迭代后，基发生了若干次变化，一般不会是上述假设情况了，因此上述计算 z_j 的式子也应改变。

设迭代后第 i 行约束式的基变量为 x_{Bi}（不一定是 x_i 了），而 x_{Bi} 相应的目标函数系数为 c_{Bi}，又设迭代后各系数列向量为 $\boldsymbol{p}_j'(j=1,2,\cdots,n)$，则若干次迭代后

$$z_j = (c_{B1}, c_{B2}, \cdots, c_{Bm}) \cdot \boldsymbol{p}_j' = (\boldsymbol{c}_B) \cdot \boldsymbol{p}_j'$$

其中，$(\boldsymbol{c}_B)$ 是由第 1 行至第 m 行各行约束式的基变量相应的目标函数系数依次组成的有序行向量。

下面以表 2.2.1 中第 0 次迭代表的 σ_3 为例计算，则有

$$z_3 = (\boldsymbol{c}_B) \cdot \boldsymbol{p}_3' = (c_{B1} \cdot c_{B2}) \cdot \boldsymbol{p}_3' = (c_6, c_7) \cdot \boldsymbol{p}_3' = (M, M)\begin{bmatrix}1\\2\end{bmatrix} = 3M$$

$$\sigma_3 = c_3 - z_3 = 8 - 3M$$

各基变量的检验数为 0。

表 2.2.1 单纯形法的表格形式

c_j			4	3	8	0	0	M	M	0		
迭代次数	$(\boldsymbol{c}_B)^T$	基变量	x_1	x_2	x_3	x_4	x_5	x_6	x_7	$\boldsymbol{b}$	比值	
0	M	x_6	1	0	1*	−1	0	1	0	2	$2=\theta$	①
	M	x_7	0	1	2	0	−1	0	1	5	$\frac{5}{2}$	②
	σ_j		$4-M$	$3-M$	$8-3M$	M	M	0	0	$-7M$		③
1	8	x_3	1	0	1	−1	0	1	0	2		①′
	M	x_7	−2	1	0	2*	−1	−2	1	1		②′
	σ_j		$2M-4$	$3-M$	0	$8-2M$	M	$3M-8$	0	$-M-16$		③′
2	8	x_3	0	$\frac{1}{2}$	1	0	$-\frac{1}{2}$	0	$\frac{1}{2}$	$\frac{5}{2}$		
	0	x_4	−1	$\frac{1}{2}$*	0	1	$-\frac{1}{2}$	−1	$\frac{1}{2}$	$\frac{1}{2}$		
	σ_j		4	−1	0	0	4	M	$M-4$	−20		
3	8	x_3	1	0	1	−1	0	1	0	2		
	3	x_2	−2	1	0	2	−1	−2	1	1		
	σ_j		2	0	0	2	3	$M-2$	$M-3$	−19		

二、从表中找到基本可行解和相应目标函数值

单纯形表中常数列各元素即相应的基变量的取值。目标函数值可以在求出最优解后，将其代入目标函数式算出 min z。若要求每次迭代后的目标函数值，可在表 2.2.1 中 c_j 行的“$\boldsymbol{b}$ 列”位置补 0，然后用计算检验数 σ_j 的方法即可算出 $-z$ 值，写在 σ_j 行的“$\boldsymbol{b}$ 列”位置上。

例题中,第 0 次迭代结果是:$x_6=2, x_7=5, x_j=0(j=1,2,\cdots,5), z=7M$。

三、最优性检验

因为 $\sigma_1<0, \sigma_2<0, \sigma_3<0$,故不是最优解,要继续迭代。

四、基变换

1. 换入变量的确定

检验数 $\sigma_3=8-3M$,是负检验数中最小的一个,故可选 x_3 为换入变量。

2. 换出变量的确定

根据最小非负比值规则,可得 x_6 为换出变量。

3. 主元素的确定

单纯形表中,换入变量所在列和换出变量所在行的交点处的元素为主元素。表 2.2.1 中第 0 次迭代表的主元素是 $a_{13}=1$,各次迭代表中标有 * 的元素均是主元素。

4. 取主变换

所谓取主变换,就是基变换,亦即单纯形法的一次迭代。在例题中,由初始的 x_6, x_7 做基变量变换为 x_3, x_7 做基变量(即由第 0 次迭代表变换出第 1 次迭代表),就是通过取主变换实现的。

单纯形表中,通过矩阵行(包括检验数行)的初等变换,把换入列(包括其相应的 σ_j)变换为单位列向量(其中主元素变为 1),这一矩阵变换叫取主变换。

例题中,第 0 次迭代表中,换入向量 $\boldsymbol{p}_3=(1,2)^{\mathrm{T}}$,它不是单位列向量,但它即将换入做第 1 次迭代表中的基向量,故应把 $\boldsymbol{p}_3$ 变换为单位列向量。又因基变量相应的检验数为 0,故可把换入向量及其检验数看成一个统一的列向量来变换,即"$\boldsymbol{p}_3$"列由 $(1,2,8-3M)^{\mathrm{T}}$ 变为 $(1,0,0)^{\mathrm{T}}$,也就是说,已知第 0 次迭代表中的第①、②、③行,要求出与之相应的第 1 次迭代表中的第①′、②′、③′行,见表 2.2.1 所示。具体变换方法是:首先变换主元素所在的行,将该行的各元素分别除以主元素(将换入列中的主元素变为 1),即得到下一次迭代表中相应行的各元素。本例中,有

$$\text{第 ①}' \text{ 行} = \text{第 ① 行} / \text{主元素}$$

然后变换矩阵的其他行(将换入列中的其他元素变为 0),有

$$\text{第 ②}' \text{ 行} = \text{第 ② 行} - 2 \times \text{第 ①}' \text{ 行}$$

$$\text{第 ③}' \text{ 行} = \text{第 ③ 行} - (8-3M) \times \text{第 ①}' \text{ 行}$$

具体变换结果见表 2.2.1 中的第 1 次迭代表,得到第 1 次迭代表后,返回 2.2 节的步骤二,即从表中找到基本可行解和相应目标函数值,继续迭代。

实际上,取主变换就是利用主元消去法进行迭代。

从上述计算可知,假设 $\boldsymbol{p}_k$ 是换入列,第 r 行约束式的基变量 $x_{\mathrm{B}r}$ 相应的 $\boldsymbol{p}_{\mathrm{B}r}$ 是换出列,a_{rk} 是主元素,取主变换前、后约束矩阵的元素分别是 a_{ij}、b_i 和 a'_{ij}、b'_i,则约束矩阵各元素的变换公式为

$$a'_{ij}=\begin{cases} a_{ij}-\dfrac{a_{rj}}{a_{rk}} \cdot a_{ik} & (i \neq r) \\ \dfrac{a_{rj}}{a_{rk}} & (i=r) \end{cases}$$

$$b_i' = \begin{cases} b_i - \dfrac{b_r}{a_{rk}} \cdot a_{ik} & (i \neq r) \\ \dfrac{b_r}{a_{rk}} & (i = r) \end{cases}$$

2.3 大 M 法和两阶段法

为了构造初始可行基，往往需要引入人工变量，人工变量是“强行”加到原约束等式中的变量，我们希望将它们从基变量中逐渐换出去。因处理人工变量的方法不同，单纯形法的常见形式也有两种：大 M 法和两阶段法。

大 M 法也叫罚函数法，前面介绍的单纯形法就属于大 M 法。下面介绍两阶段法。

采用两阶段法求解线性规划问题时，求解过程分为以下两个阶段进行。

第一阶段：判断原线性规划问题是否有可行解。

第一阶段所要求解的线性规划问题的约束条件即原问题的约束条件，而目标函数取全部人工变量之和，求其最小值。

若求解的结果是上述目标函数最小值为 0，则说明所有人工变量都能退出基，原问题有可行解，且第一阶段的最终单纯形表上的基本可行解就是原问题的一个基本可行解。

若求解的结果是上述目标函数的最小值大于 0，则说明最终人工变量不能完全退出基，原问题无可行解，应停止计算。

例 2.3 用两阶段法求解例 2.1。

解 第一阶段问题的数学模型为

$$\begin{aligned} &\min z = x_6 + x_7 \\ &x_1 + x_3 - x_4 + x_6 = 2 \\ &x_2 + 2x_3 - x_5 + x_7 = 5 \\ &x_j \geqslant 0 \quad (j = 1,2,\cdots,7) \end{aligned}$$

第一阶段的求解过程见表 2.3.1。

表 2.3.1 两阶段法的第一阶段

c_j			0	0	0	0	0	1	1	0	
迭代次数	$(\boldsymbol{c}_B)^T$	基变量	x_1	x_2	x_3	x_4	x_5	x_6	x_7	$\boldsymbol{b}$	比值
0	$\begin{bmatrix}1\\1\end{bmatrix}$	x_6	1	0	1*	−1	0	1	0	2	$2=\theta$
		x_7	0	1	2	0	−1	0	1	5	$\frac{5}{2}$
	σ_j		−1	−1	−3	1	1	0	0	−7	
1	$\begin{bmatrix}0\\1\end{bmatrix}$	x_3	1	0	1	−1	0	1	0	2	
		x_7	−2	1	0	2*	−1	−2	1	1	
	σ_j		2	−1	0	−2	1	3	0	−1	

续表

c_j			0	0	0	0	0	1	1	0	
2	$\begin{bmatrix}0\\0\end{bmatrix}$	x_3	0	$\frac{1}{2}$	1	0	$-\frac{1}{2}$	0	$\frac{1}{2}$	$\frac{5}{2}$	
		x_4	-1	$\frac{1}{2}$	0	1	$-\frac{1}{2}$	-1	$\frac{1}{2}$	$\frac{1}{2}$	
	σ_j		0	0	0	0	0	1	1	0	

第二阶段：求解原线性规划问题的最优解。

在第一阶段得出原问题有可行解的结论的前提下，以第一阶段的最终单纯形表为基础，去掉其中的人工变量列，把目标函数换成原问题的目标函数，即 $\min z=4x_1+3x_2+8x_3$，还要把因 c_j 改变而改变的$(\boldsymbol{c}_\mathrm{B})^\mathrm{T}$、$\sigma_j$ 和$-z$ 修正过来，这样就得到了表 2.3.2。把表 2.3.2 作为第二阶段的初始表，继续迭代下去，可得到原问题的最优解。其实，表 2.3.2 与表 2.2.1 中的第 2 次迭代表相比，除了少两列人工变量外，没有任何差别。因此可知，由表 2.3.2 再迭代一次便可得原问题的最优解。具体迭代过程此处从略。

表 2.3.2　两阶段法第二阶段的初始表

c_j			4	3	8	0	0	0
迭代次数	$(\boldsymbol{c}_\mathrm{B})^\mathrm{T}$	基变量	x_1	x_2	x_3	x_4	x_5	$\boldsymbol{b}$
0	$\begin{bmatrix}8\\0\end{bmatrix}$	x_3	0	$\frac{1}{2}$	1	0	$-\frac{1}{2}$	$\frac{5}{2}$
		x_4	-1	$\frac{1}{2}$	0	1	$-\frac{1}{2}$	$\frac{1}{2}$
	σ_j		4	-1	0	0	4	-20

2.4　退化问题

一、什么是退化

前面已经讲过，当基本解、基本可行解、最优基本可行解中有基变量为 0 时，即出现了退化。

当线性规划存在最优解时，在非退化的情况下，单纯形法的每次迭代都使目标函数值严格下降，经有限次迭代必达最优解；而对于退化情况，即使存在最优解，也可能出现循环现象，即迭代过程总是重复解的某一部分序列，目标函数值总是不变，永远达不到最优解。

下面是一个循环的例子，它是 E. Beale 给出的。

例 2.4　用单纯形法求解下列线性规划

$$\min z=-\frac{3}{4}x_4+20x_5-\frac{1}{2}x_6+6x_7$$

$$x_1+\frac{1}{4}x_4-8x_5-x_6+9x_7=0$$

$$x_2 + \frac{1}{2}x_4 - 12x_5 - \frac{1}{2}x_6 + 3x_7 = 0$$

$$x_3 + x_6 = 1$$

$$x_j \geqslant 0 \quad (j = 1,2,\cdots,7)$$

这个例题的最优解是：$(x_1 \quad x_2 \quad x_3 \quad x_4 \quad x_5 \quad x_6 \quad x_7)^{\mathrm{T}}=(3/4 \quad 0 \quad 0 \quad 1 \quad 0 \quad 1 \quad 0)^{\mathrm{T}}$，$\min z=-5/4$。但用一般单纯形法，经第 0 次至第 6 次迭代，得到的第 6 次迭代表却与第 0 次迭代表完全相同，每一次迭代得到的目标函数值都是 0，没有任何变化，如此迭代下去，必然出现无限循环，永远求不出最优解。对于这类退化情况，需要设法避免循环发生，其中的关键问题是：当选择换出变量的最小非负比值有多个相等者时，应能唯一确定换出变量。下面介绍两种常用方法：摄动法和勃兰特方法。

二、摄动法

1. 摄动法简介

摄动法是 1952 年由 A. Charnes 提出的一种方法。该法使线性规划原问题(1.1.1)中的向量 $\boldsymbol{b}$ 摄动，以避免退化情况下发生循环。先令

$$\boldsymbol{b}(\varepsilon) = \boldsymbol{b} + \sum_{j=1}^{n} \varepsilon^j \cdot \boldsymbol{p}_j$$

式中 ε 是充分小的正数，ε^j 表示 ε 的 j 次方，$\boldsymbol{p}_j$ 是矩阵 $\boldsymbol{A}$ 的第 j 列。

从而得到原问题的摄动问题，即有

$$\min z = \boldsymbol{cx}$$

$$\boldsymbol{Ax} = \boldsymbol{b}(\varepsilon)$$

$$\boldsymbol{x} \geqslant \boldsymbol{0}$$

可以证明，当 ε 取某些数值时，上述摄动问题是非退化问题，而且可以通过求解这个摄动问题达到求解原问题的目的。

其实，在实际计算时并不需要引入 ε，也不必写出摄动问题，只需根据摄动法原理，在每一次单纯形法迭代时都唯一确定换出变量即可。

2. 确定换出变量的步骤

在单纯形法迭代过程中，假设已确定 $\boldsymbol{p}'_k$ 为换入列，约束矩阵的各元素为 a'_{ij}、b'_i，则换出变量需经下列步骤确定：

(1) 令 $I_0 = \left\{ r \left| \frac{b'_r}{a'_{rk}} = \min\limits_i \left\{ \frac{b'_i}{a'_{ik}} \middle| a'_{ik} > 0 \right\} \right. \right\}$

式中 I_0 是满足最小非负比值的那些约束行的序号的集合，亦称“平结”I_0，若 I_0 中的 r 只有一个取值，则第 r 行约束式的基变量为换出变量，否则转(2)。

(2) 令 $j=1$。

(3) 令 $I_j = \left\{ r \left| \frac{a'_{rj}}{a'_{rk}} = \min\limits_{i \in I_{j-1}} \left\{ \frac{a'_{ij}}{a'_{ik}} \right\} \right. \right\}$。式中 I_j 是在平结 I_{j-1} 上，挑选出的满足 $\min \frac{a'_{ij}}{a'_{ik}}$ 的一个新的平结。若 I_j 中的 r 只有一个取值，则第 r 行约束式的基变量为换出变量，否则转(4)。需要注意的是，式中的 a'_{ij} 是任意常数(没有非负限制)。

(4) 令 $j=j+1$，返回(3)。

3. 计算举例

这里,结合上述例 2.4 看看在有平结的情况下,如何唯一确定换出变量。

例题数据如表 2.4.1 所示,已知换入列为 $\boldsymbol{p}_4$。根据最小非负比值规则,得 $I_0=\{1,2\}$。

表 2.4.1　唯一确定换出变量

	c_j		0	0	0	$-\frac{3}{4}$	20	$-\frac{1}{2}$	6	0	
迭代次数	$(\boldsymbol{c}_B)^T$	基变量	x_1	x_2	x_3	x_4	x_5	x_6	x_7	$\boldsymbol{b}$	比值
0	0	x_1	1	0	0	$\frac{1}{4}$	-8	-1	9	0	0
	0	x_2	0	1	0	$\frac{1}{2}$	-12	$-\frac{1}{2}$	3	0	0
	0	x_3	0	0	1	0	0	1	0	1	
	σ_j		0	0	0	$-\frac{3}{4}$	20	$-\frac{1}{2}$	6	0	

在平结 I_0 上,有 $\min\left\{\frac{a_{11}}{a_{14}},\frac{a_{21}}{a_{24}}\right\}=\min\{4,0\}=0$,即 $I_1=\{2\}$,故第 2 行约束式的基变量 x_2 为换出变量。

三、勃兰特方法

1976 年,勃兰特(Bland)提出了一种用单纯形法进行计算时避免循环的新方法,该方法在国际上引起了很多人的重视,认为是线性规划领域中一项很好的成果。勃兰特提出,只要按下面两个简单的法则做,就不会出现循环。

勃兰特法则 1:在极小化问题中,如果有几个检验数(c_j-z_j)都是负的,那么选其中下标最小的非基变量作为换入变量。

勃兰特法则 2:在极小化问题中,根据最小非负比值规则确定换出变量时,如果有几个比值同时达到最小比值,那么选其中下标最小的基变量作为换出变量。

勃兰特定理:

定理 2.6:只要在单纯形法迭代时,遵循勃兰特法则 1 与勃兰特法则 2,就不会出现循环。

定理 2.6 的证明,详见参考文献[9]。定理 2.1～定理 2.5 的证明,详见参考文献[5,6]。

勃兰特方法在理论上是很有价值的,但在具体计算时,用勃兰特方法的迭代次数并不一定比用摄动法少。

应该说明的是,退化情况是常见的,但在实际问题中,循环几乎不发生。关于退化和循环的研究,主要是具有理论意义。

2.5　改进单纯形法

在单纯形法中,每一次迭代都把常数列、检验数以及系数矩阵全部计算出来,其实系数矩阵中换入列以外的其他列没必要计算。改进单纯形法正是从这点出发,除了初始单纯形表中数据齐全之外，其余每次迭代只计算换入列、常数列及检验数行，大大减少了所需的计算机存储量，提高了计算效率，特别是当问题的维数 n 比约束条件数 m 大很多时，改进单纯形法更显优势。

在线性规划中，单纯形法的矩阵形式应用广泛，且改进单纯形法一般也用矩阵形式讲解，故首先介绍单纯形法的矩阵形式。

一、单纯形法的矩阵形式

1. 用矩阵(分块)形式表示线性规划标准型

标准型的矩阵形式为式(1.1.1)。已知 $\boldsymbol{A}$ 是 $m\times n$ 矩阵，秩为 m，已具备初始可行基 $\boldsymbol{B}$（假设 $\boldsymbol{B}$ 集中于 $\boldsymbol{A}$ 的首 m 列)，各非基向量组成非基矩阵 $\boldsymbol{N}$。

下面把 $\boldsymbol{A}$、$\boldsymbol{c}$、$\boldsymbol{x}$ 分别按“基”与“非基”分成两块，即有

$$\boldsymbol{A}=(\boldsymbol{B},\boldsymbol{N})$$
$$\boldsymbol{c}=(\boldsymbol{c}_{\mathrm{B}},\boldsymbol{c}_{\mathrm{N}})$$
$$\boldsymbol{x}=\begin{bmatrix}\boldsymbol{x}_{\mathrm{B}}\\ \boldsymbol{x}_{\mathrm{N}}\end{bmatrix}$$

其中

$$\boldsymbol{B}=(\boldsymbol{p}_1,\boldsymbol{p}_2,\cdots,\boldsymbol{p}_m)$$
$$\boldsymbol{N}=(\boldsymbol{p}_{m+1},\boldsymbol{p}_{m+2},\cdots,\boldsymbol{p}_n)$$
$$\boldsymbol{c}_{\mathrm{B}}=(c_1,c_2,\cdots,c_m)$$
$$\boldsymbol{c}_{\mathrm{N}}=(c_{m+1},c_{m+2},\cdots,c_n)$$
$$\boldsymbol{x}_{\mathrm{B}}=\begin{bmatrix}x_1\\ x_2\\ \vdots\\ x_m\end{bmatrix}$$
$$\boldsymbol{x}_{\mathrm{N}}=\begin{bmatrix}x_{m+1}\\ x_{m+2}\\ \vdots\\ x_n\end{bmatrix}$$

将上述分块结果代入标准型，得

$$\boldsymbol{B}\boldsymbol{x}_{\mathrm{B}}+\boldsymbol{N}\boldsymbol{x}_{\mathrm{N}}=\boldsymbol{b} \tag{2.5.1}$$
$$\boldsymbol{x}_{\mathrm{B}}\geqslant 0,\quad \boldsymbol{x}_{\mathrm{N}}\geqslant 0$$
$$\min z=\boldsymbol{c}_{\mathrm{B}}\boldsymbol{x}_{\mathrm{B}}+\boldsymbol{c}_{\mathrm{N}}\boldsymbol{x}_{\mathrm{N}} \tag{2.5.2}$$

2. 用矩阵(分块)形式表示基本可行解、目标函数值及检验数

将式(2.5.1)左乘 $\boldsymbol{B}^{-1}$：

$$\boldsymbol{B}^{-1}\boldsymbol{B}\boldsymbol{x}_{\mathrm{B}}+\boldsymbol{B}^{-1}\boldsymbol{N}\boldsymbol{x}_{\mathrm{N}}=\boldsymbol{B}^{-1}\boldsymbol{b}$$

于是，得

$$\boldsymbol{x}_{\mathrm{B}}=\boldsymbol{B}^{-1}\boldsymbol{b}-\boldsymbol{B}^{-1}\boldsymbol{N}\boldsymbol{x}_{\mathrm{N}} \tag{2.5.3}$$

将式(2.5.3)代入式(2.5.2)，得

$$\begin{aligned} z &= \boldsymbol{c}_{\mathrm{B}}\boldsymbol{x}_{\mathrm{B}} + \boldsymbol{c}_{\mathrm{N}}\boldsymbol{x}_{\mathrm{N}} \\ &= \boldsymbol{c}_{\mathrm{B}}(\boldsymbol{B}^{-1}\boldsymbol{b} - \boldsymbol{B}^{-1}\boldsymbol{N}\boldsymbol{x}_{\mathrm{N}}) + \boldsymbol{c}_{\mathrm{N}}\boldsymbol{x}_{\mathrm{N}} \\ &= \boldsymbol{c}_{\mathrm{B}}\boldsymbol{B}^{-1}\boldsymbol{b} + (\boldsymbol{c}_{\mathrm{N}} - \boldsymbol{c}_{\mathrm{B}}\boldsymbol{B}^{-1}\boldsymbol{N})\boldsymbol{x}_{\mathrm{N}} \\ &= z_0 + \boldsymbol{\sigma}_{\mathrm{N}}\boldsymbol{x}_{\mathrm{N}} \end{aligned} \tag{2.5.4}$$

因此,各非基变量的检验数向量为

$$\boldsymbol{\sigma}_{\mathrm{N}} = \boldsymbol{c}_{\mathrm{N}} - \boldsymbol{c}_{\mathrm{B}}\boldsymbol{B}^{-1}\boldsymbol{N}$$

其中,各检验数下标的排列顺序与 $\boldsymbol{N}$ 中各非基向量下标的排列顺序一致。

令 $\boldsymbol{x}_{\mathrm{N}}=\boldsymbol{0}$,由式(2.5.3)和式(2.5.4)可分别得到

$$\boldsymbol{x}_{\mathrm{B}} = \boldsymbol{B}^{-1}\boldsymbol{b}$$

$$z = \boldsymbol{c}_{\mathrm{B}}\boldsymbol{B}^{-1}\boldsymbol{b}$$

从以上结果可知,在整个计算过程中,只需要保存原始数据和现行基的逆。

一般来说,$\boldsymbol{A}$ 中的各基向量也可以不集中于首 m 列,只要第 1 行约束式的基变量 x_{B1} 相应的基向量 $\boldsymbol{p}_{\mathrm{B1}}$ 为 $\boldsymbol{B}$ 的第 1 列,第 2 行约束式的基变量 x_{B2} 相应的基向量 $\boldsymbol{p}_{\mathrm{B2}}$ 为 $\boldsymbol{B}$ 的第 2 列……这样依次得到 $\boldsymbol{B}$ 的第 m 列。$\boldsymbol{N}$ 中各非基向量的排列顺序可任意确定。

3. 单纯形乘子 $\boldsymbol{y}$

上述计算中,曾多次出现向量($\boldsymbol{c}_{\mathrm{B}}\boldsymbol{B}^{-1}$),这是一个相当重要的向量,在第 3 章中我们将专门加以介绍,这里先赋予它一个名字:单纯形乘子,通常用 $\boldsymbol{y}$ 表示,即

$$\boldsymbol{y} = \boldsymbol{c}_{\mathrm{B}}\boldsymbol{B}^{-1}$$

二、改进单纯形法的求解步骤

在改进单纯形法的迭代过程中,每个量都要标明其所属的迭代次数:对于矩阵 $\boldsymbol{B}$、$\boldsymbol{B}^{-1}$、$\boldsymbol{N}$,用其右下角标表示迭代次数;对于其他量,用其右上角标及外加括号表示迭代次数。

1. 完成第 0 次迭代表

首先构造初始可行基,得到 $\boldsymbol{A}^{(0)}$、$\boldsymbol{b}^{(0)}$、$\boldsymbol{B}_0$、$\boldsymbol{N}_0$、$\boldsymbol{B}_0^{-1}$,一般情况下有 $\boldsymbol{B}_0=\boldsymbol{B}_0^{-1}=\boldsymbol{I}$。再利用公式 $\boldsymbol{\sigma}_{\mathrm{N}}^{(0)}=\boldsymbol{c}_{\mathrm{N}}^{(0)}-\boldsymbol{c}_{\mathrm{B}}^{(0)}\boldsymbol{B}_0^{-1}\boldsymbol{N}_0=\boldsymbol{c}_{\mathrm{N}}^{(0)}-\boldsymbol{c}_{\mathrm{B}}^{(0)}\boldsymbol{N}_0$(式中 $\boldsymbol{B}_0$ 是初始的基矩阵,$\boldsymbol{N}_0$ 是初始的非基矩阵),计算第 0 次迭代表中的检验数,若初始基本可行解还不是最优解,则确定换入向量为 $\boldsymbol{p}_k^{(0)}$,换出向量为 $\boldsymbol{p}_{\mathrm{B}r}^{(0)}$(即第 r 行约束式的基变量是 $x_{\mathrm{B}r}$),主元素是 $a_{rk}^{(0)}$。

令 $i=0$。以下要由第 i 次迭代表计算出第 $i+1$ 次迭代表。

2. 计算 $\boldsymbol{B}_{i+1}^{-1}$

(1) 构造基矩阵 $\boldsymbol{B}_{i+1}$

$\boldsymbol{B}_{i+1}$ 是 $m\times m$ 矩阵,其中各基向量的下标取第 $i+1$ 次迭代表中各基向量的下标,而各基向量的各元素的具体数值取这些向量在第 0 次迭代表中的相应数据。

(2) 计算转换矩阵 $\boldsymbol{B}_{i+1}^{-1}$

这里介绍两种方法。

第一种方法:已知 $\boldsymbol{B}_{i+1}$,用初等变换法求逆矩阵 $\boldsymbol{B}_{i+1}^{-1}$。

首先在矩阵 $\boldsymbol{B}_{i+1}$ 的右边补一个 $m\times m$ 单位阵,构成一个 $m\times 2m$ 的新矩阵,然后对这个新矩阵进行一系列的行变换,使左边原来的 $\boldsymbol{B}_{i+1}$ 矩阵化为单位阵,而右边原来的单位阵即变成 $\boldsymbol{B}_{i+1}^{-1}$。

第二种方法：已知 $\boldsymbol{B}_i^{-1}$ 和第 i 次迭代表中的换入列 $\boldsymbol{p}_k^{(i)}=(a_{1k}^{(i)},a_{2k}^{(i)},\cdots,a_{rk}^{(i)},\cdots,a_{mk}^{(i)})^{\mathrm{T}}$，主元素为 $a_{rk}^{(i)}$，通过取主变换求出 $\boldsymbol{B}_{i+1}^{-1}$。

首先在矩阵 $\boldsymbol{B}_i^{-1}$ 的右边补上 $\boldsymbol{p}_k^{(i)}$ 列，构成一个 $m\times(m+1)$的新矩阵，然后以 $a_{rk}^{(i)}$ 为主元素，对这个新矩阵进行取主变换，即把 $\boldsymbol{p}_k^{(i)}$ 列化为单位列向量，其中 $a_{rk}^{(i)}$ 要变为 1。完成上述变换后，舍弃最右边一列，得到的矩阵一般来说即是 $\boldsymbol{B}_{i+1}^{-1}$，严格地说，需要检验：若得到的矩阵与 $\boldsymbol{B}_{i+1}$ 的乘积是单位阵，则它即是 $\boldsymbol{B}_{i+1}^{-1}$。

3. 计算第 $i+1$ 次迭代表的常数列和检验数

$$\boldsymbol{b}^{(i+1)}=\boldsymbol{B}_{i+1}^{-1}\cdot\boldsymbol{b}^{(0)}$$
$$\boldsymbol{y}^{(i+1)}=\boldsymbol{c}_{\mathrm{B}}^{(i+1)}\cdot\boldsymbol{B}_{i+1}^{-1}$$
$$\boldsymbol{\sigma}_{\mathrm{N}}^{(i+1)}=\boldsymbol{c}_{\mathrm{N}}^{(i+1)}-\boldsymbol{y}^{(i+1)}\boldsymbol{N}_{i+1}$$

其中，$\boldsymbol{b}^{(0)}$ 是第 0 次迭代表中的常数列；$\boldsymbol{N}_{i+1}$ 是非基矩阵，它的定义类似于 $\boldsymbol{B}_{i+1}$：其各非基向量的下标取第 $i+1$ 次迭代表中各非基向量的下标，而各非基向量的各元素的具体数值取这些向量在第 0 次迭代表中的相应数据。因为 $\boldsymbol{b}^{(0)}$ 乘以 $\boldsymbol{B}_{i+1}^{-1}$ 即得到 $\boldsymbol{b}^{(i+1)}$，故称 $\boldsymbol{B}_{i+1}^{-1}$ 是从第 0 次迭代表到第 $i+1$ 次迭代表的转换矩阵。

4. 进行最优性检验

如果$\boldsymbol{\sigma}_{\mathrm{N}}^{(i+1)}\geqslant 0$，且人工变量为 0，则已经得到最优解，停止迭代。否则，转下步。

5. 计算第 $i+1$ 次迭代表中的换入列 $\boldsymbol{p}_k^{(i+1)}$

首先根据检验数$\boldsymbol{\sigma}_{\mathrm{N}}^{(i+1)}$，确定换入列下标 k，然后计算

$$\boldsymbol{p}_k^{(i+1)}=\boldsymbol{B}_{i+1}^{-1}\cdot\boldsymbol{p}_k^{(0)}$$

其中，$\boldsymbol{p}_k^{(0)}$ 是第 0 次迭代表中的第 k 列。

6. 确定第 $i+1$ 次迭代表中换出变量的下标 Br 和主元素 $a_{rk}^{(i+1)}$

根据最小非负比值规则，可确定换出变量的下标为 Br，即第 r 行约束式的基变量 $x_{\mathrm{B}r}$ 换出。主元素为 $a_{rk}^{(i+1)}$。

令 $i=i+1$，返回步骤 2。

三、逆的乘积形式

逆的乘积形式是改进单纯形法的一种变形，它与前面讲的改进单纯形法的主要区别在于计算 $\boldsymbol{B}_{i+1}^{-1}$ 的方法不同，下面介绍它的求逆公式。

已知 $\boldsymbol{B}_i^{-1}$ 和第 i 次迭代表中的换入列 $\boldsymbol{p}_k^{(i)}=(a_{1k}^{(i)},a_{2k}^{(i)},\cdots,a_{rk}^{(i)},\cdots,a_{mk}^{(i)})^{\mathrm{T}}$，主元素为 $a_{rk}^{(i)}$，则 $\boldsymbol{B}_{i+1}^{-1}$ 的计算公式如下

$$\boldsymbol{B}_{i+1}^{-1}=\boldsymbol{E}_i\boldsymbol{B}_i^{-1}=(\boldsymbol{e}_1,\boldsymbol{e}_2,\cdots,\boldsymbol{e}_{r-1},\boldsymbol{\xi},\boldsymbol{e}_{r+1},\cdots,\boldsymbol{e}_m)\boldsymbol{B}_i^{-1} \tag{2.5.5}$$

其中

$$\boldsymbol{\xi}=\begin{bmatrix}-\dfrac{a_{1k}^{(i)}}{a_{rk}^{(i)}}\\[2ex] -\dfrac{a_{2k}^{(i)}}{a_{rk}^{(i)}}\\ \vdots\\ \dfrac{1}{a_{rk}^{(i)}}\\ \vdots\\ -\dfrac{a_{mk}^{(i)}}{a_{rk}^{(i)}}\end{bmatrix}\begin{matrix}\\ \\ \\ \leftarrow\text{第 } r \text{ 行}\\ \\ \\ \end{matrix}$$

这里的 $\boldsymbol{E}_i$ 是一个 $m\times m$ 的初等矩阵。$\boldsymbol{E}_i$ 中除了第 r 列($\boldsymbol{\xi}$)之外，全是单位列向量。单位列向量 $\boldsymbol{e}_i$ 的第 i 行元素为 1，其他元素为 0。而第 r 列($\boldsymbol{\xi}$)仅由 $\boldsymbol{p}_k^{(i)}$ 中的数据组成，其第 i 行元素为 $-a_{ik}^{(i)}/a_{rk}^{(i)}(i\neq r)$。

由式(2.5.5)可知：

当 $i=0$ 时，有 $\boldsymbol{B}_1^{-1}=\boldsymbol{E}_0\boldsymbol{B}_0^{-1}=\boldsymbol{E}_0$

当 $i=1$ 时，有 $\boldsymbol{B}_2^{-1}=\boldsymbol{E}_1\boldsymbol{B}_1^{-1}=\boldsymbol{E}_1\boldsymbol{E}_0$

同理可得

$$\boldsymbol{B}_{i+1}^{-1}=\boldsymbol{E}_i\boldsymbol{E}_{i-1}\cdots\boldsymbol{E}_1\boldsymbol{E}_0 \tag{2.5.6}$$

式(2.5.6)就是逆的乘积形式。利用这种形式，在计算机中存储 $\boldsymbol{B}_{i+1}^{-1}$ 时，只需存储 $i+1$ 个初等矩阵，而对于每个初等矩阵，只需存储它的非单位向量列及该列在初等矩阵中的列号 r，故逆的乘积形式可以大大减少存储量，适于求解大型的线性规划问题。

从以上分析可知，在改进单纯形法的计算过程中，确实只需保存原始数据和现行基的逆。改进单纯形法的基本思想就是给定初始基本可行解后，通过修改旧基的逆来获得现行基的逆，进而完成单纯形法的其他运算。

四、计算举例

例 2.5 用改进单纯形法求解例 2.1。

解 (1) 第 0 次迭代

构成初始可行基 $\boldsymbol{B}_0$ 后，得到：

$$\begin{aligned}
&x_1+x_3-x_4+x_6=2\\
&x_2+2x_3-x_5+x_7=5\\
&x_j\geqslant 0\quad (j=1,2,\cdots,7)\\
&\min z=4x_1+3x_2+8x_3+Mx_6+Mx_7
\end{aligned}$$

因此

$$\begin{aligned}
\boldsymbol{A}^{(0)}&=(\boldsymbol{p}_1^{(0)},\boldsymbol{p}_2^{(0)},\boldsymbol{p}_3^{(0)},\boldsymbol{p}_4^{(0)},\boldsymbol{p}_5^{(0)},\boldsymbol{p}_6^{(0)},\boldsymbol{p}_7^{(0)})\\
&=\begin{bmatrix}1&0&1&-1&0&1&0\\0&1&2&0&-1&0&1\end{bmatrix}
\end{aligned}$$

$$\boldsymbol{b}^{(0)}=\begin{bmatrix}2\\5\end{bmatrix}$$

$$\boldsymbol{B}_0=(\boldsymbol{p}_6^{(0)},\boldsymbol{p}_7^{(0)})=\begin{bmatrix}1&0\\0&1\end{bmatrix}$$

$$\boldsymbol{B}_0^{-1}=\begin{bmatrix}1&0\\0&1\end{bmatrix}$$

$$\begin{aligned}
\boldsymbol{\sigma}_{\mathrm{N}}^{(0)}&=\boldsymbol{c}_{\mathrm{N}}^{(0)}-\boldsymbol{c}_{\mathrm{B}}^{(0)}\cdot\boldsymbol{N}_0\\
&=(c_1,c_2,c_3,c_4,c_5)-(c_6,c_7)(\boldsymbol{p}_1^{(0)},\boldsymbol{p}_2^{(0)},\boldsymbol{p}_3^{(0)},\boldsymbol{p}_4^{(0)},\boldsymbol{p}_5^{(0)})\\
&=(4,3,8,0,0)-(M,M)\begin{bmatrix}1&0&1&-1&0\\0&1&2&0&-1\end{bmatrix}\\
&=(4-M,3-M,8-3M,M,M)\\
&=(\sigma_1^{(0)},\sigma_2^{(0)},\sigma_3^{(0)},\sigma_4^{(0)},\sigma_5^{(0)})
\end{aligned}$$

确定换入向量为 $\boldsymbol{p}_3^{(0)}$,换出向量为 $\boldsymbol{p}_6^{(0)}$。主元素为 $a_{13}^{(0)}$。

以上计算与单纯形法相同。

(2) 第1次迭代

这里,最关键的一步是计算 $\boldsymbol{B}_1^{-1}$。下面,我们采用三种不同的方法分别计算之。

采用第一种方法:

$$\boldsymbol{B}_1 = (\boldsymbol{p}_3^{(0)}, \boldsymbol{p}_7^{(0)}) = \begin{bmatrix} 1 & 0 \\ 2 & 1 \end{bmatrix}$$

$$\left[\begin{array}{cc:cc} 1 & 0 & 1 & 0 \\ 2 & 1 & 0 & 1 \end{array}\right] \to \left[\begin{array}{cc:cc} 1 & 0 & 1 & 0 \\ 0 & 1 & -2 & 1 \end{array}\right] \to \begin{bmatrix} 1 & 0 \\ -2 & 1 \end{bmatrix}$$

得

$$\boldsymbol{B}_1^{-1} = \begin{bmatrix} 1 & 0 \\ -2 & 1 \end{bmatrix}$$

采用第二种方法:

$$\left[\boldsymbol{B}_0^{-1} \;\vdots\; \boldsymbol{p}_3^{(0)}\right] = \left[\begin{array}{cc:c} 1 & 0 & 1^* \\ 0 & 1 & 2 \end{array}\right] \to \left[\begin{array}{cc:c} 1 & 0 & 1 \\ -2 & 1 & 0 \end{array}\right] \to \begin{bmatrix} 1 & 0 \\ -2 & 1 \end{bmatrix}$$

经检验得

$$\boldsymbol{B}_1^{-1} = \begin{bmatrix} 1 & 0 \\ -2 & 1 \end{bmatrix}$$

采用逆的乘积形式:

已知第0次迭代表中换入列 $\boldsymbol{p}_3^{(0)} = (1,2)^{\mathrm{T}}$,主元素是 $a_{13}^{(0)} = 1$(即 $r=1, k=3$),则

$$\boldsymbol{\xi} = \begin{bmatrix} \dfrac{1}{a_{rk}^{(0)}} \\ -\dfrac{a_{r+1,k}^{(0)}}{a_{rk}^{(0)}} \end{bmatrix} = \begin{bmatrix} \dfrac{1}{a_{13}^{(0)}} \\ -\dfrac{a_{23}^{(0)}}{a_{13}^{(0)}} \end{bmatrix} = \begin{bmatrix} 1 \\ -2 \end{bmatrix}$$

得

$$\boldsymbol{B}_1^{-1} = \boldsymbol{E}_0 \boldsymbol{B}_0^{-1} = \boldsymbol{E}_0 = (\boldsymbol{\xi}, \boldsymbol{e}_2) = \begin{bmatrix} 1 & 0 \\ -2 & 1 \end{bmatrix}$$

显然,上述三种不同方法求得的逆矩阵相同。

求出 $\boldsymbol{B}_1^{-1}$ 后,便可计算常数列和检验数

$$\boldsymbol{b}^{(1)} = \boldsymbol{B}_1^{-1} \cdot \boldsymbol{b}^{(0)} = \begin{bmatrix} 1 & 0 \\ -2 & 1 \end{bmatrix} \begin{bmatrix} 2 \\ 5 \end{bmatrix} = \begin{bmatrix} 2 \\ 1 \end{bmatrix}$$

$$\boldsymbol{y}^{(1)} = \boldsymbol{c}_{\mathrm{B}}^{(1)} \cdot \boldsymbol{B}_1^{-1} = (c_3, c_7)\boldsymbol{B}_1^{-1} = (8, M) \begin{bmatrix} 1 & 0 \\ -2 & 1 \end{bmatrix} = (8-2M, M)$$

$$\begin{aligned} \boldsymbol{\sigma}_{\mathrm{N}}^{(1)} &= \boldsymbol{c}_{\mathrm{N}}^{(1)} - \boldsymbol{y}^{(1)} \boldsymbol{N}_1 = (c_1, c_2, c_4, c_5, c_6) - \boldsymbol{y}^{(1)} (\boldsymbol{p}_1^{(0)}, \boldsymbol{p}_2^{(0)}, \boldsymbol{p}_4^{(0)}, \boldsymbol{p}_5^{(0)}, \boldsymbol{p}_6^{(0)}) \\ &= (4, 3, 0, 0, M) - (8-2M, M) \begin{bmatrix} 1 & 0 & -1 & 0 & 1 \\ 0 & 1 & 0 & -1 & 0 \end{bmatrix} \\ &= (2M-4, 3-M, 8-2M, M, 3M-8) \\ &= (\sigma_1^{(1)}, \sigma_2^{(1)}, \sigma_4^{(1)}, \sigma_5^{(1)}, \sigma_6^{(1)}) \end{aligned}$$

根据上述检验数可确定换入列为 $\boldsymbol{p}_4^{(1)}$,计算现行换入列

$$p_4^{(1)} = B_1^{-1} \cdot p_4^{(0)} = \begin{bmatrix} 1 & 0 \\ -2 & 1 \end{bmatrix} \begin{bmatrix} -1 \\ 0 \end{bmatrix} = \begin{bmatrix} -1 \\ 2 \end{bmatrix}$$

由现行常数列$\begin{bmatrix} 2 \\ 1 \end{bmatrix}$和现行换入列$\begin{bmatrix} -1 \\ 2 \end{bmatrix}$,根据最小非负比值规则可确定换出向量为$p_7^{(1)}$。主元素为$a_{24}^{(1)}$。

(3) 第2次迭代

计算B_2^{-1}:

$$\left[B_1^{-1} \vdots\ p_4^{(1)}\right] = \left[\begin{array}{cc:c} 1 & 0 & -1 \\ -2 & 1 & 2^* \end{array}\right] \rightarrow \left[\begin{array}{cc:c} 1 & 0 & -1 \\ -1 & \frac{1}{2} & 1 \end{array}\right] \rightarrow \left[\begin{array}{cc:c} 0 & \frac{1}{2} & 0 \\ -1 & \frac{1}{2} & 1 \end{array}\right] \rightarrow \begin{bmatrix} 0 & \frac{1}{2} \\ -1 & \frac{1}{2} \end{bmatrix}$$

经检验得

$$B_2^{-1} = \begin{bmatrix} 0 & \frac{1}{2} \\ -1 & \frac{1}{2} \end{bmatrix}$$

$$b^{(2)} = B_2^{-1} \cdot b^{(0)} = \begin{bmatrix} 0 & \frac{1}{2} \\ -1 & \frac{1}{2} \end{bmatrix} \begin{bmatrix} 2 \\ 5 \end{bmatrix} = \begin{bmatrix} \frac{5}{2} \\ \frac{1}{2} \end{bmatrix}$$

$$y^{(2)} = c_B^{(2)} \cdot B_2^{-1} = (c_3, c_4) B_2^{-1} = (8, 0) \begin{bmatrix} 0 & \frac{1}{2} \\ -1 & \frac{1}{2} \end{bmatrix} = (0, 4)$$

$$\begin{aligned} \sigma_N^{(2)} &= c_N^{(2)} - y^{(2)} N_2 = (c_1, c_2, c_5, c_6, c_7) - y^{(2)}(p_1^{(0)}, p_2^{(0)}, p_5^{(0)}, p_6^{(0)}, p_7^{(0)}) \\ &= (4, 3, 0, M, M) - (0, 4) \begin{bmatrix} 1 & 0 & 0 & 1 & 0 \\ 0 & 1 & -1 & 0 & 1 \end{bmatrix} \\ &= (4, -1, 4, M, M-4) \\ &= (\sigma_1^{(2)}, \sigma_2^{(2)}, \sigma_5^{(2)}, \sigma_6^{(2)}, \sigma_7^{(2)}) \end{aligned}$$

根据上述检验数可确定换入列为$p_2^{(2)}$,计算现行换入列

$$p_2^{(2)} = B_2^{-1} \cdot p_2^{(0)} = \begin{bmatrix} 0 & \frac{1}{2} \\ -1 & \frac{1}{2} \end{bmatrix} \begin{bmatrix} 0 \\ 1 \end{bmatrix} = \begin{bmatrix} \frac{1}{2} \\ \frac{1}{2} \end{bmatrix}$$

由现行常数列$\begin{bmatrix} \frac{5}{2} \\ \frac{1}{2} \end{bmatrix}$和现行换入列$\begin{bmatrix} \frac{1}{2} \\ \frac{1}{2} \end{bmatrix}$,根据最小非负比值规则可确定换出向量为$p_4^{(2)}$。

如此继续迭代下去,即可求得最优解,此处不再赘述。

对照表2.2.1可知,其第1、2、3次迭代表上与初始可行基(p_6, p_7)对应位置上的$m \times m$矩阵即为各相应的B_i^{-1}。

第3章　线性规划的对偶原理

对于每一个线性规划问题，都存在另一个线性规划问题与它密切相关，它们一个叫原问题，另一个叫对偶问题。对偶理论深刻揭示了原问题与对偶问题的内在联系，为进一步深入研究线性规划的理论与算法提供了依据。

对偶理论自 1947 年提出以来，已经有了很大发展，它已成为线性规划必不可少的重要基础理论之一。

3.1　线性规划的对偶问题

一、对偶问题的提出

例 3.1　求例 1.1 问题的对偶问题的数学模型。

解　在 1.1 节中，我们已经得到例 1.1 的数学模型。

设计划期内甲、乙两种产品的产量分别为 x_1 吨、x_2 吨，则有

$$\max z = 32x_1 + 30x_2$$
$$3x_1 + 4x_2 \leqslant 36$$
$$5x_1 + 4x_2 \leqslant 40$$
$$9x_1 + 8x_2 \leqslant 76$$
$$x_1 \geqslant 0, \quad x_2 \geqslant 0,$$

即

$$\max z = \boldsymbol{cx}$$
$$\boldsymbol{Ax} \leqslant \boldsymbol{b}$$
$$\boldsymbol{x} \geqslant \boldsymbol{0}$$

其中

$$\boldsymbol{A}=\begin{bmatrix}3 & 4\\5 & 4\\9 & 8\end{bmatrix} \quad \boldsymbol{b}=\begin{bmatrix}36\\40\\76\end{bmatrix} \quad \boldsymbol{c}=(32,30) \quad \boldsymbol{x}=\begin{bmatrix}x_1\\x_2\end{bmatrix}$$

这个问题有 2 个变量，3 个约束条件，即 $n=2, m=3$。

现在从另一个角度来讨论这个问题。

假设该工厂的决策者，打算不再自己生产甲、乙产品，而是将各设备的有限台时，租让给其他工厂使用，他只收租费，这时工厂的决策者就要确定租价。

设 y_1、y_2、y_3 分别为设备 A、B、C 每台时的租价。同意租让的原则应该是：将生产 1 吨

产品甲所需的各设备的台时租让出去得到的租费不低于原利润 32 元。对产品乙也类似。问题的目标函数即总的租费收入。得到该问题的数学模型为

$$\min w = 36y_1 + 40y_2 + 76y_3$$
$$3y_1 + 5y_2 + 9y_3 \geqslant 32$$
$$4y_1 + 4y_2 + 8y_3 \geqslant 30$$
$$y_1 \geqslant 0, \quad y_2 \geqslant 0, \quad y_3 \geqslant 0$$

为什么求目标函数最小值呢？显然，如果求最大值，问题将具有无界解。即租价越高，得到的租费收入越多，但租价定得过高，就不会有人来租，问题也就没有实际意义了。因此，我们所求的是和自己生产甲、乙产品的最优情况效果相同的租价，即满足约束的最低租价。令

$$\boldsymbol{y} = (y_1, y_2, y_3)$$

则上述数学模型的矩阵形式为

$$\min w = \boldsymbol{yb}$$
$$\boldsymbol{yA} \geqslant \boldsymbol{c}$$
$$\boldsymbol{y} \geqslant \boldsymbol{0}$$

这个问题有 2 个约束条件，3 个变量，即 $m=2, n=3$。

上述两个线性规划问题就是一对对偶问题。

二、原问题与对偶问题的数学模型

1. 对称形式的对偶

从本节的例 3.1 可以看出，当原问题和对偶问题只含有不等式(指≥或≤)约束时，一对对偶问题的模型是对称的，称为对称形式的对偶。若以最小化问题为原问题，则对称形式的对偶的数学模型如下。

原问题

$$\begin{cases} \min z = \boldsymbol{cx} \\ \boldsymbol{Ax} \geqslant \boldsymbol{b} \\ \boldsymbol{x} \geqslant \boldsymbol{0} \end{cases} \tag{3.1.1}$$

其中，$\boldsymbol{A}$ 是 $m \times n$ 矩阵，问题有 m 个约束，n 个变量，而

$$\boldsymbol{x} = \begin{bmatrix} x_1 \\ x_2 \\ \vdots \\ x_n \end{bmatrix}$$

对偶问题

$$\begin{cases} \max w = \boldsymbol{yb} \\ \boldsymbol{yA} \leqslant \boldsymbol{c} \\ \boldsymbol{y} \geqslant \boldsymbol{0} \end{cases} \tag{3.1.2}$$

问题有 m 个变量，n 个约束，式中 $\boldsymbol{y}=(y_1, y_2, \cdots, y_m)$。

若以最大化问题为原问题，则对称形式的对偶的数学模型如本节例 3.1 中所示。

2. 非对称形式的对偶

若原问题的约束条件全部是等式约束(即线性规划的标准型),即

$$\begin{cases}\min z = \boldsymbol{cx} \\ \boldsymbol{Ax} = \boldsymbol{b} \\ \boldsymbol{x} \geqslant \boldsymbol{0}\end{cases} \tag{3.1.3}$$

则其对偶问题的数学模型为

$$\begin{cases}\max w = \boldsymbol{yb} \\ \boldsymbol{yA} \leqslant \boldsymbol{c} \\ \boldsymbol{y}\text{ 是自由变量}\end{cases} \tag{3.1.4}$$

上述一对对偶问题称为非对称形式的对偶。下面我们来推导这种非对称形式的对偶的对应关系。

先把原问题写成其等价的对称形式

$$\begin{aligned}&\min z = \boldsymbol{cx} \\ &\boldsymbol{Ax} \geqslant \boldsymbol{b} \\ &\boldsymbol{Ax} \leqslant \boldsymbol{b} \\ &\boldsymbol{x} \geqslant 0\end{aligned}$$

即

$$\begin{aligned}&\min z = \boldsymbol{cx} \\ &\begin{bmatrix}\boldsymbol{A} \\ -\boldsymbol{A}\end{bmatrix}\boldsymbol{x} \geqslant \begin{bmatrix}\boldsymbol{b} \\ -\boldsymbol{b}\end{bmatrix} \\ &\boldsymbol{x} \geqslant 0\end{aligned}$$

这种对称形式的原问题中含有 $2m$ 个约束,n 个变量,而在其对偶问题中应含有 $2m$ 个变量,n 个约束。设这 $2m$ 个对偶变量为$(\boldsymbol{y}_1, \boldsymbol{y}_2)$,其中 $\boldsymbol{y}_1 = (y_1, y_2, \cdots, y_m)$,$\boldsymbol{y}_2 = (y_{m+1}, y_{m+2}, \cdots, y_{2m})$。根据对称形式的对偶模型,可直接写出上述问题的对偶问题

$$\begin{aligned}&\max w = (\boldsymbol{y}_1, \boldsymbol{y}_2) \cdot \begin{bmatrix}\boldsymbol{b} \\ -\boldsymbol{b}\end{bmatrix} \\ &(\boldsymbol{y}_1, \boldsymbol{y}_2) \cdot \begin{bmatrix}\boldsymbol{A} \\ -\boldsymbol{A}\end{bmatrix} \leqslant \boldsymbol{c} \\ &\boldsymbol{y}_1 \geqslant \boldsymbol{0} \quad \boldsymbol{y}_2 \geqslant \boldsymbol{0}\end{aligned}$$

即

$$\begin{aligned}&\max w = (\boldsymbol{y}_1 - \boldsymbol{y}_2) \cdot \boldsymbol{b} \\ &(\boldsymbol{y}_1 - \boldsymbol{y}_2)\boldsymbol{A} \leqslant \boldsymbol{c} \\ &\boldsymbol{y}_1 \geqslant \boldsymbol{0}, \quad \boldsymbol{y}_2 \geqslant \boldsymbol{0}\end{aligned}$$

令 $\boldsymbol{y} = \boldsymbol{y}_1 - \boldsymbol{y}_2$,得对偶问题为

$$\begin{aligned}&\max w = \boldsymbol{yb} \\ &\boldsymbol{yA} \leqslant \boldsymbol{c} \\ &\boldsymbol{y}\text{ 是自由变量}\end{aligned}$$

最终得到的对偶问题中仍是 m 个变量,n 个约束,除了 $\boldsymbol{y}$ 是自由变量之外,其他都与

式(3.1.2)相同。

3. 原问题与对偶问题的对应关系

我们把线性规划原问题与对偶问题在数学模型上的对应关系,归纳为表 3.1.1。根据这些对应关系,可以由原问题的模型,直接写出对偶问题的模型,十分方便。

表 3.1.1 原问题与对偶问题的对应关系

原问题(或对偶问题)	对偶问题(或原问题)
目标函数 min z	目标函数 max w
n 个变量 变量≥0(一般情况) 变量≤0 自由变量	n 个约束 约束≤(一般情况) 约束≥ 约束=
m 个约束 约束≥(一般情况) 约束≤ 约束=	m 个变量 变量≥0(一般情况) 变量≤0 自由变量
约束条件的限定向量 目标函数的价值向量	目标函数的价值向量 约束条件的限定向量

3.2 对偶问题的基本性质和基本定理

一、对称性定理

定理 3.1:对偶问题的对偶是原问题。

证明:设原问题是

$$\begin{cases}\min z = \boldsymbol{cx} \\ \boldsymbol{Ax} \geqslant \boldsymbol{b} \\ \boldsymbol{x} \geqslant 0\end{cases} \tag{3.2.1}$$

则其对偶问题是

$$\begin{cases}\max w = \boldsymbol{yb} \\ \boldsymbol{yA} \leqslant \boldsymbol{c} \\ \boldsymbol{y} \geqslant 0\end{cases} \tag{3.2.2}$$

将式(3.2.2)作如下变换

因为

$$-[\min(-w)] = \max w$$

$$-w = -\boldsymbol{yb}$$

有

$$\begin{cases}\min(-w) = -\boldsymbol{yb} \\ -\boldsymbol{yA} \geqslant -\boldsymbol{c} \\ \boldsymbol{y} \geqslant 0\end{cases} \tag{3.2.3}$$

式(3.2.3)的对偶问题是

$$\begin{cases}\max(-v)=-\boldsymbol{cx}\\-\boldsymbol{Ax}\leqslant-\boldsymbol{b}\\\boldsymbol{x}\geqslant 0\end{cases}\tag{3.2.4}$$

将式(3.2.4)作如下变换

因为
$$-[\max(-v)]=\min v$$
$$v=\boldsymbol{cx}$$

故
$$\min v=\min z$$

由式(3.2.4)得到

$$\begin{cases}\min z=\boldsymbol{cx}\\\boldsymbol{Ax}\geqslant\boldsymbol{b}\\\boldsymbol{x}\geqslant 0\end{cases}\tag{3.2.5}$$

式(3.2.5)即为原问题。

二、弱对偶性定理

本定理阐述了原问题与对偶问题的一般目标函数值之间的关系。

定理 3.2：若 $\boldsymbol{x}^{(0)}$ 和 $\boldsymbol{y}^{(0)}$ 分别是式(3.1.1)和式(3.1.2)的可行解，则有 $\boldsymbol{cx}^{(0)}\geqslant\boldsymbol{y}^{(0)}\boldsymbol{b}$。

证明：因为 $\boldsymbol{x}^{(0)}$ 是式(3.1.1)的可行解，故有 $\boldsymbol{Ax}^{(0)}\geqslant\boldsymbol{b}$，已知 $\boldsymbol{y}^{(0)}$ 是式(3.1.2)的可行解，用 $\boldsymbol{y}^{(0)}$ 左乘上式，得 $\boldsymbol{y}^{(0)}\boldsymbol{Ax}^{(0)}\geqslant\boldsymbol{y}^{(0)}\boldsymbol{b}$。同上类似，有 $\boldsymbol{y}^{(0)}\boldsymbol{A}\leqslant\boldsymbol{c}$，用 $\boldsymbol{x}^{(0)}$ 右乘之，得

$$\boldsymbol{y}^{(0)}\boldsymbol{Ax}^{(0)}\leqslant\boldsymbol{cx}^{(0)}$$

即
$$\boldsymbol{cx}^{(0)}\geqslant\boldsymbol{y}^{(0)}\boldsymbol{Ax}^{(0)}\geqslant\boldsymbol{y}^{(0)}\boldsymbol{b}$$

故
$$\boldsymbol{cx}^{(0)}\geqslant\boldsymbol{y}^{(0)}\boldsymbol{b}$$

三、最优性定理

本定理阐述了原问题与对偶问题的最优目标函数值之间的关系。

定理 3.3：若 $\boldsymbol{x}^{(0)}$ 和 $\boldsymbol{y}^{(0)}$ 分别是式(3.1.1)和式(3.1.2)的可行解，且有 $\boldsymbol{cx}^{(0)}=\boldsymbol{y}^{(0)}\boldsymbol{b}$，则 $\boldsymbol{x}^{(0)}$ 和 $\boldsymbol{y}^{(0)}$ 分别是式(3.1.1)和式(3.1.2)的最优解。

证明：设 $\boldsymbol{x}$ 为式(3.1.1)的任一可行解，又知 $\boldsymbol{y}^{(0)}$ 是式(3.1.2)的可行解，根据弱对偶性定理，有 $\boldsymbol{cx}\geqslant\boldsymbol{y}^{(0)}\boldsymbol{b}$，因为 $\boldsymbol{cx}^{(0)}=\boldsymbol{y}^{(0)}\boldsymbol{b}$，故 $\boldsymbol{cx}\geqslant\boldsymbol{cx}^{(0)}$，即 $\boldsymbol{x}^{(0)}$ 是式(3.1.1)的最优解。

设 $\boldsymbol{y}$ 为式(3.1.2)的任一可行解，同上类似，有 $\boldsymbol{yb}\leqslant\boldsymbol{y}^{(0)}\boldsymbol{b}$，即 $\boldsymbol{y}^{(0)}$ 是式(3.1.2)的最优解。

四、对偶定理

本定理阐述了原问题与对偶问题解的类型的对应关系。

定理 3.4：有一对对偶的线性规划问题，若其一有一个有限的最优解，则另一个也有最优解，且相应的目标函数值相等。若任一个问题具有无界解，则另一个问题无可行解。

下面先来证明对偶定理的前半部分。

证明：设原问题和对偶问题分别为式(3.1.3)和式(3.1.4)，且 $\boldsymbol{x}^{(0)}$ 是原问题的最优基本可行解，相应的最优基是 $\boldsymbol{B}$，此时，非基变量的检验数 $c_N-c_B\boldsymbol{B}^{-1}\boldsymbol{N}\geqslant\boldsymbol{0}$，考虑到基变量的检验数为 0，故有 $\boldsymbol{c}-c_B\boldsymbol{B}^{-1}\boldsymbol{A}\geqslant\boldsymbol{0}$，即 $\boldsymbol{c}\geqslant c_B\boldsymbol{B}^{-1}\boldsymbol{A}$。令 $\boldsymbol{y}^{(0)}=c_B\boldsymbol{B}^{-1}$，则有 $\boldsymbol{y}^{(0)}\boldsymbol{A}\leqslant\boldsymbol{c}$，即 $\boldsymbol{y}^{(0)}$ 是对偶问题的可行解，有 $W=\boldsymbol{y}^{(0)}\boldsymbol{b}=c_B\boldsymbol{B}^{-1}\boldsymbol{b}$。

因 $\boldsymbol{x}^{(0)}$ 是原问题的最优解,有 $z=\boldsymbol{c}\boldsymbol{x}^{(0)}=\boldsymbol{c}_{\mathrm{B}}\cdot\boldsymbol{x}_{\mathrm{B}}^{(0)}=\boldsymbol{c}_{\mathrm{B}}\cdot\boldsymbol{B}^{-1}\boldsymbol{b}$,故 $\boldsymbol{c}\boldsymbol{x}^{(0)}=\boldsymbol{y}^{(0)}\boldsymbol{b}$。

由最优性定理可知,$\boldsymbol{y}^{(0)}$ 即对偶问题最优解,且原问题与对偶问题的目标函数值相等。

同理可证明:若对偶问题有一个有限的最优解,则原问题也有最优解,且相应的目标函数值相等。

而对偶定理的后半部分,实际上是弱对偶性定理的一个推论,无须再证。需要注意的是,在一对对偶的线性规划问题中,若任一个问题无可行解,则另一个问题或具有无界解或无可行解。一般而言,原问题及其对偶问题的解的情况有以下三种:两个问题都有有限最优解;两个问题都无可行解;一个问题有无界解,另一个问题无可行解。

五、单纯形乘子 y 的定理

定理 3.5:若线性规划原问题(3.1.3)有一个对应于基 $\boldsymbol{B}$ 的最优基本可行解,则此时的单纯形乘子 $\boldsymbol{y}=\boldsymbol{c}_{\mathrm{B}}\boldsymbol{B}^{-1}$ 是相应于对偶问题(3.1.4)的一个最优解。

单纯形乘子 $\boldsymbol{y}$ 的定理实际上是对偶定理的一个推论,由对偶定理的证明过程就可以得到它。根据这个推论,我们能够从原问题的最优单纯形表中直接获得对偶问题的最优解。

设在原问题(3.1.3)的系数矩阵 $\boldsymbol{A}$ 中已具备初始可行基 $m\times m$ 单位阵,而在最终表上与初始可行基对应的位置上的 m 个系数列向量即组成最优基之逆 $\boldsymbol{B}^{-1}$,由 $\boldsymbol{y}=\boldsymbol{c}_{\mathrm{B}}\boldsymbol{B}^{-1}$ 可求得对偶问题的最优解。另一种方法是:在最终表上找到 $\boldsymbol{B}^{-1}$ 那 m 列之后,分别用 $\boldsymbol{B}^{-1}$ 中各列的 c_j 减去最终表上的 σ_j,即得到相应的最优对偶变量 y_i,这里假设初始表中基向量 $\boldsymbol{p}_j$ 相应的基变量 x_j 位于第 i 行约束式中。

例 3.2 仍借用 2.1 节的例 2.1,用上述两种方法分别计算对偶问题的最优解。

解 由表 2.2.1 可知:第 0 次迭代表中的初始可行基为($\boldsymbol{p}_6$,$\boldsymbol{p}_7$),在第 3 次迭代表中相应位置上可得到最优基之逆 $\boldsymbol{B}^{-1}=\begin{bmatrix}1 & 0\\ -2 & 1\end{bmatrix}$。计算对偶问题最优解得

$$\boldsymbol{y}=\boldsymbol{c}_{\mathrm{B}}\boldsymbol{B}^{-1}=(\boldsymbol{c}_3,\boldsymbol{c}_2)\boldsymbol{B}^{-1}=(8,3)\begin{bmatrix}1 & 0\\ -2 & 1\end{bmatrix}=(2,3)$$

或用另一种方法求解:在第 3 次迭代表上找到 $\boldsymbol{B}^{-1}$ 的那两列即 $\boldsymbol{p}_6$ 列和 $\boldsymbol{p}_7$ 列之后,计算

$$z_6=c_6-\sigma_6=M-(M-2)=2=y_i$$

这个"2"到底是对偶变量中的 y_1 还是 y_2 呢?这要看初始表中 $\boldsymbol{p}_6$ 相应的基变量 x_6 位于哪一行约束式中,从第 0 次迭代表可知 x_6 是第 1 行约束式的基变量,因此有 $y_1=2$,同理可求出 $y_2=3$。

六、对称形式对偶的互补松弛定理

定理 3.6:若 $\boldsymbol{x}^{(0)}$ 和 $\boldsymbol{y}^{(0)}$ 分别是式(3.1.1)和式(3.1.2)的可行解,则 $\boldsymbol{x}^{(0)}$ 和 $\boldsymbol{y}^{(0)}$ 都是最优解的充要条件是,对所有 i 和 j,下列关系式成立:

(1) 如果 $x_j^{(0)}>0$,必有 $\boldsymbol{y}^{(0)}\boldsymbol{p}_j=c_j$。

(2) 如果 $\boldsymbol{y}^{(0)}\boldsymbol{p}_j<c_j$,必有 $x_j^{(0)}=0$。

(3) 如果 $y_i^{(0)}>0$,必有 $\boldsymbol{A}_i\boldsymbol{x}^{(0)}=b_i$。

(4) 如果 $\boldsymbol{A}_i\boldsymbol{x}^{(0)}>b_i$,必有 $y_i^{(0)}=0$。

其中 $\boldsymbol{p}_j$ 是 $\boldsymbol{A}$ 的第 j 列，$\boldsymbol{A}_i$ 是 $\boldsymbol{A}$ 的第 i 行。

证明：先证必要性。

因为 $\boldsymbol{x}^{(0)}$、$\boldsymbol{y}^{(0)}$ 分别是式(3.1.1)和式(3.1.2)的最优解，又 $\boldsymbol{c}\geqslant\boldsymbol{y}^{(0)}\boldsymbol{A}$，$\boldsymbol{x}^{(0)}\geqslant 0$，故有

$$\boldsymbol{c}\boldsymbol{x}^{(0)}\geqslant\boldsymbol{y}^{(0)}\boldsymbol{A}\boldsymbol{x}^{(0)}$$

因为 $\boldsymbol{A}\boldsymbol{x}^{(0)}\geqslant\boldsymbol{b}$，$\boldsymbol{y}^{(0)}\geqslant 0$，故有

$$\boldsymbol{y}^{(0)}\boldsymbol{A}\boldsymbol{x}^{(0)}\geqslant\boldsymbol{y}^{(0)}\boldsymbol{b}$$

又根据对偶定理，有

$$\boldsymbol{c}\boldsymbol{x}^{(0)}=\boldsymbol{y}^{(0)}\boldsymbol{A}\boldsymbol{x}^{(0)}=\boldsymbol{y}^{(0)}\boldsymbol{b} \tag{3.2.6}$$

由式(3.2.6)可知

$$(\boldsymbol{c}-\boldsymbol{y}^{(0)}\boldsymbol{A})\boldsymbol{x}^{(0)}=0 \tag{3.2.7}$$

$$\boldsymbol{y}^{(0)}(\boldsymbol{A}\boldsymbol{x}^{(0)}-\boldsymbol{b})=0 \tag{3.2.8}$$

因为 $\boldsymbol{c}-\boldsymbol{y}^{(0)}\boldsymbol{A}\geqslant 0$，$\boldsymbol{x}^{(0)}\geqslant 0$，所以由式(3.2.7)可得

$$(c_j-\boldsymbol{y}^{(0)}\boldsymbol{p}_j)x_j^{(0)}=0\quad(j=1,2,\cdots,n)$$

故有关系式(1)和(2)成立。

因为 $\boldsymbol{y}^{(0)}\geqslant 0$，$\boldsymbol{A}\boldsymbol{x}^{(0)}-\boldsymbol{b}\geqslant 0$，所以由式(3.2.8)可得

$$y_i^{(0)}(\boldsymbol{A}_i\boldsymbol{x}^{(0)}-b_i)=0\quad(i=1,2,\cdots,m)$$

故有关系式(3)和(4)成立。

再证充分性。

设 $\boldsymbol{x}^{(0)}$ 和 $\boldsymbol{y}^{(0)}$ 分别是式(3.1.1)和式(3.1.2)的可行解，且有关系式(1)，(2)，(3)，(4)成立。

因为关系式(1)和(2)成立，故对每一个 j，有

$$(\boldsymbol{y}^{(0)}\boldsymbol{p}_j-c_j)x_j^{(0)}=0$$

由此可推出 $(\boldsymbol{y}^{(0)}\boldsymbol{A}-\boldsymbol{c})\boldsymbol{x}^{(0)}=0$，即

$$\boldsymbol{c}\boldsymbol{x}^{(0)}=\boldsymbol{y}^{(0)}\boldsymbol{A}\boldsymbol{x}^{(0)} \tag{3.2.9}$$

因为关系式(3)和(4)成立，故对每一个 i，有

$$y_i^{(0)}(\boldsymbol{A}_i\boldsymbol{x}^{(0)}-b_i)=0$$

由此可推出 $\boldsymbol{y}^{(0)}(\boldsymbol{A}\boldsymbol{x}^{(0)}-\boldsymbol{b})=0$，即

$$\boldsymbol{y}^{(0)}\boldsymbol{b}=\boldsymbol{y}^{(0)}\boldsymbol{A}\boldsymbol{x}^{(0)} \tag{3.2.10}$$

由式(3.2.9)和式(3.2.10)可得

$$\boldsymbol{c}\boldsymbol{x}^{(0)}=\boldsymbol{y}^{(0)}\boldsymbol{b}$$

根据最优性定理可知，$\boldsymbol{x}^{(0)}$ 和 $\boldsymbol{y}^{(0)}$ 分别是式(3.1.1)和式(3.1.2)的最优解。

上述互补松弛定理意味着：如果原问题最优解 $\boldsymbol{x}^{(0)}$ 中第 j 个变量 $x_j^{(0)}$ 为正，则其对偶问题中与之对应的第 j 个约束在最优情况下必呈严格等式(即其松弛变量为 0)；而如果对偶问题中第 j 个约束式在最优情况下呈严格不等式，则原问题最优解 $\boldsymbol{x}^{(0)}$ 中第 j 个变量 $x_j^{(0)}$ 必为 0。类似地，如果对偶问题最优解 $\boldsymbol{y}^{(0)}$ 中第 i 个对偶变量 $y_i^{(0)}$ 为正，则其原问题中与之对应的第 i 个约束在最优情况下必呈严格等式(即其剩余变量为 0)；而如果原问题中第 i 个约束在最优情况下呈严格不等式，则对偶问题最优解 $\boldsymbol{y}^{(0)}$ 中第 i 个对偶变量 $y_i^{(0)}$ 必为 0。

互补松弛定理阐明了原问题及其对偶问题最优解各分量之间的关系，当已知一对对偶问题之一的最优解时，可利用该定理求出另一个问题的最优解。

七、非对称形式对偶的互补松弛定理

定理 3.7：若 $\boldsymbol{x}^{(0)}$ 和 $\boldsymbol{y}^{(0)}$ 分别是式(3.1.3)和式(3.1.4)的可行解，则 $\boldsymbol{x}^{(0)}$ 和 $\boldsymbol{y}^{(0)}$ 都是最优解的充要条件是，对所有 j，下列关系式成立：

(1) 如果 $x_j^{(0)}>0$，必有 $\boldsymbol{y}^{(0)}\boldsymbol{p}_j=c_j$。

(2) 如果 $\boldsymbol{y}^{(0)}\boldsymbol{p}_j<c_j$，必有 $x_j^{(0)}=0$。

本定理的证明与对称形式对偶的互补松弛定理的证明类似，这里不再赘述。

八、最优对偶变量(影子价格)的经济解释

从对偶定理可知，当达到最优解时，原问题和对偶问题的目标函数值相等，即有

$$z=\boldsymbol{c}\boldsymbol{x}^{(0)}=\boldsymbol{y}^{(0)}\boldsymbol{b}=y_1^{(0)}b_1+y_2^{(0)}b_2+\cdots+y_m^{(0)}b_m$$

其中 $\boldsymbol{x}^{(0)}$、$\boldsymbol{y}^{(0)}$ 分别是原问题与对偶问题的最优解，且有 $\boldsymbol{y}^{(0)}=(y_1^{(0)},y_2^{(0)},\cdots,y_m^{(0)})$。

现考虑在最优解处，常数项 b_i 的微小变动对目标函数值的影响(不改变原来的最优基)。求 z 对 b_i 的偏导数，可得

$$y_1^{(0)}=\frac{\partial z}{\partial b_1},y_2^{(0)}=\frac{\partial z}{\partial b_2},\cdots,y_m^{(0)}=\frac{\partial z}{\partial b_m}$$

这说明，若原问题的某一约束条件的右端常数项 b_i 增加一个单位，则由此引起的最优目标函数值的增加量，就等于该约束条件相对应的对偶变量的最优值。因此，最优对偶变量 $y_i^{(0)}$ 的值，就相当于对单位第 i 种资源在实现最大利润时的一种价格估计。这种估计是针对具体企业具体产品而存在的一种特殊价格，通常称之为影子价格。上述分析告诉我们，如果在得到最优解时，某种资源并未完全利用，其剩余量就是该约束中剩余变量的取值，那么该约束相对应的影子价格一定为零。因为在得到最优解时，这种资源并不紧缺，故此时再增加这种资源不会带来任何效益。反之，如果某种资源的影子价格大于零，就说明再增加这种资源的可获取量，还会带来一定的经济效益，即在原问题的最优解中，这种资源必定已被全部利用，相应的约束条件必然保持等式。

3.3 对偶单纯形法

一、对偶单纯形法与单纯形法的区别

对偶单纯形法是运用对偶原理求解原问题的一种方法，而不是求解对偶问题的单纯形法。它和单纯形法的主要区别在于：单纯形法在整个迭代过程中，始终保持原问题的可行性，即常数列$\geqslant 0$，而检验数 $\boldsymbol{c}-\boldsymbol{c}_B\boldsymbol{B}^{-1}\boldsymbol{A}$(即 $\boldsymbol{c}-\boldsymbol{y}\boldsymbol{A}$)由有负分量逐步变为全部$\geqslant 0$(即变为满足 $\boldsymbol{y}\boldsymbol{A}\leqslant\boldsymbol{c}$，$\boldsymbol{y}$ 是对偶问题的可行解)，即同时得到原问题和对偶问题的最优解。对偶单纯形法则是在整个迭代过程中，始终保持对偶问题的可行性，即全部检验数$\geqslant 0$，而常数列由有负分量逐步变为全部$\geqslant 0$(即变为满足原问题的可行性)，即同时得到原问题和对偶问题的最优解。

运用对偶单纯形法时，不需要引进人工变量，但必须先给定原问题的一个对偶可行的基本解。什么是对偶可行的基本解呢？设 $\boldsymbol{x}^{(0)}$ 是原问题式(3.1.3)的一个基本解，它对

应的基矩阵为 $\boldsymbol{B}$，记 $\boldsymbol{y}=\boldsymbol{c}_B\boldsymbol{B}^{-1}$，若 $\boldsymbol{y}$ 是对偶问题式(3.1.4)的可行解，即满足全部检验数 $\boldsymbol{c}-\boldsymbol{c}_B\boldsymbol{B}^{-1}\boldsymbol{A}\geqslant 0$，则称 $\boldsymbol{x}^{(0)}$ 是原问题的对偶可行的基本解。显然，$\boldsymbol{x}^{(0)}$ 不一定是原问题的可行解。当对偶可行的基本解是原问题的可行解时，它也就是原问题的最优解。

二、对偶单纯形法的求解步骤和计算举例

例 3.3 用对偶单纯形法求解例 2.1。

1. 给定一个初始对偶可行的基本解

把原问题引入附加变量化为标准型，仍假设约束条件本身不含有 $m\times m$ 单位阵。而为了得到对偶可行的基本解，不需引入人工变量，只要将每个约束方程两端同乘以(−1)，即可得到 2×2 单位阵($\boldsymbol{p}_4,\boldsymbol{p}_5$)，并实现所有检验数≥0，但常数列中含有负元素。

首先把原问题化为标准型

$$\begin{aligned}&x_1+x_3-x_4=2\\&x_2+2x_3-x_5=5\\&x_j\geqslant 0\quad(j=1,2,\cdots,5)\\&\min z=4x_1+3x_2+8x_3\end{aligned}$$

然后分别将每个约束方程两端同乘以(−1)，得到

$$\begin{aligned}&-x_1-x_3+x_4=-2\\&-x_2-2x_3+x_5=-5\\&x_j\geqslant 0\quad(j=1,2,\cdots,5)\\&\min z=4x_1+3x_2+8x_3\end{aligned}$$

初始对偶单纯形表见表 3.3.1 中第 0 次迭代表，已得到初始对偶可行的基本解。表中检验数的算法与单纯形法中相同。

表 3.3.1 对偶单纯形法

c_j			4	3	8	0	0	0
迭代次数	$(\boldsymbol{c}_B)^T$	基变量	x_1	x_2	x_3	x_4	x_5	$\boldsymbol{b}$
0	0	x_4	−1	0	−1	1	0	−2
	0	x_5	0	−1*	−2	0	1	−5
	σ_j		4	3	8	0	0	0
1	0	x_4	−1	0	−1*	1	0	−2
	3	x_2	0	1	2	0	−1	5
	σ_j		4	0	2	0	3	−15
2	8	x_3	1	0	1	−1	0	2
	3	x_2	−2	1	0	2	−1	1
	σ_j		2	0	0	2	3	−19

2. 从表中找到现行的对偶可行的基本解，并进行最优性检验

若现行常数列 $\boldsymbol{b}'\geqslant 0$，则停止计算，现行对偶可行的基本解即最优解。否则，转下步。

3. 确定换出变量

将现行常数列 $\boldsymbol{b}'$ 中最小的负元素所在行的基变量换出，即 $b'_r=\min\limits_i\{b'_i\mid b'_i<0\}$，第 r 行约

束式的基变量为换出变量。表 3.3.1 的第 0 次迭代表中，$\min\limits_i(-2,-5)=-5$，故 $r=2$，x_5 为换出变量。

4. 确定换入变量

在换出变量所在的第 r 行约束式中，找出各非基变量列中系数为负的那些元素，用相应的检验数 σ_j' 分别除以这些负元素，所得各非正比值中最大者所在列即为换入列。令

$$\frac{\sigma_k'}{a_{rk}'}=\max_j\left\{\frac{\sigma_j'}{a_{rj}'}\middle| a_{rj}'<0\right\}$$

则 $\boldsymbol{p}_k$ 即为换入列，x_k 为换入变量。表 3.3.1 的第 0 次迭代表中，有

$$\max\left(\frac{3}{-1},\frac{8}{-2}\right)=-3$$

故 x_2 为换入变量。

在对偶单纯形法中，确定换入变量的规则称为最大非正比值规则。

若对所有 j，有 $a_{rj}'\geqslant 0$，则停止计算，原问题无可行解。

5. 以 a_{rk}' 为主元素进行取主变换

在表 3.3.1 中，以第 0 次迭代表的 $a_{22}=-1$ 为主元素（该元素右上角标有 *），进行取主变换，即可得到第 1 次迭代表。

返回步骤 2，继续迭代。

本例题中，第 2 次迭代表即最优表，详见表 3.3.1。

三、关于初始对偶可行的基本解

运用对偶单纯形法，需要先给定一个对偶可行的基本解，而这个对偶可行的基本解有时不易直接得到，这就需要先构造一个扩充问题，通过求解扩充问题给出原问题的解答。

1. 构造扩充问题

设原问题如式(3.1.3)，先给出式(3.1.3)的一个基本解。设 $\boldsymbol{A}$ 的首 m 列线性无关，由这 m 列构成基矩阵 $\boldsymbol{B}$，因此式(3.1.3)可以化成

$$\begin{cases}\min z=\boldsymbol{cx}\\ \boldsymbol{x}_{\mathrm{B}}+\sum\limits_{j\in R}\boldsymbol{p}_jx_j=\boldsymbol{b}\\ \boldsymbol{x}\geqslant 0\end{cases}\tag{3.3.1}$$

其中 R 是非基变量下标的集合。

再增加一个变量 x_{n+1} 和一个约束条件，即有

$$x_{n+1}+\sum_{j\in R}x_j=M$$

其中 M 是很大的正数。于是，得到式(3.3.1)的一个扩充问题

$$\begin{cases}\min z=\boldsymbol{cx}\\ \boldsymbol{x}_{\mathrm{B}}+\sum\limits_{j\in R}\boldsymbol{p}_j\cdot x_j=\boldsymbol{b}\\ x_{n+1}+\sum\limits_{j\in R}x_j=M\\ x_i\geqslant 0(i=1,2,\cdots,n+1)\end{cases}\tag{3.3.2}$$

2. 求扩充问题的初始对偶可行的基本解

在式(3.3.2)中,以系数矩阵的首 m 列和第$(n+1)$列组成的$(m+1)$阶单位矩阵为基,可以得到

$$\boldsymbol{x}_B^{(0)}=\begin{bmatrix}\boldsymbol{x}_B\\x_{n+1}\end{bmatrix}=\begin{bmatrix}\boldsymbol{b}\\M\end{bmatrix}$$

$$x_j=0\quad j\in R$$

这个基本解 $\boldsymbol{x}_B^{(0)}$ 不一定是对偶可行的。但是,由此出发容易求出式(3.3.2)的一个对偶可行的基本解。

若基本解 $\boldsymbol{x}_B^{(0)}$ 不是对偶可行的,即检验数中有负的,并假设负检验数中最小的一个为 σ_k,则以 σ_k 相应的变量 x_k 为换入变量,以 x_{n+1} 为换出变量,即以 $a_{m+1,k}$ 为主元素进行取主变换,可得到全部检验数$\geqslant 0$,即得到一个对偶可行的基本解。理由如下:

取主变换前、后检验数之间的关系是

$$\sigma_j'=\sigma_j-\frac{a_{m+1,j}}{a_{m+1,k}}\cdot\sigma_k$$

其中 σ_j' 是变换后在新基下的检验数。

当 $j\in R\cup\{n+1\}$(即 j 是非基变量下标或是$(n+1)$)时,$a_{m+1,j}=1$,故有

$$\sigma_j'=\sigma_j-\sigma_k\geqslant 0$$

当 $j\notin R\cup\{n+1\}$(即 j 是$(n+1)$之外的其他基变量下标)时,$\sigma_j=0$,$a_{m+1,j}=0$,故有

$$\sigma_j'=0$$

因此,取主变换后,有 $\sigma_j'\geqslant 0$,得到的基本解是对偶可行的。

3. 用对偶单纯形法求扩充问题的解,并进一步求出原问题的解

因为扩充问题的对偶问题有可行解,根据对偶原理可知,扩充问题或无可行解或有有限最优解。

若扩充问题无可行解,则原问题也无可行解。若扩充问题得到最优解 $\boldsymbol{x}^{(0)}=(x_1^{(0)},\cdots,x_n^{(0)},x_{n+1}^{(0)})^T$,则 $\boldsymbol{x}^{(0)}=(x_1^{(0)},\cdots,x_n^{(0)})^T$ 是原问题的可行解。若扩充问题的目标函数最优值与 M 无关,则 $\boldsymbol{x}^{(0)}$ 就是原问题的最优解。

4. 计算举例

例 3.4 用对偶单纯形法求解下列问题

$$\begin{aligned}&\min z=-2x_1+2x_2\\&x_1+4x_2+x_3\geqslant 8\\&x_1+2x_2+2x_3\leqslant 6\\&x_j\geqslant 0\quad(j=1,2,3)\end{aligned}$$

解 引入附加变量 x_4,x_5,把问题化为标准型,即有

$$\begin{aligned}&\min z=-2x_1+2x_2\\&x_1+4x_2+x_3-x_4=8\\&x_1+2x_2+2x_3+x_5=6\\&x_j\geqslant 0\quad(j=1,2,3,4,5)\end{aligned}$$

把第 1 个约束等式两端同乘以(-1),再增加约束条件 $x_1+x_2+x_3+x_6=M$,得到扩充问题

$$\min z = -2x_1 + 2x_2$$
$$-x_1 - 4x_2 - x_3 + x_4 = -8$$
$$x_1 + 2x_2 + 2x_3 + x_5 = 6$$
$$x_1 + x_2 + x_3 + x_6 = M$$
$$x_j \geqslant 0 \quad (j = 1,2,3,4,5,6)$$

把扩充问题的数据列入表 3.3.2 的第 0 次迭代表中，并计算各检验数 σ_j。因 $\sigma_1 = -2$，故此时的基本解还不是对偶可行的。选择 x_1 为换入变量，x_6 为换出变量，即以 $a_{31} = 1$ 为主元素(其右上角标有 *)进行取主变换，得到第 1 次迭代表，表中的基本解即为扩充问题的初始对偶可行的基本解。

表 3.3.2 扩充问题

迭代次数	$(c_B)^T$	基变量	x_1	x_2	x_3	x_4	x_5	x_6	b
	c_j		-2	2	0	0	0	0	0
0	0	x_4	-1	-4	-1	1	0	0	-8
	0	x_5	1	2	2	0	1	0	6
	0	x_6	1^*	1	1	0	0	1	M
	σ_j		-2	2	0	0	0	0	0
1	0	x_4	0	-3	0	1	0	1	$M-8$
	0	x_5	0	1	1	0	1	-1^*	$6-M$
	-2	x_1	1	1	1	0	0	1	M
	σ_j		0	4	2	0	0	2	$2M$
2	0	x_4	0	-2^*	1	1	1	0	-2
	0	x_6	0	-1	-1	0	-1	1	$M-6$
	-2	x_1	1	2	2	0	1	0	6
	σ_j		0	6	4	0	2	0	12
3	2	x_2	0	1	$-\frac{1}{2}$	$-\frac{1}{2}$	$-\frac{1}{2}$	0	1
	0	x_6	0	0	$-\frac{3}{2}$	$-\frac{1}{2}$	$-\frac{3}{2}$	1	$M-5$
	-2	x_1	1	0	3	1	2	0	4
	σ_j		0	0	7	3	5	0	6

以上述第 1 次迭代表为初始表，用对偶单纯形法经两次迭代(取主变换时的主元素为右上角标有 * 者)即可得到第 3 次迭代表。因为该表中所有检验数$\geqslant 0$，常数列$\geqslant 0$，故得到扩充问题的最优解，也即得到原问题的一个可行解，又因此时扩充问题的目标函数最优值与 M 无关，故得到原问题的最优结果为

$$\boldsymbol{x} = \begin{bmatrix} x_1 \\ x_2 \\ x_3 \end{bmatrix} = \begin{bmatrix} 4 \\ 1 \\ 0 \end{bmatrix}$$

$$\min z = -6$$

3.4　灵敏度分析

在以前的讨论中，我们都假定线性规划标准型中系数矩阵 $\boldsymbol{A}$、$\boldsymbol{b}$、$\boldsymbol{c}$ 是常数阵。但实际上这些系数往往是通过估计、预测或人为决策得到的，不可能十分准确，也不可能一成不变。所谓灵敏度分析，就是要研究初始单纯形表上的系数变化对最优解的影响，研究这些系数在什么范围内变化时，原最优基仍是最优的；若原最优基不再是最优的，如何借助原最终表用最简便的方法求出新的最优解。

对线性规划标准型式(1.1.1)，假定其最终表上已得到最优基 $\boldsymbol{B}$，最优结果为

$$\begin{bmatrix} \boldsymbol{x}_{\mathrm{B}} \\ \boldsymbol{x}_{\mathrm{N}} \end{bmatrix} = \begin{bmatrix} \boldsymbol{B}^{-1}\boldsymbol{b} \\ \boldsymbol{0} \end{bmatrix}$$

$$\min z = \boldsymbol{c}_{\mathrm{B}}\boldsymbol{B}^{-1}\boldsymbol{b}$$

一、改变价值向量 c

设某变量 x_r 相应的目标函数系数由原来的 c_r 变为 $c_r' = c_r + \Delta c_r$。

1. 在最终表内，x_r 是非基变量

这种情况下，在最终表内，$\boldsymbol{c}_{\mathrm{B}}$ 不变，$z_j = \boldsymbol{c}_{\mathrm{B}}\boldsymbol{B}^{-1}\boldsymbol{p}_j$ 也不变；c_r 的变化，只引起一个检验数 σ_r 的变化。设新的检验数为 $\sigma_r' = c_r' - z_r = c_r + \Delta c_r - z_r = \sigma_r + \Delta c_r$。

若 $\sigma_r' \geqslant 0$，即 $\Delta c_r \geqslant -\sigma_r$，则最优解不变；

若 $\sigma_r' < 0$，则原最优基不再是最优的了，以 x_r 为换入变量，把最终表上的 σ_r 换成 σ_r'，c_r 换成 c_r'，继续用单纯形法求解。

2. 在最终表内，x_r 是基变量

这种情况下，在最终表内，$\boldsymbol{c}_{\mathrm{B}}$ 要改变，因此影响到各个检验数。假设最终表内，x_r 是第 k 行约束式的基变量，即有 $x_r = x_{\mathrm{B}k}$。设原检验数为 σ_j，新检验数为 σ_j'，则

$$\sigma_j = c_j - z_j = c_j - \boldsymbol{c}_{\mathrm{B}}\boldsymbol{p}_j = c_j - (c_{\mathrm{B1}}, c_{\mathrm{B2}}, \cdots, c_{\mathrm{B}k}, \cdots, c_{\mathrm{B}m}) \begin{bmatrix} a_{1j} \\ a_{2j} \\ \vdots \\ a_{kj} \\ \vdots \\ a_{mj} \end{bmatrix}$$

$$= c_j - (c_{\mathrm{B1}}, c_{\mathrm{B2}}, \cdots, c_r, \cdots, c_{\mathrm{B}m}) \begin{bmatrix} a_{1j} \\ a_{2j} \\ \vdots \\ a_{kj} \\ \vdots \\ a_{mj} \end{bmatrix}$$

其中 $\boldsymbol{p}_j$ 是最终表中的第 j 列，c_r 即 $c_{\mathrm{B}k}$，且有 $\sigma_j \geqslant 0$。

$$\sigma'_j = c_j - (c_{B1}, c_{B2}, \cdots, (c_r + \Delta c_r), \cdots, c_{Bm}) \begin{bmatrix} a_{1j} \\ a_{2j} \\ \vdots \\ a_{kj} \\ \vdots \\ a_{mj} \end{bmatrix}$$

$$= c_j - z_j - \Delta c_r \cdot a_{kj}$$

$$= \sigma_j - \Delta c_r \cdot a_{kj} \tag{3.4.1}$$

若 $\max\limits_j \left\{ \dfrac{\sigma_j}{a_{kj}} \middle| a_{kj} < 0 \right\} \leqslant \Delta c_r \leqslant \min\limits_j \left\{ \dfrac{\sigma_j}{a_{kj}} \middle| a_{kj} > 0 \right\}$，则所有 $\sigma'_j \geqslant 0$，即最优解不变。

若 Δc_r 超出上述允许变化范围，即有 $\sigma'_j < 0$，则以原最终表为基础，换上变化后的价值系数和检验数行，继续迭代，可求出新的最优解。

当 c_r 变化时，也可以根据式(3.4.1)，在最终表上用检验数行减去第 k 行上相应元素的 Δc_r 倍，得到新的检验数行。因为 x_r 是基变量，故 $\sigma'_r = 0$。如果所有 $\sigma'_j \geqslant 0$，则最优解不变；如果有 $\sigma'_j < 0$，则用新的检验数行和变化后的价值系数，继续迭代，可求出新的最优解。

例 3.5 仍借用 2.1 节的例 2.1。假设上述例题已求出最优解，见表 2.2.1。试问，c_3 在什么范围内变化，可保证原最优解不变？若改变为 $c_3 = 5$，求出新的最优解。

解 在表 2.2.1 的最终表上，x_3 是第 1 行约束式的基变量，对于式(3.4.1)，有 $r = 3$，$k = 1$，$j = 1, 4, 5$，故

$$\left\{ \frac{\sigma_4}{a_{14}} \right\} \leqslant \Delta c_3 \leqslant \left\{ \frac{\sigma_1}{a_{11}} \right\}$$

即

$$-2 \leqslant \Delta c_3 \leqslant 2$$

因此，若 $6 \leqslant$ 新 $c_3 \leqslant 10$，就能保证最优解不变。

若改变为 $c_3 = 5$，则修改表 2.2.1 上的 c_3 及其最终表上的检验数行，得到新的第 3 次迭代表，用单纯形法迭代一次(以表中 $a_{24} = 2$ 为主元素)，即可求出新的最优解，详见表 3.4.1。

表 3.4.1 改变价值向量 c

	c_j		4	3	5	0	0	M	M	0
迭代次数	$(\boldsymbol{c}_B)^T$	基变量	x_1	x_2	x_3	x_4	x_5	x_6	x_7	$\boldsymbol{b}$
3	$\begin{bmatrix}5\\3\end{bmatrix}$	x_3	1	0	1	-1	0	1	0	2
		x_2	-2	1	0	2^*	-1	-2	1	1
	σ_j		5	0	0	-1	3	$M+1$	$M-3$	-13
4	$\begin{bmatrix}5\\0\end{bmatrix}$	x_3	0	$\frac{1}{2}$	1	0	$-\frac{1}{2}$	0	$\frac{1}{2}$	$\frac{5}{2}$
		x_4	-1	$\frac{1}{2}$	0	1	$-\frac{1}{2}$	-1	$\frac{1}{2}$	$\frac{1}{2}$
	σ_j		4	$\frac{1}{2}$	0	0	$\frac{5}{2}$	M	$M-\frac{5}{2}$	$-12\frac{1}{12}$

二、改变限定向量 b

设第 r 个约束方程的右端常数由原来的 b_r 变为 $b'_r = b_r + \Delta b_r$，其他所有系数不变，即初

始表上新的限定向量

$$\boldsymbol{b}' = \boldsymbol{b} + \Delta\boldsymbol{b} = \begin{bmatrix} b_1 \\ b_2 \\ \vdots \\ b_r \\ \vdots \\ b_m \end{bmatrix} + \begin{bmatrix} 0 \\ 0 \\ \vdots \\ \Delta b_r \\ \vdots \\ 0 \end{bmatrix}$$

设原最优解为

$$\boldsymbol{x}_{\mathrm{B}} = \boldsymbol{B}^{-1}\boldsymbol{b} = \begin{bmatrix} x_{\mathrm{B}1} \\ x_{\mathrm{B}2} \\ \vdots \\ x_{\mathrm{B}m} \end{bmatrix}$$

若原最优基 $\boldsymbol{B}$ 仍是最优的，则应有新的最优解

$$\boldsymbol{x}'_{\mathrm{B}} = \boldsymbol{B}^{-1}\boldsymbol{b}' = \boldsymbol{B}^{-1}\boldsymbol{b} + \boldsymbol{B}^{-1}\Delta\boldsymbol{b} = \boldsymbol{x}_{\mathrm{B}} + \Delta \boldsymbol{b}_r \cdot \boldsymbol{d}_r \geqslant 0 \tag{3.4.2}$$

式中 $\boldsymbol{d}_r$ 是 $\boldsymbol{B}^{-1}$ 的第 r 列，有

$$\boldsymbol{d}_r = \begin{bmatrix} d_{1r} \\ d_{2r} \\ \vdots \\ d_{mr} \end{bmatrix}$$

式(3.4.2)亦即

$$x_{\mathrm{B}i} + \Delta b_r \cdot d_{ir} \geqslant 0 \quad (i = 1, 2, \cdots, m)$$

因此，b_r 的允许变化范围是：

$$\max_i \left\{ -\frac{x_{\mathrm{B}i}}{d_{ir}} \middle| d_{ir} > 0 \right\} \leqslant \Delta b_r \leqslant \min_i \left\{ -\frac{x_{\mathrm{B}i}}{d_{ir}} \middle| d_{ir} < 0 \right\}$$

如果 Δb_r 超过上述范围，则新得到的解为不可行解。但由于 b_r 的变化不影响检验数，故仍保持所有检验数$\geqslant 0$，即满足对偶可行性，这时可在原最终表的基础上，换上改变后的右端常数及相应的$-z$ 值，用对偶单纯形法继续迭代，以求出新的最优解。

一般来说，当 $\boldsymbol{b}$ 变为 $\boldsymbol{b}'$ 时，也可以直接计算 $\boldsymbol{B}^{-1}\boldsymbol{b}'$。若有 $\boldsymbol{B}^{-1}\boldsymbol{b}' \geqslant 0$，则原最优基 $\boldsymbol{B}$ 仍是最优基，但最优解和最优值要重新计算。若 $\boldsymbol{B}^{-1}\boldsymbol{b}' \ngeqslant 0$，则原最优基 $\boldsymbol{B}$ 对于新问题来说不再是可行基，但由于所有检验数$\geqslant 0$，现行的基本解仍是对偶可行的。因此，只要把原最终表的右端列改为

$$\begin{bmatrix} \boldsymbol{B}^{-1}\boldsymbol{b}' \\ -\boldsymbol{c}_{\mathrm{B}}\boldsymbol{B}^{-1}\boldsymbol{b}' \end{bmatrix}$$

就可用对偶单纯形法求解新问题。

例 3.6 仍借用 2.1 节的例 2.1。假设上述例题已求出最优解，见表 2.2.1。试求限定向量变为 $\boldsymbol{b}' = \begin{bmatrix} 4 \\ 2 \end{bmatrix}$时的最优解及最优值。

解 从表 2.2.1 可知

$$\boldsymbol{B}^{-1} = \begin{bmatrix} 1 & 0 \\ -2 & 1 \end{bmatrix}$$

故 $$x'_{\mathrm{B}}=\boldsymbol{B}^{-1}\boldsymbol{b}'=\begin{bmatrix}1&0\\-2&1\end{bmatrix}\begin{bmatrix}4\\2\end{bmatrix}=\begin{bmatrix}4\\-6\end{bmatrix}$$

$$-z'=-\boldsymbol{c}_{\mathrm{B}}\boldsymbol{B}^{-1}\boldsymbol{b}'=-(8,3)\begin{bmatrix}4\\-6\end{bmatrix}=-14$$

修改原最终表上的右端列,得到新的第3次迭代表,用对偶单纯形法继续迭代(以该表中 $a_{21}=-2$ 为主元素),求出新的最优解,详见表3.4.2。

表3.4.2 改变限定向量 b

c_j			4	3	8	0	0	M	M	0
迭代次数	$(\boldsymbol{c}_{\mathrm{B}})^{\mathrm{T}}$	基变量	x_1	x_2	x_3	x_4	x_5	x_6	x_7	右端列
3	$\begin{bmatrix}8\\3\end{bmatrix}$	x_3	1	0	1	-1	0	1	0	4
		x_2	-2^*	1	0	2	-1	-2	1	-6
	σ_j		2	0	0	2	3	$M-2$	$M-3$	-14
4	$\begin{bmatrix}8\\4\end{bmatrix}$	x_3	0	$\frac{1}{2}$	1	0	$-\frac{1}{2}$	0	$\frac{1}{2}$	1
		x_1	1	$-\frac{1}{2}$	0	-1	$\frac{1}{2}$	1	$-\frac{1}{2}$	3
	σ_j		0	1	0	4	2	$M-4$	$M-2$	-20

三、改变初始约束矩阵 A 中的一列

有下列两种基本情况:

1. 非基向量列 $\boldsymbol{p}_j$ 改变为 $\boldsymbol{p}'_j$

这种情况指初始表中的 $\boldsymbol{p}_j$ 列数据改变为 $\boldsymbol{p}'_j$,而第 j 个列向量在原最终表上是非基向量。

这一改变直接影响最终表上的第 j 列数据和第 j 个检验数。最终表上的第 j 列数据变为 $\boldsymbol{B}^{-1}\boldsymbol{p}'_j$,而新的检验数 $\sigma'_j=c_j-\boldsymbol{c}_{\mathrm{B}}\boldsymbol{B}^{-1}\boldsymbol{p}'_j$。

若 $\sigma'_j\geqslant 0$,则原最优解仍是新问题的最优解。若 $\sigma'_j<0$,则原最优基在非退化情况下不再是最优基。这时,应在原来最终表的基础上,换上改变后的第 j 列数据 $\boldsymbol{B}^{-1}\boldsymbol{p}'_j$ 和 σ'_j,把 x_j 作为换入变量,用单纯形法继续迭代。

2. 基向量列 $\boldsymbol{p}_j$ 改变为 $\boldsymbol{p}'_j$

这种情况指初始表中的 $\boldsymbol{p}_j$ 列数据改变为 $\boldsymbol{p}'_j$,而第 j 个列向量在原最终表上是基向量。此时,原最优解的可行性和最优性都可能遭到破坏,问题变得相当复杂,故一般不去修改原来的最终表,而是重新计算。

四、增加一个新的约束条件

设原问题为线性规划标准型式(1.1.1),现增加一个新的约束如下

$$\sum_{j=1}^{n}a_{m+1,j}x_j\leqslant \boldsymbol{b}_{m+1}$$

即 $$\boldsymbol{A}_{m+1}\boldsymbol{x} \leqslant \boldsymbol{b}_{m+1} \tag{3.4.3}$$

其中 $$\boldsymbol{A}_{m+1} = (a_{m+1,1}, a_{m+1,2}, \cdots, a_{m+1,n})$$

$$\boldsymbol{x} = (x_1, x_2, \cdots, x_n)^{\mathrm{T}}$$

由于增加一个约束,或使可行域减小,或使可行域保持不变,而绝不会使可行域增大。因此,若原来的最优解满足这个新约束,则它就是新问题的最优解;若原来的最优解不满足这个新约束,就需要寻求新的最优解。下面我们来讨论这种情况。

设原来的最优基为 $\boldsymbol{B}$,各基向量集中于 $\boldsymbol{A}$ 的首 m 列。最优解为

$$\boldsymbol{x} = \begin{bmatrix} \boldsymbol{x}_{\mathrm{B}} \\ \boldsymbol{x}_{\mathrm{N}} \end{bmatrix} = \begin{bmatrix} \boldsymbol{B}^{-1}\boldsymbol{b} \\ 0 \end{bmatrix}$$

对新增加的约束式(3.4.3),引进松弛变量 x_{n+1} 化为标准型。又因 $\boldsymbol{A}_{m+1} = ((\boldsymbol{A}_{m+1})_{\mathrm{B}}, (\boldsymbol{A}_{m+1})_{\mathrm{N}})$,则式(3.4.3)变成

$$(\boldsymbol{A}_{m+1})_{\mathrm{B}}\boldsymbol{x}_{\mathrm{B}} + (\boldsymbol{A}_{m+1})_{\mathrm{N}}\boldsymbol{x}_{\mathrm{N}} + x_{n+1} = b_{m+1} \tag{3.4.4}$$

显然,x_{n+1} 是约束式(3.4.4)的基变量。增加约束后,新的基 $\boldsymbol{B}'$、$(\boldsymbol{B}')^{-1}$ 及右端向量 $\boldsymbol{b}'$ 如下

$$\boldsymbol{B}' = \begin{bmatrix} \boldsymbol{B} & 0 \\ (\boldsymbol{A}_{m+1})_{\mathrm{B}} & 1 \end{bmatrix}$$

$$(\boldsymbol{B}')^{-1} = \begin{bmatrix} \boldsymbol{B}^{-1} & 0 \\ -(\boldsymbol{A}_{m+1})_{\mathrm{B}}\boldsymbol{B}^{-1} & 1 \end{bmatrix}$$

$$\boldsymbol{b}' = \begin{bmatrix} \boldsymbol{b} \\ b_{m+1} \end{bmatrix}$$

对于增加约束后的新问题,在现行基下对应变量 $x_j (j \neq n+1)$ 的检验数是

$$\begin{aligned} \sigma_j' &= c_j - z_j' \\ &= c_j - \boldsymbol{c}_{\mathrm{B}'}(\boldsymbol{B}')^{-1}\boldsymbol{p}_j' \\ &= c_j - (\boldsymbol{c}_{\mathrm{B}}, 0)\begin{bmatrix} \boldsymbol{B}^{-1} & 0 \\ -(\boldsymbol{A}_{m+1})_{\mathrm{B}}\boldsymbol{B}^{-1} & 1 \end{bmatrix}\begin{bmatrix} \boldsymbol{p}_j \\ a_{m+1,j} \end{bmatrix} \\ &= c_j - \boldsymbol{c}_{\mathrm{B}}\boldsymbol{B}^{-1}\boldsymbol{p}_j \\ &= \sigma_j \end{aligned}$$

它与不增加约束时相同。又因为 x_{n+1} 是基变量,故 $\sigma_{n+1}' = 0$。

因此,现行的基本解是对偶可行的。现行基本解是

$$\begin{bmatrix} \boldsymbol{x}_{\mathrm{B}} \\ x_{n+1} \end{bmatrix} = (\boldsymbol{B}')^{-1}\begin{bmatrix} \boldsymbol{b} \\ b_{m+1} \end{bmatrix} = \begin{bmatrix} \boldsymbol{B}^{-1} & 0 \\ -(\boldsymbol{A}_{m+1})_{\mathrm{B}}\boldsymbol{B}^{-1} & 1 \end{bmatrix}\begin{bmatrix} \boldsymbol{b} \\ b_{m+1} \end{bmatrix}$$

$$= \begin{bmatrix} \boldsymbol{B}^{-1}\boldsymbol{b} \\ b_{m+1} - (\boldsymbol{A}_{m+1})_{\mathrm{B}}\boldsymbol{B}^{-1}\boldsymbol{b} \end{bmatrix}$$

$$\boldsymbol{x}_{\mathrm{N}} = 0$$

若 $(b_{m+1} - (\boldsymbol{A}_{m+1})_{\mathrm{B}}\boldsymbol{B}^{-1}\boldsymbol{b}) \geqslant 0$,则现行的对偶可行的基本解是新问题的可行解,亦即最优解。若 $(b_{m+1} - (\boldsymbol{A}_{m+1})_{\mathrm{B}}\boldsymbol{B}^{-1}\boldsymbol{b}) < 0$,则在原来最终表的基础上,增加新约束式(3.4.4)的数据,通过矩阵行的初等变换,把原最终表上的各基向量列及新增列 $\boldsymbol{p}_{n+1}$ 化为单位阵,再用对偶单纯形法继续求解。

值得注意的是,在以上的讨论中并未要求 b_{m+1} 非负,因而,当所增约束是"$\geqslant$"不等式

时，只需用“-1”乘以约束的左右两端，就能变成上面讨论过的形式。此外，若需在新约束中引入人工变量，由于其相应的价值系数为大 M，各检验数不再保持不变，这时，可用单纯形法求新的最优解。

例 3.7　仍借用 2.1 节的例 2.1。假设上述例题已求出最优解，见表 2.2.1。若在该例题中增加一个新的约束 $2x_3 \leqslant 3$，求新问题的最优解。

解　增加新约束后的问题是

$$\begin{aligned}&\min z = 4x_1 + 3x_2 + 8x_3\\&x_1 + x_3 \geqslant 2\\&x_2 + 2x_3 \geqslant 5\\&2x_3 \leqslant 3\\&x_j \geqslant 0 \quad (j = 1,2,3)\end{aligned}$$

原问题的最优解为

$$\begin{bmatrix}x_1\\x_2\\x_3\end{bmatrix} = \begin{bmatrix}0\\1\\2\end{bmatrix}$$

它不满足新增的约束条件，故需再引入松弛变量 x_8，把新增的约束条件变成

$$2x_3 + x_8 = 3$$

在原最终表的基础上，增加上述约束方程的数据，并相应增加一列 $\boldsymbol{p}_8 = (0,0,1)^{\mathrm{T}}$，有 $\sigma_8 = 0$，见表 3.4.3，这就是新的第 3 次迭代表。因为 $c_8 = 0$，故其他检验数与表 2.2.1 中的一样。

表 3.4.3　增加一个新约束条件(1)

		c_j	4	3	8	0	0	M	M	0	0
迭代次数	$(\boldsymbol{c}_{\mathrm{B}})^{\mathrm{T}}$	基变量	x_1	x_2	x_3	x_4	x_5	x_6	x_7	x_8	$\boldsymbol{b}$
3	8	x_3	1	0	1	-1	0	1	0	0	2
	3	x_2	-2	1	0	2	-1	-2	1	0	1
	0	x_8	0	0	2	0	0	0	0	1	3
		σ_j	2	0	0	2	3	$M-2$	$M-3$	0	-19

将表 3.4.3 中第 3 行约束式减去 2 乘以第 1 行约束式作为新的第 3 行约束式，即把 $(\boldsymbol{p}_3, \boldsymbol{p}_2, \boldsymbol{p}_8)$ 化成单位阵，得到表 3.4.4 的第 4 次迭代表，用对偶单纯形法继续迭代(以该表中 $a_{31} = -2$ 为主元素)，可求出新的最优解

$$\begin{bmatrix}x_1\\x_2\\x_3\end{bmatrix} = \begin{bmatrix}\frac{1}{2}\\2\\\frac{3}{2}\end{bmatrix}$$

$$\min z = 20$$

表 3.4.4 增加一个新约束条件(2)

c_j			4	3	8	0	0	M	M	0	0
迭代次数	$(c_B)^T$	基变量	x_1	x_2	x_3	x_4	x_5	x_6	x_7	x_8	b
4	8	x_3	1	0	1	−1	0	1	0	0	2
	3	x_2	−2	1	0	2	−1	−2	1	0	1
	0	x_8	−2*	0	0	2	0	−2	0	1	−1
	σ_j		2	0	0	2	3	$M-2$	$M-3$	0	−19
5	8	x_3	0	0	1	0	0	0	0	$\frac{1}{2}$	$\frac{3}{2}$
	3	x_2	0	1	0	0	−1	0	1	−1	2
	4	x_1	1	0	0	−1	0	1	0	$-\frac{1}{2}$	$\frac{1}{2}$
	σ_j		0	0	0	4	3	$M-4$	$M-3$	1	−20

五、增加一个新的变量

假设要增加一个非负的新变量 x_{n+1}，初始表上其相应的系数列向量为 $\boldsymbol{p}_{n+1}$，价值系数为 c_{n+1}。又知原问题的最优基是 $\boldsymbol{B}$，显然，增加这个新变量，对原最优解的可行性没有影响。现计算这个新变量的检验数

$$\sigma_{n+1} = c_{n+1} - \boldsymbol{c}_B\boldsymbol{B}^{-1}\boldsymbol{p}_{n+1}$$

若 $\sigma_{n+1}\geqslant 0$，则原最优解就是新问题的最优解。若 $\sigma_{n+1}<0$，则原最优解不再是最优解，这时，把 $\boldsymbol{B}^{-1}\boldsymbol{p}_{n+1}$ 加入到原最终表内，并以新变量 x_{n+1} 作为换入变量，按单纯形法继续迭代，即可得到新的最优解。

例 3.8 仍借用 2.1 节的例 2.1。假设上述例题已求出最优解，见表 2.2.1。若在该例题中增加一个新变量 x_8，已知 $c_8=6$，$\boldsymbol{p}_8=[2,1]^T$，求新的最优解。

解 由表 2.2.1 的最终表可知，$\boldsymbol{c}_B=[8,3]$，$\boldsymbol{B}^{-1}=\begin{bmatrix}1 & 0\\ -2 & 1\end{bmatrix}$，故最终表上的

$$\boldsymbol{p}_8' = \boldsymbol{B}^{-1}\boldsymbol{p}_8 = \begin{bmatrix}1 & 0\\ -2 & 1\end{bmatrix}\begin{bmatrix}2\\ 1\end{bmatrix} = \begin{bmatrix}2\\ -3\end{bmatrix}$$

$$\sigma_8' = c_8 - \boldsymbol{c}_B\boldsymbol{B}^{-1}\boldsymbol{p}_8 = 6-(8,3)\begin{bmatrix}2\\ -3\end{bmatrix} = -1$$

由于 $\sigma_8'<0$，故原最优解不再是最优解。可在表 2.2.1 的最终表上增加第 8 列 $(2,-3,-1)^T$，即得到新的第 3 次迭代表，用单纯形法继续迭代(以该表中 $a_{18}=2$ 为主元素)，即可得到新的最优解(详见表 3.4.5)

$$x_2=4 \quad x_8=1 \quad x_1=x_3=x_4=x_5=x_6=x_7=0$$

$$\min z = 18$$

表 3.4.5 增加一个新变量

	c_j		4	3	8	0	0	M	M	6	0
迭代次数	$(\boldsymbol{c}_B)^T$	基变量	x_1	x_2	x_3	x_4	x_5	x_6	x_7	x_8	$\boldsymbol{b}$
3	$\begin{bmatrix}8\\3\end{bmatrix}$	x_3	1	0	1	-1	0	1	0	2^*	2
		x_2	-2	1	0	2	-1	-2	1	-3	1
	σ_j		2	0	0	2	3	$M-2$	$M-3$	-1	-19
4	$\begin{bmatrix}6\\3\end{bmatrix}$	x_8	$\frac{1}{2}$	0	$\frac{1}{2}$	$-\frac{1}{2}$	0	$\frac{1}{2}$	0	1	1
		x_2	$-\frac{1}{2}$	1	$\frac{3}{2}$	$\frac{1}{2}$	-1	$-\frac{1}{2}$	1	0	4
	σ_j		$\frac{5}{2}$	0	$\frac{1}{2}$	$\frac{3}{2}$	3	$M-\frac{3}{2}$	$M-3$	0	-18

第4章　应用实例

线性规划的应用非常广泛，限于篇幅，这里仅举十例。这些实例选自书末所列的参考文献，此处不再一一列写。对于每一个实例，我们的重点都放在建立数学模型上。

4.1　产销平衡的运输问题

例 4.1　在经济建设中，大量存在各种物资的调运问题。已知有 m 个产地可生产某种物资，其产量分别为 $a_i(i=1,2,\cdots,m)$，另有 n 个销地，其销量分别为 $b_j(j=1,2,\cdots,n)$。又知从第 i 个产地到第 j 个销地运输单位物资的运价为 c_{ij}，且 m 个产地的总产量与 n 个销地的总销量相等。试求：产销平衡条件下总运费最小的调运方案。

解　下面我们来建立这个问题的数学模型。

设从第 i 个产地到第 j 个销地的物资运输量为 x_{ij}，则目标函数为

$$\min z = \sum_{i=1}^{m}\sum_{j=1}^{n} c_{ij}x_{ij}$$

约束条件是

$$\sum_{j=1}^{n} x_{ij} = a_i \quad (i = 1,2,\cdots,m)$$

$$\sum_{i=1}^{m} x_{ij} = b_j \quad (j = 1,2,\cdots,n)$$

$$x_{ij} \geqslant 0 \quad (i = 1,2,\cdots,m;\ j = 1,2,\cdots,n)$$

又由于产销平衡，因此有

$$\sum_{i=1}^{m} a_i = \sum_{i=1}^{m}\left(\sum_{j=1}^{n} x_{ij}\right) = \sum_{j=1}^{n}\left(\sum_{i=1}^{m} x_{ij}\right) = \sum_{j=1}^{n} b_j$$

该模型是线性规划模型，它有 $m\times n$ 个变量，$m+n-1$ 个独立约束方程。从模型可知，运输问题的约束方程组的系数矩阵具有以下形式

$$
\begin{array}{ccccccccccccc}
x_{11} & x_{12} & \cdots & x_{1n} & x_{21} & x_{22} & \cdots & x_{2n} & \cdots & x_{m1} & x_{m2} & \cdots & x_{mn}
\end{array}
$$

$$
\left[\begin{array}{ccccccccccccc}
1 & 1 & \cdots & 1 & & & & & & & & & \\
 & & & & 1 & 1 & \cdots & 1 & & & & & \\
 & & & & & & & & \ddots & & & & \\
 & & & & & & & & & 1 & 1 & \cdots & 1 \\
1 & & & & 1 & & & & \cdots & 1 & & & \\
 & 1 & & & & 1 & & & \cdots & & 1 & & \\
 & & \ddots & & & & \ddots & & \cdots & & & \ddots & \\
 & & & 1 & & & & 1 & \cdots & & & & 1
\end{array}\right]
\begin{array}{l}
\left.\begin{array}{l} \\ \\ \\ \\ \end{array}\right\} m\text{ 行} \\
\left.\begin{array}{l} \\ \\ \\ \\ \end{array}\right\} n\text{ 行}
\end{array}
$$

上述矩阵中的元素均为 0 或 1(其中零元素未写)；矩阵的每一列中正好有两个非零元素，每个变量在前 m 个约束方程中出现一次，在后 n 个约束方程中也出现一次。

由于运输问题的特定结构形式，对它有较单纯形法更为简单的求解方法——表上作业法，表上作业法的实质仍是单纯形法，这里不再介绍，有兴趣者可参阅参考文献[5,6]。

运输问题还有一个更为重要的性质，这就是：如果 a_i，b_j 都是整数，那么最优解中，x_{ij} 也必为整数值。利用这个特点，我们可以将很多其他类型的整数规划问题化为运输问题来求解，不用特别增加整数限制条件，结果可自然满足整数要求。在“整数规划”一章中，我们将会看到，求解整数规划问题时计算量相当大，而运输问题的上述特性给求解某些整数规划问题带来了很大方便。

4.2 套裁下料问题

例 4.2 某工厂要做 100 套钢架，每套用长为 2.9m、2.1m 和 1.5m 的元钢各一根。已知原料长 7.4m，问应如何下料，可使所用原料最省。

解 最简单的做法是：在每一根原料上截取 2.9m、2.1m 和 1.5m 的元钢各一根组成一套，每根原料剩下料头 0.9m。为了做 100 套钢架，需用原料 100 根，共有 90m 料头。若改用套裁，能够节约原料。可以先设计出若干种较好的套裁方案，例如表 4.2.1 中的五种方案都可考虑采用。

表 4.2.1 套裁下料问题

下料数(根) \ 方案 长度(m)	1	2	3	4	5
2.9	1	2	0	1	0
2.1	0	0	2	2	1
1.5	3	1	2	0	3
合计	7.4	7.3	7.2	7.1	6.6
料头	0	0.1	0.2	0.3	0.8

为了得到 100 套钢架，需要混合使用上述五种下料方案。设按方案 1,2,3,4,5 下料的原料根数分别为 x_1,x_2,x_3,x_4,x_5，可列出数学模型如下：

目标函数 $\min z=0x_1+0.1x_2+0.2x_3+0.3x_4+0.8x_5$

约束条件

$$x_1 + 2x_2 + x_4 \geqslant 100$$
$$2x_3 + 2x_4 + x_5 \geqslant 100$$
$$3x_1 + x_2 + 2x_3 + 3x_5 \geqslant 100$$
$$x_j \geqslant 0 \text{ 且为整数} (j = 1,2,\cdots,5)$$

上述问题的最优结果从略。

4.3 汽油混合问题

例 4.3 一种汽油的特性可用两个指标描述：其点火性用"辛烷数"描述，其挥发性用"蒸汽压力"描述。某炼油厂有四种标准汽油，设其标号分别为 1,2,3,4，其特性及库存量列于表 4.3.1 中。将上述标准汽油适量混合，可得到两种飞机汽油，其标号分别为 1,2。这两种飞机汽量的性能指标及产量需求列于表 4.3.2 中。

表 4.3.1 四种标准汽油

标准汽油	辛烷数	蒸汽压力(g/cm^2 *)	库存量(L)
1	107.5	7.11×10^{-2}	380 000
2	93.0	11.38×10^{-2}	265 200
3	87.0	5.69×10^{-2}	408 100
4	108.0	28.45×10^{-2}	130 100

表 4.3.2 两种飞机汽油

飞机汽油	辛烷数	蒸汽压力(g/cm^2 *)	产量需求(L)
1	不小于 91	不大于 9.96×10^{-2}	越多越好
2	不小于 100	不大于 9.96×10^{-2}	不少于 250 000

* $1\text{g/cm}^2 = 98\text{Pa}$。

问应如何根据库存情况适量混合各种标准汽油，使既满足飞机汽油的性能指标，而产量又为最高。

解 设 x_1,x_2,x_3,x_4 分别为飞机汽油 1 中所用标准汽油 1,2,3,4 的数量(L)；设 x_5，x_6,x_7,x_8 分别为飞机汽油 2 中所用标准汽油 1,2,3,4 的数量(L)。这样，$x_1+x_2+x_3+x_4$ 便是飞机汽油 1 的总产量，要求其总产量越多越好，所以目标函数是

$$\max z = x_1 + x_2 + x_3 + x_4$$

至于约束条件，我们先列出有关库存量和产量指标的约束条件，有

$$x_5 + x_6 + x_7 + x_8 \geqslant 250\,000$$
$$x_1 + x_5 \leqslant 380\,000$$
$$x_2 + x_6 \leqslant 265\,200$$
$$x_3 + x_7 \leqslant 408\,100$$
$$x_4 + x_8 \leqslant 130\,100$$
$$x_j \geqslant 0 \quad (j = 1,2,\cdots,8)$$

现在再来看有关辛烷数和蒸汽压力的约束条件。

在化学中有一个“分压定律”,可叙述如下:“设有一混合气体,由 n 种气体组成。令混合气体的压力为 P,所占总容积为 V,各组成成分的压力及其所占容积分别为 $p_1,p_2,\cdots,p_n$ 及 $v_1,v_2,\cdots,v_n$,则 $PV=\sum_{j=1}^{n}p_jv_j$”。利用这个分压定律可建立有关蒸汽压力的约束条件如下。

根据表 4.3.1,飞机汽油 1 的蒸汽压力应为

$$\frac{7.11\times10^{-2}x_1+11.38\times10^{-2}x_2+5.69\times10^{-2}x_3+28.45\times10^{-2}x_4}{x_1+x_2+x_3+x_4}$$

而根据表 4.3.2,这个蒸汽压力不能大于 9.96×10^{-2},因此有

$$\frac{7.11x_1+11.38x_2+5.69x_3+28.45x_4}{x_1+x_2+x_3+x_4}\leqslant9.96$$

经过整理得

$$2.85x_1-1.42x_2+4.27x_3-18.49x_4\geqslant0$$

由于要求飞机汽油 2 的蒸汽压力与飞机汽油 1 的相同,所以有

$$2.85x_5-1.42x_6+4.27x_7-18.49x_8\geqslant0$$

关于飞机汽油的辛烷数的计算与上述蒸汽压力的计算完全类似,故对于飞机汽油 1,有

$$\frac{107.5x_1+93x_2+87x_3+108x_4}{x_1+x_2+x_3+x_4}\geqslant91$$

经过整理得

$$16.5x_1+2.0x_2-4.0x_3+17.0x_4\geqslant0$$

同理,为满足飞机汽油 2 对于辛烷数的要求,应有

$$7.5x_5-7.0x_6-13.0x_7+8.0x_8\geqslant0$$

综上所述,该汽油混合问题的数学模型为:

目标函数

$$\max z=x_1+x_2+x_3+x_4$$

约束条件

$$\begin{aligned}&x_5+x_6+x_7+x_8\geqslant250\,000\\&x_1+x_5\leqslant380\,000\\&x_2+x_6\leqslant265\,200\\&x_3+x_7\leqslant408\,100\\&x_4+x_8\leqslant130\,100\\&2.85x_1-1.42x_2+4.27x_3-18.49x_4\geqslant0\\&2.85x_5-1.42x_6+4.27x_7-18.49x_8\geqslant0\\&16.5x_1+2.0x_2-4.0x_3+17.0x_4\geqslant0\\&7.5x_5-7.0x_6-13.0x_7+8.0x_8\geqslant0\\&x_j\geqslant0\quad(j=1,2,\cdots,8)\end{aligned}$$

这个问题是线性规划问题,用单纯形法可以求得最优解。

4.4 购买汽车问题

例 4.4 某汽车公司有资金 600 000 元,打算用来购买 A、B、C 三种汽车。已知汽车 A 每辆为 10 000 元,汽车 B 每辆为 20 000 元,汽车 C 每辆为 23 000 元。又汽车 A 每辆每班需

一名司机，可完成 2100t·km；汽车 B 每辆每班需两名司机，可完成 3600t·km；汽车 C 每辆每班需两名司机，可完成 3780t·km。每辆汽车每天最多安排三班，每个司机每天最多安排一班。限制购买汽车不超过 30 辆，司机不超过 145 人。

问：每种汽车应购买多少辆，可使每天的吨公里总数最大？

解 设购买的汽车 A 中，每天只安排一班的为 A_1 辆，每天只安排两班的为 A_2 辆，每天安排三班的为 A_3 辆；同理，设有变量 B_1,B_2,B_3 和 C_1,C_2,C_3。于是可得：

目标函数 $\max z=2100A_1+4200A_2+6300A_3+3600B_1+7200B_2+10\,800B_3+3780C_1+7560C_2+11\,340C_3$

约束条件

$$10\,000(A_1+A_2+A_3)+20\,000(B_1+B_2+B_3)+23\,000(C_1+C_2+C_3)\leqslant 600\,000$$

$$A_1+A_2+A_3+B_1+B_2+B_3+C_1+C_2+C_3\leqslant 30$$

$$A_1+2A_2+3A_3+2B_1+4B_2+6B_3+2C_1+4C_2+6C_3\leqslant 145$$

$A_i\geqslant 0,B_i\geqslant 0,C_i\geqslant 0$ 且为整数$(i=1,2,3)$

上述问题的最优结果从略。

4.5 产品加工问题

例 4.5 某工厂生产三种产品Ⅰ、Ⅱ、Ⅲ。每种产品均要经过 A、B 两道工序加工。设该厂有两种规格的设备能完成 A 工序，它们以 A_1、A_2 表示；有三种规格的设备能完成 B 工序，它们以 B_1,B_2,B_3 表示。产品Ⅰ可在 A、B 的任何一种规格的设备上加工。产品Ⅱ可在任何一种规格的 A 设备上加工，但完成 B 工序时，只能在 B_1 设备上加工。产品Ⅲ只能在 A_2 与 B_2 设备上加工。已知在各种设备上加工的单件工时、原料单价、产品销售单价、各种设备的有效台时以及满负荷操作时的设备费用(如表 4.5.1 所示)，要求制订最优的产品加工方案，使该厂利润最大。

表 4.5.1 产品加工问题

设备	产品的单件工时			设备的有效台时	满负荷时的设备费用(元)
	Ⅰ	Ⅱ	Ⅲ		
A_1	5	10		6000	300
A_2	7	9	12	10 000	321
B_1	6	8		4000	250
B_2	4		11	7000	783
B_3	7			4000	200
原料单价(元/件)	0.25	0.35	0.50		
销售单价(元/件)	1.25	2.00	2.80		

解 本问题可用下述两种方法列写数学模型。

第一种方法：

分析这个产品加工问题可以得出，产品Ⅰ共有六种加工方案：A_1、B_1，A_1、B_2，A_1、B_3，A_2、B_1，A_2、B_2，A_2、B_3，分别用 $x_{11},x_{12},x_{13},x_{14},x_{15},x_{16}$ 表示各个方案加工的产品Ⅰ的件数。产品Ⅱ共有两种加工方案：A_1、B_1，A_2、B_1，分别用 x_{21},x_{22} 表示这两个方案各加工的产品Ⅱ的

件数。产品Ⅲ只有一种加工方案：A_2、B_2，用 x_{31} 表示该方案加工的产品Ⅲ的件数。约束条件

$$
\begin{aligned}
&5(x_{11}+x_{12}+x_{13})+10x_{21}\leqslant 6000\\
&7(x_{14}+x_{15}+x_{16})+9x_{22}+12x_{31}\leqslant 10\,000\\
&6(x_{11}+x_{14})+8(x_{21}+x_{22})\leqslant 4000\\
&4(x_{12}+x_{15})+11x_{31}\leqslant 7000\\
&7(x_{13}+x_{16})\leqslant 4000\\
&\text{所有变量}\geqslant 0\text{ 且为整数}
\end{aligned}
$$

利润的计算公式如下

$$
\begin{aligned}
\text{利润}=&\sum_{i=1}^{3}[(\text{销售单价}-\text{原料单价})\cdot\text{该产品件数}]\\
&-\sum_{j=1}^{5}(\text{每台时的设备费用}\cdot\text{该设备实际使用的总台时})
\end{aligned}
$$

目标函数

$$
\begin{aligned}
\max z=&(1.25-0.25)(x_{11}+x_{12}+x_{13}+x_{14}+x_{15}+x_{16})\\
&+(2.00-0.35)(x_{21}+x_{22})+(2.80-0.50)x_{31}\\
&-\frac{300}{6000}[5(x_{11}+x_{12}+x_{13})+10x_{21}]\\
&-\frac{321}{10\,000}[7(x_{14}+x_{15}+x_{16})+9x_{22}+12x_{31}]\\
&-\frac{250}{4000}[6(x_{11}+x_{14})+8(x_{21}+x_{22})]\\
&-\frac{783}{7000}[4(x_{12}+x_{15})+11x_{31}]\\
&-\frac{200}{4000}[7(x_{13}+x_{16})]
\end{aligned}
$$

第二种方法：

设由 A_1 加工的产品Ⅰ是 x_1 件，由 A_2 加工的产品Ⅰ是 x_2 件，由 B_1 加工的产品Ⅰ是 x_3 件，由 B_2 加工的产品Ⅰ是 x_4 件，则由 B_3 加工的产品Ⅰ是$(x_1+x_2-x_3-x_4)$件。

设由 A_1 加工的产品Ⅱ是 x_5 件，由 A_2 加工的产品Ⅱ是 x_6 件，则由 B_1 加工的产品Ⅱ是(x_5+x_6)件。

设由 A_2 加工的产品Ⅲ是 x_7 件，则由 B_2 加工的产品Ⅲ也是 x_7 件。

约束条件为

$$
\begin{aligned}
&5x_1+10x_5\leqslant 6000\\
&7x_2+9x_6+12x_7\leqslant 10\,000\\
&6x_3+8(x_5+x_6)\leqslant 4000\\
&4x_4+11x_7\leqslant 7000\\
&7(x_1+x_2-x_3-x_4)\leqslant 4000\\
&x_j\geqslant 0\text{ 且为整数}(j=1,2,\cdots,7)
\end{aligned}
$$

目标函数为

$$\max z = (1.25-0.25)(x_1+x_2)+(2.00-0.35)(x_5+x_6)$$
$$+(2.80-0.5)x_7-\frac{300}{6000}(5x_1+10x_5)$$
$$-\frac{321}{10\,000}(7x_2+9x_6+12x_7)-\frac{250}{4000}[6x_3+8(x_5+x_6)]$$
$$-\frac{783}{7000}(4x_4+11x_7)-\frac{200}{4000}[7(x_1+x_2-x_3-x_4)]$$

上面的数学模型经过整理之后，即可求解。求解过程及求解结果从略。

4.6 投资计划问题

选定投资方案是制订国民经济发展计划的重要课题，线性规划是处理这类问题的重要方法之一，下面通过一个例题来说明如何利用这种方法制订投资计划。

例 4.6 某地区在今后三年内有四种投资机会。第Ⅰ种是在三年内每年年初投资，年底可获利润 20%，并可将本金收回；第Ⅱ种是在第一年年初投资，第二年年底可获利润 50%，并将本金收回，但该项投资不得超过 2 万元；第Ⅲ种是在第二年年初投资，第三年年底收回本金，并获利润 60%，但该项投资不得超过 1.5 万元；第Ⅳ种是在第三年年初投资，于该年年底收回本金，且获利润 40%，但该项投资不得超过 1 万元。现在该地区准备拿出 3 万元资金，问如何制订投资计划，使到第三年年末本利和最大。

解 本问题的投资年份有三年，投资方向有四个，因此设置变量如下：令 x_{ij} 为第 i 年投资到第 j 个方向的资金，$i=1,2,3$；$j=1,2,3,4$。下面通过讨论逐年的资金使用情况来构造模型。

第一年年初：共有Ⅰ，Ⅱ两种投资机会，可供使用的资金为 3 万元。由于欲获最大利润，资金不会闲置，故此时的约束条件可以表示成如下的等式

$$x_{11}+x_{12}=3.0$$

另外，第Ⅱ种投资不得超过 2 万元，故有

$$x_{12}\leqslant 2.0$$

第二年年初：此时第一年投资于Ⅰ的资金已全部收回，本利和为 $1.2x_{11}$，它可供第二年重新投资，投资机会有Ⅰ，Ⅲ两种，因此有

$$x_{21}+x_{23}-1.2x_{11}=0.0$$

另外，第Ⅲ种投资不得超过 1.5 万元，故有

$$x_{23}\leqslant 1.5$$

第三年年初：第一年投资于Ⅱ的资金已全部收回，本利和为 $1.5x_{12}$；此时第二年投资于Ⅰ的资金亦已全部收回，本利和为 $1.2x_{21}$。以上两笔资金可供该年重新投资，又这一年投资机会有Ⅰ和Ⅳ两种，故有如下约束方程：

$$x_{31}+x_{34}-1.5x_{12}-1.2x_{21}=0.0$$

此外，第Ⅳ种投资不得超过 1 万元，故有

$$x_{34}\leqslant 1.0$$

第三年年底：到期应把所有本利全部收回。届时能回收的资金有第二年年初投资于Ⅲ

的本利和 $1.6x_{23}$，第三年年初投资于Ⅰ的本利和 $1.2x_{31}$ 及投资于Ⅳ的本利和 $1.4x_{34}$。原问题的目的是希望整个投资方案在第三年年末获得最大的本利和，因此，该投资计划的目标函数可以表示为

$$\max z = 1.6x_{23} + 1.2x_{31} + 1.4x_{34}$$

约束条件

$$\begin{aligned}
&x_{11} + x_{12} = 3.0 \\
&x_{12} \leqslant 2.0 \\
&x_{21} + x_{23} - 1.2x_{11} = 0.0 \\
&x_{23} \leqslant 1.5 \\
&x_{31} + x_{34} - 1.5x_{12} - 1.2x_{21} = 0.0 \\
&x_{34} \leqslant 1.0 \\
&x_{ij} \geqslant 0 \quad (i=1,2,3;\ j=1,2,3,4)
\end{aligned}$$

上述模型的求解结果从略。

4.7 企业年度生产计划问题

例 4.7 这是一个棉纺织厂利用线性规划方法制订年度生产计划的实例。由于该模型变量比较多，这里只给出模型的一般描述形式，略去每个约束的具体数学公式及计算结果，重点介绍建立数学模型的思路和方法。

一、变量的选择

模型中的决策变量分为两大类，一类是最终产品的产量，另一类是新增设备的容量。

根据该厂的实际情况，选取了 23 种最终产品，这些产品产量对应的决策变量如表 4.7.1 所示。

表 4.7.1 设最终产品的产量为决策变量

产品类别																
	纱	产品名称	45D	24D	32D	21D	10D	32/2D	21/2D	45R	24R	32R	21R	10R	32/2R	21/2R
		变量	x_1	x_2	x_3	x_4	x_5	x_6	x_7	x_8	x_9	x_{10}	x_{11}	x_{12}	x_{13}	x_{14}
	布	产品名称	100×92	133×72	110×76	96×84	$\frac{45}{3}\times\frac{45}{3}$			28×28宽		28×28窄			21×21	10×10
		变量	x_{15}	x_{16}	x_{17}	x_{18}	x_{19}			x_{20}		x_{21}			x_{22}	x_{23}

全厂整个生产过程共有 16 种主要生产设备，列入约束条件的只是其中 9 种。表 4.7.2 中的变量表示这 9 种设备在该年度需要新购置的容量(其余 7 种设备有较大的剩余加工能力，故未列入数学模型)。

表 4.7.2 设新增设备的容量为决策变量

设备种类	梳纱机	粗纱机	细纱机	络筒机	捻线机	摇纱机	浆纱机	窄幅织机	宽幅织机
变量	y_1	y_2	y_3	y_4	y_5	y_6	y_7	y_8	y_9

二、构造线性规划模型

首先考虑约束条件。

根据该厂的实际情况，设置了以下六类约束。对于大部分工厂企业来说，这几类约束条件，在制订年度计划时，一般都需要考虑。

1. 国家下达的指令性计划指标和市场需求约束

该厂在考虑各种产品的产量 x_j 时，有两个主要依据：一个是国家指令性计划指标，另一个是市场需求预测。对一部分产品，国家有指令性计划指标，不论赢利多寡，都必须按时完成，在完成国家指令性计划后，如市场尚有需求，工厂可根据市场情况自行生产。另一部分产品，国家无指令性计划，工厂可根据市场需求自行安排生产。

对国家有指令性计划指标的产品，可表示为

$$x_j - x'_j = H_j$$
$$x'_j \leqslant D'_j \quad (j \in J_{\mathrm{h}})$$

其中，x'_j 为完成国家指令性计划后，超额生产的第 j 种产品产量，它也是决策变量；

H_j 为国家对第 j 种产品的指令性计划指标；

D'_j 为第 j 种产品在完成国家指令性计划后，预测的市场最大需求量；

J_{h} 为国家有指令性计划的产品的下标集合。

对无指令性计划指标的产品，则有

$$x_j \leqslant D_j \quad (j \notin J_{\mathrm{h}})$$

其中，D_j 为所预测的市场对第 j 种产品的最大需求量。

2. 设备生产能力约束

各种产品的产量必然受到企业现有设备全年所提供生产能力的约束(其量纲为单位容量·小时数，例如千锭·小时数)。设 a_{ij} 为单位第 j 种产品占用的第 i 种设备的生产能力，T_i 为现有的第 i 种设备容量，μ_i 为第 i 种设备的年运行小时数。又考虑到该厂计划添置部分紧缺设备，并设 y_i 为该年度初新购置投产的第 i 种设备的容量。该约束条件可表示为

$$\sum_{j=1}^{23} a_{ij} x_j - \mu_i y_i \leqslant \mu_i T_i \quad (i = 1, 2, \cdots, 9)$$

3. 增加设备容量的限制约束

购置新设备首先遇到的是资金方面的限制因素。设单位第 i 种设备容量的价格为 b_i，而该厂可用于购置各项设备的资金限制额为 L，故有

$$\sum_{i=1}^{9} b_i y_i \leqslant L$$

另外，增添新的设备生产能力还会受到厂房、人力等方面的限制，设第 i 种设备可增添的最大容量为 Q_i，则有

$$y_i \leqslant Q_i \quad (i = 1, 2, \cdots, 9)$$

4. 动力消耗约束

该纺织厂所消耗的动力主要是电能。由于电力供应紧张，国家采取限电措施，该厂全年耗电量有一个限额，超过该限额后的超额用电量将按高价收费。设 e_j 为单位第 j 种产品所消耗的电力，E 为该厂用电的限制量，x_{E} 为超限额后高价收费的用电量，x_{E} 也是决策变量。

模型中要权衡超额用电后的高成本和增加产品产量所带来利润之间的得失，该约束可表示为

$$\sum_{j=1}^{23} e_j x_j - x_E \leqslant E$$

当然，如果生产过程中所消耗的动力不是只有电力一种，而是有 m 种，那么就应建立 m 个类似的约束条件。

5. 下脚料的回收与复用约束

由于该厂的产品多样化，生产过程中某一种产品的下脚料有可能作为其他产品的原料而复用，从而节约原材料，降低成本。该厂可回收复用的下脚料共有 4 种，设单位第 j 种产品产生的第 k 种下脚料为 r_{kj}，并令决策变量 x_{kR} 表示生产过程中实际回收复用的第 k 种下脚料总量，则这类约束为

$$x_{kR} - \sum_{j \in J_{kp}} r_{kj} x_j \leqslant 0 \quad (k = 1,2,3,4)$$

其中，J_{kp} 为产生第 k 种下脚料的产品下标集合。

又设可以使用第 k 种下脚料的产品下标集合为 J_{ku}，其中单位第 j 种产品可使用第 k 种下脚料的数量为 q_{kj}，那么实际回收复用的下脚料数量亦不得超过各种产品可能使用的数量，故有

$$x_{kR} - \sum_{j \in J_{ku}} q_{kj} x_j \leqslant 0 \quad (k = 1,2,3,4)$$

6. 决策变量的非负约束

$$\begin{aligned} & x_j \geqslant 0 \quad (j = 1,2,\cdots,23) \\ & x'_j \geqslant 0 \quad (j \in J_h) \\ & y_i \geqslant 0 \quad (i = 1,2,\cdots,9) \\ & x_E \geqslant 0 \\ & x_{kR} \geqslant 0 \quad (k = 1,2,3,4) \end{aligned}$$

除了上述几类约束条件外，一般企业年度生产计划还需考虑原材料供应、交通运输和劳动力等限制条件，由于该厂这些条件都能满足生产需要，并未构成限制因素，所以没有列出这些约束条件。上述几类约束已经把这个厂生产经营活动中的主要因素反映出来了。

下面再考虑目标函数。

7. 目标函数

这个年度生产计划的优化模型是选用企业的利润作为目标函数的。企业的生产利润应为其销售收入减去原材料和动力等的物质消耗费用、劳动工资、税金、固定资产的折旧费用等。我们设 P_j 为生产单位第 j 种产品所获得的利润，但其中未扣除新置设备投资的年回收成本；又设投资的年回收因子为 F；并设 c 为超额用电后单位电量多付的费用。利润中还应考虑回收复用下脚料后因成本降低所带来的利润，因此设 P'_k 为复用单位第 k 种下脚料所降低的生产费用。这样，本问题的目标函数就可以表示为

$$\max z = \sum_{j=1}^{23} P_j x_j - F \cdot \sum_{i=1}^{9} b_i y_i - c \cdot x_E + \sum_{k=1}^{4} P'_k \cdot x_{kR}$$

式中第二项是相对于投资的年回收成本，它是投资的年回收因子 F 与所用投资额的乘积。年回收因子 F 表示初始投资在固定资产寿命期内平均每年偿还的份额，F 的计算方法

如下。

假如在规划期内投资兴建了一个工程项目，所花费的资金为 P，该工程项目的使用年限为 n，我们考虑在 n 年内每年等额回收一笔资金 B，到该项目寿命终结时，在年利息率为 i 的情况下，所回收的资金正好抵偿初始投资。每年等额回收的资金数量 B 即为投资的年回收成本。

在考虑年利息率为 i 的情况下，今年初的一元钱和明年初的一元钱的价值是不相等的，今年初的一元钱和明年初的 $(1+i)$ 元才是等值的，明年初的一元钱则相当于今年初的 $\frac{1}{1+i}$ 元，而后年初的一元钱则仅相当于今年初的 $\frac{1}{(1+i)^2}$ 元。这种把未来年份的钱按一定利息率折合为初始年份金额的办法，通常称为“贴现”，这时利息率也称为贴现率。就工程项目投资的资本回收而言，n 年内每年回收的资金 B 贴现到初始年份后的总和应该等于初始投资额 P，故有

$$\begin{aligned}P &= \frac{1}{1+i}B + \frac{1}{(1+i)^2}B + \cdots + \frac{1}{(1+i)^n}B \\ &= B\left[\frac{1}{1+i} + \frac{1}{(1+i)^2} + \cdots + \frac{1}{(1+i)^n}\right] \\ &= B\sum_{j=1}^{n}\frac{1}{(1+i)^j}\end{aligned}$$

上式是一个 n 项等比数列的求和问题，由等比数列的求和公式（式中 q 是公比，a_1 是首项，S_n 是前 n 项之和）

$$S_n = \frac{a_1(1-q^n)}{1-q}$$

可得

$$P=B\cdot\frac{\frac{1}{1+i}\left(1-\frac{1}{(1+i)^n}\right)}{1-\frac{1}{1+i}}=B\cdot\frac{(1+i)^n-1}{i(1+i)^n}$$

所以

$$B=P\frac{i(1+i)^n}{(1+i)^n-1}$$

令

$$F=\frac{B}{P}=\frac{i(1+i)^n}{(1+i)^n-1}$$

投资的年回收因子 F 也就是单位投资额的年回收成本，它经常出现在线性规划模型目标函数的成本系数中，以计算各项投资的年回收成本。

综上所述，本问题的数学模型如下

$$\max z = \sum_{j=1}^{23}P_jx_j - F\cdot\sum_{i=1}^{9}b_iy_i - c\cdot x_E + \sum_{k=1}^{4}P'_k\cdot x_{kR}$$

$$x_j - x'_j = H_j$$

$$x'_j \leqslant D'_j \quad (j\in J_h)$$

$$x_j \leqslant D_j \quad (j\notin J_h)$$

$$\sum_{j=1}^{23}a_{ij}x_j - \mu_iy_i \leqslant \mu_iT_i (i=1,2,\cdots,9)$$

$$\sum_{i=1}^{9} b_i y_i \leqslant L$$

$$y_i \leqslant Q_i \quad (i=1,2,\cdots,9)$$

$$\sum_{j=1}^{23} e_j x_j - x_{\mathrm{E}} \leqslant E$$

$$x_{k\mathrm{R}} - \sum_{j \in J_{k\mathrm{p}}} r_{kj} x_j \leqslant 0 \quad (k=1,2,3,4)$$

$$x_{k\mathrm{R}} - \sum_{j \in J_{k\mathrm{u}}} q_{kj} x_j \leqslant 0 \quad (k=1,2,3,4)$$

$$x_j \geqslant 0 \quad (j=1,2,\cdots,23)$$

$$x'_j \geqslant 0 \quad (j \in J_{\mathrm{h}})$$

$$y_i \geqslant 0 \quad (i=1,2,\cdots,9)$$

$$x_E \geqslant 0$$

$$x_{k\mathrm{R}} \geqslant 0 \quad (k=1,2,3,4)$$

4.8 企业年度生产计划的按月分配问题

例 4.8 在成批生产的机械制造企业中，不同产品的加工量在结构上可能有很大差别。如某种产品要求有较多的车床加工时间，而另一种产品的加工量可能集中在铣床和其他机床上，因此企业在按月分配年度计划任务时，应尽量使各种设备的负荷均衡且最大。

在年度计划按月分配时，一般要考虑：从数量和品种上保证年度计划的完成；成批的产品尽可能在各个月内均衡生产或集中在几个月内生产；由于生产技术准备等方面的原因，某些产品要在某个月后才能投产；根据合同要求，某些产品要求在年初交货；批量小的产品尽量集中在一个月或几个月内生产出来，以便减少各个月的品种数量等。以下分析如何在满足上述条件的基础上，使设备的负荷均衡且最大。

如果对全年每一个月同时计算，会使问题非常复杂。我们可以根据上述条件，从一月份到十二月份，一个月一个月地分别计算。

假定工厂共有 m 类设备，用 i 表示第 i 类设备（$i=1,2,\cdots,m$）；共生产 n 种产品，用 j 表示第 j 种产品（$j=1,2,\cdots,n$），该产品的全年计划产量为 d_j。用 a_{ij} 表示加工单位第 j 种产品需要的第 i 类设备的台时数，用 b_{ik} 表示 k 月份（$k=1,2,\cdots,12$）内第 i 类设备的生产能力（台时），用 x_{jk} 表示 k 月份计划生产第 j 种产品的数量。

再根据其他的限定条件，如第 5、8 两种产品下半年投产，第 4 种产品要求二月底前完成全年计划等列写其他约束条件。

我们先考虑一月份的线性规划模型。

以一月份内各种设备的生产能力总和为分母，生产各种产品所需要的各类设备的总台时数为分子，可计算出一月份的平均设备利用系数 z，以 z 为目标函数，即可得到一月份的线性规划模型

$$\max z = \frac{\sum_{i=1}^{m}\sum_{j=1}^{n} a_{ij}x_{j1}}{\sum_{i=1}^{m} b_{i1}}$$

$$x_{51} = x_{81} = 0$$

$$\sum_{j=1}^{n} a_{ij}x_{j1} \leqslant b_{i1} \quad (i = 1,2,\cdots,m)$$

$$x_{j1} \leqslant d_j \quad (j = 1,2,\cdots,n)$$

$$x_{j1} \geqslant 0 \quad (j = 1,2,\cdots,n)$$

考虑二月份的线性规划模型时，要注意以下几点：从全年计划中减去一月份已生产的数量；对批量小的产品，如一月份已安排较大产量的，二月份可以将剩余部分都安排生产；保证第4种产品在二月底以前全部交货等。

二月份的线性规划模型如下

$$\max z = \frac{\sum_{i=1}^{m}\sum_{j=1}^{n} a_{ij}x_{j2}}{\sum_{i=1}^{m} b_{i2}}$$

$$x_{52} = x_{82} = 0$$

$$x_{42} = d_4 - x_{41}$$

$$\sum_{j=1}^{n} a_{ij}x_{j2} \leqslant b_{i2} \quad (i = 1,2,\cdots,m)$$

$$x_{j2} \leqslant d_j - x_{j1} \quad (j = 1,2,\cdots,n)$$

$$x_{j2} \geqslant 0 \quad (j = 1,2,\cdots,n)$$

这样，我们可以依次对十二个月列出线性规划模型并求解，再根据具体情况对计算结果进行必要的调整。

4.9 合金添加的优化问题

例 4.9 某特钢公司炼钢厂采用电炉冶炼特种钢，其钢种达数百个之多，这些特殊钢种所含的元素少的有六、七种，多的达十一种。这些元素通常是由各种铁合金提供，即在钢水中添加适量的各种铁合金，使所炼成的钢符合各个钢种的规格要求。一般说来，在添加各种铁合金之前，钢水中各种元素的含量低于规格要求，因此，针对各种元素的差值，应添加各种铁合金多少，向来是工程技术人员的一大难题。

该厂过去一直沿用"经验估算法"来调整钢水中各种元素的含量。这种方法常常使钢的各种元素的含量波动较大，不仅不能保证钢的质量，还经常发生报废现象；而且为了防止钢的某些主要元素含量偏低，这种方法往往将某些铁合金添加到上限，因此每炉钢就要多加许多铁合金，而铁合金是一种价格昂贵的材料，这样无形中提高了钢的成本。

为了提高各种特钢的质量，降低生产成本，必须寻找最优的合金添加方案。显然，这是一个配料问题，可以用线性规划的方法来解决。

下面我们来建立这个问题的数学模型。

1. 设炉内钢水的重量为 w,并已知下列数据

(1) 钢水成分中受控元素为 m 个,依次编号为 $1,2,\cdots,m$,钢水中这些元素的含量为

$$b_1,b_2,\cdots,b_m$$

一般说来,这些含量低于钢种的规格要求。

(2) 根据钢种的规格要求,各受控元素的含量,最低不得低于

$$a_1,a_2,\cdots,a_m$$

最高不得高于

$$c_1,c_2,\cdots,c_m$$

(3) 设仓库中共有 n 种铁合金,它们的各种元素的含量及价格如表 4.9.1。

表 4.9.1 n 种铁合金材料

合金 / 单位合金中各元素的含量 / 元素	合金 1	合金 2	…	合金 n
元素 1	d_{11}	d_{12}	…	d_{1n}
元素 2	d_{21}	d_{22}	…	d_{2n}
…	…	…	…	…
元素 m	d_{m1}	d_{m2}	…	d_{mn}
合金单价	e_1	e_2	…	e_n

2. 决策变量

我们用 $x_1,x_2,\cdots,x_n$ 分别表示合金添加方案中 n 种合金的添加量。

3. 目标函数

显然,厂方决策人员希望在众多的符合钢种规格要求的合金添加方案中,找出成本最低的添加方案,即目标函数为

$$\min z = e_1x_1 + e_2x_2 + \cdots + e_nx_n$$

4. 约束条件

我们已经知道在合金添加前,钢水中各种元素的含量为 $b_1,b_2,\cdots,b_m$,现在假定按某个添加方案添加各种合金后,各元素的含量为 $f_1,f_2,\cdots,f_m$,显然,它们分别为

$$f_1 = \frac{b_1w + d_{11}x_1 + d_{12}x_2 + \cdots + d_{1n}x_n}{w + x_1 + x_2 + \cdots + x_n}$$

$$f_2 = \frac{b_2w + d_{21}x_1 + d_{22}x_2 + \cdots + d_{2n}x_n}{w + x_1 + x_2 + \cdots + x_n}$$

$$\vdots$$

$$f_m = \frac{b_mw + d_{m1}x_1 + d_{m2}x_2 + \cdots + d_{mn}x_n}{w + x_1 + x_2 + \cdots + x_n}$$

经整理后可得

$$
\begin{cases}
(d_{11}-f_1)x_1+(d_{12}-f_1)x_2+\cdots+(d_{1n}-f_1)x_n=(f_1-b_1)w \\
(d_{21}-f_2)x_1+(d_{22}-f_2)x_2+\cdots+(d_{2n}-f_2)x_n=(f_2-b_2)w \\
\cdots\cdots\cdots\cdots \\
(d_{m1}-f_m)x_1+(d_{m2}-f_m)x_2+\cdots+(d_{mn}-f_m)x_n=(f_m-b_m)w
\end{cases}
\tag{4.9.1}
$$

方程组(4.9.1)即

$$
\sum_{j=1}^{n}(d_{ij}-f_i)x_j=(f_i-b_i)w \tag{4.9.2}
$$

它表明钢水中每种元素的添加量等于所添加的各种合金提供的该种元素的代数和。

显然,添加合金后钢水中各种元素的含量 $f_i(i=1,2,\cdots,m)$应满足如下的不等式,即

$$
a_i \leqslant f_i \leqslant c_i \quad (i=1,2,\cdots,m) \tag{4.9.3}
$$

因为 $b_i \geqslant 0, w \geqslant 0, d_{ij} \geqslant 0$,故由式(4.9.3)容易得到

$$
(a_i-b_i)w \leqslant (f_i-b_i)w \leqslant (c_i-b_i)w \quad (i=1,2,\cdots,m) \tag{4.9.4}
$$

及

$$
d_{ij}-a_i \geqslant d_{ij}-f_i \geqslant d_{ij}-c_i \quad (i=1,2,\cdots,m;\ j=1,2,\cdots,n) \tag{4.9.5}
$$

因为 $x_j \geqslant 0$,根据式(4.9.5),可得

$$
\sum_{j=1}^{n}(d_{ij}-a_i)x_j \geqslant \sum_{j=1}^{n}(d_{ij}-f_i)x_j \geqslant \sum_{j=1}^{n}(d_{ij}-c_i)x_j \quad (i=1,2,\cdots,m) \tag{4.9.6}
$$

根据式(4.9.2)、式(4.9.4)和式(4.9.6),可得

$$
\sum_{j=1}^{n}(d_{ij}-a_i)x_j \geqslant (a_i-b_i)w \quad (i=1,2,\cdots,m)
$$

及

$$
\sum_{j=1}^{n}(d_{ij}-c_i)x_j \leqslant (c_i-b_i)w \quad (i=1,2,\cdots,m)
$$

这样,我们就得到了电炉炼钢的合金添加最优化问题的线性规划模型

$$
\begin{aligned}
&\min z=\sum_{j=1}^{n}e_j x_j \\
&\sum_{j=1}^{n}(d_{ij}-a_i)x_j \geqslant (a_i-b_i)w \quad (i=1,2,\cdots,m) \\
&\sum_{j=1}^{n}(d_{ij}-c_i)x_j \leqslant (c_i-b_i)w \quad (i=1,2,\cdots,m) \\
&x_j \geqslant 0 \quad (j=1,2,\cdots,n)
\end{aligned}
$$

只要给出上述模型中的各个系数,就可以算出各种合金的最优添加量 x_j^* $(j=1,2,\cdots,n)$。这个模型经该厂试用,经济效益显著,每炉钢可节约一笔可观的材料费。

4.10 露天矿车流规划的数学模型及其可行性检验标准

例 4.10 露天矿车流规划的数学模型及其可行性检验标准

一、概述

国内外露天矿的生产实践表明:采用汽车运输的露天矿运输费用占整个矿山生产费用

的50%以上,运输台班生产作业时间只占70%,非生产时间占30%,存在较大的优化空间。采用先进的露天矿卡车调度系统,一般可提高生产能力7%~13%。

露天矿的主要产品是一定品位的矿石,矿石品位指矿石中有用成分的含量,一般以重量百分数表示。为了生产矿石必须先剥离一定数量的岩石(废石)。电铲挖掘矿石或岩石,并将其装上卡车。从电铲出来的重车经调度系统指派开往某卸点卸车。卸点一般分为矿石破碎站、岩石破碎站、岩石直排点等。从卸点出来的空车经调度系统指派开往某装点(电铲)装车。如此,卡车在装点、卸点之间的装、运、卸循环过程就是露天矿生产、调度的基本过程。

在露天矿卡车调度系统中,车流规划数学模型、实时调度准则是其关键技术。从控制系统的角度看,车流规划的求解结果是实时调度的"给定值",它指示着实时调度的方向,是实时调度力求实现的理想目标值。也就是说,露天矿的车流规划,是为了进行实时调度而做的一种规划,实时调度始终处于车流规划的控制之中,因此车流规划是整个优化的核心。

二、车流规划的方案选择

具有代表性的车流规划方案有线性规划和目标规划(参见本书第6章)两种。下面从运筹学角度将这两种规划做一分析比较。线性规划只有一个目标函数,这种简单性既是它的优势也是它的局限。其约束条件全部是硬约束,可能出现"无可行解",这是它的一个严重问题。通常认为,采用目标规划就可以自然避免"无可行解",其实不然。目标规划同样可能出现"不可接受解",这个"不可接受解",就相当于线性规划的"无可行解"。目标规划的优势是可以在模型中体现多个目标的要求,并根据各目标重要性的不同将多个目标分级、加权、逐级优化,这符合人们处理问题时分别轻重缓急、保证重点的基本思想。

从建模与求解看,线性规划显然都比目标规划简单、方便得多。线性规划是运筹学中理论最成熟、应用最广泛的分支之一,其应用软件十分丰富。目标规划方面,其研究深度、应用广度、实用软件等远逊于线性规划。再从露天矿卡车调度问题的实际看,一般只有数个目标及数类约束条件,而数个目标之间的关系比较容易分析清楚,可以从中找出一个主要目标作为目标函数,将其他目标转化为约束条件。因此,一般情况下,线性规划可作为车流规划的首选方案。本节所给模型即选择了线性规划方案,而且在线性规划的基础上融入了目标规划的优越性。

三、车流规划的数学模型

数学模型的建立包括设置变量、确定目标函数及约束条件。因为目标函数集中体现了调度系统的目标要求和整体优化思想,故确定目标函数很重要。车流规划数学模型的不同往往首先体现在目标函数上。下面简要介绍车流规划的数学模型。

1. 设置变量

首先采用运筹学图论中的Dijkstra算法(参见本书第13章)或其他优化算法计算出电铲和卸点之间的各个最短路线,模型的变量就设置为最短路线上的各重车流率 x_i 和空车流率 y_k(单位 t/h)。空车流率与重车流率的区别是,它指空车具有的相应能力。图4.10.1是变量设置的示例。车流规划的求解结果就是各重车流

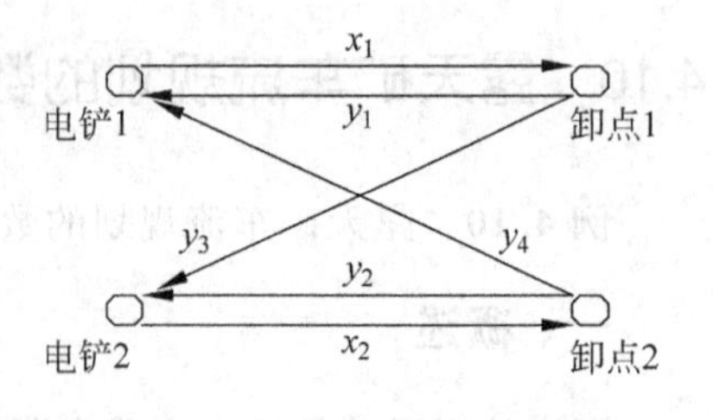

图4.10.1 变量设置示意图

率和空车流率的最优值(亦称目标流率)。

2. 确定目标函数

在露天矿的生产实际中,装卸点是最基本、最重要的实体。如果卡车调度系统有多个目标,也必然通过装卸点加以实现,故原则上可将多目标的要求转移到各个装卸点。不同装卸点对生产的重要性往往差别很大,即装卸点中自然存在着不同的优先等级。合理设置装卸点的优先等级,从系统的多目标要求出发,综合考虑各装卸点的重要性,确定它们的优先等级,给出相应的优先因子和权系数。

因为重车流率直接反映产量和效益,为了使目标函数尽可能简洁,本节所给模型的目标函数只取全部重车流率的加权和最大。这里的"权"即优先系数,是由装卸点的优先因子、权系数等多种因素决定的。这样,就在线性规划的单目标函数中引入了分级、加权、逐级优化的思想,融入了多目标的要求。因此,本节所给模型的目标函数具有线性规划与目标规划的双重优越性。

$$\max Z = \sum_{i \in A} c_i x_i \tag{4.10.1}$$

式中,x_i 为第 i 条重车路线的流率($x_i \geqslant 0$); c_i 为第 i 条重车路线的优先系数($c_i > 0$); A 为全部重车路线下标 i 的集合。

3. 确定约束条件

除了变量非负的约束外,主要还有四类约束条件,下面分别加以介绍。

(1) 各装卸点处理能力约束

$$\sum_{i \in E_j} x_i \leqslant b_j \tag{4.10.2}$$

式中,E_j 为第 j 个装卸点的全部重车路线下标 i 的集合($E_j \in A$); x_i 为第 j 个装卸点的第 i 条重车路线的流率($x_i \geqslant 0$); b_j 为第 j 个装卸点的最大处理能力(工作强度上限)($b_j > 0$)。

(2) 矿石品位约束

$$\left(\sum_{i \in M_j} x_i\right) H_{lj} \leqslant \sum_{i \in M_j} (x_i g_i) \leqslant \left(\sum_{i \in M_j} x_i\right) H_{uj} \tag{4.10.3}$$

本约束中即

$$\sum_{i \in M_j} [x_i (H_{lj} - g_i)] \leqslant 0 \tag{4.10.4}$$

$$\sum_{i \in M_j} [x_i (g_i - H_{uj})] \leqslant 0 \tag{4.10.5}$$

式(4.10.3)~式(4.10.5)中,g_i 为第 i 个矿石装点的原矿品位($g_i > 0$); H_{uj}、H_{lj} 分别为第 j 个矿石卸点的矿石目标品位上下限($H_{uj} > H_{lj} > 0$); x_i 为第 j 个矿石卸点的第 i 条重车路线的流率($x_i \geqslant 0$); M_j 为第 j 个矿石卸点的全部重车路线下标 i 的集合($M_j \in A$)。

(3) 给定卡车数约束

$$\sum_{i \in A} Q_i x_i + \sum_{k \in B} R_k y_k \leqslant N \tag{4.10.6}$$

式中,x_i 为第 i 条重车路线的流率($x_i \geqslant 0$); y_k 为第 k 条空车路线的流率($y_k \geqslant 0$); Q_i 为重车流率 x_i 相应的卡车数转换系数($Q_i > 0$); R_k 为空车流率 y_k 相应的卡车数转换系数($R_k > 0$); A 为全部重车路线下标 i 的集合; B 为全部空车路线下标 k 的集合; N 为给定的卡车数($N > 0$)。

(4) 车流连续性约束

类似于电路中的基尔霍夫定律,在每个装卸点,应该有卡车进、出的数量相等。即

$$\sum_{i \in E_j} T_i x_i - \sum_{k \in F_j} S_k y_k = 0 \qquad (4.10.7)$$

式中,T_i 为重车流率 x_i 相应的连续性转换系数($T_i>0$); S_k 为空车流率 y_k 相应的连续性转换系数($S_k>0$); E_j 为第 j 个装卸点的全部重车路线下标 i 的集合($E_j \in A$); F_j 为第 j 个装卸点的全部空车路线下标 k 的集合($F_j \in B$)。

以上就是本节所给的车流规划数学模型,其基本结构、模式是合理的,具有一定的普遍性。当然,对于不同露天矿、在不同需求情况下,数学模型的具体形式可能有差别。

4. 求解方法

线性规划的求解基本依据单纯形法原理,常用的求解方法有大 M 法,两阶段法,改进单纯形法等。在求解一般的露天矿车流线性规划时,一定要防止因退化引起循环。

四、车流规划数学模型的可行性检验标准

作为一般线性规划,它的解允许有四种情况:无可行解、无有限最优解、无穷多组最优解、唯一最优解。但问题是用于露天矿车流规划的线性规划,因其求解结果是实时调度的"给定值",故任何情况下都必须有一个有限的最优解(不能是全零解),绝不允许出现无可行解或无有限最优解,否则实时调度将无法进行。全零解为最优解的危害也在于此。这里的关键问题是模型的可行性问题。

在实际的建模过程中,人们往往忽略了模型的可行性问题,或者不清楚该如何保证可行性;而模型建成后,通常也不进行可行性检验。这样建成的模型,不能保证在实时调度中正常使用。为了解决这一普遍存在的实际问题,下面提出检验模型可行性的四个基本标准,并逐一证明本节所给模型符合这些标准。这些标准也可作为可行性的建模准则在建模过程中遵循。

1. 可行域检验标准

可行域检验标准是针对数学模型自身的可行域而言的:可行域非空且为闭集。

证明:用试探法。

令全部重车流率 $\boldsymbol{x}=0$,全部空车流率 $\boldsymbol{y}=0$。

将上述全零解代入各约束条件均满足,有 $Z_0=0$。故全零解是一个可行解,可行域为非空集合。

因各约束条件均为小于等于或等于约束,且右端常数项均为非负有限值,故可行域为闭集。

证毕。

2. 最优解检验标准

最优解检验标准是针对数学模型自身的最优解而言的:最优解存在且非全零。

证明:由上述可行域检验标准已知可行域非空且为闭集,至少有一个全零解,其$Z_0=0$。

在全零解的基础上,只任选一个装岩石的重车流率 x_p,$p \in A$,x_p 相应的两端装卸点为 $P1$、$P2$,令

$$x_p = \delta(\delta > 0)$$

$$\forall i \in A,\quad i \neq p,\quad x_i = 0$$

由每个装卸点的车流连续性约束式(4.10.7)可知

$\exists w(w \in B)$使 $T_p x_p = S_w y_w$(y_w 与 x_p 相应的两端装卸点相同)

$\forall k \in B, k \neq w, y_k = 0$

$$y_w = \frac{T_p \delta}{S_w} > 0 \tag{4.10.8}$$

将 $\boldsymbol{x}_1 = (0, \cdots, 0, x_p, 0, \cdots, 0)$, $\boldsymbol{y}_1 = (0, \cdots, 0, y_w, 0, \cdots, 0)$分别代入式(4.10.2)、式(4.10.6)。代入式(4.10.2)有 $x_p \leqslant b_j, j \in \{P1, P2\}$

$$\delta \leqslant \min(b_{P1}, b_{P2}) \quad (b_{P1} > 0, b_{P2} > 0) \tag{4.10.9}$$

代入式(4.10.6)有

$$\frac{N}{Q_p \delta + R_w y_w} \geqslant 1 \tag{4.10.10}$$

将式(4.10.8)代入式(4.10.10)有

$$\delta \leqslant \frac{N}{Q_p + T_p R_w / S_w} \quad \left(\frac{N}{Q_p + T_p R_w / S_w} > 0\right) \tag{4.10.11}$$

由式(4.10.9)、式(4.10.11)得

$$0 < \delta \leqslant \min\left(\min(b_{P1}, b_{P2}), \frac{N}{Q_p + T_p R_w / S_w}\right) \tag{4.10.12}$$

故$(\boldsymbol{x}_1, \boldsymbol{y}_1)$是全零解之外的另一个可行解,其 $Z_1 = \sum_{i \in A} c_i x_i = C_p \delta > 0$

有 $Z_1 > Z_0$。

证毕。

3. 可解性检验标准

可解性检验标准是针对数学模型的求解算法而言的:如果问题存在最优解,一定能在有限步内求出它。

在车流规划数学模型的最优解中,一般都会有部分变量为0。若采用线性规划方案、选择单纯形法原理求解,则有基变量为0时,即出现了退化。退化可能引起循环,即可能求不出最优解(问题本来有最优解)。虽然发生循环的可能性极小,但在实时调度中,循环绝不允许发生,必须保证算法的有限步可解性。防止循环的方法有多种,可以在求解过程中引入摄动法、勃兰特法等。本节所给模型的求解算法保证了可解性。

4. 统一性检验标准

统一性检验标准是针对车流规划数学模型与其外部的关系而言的:车流规划数学模型应该与系统的其他有关部分相适应,相统一。

这里的系统,指的是整个露天矿卡车调度系统;而统一性,指的是在系统内,车流规划数学模型应该从整体上与诸如实时调度准则部分、GPS及数据采集与通信部分、计算机调度与管理信息部分等有关部分协调统一。本节所给模型保证了统一性。

五、应用实例

采用本节所给车流规划模型的露天矿卡车调度系统,在应用于大型露天矿实际生产时,进行了大量的实时计算。下面给出其中一组车流规划计算结果(限于篇幅,只列出主要数据)。

生产规模：可动用电铲10台，其中矿铲4台，岩铲6台。可动用卸点3个，其中矿石破碎站1个，岩石破碎站1个，岩石直排点1个。可动用卡车43辆。

各装卸点的代码及工作强度上限(单位 t/h)如下：

矿铲07	251	岩铲06	600
矿铲09	767	岩铲08	544
矿铲11	371	岩铲10	835
矿铲12	835	矿石破碎站101	2900
岩铲03	917	岩石破碎站301	3500
岩铲04	709	岩石直排点401	5000
岩铲05	544		

车流规划计算出的各道路的目标流率(单位 t/h)如下：

空车流率	重车流率
$x(101,07)=85.308\,823\,529\,411\,8$	$x(07,101)=251$
$x(101.09)=767$	$x(09,101)=767$
$x(101,06)=600$	$x(11,101)=371$
$x(101,10)=835$	$x(12,101)=835$
$x(301,07)=165.691\,176\,470\,588$	$x(03,301)=917$
$x(301,11)=270.632\,352\,941\,176$	$x(04,301)=709$
$x(301,12)=835$	$x(05,401)=544$
$x(301,03)=917$	$x(06,301)=495$
$x(301,04)=709$	$x(06,401)=105$
$x(301,05)=544$	$x(08,301)=544$
$x(401,11)=100.367\,647\,058\,824$	$x(10,301)=835$
$x(401,08)=544$	系统共需要卡车43台

上述结果表明：实际动用10台电铲，1个矿石破碎站，1个岩石破碎站，1个岩石直排点及43辆卡车。本节所给模型保证了全部10台电铲及岩石破碎站都工作在强度上限。因全部四台矿铲的最大工作强度之和仍小于矿石破碎站的最大工作强度，故矿石破碎站未能工作在上限。又因全部六台岩铲的工作强度之和比岩石破碎站的最大工作强度略大，故岩石直排点未能工作在上限。

目前国内露天矿普遍采用定铲定车人工调度方式。详细计算表明：对上述应用实例问题，同等条件下定铲定车人工调度所用总卡车数为48辆，也就是说，仅所用总卡车数一项，车流规划优化调度就比定铲定车人工调度节省了大约10%。

六、结论

综上所述，本节所给的露天矿车流规划数学模型，不但符合上述所有可行性检验标准，保证了模型的可行性问题，而且还具有多方面的优越性。它以先进的GPS技术、最优化技术、计算机技术等为基础，站在全局的高度进行统筹，从根本上降低成本、提高效率，实现生产的总体效益最大。它的变量设置在最短路线之上；简单的单目标函数中融入了目标规划的优越性，而且保证了重车流率(直接体现产量和效益)尽可能大。它保证一般装卸点都工作在强度上限，可最大限度地发挥其效率。它按照装卸点的优先等级等因素合理分配卡车资源；按照矿石品位要求进行配矿生产，保证了产品的质量。在效果相同的情况下，本节所给模型的目标函数中的变量数比一般同类系统减少了2/3左右，明显地减少了实时计算量。

以上简要介绍了露天矿车流规划的数学模型及其可行性检验标准（详见参考文献[30]）。实际上，露天矿卡车调度系统中除了车流规划问题，还有实时调度准则、性能评价指标、关键时间参数的概率分布、系统仿真等重要问题值得关注与研究。对这些问题感兴趣的读者，可参考下列文章。

(1) Qiang Wang, Ying Zhang, Chong Chen and Wenli Xu. Open-pit mine truck real-time dispatching principle under macroscopic control. First International Conference on Innovative Computing, Information and Control(ICICIC'06), Beijing, 2006, 702-706

(2) 陈冲，张莹，王强，徐文立. 露天矿卡车调度系统性能评价指标的研究. 矿冶，2006，15(3)：72～75

(3) 王强，张莹，陈冲，徐文立. 露天矿卡车调度关键时间参数的概率分布. 煤炭学报，2006，31(6)：761～764

(4) 张婕，张莹，徐文立，赵勇. 面向对象的露天矿卡车调度系统可视化仿真. 系统仿真学报，2004，16(3)：538～540

(5) 陈冲，张莹，王强，徐文立，王岩峰. 基于Extend的大型露天矿卡车调度系统仿真. 系统仿真学报，2007，19(4)：215～218

习 题 一

1.1 将下列线性规划模型化为标准型：

(1) $\max z=3x_1-x_2+2x_3$

$2x_1-x_2+x_3\geqslant 4$

$-4x_1+x_2+3x_3=8$

$3x_1+2x_2+x_3\leqslant 9$

$x_1\geqslant 0, x_2\geqslant 0, x_3$ 自由变量

(2) $\min w=|x|+|y|+|z|$

$x+y\leqslant 1$

$2x+z=3$

(3) $\min z=2x_1-x_2+2x_3$

$-x_1+x_2+x_3=4$

$-x_1+x_2-x_3\leqslant 6$

$x_1\leqslant 0, x_2\geqslant 0, x_3$ 自由变量

1.2 用图解法求解下列线性规划问题：

(1) $\max z=x_1+x_2$

$x_1+2x_2\leqslant 10$

$x_1+x_2\geqslant 1$

$x_2\leqslant 4$

$x_1\geqslant 0, x_2\geqslant 0$

(2) $\max z=3x_1-2x_2$

$x_1+x_2\leqslant 1$

$2x_1+2x_2\geqslant 3$

$x_1\geqslant 0, x_2\geqslant 0$

(3) $\max z=2.5x_1+x_2$

$3x_1+5x_2\leqslant 15$

$5x_1+2x_2\leqslant 10$

$x_1\geqslant 0, x_2\geqslant 0$

(4) $\min z=1.5x_1+2.5x_2$

$x_1+3x_2\geqslant 3$

$x_1+x_2\geqslant 2$

$x_1\geqslant 0, x_2\geqslant 0$

(5) $\max z=2x_1+2x_2$

$x_1-x_2\geqslant -1$

$-0.5x_1+x_2\leqslant 2$

$x_1\geqslant 0, x_2\geqslant 0$

1.3 分别用图解法和单纯形法求解下面的线性规划问题，并对照指出单纯形法的每步迭代相当于图解法中可行域的哪一个顶点。

(1) $\max z=10x_1+5x_2$

$3x_1+4x_2\leqslant 9$

$5x_1+2x_2\leqslant 8$

$x_1\geqslant 0, x_2\geqslant 0$

(2) $\max z=2x_1+x_2$

$x_2\leqslant 3$

$3x_1+x_2\leqslant 12$

$x_1+x_2\leqslant 5$

$x_1\geqslant 0, x_2\geqslant 0$

1.4 在下列线性规划问题中，找出所有基本解，并指出其中的基本可行解和最优解。

(1) $\max z=3x_1+5x_2$

$x_1+x_3=4$

$2x_2+x_4=12$

$3x_1+2x_2+x_5=18$

$x_j\geqslant 0\quad (j=1,2,\cdots,5)$

(2) $\min z=4x_1+12x_2+18x_3$

$x_1+3x_3-x_4=3$

$2x_2+2x_3-x_5=5$

$x_j\geqslant 0\quad (j=1,2,\cdots,5)$

1.5 求解下列线性规划问题：

$\min z = 3x_1 + 2x_2$

$x_1 + x_2 \geqslant 3$

$2x_1 + x_2 \geqslant 4$

$x_1 \geqslant 0, x_2 \geqslant 0$

(1) 用图解法求解；

(2) 用单纯形法原理求解；

(3) 用单纯形法的表格形式求解；

(4) 用两阶段法求解；

(5) 用改进单纯形法求解；

(6) 用对偶单纯形法求解；

(7) 由原问题的单纯形表求出对偶问题的最优解；

(8) 在最优基不变的前提下，求系数 c_1 的允许变化范围；

(9) 若 c_1 变为 5，求最优解；

(10) 若增加一个非负的新变量 x_7，已知初始单纯形表中 $\boldsymbol{p}_7=(2,3)^{\mathrm{T}}$，$c_7=4$，求最优解。

1.6 写出下列线性规划问题的对偶问题：

(1) $\min z=2x_1+2x_2+4x_3$

$$2x_1+3x_2+5x_3\geqslant 2$$
$$3x_1+x_2+7x_3\leqslant 3$$
$$x_1+4x_2+6x_3\leqslant 5$$
$$x_1\geqslant 0,x_2\geqslant 0,x_3\geqslant 0$$

(2) $\max z=6x_1+4x_2+x_3+7x_4+5x_5$

$$3x_1+7x_2+8x_3+5x_4+x_5=2$$
$$2x_1+x_2+3x_3+2x_4+9x_5=6$$
$$x_j\geqslant 0\quad (j=1,2,3,4),x_5 \text{ 自由变量}$$

(3) $\min z=\sum\limits_{i=1}^{m}\sum\limits_{j=1}^{m}c_{ij}x_{ij}$

$$\sum_{j=1}^{n}x_{ij}=a_i\quad (i=1,2,\cdots,m)$$
$$\sum_{i=1}^{m}x_{ij}=b_j\quad (j=1,2,\cdots,n)$$
$$x_{ij}\geqslant 0$$

1.7 用单纯形法的表格形式求解下列线性规划问题：

(1) $\min z=3x_1+2x_2+x_3$

$$x_1+2x_2+x_3=8$$
$$2x_1+x_2\geqslant 5$$
$$x_1\geqslant 0,x_2\geqslant 0,x_3\geqslant 0$$

(2) $\max z=-x_1+2x_2-x_3$

$$x_1+x_2-2x_3+x_4=10$$
$$2x_1-x_2+4x_3\leqslant 8$$
$$-x_1+2x_2-4x_3\leqslant 4$$
$$x_j\geqslant 0\quad (j=1,2,3,4)$$

1.8 分别用大 M 法和两阶段法求解下列线性规划问题：

(1) $\min z=2x_1+3x_2+x_3$

$$x_1+4x_2+2x_3\geqslant 8$$
$$3x_1+2x_2\geqslant 6$$
$$x_j\geqslant 0\quad (j=1,2,3)$$

(2) $\max z=5x_1+3x_2+6x_3$

$x_1+2x_2+x_3\leqslant 18$

$2x_1+x_2+3x_3\leqslant 16$

$x_1+x_2+x_3=10$

$x_1\geqslant 0, x_2\geqslant 0, x_3$ 自由变量

1.9 用单纯形法求矩阵 $\begin{bmatrix}1 & 2 & 0\\2 & 1 & 0\\3 & 1 & 1\end{bmatrix}$ 之逆矩阵。

1.10 现有一个求目标函数极小值的线性规划问题，用单纯形法求解它时得到某次迭代的单纯形表如表题 1.10（表中的 a_1、a_2、a_3、a_4、a_5 是待定系数）。

表题 1.10 某次迭代的单纯形表

基变量	x_1	x_2	x_3	x_4	x_5	b
x_3	-1	3	1	0	0	4
x_4	a_1	4	0	1	0	1
x_5	a_2	a_5	0	0	1	a_4
c_j-z_j	a_3	2	0	0	0	

试问：在什么条件下

(1) 当前解为唯一最优解；

(2) 该问题具有无界解；

(3) 该问题无可行解（假设只有 x_5 是人工变量）；

(4) 当前解不是最优解，但尚可用单纯形法继续迭代。请指出换入变量与换出变量。

1.11 用改进单纯形法求解线性规划问题

$$\max z = 4x_1 + 3x_2 + 6x_3$$
$$3x_1 + x_2 + 3x_3 \leqslant 30$$
$$2x_1 + 2x_2 + 3x_3 \leqslant 40$$
$$x_j \geqslant 0 \quad (j = 1,2,3)$$

1.12 用对偶单纯形法求解下列线性规划问题：

(1) $\min z=x_1+x_2$

$2x_1+x_2\geqslant 4$

$x_1+7x_2\geqslant 7$

$x_1\geqslant 0, x_2\geqslant 0$

(2) $\min z=5x_1+2x_2+4x_3$

$3x_1+x_2+2x_3\geqslant 4$

$6x_1+3x_2+5x_3\geqslant 10$

$x_j\geqslant 0 \quad (j=1,2,3)$

1.13 已知线性规划问题

$\max z =-5x_1+5x_2+13x_3$

$-x_1+x_2+3x_3\leqslant 20$ ①

$$12x_1 + 4x_2 + 10x_3 \leqslant 90 \qquad ②$$
$$x_j \geqslant 0 \quad (j = 1,2,3)$$

先用单纯形法求出最优解，再分析下列各种条件单独变化时最优解的变化。

(1) 约束条件②的右端项由 90 变为 70；

(2) 目标函数中 x_3 的系数由 13 变为 8；

(3) 变量 x_1 的系数列向量由$\begin{bmatrix}-1\\12\end{bmatrix}$变为$\begin{bmatrix}0\\5\end{bmatrix}$；

(4) 变量 x_2 的系数列向量由$\begin{bmatrix}1\\4\end{bmatrix}$变为$\begin{bmatrix}2\\5\end{bmatrix}$；

(5) 增加一个约束条件 $2x_1+3x_2+5x_3\leqslant 50$。

1.14 某铸造厂计划生产 1000 公斤铸件。铸件的含量：Mn 不少于 0.45%；Si 在 3.25%～5.50%之间；铸件的售价是 0.45 元/kg。工厂现有 A、B、C 三种铸铁及纯 Mn 块，其规格与价格见表题 1.14。又浇铸时平均损失铁水费用是每公斤铸件 0.005 元。

表题 1.14 A、B、C 三种铸铁及纯 Mn 块的规格与价格

含量 \ 材料	A	B	C	Mn 块
Si(%)	4	1	0.6	0
Mn(%)	0.45	0.5	0.4	100
单价(元/kg)	0.021	0.025	0.015	8

试问：该工厂应如何配料，才能得到最大利润(只建立数学模型，不必求解)？

1.15 某工厂举办机工培训班，由受过培训的合格技工担任教师，每名教师负责培训 10 名学员，培训一个月为一期。根据以往经验，每 10 名学员中有 7 名能在培训期满时成为合格技工。合格技工全部留用，不合格者不予留用。在今后的三个月内，厂方需要从事机加工的合格技工人数分别为：1 月份 100 人，2 月份 150 人，3 月份 200 人，已知年初有合格技工 130 人，且要求 4 月初合格技工总数不少于 250 人。工厂支付工资的标准如下：正受训的学员，每人每月 400 元；合格技工中有一部分人每人每月 800 元，其余的人每人每月 550 元。试制订满足厂方需求又使工资总额最小的方案(只建立数学模型，不必求解)。

第二部分　整数规划

整数规划(integer programming)是运筹学的一个确定型模型分支。本部分讨论的整数规划指整数线性规划。

在线性规划问题中,最优解可以是整数,也可以不是整数。而实际中有相当多的问题,要求解答必须是整数。例如,所求的解是完成某任务需用的人数、购买机器的台数、设备维修的次数等。对于例 1.1 这样的线性规划问题,如果增加部分变量或全部变量为整数的要求,就构成了整数线性规划,即整数规划问题。其中,要求全部变量为整数的问题称为纯整数规划问题,要求部分变量为整数的问题称为混合整数规划问题。显然,整数规划的可行解集是相应的线性规划的可行解集的一个子集。如果线性规划标准型式(1.1.1)的最优解为 $\boldsymbol{x}^{(0)}$,相应的整数规划的最优解为 $\boldsymbol{x}^*$,则必然有 $\boldsymbol{cx}^{(0)} \leqslant \boldsymbol{cx}^*$。

下面,我们来看一个简单的例题。

例 5.1　求解下列整数规划问题。

$$\max z = 2x_1 + 3x_2$$
$$x_1 + x_2 \leqslant 4.95$$
$$x_1 \geqslant 0, \quad x_2 \geqslant 0$$
$$x_1、x_2 \text{ 都是整数}$$

解　用图解法求解,求解结果示于图 5.0.1 中。

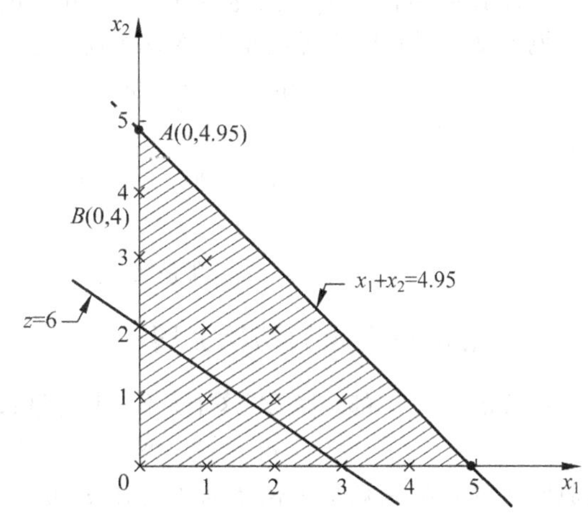

图 5.0.1　整数规划与相应线性规划的可行域

在图 5.0.1 中,阴影部分是上述整数规划相应的线性规划的可行域,其最优点为 $A(0,4.95)$,最优值为 14.85。图中画"×"号的点是整数规划的可行点,其最优点为 $B(0,4)$,最优值为 12。若将 A 点四舍五入"凑整"为(0,5),则对于整数规划原问题而言,已不是可行解。

整数规划与一般线性规划的求解方法是不同的,但它的一些基本算法,如分枝定界法与割平面法,还是以单纯形法为基础的。不过,有了变量取整数的约束以后,求解的困难程度大大增加,不少著名的困难问题都属于整数规划问题。本部分将重点介绍整数规划的几种基本算法。整数规划在实际中有广泛的应用。

第5章 整数规划

5.1 分枝定界法

在求解纯整数规划时，若可行域是有界的，容易想到的方法就是穷举变量的所有可行的整数组合，然后比较它们的目标函数值以确定最优解。但是，当可行解的个数很多时，穷举法是不现实的。

分枝定界法是求解整数规划的一种常用方法，它既可以求解纯整数规划问题，又可以求解混合整数规划问题。该方法是先求解整数规划相应的线性规划问题，如果其最优解不符合整数条件，则需要增加新的约束，来缩小可行域，得到新的线性规划问题，再求解之……这样通过求解一系列线性规划问题，最终得到原问题的整数最优解。

下面我们结合一个极大化例题，介绍分枝定界法的算法步骤。

例 5.2 用分枝定界法求解整数规划问题。

$$\left.\begin{array}{l}\max z = 40x_1 + 90x_2 \\ 9x_1 + 7x_2 \leqslant 56 \\ 7x_1 + 20x_2 \leqslant 70 \\ x_1 \geqslant 0, x_2 \geqslant 0\end{array}\right\} \text{线性规划问题(0)}$$

$$x_1、x_2 \text{ 都是整数}$$

一、给定原问题的初始上界$\bar{z}$

不考虑"x_1、x_2 都是整数"这个条件，求解整数规划原问题相应的线性规划问题(0)，得到

$$x_1 = 4.809 \quad x_2 = 1.817 \quad z_0 = 355.9$$

而原问题的目标函数最大值绝对不会比 z_0 更大，故令原问题的初始上界$\bar{z}$为 z_0。

因上述 x_1、x_2 均不符合整数条件，故要继续求解。

一般来说，若问题(0)具有无界解，则停止求解，原问题也具有无界解。

二、给定原问题的初始下界$\underline{z}$

若容易得到原问题的一个明显的整数可行解，则可将其目标函数值作为原问题的初始下界$\underline{z}$；若不易得到一个整数可行解，可令$\underline{z} = -\infty$或待分枝定界法求出一个整数可行解后，再给出下界。给定$\underline{z}$后，求解的目的仅在于寻找比$\underline{z}$更好的原问题的目标函数值。

上述例题有一个明显的整数可行解 $\boldsymbol{x}=(0,0)^{\mathrm{T}}$，这时 $z=0$，原问题的最大目标函数值绝对不会比它更小，故令 $\underline{z}=0$。

三、将一个线性规划问题分为两枝

从问题(0)的最优解中，任选一个不符合整数条件的变量，例如选 $x_1=4.809$，因为 x_1 的最优整数解只可能是 $x_1\leqslant4$ 或 $x_1\geqslant5$，而绝不会在 4 和 5 之间。在问题(0)上增加约束条件 $x_1\leqslant4$，构成一个分枝——问题(1)；在问题(0)上增加约束条件 $x_1\geqslant5$，构成另一个分枝——问题(2)。用问题(1)和问题(2)来取代问题(0)。由问题(0)到问题(1)和问题(2)，可行域缩小了，但没有丢掉原问题的任何一个整数可行解。由同一个问题分解出的两个分枝，亦称"一对分枝"。

下面，用图 5.1.1 中的阴影部分表示问题(0)的可行域 R_0，用图 5.1.2 中的两块阴影部分分别表示问题(1)、问题(2)的可行域 R_1、R_2。

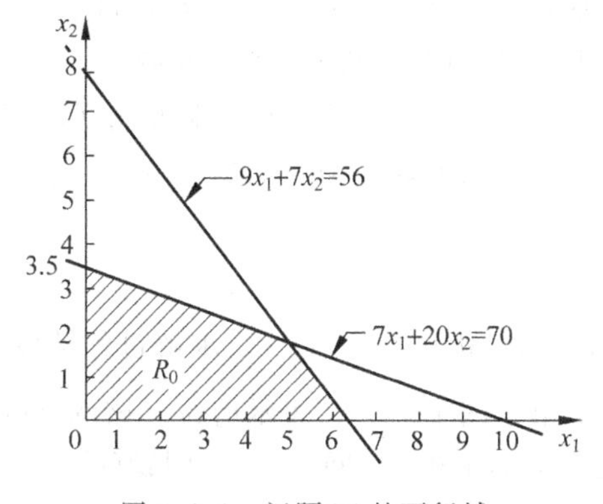

图 5.1.1　问题(0)的可行域

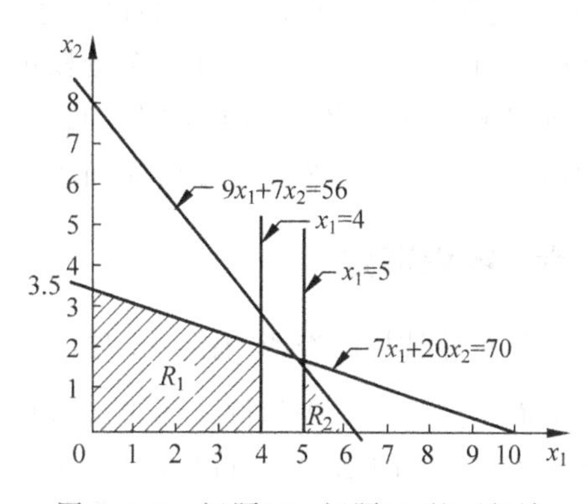

图 5.1.2　问题(1)、问题(2)的可行域

四、分别求解上述一对分枝

一般而言，求解某个线性规划分枝时，可能出现以下几种情况：

1. 无可行解

若无可行解，则该分枝已查明，不再由此继续分枝。

2. 得到整数最优解

若得到整数最优解，则该分枝已查明，不再由此继续分枝。

3. 得到非整数最优解

若其目标函数值 $z<\underline{z}$，则该分枝不可能含有原问题的最优解，由此继续分枝是不必要的，应该"剪枝"。

若 $z>\underline{z}$，则仍需由此继续分枝。当一对分枝都需要继续分解时，对极大化问题而言，一般将目标函数值较小的一枝暂且存起来，留待以后再取出来处理，而沿着另一枝继续分解下去，直到搜寻完毕。然后，可将存起来的那些分枝，按照"后进先出"(后存进去的先取出来)的原则，依次取出进行搜寻。在分解、搜寻的过程中，要时时注意比较分析与判断，以便尽早得到整数最优解。

分别求解上述例题中的一对分枝，有

问题(1)	问题(2)
$z_1=349$	$z_2=341.39$

$x_1=4$　　　　　　$x_1=5$

$x_2=2.1$　　　　　$x_2=1.571$

仍未得到完全的整数解。

五、修改原来的上、下界

1. 修改下界$\underline{z}$

下界$\underline{z}$一般是迄今为止最好的整数可行解相应的目标函数值。因此，每求出一个新的整数可行解后，都要把新的z值与原来的下界比较，若新的z值更大些，则以它为新的下界$\underline{z}$。在整个分枝定界法的求解过程中，下界$\underline{z}$的值不断增大。

2. 修改上界$\bar{z}$

每求解完一对分枝，都要考虑一下修改上界$\bar{z}$的问题。新的上界$\bar{z}$应该小于原来的上界，而且是迄今为止所有未被分枝的问题(其中包括迄今为止最好的整数可行解的分枝)的目标函数值中最大的一个。在整个分枝定界法的求解过程中，上界$\bar{z}$的值不断减小。

例题中，初始上界为z_0；求解完问题(1)、问题(2)之后，上界变为z_1；求解完问题(3)、问题(4)之后，上界变为z_2；求解完问题(5)、问题(6)之后，上界变为z_3，即$\bar{z}=\underline{z}$。

六、结束准则

当所有分枝均已查明，有$\bar{z}=\underline{z}$时，即得到原问题的最优值$z^*=\bar{z}=\underline{z}$，求解过程结束。

下面用图5.1.3表示例题的求解过程和求解结果。图中的“×”表示剪枝。该例题的求解顺序依次是：问题(0)、问题(1)与问题(2)、问题(3)与问题(4)、问题(5)与问题(6)。

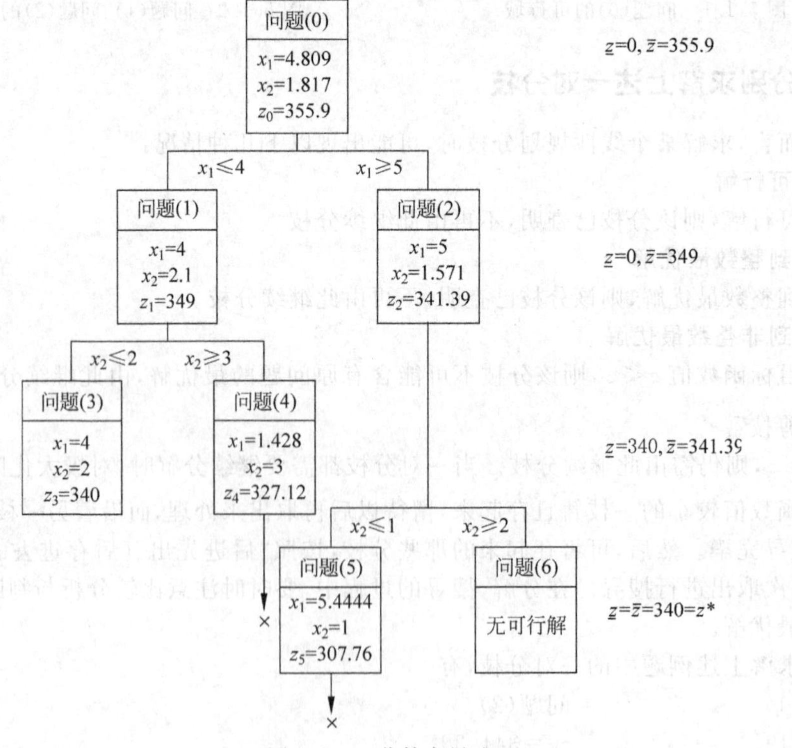

图5.1.3　分枝定界法

如果用分枝定界法求解混合整数规划，则分枝的过程只针对有整数要求的变量进行，而不管连续变量的取值如何，其整个求解过程与纯整数规划的求解过程基本相同，不再赘述。

从以上的介绍可知，分枝定界法只需检查变量的所有可行的组合中的一部分，即可确定最优解。

5.2 割平面法

割平面法是 R. E. Gomory 于 1958 年提出的一种方法，它既可以求解纯整数规划，又可以求解混合整数规划。

割平面法从总的思路来看，和分枝定界法类似，它也是在求解整数规划相应的线性规划的基础上，不断增加新的约束，通过求解一系列线性规划问题最终得到原问题的整数最优解。但是割平面法中，新约束的求法与分枝定界法中不同。在割平面法中，新增加的约束也叫割平面或切割方程。下面仍以 5.1 节的例 5.2 为例，介绍割平面法的基本原理和步骤，重点是新约束的求法。

例 5.3 用割平面法求解整数规划问题

$$
\text{线性规划问题(0)}\begin{cases}
\max z = 40x_1 + 90x_2 & (5.2.1)\\
9x_1 + 7x_2 \leqslant 56 & (5.2.2)\\
7x_1 + 20x_2 \leqslant 70 & (5.2.3)\\
x_1 \geqslant 0, x_2 \geqslant 0 & (5.2.4)
\end{cases}
$$

$$x_1, x_2 \text{ 都是整数} \qquad (5.2.5)$$

求解过程如下。

一、由原问题构造线性规划问题(1)

先不考虑整数条件式(5.2.5)，由式(5.2.1)～式(5.2.4)构成线性规划问题(0)。需要注意的是，应用割平面法之前，必须把问题(0)中原始约束条件的所有系数与常数变为整数，然后再化为标准型，可得到线性规划问题(1)。

本例中，原始约束条件的所有系数与常数本来就都是整数，故不需变换，直接化为标准型即可。因为

$$\max z = -[\min(-z)]$$

可得

$$
\text{线性规划问题(1)}\begin{cases}
\min(-z) = -40x_1 - 90x_2 & (5.2.6)\\
9x_1 + 7x_2 + x_3 = 56 & (5.2.7)\\
7x_1 + 20x_2 + x_4 = 70 & (5.2.8)\\
x_j \geqslant 0 \quad (j = 1,2,3,4) & (5.2.9)
\end{cases}
$$

二、求解线性规划问题(1)

用单纯形法的表格形式求解，得最终表，见表 5.2.1。

表 5.2.1 问题(1)的最优解

	c_j		-40	-90	0	0	0
迭代次数	$[\boldsymbol{c}_B]^T$	基变量	x_1	x_2	x_3	x_4	$\boldsymbol{b}$
2	$\begin{bmatrix}-40\\-90\end{bmatrix}$	x_1	1	0	$\frac{20}{131}$	$-\frac{7}{131}$	$\frac{630}{131}$
		x_2	0	1	$-\frac{7}{131}$	$\frac{9}{131}$	$\frac{238}{131}$
	σ_j		0	0	$\frac{170}{131}$	$\frac{530}{131}$	$355\frac{115}{131}$

由表 5.2.1 及式 $\max z=-[\min(-z)]$ 可知,问题(0)的最优解 A_1 点为

$$x_1=\frac{630}{131}=4.809$$

$$x_2=\frac{238}{131}=1.817$$

$$z_1=355.9$$

因为没有得到整数解,故应引入新的约束。

三、求一个切割方程

切割方程可以由上述最终表上的任一个含有非整数基变量的约束等式演变而来,因而切割方程不是唯一的。

(1) 在上述最终表内,任选一个非整数基变量所在的约束等式。

由最终表可知,x_1、x_2 两个基变量都不是整数,可任取其一。例如,我们选基变量 x_2 所在的约束等式,由它演变出切割方程。该约束等式为

$$x_2-\frac{7}{131}x_3+\frac{9}{131}x_4=\frac{238}{131} \tag{5.2.10}$$

(2) 将式(5.2.10)左端各非基变量的系数及右端的常数都分解成一个整数与一个非负真分数之和,于是有

$$x_2+\left(-1+\frac{124}{131}\right)x_3+\left(0+\frac{9}{131}\right)x_4=\left(1+\frac{107}{131}\right) \tag{5.2.11}$$

(3) 通过移项对式(5.2.11)重新组合。

只把式(5.2.11)中各非基变量的系数为非负真分数的部分留在左端,其余各项均移到右端,并将右端变成两项:一项是常数项中的非负真分数,另一项是右端其他项之和。这里的"右端其他项"包括:常数项中的整数部分、基变量项和具有整数系数的各非基变量项。

对本例题而言,将式(5.2.11)变为

$$\frac{124}{131}x_3+\frac{9}{131}x_4=\frac{107}{131}+(1-x_2+x_3-0x_4) \tag{5.2.12}$$

(4) 分析式(5.2.12)并得到切割方程。

因为要求 x_1、x_2 都是非负整数,又根据式(5.2.7)和式(5.2.8)可知,x_3、x_4 也都是非负整数(否则,应在引入附加变量 x_3、x_4 之前,将不等式两端同乘以适当常数,使原始约束条件中所有系数与常数都为整数)。

我们来分析式(5.2.12)：

因为 $x_3\geqslant 0$，$x_4\geqslant 0$，故左端$\geqslant 0$，右端$\geqslant 0$。

因为各变量均为非负整数，故式(5.2.12)右端的第2项(即括号内的"右端其他项"一项)为整数；又因为右端$\geqslant 0$，故式(5.2.12)右端的第2项只可能是0或正整数，不可能是负整数，因此有

$$\frac{124}{131}x_3+\frac{9}{131}x_4\geqslant\frac{107}{131} \tag{5.2.13}$$

为了方便后面的计算，避免引入人工变量，把式(5.2.13)两端同乘以(−1)，再加上附加变量 x_5，化为等式约束，得

$$-\frac{124}{131}x_3-\frac{9}{131}x_4+x_5=-\frac{107}{131} \tag{5.2.14}$$

式(5.2.14)即所求的切割方程。

当需要用 x_1、x_2 表示切割方程时，可由约束条件式(5.2.7)、式(5.2.8)得

$$x_3=56-9x_1-7x_2 \tag{5.2.15}$$

$$x_4=70-7x_1-20x_2 \tag{5.2.16}$$

把式(5.2.15)、式(5.2.16)代入式(5.2.13)，得

$$9x_1+8x_2\leqslant 57 \tag{5.2.17}$$

引入附加变量 x_5，得到

$$9x_1+8x_2+x_5=57 \tag{5.2.18}$$

上述式(5.2.14)、式(5.2.17)、式(5.2.18)均可作为第一个切割方程。

上面介绍的求切割方程的方法具有普遍意义，现小结如下。

第一步　设 $x_{\mathrm{B}i}$ 是线性规划问题的最终表上第 i 行约束式的基变量，其值为非整数。由最终表可得

$$x_{\mathrm{B}i}+\sum_j a_{ij}x_j=b_i \tag{5.2.19}$$

其中，$j\in J$，J 为非基变量下标的集合。

第二步　将 b_i 和 a_{ij} 都分解为整数部分 F 与非负真分数部分 f 之和，即

$$b_i=F_i+f_i\quad(0\leqslant f_i<1) \tag{5.2.20}$$

$$a_{ij}=F_{ij}+f_{ij}\quad(0\leqslant f_{ij}<1) \tag{5.2.21}$$

第三步　将式(5.2.20)、式(5.2.21)代入到式(5.2.19)中，得

$$x_{\mathrm{B}i}+\sum_j F_{ij}x_j+\sum_j f_{ij}x_j=F_i+f_i$$

即

$$\sum_j f_{ij}x_j=f_i+(F_i-x_{\mathrm{B}i}-\sum_j F_{ij}x_j)$$

因为

$$\sum_j f_{ij}x_j\geqslant 0$$

$(F_i-x_{\mathrm{B}i}-\sum_j F_{ij}x_j)$ 为整数且大于等于0

故有

$$\sum_j f_{ij} x_j \geqslant f_i \tag{5.2.22}$$

式(5.2.22)就是切割方程最基本的形式。

四、构成线性规划问题(2)并求解之

在线性规划问题(1)的基础上，增加第一个切割方程，即构成线性规划问题(2)，可用单纯形法或对偶单纯形法求出最优解。

求解问题(2)时，可以利用3.4节灵敏度分析中介绍的增加一个新的约束条件的做法，尽快地得到新的最优解。具体地说，就是在问题(1)的最终表表5.2.1的基础上，增加切割方程式(5.2.14)的数据，得到新的第2次迭代表(见表5.2.2)，用对偶单纯形法迭代一次，即可得到最优解 A_2 点为

$$x_1 = \frac{145}{31} = 4.677$$

$$x_2 = \frac{231}{124} = 1.863$$

$$x_3 = \frac{107}{124} = 0.863$$

$$z_2 = 354.8$$

表 5.2.2　问题(2)的最优解

迭代次数	$[\boldsymbol{c}_B]^T$	基变量	x_1	x_2	x_3	x_4	x_5	$\boldsymbol{b}$
	c_j		-40	-90	0	0	0	0
2	-40	x_1	1	0	$\frac{20}{131}$	$-\frac{7}{131}$	0	$\frac{630}{131}$
	-90	x_2	0	1	$-\frac{7}{131}$	$\frac{9}{131}$	0	$\frac{238}{131}$
	0	x_5	0	0	$-\frac{124}{131}^*$	$-\frac{9}{131}$	1	$-\frac{107}{131}$
	σ_j		0	0	$\frac{170}{131}$	$\frac{530}{131}$	0	$\frac{46620}{131}$
3	-40	x_1	1	0	0	$-\frac{2}{31}$	$\frac{5}{31}$	$\frac{145}{31}$
	-90	x_2	0	1	0	$\frac{9}{124}$	$-\frac{7}{124}$	$\frac{231}{124}$
	0	x_3	0	0	1	$\frac{9}{124}$	$-\frac{131}{124}$	$\frac{107}{124}$
	σ_j		0	0	0	$\frac{245}{62}$	$\frac{85}{62}$	$\frac{21995}{62}$

我们也可以在线性规划问题(1)的基础上，增加第一个切割方程式(5.2.18)，构成问题(2)，用单纯形法从头开始求解问题(2)。另外，如果采用图解法求解线性规划问题，则可以在问题(0)的基础上，增加第一个切割方程式(5.2.17)，以构成问题(2)。

从表5.2.2的最终表可知，问题(2)仍未得到整数解，故应返回步骤三，继续求第二个切割方程。

根据表5.2.2的最终表，选择基变量 x_2 所在的约束等式，由它演变出第二个切割方程。

基变量 x_2 所在的约束等式为

$$x_2 + \frac{9}{124}x_4 - \frac{7}{124}x_5 = \frac{231}{124} \tag{5.2.23}$$

式(5.2.23)即

$$\frac{9}{124}x_4 + \frac{117}{124}x_5 = \frac{107}{124} + (1 - x_2 - 0x_4 + x_5) \tag{5.2.24}$$

分析式(5.2.24)可知

$$\frac{9}{124}x_4 + \frac{117}{124}x_5 \geqslant \frac{107}{124} \tag{5.2.25}$$

式(5.2.25)即第二个切割方程。由式(5.2.18)可得

$$x_5 = 57 - 9x_1 - 8x_2 \tag{5.2.26}$$

把式(5.2.16)、式(5.2.26)代入式(5.2.25),得

$$9x_1 + 9x_2 \leqslant 58 \tag{5.2.27}$$

式(5.2.27)即用 x_1、x_2 表示的第二个切割方程。

五、例题的图解法结果

上述例题的图解法结果示于图 5.2.1 中。

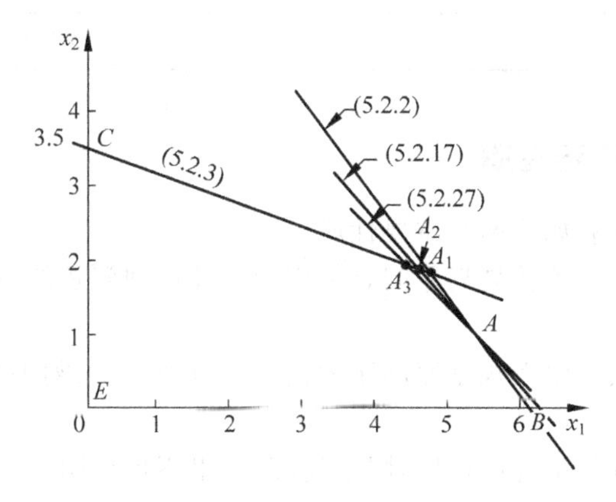

图 5.2.1 例 5.3 的图解法

图 5.2.1 中,凸集 A_1BEC 是线性规划问题(0)的可行域,也是问题(1)的可行域,最优点是约束直线(5.2.2)与约束直线(5.2.3)的交点 A_1。在问题(0)的基础上增加第一个切割方程式(5.2.17),构成问题(2),第一个切割方程式(5.2.17)切去了$\triangle A_1AA_2$,使问题(2)的可行域缩小为凸集 A_2ABEC,最优点为 A_2。在问题(2)的基础上增加第二个切割方程式(5.2.27),构成问题(3),第二个切割方程式(5.2.27)切去了$\triangle A_2AA_3$,使问题(3)的可行域缩小为凸集 A_3ABEC,最优点为 A_3。继续迭代,当得到整数最优解时,一定是点(4,2)(由 5.1 节已知,本例的整数最优解为 $x_1=4, x_2=2, z=340$)到了最终的可行域的边界上且成为一个顶点。

图 5.2.1 中,点 A_1、A、B 均在约束直线(5.2.2)上,切割方程式(5.2.17)和式(5.2.27)与约束直线(5.2.2)的交点均为 A,与约束直线(5.2.3)的交点分别为 A_2、A_3。为了使图清晰,图 5.2.1中未画出目标函数的等值线。

图 5.2.1 中,各点的坐标及最优点的目标函数值列于表 5.2.3。

表 5.2.3 例 5.3 图解法中的各顶点

点 \ 坐标	x_1	x_2	z
A	$5\frac{4}{9}$	1	307.8
B	$6\frac{2}{9}$	0	248.9
E	0	0	0
C	0	$3\frac{1}{2}$	315
A_1	$\frac{630}{131}=4.809$	$\frac{238}{131}=1.817$	355.9
A_2	$\frac{145}{31}=4.677$	$\frac{231}{124}=1.863$	354.8
A_3	$\frac{530}{117}=4.53$	$\frac{224}{117}=1.915$	353.55
最优整数解	4	2	340

六、割平面法的重要性质

可以证明,割平面法有如下两个重要性质。

性质 1:割平面割去了整数规划原问题相应的线性规划问题的最优解(如果该最优解非整数)。

性质 2:割平面未割去整数规划原问题的任一可行解,即未割去其相应的线性规划问题的任一整数可行解。

从图解法,很容易理解上述两性质,限于篇幅,这里不再证明。

在实际应用中,割平面法有些情况下收敛迅速,而另一些情况下又可能收敛很慢。因此,求解整数规划问题时,可以先选用割平面法,如不能在适当次数内收敛于最优解,则换成分枝定界法或其他方法求解。

5.3 求解 0-1 规划的隐枚举法

0-1 规划是一种特殊的纯整数规划,其变量只能取 0 或 1。求解 0-1 规划的隐枚举法不需要用单纯形法求解线性规划问题。该算法的基本思想是从所有变量等于 0 出发,依次指定一些变量为 1,直至得到一个可行解,它就是迄今为止最好的可行解。此后,依次检查变量等于 0 或 1 的某些组合,对迄今为止最好的可行解不断加以改进,最终获得最优解。隐枚举法与穷举法有着根本的区别,它不需要将所有可行的变量组合一一枚举。实际上,在得到最优解时,很多可行的变量组合并没有被枚举,只是通过分析、判断,排除了它们是最优解的可能性,也就是说,它们被隐含枚举了,故此法叫隐枚举法。

一、0-1 规划数学模型的标准形式

$$\min z = \sum_{j=1}^{n} c_j x_j$$

$$c_j \geqslant 0 \quad (j = 1,2,\cdots,n)$$

$$Q_i = -b_i + \sum_{j=1}^{n} a_{ij} x_j \geqslant 0 \quad (i = 1,2,\cdots,m)$$

$$x_j = 0 \text{ 或 } 1 \quad (j = 1,2,\cdots,n)$$

请注意，我们称上述数学模型为 0-1 规划的标准形式，而不是标准型。

二、任意的 0-1 规划模型如何化为标准形式

1. 若原模型要求目标函数实现最大化，如何将其化为最小化问题

这种情况下，可将原模型中的目标函数式 $\boldsymbol{cx}$ 前加负号，变为 $-\boldsymbol{cx}$，求 $\min(-\boldsymbol{cx})$，再将所得的最小值反号，即为所求。即有

$$\max(\boldsymbol{cx}) = -[\min(-\boldsymbol{cx})]$$

2. 若原模型中某个目标函数系数为负，如何将其化为正

例如，有 $\min z=2x_1-4x_2+6x_3$，因为 $c_2=-4$，令 $x_2=1-y_2$，其中 $y_2=0$ 或 1，则有

$$\min z = 2x_1 - 4(1-y_2) + 6x_3 = 2x_1 + 4y_2 + 6x_3 - 4$$

也就是说，我们用新的 0-1 变量 y_2 取代了原来的 0-1 变量 x_2，以使相应的目标函数系数变为正的。需要注意的是，各约束条件中的 x_2 也要换成$(1-y_2)$。

3. 若原模型中约束条件为"$\leqslant$"不等式或等式，如何将其化为"$\geqslant$"不等式

若原模型中约束条件为"$\leqslant$"不等式，有

$$\sum_{j-1}^{n} a_{ij} x_j \leqslant b_i$$

则将其左端移到右端，即得到标准形式

$$Q_i = b_i - \sum_{j=1}^{n} a_{ij} x_j \geqslant 0$$

若原模型中约束条件为等式，有

$$-b_i + \sum_{j=1}^{n} a_{ij} x_j = 0$$

则先将其变为两个不等式，有

$$Q_i = -b_i + \sum_{j=1}^{n} a_{ij} x_j \geqslant 0$$

$$Q_i' = -b_i + \sum_{j=1}^{n} a_{ij} x_j \leqslant 0$$

再将上述不等式 Q_i' 的两端同乘以 -1，可得

$$Q_i'' = b_i - \sum_{j=1}^{n} a_{ij} x_j \geqslant 0$$

这样，原模型中的一个等式约束条件就变成了两个"$\geqslant 0$"的不等式约束条件 Q_i 与 Q_i''。

三、隐枚举法的基本原理与步骤

下面我们结合一个例题加以介绍。

例 5.4 求解如下的 0-1 规划问题：

$$\min z = x_1 + x_2 + 4x_3 + 6x_4 + 7x_5$$
$$3x_1 - 2x_2 + 6x_3 + 2x_4 + 4x_5 \geqslant 4$$
$$-5x_1 + x_2 + x_3 + x_4 + 6x_5 \geqslant 2$$
$$x_j = 0 \text{ 或 } 1 \quad (j = 1,2,\cdots,5)$$

1. 把 0-1 规划的数学模型化成标准形式

$$\min z = x_1 + x_2 + 4x_3 + 6x_4 + 7x_5$$
$$Q_1 = -4 + 3x_1 - 2x_2 + 6x_3 + 2x_4 + 4x_5 \geqslant 0$$
$$Q_2 = -2 - 5x_1 + x_2 + x_3 + x_4 + 6x_5 \geqslant 0$$
$$x_j = 0 \text{ 或 } 1 \quad (j = 1,2,\cdots,5)$$

2. 判断无约束下最优解 $(0,0,0,0,0)^{\mathrm{T}}$ 即节点 1 是否是可行解

显然，$(0,0,0,0,0)^{\mathrm{T}}$ 是无约束下的最优解，若它能使各约束式得到满足，则它必是 0-1 规划原问题的最优解。

本例中把 $(0,0,0,0,0)^{\mathrm{T}}$ 代入各约束式，得 $Q_1<0$，$Q_2<0$，故无约束下最优点即节点 1 不是可行解。

3. 判断由节点 1 继续分枝，能否得到可行解

(1) 自由变量与非自由变量

自由变量——没有规定特定值(0 或 1)的变量。为达到 $\min z$，自由变量都取 0。

非自由变量——已赋予特定值(0 或 1)的变量。

(2) 无可行解节点

定义一：在某不可行解节点处，若在各个不满足的约束中，令每个正系数的自由变量都为 1，仍不能使其都变为满足，则该节点为无可行解节点。

定义二：在某不可行解节点处，若不管如何继续分枝，都不可能使所有约束同时满足，则该节点为无可行解节点。

对无可行解节点，不再继续分枝。

(3) 由节点 1 继续分枝，可能得到可行解

“由不可行解节点 1 继续分枝，能否得到可行解”的判断方法是：在各个不满足的约束中，令每个正系数的自由变量都为 1，看是否可使原来不满足的约束都变为满足。如是，则由节点 1 继续分枝，可能得到可行解；如否，则节点 1 是无可行解节点，不必再继续分枝。

例中，在节点 1 处，原有约束式 Q_1、Q_2 均不满足。现在

令 $x_1=x_3=x_4=x_5=1$　得 $Q_1=11>0$

令 $x_2=x_3=x_4=x_5=1$　得 $Q_2=7>0$

故令一些自由变量为 1 可使两个不满足的约束都变为满足，这说明从节点 1 继续分枝可能得到可行解。

从节点 1 继续分枝的目的，是为了得到第一个可行解。

4. 欲从节点 1 继续分枝，必选一个自由变量 x_j 作非自由变量

(1) 构造 T 集(此时尚未得到第一个可行解)

T 集中的变量应符合两个条件：首先应是自由变量，其次应在某个不满足的约束中有一个正系数。

例中，在节点 1 处，$T=(x_1,x_2,x_3,x_4,x_5)$。

(2) 从 T 集中挑选一个变量 x_j 作非自由变量

挑选的原则是：令 $x_j=1$ 可使所有约束离可行性的总距离为最小。

例中，若令 $x_1=1(x_2=x_3=x_4=x_5=0)$，则

$Q_1=-1$，其离可行性的距离记作 1

$Q_2=-7$，其离可行性的距离记作 7

故离可行性的总距离为 8

若令 $x_2=1$，离可行性的总距离为 7

若令 $x_3=1$，离可行性的总距离为 1

若令 $x_4=1$，离可行性的总距离为 3

若令 $x_5=1$，离可行性的总距离为 0

故选 x_5 作非自由变量，可使所有约束离可行性的总距离最小。

5. 从节点 1 继续分枝，规定非自由变量 $x_j=1$，得到节点 2

规定非自由变量 $x_5=1$，自由变量 $x_1=x_2=x_3=x_4=0$，得到节点 2。检查节点 2，它满足所有约束条件，是可行解，其 $z=7$。节点 2 是迄今为止得到的最好的可行解，其目标函数值为 z。

6. 由节点 2 退回到节点 1，从节点 1 再分枝：规定非自由变量 $x_j=0$，得到节点 3

规定非自由变量 $x_5=0$，自由变量 $x_1=x_2=x_3=x_4=0$，得到节点 3。检查节点 3，不是可行解。

7. 在已得到迄今为止最好的可行解的情况下，判断各节点是否继续分枝

判断的准则是：若继续分枝可能得到比迄今为止最好的可行解更好的可行解，则继续分枝；否则，停止分枝。

(1) 由可行解节点不再继续分枝

例中，节点 2 是可行解。由节点 2 继续分枝，意味着在保持非自由变量 $x_5=1$ 的基础上，令原来为 0 的某个自由变量等于 1，而这样只会增加目标函数的值，不会得到比 $z=7$ 更小的值。因此，由可行解节点不再继续分枝，即由该可行解节点可能得到的所有可行解已被隐含枚举了。

(2) 由无可行解节点不再继续分枝

由无可行解节点继续分枝不可能得到可行解，故由无可行解节点不再继续分枝。

(3) 由不可行解节点是否继续分枝?

例中，节点 3 是不可行解。由节点 3 继续分枝的目的，不是为了得到一般的可行解，而是要得到优于节点 2($z=7$)的可行解。

① 构造 T 集(此时已得到迄今为止最好的可行解)。

T 集中的变量应符合三个条件：第一应是自由变量；第二应在某个不满足的约束中有一个正系数；第三在目标函数中的系数应小于 W。

$$W = z - \sum_{i \in S} c_i x_i$$

上式中,S 是非自由变量下标的集合,z 是迄今为止最好的目标函数值。

② T 集非空时,从 T 集中挑选一个变量 x_j 作非自由变量(挑选的原则与方法同前面的步骤 4(2)),继续分枝。

③ T 集为空集时,不再继续分枝。

T 集为空集时,表明继续分枝不可能得到比迄今为止最好的可行解更好的可行解,故不再继续分枝。

例中,在已经得到节点 2(可行解,$z=7$)的情况下,由不可行解节点 3 是否继续分枝?

在节点 3 处,有非自由变量 $x_5=0$,$w=7-c_5x_5=7$,$T=(x_1,x_2,x_3,x_4)$,挑选 x_3 作非自由变量,继续分枝。

8. 结束准则:所有分枝都不再继续分枝了,即结束求解,得到的迄今为止最好的可行解即最优解

例 5.4 的整个求解过程参见图 5.3.1 及表 5.3.1。

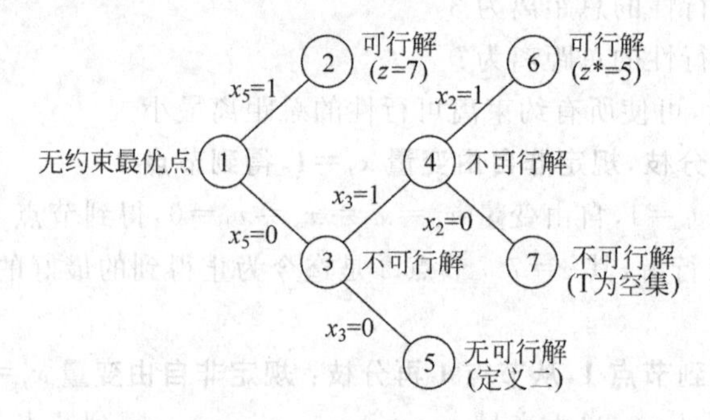

图 5.3.1　隐枚举法

表 5.3.1　隐枚举法的节点

	自由变量	不满足的约束	W值	T集	从 T 中选出非自由变量	节点类型
节点 1	$x_1x_2x_3x_4x_5$	Q_1Q_2		$(x_1x_2x_3x_4x_5)$	x_5	不可行解,T 非空
节点 2						可行解,$z=7$
节点 3	$x_1x_2x_3x_4$	Q_1Q_2	7	$(x_1x_2x_3x_4)$	x_3	不可行解,T 非空
节点 4	$x_1x_2x_4$	Q_2	3	(x_2)	x_2	不可行解,T 非空
节点 5	$x_1x_2x_4$	Q_1Q_2	7	$(x_1x_2x_4)$	x_4	无可行解(定义二)
节点 6						最优解,$z^*=5$
节点 7	x_1x_4	Q_2	1	ϕ		不可行解,T 空集

这里,再说明一下节点 5 的情况。在节点 5 处,有非自由变量 $x_5=x_3=0$,约束条件

$$Q_1 = -4+3x_1-2x_2+2x_4 \geqslant 0$$

$$Q_2 = -2-5x_1+x_2+x_4 \geqslant 0$$

显然,若使 $Q_1 \geqslant 0$,必须有 $x_1=x_4=1$,且 $x_2=0$;而如果 $x_1=x_4=1$,$x_2=0$,则一定 $Q_2<0$。若使 $Q_2 \geqslant 0$,必须有 $x_2=x_4=1$,且 $x_1=0$;而如果 $x_2=x_4=1$,$x_1=0$,则一定 $Q_1<0$。即节点

5 处，不管如何继续分枝，都不可能使 Q_1 与 Q_2 两约束同时满足，因此节点 5 是无可行解节点，不再继续分枝。

如果没有分析出来节点 5 是无可行解节点，只把它当作一般的不可行解节点，就需要继续分枝。在节点 5 处，非自由变量 $x_5=x_3=0$，取自由变量 $x_1=x_2=x_4=0$，则 $Q_1=-4<0$，$Q_2=-2<0$，故节点 5 是不可行解。此时，$W=7-c_5x_5-c_3x_3=7$，$T=(x_1,x_2,x_4)$，挑选 x_4 作非自由变量，继续分枝。在不可行解节点 5 处，规定非自由变量 $x_4=1$，自由变量 $x_1=x_2=0$，得到节点 8。在节点 8 处，有 $Q_1=-2<0$，$Q_2=-1<0$，故节点 8 是不可行解节点。如果由节点 8 继续分枝，则约束变为：$Q_1=-2+3x_1-2x_2\geqslant 0$，$Q_2=-1-5x_1+x_2\geqslant 0$，显然，不管怎样继续分枝，这两个约束不可能同时满足，故节点 8 是一个无可行解节点。在不可行解节点 5 处，规定非自由变量 $x_4=0$，自由变量 $x_1=x_2=0$，得到节点 9。节点 9 也是一个不可行解节点。如果由节点 9 继续分枝，则约束变为：$Q_1=-4+3x_1-2x_2\geqslant 0$，$Q_2=-2-5x_1+x_2\geqslant 0$，显然，不管怎样继续分枝，$Q_1$ 不可能满足，Q_2 也不可能满足。因此，节点 9 是一个无可行解节点。由节点 8、节点 9 不再继续分枝。

四、求解 0-1 规划的另一种隐枚举法

这里介绍的是一种简单方便、常用于手算或求解小规模问题的方法。

例 5.5 求解下面的 0-1 规划问题

$$
\begin{aligned}
&\max z = 3x_1 - 2x_2 + 5x_3 \\
&x_1 + 2x_2 - x_3 \leqslant 2 \\
&x_1 + 4x_2 + x_3 \leqslant 4 \\
&x_1 + x_2 \leqslant 3 \\
&x_j = 0 \text{ 或 } 1 \quad (j = 1,2,3)
\end{aligned}
$$

1. 先用试探的方法找出一个初始可行解

比如，$x_1=1$，$x_2=x_3=0$，就符合所有约束条件，其目标函数值 $z_0=3$。

2. 在原问题的基础上，增加一个约束条件——过滤条件

过滤条件是

$$3x_1 - 2x_2 + 5x_3 \geqslant 3$$

这是因为初始可行解的目标函数值已为 3，我们要继续寻找的当然是大于等于 3 的可行的目标函数值，因此，问题变为

$$
\begin{aligned}
&\max z = 3x_1 - 2x_2 + 5x_3 \\
&x_1 + 2x_2 - x_3 \leqslant 2 && (5.3.1)\\
&x_1 + 4x_2 + x_3 \leqslant 4 && (5.3.2)\\
&x_1 + x_2 \leqslant 3 && (5.3.3)\\
&3x_1 - 2x_2 + 5x_3 \geqslant 3 && (5.3.4)\\
&x_j = 0 \text{ 或 } 1 \quad (j = 1,2,3)
\end{aligned}
$$

3. 求解上述问题

按照穷举法的思路，依次检查各种变量组合，每找到一个可行解，求出它的目标函数值 z_1 后，如果 $z_1>z_0$，则将原来的过滤条件的常数项换成 z_1。

一般说来，过滤条件是所有约束条件中关键的一个，因而先检查它是否满足，如不满足，

其他约束条件也就不必检查了。

求解过程见表5.3.2。该表中的约束条件①、②、③分别为式(5.3.1)、式(5.3.2)、式(5.3.3)，约束条件④即过滤条件。

表5.3.2中，"×"号表示相应的约束条件不满足，"√"号表示相应的约束条件满足。

上述求解0-1规划的简便方法比传统的穷举法计算效率要高。

本例题的最优结果是

$$x_1 = x_3 = 1,\quad x_2 = 0,\quad \max z = 8$$

表5.3.2　另一种隐枚举法

点 $(x_1\ x_2\ x_3)^T$	约束条件 ④	①	②	③	z
	$3x_1-2x_2+5x_3\geqslant 3$				
$(0\ \ 0\ \ 0)^T$	×				
$(0\ \ 0\ \ 1)^T$	√	√	√	√	5
	$3x_1-2x_2+5x_3\geqslant 5$				
$(0\ \ 1\ \ 0)^T$	×				
$(0\ \ 1\ \ 1)^T$	×				
$(1\ \ 0\ \ 0)^T$	×				
$(1\ \ 0\ \ 1)^T$	√	√	√	√	8
	$3x_1-2x_2+5x_3\geqslant 8$				
$(1\ \ 1\ \ 0)^T$	×				
$(1\ \ 1\ \ 1)^T$	×				

5.4　求解指派问题的匈牙利法

实际中经常会遇到这样的问题：有n项不同的任务，恰好有n个人可承担这些任务。由于每个人的专长不同，故各人完成不同任务所需的资源(比如时间)也不一样。问应指派哪个人去完成哪项任务，可使完成n项任务所需的总资源最少？这样一类问题就称为指派问题。下面我们来列写指派问题的数学模型。

一、指派问题的数学模型

首先设0-1变量x_{ij}

$$\text{令 } x_{ij}=\begin{cases}1 & \text{表示指派第 } i \text{ 个人去完成第 } j \text{ 项任务}\\ 0 & \text{表示不指派第 } i \text{ 个人去完成第 } j \text{ 项任务}\end{cases}$$

用c_{ij}表示第i个人完成第j项任务所需要的资源数。这里，变量x_{ij}共$n\times n$个，与价值系数c_{ij}一一对应。目标函数

$$\min z = \sum_{i=1}^{n}\sum_{j=1}^{n} c_{ij}x_{ij}$$

约束条件

$$\sum_{i=1}^{n} x_{ij} = 1\quad (j=1,2,\cdots,n)$$

$$\sum_{j=1}^{n} x_{ij} = 1 \quad (i = 1,2,\cdots,n)$$

$$x_{ij} = 0 \text{ 或 } 1 \quad (i = 1,2,\cdots,n; j = 1,2,\cdots,n)$$

约束条件 $\sum_{i=1}^{n} x_{ij} = 1$ 表示：每项任务必须且只能有一个人承担；而约束条件 $\sum_{j=1}^{n} x_{ij} = 1$ 表示：每个人必须且只能承担一项任务。从以上数学模型可知，指派问题是特殊的0-1规划问题，也是特殊的线性规划运输问题。利用指派问题的特点，有更简便的解法求解这类问题，它就是匈牙利法。该方法的得名是因为匈牙利数学家狄·考尼格(D. König)为发展这个方法证明了主要定理。

二、匈牙利法的基本定理

1. 指派问题最优解的定理

定理 5.1：假设$[c_{ij}]$是指派问题的价值系数矩阵，现将它的某一行(或某一列)的各个元素都减去一个常数 k(k 可为正，也可为负)，得到矩阵$[b_{ij}]$。那么，以$[b_{ij}]$为价值系数矩阵的新的指派问题的最优解与原指派问题的最优解相同，但其最优值比原来减小 k。

根据定理5.1，可使原价值系数矩阵变换为含有很多0元素的新系数矩阵，而其最优解保持不变。在系数矩阵$[b_{ij}]$中，我们关心位于不同行不同列的0元素，以下简称为独立的0元素。若能在系数矩阵$[b_{ij}]$中得到 n 个独立的0元素，则令解矩阵$[x_{ij}]$中对应这 n 个独立0元素的变量取值为1，其他变量取值为0，就可以得到原指派问题的最优解。

2. 矩阵中0元素的定理

定理 5.2：系数矩阵中独立0元素的最多个数等于能覆盖所有0元素的最少直线数。

定理5.1与定理5.2是匈牙利数学家狄·考尼格证明的，其证明过程见参考文献[34]。

三、匈牙利法的求解步骤

我们结合一个例题加以介绍。

例 5.6 求表5.4.1所示指派问题的最优解。

表 5.4.1 五人指派问题

时间 (c_{ij}) 任务 (j) / 人员 (i)	A	B	C	D	E
甲	12	7	9	7	9
乙	8	9	6	6	6
丙	7	12	12	14	9
丁	10	14	6	6	10
戊	4	10	7	10	9

1. 变换价值系数矩阵，使各行各列中都出现0元素

(1) 将系数矩阵的每行都减去本行的最小元素；

(2) 将上述所得系数矩阵的每列都减去本列的最小元素。

本例题中，有

$$[c_{ij}]=\begin{bmatrix}12 & 7 & 9 & 7 & 9\\ 8 & 9 & 6 & 6 & 6\\ 7 & 12 & 12 & 14 & 9\\ 10 & 14 & 6 & 6 & 10\\ 4 & 10 & 7 & 10 & 9\end{bmatrix}\begin{matrix}-7\\-6\\-7\\-6\\-4\end{matrix}\rightarrow\begin{bmatrix}5 & 0 & 2 & 0 & 2\\ 2 & 3 & 0 & 0 & 0\\ 0 & 5 & 5 & 7 & 2\\ 4 & 8 & 0 & 0 & 4\\ 0 & 6 & 3 & 6 & 5\end{bmatrix}$$

该例题只经过行变换即得到每行每列都有0元素的系数矩阵。

2. 进行试指派,以寻求最优解

(1) 进行行检验

从第1行开始逐行检查,当遇到只含有一个未标记的0元素的一行时,就在该0元素上标记符号△,这表示分配△所在行的那个人担任△所在列的那个任务。然后在该0元素所在列的其他0元素上标记×,以免对那个任务再进行分配。

重复上述行检验,直到每一行都没有未标记的0元素或至少有两个未标记的0元素为止。

(2) 进行列检验

与行检验相类似地,从第1列开始逐列检查,当遇到只含有一个未标记的0元素的一列时,就在该0元素上标记△,并在该0元素所在行的其他0元素上标记×。

重复上述列检验,直到每一列都没有未标记的0元素或至少有两个未标记的0元素为止。

(3) 反复进行(1)、(2),直到下述三种情况之一出现

情况一:每一行均标记有△,令△的个数为m,则有$m=n$。

情况二:存在未标记的0元素,但它们所在的行和列中,未标记的0元素均至少有2个。

情况三:不存在未标记的0元素,但△的个数$m<n$。

(4) 如果情况一出现,则得一完整的最优分配方案,可停止计算。如果情况二出现,可标记△到任一个0元素上,再将其同行、同列的其他0元素标记×,然后返回步骤"2(1)"。如果情况三出现,则转到步骤"3"。

本例题中,经过反复的行检验和列检验后,得到矩阵①

$$\begin{bmatrix}5 & \triangle & 2 & \otimes & 2\\ 2 & 3 & \otimes & \otimes & \triangle\\ \triangle & 5 & 5 & 7 & 2\\ 4 & 8 & \triangle & \otimes & 4\\ \otimes & 6 & 3 & 6 & 5\end{bmatrix} \quad ①$$

矩阵①中,$m=4$,而$n=5$,故未得到完全分配方案,求解过程应按以下步骤继续进行。

3. 作最少的直线覆盖当前所有0元素

(1) 对所有不含△的行打√号。

(2) 对已打√号的行中含0元素的列打√号。

(3) 对已打√号的列中含△的行打√号。

(4) 重复上述步骤"3(2)"、"3(3)",直到不能进一步打√号为止。

(5) 对未打√号的每一行画一横线,而对已打√号的每一列画一纵线,即得到覆盖当前

所有 0 元素的最少直线。

本例题中，给矩阵①的第 5 行打√号，再给第 1 列打√号，然后给第 3 行打√号。分别对矩阵的第 1、2、4 行画一横线，对第 1 列画一纵线，即得到覆盖当前所有 0 元素的最少直线。称此矩阵为矩阵②

$$
\begin{array}{c}
\\
\\
-2\\
\\
-2\\
\\
\end{array}
\begin{array}{c}
+2\\
\left[\begin{array}{ccccc}
5 & \overset{\triangle}{0} & 2 & \overset{\times}{0} & 2\\
2 & 3 & \overset{\times}{0} & \overset{\times}{0} & \overset{\triangle}{0}\\
\overset{\triangle}{0} & 5 & 5 & 7 & 2\\
4 & 8 & \overset{\triangle}{0} & \overset{\times}{0} & 4\\
\overset{\times}{0} & 6 & 3 & 6 & 5
\end{array}\right]\\
\checkmark\qquad\qquad\qquad\qquad
\end{array}
\begin{array}{c}
\\
\\
\checkmark\\
\\
\checkmark\\
\\
\end{array}
\qquad ②
$$

4. 对矩阵②进行变换，以增加其 0 元素

从未被任何直线覆盖过的各元素中找出最小元素，将打√号行的各元素都减去这个最小元素，而打√号列的各元素都加上这个最小元素，以保证原来的 0 元素仍为 0。

本例中，未被任何直线覆盖过的各元素中的最小元素是 2，将第 3、5 行的各元素分别减去 2，将第 1 列的各元素都加上 2，由此得到矩阵③，它比矩阵②多了一个 0 元素。

$$
\begin{bmatrix}
7 & 0 & 2 & 0 & 2\\
4 & 3 & 0 & 0 & 0\\
0 & 3 & 3 & 5 & 0\\
6 & 8 & 0 & 0 & 4\\
0 & 4 & 1 & 4 & 3
\end{bmatrix}
\qquad ③
$$

去掉矩阵中标记的△、×、√等及所画直线，返回步骤“2”：对矩阵③进行行检验和列检验，得到矩阵④

$$
\begin{bmatrix}
7 & \overset{\triangle}{0} & 2 & \overset{\times}{0} & 2\\
4 & 3 & 0 & 0 & \overset{\times}{0}\\
\overset{\times}{0} & 3 & 3 & 5 & \overset{\triangle}{0}\\
6 & 8 & 0 & 0 & 4\\
\overset{\triangle}{0} & 4 & 1 & 4 & 3
\end{bmatrix}
\qquad ④
$$

从矩阵④可知，是情况二出现了。令$[b_{ij}]$=矩阵④，给未标记的 0 元素中的任一个标记△，例如给 b_{23} 标记△，再将 b_{24}、b_{43} 分别标记×，然后重新进行行检验，给 b_{44} 标记△。至此得到矩阵⑤

$$
\begin{bmatrix}
7 & \overset{\triangle}{0} & 2 & \overset{\times}{0} & 2\\
4 & 3 & \overset{\triangle}{0} & \overset{\times}{0} & \overset{\times}{0}\\
\overset{\times}{0} & 3 & 3 & 5 & \overset{\triangle}{0}\\
6 & 8 & \overset{\times}{0} & \overset{\triangle}{0} & 4\\
\overset{\triangle}{0} & 4 & 1 & 4 & 3
\end{bmatrix}
\qquad ⑤
$$

矩阵⑤具有 n 个独立的 0 元素，即得到了最优解，其相应的解矩阵为⑥

$$\begin{bmatrix} 0 & 1 & 0 & 0 & 0 \\ 0 & 0 & 1 & 0 & 0 \\ 0 & 0 & 0 & 0 & 1 \\ 0 & 0 & 0 & 1 & 0 \\ 1 & 0 & 0 & 0 & 0 \end{bmatrix} \quad ⑥$$

由此得知最优指派方案为：甲——B，乙——C，丙——E，丁——D，戊——A。

如果当情况二出现后，给未标记的0元素中的任一个标记△时，不是像上面那样给 b_{23} 标记△，而是给 b_{24} 标记△，则得到的解矩阵为⑦

$$\begin{bmatrix} 0 & 1 & 0 & 0 & 0 \\ 0 & 0 & 0 & 1 & 0 \\ 0 & 0 & 0 & 0 & 1 \\ 0 & 0 & 1 & 0 & 0 \\ 1 & 0 & 0 & 0 & 0 \end{bmatrix} \quad ⑦$$

由解矩阵⑦可得到另一最优指派方案为：甲——B，乙——D，丙——E，丁——C，戊——A。

上述两组最优指派方案相应的最小总时间都是32。

习　题　二

2.1　分别用穷举法和分枝定界法求解下列整数规划问题：

(1) $\max z=x_1+x_2$

$x_1+\frac{9}{14}x_2\leqslant\frac{51}{14}$

$-2x_1+x_2\leqslant\frac{1}{3}$

$x_1\geqslant 0,\quad x_2\geqslant 0$

x_1、x_2 均是整数

(2) $\max z=5x_1+8x_2$

$x_1+x_2\leqslant 6$

$5x_1+9x_2\leqslant 45$

$x_1\geqslant 0,\quad x_2\geqslant 0$

x_1、x_2 均是整数

2.2　分别用穷举法和割平面法求解下列整数规划问题：

(1) $\max z=x_1+x_2$

$2x_1+x_2\leqslant 6$

$4x_1+5x_2\leqslant 20$

$x_1\geqslant 0,\quad x_2\geqslant 0$

x_1、x_2 均是整数

(2) $\max z=3x_2$

$3x_1+2x_2\leqslant 7$

$x_1-x_2\geqslant -2$

$x_1\geqslant 0,\quad x_2\geqslant 0$

x_1、x_2 均是整数

2.3　用隐枚举法求解下列 0-1 规划问题：

(1) $\max z=2x_1-x_2+5x_3-3x_4+4x_5$

$3x_1-2x_2+7x_3-5x_4+4x_5\leqslant 6$

$x_1-x_2+2x_3-4x_4+2x_5\leqslant 0$

$x_j=0$ 或 1　$(j=1,2,3,4,5)$

(2) $\min z=2x_1+5x_2+3x_3+4x_4$

$$-4x_1+x_2+x_3+x_4\geqslant 0$$
$$-2x_1+4x_2+2x_3+4x_4\geqslant 4$$
$$x_1+x_2-x_3+x_4\geqslant 1$$
$$x_j=0 \text{ 或 } 1 \quad (j=1,2,3,4)$$

2.4 有四个工人,要分别指派他们完成四项不同的工作,每人做各项工作所消耗的时间如表题 2.4。问应该如何指派,才能使总的消耗时间为最少?

表题 2.4 指派问题

工作 所耗时间 工人	A	B	C	D
甲	15	18	21	24
乙	19	23	22	18
丙	26	17	16	19
丁	19	21	23	17

2.5 某教研组有 A_1、A_2、A_3、A_4 四位教师,其中任何一位教师均可独立承担 B_1、B_2、B_3、B_4 四门不同的课程,但由于各位教师的专长不同,所需备课时间也有所不同(见表题 2.5)。试问应如何分配这些教学任务,才能使所有教师的总备课时间最省?

表题 2.5 四位教师的指派问题

课程 备课时间 教师	B_1	B_2	B_3	B_4
A_1	2	10	9	7
A_2	15	4	14	8
A_3	13	14	16	11
A_4	4	15	13	9

2.6 某城市消防总部将全市划分为 11 个防火区,设有 4 个消防站,图题 2.6 表示了各防火区域与消防站的位置,其中①、②、③、④表示消防站,1,2,3,…,11 表示防火区域。根据历史资料证实,各消防站可在事先规定的允许时间内对所负责的地区火灾予以消灭,图中虚线即表示各地区由哪个消防站负责(没有虚线连接就表示不负责),现在总部提出,在同样负责全市消防的前提下,是否可以减少消防站的数目?如果可以,应当关闭哪个?(提示:对每个消防站定义一个 0-1 变量,然后对每个防火区域列一个约束条件。)试建立该问题的数学模型。

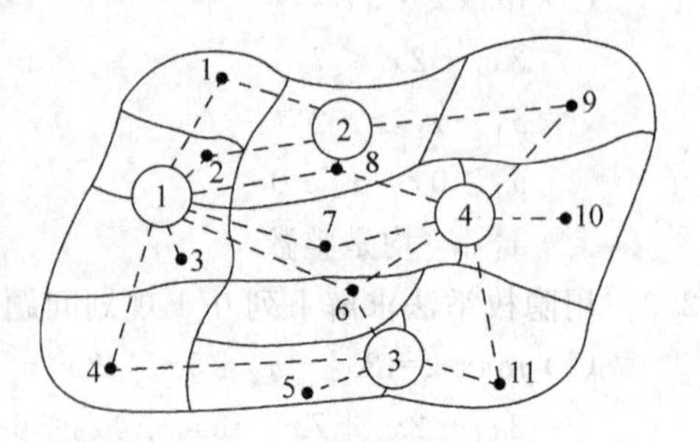

图题 2.6 各防火区域与消防站的位置

2.7 某校篮球队准备从六名预备队员中选拔三名为正式队员,并使平均身高尽可能高。这六名预备队员情况如表题 2.7,队员的挑选要满足下列条件:

表题 2.7 各预备队员的情况

预备队员	号码	身高(厘米)	位置
大张	4	193	中锋
大李	5	191	中锋
小王	6	187	前锋
小赵	7	186	前锋
小田	8	180	后卫
小周	9	185	后卫

① 至少补充一名后卫队员;

② 大李和小田中间只能入选一个;

③ 最多补充一名中锋;

④ 只要大李或小赵入选,小周就不能入选。

试建立上述问题的数学模型。

第三部分　目标规划

本部分讨论的目标规划(goal programming)指线性目标规划。

线性规划、整数规划、非线性规划，都是具有单个目标函数、若干约束条件的极值问题。但现实世界中很多问题具有多个目标，这些目标往往度量单位不同又相互冲突。多目标规划(multiobjective programming)正是为了解决这类问题而产生的，它是20世纪60年代初发展起来的运筹学的一个确定型模型分支。多目标规划研究在一定约束条件下多个目标函数的极值问题。在多目标规划中，一般不存在所有目标函数共同的最优点，而且其解法很多，要具体问题具体分析，通过试算，选择合适的解法。

有一种特殊的多目标规划叫目标规划，它的特点是各个目标具有不同的重要性。因此可以对各个目标分级、加权、逐级优化，这符合人们处理问题时分别轻重缓急、保证重点的基本思想。当目标规划中的约束条件和目标函数都是未知量的线性函数时，就是线性目标规划。

本部分在介绍线性目标规划时，引入了偏差变量、目标约束、优先因子、权系数等新的基本概念，讲述了一般形式的数学模型和几种基本算法。在学习线性目标规划时，要注意它与一般线性规划的联系及区别。目标规划在实际中有广泛的应用。

第6章 目标规划

6.1 目标规划的基本概念和数学模型

一、目标规划问题举例

例 6.1 线性目标规划问题。

对于 1.1 节例 1.1，大家已经很熟悉了，它是一个线性规划问题，其数学模型如下：

设计划期内甲、乙两种产品的产量分别为 x_1 吨、x_2 吨，则有

$$\max z = 32x_1 + 30x_2$$

$$3x_1 + 4x_2 \leqslant 36$$

$$5x_1 + 4x_2 \leqslant 40$$

$$9x_1 + 8x_2 \leqslant 76$$

$$x_1 \geqslant 0, \quad x_2 \geqslant 0$$

但实际上工厂的领导在安排生产计划时，其目标和限制往往是多方面的，例如：

第一目标　根据市场信息，甲产品的销售量有下降的趋势，故考虑甲产品的产量不大于乙产品的产量。

第二目标　尽可能充分利用各设备工时，但不希望加班。

第三目标　尽可能达到并超过计划利润指标 300 元。

若将上述种种目标考虑在内，就成为线性目标规划问题。

例 6.2 非线性目标规划问题。

用户要求某工厂制造一种敞口的长方体容器，容积恰好为 10m^3，该种容器的底必须为正方形。已知用做容器四壁的材料为 10 元/m^2，重 3kg；用做容器底的材料 20 元/m^2，重 2kg。用户认为最重要的目标是用最少的费用制造出这个容器，其次是使容器重量为最小。

该问题中有不同优先等级的多个目标函数，且约束条件中含有决策变量的非线性函数，故为非线性目标规划问题。

例 6.3 0-1 目标规划问题。

某公司正考虑对三项方案的选择。每项方案或被选中或未被选中，不允许选取其中一部分。各项方案的实施均需两年时间，由于经费预算的限制，不允许三项方案都选取。根据预测，这些方案实施后，重要的是能获取一笔纯利，其次是能增大市场的占有份额。现将预

期利润、预期市场占有份额和实施方案所需的费用列于表 6.1.1 中。又知第一年预算的总费用为 7 单位,第二年为 6 单位,实施中,绝对不准超过每年预算的总费用。

表 6.1.1 0-1 目标规划问题

方　　案	纯利润(单位)	市场占有份额(单位)	第一年费用(单位)	第二年费用(单位)
A	7	4	6	4
B	3	2	1	2
C	7	2	4	2

由于该问题的决策变量是 0-1 变量,且有多个目标函数,它们分属于不同的优先等级,故该问题为 0-1 目标规划问题。

二、目标规划的基本概念

1. 决策变量和偏差变量

决策变量,又称控制变量,用 $x_1,x_2,\cdots,x_n$ 表示。1.1 节例 1.1 中的 x_1,x_2 即为决策变量。

在目标规划中,还需引入一类新的变量——偏差变量,用 d_i^+,d_i^- 表示。d_i^+ 为正偏差变量,它表示实际决策值超过第 i 个目标值的数量,d_i^- 为负偏差变量,它表示实际决策值低于第 i 个目标值的数量。因实际决策值不可能既超过目标值又低于目标值,故最终结果中恒有 $d_i^+ \cdot d_i^- =0$。目标规划中,一般有多个目标值,每个目标值都相应有一对偏差变量 d_i^+ 与 d_i^-。

2. 绝对约束和目标约束

绝对约束是指必须严格满足的等式约束或不等式约束,如线性规划问题的所有约束。不能满足绝对约束的解即为不可行解,所以绝对约束是硬约束。

目标规划中的约束叫目标约束,它是有别于绝对约束的一种特殊约束。它把要追求的目标值作为约束的右端常数项,在追求此目标值时允许发生正偏差或负偏差。因此,目标约束是由决策变量、正或负偏差变量和要追求的目标值组成的软约束,它具有一定的弹性。目标约束不会不满足,但可能偏差过大。

对 6.1 节例 6.1 中的目标规划问题来说,仍假设计划期内甲、乙两种产品的产量分别为 x_1 吨、x_2 吨,还假设利润的实际决策值与目标值 300 元之间的正、负偏差为 d_i^+、d_i^-,得到利润的目标约束为:$32x_1+30x_2+d_i^- -d_i^+ =300$,写成第 i 个目标约束的一般形式

$$f_i(\boldsymbol{x})+d_i^- - d_i^+ = b_i$$

3. 优先因子和权系数

目标规划中,当决策者要求实现多个目标时,这些目标之间是有主次、轻重、缓急之区别的。凡要求第一位达到的目标,为第一优先级,赋予优先因子 p_1;要求第二位达到的目标,为第二优先级,赋予优先因子 p_2……并规定 $p_k \gg p_{k+1} \gg p_{k+2} \cdots > 0$,即不管 p_{k+1} 乘上一个多大的数,p_k 总是大于 p_{k+1},表示 p_k 相对于 p_{k+1} 有绝对的优先权。因此,不同的优先因子代表着不同的优先等级。在实现多个目标时,首先保证第一优先级目标的实现,这时可不考虑其他级目标,而第二优先级目标是在保证已求得的第一优先级的最优目标函数值不变的前提下考虑的,以此类推。

若要区别具有相同优先等级 i 的多个目标的重要性,可分别赋予它们不同的权系数 w_{ij},越重要的目标,其权系数的值越大。

4. 目标函数

目标规划的目标函数因优先等级的不同而分为多个，其中每个目标函数均由相应的偏差变量、优先因子、权系数组成。需要注意的是，目标规划的目标函数中不含决策变量。因为决策者的愿望总是尽可能减小偏差，最好地实现目标，所以总是将目标函数极小化。

目标规划问题中，一般都是根据每个希望的目标写出相应的目标约束和目标函数式。如6.1节例6.1中，根据第三级目标可写出相应的目标约束是 $32x_1+30x_2+d_3^--d_3^+=300$，它表明计划利润指标是300元，其中($32x_1+30x_2$)是利润表达式。相应的目标函数是 $\min d_3^-$，它表明第三级目标希望尽可能达到并超过300元，如果没有达到300元，则希望这个负偏差尽可能小。

一般而言，对第 i 级目标，有目标约束 $f_i(\boldsymbol{x})+d_i^--d_i^+=b_i$：若目标希望 $f_i(\boldsymbol{x})\geqslant b_i$，则相应的目标函数为 $\min d_i^-$；若目标希望 $f_i(\boldsymbol{x})\leqslant b_i$，则相应的目标函数为 $\min d_i^+$；若目标希望 $f_i(\boldsymbol{x})=b_i$，则相应的目标函数为 $\min(d_i^-+d_i^+)$。

由上可知，目标规划中，目标函数和目标约束中都引入了偏差变量。引入偏差变量体现了一种新的、灵活的思想，即不把目标函数和约束条件看成绝对的事物，这使得求解目标规划问题成为可能。

三、目标规划的数学模型

1. 例 6.1 的数学模型

先列出6.1节例6.1的目标规划问题的数学模型。

设计划期内甲、乙两种产品的产量分别为 x_1 吨、x_2 吨。又假定决策者认为"甲产量不大于乙产量"为第一级目标 G_1，赋予优先因子 p_1，并设相应的偏差变量为 d_1^+,d_1^-；"尽可能充分利用各设备工时，但不希望加班"为第二级目标 G_2，赋予优先因子 p_2，并设相应的偏差变量为 d_{2i}^+,d_{2i}^-($i=1,2,3$ 分别对应设备A,B,C)；"尽可能达到并超过利润300元"为第三级目标 G_3，赋予优先因子 p_3，并设相应的偏差变量为 d_3^+,d_3^-。

目标约束有

$$G_1: x_1-x_2+d_1^--d_1^+=0$$

$$G_2: \begin{cases} 3x_1+4x_2+d_{21}^--d_{21}^+=36 \\ 5x_1+4x_2+d_{22}^--d_{22}^+=40 \\ 9x_1+8x_2+d_{23}^--d_{23}^+=76 \end{cases}$$

$$G_3: 32x_1+30x_2+d_3^--d_3^+=300$$

上述所有决策变量、偏差变量均 $\geqslant 0$

目标函数为

$$\min[p_1d_1^+, p_2(d_{21}^-+d_{21}^++d_{22}^-+d_{22}^++d_{23}^-+d_{23}^+), p_3d_3^-]$$

2. 一般数学模型

对于有 n 个决策变量、m 个目标约束、目标函数中有 K 个优先级的目标规划问题，有数学模型如下

$$\min \boldsymbol{a}=(a_1,a_2,\cdots,a_k,\cdots,a_K)$$

$$f_i(\boldsymbol{x})+d_i^--d_i^+=b_i \quad (i=1,2,\cdots,m)$$

$$\boldsymbol{x}、\boldsymbol{d}^-、\boldsymbol{d}^+ \text{ 均} \geqslant 0$$
$$K \leqslant m$$

其中

$$\boldsymbol{x} = (x_1, x_2, \cdots, x_n)^{\mathrm{T}}$$
$$\boldsymbol{d}^- = (d_1^-, d_2^-, \cdots, d_m^-)^{\mathrm{T}}$$
$$\boldsymbol{d}^+ = (d_1^+, d_2^+, \cdots, d_m^+)^{\mathrm{T}}$$
$$a_k = g_k(\boldsymbol{d}^-, \boldsymbol{d}^+) \quad (k = 1, 2, \cdots, K)$$

需要说明的是，$\boldsymbol{a}$ 是 K 维有序向量，为了表达简洁，我们省略了 $\boldsymbol{a}$ 中的各优先因子，仅从元素 a_k 的下标 k 或从它在 $\boldsymbol{a}$ 向量中的位置序号，即可知它属于哪一优先级。

建立目标规划的数学模型时，需要排定各优先等级，确定各目标值 b_i，各权系数 w_j 等，它们往往具有一定的主观性和模糊性，一般可通过专家评定来解决。

6.2 线性目标规划的图解法

图解法简单直观，平面上作图适于求解两个决策变量的问题。在学习目标规划图解法时，要注意它与一般线性规划图解法的区别：一是偏差变量的作用，二是不同优先级的多个目标函数如何寻优。

下面，我们结合一道例题介绍图解法的步骤。

例 6.4 求解下列线性目标规划问题。

$$\min \boldsymbol{a} = [(d_1^+ + d_2^+), d_4^+, d_3^-, (2d_1^- + d_2^-)]$$
$$G_1: x_1 + d_1^- - d_1^+ = 30$$
$$G_2: x_2 + d_2^- - d_2^+ = 15$$
$$G_3: 8x_1 + 12x_2 + d_3^- - d_3^+ = 1000$$
$$G_4: 2x_1 + 3x_2 + d_4^- - d_4^+ = 80$$
$$G_5: \boldsymbol{x}、\boldsymbol{d}^-、\boldsymbol{d}^+ \text{均} \geqslant 0$$

一、令各偏差变量为 0，作出所有的约束直线

令各偏差变量为 0，类似传统的线性规划图解法，借助决策变量将所有的约束直线画在图上，见图 6.2.1。图中的直线①、②、③、④分别为偏差变量等于零情况下的 G_1、G_2、G_3、G_4。

二、作图表示偏差变量增加对约束直线的影响

以 G_1 为例

$$G_1: x_1 + d_1^- - d_1^+ = 30$$

其中，偏差变量 d_1^-、d_1^+ 二者之中至少有一个为 0。

当 $d_1^- = d_1^+ = 0$ 时，有 $x_1 = 30$，此时的目标约束 G_1 即图 6.2.1 中的直线①。

当 $d_1^- = 0$ 时，有 $x_1 = 30 + d_1^+$。随着 d_1^+ 取值的增加，约束直线从①的位置向右平移，我们用垂直于①的箭线 d_1^+ 表示①沿着箭头方向平移(见图 6.2.2)。在箭线名称 d_1^+ 的外面画上圆圈，表示 d_1^+ 在目标函数中是要求极小化的偏差变量。

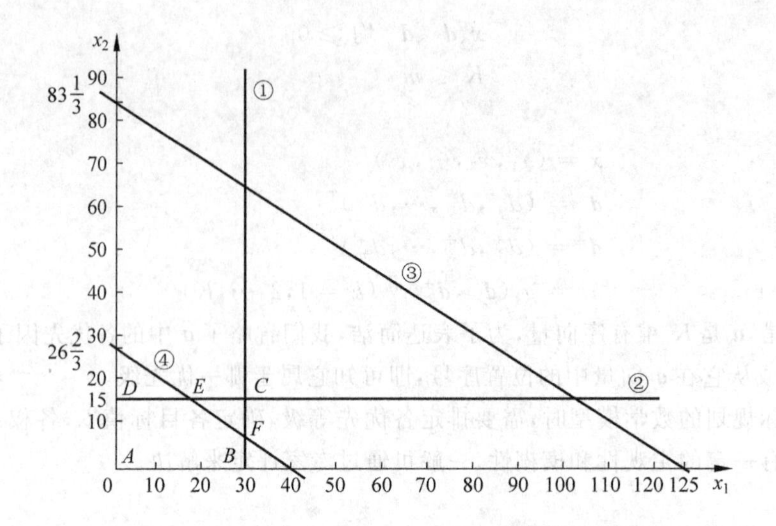

图 6.2.1 线性目标规划的图解法(1)

当 $d_1^+=0$ 时,有 $x_1=30-d_1^-$。类似地,用垂直于①的箭线 d_1^- 表示随 d_1^- 取值的增加①沿着箭头方向平移。因为在目标函数中 d_1^- 也是要求极小化的,故箭线名称 d_1^- 的外面也画上圆圈。

从以上分析可知,目标约束 G_1 中,偏差变量的作用相当于改变函数 $x_1=30$ 的右端常数项的值,考虑偏差变量之后作图得到的是与 $x_1=30$ 平行的一族直线。

因此,目标约束 G_1 用直线①及垂直于①的箭线 d_1^- 与 d_1^+ 表示,见图 6.2.2。

同理,可以画出目标约束 G_2、G_3、G_4(见图 6.2.2)。

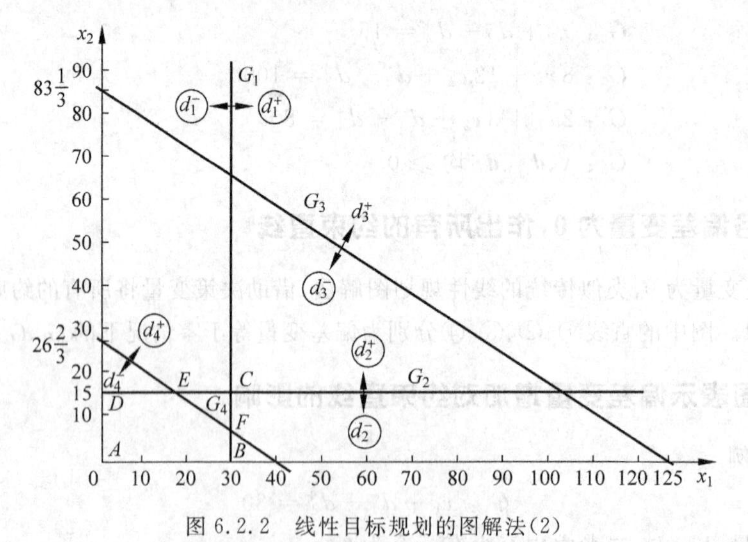

图 6.2.2 线性目标规划的图解法(2)

三、确定满足第一优先级目标集的最优解空间(不考虑其他优先级)

因为第一优先级($k=1$)中目标函数为($d_1^+ + d_2^+$),而含有 d_1^+ 与 d_2^+ 的目标约束只有 G_1 与 G_2,故得到只考虑第一优先级的单目标线性规划模型如下

$$\min a_1 = (d_1^+ + d_2^+)$$
$$G_1: x_1 + d_1^- - d_1^+ = 30$$
$$G_2: x_2 + d_2^- - d_2^+ = 15$$
$$G_5: \boldsymbol{x}、\boldsymbol{d}^-、\boldsymbol{d}^+ 均 \geqslant 0$$

由图 6.2.2 可知，当 $d_1^+ = d_2^+ = 0$ 时，有 $\min a_1 = 0$，此时上述线性规划问题的最优解空间，即图 6.2.3 中的阴影部分 $ABCD$。

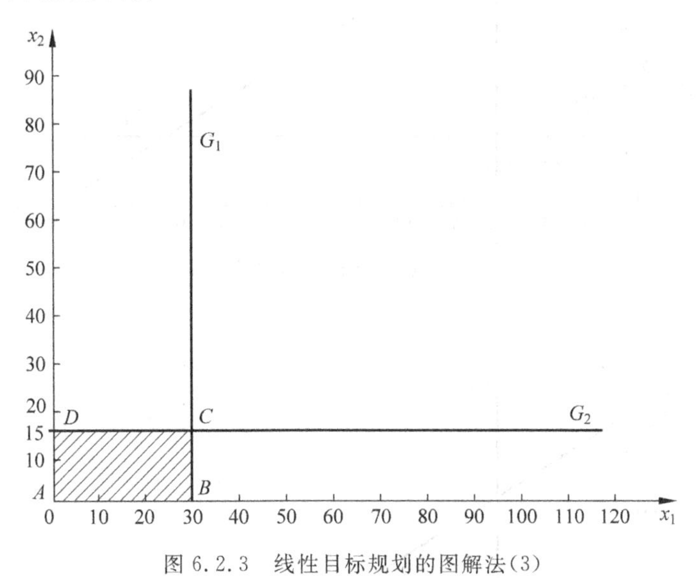

图 6.2.3 线性目标规划的图解法(3)

四、转到第 $k+1$ 优先级，求出其相应的最优解空间

这里，特别要说明的是，所得到的第 $k+1$ 优先级相应的最优解空间，必须不使此前已求得的所有更高优先级的目标值劣化。也就是说，我们必须在第 k 优先级相应的最优解空间内，寻求第 $k+1$ 优先级相应的最优解空间。

下面考虑第二优先级。第二优先级的目标函数为 $\min a_2 = d_4^+$，相应的目标约束为 G_4。在保证第一优先级的最优目标值不被劣化的前提下，d_4^+ 可以达到最小值 0，即有 $\min a_2 = 0$。此时，最优解空间为凸集 $ABFED$，如图 6.2.4 中阴影部分所示。

五、令 $k=k+1$，反复执行步骤四，直到所有优先级均求解完毕

下面考虑第三优先级。第三优先级的目标函数为 $\min a_3 = d_3^-$，相应的目标约束为 G_3。这里要使 d_3^- 极小化，但 d_3^- 不可能为零(那样会使已求得的第一、二优先级的目标值劣化)。因为 G_3 与 G_4 平行，故将直线 G_3 平移到与 G_4 重合，即得到满足第三优先级的最优解空间——线段 EF，如图 6.2.5 所示。

图 6.2.5 中，E 点是直线 G_2 与 G_4 的交点，其坐标为：$x_1 = \dfrac{35}{2}$，$x_2 = 15$，F 点是直线 G_1 与 G_4 的交点，其坐标为：$x_1 = 30$，$x_2 = \dfrac{20}{3}$。当直线 G_3 平移到与 G_4 重合时，因为 $d_3^+ = 0$，故目标约束 G_3 变为

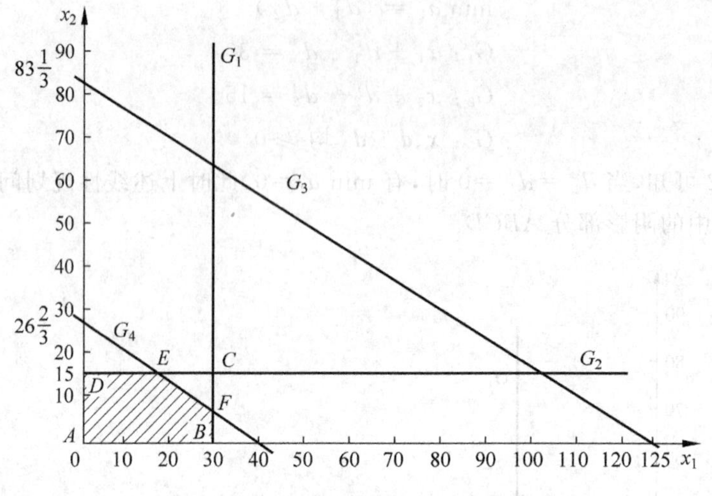

图 6.2.4　线性目标规划的图解法(4)

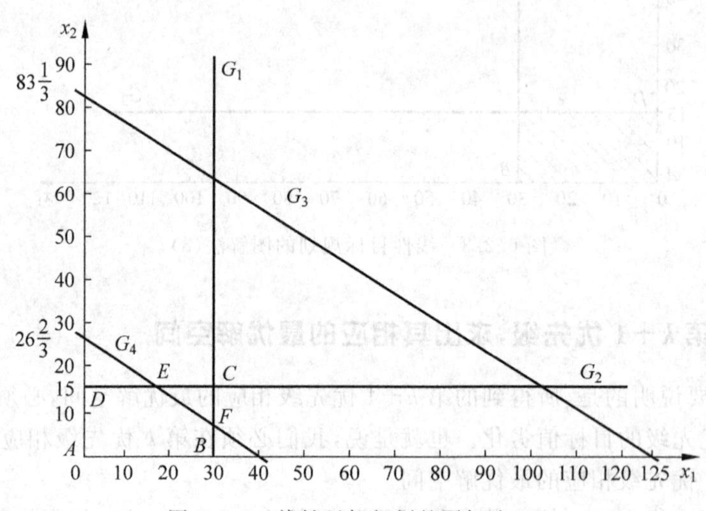

图 6.2.5　线性目标规划的图解法(5)

$$8x_1 + 12x_2 + d_3^- = 1000$$

将 E 或 F 点的坐标代入上式,可得

$$d_3^- = 680$$

即

$$\min a_3 = 680$$

最后考虑第四优先级。第四优先级的目标函数为 $\min a_4 = 2d_1^- + d_2^-$,相应的目标约束为 G_1、G_2,我们必须在第三优先级相应的最优解空间(线段 EF)内寻求($2d_1^- + d_2^-$)的极小化。下面,我们用决策变量来表示目标函数 a_4。

在线段 EF 上,有 $d_1^+ = d_2^+ = 0$,故由 G_1 式可得 $d_1^- = 30 - x_1$,由 G_2 式可得 $d_2^- = 15 - x_2$,即 $a_4 = 2d_1^- + d_2^- = 75 - 2x_1 - x_2$。令 $G = 75 - 2x_1 - x_2 = 0$ 并作图(见图 6.2.6),其中直线 G 过 $\left(\frac{75}{2},0\right)$、(0,75)、(30,15)三点。向左侧平移直线 G,可使目标函数 $75 - 2x_1 - x_2$ 即 a_4 增加。显

然，当直线 G 平移到过 F 点时，即得到最优点 F，此时有 $\min a_4=2d_1^-+d_2^-=75-2x_1-x_2=\frac{25}{3}$，$d_1^-=0, d_2^-=\frac{25}{3}$。

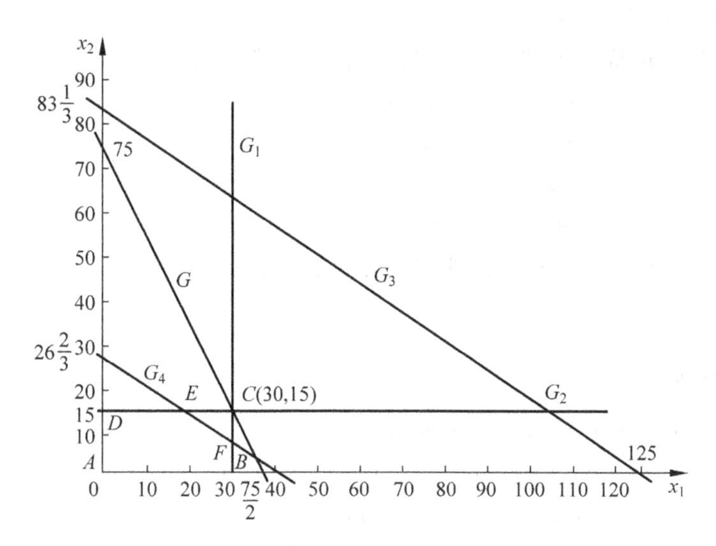

图 6.2.6 线性目标规划的图解法(6)

至此，已得到本例题的最优结果

$$
\begin{array}{lll}
x_1^*=30 & (d_1^-)^*=0 & (d_1^+)^*=0 \\
x_2^*=\frac{20}{3} & (d_2^-)^*=\frac{25}{3} & (d_2^+)^*=0 \\
 & (d_3^-)^*=680 & (d_3^+)^*=0 \\
 & (d_4^-)^*=0 & (d_4^+)^*=0
\end{array}
$$

$$\boldsymbol{a}^*=\left(0,0,680,\frac{25}{3}\right)$$

6.3 线性目标规划的序贯式算法

序贯式算法是目标规划的一种早期算法，其核心是序贯地求解一系列传统的线性规划问题。即根据优先级别，把线性目标规划分解为多个单目标线性规划，依次求解。该方法的显著特点是可以应用任何成熟的单纯形法程序解决问题，因而它在近代仍然具有相当的吸引力。

一、序贯式算法的基本步骤

(1) 建立对应第 1 优先级的单目标线性规划模型

$$
\begin{aligned}
&\min a_1=g_1(\boldsymbol{d}^-,\boldsymbol{d}^+)\\
&f_i(\boldsymbol{x})+d_i^--d_i^+=b_i \quad (i\in I)\\
&\boldsymbol{x}、\boldsymbol{d}^-、\boldsymbol{d}^+ \text{均} \geqslant \boldsymbol{0}
\end{aligned}
$$

式中 I 是对应第 1 优先级的那些目标约束的下标的集合。令 $k=1$。

(2) 用单纯形法求解对应第 k 优先级的单目标线性规划模型,得到最优值 a_k^*

$$a_k^* = \min a_k = g_k(\boldsymbol{d}^-, \boldsymbol{d}^+)$$

(3) 令 $k=k+1$。若 $k>K$(K 是总的优先级别数),则最后单目标线性规划的解向量 $\boldsymbol{x}^*$ 就是原始目标规划的最优解,计算结束;否则转下步。

(4) 建立对应新的优先级别 k 的单目标线性规划模型

$$\begin{aligned}
&\min a_k = g_k(\boldsymbol{d}^-, \boldsymbol{d}^+)\\
&f_t(\boldsymbol{x}) + d_t^- - d_t^+ = b_t \quad (t \in T)\\
&g_s(\boldsymbol{d}^-, \boldsymbol{d}^+) = a_s^* \quad (s = 1,2,\cdots,k-1)\\
&\boldsymbol{x}、\boldsymbol{d}^-、\boldsymbol{d}^+ 均 \geqslant \boldsymbol{0}
\end{aligned}$$

式中 T 是对应优先级别 $1,2,\cdots,k$ 的那些目标约束的下标的集合。

返回步骤(2)。

二、计算举例

例 6.5 用序贯式算法求解 6.2 节的例 6.4。

$$\begin{aligned}
&\min \boldsymbol{a} = [(d_1^+ + d_2^+), d_4^+, d_3^-, (2d_1^- + d_2^-)]\\
&G_1: x_1 + d_1^- - d_1^+ = 30\\
&G_2: x_2 + d_2^- - d_2^+ = 15\\
&G_3: 8x_1 + 12x_2 + d_3^- - d_3^+ = 1000\\
&G_4: 2x_1 + 3x_2 + d_4^- - d_4^+ = 80\\
&G_5: \boldsymbol{x}、\boldsymbol{d}^-、\boldsymbol{d}^+ 均 \geqslant \boldsymbol{0}
\end{aligned}$$

1. 列出对应于第一优先级的线性规划模型

$$\begin{aligned}
&\min a_1 = d_1^+ + d_2^+\\
&G_1: x_1 + d_1^- - d_1^+ = 30\\
&G_2: x_2 + d_2^- - d_2^+ = 15\\
&G_5: \boldsymbol{x}、\boldsymbol{d}^-、\boldsymbol{d}^+ 均 \geqslant \boldsymbol{0}
\end{aligned}$$

这是一个单目标的目标规划问题,有 2 个决策变量,可用图解法求解,求得满足第一优先级的最优解空间为矩形 $ABCD$(即 x_1、x_2 有无穷多组最优解),有 $d_1^+=0$, $d_2^+=0$, $\min a_1=0$(参见图 6.2.3)。

这也是一个普通的线性规划问题,它有 6 个变量,1 个目标函数,2 个约束条件以及变量非负的限制,可用单纯形法求解。该问题有无穷多组最优解,这里给出其中一组(图 6.2.3 中点 A)

$$x_1 = 0 \quad d_1^- = 30 \quad d_1^+ = 0$$

$$x_2 = 0 \quad d_2^- = 15 \quad d_2^+ = 0$$

$$a_1^* = d_1^+ + d_2^+ = 0$$

2. 列出对应于第二优先级的线性规划模型

$$\begin{aligned}
&\min a_2 = d_4^+\\
&G_1: x_1 + d_1^- - d_1^+ = 30\\
&G_2: x_2 + d_2^- - d_2^+ = 15\\
&G_5: \boldsymbol{x}、\boldsymbol{d}^-、\boldsymbol{d}^+ 均 \geqslant \boldsymbol{0}\\
&G_4: 2x_1 + 3x_2 + d_4^- - d_4^+ = 80
\end{aligned}$$

$$G_6: a_1^* = d_1^+ + d_2^+ = 0$$

上述约束 G_1、G_2、G_5 对应于第一优先级，约束 G_4 对应于第二优先级，约束 G_6 是为了避免劣化第一优先级已达到的目标函数最优值而设置的。用单目标的目标规划的图解法可求得满足第二优先级的最优解空间为五边形 $ABFED$(即 x_1、x_2 有无穷多组最优解)，有 $d_4^+=0$，$\min a_2=0$(参见图 6.2.4)。用单纯形法也可求解该问题，它有无穷多组最优解，这里给出其中一组(图 6.2.4 中点 D)

$$\begin{array}{lll} x_1=0 & d_1^-=30 & d_1^+=0 \\ x_2=15 & d_2^-=0 & d_2^+=0 \\ & d_4^-=35 & d_4^+=0 \\ & a_2^* = d_4^+=0 & \end{array}$$

3. 列出对应于第三优先级的线性规划模型

$$\begin{aligned} &\min a_3 = d_3^- \\ &G_1: x_1 + d_1^- - d_1^+ = 30 \\ &G_2: x_2 + d_2^- - d_2^+ = 15 \\ &G_5: \boldsymbol{x}、\boldsymbol{d}^-、\boldsymbol{d}^+ \text{均} \geqslant \boldsymbol{0} \\ &G_4: 2x_1 + 3x_2 + d_4^- - d_4^+ = 80 \\ &G_6: a_1^* = d_1^+ + d_2^+ = 0 \\ &G_3: 8x_1 + 12x_2 + d_3^- - d_3^+ = 1000 \\ &G_7: a_2^* = d_4^+ = 0 \end{aligned}$$

用单目标的目标规划的图解法可求得满足第三优先级的最优解空间为线段 EF(即 x_1、x_2 有无穷多组最优解)，有 $d_3^-=680$，$d_3^+=0$，$\min a_3=680$(参见图 6.2.5)。用单纯形法也可求解该问题，它有无穷多组最优解，这里给出其中一组(图 6.2.5 中点 E)

$$\begin{array}{lll} x_1=35/2 & d_1^-=25/2 & d_1^+=0 \\ x_2=15 & d_2^-=0 & d_2^+=0 \\ & d_3^-=680 & d_3^+=0 \\ & d_4^-=0 & d_4^+=0 \\ & a_3^* = d_3^-=680 & \end{array}$$

4. 列出对应于第四优先级的线性规划模型

$$\begin{aligned} &\min a_4 = 2d_1^- + d_2^- \\ &G_1: x_1 + d_1^- - d_1^+ = 30 \\ &G_2: x_2 + d_2^- - d_2^+ = 15 \\ &G_5: \boldsymbol{x}、\boldsymbol{d}^-、\boldsymbol{d}^+ \text{均} \geqslant \boldsymbol{0} \\ &G_4: 2x_1 + 3x_2 + d_4^- - d_4^+ = 80 \\ &G_6: a_1^* = d_1^+ + d_2^+ = 0 \\ &G_3: 8x_1 + 12x_2 + d_3^- - d_3^+ = 1000 \\ &G_7: a_2^* = d_4^+ = 0 \\ &G_8: a_3^* = d_3^- = 680 \end{aligned}$$

用单目标的目标规划的图解法可求得满足第四优先级的最优解为点 $F(x_1=30,x_2=20/3)$，有 $d_1^-=0$，$d_2^-=25/3$，$\min a_4=25/3$(参见图 6.2.6)。用单纯形法也可求解该问

题,其最优结果为(图 6.2.6 中点 F)

$$x_1^* = 30 \quad (d_1^-)^* = 0 \quad (d_1^+)^* = 0$$
$$x_2^* = 20/3 \quad (d_2^-)^* = 25/3 \quad (d_2^+)^* = 0$$
$$(d_3^-)^* = 680 \quad (d_3^+)^* = 0$$
$$(d_4^-)^* = 0 \quad (d_4^+)^* = 0$$
$$\boldsymbol{a}^* = (0,0,680,25/3)$$

从上面的例题可知,序贯式算法非常简单明了。当然,计算的工作量往往比较大,但实际求解时一般都用计算机求解,而且还有若干可以减少计算量的简便方法。例如,可应用如下的"列消除规则":当我们得到第 k 优先级单目标模型的最优单纯形表时,该表检验数$(c_j - z_j)$行中,具有正值检验数的任一非基变量都可以从问题中消除,其相应的列也从表中消除(即在此后各优先级的求解过程中不再出现)。这是因为若把这样的变量再换入到基中,将劣化原先已得到的解。列消除规则可使问题的求解大为简化,但若需对最后获得的解作灵敏度分析时,消除的列可能会给分析带来困难。因此,在作灵敏度分析之前,必须重新计算消除列的值并将其插入到单纯形表中。

6.4 求解线性目标规划的单纯形法

与传统的线性规划相比,线性目标规划有自己的基本特点,但只要稍加处理,仍然可用单纯形法求解。

一、线性目标规划的基本特点及其处理

与传统的线性规划相比,线性目标规划的基本特点是:具有多个目标函数,且它们分属于不同的优先等级。因此,其各级目标函数的系数中,各非基变量的检验数中,都含有优先因子,检验数可表示为各级优先因子的一次多项式:$c_j - z_j = \sum_{k=1}^{K} p_k \cdot \alpha_{kj}$。故各检验数的正、负,首先取决于 p_1 的系数 α_{1j} 的正、负,若 $\alpha_{1j}=0$,则检验数的正、负取决于 p_2 的系数 α_{2j} 的正、负……以此类推。若 $\alpha_{1j}>0$,则因为 $p_1 \gg p_2 \gg p_3 \cdots > 0$,必有$(c_j - z_j)>0$。

基于上述基本特点,在求解线性目标规划的单纯形法中,把每个检验数按 K 级优先因子分解成 K 项,在单纯形表中依次写成 K 行。进行最优性检验时,先根据各非基变量检验数中 p_1 项的系数判断 p_1 级目标函数是否已达最优。若是,则才能考虑 p_2 级目标函数的优化,且在 p_2 级目标函数优化的过程中,必须保证已求出的 p_1 级目标函数最优值不被劣化……以此类推。

在做了如上处理之后,我们就可以采用早已熟悉的单纯形法(例如表格形式)来求解线性目标规划了,其基本求解步骤与传统线性规划的相同。

二、求解步骤及计算举例

例 6.6 用单纯形法求解 6.2 节的例 6.4。

$$\min \boldsymbol{a} = [p_1(d_1^+ + d_2^+), p_2 d_4^+, p_3 d_3^-, p_4(2d_1^- + d_2^-)]$$
$$G_1: x_1 + d_1^- - d_1^+ = 30$$
$$G_2: x_2 + d_2^- - d_2^+ = 15$$
$$G_3: 8x_1 + 12x_2 + d_3^- - d_3^+ = 1000$$

$$G_4: 2x_1 + 3x_2 + d_4^- - d_4^+ = 80$$

$$G_5: \boldsymbol{x}、\boldsymbol{d}^-、\boldsymbol{d}^+ 均 \geqslant \boldsymbol{0}$$

1. 建立初始单纯形表,并计算检验数矩阵

以 d_1^-、d_2^-、d_3^-、d_4^- 为基变量,构成初始可行基,建立初始单纯形表(见表 6.4.1 中的第 0 次迭代表),它与传统单纯形表的唯一区别在于:检验数不是一行而是 K 行。为了清楚起见,表 6.4.1 中的 0 元素均未填写,呈空白状。

表 6.4.1 线性目标规划的单纯形法

c_j					p_1	p_1		p_2	$2p_4$	p_4	p_3		
迭代次数	$(\boldsymbol{c}_B)^T$	基变量	x_1	x_2	d_1^+	d_2^+	d_3^+	d_4^+	d_1^-	d_2^-	d_3^-	d_4^-	$\boldsymbol{b}$
0	$2p_4$	d_1^-	1		−1				1				30 ①
	p_4	d_2^-		1*		−1				1			15 ②
	p_3	d_3^-	8	12			−1				1		1000 ③
	0	d_4^-	2	3				−1				1	80 ④
	$c_j - z_j$	p_1			1	1							⑤
		p_2						1					⑥
		p_3	−8	−12			1						−1000 ⑦
		p_4	−2	−1	2	1							−75 ⑧
1	$2p_4$	d_1^-	1		−1				1				30 ①
	0	x_2		1		−1				1			15 ②
	p_3	d_3^-	8			12	−1			−12	1		820 ③
	0	d_4^-	2*			3		−1		−3		1	35 ④
	$c_j - z_j$	p_1			1	1							⑤
		p_2						1					⑥
		p_3	−8			−12	1			12			−820 ⑦
		p_4	−2		2					1			−60 ⑧
2	$2p_4$	d_1^-			−1	−1.5		0.5	1	1.5*		−0.5	12.5
	0	x_2		1		−1				1			15
	p_3	d_3^-					−1	4			1	−4	680
	0	x_1	1			1.5		−0.5		−1.5		0.5	17.5
	$c_j - z_j$	p_1			1	1							
		p_2						1					
		p_3					1	−4				4	−680
		p_4			2	3		−1		−2		1	−25
3	p_4	d_2^-			−2/3	−1		1/3	2/3	1		−1/3	25/3
	0	x_2		1	2/3			−1/3	−2/3			1/3	20/3
	p_3	d_3^-					−1	4			1	−4	680
	0	x_1	1		−1				1				30
	$c_j - z_j$	p_1			1	1							
		p_2						1					
		p_3					1	−4				4	−680
		p_4			2/3	1		−1/3	4/3			1/3	−25/3

让我们来计算非基变量 x_1 的检验数 σ_1

$$\sigma_1 = c_1 - z_1 = 0 - (2p_4, p_4, p_3, 0)\begin{bmatrix}1\\0\\8\\2\end{bmatrix} = -2p_4 - 8p_3$$

$$= (0, 0, -8, -2)\begin{bmatrix}p_1\\p_2\\p_3\\p_4\end{bmatrix}$$

把 σ_1 中从 p_1 到 p_K 的各级优先因子的系数写成具有 K 行元素的一列 $(0,0,-8,-2)^{\mathrm{T}}$，填入单纯形表中。其他检验数也如此计算、填表，便得到线性目标规划的 K 行即 K 级检验数矩阵了。

2. 从表中找到基本可行解和相应于各优先级的目标函数值

单纯形表中，约束条件的系数矩阵的右端常数列即各基变量的相应取值，而检验数矩阵的右端常数列即各级目标函数相应取值的相反数。

3. 最优性检验

线性目标规划的最优性检验是分优先级进行的，从 p_1 级开始依次到 p_K 级结束。对 p_k 级进行最优性检验时，可能有下述三种情况：

(1) 若检验数矩阵的 p_k 行系数均大于等于 0，则 p_k 级目标已达最优，应转入对 p_{k+1} 级目标的寻优。若 $k=K$，则计算结束。

本例中，表 6.4.1 的第 0 次迭代表的检验数矩阵中，p_1 行与 p_2 行的各系数均大于等于 0，故 p_1 与 p_2 级目标均已达到最优，应转入对 p_3 级目标的寻优。此时有 $a_1^* = d_1^+ + d_2^+ = 0$，$a_2^* = d_4^+ = 0$。

(2) 若检验数矩阵的 p_k 行系数中有负数，但负数所在列的前 $(k-1)$ 行优先因子的非零系数中以正系数的优先级为最高，则该列的检验数的值实际已为正，p_k 级的目标已达最优，应转入对 p_{k+1} 级目标的寻优。若 $k=K$，则计算结束。

本例中，表 6.4.1 的第 2 次迭代表的 p_3 级与第 3 次迭代表的 p_4 级的最优性检验均属于这种情况。

(3) 若检验数矩阵的 p_k 行系数中有负数，而负数所在列的前 $(k-1)$ 行优先因子的系数全为 0，即该列的检验数的值确实为负，则选该负系数(若此类负系数有多个，则可选其中最小者)所在列相应的非基变量为换入变量，继续进行基变换。

本例中，表 6.4.1 的第 0 次迭代表的 p_3 级、第 1 次迭代表的 p_3 级、第 2 次迭代表的 p_4 级的最优性检验均属于这种情况。

4. 基变换

(1) 换入变量的确定

按上一步"3(3)"中所述方法确定换入变量即可。本例中，表 6.4.1 的第 0 次迭代表检验数矩阵的 p_3 行系数中最小的负者为 -12，且其所在列的 p_1 行、p_2 行的系数均为 0，故选 x_2 为换入变量。

(2) 换出变量的确定

与一般单纯形法一样，按最小非负比值规则确定换出变量。

本例中，表 6.4.1 的第 0 次迭代表的 d_2^- 为换出变量。

(3) 主元素的确定

本例中，表 6.4.1 的第 0 次迭代表的 $a_{22}=1$ 为主元素。表 6.4.1 中各次迭代表的主元素的右上角均标以 * 号。

(4) 取主变换

取主变换的做法与传统单纯形法相同，只不过线性目标规划中的检验数分为 K 行，需做 K 次行变换才能完成一次检验数的变换。

表 6.4.1 的第 1 次迭代表的各行是由第 0 次迭代表的相应各行经如下变换得到的

①′ = ①　②′ = ②　③′ = ③ − 12 × ②′　④′ = ④ − 3 × ②′

⑤′ = ⑤　⑥′ = ⑥　⑦′ = ⑦ + 12 × ②′　⑧′ = ⑧ + ②′

返回步骤 2，继续迭代。各次迭代结果详见表 6.4.1。

用单纯形法(表格形式)求得本例的最优结果为

$$x_1^* = 30 \qquad (d_1^-)^* = 0 \qquad (d_1^+)^* = 0$$

$$x_2^* = 20/3 \qquad (d_2^-)^* = 25/3 \qquad (d_2^+)^* = 0$$

$$(d_3^-)^* = 680 \qquad (d_3^+)^* = 0$$

$$(d_4^-)^* = 0 \qquad (d_4^+)^* = 0$$

$$\boldsymbol{a}^* = (0,0,680,25/3)$$

至此，我们已经采用图解法、序贯式算法、单纯形法(表格形式)对 6.2 节的例 6.4 分别进行了求解，得到了完全相同的最优结果。

通过采用不同方法求解同一典型例题，我们不仅分别掌握了各种方法，而且对各种方法的异同点也更清楚，有利于融会贯通。

习 题 三

3.1　试列出 6.1 节中例 6.2、例 6.3 的目标规划数学模型。

3.2　某工厂生产甲、乙两种产品，单位甲产品可获利 6 元，单位乙产品可获利 4 元。生产过程中每单位甲、乙产品所需机器台时数分别为 2 和 3 个单位，需劳动工时数分别为 4 和 2 个单位。该厂在计划期内可提供 100 个单位的机器台时数和 120 个劳动工时数，如果劳动力不足尚可组织工人加班。该厂制定了如下目标：

第一目标：计划期内利润达到或超过 180 元；

第二目标：机器台时数充分利用；

第三目标：尽量减少加班的工时数；

第四目标：甲产品产量不小于 22 件，乙产品产量不大于 18 件。

上述四个目标分别为四个不同的优先等级。请列出该目标规划问题的数学模型，并用图解法、单纯形法（表格形式）分别求解之。

3.3　请用图解法、单纯形法（表格形式）分别求解下列目标规划问题。

(1) $\min \boldsymbol{a}=(d_1^+, d_2^-, d_3^-)$

$G_1: 10x_1+15x_2+d_1^- - d_1^+ = 40$

$G_2: 100x_1+100x_2+d_2^- - d_2^+ = 1000$

$G_3: x_2+d_3^- - d_3^+ = 7$

$\boldsymbol{x}, \boldsymbol{d}^-, \boldsymbol{d}^+$ 均 $\geqslant \boldsymbol{0}$

(2) $\min \boldsymbol{a}=((d_1^+ + d_2^+), d_3^-)$

$G_1: 3x_1+5x_2+d_1^- - d_1^+ = 15$

$G_2: 5x_1+2x_2+d_2^- - d_2^+ = 10$

$G_3: 1.25x_1+0.5x_2+d_3^- - d_3^+ = 30$

$\boldsymbol{x}, \boldsymbol{d}^-, \boldsymbol{d}^+$ 均 $\geqslant \boldsymbol{0}$

(3) $\min \boldsymbol{a}=((d_1^+ + d_2^+), d_3^-)$

$G_1: -x_1+x_2+d_1^- - d_1^+ = 1$

$G_2: -0.5x_1+x_2+d_2^- - d_2^+ = 2$

$G_3: 3x_1+3x_2+d_3^- - d_3^+ = 50$

$\boldsymbol{x}, \boldsymbol{d}^-, \boldsymbol{d}^+$ 均 $\geqslant \boldsymbol{0}$

(4) $\min \boldsymbol{a}=((d_1^+ + d_2^+), d_3^-)$

G_1: $x_1+x_2+d_1^- - d_1^+ = 1$

G_2: $2x_1+2x_2+d_2^- - d_2^+ = 4$

G_3: $6x_1-4x_2+d_3^- - d_3^+ = 50$

$\boldsymbol{x}, \boldsymbol{d}^-, \boldsymbol{d}^+$ 均$\geqslant \boldsymbol{0}$

3.4 用序贯式算法，求解下列问题。

(1) $\min \boldsymbol{a}=((d_1^+ + d_2^+), d_3^-, d_4^+)$

G_1: $2x_1+x_2+d_1^- - d_1^+ = 12$

G_2: $x_1+x_2+d_2^- - d_2^+ = 10$

G_3: $x_1+d_3^- - d_3^+ = 7$

G_4: $x_1+4x_2+d_4^- - d_4^+ = 4$

$\boldsymbol{x}, \boldsymbol{d}^-, \boldsymbol{d}^+$ 均$\geqslant \boldsymbol{0}$

(2) $\min \boldsymbol{a}=(d_1^-, d_2^-)$

G_1: $x_1+x_2+d_1^- - d_1^+ = 10$

G_2: $8x_1+10x_2+d_2^- - d_2^+ = 300$

$\boldsymbol{x}, \boldsymbol{d}^-, \boldsymbol{d}^+$ 均$\geqslant \boldsymbol{0}$

3.5 请用图解法、序贯式算法、单纯形法(表格形式)分别求解下列问题。

(1) $\min \boldsymbol{a}=((d_1^+ + d_1^-), d_2^-)$

G_1: $x_1+x_2+d_1^- - d_1^+ = 10$

G_2: $3x_1+4x_2+d_2^- - d_2^+ = 50$

G_3: $8x_1+10x_2+d_3^- - d_3^+ = 300$

$\boldsymbol{x}, \boldsymbol{d}^-, \boldsymbol{d}^+$ 均$\geqslant \boldsymbol{0}$

(2) $\min \boldsymbol{a}=((d_1^- + d_1^+), (2d_2^+ + d_3^+))$

G_1: $x_1-10x_2+d_1^- - d_1^+ = 50$

G_2: $3x_1+5x_2+d_2^- - d_2^+ = 20$

G_3: $8x_1+6x_2+d_3^- - d_3^+ = 100$

$\boldsymbol{x}, \boldsymbol{d}^-, \boldsymbol{d}^+$ 均$\geqslant \boldsymbol{0}$

3.6 某企业生产两种产品 A、B，产品 A 售出后每件可获利 10 元，产品 B 售出后每件可获利 8 元。生产每件产品 A 需 3 小时装配工时，每件产品 B 需 2 小时装配工时。可用的总装配工时为每周 120 小时，但允许加班。在加班时间内生产 A、B 产品时，每件的获利分别降低 1 元。加班时间限定每周不超过 40 小时，企业希望总的获利为最大。试凭自己的经验确定优先级结构，对这个问题建立数学模型并求解。

若将获得利润最大较之加班时间尽可能少置于更高优先级，将会产生什么结果？为什么？

3.7 某工厂生产白布、花布两种产品，其生产率皆为 1000m/h；其利润分别为 1.5 元/m 和 2.5 元/m；每周正常生产时间为 80 小时(加班时间不算在内)。

第一目标：充分利用正常生产时间进行生产；

第二目标：每周加班时数不超过 10 小时；

第三目标：销售花布不少于 35 000m，白布不少于 70 000m。

第四目标：销售利润达到或超过 200 000 元。

试建立上述问题的数学模型。

3.8 某工厂生产唱机和录音机两种产品，每种产品均需经 A、B 两个车间的加工才能完成。表题 3.8 中给出了全部已知条件，要求尽可能实现的目标有以下五个：

第一目标：仓库费用每月不超过 4600 元；

第二目标：唱机每月至少售出 50 台；

第三目标：车间 A 加班不超过 20 小时；

第四目标：录音机每月至少售出 50 台；

第五目标：车间 A、B 加班时数的总和要限制(权系数由两车间的生产费用决定)。试列出该问题的目标规划数学模型。

表题 3.8 各种已知条件

车间 \ 工时 \ 产品	唱机	录音机	提供正常生产时间	生产费用
车间 A	2 小时/台	1 小时/台	120 小时/月	80 元/小时
车间 B	1 小时/台	3 小时/台	150 小时/月	40 元/小时
仓库费用	50 元/月·台	30 元/月·台		

第四部分　非线性规划

非线性规划(nonlinear programming)是运筹学的一个确定型模型分支。如果目标函数和(或)约束条件中含有未知量的非线性函数,这种规划问题就是非线性规划。客观存在的非线性函数远比线性函数多,对实际问题精确性的要求也日益提高,故非线性规划早已深入各行各业,得到了极其广泛的应用。

我们知道,如果线性规划有有限最优解,其最优值必然能在可行域顶点上得到。而非线性规划的最优解,却可能在可行域的任何一点。由于非线性函数的种类极其多、极其复杂,一般非线性规划的求解要比线性规划困难得多。非线性规划的算法很多,但每种算法都有一定的适用范围和局限性,而且一般求出的只是局部最优解。目前还没有适于各种非线性规划问题的一般性算法,这是需要人们更深入研究的领域。

本部分除了介绍非线性规划的基本概念、基本理论外,还按照单变量函数寻优、无约束条件下多变量函数寻优、约束条件下多变量函数寻优三个类别,分别讲述一些基本算法。

第7章　非线性规划的基本概念和基本理论

7.1　非线性规划的数学模型和基本概念

一、数学模型

例 7.1　某公司专门生产储藏用容器，订货合同要求该公司制造一种敞口的长方体容器，容积恰好为12立方米，该种容器的底必须为正方形，容器总重量不超过68公斤。已知用做容器四壁的材料为每平方米10元，重3公斤；用做容器底的材料每平方米20元，重2公斤。试问制造该容器所需的最小费用是多少？列出问题的数学模型。

解　设该容器的底边长和高分别为 x_1 米，x_2 米，则有：

目标函数

$$\min f(\boldsymbol{x}) = 40x_1x_2 + 20x_1^2$$

约束条件

$$\begin{aligned} &x_1^2x_2 = 12 \\ &12x_1x_2 + 2x_1^2 \leqslant 68 \\ &x_1 \geqslant 0, \quad x_2 \geqslant 0 \end{aligned}$$

例 7.2　选址问题。

设有 n 个市场，第 j 个市场的位置为 (a_j, b_j)，它对某种货物的需要量为 $q_j (j=1,2,\cdots,n)$ 吨。现计划建立 m 个仓库，第 i 个仓库的存储量为 $C_i (i=1,2,\cdots,m)$ 吨。试确定仓库的位置，使各仓库到各市场的运输量与路程乘积之和最小。

解　设第 i 个仓库的位置为 $(x_i, y_i)(i=1,2,\cdots,m)$，第 i 个仓库供给第 j 个市场的货物量为 $W_{ij} (i=1,2,\cdots,m; j=1,2,\cdots,n)$ 吨，则第 i 个仓库到第 j 个市场的距离为 d_{ij} 公里，有

$$d_{ij} = \sqrt{(x_i - a_j)^2 + (y_i - b_j)^2}$$

问题的目标函数是使运输量与路程的乘积之和最小，而约束条件是：

(1) 每个仓库向各市场提供的货物量之和不能超过它的存储量；

(2) 每个市场从各仓库得到的货物量之和应等于它的需要量；

(3) 运输量不能为负数。

因此,问题的数学模型如下

$$\min \sum_{i=1}^{m} \sum_{j=1}^{n} W_{ij} \sqrt{(x_i - a_j)^2 + (y_i - b_j)^2}$$

$$\sum_{j=1}^{n} W_{ij} \leqslant C_i \quad (i = 1,2,\cdots,m)$$

$$\sum_{i=1}^{m} W_{ij} = q_j \quad (j = 1,2,\cdots,n)$$

$$W_{ij} \geqslant 0 \quad (i = 1,2,\cdots,m; j = 1,2,\cdots,n)$$

上述例 7.1、例 7.2 的数学模型中都含有非线性函数,因此都属于非线性规划问题。

非线性规划数学模型的一般形式是

$$\min f(\boldsymbol{x})$$

$$h_i(\boldsymbol{x}) = 0 \quad (i = 1,2,\cdots,m)$$

$$g_j(\boldsymbol{x}) \geqslant 0 \quad (j = 1,2,\cdots,l)$$

其中 $\boldsymbol{x}=(x_1,x_2,\cdots,x_n)^{\mathrm{T}}$ 是 n 维欧氏空间 E^n 中的点。

有时也将非线性规划的数学模型写成

$$\min f(\boldsymbol{x})$$

$$g_j(\boldsymbol{x}) \geqslant 0 \quad (j = 1,2,\cdots,l)$$

这是因为,等式约束 $h_i(\boldsymbol{x})=0$,等价于下述两个不等式约束

$$h_i(\boldsymbol{x}) \geqslant 0$$

$$-h_i(\boldsymbol{x}) \geqslant 0$$

二、基本概念

1. 局部极值和全局极值

设 $f(\boldsymbol{x})$ 为定义在 n 维欧氏空间 E^n 的某一区域 R 上的 n 元实函数,其中 $\boldsymbol{x}=(x_1,x_2,\cdots,x_n)^{\mathrm{T}}$。对于 $\boldsymbol{x}^*\in R$,若存在某个 $\varepsilon>0$,使所有与 $\boldsymbol{x}^*$ 的距离小于 ε 的 $\boldsymbol{x}\in R$(即 $\boldsymbol{x}\in R$ 且 $\|\boldsymbol{x}-\boldsymbol{x}^*\|<\varepsilon$)均满足不等式 $f(\boldsymbol{x})\geqslant f(\boldsymbol{x}^*)$,则称 $\boldsymbol{x}^*$ 为 $f(\boldsymbol{x})$ 在 R 上的局部极小点,$f(\boldsymbol{x}^*)$ 为局部极小值。若对于所有 $\boldsymbol{x}\neq\boldsymbol{x}^*$ 且与 $\boldsymbol{x}^*$ 的距离小于 ε 的 $\boldsymbol{x}\in R$,都有 $f(\boldsymbol{x})>f(\boldsymbol{x}^*)$,则称 $\boldsymbol{x}^*$ 为 $f(\boldsymbol{x})$ 在 R 上的严格局部极小点,$f(\boldsymbol{x}^*)$ 为严格局部极小值。

若点 $\boldsymbol{x}^*\in R$,而对于所有 $\boldsymbol{x}\in R$ 都有 $f(\boldsymbol{x})\geqslant f(\boldsymbol{x}^*)$,则称 $\boldsymbol{x}^*$ 为 $f(\boldsymbol{x})$ 在 R 上的全局极小点,$f(\boldsymbol{x}^*)$ 为全局极小值。若对于所有的 $\boldsymbol{x}\in R$ 且 $\boldsymbol{x}\neq\boldsymbol{x}^*$,都有 $f(\boldsymbol{x})>f(\boldsymbol{x}^*)$,则称 $\boldsymbol{x}^*$ 为 $f(\boldsymbol{x})$ 在 R 上的严格全局极小点,$f(\boldsymbol{x}^*)$ 为严格全局极小值。

如将上述定义中的不等号反向,即可得到相应的极大点和极大值的定义。下面仅就极小点和极小值加以讨论,而且主要研究局部极小。

2. 梯度

可微函数 $f(\boldsymbol{x})$ 的梯度,记为 $\nabla f(\boldsymbol{x})$,它是以 $f(\boldsymbol{x})$ 对 $x_i(i=1,2,\cdots,n)$ 的偏导数为元素的 n 维向量(本书规定为列向量),于是有

$$\nabla f(\boldsymbol{x}) = \left(\frac{\partial f(\boldsymbol{x})}{\partial x_1},\frac{\partial f(\boldsymbol{x})}{\partial x_2},\cdots,\frac{\partial f(\boldsymbol{x})}{\partial x_n}\right)^{\mathrm{T}}$$

也可以把梯度 $\nabla f(\boldsymbol{x})$ 称为函数 $f(\boldsymbol{x})$ 关于向量 $\boldsymbol{x}$ 的一阶导数。

函数 $f(\boldsymbol{x})$在某一点 $\boldsymbol{x}^{(0)}$ 的梯度表示为

$$\nabla f(\boldsymbol{x}^{(0)})=\left(\frac{\partial f(\boldsymbol{x}^{(0)})}{\partial x_1},\frac{\partial f(\boldsymbol{x}^{(0)})}{\partial x_2},\cdots,\frac{\partial f(\boldsymbol{x}^{(0)})}{\partial x_n}\right)^{\mathrm{T}}$$

下面说明梯度的两个重要性质。我们假定,在所考察的区间内梯度是连续的。

性质 1:函数 $f(\boldsymbol{x})$在某点 $\boldsymbol{x}^{(0)}$ 的梯度$\nabla f(\boldsymbol{x}^{(0)})$,必与函数过该点的等值面(其方程为 $f(\boldsymbol{x})=f(\boldsymbol{x}^{(0)})$)的切平面相垂直(假定$\nabla f(\boldsymbol{x}^{(0)})\neq\boldsymbol{0}$)。

性质 2:梯度方向是函数值增加最快的方向,即函数变化率最大的方向,而负梯度方向则是函数值减小最快的方向。

值得注意的是,在这里,我们默认采用欧几里德度量,例如,函数 $f(\boldsymbol{x})$在某一点 $\boldsymbol{x}^{(0)}$ 的梯度的模取为

$$\|\nabla f(\boldsymbol{x}^{(0)})\|=\sqrt{\left(\frac{\partial f(\boldsymbol{x}^{(0)})}{\partial x_1}\right)^2+\left(\frac{\partial f(\boldsymbol{x}^{(0)})}{\partial x_2}\right)^2+\cdots+\left(\frac{\partial f(\boldsymbol{x}^{(0)})}{\partial x_n}\right)^2}$$

如果不用欧几里德度量而选用某些别的度量,则梯度方向就不是函数值增加最快的方向。

满足梯度$\nabla f(\boldsymbol{x}^*)=\boldsymbol{0}$ 的点称为驻点。在区域内部,极值点必为驻点,而驻点不一定是极值点。

3. 海赛(Hesse)矩阵

假定函数 $f(\boldsymbol{x})$二阶可微,则以其二阶偏导数为元素构成的下述 $n\times n$ 矩阵称为 $f(\boldsymbol{x})$的海赛矩阵,记为$\nabla^2 f(\boldsymbol{x})$,有

$$\boldsymbol{H}(\boldsymbol{x})=\nabla^2 f(\boldsymbol{x})=\begin{bmatrix}\frac{\partial^2 f(\boldsymbol{x})}{\partial x_1^2} & \frac{\partial^2 f(\boldsymbol{x})}{\partial x_1\partial x_2} & \cdots & \frac{\partial^2 f(\boldsymbol{x})}{\partial x_1\partial x_n}\\ \frac{\partial^2 f(\boldsymbol{x})}{\partial x_2\partial x_1} & \frac{\partial^2 f(\boldsymbol{x})}{\partial x_2^2} & \cdots & \frac{\partial^2 f(\boldsymbol{x})}{\partial x_2\partial x_n}\\ \vdots & \vdots & \vdots & \vdots\\ \frac{\partial^2 f(\boldsymbol{x})}{\partial x_n\partial x_1} & \frac{\partial^2 f(\boldsymbol{x})}{\partial x_n\partial x_2} & \cdots & \frac{\partial^2 f(\boldsymbol{x})}{\partial x_n^2}\end{bmatrix}$$

它是 n 元函数 $f(\boldsymbol{x})$对 $\boldsymbol{x}$ 的二阶导数,即$\nabla f(\boldsymbol{x})$对 $\boldsymbol{x}$ 的一阶导数。

在微积分中已证明:当 $f(\boldsymbol{x})$的二阶偏导数连续时,混合偏导数和取导数顺序无关,即

$$\frac{\partial^2 f(\boldsymbol{x})}{\partial x_i\partial x_j}=\frac{\partial^2 f(\boldsymbol{x})}{\partial x_j\partial x_i}\quad(i=1,2,\cdots,n;j=1,2,\cdots,n)$$

此时,$\nabla^2 f(\boldsymbol{x})$是对称矩阵。

当 $f(\boldsymbol{x})$是二次函数时,可以写成下列形式

$$f(\boldsymbol{x})=\frac{1}{2}\boldsymbol{x}^{\mathrm{T}}\boldsymbol{A}\boldsymbol{x}+\boldsymbol{b}^{\mathrm{T}}\boldsymbol{x}+c$$

其中 $\boldsymbol{A}$ 是 n 阶对称矩阵,$\boldsymbol{b}$ 是 n 维列向量,c 是常数。容易验证,函数 $f(\boldsymbol{x})$的梯度$\nabla f(\boldsymbol{x})=\boldsymbol{A}\boldsymbol{x}+\boldsymbol{b}$,海赛矩阵$\nabla^2 f(\boldsymbol{x})=\boldsymbol{A}$。

4. 正定矩阵、负定矩阵、半定矩阵、不定矩阵

设有实对称矩阵

$$\boldsymbol{A}'=\begin{bmatrix}a_{11} & a_{12} & \cdots & a_{1n}\\ a_{21} & a_{22} & \cdots & a_{2n}\\ \vdots & \vdots & \ddots & \vdots\\ a_{n1} & a_{n2} & \cdots & a_{nn}\end{bmatrix}$$

方阵 $\boldsymbol{A}'$的行列式用 $\det\boldsymbol{A}'$表示,其各阶主子式为 $\boldsymbol{A}_i'$,则

一阶主子式

$$\boldsymbol{A}_1' = a_{11}$$

二阶主子式

$$\boldsymbol{A}_2' = \begin{vmatrix} a_{11} & a_{12} \\ a_{21} & a_{22} \end{vmatrix} = a_{11}a_{22} - a_{21}a_{12}$$

三阶主子式

$$\boldsymbol{A}_3' = \begin{vmatrix} a_{11} & a_{12} & a_{13} \\ a_{21} & a_{22} & a_{23} \\ a_{31} & a_{32} & a_{33} \end{vmatrix} = a_{11}\begin{vmatrix} a_{22} & a_{23} \\ a_{32} & a_{33} \end{vmatrix} - a_{21}\begin{vmatrix} a_{12} & a_{13} \\ a_{32} & a_{33} \end{vmatrix} + a_{31}\begin{vmatrix} a_{12} & a_{13} \\ a_{22} & a_{23} \end{vmatrix}$$

其余各阶主子式类推。

表 7.1.1 中给出了各矩阵的定义及充分必要条件。

表 7.1.1 几种矩阵的定义及充分必要条件

名　称	定　义	充分必要条件
正定矩阵	特征值都大于零的实对称矩阵	所有各阶主子式都大于零,即 $\boldsymbol{A}_i'>0 \quad (i=1,2,\cdots,n)$
半正定矩阵	特征值都不小于零的实对称矩阵	$\det\boldsymbol{A}'=0$ $\boldsymbol{A}_i'\geqslant 0 \quad (i=1,2,\cdots,n-1)$
负定矩阵	特征值都小于零的实对称矩阵	$\boldsymbol{A}_i'\begin{cases}<0(i\text{ 为奇数})\\>0(i\text{ 为偶数})\end{cases} \quad (i=1,2,\cdots,n)$
半负定矩阵	特征值都不大于零的实对称矩阵	$\det\boldsymbol{A}'=0$ $\boldsymbol{A}_i'\begin{cases}\leqslant 0(i\text{ 为奇数})\\\geqslant 0(i\text{ 为偶数})\end{cases} \quad (i=1,2,\cdots,n-1)$
不定矩阵	特征值既有大于零又有小于零的实对称矩阵	有一个偶数阶主子式为负数或有两个奇数阶主子式符号相反

7.2 凸函数和凸规划

一、凸函数的定义

设 $f(\boldsymbol{x})$为定义在 n 维欧氏空间 E^n 中某个凸集 R 上的函数,若对任意实数 $\alpha(0<\alpha<1)$以及 R 中的任意两点 $\boldsymbol{x}^{(1)}$和 $\boldsymbol{x}^{(2)}$,恒有

$$f(\alpha\boldsymbol{x}^{(1)} + (1-\alpha)\boldsymbol{x}^{(2)}) \leqslant \alpha f(\boldsymbol{x}^{(1)}) + (1-\alpha)f(\boldsymbol{x}^{(2)})$$

则称 $f(\boldsymbol{x})$为定义在 R 上的凸函数。

如果对任意互不相同的 $\boldsymbol{x}^{(1)}\in R,\boldsymbol{x}^{(2)}\in R$ 和每一个数 $\alpha(0<\alpha<1)$,恒有

$$f(\alpha\boldsymbol{x}^{(1)} + (1-\alpha)\boldsymbol{x}^{(2)}) < \alpha f(\boldsymbol{x}^{(1)}) + (1-\alpha)f(\boldsymbol{x}^{(2)})$$

则称 $f(\boldsymbol{x})$为定义在 R 上的严格凸函数。

如果$-f(\boldsymbol{x})$为定义在 R 上的凸函数,则称 $f(\boldsymbol{x})$为定义在 R 上的凹函数。

凸函数的几何解释如图 7.2.1 所示。若连接函数曲线上任意两点的弦不在曲线的下

方,它当然是下凸的;凹函数则是下凹的(上凸的),如图 7.2.2 所示,线性函数既可看做凸函数,也可看做凹函数。

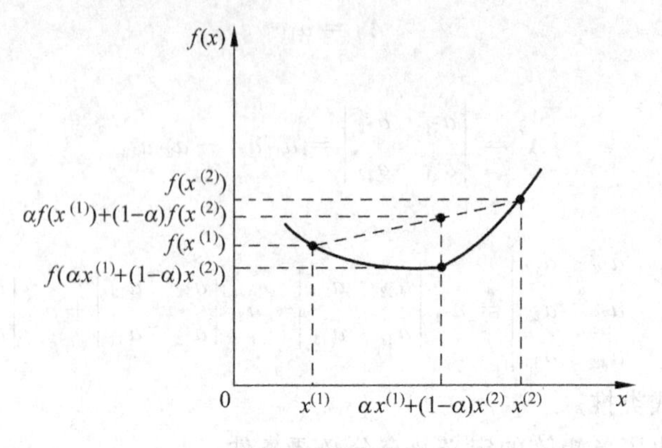

图 7.2.1 凸函数

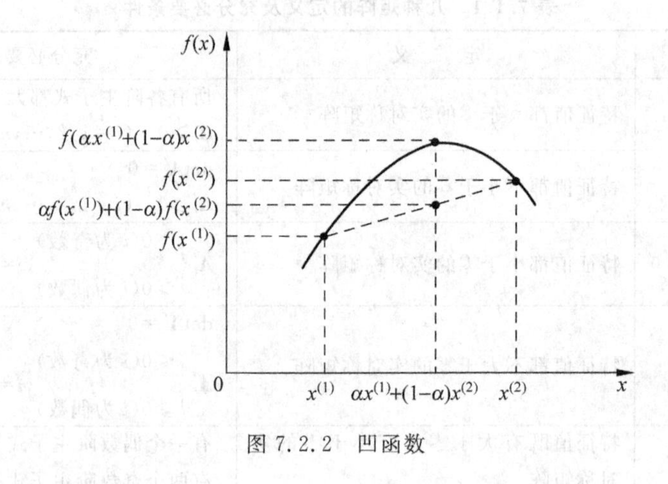

图 7.2.2 凹函数

二、凸函数的性质

定理 7.1:设 $f(\boldsymbol{x})$ 为定义在凸集 R 上的凸函数,则对任意实数 $\beta \geqslant 0$,函数 $\beta f(\boldsymbol{x})$ 也是定义在 R 上的凸函数。

定理 7.2:设 $f_1(\boldsymbol{x})$ 和 $f_2(\boldsymbol{x})$ 为定义在凸集 R 上的两个凸函数,则其和 $f(\boldsymbol{x}) = f_1(\boldsymbol{x}) + f_2(\boldsymbol{x})$ 仍为定义在 R 上的凸函数。

定理 7.3:设 $f(\boldsymbol{x})$ 为定义在凸集 R 上的凸函数,则对任一实数 β,集合

$$S_\beta = \{\boldsymbol{x} \mid \boldsymbol{x} \in R, f(\boldsymbol{x}) \leqslant \beta\}$$

是凸集。

定理 7.4:设 $f(\boldsymbol{x})$ 为定义在凸集 R 上的凸函数,则 $f(\boldsymbol{x})$ 在 R 上的局部极小点就是全局极小点,且极小点的集合为凸集。

定理 7.4 是凸函数的重要性质,它对非线性规划问题具有重要意义。

三、凸函数的判别

判断一个函数是否是凸函数,当然可以依据凸函数的定义,但有时计算比较复杂,使用

不够方便。对于可微函数,也可利用下述两个定理来判别。

定理 7.5(一阶条件):设 R 为 n 维欧氏空间 E^n 上的开凸集,$f(\boldsymbol{x})$在 R 上具有一阶连续偏导数,则 $f(\boldsymbol{x})$为 R 上的凸函数的充要条件是,对任意两个不同点 $\boldsymbol{x}^{(1)}\in R$ 和 $\boldsymbol{x}^{(2)}\in R$,恒有

$$f(\boldsymbol{x}^{(2)}) \geqslant f(\boldsymbol{x}^{(1)}) + \nabla f(\boldsymbol{x}^{(1)})^{\mathrm{T}}(\boldsymbol{x}^{(2)} - \boldsymbol{x}^{(1)}) \tag{7.2.1}$$

若式(7.2.1)为严格不等式(>),则它就是严格凸函数的充要条件。

定理 7.6(二阶条件):设 R 为 n 维欧氏空间 E^n 上的开凸集,$f(\boldsymbol{x})$在 R 上具有二阶连续偏导数,则 $f(\boldsymbol{x})$为 R 上的凸函数的充要条件是:$f(\boldsymbol{x})$的海赛矩阵在 R 上处处半正定。

若对一切 $\boldsymbol{x}\in R$,$f(\boldsymbol{x})$的海赛矩阵都是正定的,则 $f(\boldsymbol{x})$是 R 上的严格凸函数。

利用以上两个定理容易判别一个可微函数是否为凸函数,特别是对于二次函数,用上述定理判别是很方便的。

例 7.3　判定二次函数

$$f(\boldsymbol{x}) = 3x_1^2 + x_2^2 + 2x_1x_2 + x_1 + 1$$

是否是凸函数。

解　$f(\boldsymbol{x})$的海赛矩阵$\nabla^2 f(\boldsymbol{x})$为

$$\nabla^2 f(\boldsymbol{x}) = \begin{bmatrix} \dfrac{\partial^2 f(\boldsymbol{x})}{\partial x_1^2} & \dfrac{\partial^2 f(\boldsymbol{x})}{\partial x_1 \partial x_2} \\ \dfrac{\partial^2 f(\boldsymbol{x})}{\partial x_2 \partial x_1} & \dfrac{\partial^2 f(\boldsymbol{x})}{\partial x_2^2} \end{bmatrix} = \begin{bmatrix} 6 & 2 \\ 2 & 2 \end{bmatrix}$$

因为上述$\nabla^2 f(\boldsymbol{x})$的各阶主子式均大于 0,故海赛矩阵正定,$f(\boldsymbol{x})$是严格凸函数。

四、凸规划

我们考虑下列极小化问题:

$$\begin{aligned} &\min f(\boldsymbol{x}) \\ &h_i(\boldsymbol{x}) = 0 \quad (i = 1,2,\cdots,m) \\ &g_j(\boldsymbol{x}) \geqslant 0 \quad (j = 1,2,\cdots,l) \end{aligned}$$

设 $f(\boldsymbol{x})$是凸函数,$g_j(\boldsymbol{x})$是凹函数,$h_i(\boldsymbol{x})$是线性函数。

由于$-g_j(\boldsymbol{x})$是凸函数,故满足 $g_j(\boldsymbol{x})\geqslant 0$ 亦即满足$-g_j(\boldsymbol{x})\leqslant 0$ 的点的集合是凸集。线性函数 $h_i(\boldsymbol{x})$既是凸函数也是凹函数,故满足 $h_i(\boldsymbol{x})=0$ 的点的集合也是凸集。问题的可行域 R 是 $m+l$ 个凸集的交,因此也是凸集。这样,上述问题是求凸函数 $f(\boldsymbol{x})$在凸集 R 上的极小点,这类问题称为凸规划。

若 $h_i(\boldsymbol{x})$是非线性的凸函数,满足 $h_i(\boldsymbol{x})=0$ 的点的集合不是凸集,因此问题就不属于凸规划。

凸规划是非线性规划中一类比较简单又具有重要理论意义的特殊问题,它具有很好的性质,即凸规划的局部极小点就是全局极小点,且极小点的集合是凸集。若凸规划的目标函数是严格凸函数,又存在极小点,则它的极小点是唯一的。

7.3　无约束问题的极值条件

有非线性规划问题

$$\min f(\boldsymbol{x}) \quad \boldsymbol{x} \in E^n$$

其中,$f(\boldsymbol{x})$是定义在n维欧氏空间E^n上的实函数。上述问题即求$f(\boldsymbol{x})$在E^n中的极小点,叫做无约束极值问题。

这里,首先介绍怎样用海赛矩阵判断驻点的性质,然后给出极小点存在的必要条件和充分条件。

一、用海赛矩阵判断驻点的性质

已知函数$f(\boldsymbol{x})$的驻点$\boldsymbol{x}^*$,可以利用驻点$\boldsymbol{x}^*$处的海赛矩阵$\nabla^2 f(\boldsymbol{x}^*)$来判断驻点的性质:

若$\nabla^2 f(\boldsymbol{x}^*)$是正定的,则驻点$\boldsymbol{x}^*$是极小点;

若$\nabla^2 f(\boldsymbol{x}^*)$是负定的,则驻点$\boldsymbol{x}^*$是极大点;

若$\nabla^2 f(\boldsymbol{x}^*)$是不定的,则驻点$\boldsymbol{x}^*$不是极值点;

若$\nabla^2 f(\boldsymbol{x}^*)$是半定的,则驻点$\boldsymbol{x}^*$可能是极值点,也可能不是极值点,须视高阶导数的性质而定。特别当一切二阶导数在驻点都为0时,应引用高阶导数。

二、极值点的必要条件和充分条件

定理 7.7(一阶必要条件):设函数$f(\boldsymbol{x})$在点$\boldsymbol{x}^*$处可微,若$\boldsymbol{x}^*$是局部极小点,则梯度$\nabla f(\boldsymbol{x}^*)=\boldsymbol{0}$。

定理 7.8(二阶必要条件):设函数$f(\boldsymbol{x})$在点$\boldsymbol{x}^*$处二次可微,若$\boldsymbol{x}^*$是局部极小点,则梯度$\nabla f(\boldsymbol{x}^*)=\boldsymbol{0}$,且海赛矩阵$\nabla^2 f(\boldsymbol{x}^*)$是半正定的。

定理 7.9(二阶充分条件):设函数$f(\boldsymbol{x})$在点$\boldsymbol{x}^*$处二次可微,若梯度$\nabla f(\boldsymbol{x}^*)=\boldsymbol{0}$,且海赛矩阵$\nabla^2 f(\boldsymbol{x}^*)$正定,则$\boldsymbol{x}^*$是局部极小点。

定理7.1～定理7.9的证明,详见参考文献[5]。

定理 7.10(充要条件):设$f(\boldsymbol{x})$是定义在n维欧氏空间E^n上的可微凸函数,$\boldsymbol{x}^* \in E^n$,则$\boldsymbol{x}^*$为全局极小点的充要条件是$\nabla f(\boldsymbol{x}^*)=\boldsymbol{0}$。

证明:

必要性是显然的。若$\boldsymbol{x}^*$是全局极小点,自然是局部极小点,根据本节定理7.7可以知道,$\nabla f(\boldsymbol{x}^*)=\boldsymbol{0}$。

再证充分性。设$\nabla f(\boldsymbol{x}^*)=\boldsymbol{0}$,则对任意的$\boldsymbol{x}\in E^n$,有$\nabla f(\boldsymbol{x}^*)^{\mathrm{T}}\cdot(\boldsymbol{x}-\boldsymbol{x}^*)=0$。由于$f(\boldsymbol{x})$是可微凸函数,根据7.2节定理7.5,有

$$f(\boldsymbol{x}) \geqslant f(\boldsymbol{x}^*) + \nabla f(\boldsymbol{x}^*)^{\mathrm{T}} \cdot (\boldsymbol{x}-\boldsymbol{x}^*) = f(\boldsymbol{x}^*)$$

即$\boldsymbol{x}^*$是全局极小点。

在该定理中,若$f(\boldsymbol{x})$是严格凸函数,则全局极小点是唯一的。

以上介绍的几个极值条件,是针对极小化问题给出的。对于极大化问题,可以给出类似的定理。

三、计算举例

例 7.4 利用极值条件求解下列问题：

$$\min f(\boldsymbol{x})=\frac{1}{3}x_1^3+\frac{1}{3}x_2^3-2x_2^2-4x_1$$

解 先求 $f(\boldsymbol{x})$的各偏导数，有

$$\frac{\partial f(\boldsymbol{x})}{\partial x_1}=x_1^2-4$$

$$\frac{\partial f(\boldsymbol{x})}{\partial x_2}=x_2^2-4x_2$$

令$\nabla f(\boldsymbol{x})=\boldsymbol{0}$，即

$$x_1^2-4=0$$

$$x_2^2-4x_2=0$$

解上述方程组，得到驻点

$$\boldsymbol{x}^{(1)}=\begin{bmatrix}2\\0\end{bmatrix},\quad \boldsymbol{x}^{(2)}=\begin{bmatrix}2\\4\end{bmatrix},\quad \boldsymbol{x}^{(3)}=\begin{bmatrix}-2\\0\end{bmatrix},\quad \boldsymbol{x}^{(4)}=\begin{bmatrix}-2\\4\end{bmatrix}$$

函数 $f(\boldsymbol{x})$的海赛矩阵为

$$\nabla^2 f(\boldsymbol{x})=\begin{bmatrix}2x_1 & 0\\0 & 2x_2-4\end{bmatrix}$$

因此，驻点 $\boldsymbol{x}^{(1)}$、$\boldsymbol{x}^{(2)}$、$\boldsymbol{x}^{(3)}$、$\boldsymbol{x}^{(4)}$处的海赛矩阵依次是

$$\nabla^2 f(\boldsymbol{x}^{(1)})=\begin{bmatrix}4 & 0\\0 & -4\end{bmatrix}$$

$$\nabla^2 f(\boldsymbol{x}^{(2)})=\begin{bmatrix}4 & 0\\0 & 4\end{bmatrix}$$

$$\nabla^2 f(\boldsymbol{x}^{(3)})=\begin{bmatrix}-4 & 0\\0 & -4\end{bmatrix}$$

$$\nabla^2 f(\boldsymbol{x}^{(4)})=\begin{bmatrix}-4 & 0\\0 & 4\end{bmatrix}$$

由于矩阵$\nabla^2 f(\boldsymbol{x}^{(1)})$、$\nabla^2 f(\boldsymbol{x}^{(4)})$不定，故 $\boldsymbol{x}^{(1)}$、$\boldsymbol{x}^{(4)}$不是极值点；矩阵$\nabla^2 f(\boldsymbol{x}^{(2)})$正定，故 $\boldsymbol{x}^{(2)}$是局部极小点；矩阵$\nabla^2 f(\boldsymbol{x}^{(3)})$负定，故 $\boldsymbol{x}^{(3)}$是局部极大点。

例 7.5 试判断矩阵 $\boldsymbol{A}$ 是正定的，负定的，半定的，还是不定的？

$$\boldsymbol{A}=\begin{bmatrix}1 & 1 & 0\\1 & 1 & 0\\0 & 0 & 1\end{bmatrix}$$

解 因为

$$A_1=a_{11}=1>0$$

$$A_2=\begin{vmatrix}a_{11} & a_{12}\\a_{21} & a_{22}\end{vmatrix}=\begin{vmatrix}1 & 1\\1 & 1\end{vmatrix}=0$$

$$A_3=\det\boldsymbol{A}=\begin{vmatrix}a_{11} & a_{12} & a_{13}\\a_{21} & a_{22} & a_{23}\\a_{31} & a_{32} & a_{33}\end{vmatrix}=\begin{vmatrix}1 & 1 & 0\\1 & 1 & 0\\0 & 0 & 1\end{vmatrix}=0$$

故矩阵 $\boldsymbol{A}$ 是半正定矩阵。

7.4 下降迭代算法

前面我们讨论了无约束问题的极值条件，从理论上讲，可以用这些条件求相应的非线性规划的最优解。但实际上，对一般 n 元函数 $f(\boldsymbol{x})$ 来说，由条件 $\nabla f(\boldsymbol{x})=\boldsymbol{0}$ 得到的常常是一个非线性方程组，解起来相当困难。此外，很多实际问题往往很难求出或根本求不出目标函数对各自变量的偏导数，从而使一阶必要条件(7.3 节定理 7.7)难以应用。因此，求解非线性规划问题一般采取数值计算方法，最常用的是下降迭代算法。

一、下降迭代算法的概念

所谓迭代，就是从已知点 $\boldsymbol{x}^{(k)}$ 出发，按照某种规则(即算法)求出后继点 $\boldsymbol{x}^{(k+1)}$，用 $k+1$ 代替 k，重复以上过程，这样便产生点列 $\{\boldsymbol{x}^{(k)}\}$；所谓下降，就是对于某个函数，在每次迭代中，后继点处的函数值都比原来的有所减小。在一定条件下，下降迭代算法产生的点列收敛于原问题的解。

二、下降迭代算法的一般步骤

下降迭代算法的一般步骤如下：

(1) 选取某一初始点 $\boldsymbol{x}^{(1)}$，令 $k=1$。

(2) 确定一个有利的搜索方向 $\boldsymbol{d}^{(k)}$。

若已得到某一迭代点 $\boldsymbol{x}^{(k)}$，且 $\boldsymbol{x}^{(k)}$ 不是极小点，则对于 $\boldsymbol{x}^{(k)}$ 点确定一个有利的搜索方向 $\boldsymbol{d}^{(k)}$，沿此方向应能找到使目标函数值下降的点。对约束极值问题，往往还要求这样的点是可行点。

(3) 确定最优步长 λ_k(或称最优步长因子 λ_k)。

从 $\boldsymbol{x}^{(k)}$ 点出发，沿 $\boldsymbol{d}^{(k)}$ 方向进行搜索，设步长为变量 $\lambda(\lambda\geqslant 0)$。因为 $\boldsymbol{x}^{(k)}$ 和 $\boldsymbol{d}^{(k)}$ 均为已知，故 $f(\boldsymbol{x}^{(k)}+\lambda\boldsymbol{d}^{(k)})$ 是 λ 的一元函数，求以 λ 为变量的一元函数 $f(\boldsymbol{x}^{(k)}+\lambda\boldsymbol{d}^{(k)})$ 的极小点 λ_k，即

$$f(\boldsymbol{x}^{(k)}+\lambda_k\boldsymbol{d}^{(k)})=\min_{\lambda} f(\boldsymbol{x}^{(k)}+\lambda\boldsymbol{d}^{(k)})$$

上式中 λ_k 为最优步长。

(4) 令 $\boldsymbol{x}^{(k+1)}=\boldsymbol{x}^{(k)}+\lambda_k\boldsymbol{d}^{(k)}$，得一新点 $\boldsymbol{x}^{(k+1)}$。

检验新点 $\boldsymbol{x}^{(k+1)}$ 是否为极小点，若是极小点，则停止迭代；否则，令 $k=k+1$，返回步骤(2)，继续迭代。

在以上各步骤中，确定搜索方向 $\boldsymbol{d}^{(k)}$ 是最关键的一步，各种寻优方法的不同，主要在于它们选择的有利搜索方向不同。

上述确定最优步长 λ_k 的过程称为一维搜索或线搜索。一维搜索有个十分重要的性质：在搜索方向上所得最优点处的梯度和该搜索方向正交，即有 $\nabla f(\boldsymbol{x}^{(k+1)})^{\mathrm{T}}\boldsymbol{d}^{(k)}=0$ 成立。这可表述为如下定理。

定理 7.11：设目标函数 $f(\boldsymbol{x})$ 具有连续一阶偏导数，$\boldsymbol{x}^{(k+1)}$ 按以下规则产生

$$\begin{cases} f(\boldsymbol{x}^{(k)}+\lambda_k\boldsymbol{d}^{(k)})=\min\limits_{\lambda} f(\boldsymbol{x}^{(k)}+\lambda\boldsymbol{d}^{(k)}) \\ \boldsymbol{x}^{(k+1)}=\boldsymbol{x}^{(k)}+\lambda_k\boldsymbol{d}^{(k)} \end{cases}$$

则有

$$\nabla f(\boldsymbol{x}^{(k+1)})^{\mathrm{T}}\boldsymbol{d}^{(k)} = 0$$

成立。

定理 7.11 的证明,详见参考文献[4]。

三、终止计算准则

下降迭代算法中,常用的终止计算准则有以下几种:

(1) 当自变量的改变量充分小时,即相继两次迭代的自变量的绝对误差

$$\| \boldsymbol{x}^{(k+1)} - \boldsymbol{x}^{(k)} \| < \varepsilon_1$$

或相继两次迭代的自变量的相对误差

$$\frac{\| \boldsymbol{x}^{(k+1)} - \boldsymbol{x}^{(k)} \|}{\| \boldsymbol{x}^{(k)} \|} < \varepsilon_2$$

时,停止计算。

(2) 当函数值的下降量充分小时,即相继两次迭代的函数值的绝对误差

$$f(\boldsymbol{x}^{(k)}) - f(\boldsymbol{x}^{(k+1)}) < \varepsilon_3$$

或相继两次迭代的函数值的相对误差

$$\frac{f(\boldsymbol{x}^{(k)}) - f(\boldsymbol{x}^{(k+1)})}{| f(\boldsymbol{x}^{(k)}) |} < \varepsilon_4$$

时,停止计算。

(3) 在无约束最优化中,当函数梯度的模充分小时,即

$$\| \nabla f(\boldsymbol{x}^{(k+1)}) \| < \varepsilon_5$$

时,停止计算。

上述 ε_1、ε_2、ε_3、ε_4、ε_5 是事先给定的足够小的正数。

第8章　单变量函数的寻优方法

单变量函数寻优方法即一维寻优方法或线搜索方法，它们是非线性规划算法的重要组成部分，一般非线性规划问题最终都是通过执行一系列的线搜索来求解的。单变量函数的寻优方法很多，这里只介绍黄金分割法、牛顿法、抛物线逼近法和外推内插法。

8.1　黄金分割法

黄金分割法(0.618法)属于区间消去法，通过对试点的计算比较，使得包含极小点的区间不断缩短，当区间长度小到精度范围之内时，可以粗略地认为区间上各点的函数值均接近极小值，各点均可作为极小点的近似。

黄金分割法适用于单峰函数。

一、单峰函数

设单变量函数 $f(x)$ 是区间 $[a_1, b_1]$ 上的下单峰函数，即 $f(x)$ 在此区间上有唯一极小点 x^*，且 $f(x)$ 在 x^* 点左侧严格下降，在 x^* 点右侧严格上升。若在此区间内任取两点 a 和 b，且 $a<b$，计算这两点的函数值 $f(a)$ 和 $f(b)$，则可能出现下面两种情况：一种情况是 $f(a)<f(b)$，例如图8.1.1所示情况，这时极小点 x^* 必在区间 $[a_1, b]$ 内；另一种情况是 $f(a)\geqslant f(b)$，例如图8.1.2所示情况，这时极小点 x^* 必在区间 $[a, b_1]$ 内。

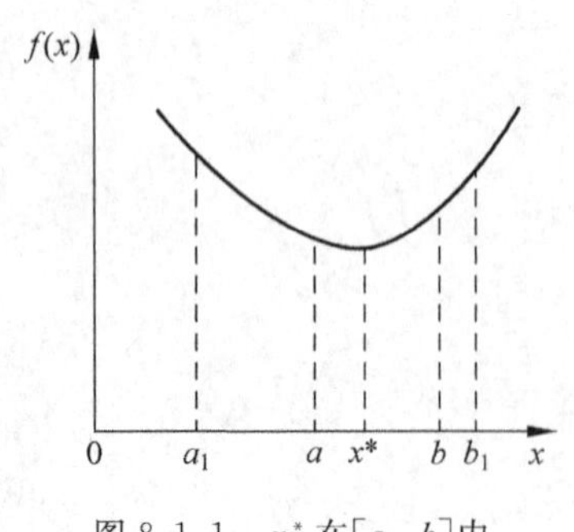

图8.1.1　x^* 在 $[a_1, b]$ 内

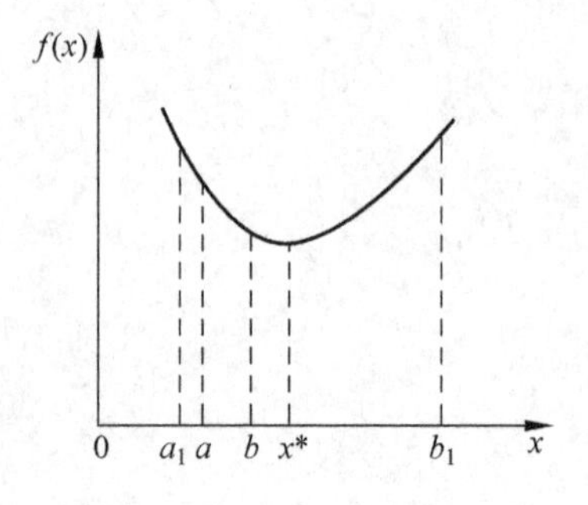

图8.1.2　x^* 在 $[a, b_1]$ 内

我们的问题是：

已知函数 $f(x)$ 是区间 $[a_1, b_1]$ 上的下单峰函数，在此区间内它有唯一极小点。求近似

极小点和极小值，其精度要求为 δ(即缩短后所剩区间长度与初始区间长度之比小于一个很小的正数 δ)。

二、基本原理和步骤

1. 在区间$[a_1,b_1]$上选择第一个试点 x_1，并计算 $f(x_1)$

第一个试点 x_1 选在什么位置呢？试点 x_1 将总长为 l 的区间$[a_1,b_1]$分为两部分，令长的那部分长度为 z，短的为 $l-z$，如图 8.1.3。要求 x_1 满足

$$\frac{l-z}{z}=\frac{z}{l}$$

即

$$z^2+zl-l^2=0$$

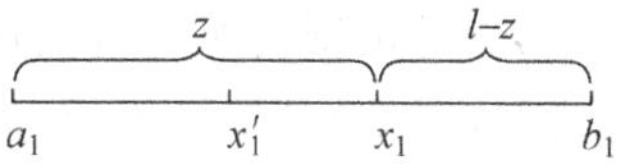

也可写为

$$\left(\frac{z}{l}\right)^2+\left(\frac{z}{l}\right)-1=0$$

图 8.1.3 黄金分割点与对称点

解这个一元二次方程并舍去负根，得

$$\frac{z}{l}=\frac{-1+\sqrt{5}}{2}=0.618$$

即

$$z=0.618l$$

称试点 x_1 为区间$[a_1,b_1]$的黄金分割点，有

$$x_1=a_1+0.618(b_1-a_1)$$

再计算出 $f(x_1)$。

2. 选择 x_1 的对称点 x_1'为第二个试点，并计算 $f(x_1')$

试点 x_1'具有哪些特点呢？在区间$[a_1,b_1]$上，x_1'是黄金分割点 x_1 的对称点，有

$$x_1'=a_1+0.382(b_1-a_1)$$

而在区间$[a_1,x_1]$上，x_1'又是黄金分割点，这是因为

$$\frac{l-z}{z}=\frac{z}{l}=0.618$$

而区间$[a_1,x_1']$的长度也是 $l-z$。同理，在区间$[x_1',b_1]$上，x_1 是黄金分割点的对称点。

再计算出 $f(x_1')$，并令 $k=1$。

3. 比较 $f(x_k)$和 $f(x_k')$

我们规定区间$[a_k,b_k]$上的黄金分割点用 x_k 表示，其对称点用 x_k'表示。

第一种情况：当 $f(x_k)>f(x_k')$时

因为 $f(x)$是单峰函数，故极小点不可能在区间$[x_k,b_k]$上，将原区间缩短为$[a_k,x_k]$。

(1) 进行区间端点的置换。

令新的区间端点 $a_{k+1}=a_k$，$b_{k+1}=x_k$。

(2) 判断精度。

若$\frac{b_{k+1}-a_{k+1}}{b_1-a_1}<\delta$，则停止计算，可取 $x^*=\frac{1}{2}(a_{k+1}+b_{k+1})$为近似极小点，$f(x^*)$为近似极小值。

否则,转下步。

(3) 进行保留试点的坐标的变换。

在新区间$[a_{k+1},b_{k+1}]$上,原试点 x_k' 为保留试点且成为黄金分割点,故有

$$x_{k+1}=x_k',\quad f(x_{k+1})=f(x_k')$$

(4) 找保留试点的对称点 x_{k+1}' 并计算 $f(x_{k+1}')$。有

$$x_{k+1}'=a_{k+1}+0.382(b_{k+1}-a_{k+1})$$

再计算出 $f(x_{k+1}')$。

(5) 令 $k=k+1$,返回步骤 3。

第二种情况:当 $f(x_k)\leqslant f(x_k')$时

第二种情况与第一种情况完全类似。

因为 $f(x)$是单峰函数,故极小点不可能在区间$[a_k,x_k']$上,将原区间缩短为$[x_k',b_k]$。

(1) 进行区间端点的置换。

令新的区间端点 $a_{k+1}=x_k',b_{k+1}=b_k$。

(2) 判断精度。

若$\dfrac{b_{k+1}-a_{k+1}}{b_1-a_1}<\delta$,则停止计算,可取 $x^*=\dfrac{1}{2}(a_{k+1}+b_{k+1})$为近似极小点,$f(x^*)$为近似极小值。

否则,转下步。

(3) 进行保留试点的坐标的变换。

在新区间$[a_{k+1},b_{k+1}]$上,原试点 x_k 为保留试点且成为黄金分割点的对称点,故有

$$x_{k+1}'=x_k,\quad f(x_{k+1}')=f(x_k)$$

(4) 找保留试点的对称点 x_{k+1},并计算 $f(x_{k+1})$。有

$$x_{k+1}=a_{k+1}+0.618(b_{k+1}-a_{k+1})$$

再计算出 $f(x_{k+1})$。

(5) 令 $k=k+1$,返回步骤 3。

以上介绍了黄金分割法的基本原理与步骤。由分析可知,采用黄金分割法时,计算 n 个试点的函数值可以把原始区间$[a_1,b_1]$连续缩短 $n-1$ 次,且每次的区间缩短率都是 0.618,故最后所剩区间长度为 $b_n-a_n=0618^{n-1}(b_1-a_1)$。黄金分割法原理简单,计算容易,使用效果也相当好,因此在实际中得到了广泛的应用。

在应用黄金分割法时,需要注意一点:黄金分割法只适用于单峰函数。因此,必须先确定目标函数的单峰区间,再使用黄金分割法的计算公式。确定单峰区间的方法可采用 8.4 节中介绍的寻找极小点存在区间的外推内插法。

三、计算举例

例 8.1 用黄金分割法求函数

$$f(x)=\begin{cases}\dfrac{x}{2} & (\text{当 } x\leqslant 2)\\ -x+3 & (\text{当 } x>2)\end{cases}$$

在区间[0,3]上的极大点,要求缩短后的区间长度不大于原区间长度的 15%。

解

$$a_1 = 0, \quad b_1 = 3$$

$$x_1 = a_1 + 0.618(b_1 - a_1) = 1.854$$

$$x_1' = a_1 + 0.382(b_1 - a_1) = 1.146$$

$$f(x_1) = \frac{x_1}{2} = 0.927$$

$$f(x_1') = \frac{x_1'}{2} = 0.573$$

因为 $f(x_1) > f(x_1')$，极大点不可能在区间$[a_1, x_1']$上，故将原区间缩短为$[x_1', b_1]$，即令

$$a_2 = x_1' = 1.146$$

$$b_2 = b_1 = 3$$

$$x_2' = x_1 = 1.854$$

$$f(x_2') = f(x_1) = 0.927$$

继续用黄金分割法迭代

$$x_2 = a_2 + 0.618(b_2 - a_2) = 2.292$$

$$f(x_2) = -x_2 + 3 = 0.708$$

因为 $f(x_2) < f(x_2')$，故将区间缩短为$[a_2, x_2]$，即令

$$a_3 = a_2 = 1.146$$

$$b_3 = x_2 = 2.292$$

$$x_3 = x_2' = 1.854$$

$$f(x_3) = f(x_2') = 0.927$$

计算

$$x_3' = a_3 + 0.382(b_3 - a_3) = 1.584$$

$$f(x_3') = \frac{x_3'}{2} = 0.792$$

因为 $f(x_3) > f(x_3')$，故将区间缩短为$[x_3', b_3]$，即令

$$a_4 = x_3' = 1.584$$

$$b_4 = b_3 = 2.292$$

$$x_4' = x_3 = 1.854$$

$$f(x_4') = f(x_3) = 0.927$$

计算

$$x_4 = a_4 + 0.618(b_4 - a_4) = 2.022$$

$$f(x_4) = -x_4 + 3 = 0.978$$

因为 $f(x_4) > f(x_4')$，故将区间缩短为$[x_4', b_4]$，即$[1.854, 2.292]$。

计算精度

$$\frac{2.292 - 1.854}{3 - 0} = 14.6\% < 15\%$$

已达到要求精度，可停止迭代，得近似极大点和极大值

$$x = \frac{1}{2}(1.854 + 2.292) = 2.073$$

$$f(x) = -2.073 + 3 = 0.927$$

此题的精确最优结果为

$$x^* = 2$$
$$f(x^*) = 1$$

8.2 牛顿法

本节介绍的是单变量函数寻优的牛顿法。牛顿法(切线法)的基本思想是,在极小点附近用二阶泰勒(Taylor)多项式近似目标函数 $f(x)$,进而求出极小点的估计值。

一、基本原理

1. 用二阶泰勒多项式 $\varphi(x)$ 来近似 $f(x)$

将 $f(x)$ 在点 x_k 处展开成泰勒级数,取其前三项,即得到 $\varphi(x)$

$$\varphi(x) = f(x_k) + f'(x_k)(x - x_k) + \frac{1}{2}f''(x_k)(x - x_k)^2$$
$$\approx f(x)$$

上述 $\varphi(x)$ 在点 x_k 处的 $\varphi(x_k)$、$\varphi'(x_k)$、$\varphi''(x_k)$ 分别与 $f(x)$ 在点 x_k 处的 $f(x_k)$、$f'(x_k)$、$f''(x_k)$ 相等。

2. 用 $\varphi(x)$ 的极小点来近似 $f(x)$ 的极小点

令

$$\varphi'(x) = f'(x_k) + f''(x_k)(x - x_k) = 0$$

得到 $\varphi(x)$ 的驻点 x_{k+1}

$$x_{k+1} = x_k - \frac{f'(x_k)}{f''(x_k)} \tag{8.2.1}$$

因为在点 x_k 附近,$f(x) \approx \varphi(x)$,故可用 $\varphi(x)$ 的极小点作为 $f(x)$ 的极小点的估计值。如果 x_k 是 $f(x)$ 的极小点的一个估计值,则利用式(8.2.1)可以得到极小点的一个进一步的估计值 x_{k+1}。

3. 判断精度

若 x_{k+1} 满足允许精度,则停止计算。否则,在点 x_{k+1} 处,用式(8.2.1)计算出 x_{k+2}…如此继续迭代下去,可得到一个点列,可以证明,在一定条件下,这个点列收敛于 $f(x)$ 的极小点。

二、算法步骤

(1) 给定初始点 x_1,给定允许精度 $\varepsilon > 0$,令 $k = 1$。

(2) 计算 $f'(x_k)$ 与 $f''(x_k)$。

(3) 若 $|f'(x_k)| < \varepsilon$,则停止迭代,得到近似极小点 x_k。否则,转下步。

(4) 计算 $x_{k+1} = x_k - \dfrac{f'(x_k)}{f''(x_k)}$。

(5) 令 $k = k + 1$,返回步骤(2)。

三、牛顿法的几何意义

从式(8.2.1)可知，近似极小点 x_{k+1} 与 $f'(x_k)$、$f''(x_k)$ 有关，而与 $f(x_k)$ 无关。

假设我们能画出曲线 $f'(x)$，则曲线 $f'(x)$ 与 x 轴交点的横坐标即精确极小点 $x_{\min}$，如图 8.2.1 所示。为了讲清牛顿法的几何意义，让我们过点$(x_k, f'(x_k))$作曲线 $f'(x)$ 的切线，与 x 轴交于点$(x_{k+1}, 0)$，该切线的斜率显然是 $f''(x_k)$，从图 8.2.1 可知

$$f''(x_k) = \frac{f'(x_k)}{x_k - x_{k+1}}$$

即

$$x_{k+1} = x_k - \frac{f'(x_k)}{f''(x_k)}$$

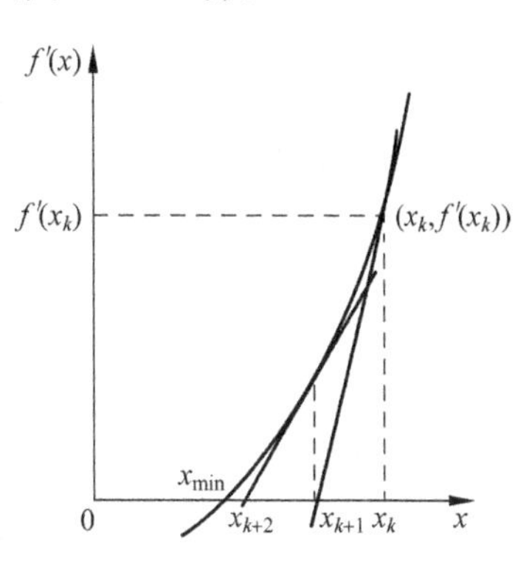

图 8.2.1 牛顿法

这正是前面推导出的式(8.2.1)，也就是说上述切线正是 $\varphi'(x)$。因此，牛顿法是用切线 $\varphi'(x)$ 来近似曲线 $f'(x)$，用切线 $\varphi'(x)$ 与 x 轴的交点来近似曲线 $f'(x)$ 与 x 轴的交点。

若 x_{k+1} 不满足给定精度，则过点$(x_{k+1}, f'(x_{k+1}))$再作曲线 $f'(x)$ 的切线与 x 轴交于点$(x_{k+2}, 0)$……用一系列切线与 x 轴的交点去逼近极小点 $x_{\min}$。

学习了牛顿法的几何意义之后，就不难理解为什么牛顿法又叫切线法了。

牛顿法是很有名的一种方法，它的收敛速度相当快，但是它要求计算函数在一系列迭代点上的一阶导函数值和二阶导函数值，这往往很不方便甚至是不可能的。值得注意的是，应用牛顿法时，必须选择好初始点，否则可能不收敛于极小点。

四、计算举例

例 8.2 用牛顿法求 $f(x)=e^x-5x$ 在区间$[1,2]$上的近似极小点（只迭代三次），给定初始点 $x_1=1$。

解

$$f(x) = e^x - 5x \quad x \in [1,2]$$

因为

$$f'(x) = e^x - 5$$
$$f''(x) = e^x$$

故在初始点 x_1 处，有

$$f'(x_1) = e - 5 = -2.282$$
$$f''(x_1) = e = 2.718$$

根据公式

$$x_{k+1} = x_k - \frac{f'(x_k)}{f''(x_k)}$$

得

$$x_2 = x_1 - \frac{f'(x_1)}{f''(x_1)} = 1.840$$

$$f(x_2) = -2.903$$

继续迭代,在点 x_2 处有

$$f'(x_2) = 1.297$$
$$f''(x_2) = 6.297$$

故

$$x_3 = x_2 - \frac{f'(x_2)}{f''(x_2)} = 1.634$$
$$f(x_3) = -3.046$$

在点 x_3 处有

$$f'(x_3) = 0.124$$
$$f''(x_3) = 5.124$$

故

$$x_4 = x_3 - \frac{f'(x_3)}{f''(x_3)} = 1.610$$
$$f(x_4) = -3.047$$

因本题只要求迭代三次,故停止计算。本题的最优结果应为

$$x^* = \ln 5 \approx 1.609\ 437\ 912$$
$$f(x^*) \approx -3.047\ 189\ 562$$

8.3 抛物线逼近法

抛物线逼近法的基本思想是,在极小点的附近用二次三项式 $\varphi(x)$ 逼近目标函数 $f(x)$,$\varphi(x)$ 与 $f(x)$ 在 x_1、x_2、x_3 ($x_1 < x_2 < x_3$) 三点处的函数值分别相等(假设 $f(x_1) > f(x_2)$,$f(x_2) < f(x_3)$)。

下面简要介绍抛物线逼近法的基本原理,并给出其迭代公式。

一、用 $f(x)$ 上三个点 x_1、x_2、x_3 的函数值拟合抛物线 $\varphi(x)$

已知 x_1、x_2、x_3 及其函数值 $f(x_1)$、$f(x_2)$、$f(x_3)$,令

$$\varphi(x) = a_0 + a_1 x + a_2 x^2$$

其中 a_0、a_1、a_2 是待定系数,由求解下述方程组得到

$$\begin{cases} \varphi(x_1) = a_0 + a_1 x_1 + a_2 x_1^2 = f(x_1) \\ \varphi(x_2) = a_0 + a_1 x_2 + a_2 x_2^2 = f(x_2) \\ \varphi(x_3) = a_0 + a_1 x_3 + a_2 x_3^2 = f(x_3) \end{cases} \tag{8.3.1}$$

二、用抛物线 $\varphi(x)$ 的极小点来近似 $f(x)$ 的极小点

令

$$\varphi'(x) = a_1 + 2a_2 x = 0$$

则

$$x = -\frac{a_1}{2a_2}$$

由方程组(8.3.1)消去 a_0,得

$$a_1 = \frac{(x_2^2 - x_3^2)f(x_1) + (x_3^2 - x_1^2)f(x_2) + (x_1^2 - x_2^2)f(x_3)}{(x_1 - x_2)(x_2 - x_3)(x_3 - x_1)}$$

$$a_2 = -\frac{(x_2 - x_3)f(x_1) + (x_3 - x_1)f(x_2) + (x_1 - x_2)f(x_3)}{(x_1 - x_2)(x_2 - x_3)(x_3 - x_1)}$$

即

$$x = \frac{1}{2}\frac{(x_2^2 - x_3^2)f(x_1) + (x_3^2 - x_1^2)f(x_2) + (x_1^2 - x_2^2)f(x_3)}{(x_2 - x_3)f(x_1) + (x_3 - x_1)f(x_2) + (x_1 - x_2)f(x_3)} = x_k \quad (8.3.2)$$

把 $\varphi(x)$的驻点 x 记作 x_k,x_k 作为 $f(x)$的极小点的一个估计值。

三、利用式(8.3.2)反复迭代,直到求出 $f(x)$的满足精度的极小点

求出 x_k 后,从 x_1、x_2、x_3、x_k 中选择目标函数值最小的点及其左、右两个邻点,令其中目标函数值最小的点为 x_2,其左、右两个邻点分别为 x_1 和 x_3,然后代入式(8.3.2)求出新的估计值 x_{k+1}…以此类推,产生一个点列,在一定条件下,这个点列收敛于问题的解。

值得注意的是,三个初始点 x_1、x_2、x_3 的选择,必须满足

$$x_1 < x_2 < x_3$$
$$f(x_1) > f(x_2), \quad f(x_2) < f(x_3)$$

这样才能保证 $\varphi(x)$的二次项系数 $a_2>0$,且 $\varphi(x)$的极小点在$[x_1,x_3]$内。因此,利用式(8.3.2)迭代前必须求出满足上述条件的三个初始点,我们可以采用 8.4 节中介绍的外推内插法求这三个初始点。

8.4 外推内插法

外推内插法能够寻找单变量函数 $f(x)$的极值点存在区间,同时给出三个初始点,它们满足

$$x_1 < x_2 < x_3$$
$$f(x_1) > f(x_2), \quad f(x_2) < f(x_3)$$

一、基本原理和步骤

(1) 给定初始区间,初始点 x_1 及初始步长 $h_0>0$。

(2) 用加倍步长的外推法迅速缩短初始区间。

由初始点 x_1 向前迈一步,步长为 h_0,得 $x_2=x_1+h_0$,计算 $f(x_1)$、$f(x_2)$并比较:

① 若 $f(x_2)<f(x_1)$

若 $f(x_2)<f(x_1)$,则步长加倍,得 $x_3=x_2+2h_0$;若仍有 $f(x_3)<f(x_2)$,则步长再加倍,得 $x_4=x_3+4h_0$…直到 x_k 点函数值刚刚变为增加为止。

这样得到三个点

$$x_{k-2} < x_{k-1} < x_k$$

而其函数值满足两头大、中间小,即有

$$f(x_{k-2}) > f(x_{k-1}), \quad f(x_{k-1}) < f(x_k)$$

故极小点一定在区间$[x_{k-2},x_k]$上,可舍弃初始区间的其他部分,参见图 8.4.1(a)。

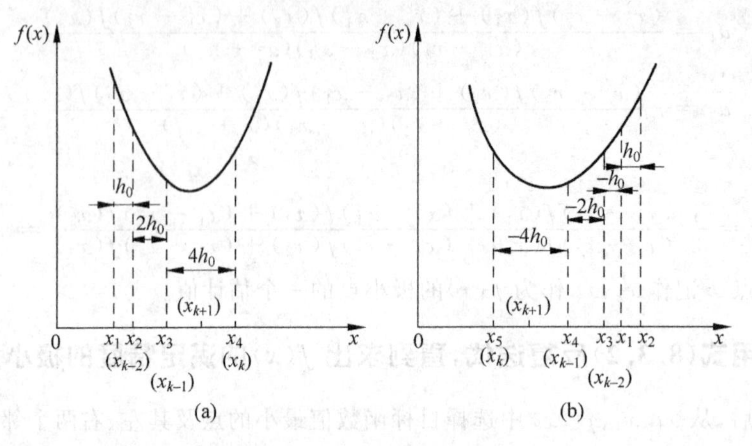

图 8.4.1 外推内插法

② 若 $f(x_2)>f(x_1)$

若 $f(x_2)>f(x_1)$,说明由初始点 x_1 迈步的方向错了,则退回到 x_1,改向相反的方向迈一步,得到 $x_3=x_1-h_0$;若有 $f(x_3)<f(x_1)$,则步长加倍,得到 $x_4=x_3-2h_0$;若仍然有 $f(x_4)<f(x_3)$,则步长再加倍,…,直到 x_k 点函数值刚刚变为增加为止。

这样得到三个点

$$x_k < x_{k-1} < x_{k-2}$$

而其函数值满足两头大,中间小,即

$$f(x_k) > f(x_{k-1}), \quad f(x_{k-1}) < f(x_{k-2})$$

故极小点一定在区间$[x_k,x_{k-2}]$上,参见图 8.4.1(b)。

(3) 在 x_{k-1},x_k 之间内插一个点,再一次缩短并最后确定极值点存在区间。

在上述三个点 x_{k-2},x_{k-1},x_k 之间,因为步长是逐次加倍的,故有

$$x_k - x_{k-1} = 2(x_{k-1} - x_{k-2})$$

现于 x_{k-1},x_k 之间内插一点 x_{k+1},令

$$x_{k+1} = \frac{1}{2}(x_{k-1} + x_k)$$

这样得到等间距的 4 个点:$x_{k-2},x_{k-1},x_{k+1},x_k$。

比较上述 4 个点的函数值,令其中函数值最小的点为 x_2,x_2 的左、右邻点分别为 x_1、x_3,至此得到了尽可能小的极值点存在区间$[x_1,x_3]$,且 x_1、x_2、x_3 三点符合

$$x_1 < x_2 < x_3$$

$$f(x_1) > f(x_2), \quad f(x_2) < f(x_3)$$

二、计算举例

例 8.3 用抛物线逼近法求 $f(x)=x^2-6x+2$ 的近似极小点(只迭代一次),给定初始点 $x_1=1$,初始步长 $h_0=0.1$,初始区间为$[0,10]$。

解 先用外推内插法寻找尽可能小的极小点存在区间。

$$x_1 = 1 \qquad f(x_1) = x_1^2 - 6x_1 + 2 = -3$$
$$x_2 = x_1 + h_0 = 1.1 \qquad f(x_2) = -3.39$$
$$x_3 = x_2 + 2h_0 = 1.3 \qquad f(x_3) = -4.11$$
$$x_4 = x_3 + 4h_0 = 1.7 \qquad f(x_4) = -5.31$$
$$x_5 = x_4 + 8h_0 = 2.5 \qquad f(x_5) = -6.75$$
$$x_6 = x_5 + 16h_0 = 4.1 \qquad f(x_6) = -5.79$$

从以上计算得到三个点：$x_4 < x_5 < x_6$，其函数值恰为两头大、中间小：$f(x_4) > f(x_5)$，$f(x_5) < f(x_6)$。极小点一定在区间$[x_4, x_6]$上，故舍去初始区间$[0,10]$的其他部分。

在点 x_5、x_6 之间内插一点 x_7，令

$$x_7 = \frac{1}{2}(x_5 + x_6) = 3.3$$
$$f(x_7) = -6.91$$

因为 $f(x_7) < f(x_5)$，故取 x_7 及其左、右邻点 x_5、x_6 三点，其函数值恰为两头大、中间小，这样，就得到了尽可能小的极小点存在区间$[x_5, x_6]$。

令

$$x_1 = x_5 = 2.5$$
$$x_2 = x_7 = 3.3$$
$$x_3 = x_6 = 4.1$$

则

$$f(x_1) = -6.75$$
$$f(x_2) = -6.91$$
$$f(x_3) = -5.79$$

根据式(8.3.2)，可得近似极小点

$$x_k = 3$$
$$f(x_k) = -7$$

因为 x_1、x_2、x_3、x_k 中，目标函数值最小的是 $f(x_k)$，故选取 x_k 及其左、右邻点为三个新的初始点，继续进行迭代。

令

$$x_1 = 2.5$$
$$x_2 = x_k = 3$$
$$x_3 = x_2 = 3.3$$

则

$$f(x_1) = -6.75$$
$$f(x_2) = -7$$
$$f(x_3) = -6.91$$

根据式(8.3.2)，可得新的近似极小点

$$x_k = 3$$
$$f(x_k) = -7$$

因为上述两次迭代得到的结果完全相同，所以已达最优结果。

第9章　无约束条件下多变量函数的寻优方法

关于“无约束问题的极值条件”和“下降迭代算法”，我们已在7.3节和7.4节中做过介绍，这里再介绍几种常用的无约束条件下多变量函数的寻优方法。

无约束条件下多变量函数的寻优方法大致分成两类：一类在计算过程中要用到目标函数的导数，另一类只用到目标函数值，不必计算导数。通常称后一类方法为直接法或搜索法。使用导数的一类方法一般收敛比较快，性能比较好，应用比较广泛。与使用导数的一类方法相比，直接法一般收敛比较慢，但它对目标函数的解析性质没有特殊要求，即使目标函数比较复杂，求不出导数，甚至写不出目标函数的解析式子(例如只能列表)，只要能求出目标函数值，就可以采用直接法寻优。直接法一般计算比较简单，使用方便，适用面也比较广。我们先介绍两种直接法，再介绍几种使用导数的方法，而各种寻优方法的根本区别在于选择的搜索方向不同。

9.1　变量轮换法

变量轮换法又称因素交替法，它是一种直接法。

一、基本原理

变量轮换法是多变量函数寻优方法中原理最简单的一个。该法认为有利的搜索方向是各坐标轴的方向，因此，它轮流按各坐标轴的方向搜索最优点。从某一给定点出发，按第 i 个坐标轴 x_i 的方向搜索时，在 n 维变量中，只有单变量 x_i 在变，其他 $(n-1)$ 维变量均保持给定点的状态不变，这样就把多变量函数的寻优问题转化为一系列的单变量函数的寻优问题。

二、算法步骤

设 $\boldsymbol{e}_i$ 为第 i 个坐标轴的单位矢量，即

$$e_i = \begin{bmatrix} 0 \\ \vdots \\ 0 \\ 1 \\ 0 \\ \vdots \\ 0 \end{bmatrix} \text{— 第 } i \text{ 行} \quad (i = 1,2,\cdots,n)$$

(1) 给定初始点 $\boldsymbol{x}^{(1)}=(a_1,a_2,\cdots,a_n)^{\mathrm{T}}$,其中 $a_1,a_2,\cdots,a_n$ 都为常数。

(2) 从 $\boldsymbol{x}^{(1)}$ 出发,先沿第一个坐标轴方向 $\boldsymbol{e}_1$ 进行一维寻优,求出最优步长 λ_1,得新点 $\boldsymbol{x}^{(2)}$。即

$$f(\boldsymbol{x}^{(2)}) = f(\boldsymbol{x}^{(1)} + \lambda_1 \boldsymbol{e}_1) = \min_{\lambda} f(\boldsymbol{x}^{(1)} + \lambda \boldsymbol{e}_1)$$

$$\boldsymbol{x}^{(2)} = \boldsymbol{x}^{(1)} + \lambda_1 \boldsymbol{e}_1$$

其中,$f(\boldsymbol{x}^{(1)}+\lambda\boldsymbol{e}_1)$是步长 λ 的一维函数,$f(\boldsymbol{x}^{(1)}+\lambda\boldsymbol{e}_1)$的极小点 λ_1 就是 $\boldsymbol{e}_1$ 方向上的最优步长。从 $\boldsymbol{x}^{(1)}$ 出发,沿 $\boldsymbol{e}_1$ 方向前进,最优步长为 λ_1,即得新点 $\boldsymbol{x}^{(2)}$。新点 $\boldsymbol{x}^{(2)}$ 与初始点 $\boldsymbol{x}^{(1)}$ 相比,只有 x_1 的坐标值不同。

类似地,以 $\boldsymbol{x}^{(2)}$ 为起点,沿第二个坐标轴方向 $\boldsymbol{e}_2$ 进行一维寻优,求出最优步长 λ_2,得新点 $\boldsymbol{x}^{(3)}$。即

$$f(\boldsymbol{x}^{(3)}) = f(\boldsymbol{x}^{(2)} + \lambda_2 \boldsymbol{e}_2) = \min_{\lambda} f(\boldsymbol{x}^{(2)} + \lambda \boldsymbol{e}_2)$$

$$\boldsymbol{x}^{(3)} = \boldsymbol{x}^{(2)} + \lambda_2 \boldsymbol{e}_2$$

新点 $\boldsymbol{x}^{(3)}$ 与 $\boldsymbol{x}^{(2)}$ 相比,只有 x_2 的坐标值不同。

这样,依次沿各坐标轴方向进行一维寻优,直到 n 个坐标轴方向全部优选完毕,得到好点 $\boldsymbol{x}^{(n+1)}$,它满足

$$f(\boldsymbol{x}^{(n+1)}) = f(\boldsymbol{x}^{(n)} + \lambda_n \boldsymbol{e}_n) = \min_{\lambda} f(\boldsymbol{x}^{(n)} + \lambda \boldsymbol{e}_n)$$

$$\boldsymbol{x}^{(n+1)} = \boldsymbol{x}^{(n)} + \lambda_n \boldsymbol{e}_n$$

从初始点 $\boldsymbol{x}^{(1)}$ 经上述 n 次一维搜索得到点 $\boldsymbol{x}^{(n+1)}$,即完成了变量轮换法的一次迭代。

(3) 令 $\boldsymbol{x}^{(1)}=\boldsymbol{x}^{(n+1)}$,返回步骤(2)继续迭代。

以上步骤一直进行到所得新点 $\boldsymbol{x}^{(n+1)}$ 满足给定的精度为止。

变量轮换法的基本原理非常简单,它适用于各变量之间本质上无联系或沿各坐标轴方向搜索比较容易的特殊结构,而对一般目标函数,它的收敛速度较慢,搜索效率较差。

变量轮换法的依次沿各坐标轴方向寻优的思想,是多变量函数寻优的一种基本思想,这一思想已为不少优化方法所借鉴。

三、计算举例

例 9.1 用变量轮换法求解下列非线性规划:

$$\min f(\boldsymbol{x}) = x_1^2 + x_2^2 + x_3^2$$

给定初始点 $\boldsymbol{x}^{(1)}=(1,2,3)^{\mathrm{T}}$。

解 令 $\boldsymbol{e}_1=[1\quad 0\quad 0]^{\mathrm{T}}$,$\boldsymbol{e}_2=[0\quad 1\quad 0]^{\mathrm{T}}$,$\boldsymbol{e}_3=[0\quad 0\quad 1]^{\mathrm{T}}$。首先从初始点 $\boldsymbol{x}^{(1)}$ 出发,沿 x_1 轴方向 $\boldsymbol{e}_1$ 进行一维寻优

$$x^{(1)}+\lambda e_1=\begin{bmatrix}1\\2\\3\end{bmatrix}+\lambda\begin{bmatrix}1\\0\\0\end{bmatrix}=\begin{bmatrix}1+\lambda\\2\\3\end{bmatrix}$$

$$f(x^{(1)}+\lambda e_1)=(1+\lambda)^2+2^2+3^2=\lambda^2+2\lambda+14$$

令

$$\frac{\partial f}{\partial \lambda}=2\lambda+2=0$$

得最优步长

$$\lambda_1=-1$$

故

$$x^{(2)}=x^{(1)}+\lambda_1 e_1=[0\quad 2\quad 3]^{\mathrm{T}}$$

$$f(x^{(2)})=13$$

再从 $x^{(2)}$ 出发,沿 x_2 轴方向 e_2 进行一维寻优

$$x^{(2)}+\lambda e_2=\begin{bmatrix}0\\2\\3\end{bmatrix}+\lambda\begin{bmatrix}0\\1\\0\end{bmatrix}=\begin{bmatrix}0\\2+\lambda\\3\end{bmatrix}$$

$$f(x^{(2)}+\lambda e_2)=0^2+(2+\lambda)^2+3^2=\lambda^2+4\lambda+13$$

令

$$\frac{\partial f}{\partial \lambda}=2\lambda+4=0$$

得最优步长

$$\lambda_2=-2$$

故

$$x^{(3)}=x^{(2)}+\lambda_2 e_2=[0\quad 0\quad 3]^{\mathrm{T}}$$

$$f(x^{(3)})=9$$

从 $x^{(3)}$ 出发,沿 x_3 轴方向 e_3 进行一维寻优

$$x^{(3)}+\lambda e_3=\begin{bmatrix}0\\0\\3\end{bmatrix}+\lambda\begin{bmatrix}0\\0\\1\end{bmatrix}=\begin{bmatrix}0\\0\\3+\lambda\end{bmatrix}$$

$$f(x^{(3)}+\lambda e_3)=0^2+0^2+(3+\lambda)^2=\lambda^2+6\lambda+9$$

令

$$\frac{\partial f}{\partial \lambda}=2\lambda+6=0$$

得最优步长

$$\lambda_3=-3$$

故

$$x^{(4)}=x^{(3)}+\lambda_3 e_3=[0\quad 0\quad 0]^{\mathrm{T}}$$

$$f(x^{(4)})=0$$

经检验可知,已达最优结果。

因为本例题的目标函数特别适合用变量轮换法寻优,故仅沿各坐标轴方向搜索一次,即得到最优解。

9.2 单纯形搜索法

单纯形搜索法又称可变多面体搜索法、单形调优法、单纯形法,但它并不是线性规划的单纯形方法,而是无约束最优化的一种直接方法。

所谓单纯形是 n 维欧氏空间 E^n 中具有 $n+1$ 个顶点的凸多面体。例如,一维空间中的线段、二维空间中的三角形、三维空间中的四面体等,均为相应空间中的单纯形。

单纯形搜索法的基本思想是,给定 E^n 中一个单纯形后,求出 $n+1$ 个顶点上的函数值,并确定这些函数值中的最大值、次大值和最小值,然后通过反射、扩张、内缩、缩边等方法(几种方法不一定同时使用)求出一个较好点,用它取代最大值的点,以构成新的单纯形,通过多次迭代逼近极小点。

下面,先以极小化二元函数 $f(x_1,x_2)$ 为例,介绍单纯形搜索法的基本原理和步骤。

一、基本原理和步骤

(1) 给定平面上不共线的三点 $\boldsymbol{x}^{(1)}$、$\boldsymbol{x}^{(2)}$、$\boldsymbol{x}^{(3)}$,构成初始单纯形,如图 9.2.1 所示。反射系数 $\alpha>0$,扩张系数 $\gamma>1$,内缩系数 $\beta\in(0,1)$,允许误差 $\varepsilon>0$。计算每个顶点的函数值 $f_i=f(\boldsymbol{x}^{(i)})(i=1,2,3)$,置 $k=1$。

(2) 求出各顶点的函数值中的最大值 f_H、次大值 f_G、最小值 f_L。

$$f_H=f(\boldsymbol{x}^{(H)})=\max\{f_1,f_2,\cdots,f_{n+1}\}$$

$$f_G=f(\boldsymbol{x}^{(G)})=\max_{1\leqslant i\leqslant n+1}\{f(\boldsymbol{x}^{(i)})\mid \boldsymbol{x}^{(i)}\neq\boldsymbol{x}^{(H)}\}$$

$$f_L=f(\boldsymbol{x}^{(L)})=\min\{f_1,f_2,\cdots,f_{n+1}\}$$

上述 f_H、f_G、f_L 可作为搜索时判断一个点好坏的不同的参照标准。

以下各步骤就是要找到一个较好点,来取代最大点 $\boldsymbol{x}^{(H)}$,以构成新的单纯形。

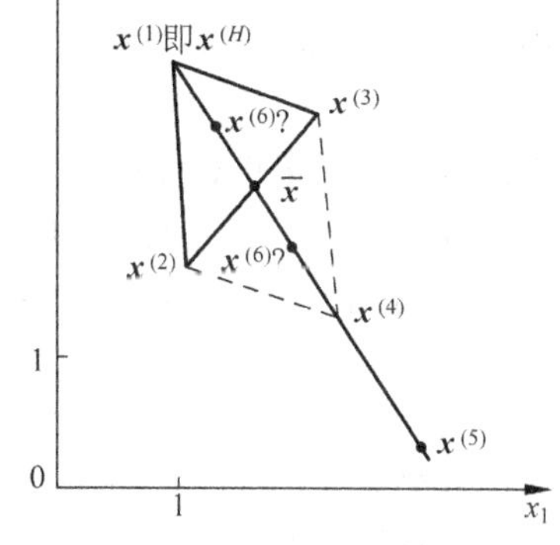

图 9.2.1 单纯形搜索法

(3) 确定有利的搜索方向。

单纯形搜索法认为,极小点在最大点与其余点的形心的连线上的可能性较大,故该法力图在上述方向上找到一个较好点。

(4) 进行反射。

① 计算除 $\boldsymbol{x}^{(H)}$ 之外其余各点的形心 $\bar{\boldsymbol{x}}$,$\boldsymbol{x}^{(G)}$、$\boldsymbol{x}^{(L)}$ 的形心即二者连线的中点,有

$$\bar{\boldsymbol{x}}=\frac{1}{2}(\boldsymbol{x}^{(G)}+\boldsymbol{x}^{(L)})$$

② 将 $\boldsymbol{x}^{(H)}$ 经过 $\bar{\boldsymbol{x}}$ 进行反射,得反射点 $\boldsymbol{x}^{(n+2)}$,于是

$$\boldsymbol{x}^{(n+2)}=\bar{\boldsymbol{x}}+\alpha(\bar{\boldsymbol{x}}-\boldsymbol{x}^{(H)})$$

一般情况下取 $\alpha=1$,即反射点是最大点关于形心的对称点。

③ 计算 $f(\boldsymbol{x}^{(n+2)})$ 及 $f(\bar{\boldsymbol{x}})$。

在下面的搜索中，经常要判断所得到的点是否比较好，而参照标准可以选择 f_H、f_G、f_L 中的某一个，也可以在不同情况下使用不同的标准。下面将根据 $f(\boldsymbol{x}^{(n+2)})$ 与参照标准比较的不同结果，或执行第(5)步，或执行第(6)步，或执行第(7)步，其目的都是要寻找一个较好点。

(5) 若 $f(\boldsymbol{x}^{(n+2)})<f_L$(反射点很好)，则将 $\boldsymbol{x}^{(n+2)}$ 继续扩张到 $\boldsymbol{x}^{(n+3)}$。

若 $f(\boldsymbol{x}^{(n+2)})<f_L$，说明搜索方向正确，进一步加大步长，即继续扩张得到 $\boldsymbol{x}^{(n+3)}$，有

$$\boldsymbol{x}^{(n+3)}=\bar{\boldsymbol{x}}+\gamma(\boldsymbol{x}^{(n+2)}-\bar{\boldsymbol{x}})\quad(\gamma>1)$$

计算 $f(\boldsymbol{x}^{(n+3)})$。一般情况下取 $\gamma=2$。

当 $n=2,\gamma=2$ 时，有

$$\boldsymbol{x}^{(5)}=2\boldsymbol{x}^{(4)}-\bar{\boldsymbol{x}}$$

即 $\boldsymbol{x}^{(5)}$ 是 $\bar{\boldsymbol{x}}$ 关于 $\boldsymbol{x}^{(4)}$ 的对称点。

① 若 $f(\boldsymbol{x}^{(n+3)})<f(\boldsymbol{x}^{(n+2)})$

此时扩张后的点 $\boldsymbol{x}^{(n+3)}$ 更好，因而用 $\boldsymbol{x}^{(n+3)}$ 取代 $\boldsymbol{x}^{(H)}$，用 $f(\boldsymbol{x}^{(n+3)})$ 取代 $f(\boldsymbol{x}^{(H)})$。转步骤(8)。

② 若 $f(\boldsymbol{x}^{(n+3)})\geqslant f(\boldsymbol{x}^{(n+2)})$

此时用 $\boldsymbol{x}^{(n+2)}$ 取代 $\boldsymbol{x}^{(H)}$，用 $f(\boldsymbol{x}^{(n+2)})$ 取代 $f(\boldsymbol{x}^{(H)})$。转步骤(8)。

(6) 若 $f_L\leqslant f(\boldsymbol{x}^{(n+2)})\leqslant f_G$(反射点比较好)，则反射点就是找到的较好点。

此时用 $\boldsymbol{x}^{(n+2)}$ 取代 $\boldsymbol{x}^{(H)}$，用 $f(\boldsymbol{x}^{(n+2)})$ 取代 $f(\boldsymbol{x}^{(H)})$。转步骤(8)。

(7) 若 $f(\boldsymbol{x}^{(n+2)})>f_G$(反射点不好)，则可能步长过大，需进行内缩，得到点 $\boldsymbol{x}^{(n+4)}$。

令最坏点 $\boldsymbol{x}^{(H)}$ 与反射点 $\boldsymbol{x}^{(n+2)}$ 二者中的好点为 $\boldsymbol{x}'$，即

$$f(\boldsymbol{x}')=\min\{f(\boldsymbol{x}^{(H)}),f(\boldsymbol{x}^{(n+2)})\}$$

其中 $\boldsymbol{x}'\in\{\boldsymbol{x}^{(H)},\boldsymbol{x}^{(n+2)}\}$。又令

$$\boldsymbol{x}^{(n+4)}=\bar{\boldsymbol{x}}+\beta(\boldsymbol{x}'-\bar{\boldsymbol{x}})$$

即内缩点 $\boldsymbol{x}^{(n+4)}$ 位于 $\bar{\boldsymbol{x}}$ 与 $\boldsymbol{x}'$ 之间。一般情况下取 $\beta=0.5$。计算 $f(\boldsymbol{x}^{(n+4)})$。

① 若 $f(\boldsymbol{x}^{(n+4)})\leqslant f(\boldsymbol{x}')$，则用 $\boldsymbol{x}^{(n+4)}$ 取代 $\boldsymbol{x}^{(H)}$，用 $f(\boldsymbol{x}^{(n+4)})$ 取代 $f(\boldsymbol{x}^{(H)})$。转步骤(8)。

② 若 $f(\boldsymbol{x}^{(n+4)})>f(\boldsymbol{x}')$，则进行单纯形缩边。有

$$\boldsymbol{x}^{(i)}=\frac{1}{2}(\boldsymbol{x}^{(i)}+\boldsymbol{x}^{(L)})\quad(i=1,2,\cdots,n+1)$$

即保留最小点 $\boldsymbol{x}^{(L)}$，将单纯形的各边缩短为原来的一半。

计算各顶点的函数值 $f(\boldsymbol{x}^{(i)})$。转步骤(8)。

(8) 检验是否满足收敛标准。若

$$\left\{\frac{1}{n+1}\sum_{i=1}^{n+1}[f(\boldsymbol{x}^{(i)})-f(\bar{\boldsymbol{x}})]^2\right\}^{\frac{1}{2}}<\varepsilon$$

则停止计算，现行最好点可作为极小点的近似；否则，置 $k=k+1$，返回步骤(2)。

二、目标函数由二维推广至 n 维

当目标函数由二维推广至 n 维时，有以下几点区别：

(1) 要给定 $n+1$ 个初始单纯形顶点(必须保证不降维)

$$\boldsymbol{x}^{(i)}\in E^n\quad(i=1,2,\cdots,n+1)$$

为了保证不降维，也可以只给定一个初始点 $\boldsymbol{x}^{(1)}$，再给定一个初始步长 h_0，根据

$$x^{(i+1)} = x^{(1)} + h_0 e_i \quad (i = 1,2,\cdots,n)$$

算出另外 n 个初始顶点。其中 e_i 为第 i 个坐标轴的单位矢量。

(2) 要计算 $n+1$ 个顶点的函数值，并从中挑选出最大值 f_H、次大值 f_G、最小值 f_L。

(3) 计算除 $x^{(H)}$ 之外其余 n 个顶点的形心 $\bar{x}$ 的公式为

$$\bar{x} = \frac{1}{n}\left[\left(\sum_{i=1}^{n+1} x^{(i)}\right) - x^{(H)}\right]$$

其余步骤均与二维时相同。

三、计算举例

例 9.2 用单纯形搜索法求解下列问题：

$$\min f(x) = x_1^2 + x_2^2 - 6x_1 + 4x_2 + 13$$

给定初始单纯形的顶点为

$$x^{(1)} = \begin{bmatrix}0\\0\end{bmatrix},\quad x^{(2)} = \begin{bmatrix}1\\0\end{bmatrix},\quad x^{(3)} = \begin{bmatrix}\frac{3}{2}\\-2\end{bmatrix}$$

取 $\alpha=1,\gamma=2,\beta=0.5$，允许误差 $\varepsilon=1$。

解

$$f(x^{(1)}) = 13, f(x^{(2)}) = 8, f(x^{(3)}) = \frac{9}{4}$$

$$x^{(H)} = x^{(1)}, x^{(G)} = x^{(2)}, x^{(L)} = x^{(3)}$$

进行反射，求 $x^{(1)}$ 关于 $x^{(2)}$ 和 $x^{(3)}$ 的形心的反射点。先求形心 $\bar{x}$ 及其函数值 $f(\bar{x})$，有

$$\bar{x} = \frac{1}{2}(x^{(2)} + x^{(3)}) = \frac{1}{2}\left(\begin{bmatrix}1\\0\end{bmatrix} + \begin{bmatrix}\frac{3}{2}\\-2\end{bmatrix}\right) = \begin{bmatrix}\frac{5}{4}\\-1\end{bmatrix}$$

$$f(\bar{x}) = \frac{65}{16}$$

令反射系数 $\alpha=1$，则反射点 $x^{(4)}$ 及其函数值 $f(x^{(4)})$ 如下

$$x^{(4)} = 2\bar{x} - x^{(H)} = 2\begin{bmatrix}\frac{5}{4}\\-1\end{bmatrix} - \begin{bmatrix}0\\0\end{bmatrix} = \begin{bmatrix}\frac{5}{2}\\-2\end{bmatrix}$$

$$f(x^{(4)}) = \frac{1}{4}$$

由于 $f(x^{(4)}) < f_L$，故进行扩张，令扩张系数 $\gamma=2$，有

$$x^{(5)} = \bar{x} + 2(x^{(4)} - \bar{x}) = 2x^{(4)} - \bar{x} = 2\begin{bmatrix}\frac{5}{2}\\-2\end{bmatrix} - \begin{bmatrix}\frac{5}{4}\\-1\end{bmatrix} = \begin{bmatrix}\frac{15}{4}\\-3\end{bmatrix}$$

$$f(x^{(5)}) = \frac{25}{16}$$

由于 $f(x^{(5)}) > f(x^{(4)})$，故用 $x^{(4)}$ 取代 $x^{(1)}$，得到新的单纯形，其顶点及相应的函数值如下

$$\boldsymbol{x}^{(1)}=\begin{bmatrix}\frac{5}{2}\\-2\end{bmatrix},\ \boldsymbol{x}^{(2)}=\begin{bmatrix}1\\0\end{bmatrix},\ \boldsymbol{x}^{(3)}=\begin{bmatrix}\frac{3}{2}\\-2\end{bmatrix}$$

$$f(\boldsymbol{x}^{(1)})=\frac{1}{4},\ f(\boldsymbol{x}^{(2)})=8,\ f(\boldsymbol{x}^{(3)})=\frac{9}{4}$$

因为

$$\left\{\frac{1}{3}\sum_{i=1}^{3}[f(\boldsymbol{x}^{(i)})-f(\bar{\boldsymbol{x}})]^2\right\}^{\frac{1}{2}}$$

$$=\left\{\frac{1}{3}\left[\left(\frac{1}{4}-\frac{65}{16}\right)^2+\left(8-\frac{65}{16}\right)^2+\left(\frac{9}{4}-\frac{65}{16}\right)^2\right]\right\}^{\frac{1}{2}}$$

$$=3.33>\varepsilon$$

故继续迭代。

已知 $$f(\boldsymbol{x}^{(1)})=\frac{1}{4},f(\boldsymbol{x}^{(2)})=8,f(\boldsymbol{x}^{(3)})=\frac{9}{4}$$

故 $$\boldsymbol{x}^{(L)}=\boldsymbol{x}^{(1)},\quad \boldsymbol{x}^{(H)}=\boldsymbol{x}^{(2)},\quad \boldsymbol{x}^{(G)}=\boldsymbol{x}^{(3)}$$

求 $\boldsymbol{x}^{(2)}$ 关于 $\boldsymbol{x}^{(1)}$ 和 $\boldsymbol{x}^{(3)}$ 的形心的反射点。形心 $\bar{\boldsymbol{x}}$ 及其函数值 $f(\bar{\boldsymbol{x}})$ 如下

$$\bar{\boldsymbol{x}}=\frac{1}{2}(\boldsymbol{x}^{(1)}+\boldsymbol{x}^{(3)})=\frac{1}{2}\left(\begin{bmatrix}\frac{5}{2}\\-2\end{bmatrix}+\begin{bmatrix}\frac{3}{2}\\-2\end{bmatrix}\right)=\begin{bmatrix}2\\-2\end{bmatrix}$$

$$f(\bar{\boldsymbol{x}})=1$$

令反射系数 $\alpha=1$,则反射点 $\boldsymbol{x}^{(4)}$ 及其函数值 $f(\boldsymbol{x}^{(4)})$ 如下

$$\boldsymbol{x}^{(4)}=\bar{\boldsymbol{x}}+(\bar{\boldsymbol{x}}-\boldsymbol{x}^{(2)})=2\bar{\boldsymbol{x}}-\boldsymbol{x}^{(2)}=2\begin{bmatrix}2\\-2\end{bmatrix}-\begin{bmatrix}1\\0\end{bmatrix}=\begin{bmatrix}3\\-4\end{bmatrix}$$

$$f(\boldsymbol{x}^{(4)})=4$$

此时 $f(\boldsymbol{x}^{(4)})>f(\boldsymbol{x}^{(3)})$,需进行内缩。由于

$$f(\boldsymbol{x}^{(4)})=\min\{f(\boldsymbol{x}^{(H)}),f(\boldsymbol{x}^{(4)})\}$$

故

$$\boldsymbol{x}'=\boldsymbol{x}^{(4)}$$

令内缩系数 $\beta=0.5$,则

$$\boldsymbol{x}^{(6)}=\bar{\boldsymbol{x}}+\beta(\boldsymbol{x}^{(4)}-\bar{\boldsymbol{x}})=\frac{1}{2}\bar{\boldsymbol{x}}+\frac{1}{2}\boldsymbol{x}^{(4)}=\frac{1}{2}\begin{bmatrix}2\\-2\end{bmatrix}+\frac{1}{2}\begin{bmatrix}3\\-4\end{bmatrix}=\begin{bmatrix}\frac{5}{2}\\-3\end{bmatrix}$$

$$f(\boldsymbol{x}^{(6)})=\frac{5}{4}$$

由于 $f(\boldsymbol{x}^{(6)})<f(\boldsymbol{x}^{(4)})$,故用 $\boldsymbol{x}^{(6)}$ 取代 $\boldsymbol{x}^{(2)}$,得到新的单纯形,其顶点为

$$\boldsymbol{x}^{(1)}=\begin{bmatrix}\frac{5}{2}\\-2\end{bmatrix},\quad \boldsymbol{x}^{(2)}=\begin{bmatrix}\frac{5}{2}\\-3\end{bmatrix},\quad \boldsymbol{x}^{(3)}=\begin{bmatrix}\frac{3}{2}\\-2\end{bmatrix}$$

由此可得

$$f(\boldsymbol{x}^{(1)})=\frac{1}{4},\quad f(\boldsymbol{x}^{(2)})=\frac{5}{4},\quad f(\boldsymbol{x}^{(3)})=\frac{9}{4}$$

因为

$$
\begin{aligned}
&\left\{\frac{1}{3}\sum_{i=1}^{3}[f(\boldsymbol{x}^{(i)})-f(\bar{\boldsymbol{x}})]^2\right\}^{\frac{1}{2}}\\
&=\left\{\frac{1}{3}\left[\left(\frac{1}{4}-1\right)^2+\left(\frac{5}{4}-1\right)^2+\left(\frac{9}{4}-1\right)^2\right]\right\}^{\frac{1}{2}}\\
&=0.85<\varepsilon
\end{aligned}
$$

故已满足精度要求，得近似解 $\boldsymbol{x}^{(1)}=\left(\frac{5}{2},-2\right)^{\mathrm{T}}$。实际上，问题的极小点 $\boldsymbol{x}^*=(3,-2)^{\mathrm{T}}$。

关于单纯形搜索法的使用效果，有人在许多问题上进行了试验，并取得成功。但也有人认为，对于变量多的情况，比如 $n\geqslant 10$ 的问题，是无效的。

9.3 最速下降法

考虑无约束问题

$$\min f(\boldsymbol{x}) \quad \boldsymbol{x}\in E^n$$

其中 $f(\boldsymbol{x})$具有一阶连续偏导数。

在求解上述问题时，人们希望选择一个目标函数值下降最快的方向，以迅速达到极小点。正是基于这一思想，产生了著名的最速下降法。在 7.1 节中，已经介绍过负梯度方向是函数值减小最快的方向。在最速下降法中，正是选择负梯度方向作为有利的搜索方向，因此，最速下降法又称一阶梯度法。

一、基本原理和步骤

(1) 给定初始点 $\boldsymbol{x}^{(1)}\in E^n$，允许误差 $\varepsilon>0$，令 $k=1$。

(2) 确定有利的搜索方向 $\boldsymbol{d}^{(k)}$ 为 $\boldsymbol{x}^{(k)}$ 点的负梯度方向，即

$$\boldsymbol{d}^{(k)}=-\nabla f(\boldsymbol{x}^{(h)})$$

(3) 判断精度。

若 $\|\boldsymbol{d}^{(k)}\|<\varepsilon$，则停止计算；否则，转步骤(4)。

其中

$$
\begin{aligned}
\|\boldsymbol{d}^{(k)}\| &= \|\nabla f(\boldsymbol{x}^{(k)})\|\\
&=\sqrt{\left(\frac{\partial f(\boldsymbol{x}^{(k)})}{\partial x_1}\right)^2+\left(\frac{\partial f(\boldsymbol{x}^{(k)})}{\partial x_2}\right)^2+\cdots+\left(\frac{\partial f(\boldsymbol{x}^{(k)})}{\partial x_n}\right)^2}
\end{aligned}
$$

(4) 在 $\boldsymbol{d}^{(k)}$ 方向上，确定最优步长 λ_k。

确定最优步长 λ_k 的方法如下：

方法一：采用任一种一维寻优法

此时的 $f(\boldsymbol{x}^{(k)}-\lambda\nabla f(\boldsymbol{x}^{(k)}))$已成为步长 λ 的一元函数，故可用任一种一维寻优法求出 λ_k，即

$$f(\boldsymbol{x}^{(k+1)})=f(\boldsymbol{x}^{(k)}-\lambda_k\nabla f(\boldsymbol{x}^{(k)}))=\min_{\lambda} f(\boldsymbol{x}^{(k)}-\lambda\nabla f(\boldsymbol{x}^{(k)}))$$

方法二：微分法

因为

$$f(\boldsymbol{x}^{(k)}-\lambda\nabla f(\boldsymbol{x}^{(k)}))=\varphi(\lambda)$$

所以,一些简单情况下,可令

$$\varphi'(\lambda)=0$$

以解出近似最优步长 λ_k 的值。

一般情况下,可根据单变量函数 $f(x)$ 的泰勒公式,取其前三项,作为 $f(x)$ 的近似式

$$f(a+h)\approx f(a)+f'(a)h+\frac{1}{2}f''(a)h^2 \quad (\text{当 } h\to 0) \tag{9.3.1}$$

式(9.3.1)是 $f(x)$ 在点 a 的邻域 h 内的展开式。

因为 $f(\boldsymbol{x}^{(k)}-\lambda\nabla f(\boldsymbol{x}^{(k)}))$ 是步长 λ 的一元函数,根据式(9.3.1),$f(\boldsymbol{x})$ 在 $\boldsymbol{x}^{(k)}$ 点的邻域 $(-\lambda\cdot\nabla f(\boldsymbol{x}^{(k)}))$ 内可展开为

$$\begin{aligned}f(\boldsymbol{x}^{(k)}-\lambda\cdot\nabla f(\boldsymbol{x}^{(k)}))&\approx f(\boldsymbol{x}^{(k)})-\nabla f(\boldsymbol{x}^{(k)})^{\mathrm{T}}\cdot\lambda\cdot\nabla f(\boldsymbol{x}^{(k)})\\&\quad+\frac{1}{2}\lambda\cdot\nabla f(\boldsymbol{x}^{(k)})^{\mathrm{T}}\boldsymbol{H}(\boldsymbol{x}^{(k)})\lambda\nabla f(\boldsymbol{x}^{(k)})\\&=\varphi(\lambda)\end{aligned}$$

令

$$\varphi'(\lambda)=0$$

即

$$-\nabla f(\boldsymbol{x}^{(k)})^{\mathrm{T}}\cdot\nabla f(\boldsymbol{x}^{(k)})+\lambda\cdot\nabla f(\boldsymbol{x}^{(k)})^{\mathrm{T}}\cdot\boldsymbol{H}(\boldsymbol{x}^{(k)})\cdot\nabla f(\boldsymbol{x}^{(k)})=0$$

可得近似最优步长 λ_k 的计算公式如下:

$$\lambda_k=\frac{\nabla f(\boldsymbol{x}^{(k)})^{\mathrm{T}}\cdot\nabla f(\boldsymbol{x}^{(k)})}{\nabla f(\boldsymbol{x}^{(k)})^{\mathrm{T}}\cdot\boldsymbol{H}(\boldsymbol{x}^{(k)})\cdot\nabla f(\boldsymbol{x}^{(k)})} \tag{9.3.2}$$

从式(9.3.2)可以看出,λ_k 不仅与 $\boldsymbol{x}^{(k)}$ 点的梯度有关,还与海赛矩阵有关。

(5) 求出新点 $\boldsymbol{x}^{(k+1)}=\boldsymbol{x}^{(k)}-\lambda_k\nabla f(\boldsymbol{x}^{(k)})$。

令 $k=k+1$,返回步骤(2)。

二、计算举例

下面用最速下降法求解例 9.3。

例 9.3 求解下列问题:

$$\min f(\boldsymbol{x})=x_1-x_2+2x_1^2+2x_1x_2+x_2^2$$

给定初始点

$$\boldsymbol{x}^{(1)}=(0,0)^{\mathrm{T}}$$

解 目标函数 $f(\boldsymbol{x})$ 的梯度

$$\nabla f(\boldsymbol{x})=\begin{bmatrix}\dfrac{\partial f(\boldsymbol{x})}{\partial x_1}\\\dfrac{\partial f(\boldsymbol{x})}{\partial x_2}\end{bmatrix}=\begin{bmatrix}1+4x_1+2x_2\\-1+2x_1+2x_2\end{bmatrix}$$

$$\nabla f(\boldsymbol{x}^{(1)})=\begin{bmatrix}1\\-1\end{bmatrix}$$

令搜索方向

$$\boldsymbol{d}^{(1)}=-\nabla f(\boldsymbol{x}^{(1)})=\begin{bmatrix}-1\\1\end{bmatrix}$$

再从 $\boldsymbol{x}^{(1)}$ 出发,沿 $\boldsymbol{d}^{(1)}$ 方向作一维寻优,令步长变量为 λ,最优步长为 λ_1,则有

$$\boldsymbol{x}^{(1)}+\lambda\boldsymbol{d}^{(1)}=\begin{bmatrix}0\\0\end{bmatrix}+\lambda\begin{bmatrix}-1\\1\end{bmatrix}=\begin{bmatrix}-\lambda\\\lambda\end{bmatrix}$$

故

$$\begin{aligned}f(\boldsymbol{x})&=f(\boldsymbol{x}^{(1)}+\lambda\boldsymbol{d}^{(1)})\\&=(-\lambda)-\lambda+2(-\lambda)^2+2(-\lambda)\lambda+\lambda^2\\&=\lambda^2-2\lambda\\&=\varphi_1(\lambda)\end{aligned}$$

令

$$\varphi_1'(\lambda)=2\lambda-2=0$$

可得

$$\lambda_1=1$$

$$\boldsymbol{x}^{(2)}=\boldsymbol{x}^{(1)}+\lambda_1\boldsymbol{d}^{(1)}=\begin{bmatrix}0\\0\end{bmatrix}+\begin{bmatrix}-1\\1\end{bmatrix}=\begin{bmatrix}-1\\1\end{bmatrix}$$

求出 $\boldsymbol{x}^{(2)}$ 点之后,与上类似地,进行第二次迭代

$$\nabla f(\boldsymbol{x}^{(2)})=\begin{bmatrix}-1\\-1\end{bmatrix}$$

令

$$\boldsymbol{d}^{(2)}=-\nabla f(\boldsymbol{x}^{(2)})=\begin{bmatrix}1\\1\end{bmatrix}$$

令步长变量为 λ,最优步长为 λ_2,则有

$$\boldsymbol{x}^{(2)}+\lambda\boldsymbol{d}^{(2)}=\begin{bmatrix}-1\\1\end{bmatrix}+\lambda\begin{bmatrix}1\\1\end{bmatrix}=\begin{bmatrix}\lambda-1\\\lambda+1\end{bmatrix}$$

故

$$\begin{aligned}f(\boldsymbol{x})&=f(\boldsymbol{x}^{(2)}+\lambda\boldsymbol{d}^{(2)})\\&=(\lambda-1)-(\lambda+1)+2(\lambda-1)^2+2(\lambda-1)(\lambda+1)+(\lambda+1)^2\\&=5\lambda^2-2\lambda-1\\&=\varphi_2(\lambda)\end{aligned}$$

令

$$\varphi_2'(\lambda)=10\lambda-2=0$$

可得

$$\lambda_2=\frac{1}{5}$$

$$\boldsymbol{x}^{(3)}=\boldsymbol{x}^{(2)}+\lambda_2\boldsymbol{d}^{(2)}=\begin{bmatrix}-1\\1\end{bmatrix}+\frac{1}{5}\begin{bmatrix}1\\1\end{bmatrix}=\begin{bmatrix}-0.8\\1.2\end{bmatrix}$$

$$\nabla f(\boldsymbol{x}^{(3)})=\begin{bmatrix}0.2\\-0.2\end{bmatrix}$$

此时所达到的精度

$$\|\nabla f(\boldsymbol{x}^{(3)})\| \approx 0.2828$$

本题的最优解 $\boldsymbol{x}^* = \begin{bmatrix} -1 \\ 1.5 \end{bmatrix}$，$f(\boldsymbol{x}^*) = -1.25$，限于篇幅，这里不再继续迭代。

以上介绍了最速下降法。从局部看，最速下降方向确是函数值下降最快的方向，选择这样的方向进行搜索是有利的。但从全局看，它的收敛速度是比较慢的。因此，最速下降法适用于寻优过程的前期迭代或作为间插步骤，当接近极小点时，宜选用别种收敛快的算法。最速下降法是一种最基本的算法，它在最优化方法中占有重要地位。

9.4 牛顿法

本节介绍的是多变量函数寻优的牛顿法，它是单变量函数寻优的牛顿法的推广。

一、基本原理

1. 把 $f(x)$ 在点 $x^{(k)}$ 展开成泰勒级数，并取二阶近似

设 $f(\boldsymbol{x})$ 是二次可微实函数，$\boldsymbol{x} \in E^n$，又设 $\boldsymbol{x}^{(k)}$ 是 $f(\boldsymbol{x})$ 的极小点的一个估计，根据泰勒级数有

$$\begin{aligned}\varphi(\boldsymbol{x}) &= f(\boldsymbol{x}^{(k)}) + \nabla f(\boldsymbol{x}^{(k)})^{\mathrm{T}} \cdot (\boldsymbol{x} - \boldsymbol{x}^{(k)}) + \frac{1}{2}(\boldsymbol{x} - \boldsymbol{x}^{(k)})^{\mathrm{T}} \cdot \boldsymbol{H}(\boldsymbol{x}^{(k)}) \cdot (\boldsymbol{x} - \boldsymbol{x}^{(k)}) \\ &\approx f(\boldsymbol{x})\end{aligned}$$

其中 $\nabla f(\boldsymbol{x}^{(k)})$ 是 $f(\boldsymbol{x})$ 在 $\boldsymbol{x}^{(k)}$ 点的梯度；$\boldsymbol{H}(\boldsymbol{x}^{(k)})$ 即 $\nabla^2 f(\boldsymbol{x}^{(k)})$，它是 $f(\boldsymbol{x})$ 在 $\boldsymbol{x}^{(k)}$ 点的海赛矩阵。

2. 求 $\varphi(x)$ 的近似极小点 $x^{(k+1)}$

令

$$\nabla \varphi(\boldsymbol{x}) = \boldsymbol{0}$$

即

$$\nabla f(\boldsymbol{x}^{(k)}) + \boldsymbol{H}(\boldsymbol{x}^{(k)})(\boldsymbol{x} - \boldsymbol{x}^{(k)}) = \boldsymbol{0}$$

设 $\boldsymbol{H}(\boldsymbol{x}^{(k)})$ 可逆，则得到牛顿法的迭代公式

$$\boldsymbol{x}^{(k+1)} = \boldsymbol{x}^{(k)} - (\boldsymbol{H}(\boldsymbol{x}^{(k)}))^{-1} \nabla f(\boldsymbol{x}^{(k)})$$

其中 $(\boldsymbol{H}(\boldsymbol{x}^{(k)}))^{-1}$ 是海赛矩阵 $\boldsymbol{H}(\boldsymbol{x}^{(k)})$ 的逆矩阵。

上述迭代公式是牛顿法的纯形式，即原始牛顿法，其在 $\boldsymbol{x}^{(k)}$ 点的搜索方向(即牛顿方向)是 $-(\boldsymbol{H}(\boldsymbol{x}^{(k)}))^{-1}\nabla f(\boldsymbol{x}^{(k)})$，步长是 1。

二、对牛顿法的修正

1. 修正纯形式的必要性

按上述纯形式迭代时，若初始点在极值点附近，保证收敛且收敛很快，但在初始点远离极值点时，可能不收敛。为了保证牛顿法的全局收敛性，有必要对牛顿法的纯形式加以修正。

2. 增加了沿牛顿方向的一维寻优，以确定最优步长 λ_k

修正后的牛顿法即阻尼牛顿法的迭代公式为

$$x^{(k+1)} = x^{(k)} + \lambda_k d^{(k)}$$

其中 $d^{(k)} = -(H(x^{(k)}))^{-1} \cdot \nabla f(x^{(k)})$，即纯形式中的搜索方向(牛顿方向)，$\lambda_k$ 是一维搜索得到的最优步长，它满足

$$f(x^{(k)} + \lambda_k d^{(k)}) = \min_{\lambda} f(x^{(k)} + \lambda d^{(k)})$$

可以证明，阻尼牛顿法在适当的条件下具有全局收敛性。

3. 阻尼牛顿法的算法步骤

阻尼牛顿法的算法步骤与最速下降法完全类似，只是有利的搜索方向换成牛顿方向。

三、计算举例

例 9.4 仍用 9.3 节的例 9.3。

用阻尼牛顿法求解下列问题：

$$\min f(x) = x_1 - x_2 + 2x_1^2 + 2x_1x_2 + x_2^2$$

给定初始点
$$x^{(1)} = (0,0)^T$$

解 目标函数 $f(x)$ 的梯度和海赛矩阵如下

$$\nabla f(x) = \begin{bmatrix} 1 + 4x_1 + 2x_2 \\ -1 + 2x_1 + 2x_2 \end{bmatrix}$$

$$H(x) = \begin{bmatrix} 4 & 2 \\ 2 & 2 \end{bmatrix}$$

在点 $x^{(1)}$ 处，目标函数的梯度和海赛矩阵是

$$\nabla f(x^{(1)}) = \begin{bmatrix} 1 \\ -1 \end{bmatrix}, \quad H(x^{(1)}) = \begin{bmatrix} 4 & 2 \\ 2 & 2 \end{bmatrix}$$

牛顿方向

$$\begin{aligned} d^{(1)} &= -(H(x^{(1)}))^{-1} \cdot \nabla f(x^{(1)}) \\ &= -\begin{bmatrix} 4 & 2 \\ 2 & 2 \end{bmatrix}^{-1} \cdot \begin{bmatrix} 1 \\ -1 \end{bmatrix} \\ &= -\begin{bmatrix} \frac{1}{2} & -\frac{1}{2} \\ -\frac{1}{2} & 1 \end{bmatrix} \cdot \begin{bmatrix} 1 \\ -1 \end{bmatrix} = \begin{bmatrix} -1 \\ \frac{3}{2} \end{bmatrix} \end{aligned}$$

从 $x^{(1)}$ 出发，沿 $d^{(1)}$ 作一维搜索，令步长变量为 λ，最优步长为 λ_1，则有

$$x^{(1)} + \lambda d^{(1)} = \begin{bmatrix} 0 \\ 0 \end{bmatrix} + \lambda \begin{bmatrix} -1 \\ \frac{3}{2} \end{bmatrix} = \begin{bmatrix} -\lambda \\ \frac{3}{2}\lambda \end{bmatrix}$$

即

$$x_1 = -\lambda$$

$$x_2 = \frac{3}{2}\lambda$$

故

$$f(x^{(1)} + \lambda d^{(1)}) = -\lambda - \frac{3}{2}\lambda + 2\lambda^2 - 3\lambda^2 + \frac{9}{4}\lambda^2$$

$$=\frac{5}{4}\lambda^2-\frac{5}{2}\lambda$$

令

$$f'(\boldsymbol{x}^{(1)}+\lambda\boldsymbol{d}^{(1)})=\frac{5}{2}\lambda-\frac{5}{2}=0$$

则有

$$\lambda_1=1$$

故

$$\boldsymbol{x}^{(2)}=\boldsymbol{x}^{(1)}+\lambda_1\boldsymbol{d}^{(1)}=\begin{bmatrix}0\\0\end{bmatrix}+\begin{bmatrix}-1\\ \frac{3}{2}\end{bmatrix}=\begin{bmatrix}-1\\ \frac{3}{2}\end{bmatrix}$$

上述 $\boldsymbol{x}^{(2)}$ 即极小点。

对于二次凸函数，应用牛顿法求解时，经一次迭代即达极小点。

牛顿法的明显优点是在极小点附近收敛很好，但它需要计算目标函数海赛阵的逆阵，这往往很困难甚至不可能。在假定目标函数二次可微的条件下，要保证牛顿法收敛，还必须满足目标函数海赛阵的逆阵正定。

在目标函数的极小点附近，牛顿法收敛很快，而在远离极小点时，最速下降法是优良的，因此，最速下降法与牛顿法的适当组合，会比两种方法单独使用都好。

9.5 共轭梯度法

无约束最优化方法的核心问题是选择搜索方向。在这一节，我们讨论基于共轭方向的一种算法：Fletcher-Reeves 共轭梯度法，简称 FR 法。

下面先介绍有关的基本概念和基本定理。

一、基本概念和基本定理

1. 正交

设 $\boldsymbol{x}$ 和 $\boldsymbol{y}$ 是 n 维欧氏空间 E^n 中的两个向量，若有 $\boldsymbol{x}^{\mathrm{T}}\boldsymbol{y}=0$，就称 $\boldsymbol{x}$ 和 $\boldsymbol{y}$ 正交。

2. 共轭方向

设 $\boldsymbol{A}$ 是 $n\times n$ 对称正定矩阵，若 n 维欧氏空间 E^n 中的两个向量 $\boldsymbol{x}$ 和 $\boldsymbol{y}$ 满足

$$\boldsymbol{x}^{\mathrm{T}}\boldsymbol{A}\boldsymbol{y}=0$$

即 $\boldsymbol{x}$ 和 $\boldsymbol{A}\boldsymbol{y}$ 正交，则称向量 $\boldsymbol{x}$ 和 $\boldsymbol{y}$ 关于 $\boldsymbol{A}$ 共轭，或称它们关于 $\boldsymbol{A}$ 正交。

一般而言，设 $\boldsymbol{A}$ 为 $n\times n$ 对称正定矩阵，若 n 维欧氏空间 E^n 中的非零向量组 $\boldsymbol{d}^{(1)},\boldsymbol{d}^{(2)},\cdots,\boldsymbol{d}^{(k)}$，它们两两关于 $\boldsymbol{A}$ 共轭，即满足

$$(\boldsymbol{d}^{(i)})^{\mathrm{T}}\boldsymbol{A}\boldsymbol{d}^{(j)}=0\quad(i\neq j;\quad i=1,2,\cdots,k;\quad j=1,2,\cdots,k)$$

则称这个向量组关于 $\boldsymbol{A}$ 共轭，或称它们为 $\boldsymbol{A}$ 的 k 个共轭方向。

很显然，如果 $\boldsymbol{A}$ 为单位矩阵，则两个方向关于 $\boldsymbol{A}$ 共轭等价于这两个方向正交，因此共轭是正交概念的推广。

定理 9.1：设 $\boldsymbol{A}$ 是 $n\times n$ 对称正定矩阵，$\boldsymbol{d}^{(1)},\boldsymbol{d}^{(2)},\cdots,\boldsymbol{d}^{(k)}$ 是 $\boldsymbol{A}$ 共轭的非零向量组，则这组向量线性无关。

证明：设存在数 $\alpha_1,\alpha_2,\cdots,\alpha_k$，使得

$$\alpha_1\boldsymbol{d}^{(1)}+\alpha_2\boldsymbol{d}^{(2)}+\cdots+\alpha_k\boldsymbol{d}^{(k)}=0\tag{9.5.1}$$

对于 $i=1,2,\cdots,k$，用 $(\boldsymbol{d}^{(i)})^{\mathrm{T}}\boldsymbol{A}$ 左乘式(9.5.1)两端，根据向量组关于 A 共轭的假设，左乘后等式左侧仅剩一项，即有

$$\alpha_i(\boldsymbol{d}^{(i)})^{\mathrm{T}}\boldsymbol{A}\boldsymbol{d}^{(i)}=0$$

由于 $\boldsymbol{A}$ 是正定矩阵，$\boldsymbol{d}^{(i)}$ 是非零向量，故

$$(\boldsymbol{d}^{(i)})^{\mathrm{T}}\boldsymbol{A}\boldsymbol{d}^{(i)}>0$$

因此有

$$\alpha_i=0\quad(i=1,2,\cdots,k)$$

即 $\boldsymbol{d}^{(1)},\boldsymbol{d}^{(2)},\cdots,\boldsymbol{d}^{(k)}$ 线性无关。

由于上述原因，共轭方向有时也简单说成是线性无关方向。

定理 9.2：设有二次函数

$$f(\boldsymbol{x})=\frac{1}{2}\boldsymbol{x}^{\mathrm{T}}\boldsymbol{A}\boldsymbol{x}+\boldsymbol{b}^{T}\boldsymbol{x}+c$$

其中 $\boldsymbol{A}$ 是 $n\times n$ 对称正定矩阵，$\boldsymbol{d}^{(1)},\boldsymbol{d}^{(2)},\cdots,\boldsymbol{d}^{(k)},\cdots,\boldsymbol{d}^{(n)}$ 为 $\boldsymbol{A}$ 共轭的非零向量，则从任一点 $\boldsymbol{x}^{(1)}$ 出发，相继以 $\boldsymbol{d}^{(1)},\boldsymbol{d}^{(2)},\cdots,\boldsymbol{d}^{(k)},\cdots,\boldsymbol{d}^{(n)}$ 为搜索方向的下述算法

$$f(\boldsymbol{x}^{(k)}+\lambda_k\boldsymbol{d}^{(k)})=\min_{\lambda}f(\boldsymbol{x}^{(k)}+\lambda\boldsymbol{d}^{(k)})$$

$$\boldsymbol{x}^{(k+1)}=\boldsymbol{x}^{(k)}+\lambda_k\boldsymbol{d}^{(k)}$$

经 n 次一维搜索收敛于 $f(\boldsymbol{x})$ 的极小点。

定理 9.2 表明，对于正定二次函数，若沿一组共轭方向(非零向量)搜索，经有限步迭代必达到极小点。这是一种极好的性质，称为二次终止性。定理 9.2 的证明，详见参考文献[5]。

根据泰勒级数展开式的近似可知，一般函数在极小点附近的性态近似于二次函数，因此，一个算法若对于二次函数比较有效，则可望对一般函数(至少在极小点附近)也有较好的效果。下面我们重点研究二次函数的极小化问题，它在整个最优化问题中占有重要地位。

二、正定二次函数的共轭梯度法

1. 基本原理

正定二次函数的共轭梯度法的主要依据是定理 9.2。

给定正定二次函数的极小化问题：

$$\min f(\boldsymbol{x})=\frac{1}{2}\boldsymbol{x}^{\mathrm{T}}\boldsymbol{A}\boldsymbol{x}+\boldsymbol{b}^{\mathrm{T}}\boldsymbol{x}+c$$

其中，$\boldsymbol{A}$ 是 $n\times n$ 对称正定矩阵($\boldsymbol{A}$ 即为 $f(\boldsymbol{x})$ 的海赛矩阵)，$\boldsymbol{x}$ 是 n 维列向量，$\boldsymbol{b}$ 是 n 维常向量，c 是常数。

求解上述问题时，首先任意给定一个初始点 $\boldsymbol{x}^{(1)}$，选择 $f(\boldsymbol{x})$ 在 $\boldsymbol{x}^{(1)}$ 点的负梯度方向 $-\boldsymbol{g}_1$ 为第一个搜索方向 $\boldsymbol{d}^{(1)}$，并在 $\boldsymbol{d}^{(1)}$ 方向上进行一维寻优，以确定最优步长 λ_1，进而得到 $\boldsymbol{x}^{(2)}$ 点

$$\boldsymbol{x}^{(2)}=\boldsymbol{x}^{(1)}+\lambda_1\boldsymbol{d}^{(1)}$$

因此，共轭梯度法搜索的第一步与最速下降法相同。

那么，共轭梯度法的第二步，第三步……如何选择搜索方向，才能保证各搜索方向是 $\boldsymbol{A}$ 共轭的呢？

假设经过若干次迭代已经求出当前点 $\boldsymbol{x}^{(k+1)}$，我们采用当前点的负梯度方向 $-\boldsymbol{g}_{k+1}$ 和上一点 $\boldsymbol{x}^{(k)}$ 的搜索方向 $\boldsymbol{d}^{(k)}$ 的线性组合作为当前点的搜索方向 $\boldsymbol{d}^{(k+1)}$，即

$$\boldsymbol{d}^{(k+1)}=-\boldsymbol{g}_{k+1}+\beta_k\boldsymbol{d}^{(k)}\tag{9.5.2}$$

其中，β_k 是线性组合系数。

为了保证 $\boldsymbol{d}^{(k+1)}$ 与 $\boldsymbol{d}^{(k)}$ 关于 $\boldsymbol{A}$ 共轭，必须合理选择 β_k 的大小。β_k 究竟如何选择呢？将式(9.5.2)两端左乘 $(\boldsymbol{d}^{(k)})^{\mathrm{T}}\boldsymbol{A}$，有

$$(\boldsymbol{d}^{(k)})^{\mathrm{T}}\boldsymbol{A}\boldsymbol{d}^{(k+1)} = -(\boldsymbol{d}^{(k)})^{\mathrm{T}}\boldsymbol{A}\boldsymbol{g}_{k+1} + \beta_k(\boldsymbol{d}^{(k)})^{\mathrm{T}}\boldsymbol{A}\boldsymbol{d}^{(k)} \tag{9.5.3}$$

令

$$(\boldsymbol{d}^{(k)})^{\mathrm{T}}\boldsymbol{A}\boldsymbol{d}^{(k+1)} = 0$$

即 $\boldsymbol{d}^{(k+1)}$ 与 $\boldsymbol{d}^{(k)}$ 关于 $\boldsymbol{A}$ 共轭。再根据式(9.5.3)，可以求出系数 β_k。因为

$$-(\boldsymbol{d}^{(k)})^{\mathrm{T}}\boldsymbol{A}\boldsymbol{g}_{k+1} + \beta_k(\boldsymbol{d}^{(k)})^{\mathrm{T}}\boldsymbol{A}\boldsymbol{d}^{(k)} = 0$$

故有

$$\beta_k = \frac{(\boldsymbol{d}^{(k)})^{\mathrm{T}}\boldsymbol{A}\boldsymbol{g}_{k+1}}{(\boldsymbol{d}^{(k)})^{\mathrm{T}}\boldsymbol{A}\boldsymbol{d}^{(k)}}$$

对于正定二次函数，FR 法中的 β_k 还具有如式(9.5.4)的形式，它不需要作矩阵运算即可求出 β_k。

定理 9.3：对于正定二次函数，Fletcher-Reeves 共轭梯度法中因子 β_k 具有下列表达式

$$\beta_k = \frac{\|\boldsymbol{g}_{k+1}\|^2}{\|\boldsymbol{g}_k\|^2} \quad (k \geqslant 1, \boldsymbol{g}_k \neq \boldsymbol{0}) \tag{9.5.4}$$

在这里，初始搜索方向选择为负梯度方向十分重要。在初始搜索方向选择为负梯度方向的前提下，按上述原理进行迭代，就能伴随计算点的增加，构造出一组 $\boldsymbol{A}$ 共轭的搜索方向，因而上述方法具有二次终止性。如果选择别的方向作为初始搜索方向，其余方向仍按上述共轭梯度法构造，那么极小化正定二次函数时，这样构造出来的一组方向并不能保证共轭性。

下面，我们再来推导搜索方向上最优步长 λ_k 的计算公式。

对于正定二次函数

$$f(\boldsymbol{x}) = \frac{1}{2}\boldsymbol{x}^{\mathrm{T}}\boldsymbol{A}\boldsymbol{x} + \boldsymbol{b}^{\mathrm{T}}\boldsymbol{x} + c$$

有

$$\nabla f(\boldsymbol{x}) = \boldsymbol{A}\boldsymbol{x} + \boldsymbol{b}$$

又根据 7.4 节中介绍的定理 7.11，这里有

$$\nabla f(\boldsymbol{x}^{(k+1)})^{\mathrm{T}}\boldsymbol{d}^{(k)} = 0$$

故

$$(\boldsymbol{A}\boldsymbol{x}^{(k+1)} + \boldsymbol{b})^{\mathrm{T}}\boldsymbol{d}^{(k)} = 0$$

因为

$$\boldsymbol{x}^{(k+1)} = \boldsymbol{x}^{(k)} + \lambda_k\boldsymbol{d}^{(k)}$$

故

$$[\boldsymbol{A}(\boldsymbol{x}^{(k)} + \lambda_k\boldsymbol{d}^{(k)}) + \boldsymbol{b}]^{\mathrm{T}}\boldsymbol{d}^{(k)} = 0$$

$$[(\boldsymbol{A}\boldsymbol{x}^{(k)} + \boldsymbol{b}) + \lambda_k\boldsymbol{A}\boldsymbol{d}^{(k)}]^{\mathrm{T}}\boldsymbol{d}^{(k)} = 0$$

$$[\boldsymbol{g}_k + \lambda_k\boldsymbol{A}\boldsymbol{d}^{(k)}]^{\mathrm{T}}\boldsymbol{d}^{(k)} = 0$$

即得

$$\lambda_k = -\frac{(\boldsymbol{g}_k)^{\mathrm{T}}\boldsymbol{d}^{(k)}}{(\boldsymbol{d}^{(k)})^{\mathrm{T}}\boldsymbol{A}\boldsymbol{d}^{(k)}} = \frac{(\boldsymbol{g}_k)^{\mathrm{T}}\boldsymbol{g}_k}{(\boldsymbol{d}^{(k)})^{\mathrm{T}}\boldsymbol{A}\boldsymbol{d}^{(k)}} \tag{9.5.5}$$

有关式(9.5.4)与式(9.5.5)的证明,详见参考文献[5]。

2. 算法步骤

对于正定二次 n 维函数,共轭梯度法的计算步骤如下:

(1) 给定初始点 $\boldsymbol{x}^{(1)}$,允许误差 $\varepsilon>0$,置 $k=1$。

(2) 判断精度。

计算 $\boldsymbol{g}_k=\nabla f(\boldsymbol{x}^{(k)})$,若 $\|\boldsymbol{g}_k\|<\varepsilon$,则停止迭代,得近似极小点 $\boldsymbol{x}^*=\boldsymbol{x}^{(k)}$;否则,转下一步。

(3) 构造搜索方向。

令

$$\boldsymbol{d}^{(k)}=-\boldsymbol{g}_k+\beta_{k-1}\boldsymbol{d}^{(k-1)}$$

其中,当 $k=1$ 时,$\beta_0=0$;当 $k>1$ 时,β_{k-1} 的计算式见式(9.5.4)。

(4) 令新点 $\boldsymbol{x}^{(k+1)}=\boldsymbol{x}^{(k)}+\lambda_k\boldsymbol{d}^{(k)}$,其中最优步长 λ_k 的计算式见式(9.5.5)。

(5) 若 $k=n$,则停止迭代,得近似极小点

$$\boldsymbol{x}^*=\boldsymbol{x}^{(k+1)}$$

否则,令 $k=k+1$,返回步骤(2)。

三、一般函数的共轭梯度法

1. 与正定二次函数共轭梯度法的主要差别

前面介绍了用于正定二次函数的共轭梯度法,现在把这种方法加以推广,用于极小化任意 n 维函数。推广后的共轭梯度法与原来方法的主要差别是:步长 λ_k 不能再用式(9.5.5)计算,可以用其他一维搜索方法来确定;凡用到矩阵 $\boldsymbol{A}$ 之处,需改用当前点处的海赛矩阵 $\boldsymbol{H}(\boldsymbol{x}^{(k)})$。另外,对任意函数而言,一般不能在有限步内到达最优解,迭代的延续可以采取两种不同的做法:一种是直接延续,即总是用式(9.5.2)构造搜索方向;另一种是把 n 步作为一轮,每搜索完一轮之后,取一次最速下降方向来开始下一轮。这后一种做法也称为传统的共轭梯度法。

2. 算法步骤

传统的FR共轭梯度法的算法步骤如下:

(1) 给定初始点 $\boldsymbol{x}^{(1)}$,允许误差 $\varepsilon>0$。

令

$$\boldsymbol{y}^{(1)}=\boldsymbol{x}^{(1)}$$

选择

$$\boldsymbol{d}^{(1)}=-\nabla f(\boldsymbol{x}^{(1)})$$

置

$$i=k=1$$

(2) 判断精度。

若 $\|\nabla f(\boldsymbol{x}^{(k)})\|<\varepsilon$,则停止迭代,得近似极小点 $\boldsymbol{x}^*=\boldsymbol{x}^{(k)}$;否则,作一维寻优,令步长变量为 λ,求最优步长 λ_k

$$f(\boldsymbol{x}^{(k)}+\lambda_k\boldsymbol{d}^{(k)})=\min_{\lambda}(\boldsymbol{x}^{(k)}+\lambda\boldsymbol{d}^{(k)})$$

得

$$\boldsymbol{x}^{(k+1)}=\boldsymbol{x}^{(k)}+\lambda_k\boldsymbol{d}^{(k)}$$

(3) 若 $k<n$,则进行步骤(4); 否则,进行步骤(5)。

(4) 构造搜索方向。

令

$$d^{(k+1)}=-\nabla f(x^{(k+1)})+\beta_k d^{(k)}$$

其中

$$\beta_k=\frac{\| \nabla f(x^{(k+1)}) \|^2}{\| \nabla f(x^{(k)}) \|^2}$$

$$k=k+1$$

返回步骤(2)。

(5)"重新开始"。

令

$$\begin{aligned} y^{(i+1)} &= x^{(n+1)} \\ x^{(1)} &= y^{(i+1)} \\ d^{(1)} &= -\nabla f(x^{(1)}) \\ k &= 1 \\ i &= i+1 \end{aligned}$$

返回步骤(2)。

共轭梯度法对正定二次函数,具有二次终止性。对于一般函数,共轭梯度法在一定条件下也是收敛的,且收敛速率通常优于最速下降法。共轭梯度法不用求矩阵的逆阵,在使用计算机求解时,所需存储量比较小。因此,求解变量多的大规模问题可用共轭梯度法。

四、计算举例

例 9.5 仍用 9.3 节的例 9.3。

用 FR 法求解下列问题

$$\min f(x)=x_1-x_2+2x_1^2+2x_1x_2+x_2^2$$

给定初始点 $x^{(1)}=(0,0)^T$。

解 目标函数 $f(x)$的梯度

$$\nabla f(x)=\begin{bmatrix} 1+4x_1+2x_2 \\ -1+2x_1+2x_2 \end{bmatrix}$$

因为共轭梯度法搜索的第一步与最速下降法相同,故直接引用 9.3 节例 9.3 的第一步迭代结果如下

$$g_1=\nabla f(x^{(1)})=\begin{bmatrix} 1 \\ -1 \end{bmatrix}$$

$$d^{(1)}=\begin{bmatrix} -1 \\ 1 \end{bmatrix}$$

$$x^{(2)}=\begin{bmatrix} -1 \\ 1 \end{bmatrix}$$

下面计算 g_2 与 $d^{(2)}$。

$f(x)$在点 $x^{(2)}$处的梯度

$$g_2=\nabla f(x^{(2)})=\begin{bmatrix} -1 \\ -1 \end{bmatrix}$$

构造搜索方向 $\boldsymbol{d}^{(2)}$。先根据式(9.5.4)计算 β_1,有

$$\beta_1 = \frac{\|\boldsymbol{g}_2\|^2}{\|\boldsymbol{g}_1\|^2} = 1$$

再根据式(9.5.2)计算 $\boldsymbol{d}^{(2)}$,有

$$\boldsymbol{d}^{(2)} = -\boldsymbol{g}_2 + \beta_1 \boldsymbol{d}^{(1)} = -\begin{bmatrix}-1\\-1\end{bmatrix} + \begin{bmatrix}-1\\1\end{bmatrix} = \begin{bmatrix}0\\2\end{bmatrix}$$

从 $\boldsymbol{x}^{(2)}$ 出发,沿 $\boldsymbol{d}^{(2)}$ 方向作一维寻优,求出最优步长 λ_2,或根据式(9.5.5)计算 λ_2,这里采用后者。先求目标函数式中的矩阵 $\boldsymbol{A}$,因为

$$\begin{aligned} f(\boldsymbol{x}) &= x_1 - x_2 + 2x_1^2 + 2x_1x_2 + x_2^2 \\ &= \frac{1}{2}(4x_1^2 + 4x_1x_2 + 2x_2^2) + x_1 - x_2 \\ &= \frac{1}{2}\begin{bmatrix}x_1\\x_2\end{bmatrix}^{\mathrm{T}}\begin{bmatrix}4 & 2\\2 & 2\end{bmatrix}\begin{bmatrix}x_1\\x_2\end{bmatrix} + \begin{bmatrix}1\\-1\end{bmatrix}^{\mathrm{T}}\begin{bmatrix}x_1\\x_2\end{bmatrix} + 0 \\ &= \frac{1}{2}\boldsymbol{x}^{\mathrm{T}}\boldsymbol{A}\boldsymbol{x} + \boldsymbol{b}^{\mathrm{T}}\boldsymbol{x} + c \end{aligned}$$

所以

$$\boldsymbol{A} = \begin{bmatrix}4 & 2\\2 & 2\end{bmatrix}$$

再求最优步长 λ_2

$$\lambda_2 = -\frac{(\boldsymbol{g}_2)^{\mathrm{T}}\boldsymbol{d}^{(2)}}{(\boldsymbol{d}^{(2)})^{\mathrm{T}}\boldsymbol{A}\boldsymbol{d}^{(2)}} = -\frac{\begin{bmatrix}-1\\-1\end{bmatrix}^{\mathrm{T}}\begin{bmatrix}0\\2\end{bmatrix}}{\begin{bmatrix}0\\2\end{bmatrix}^{\mathrm{T}}\begin{bmatrix}4 & 2\\2 & 2\end{bmatrix}\begin{bmatrix}0\\2\end{bmatrix}} = \frac{1}{4}$$

故

$$\boldsymbol{x}^{(3)} = \boldsymbol{x}^{(2)} + \lambda_2\boldsymbol{d}^{(2)} = \begin{bmatrix}-1\\1\end{bmatrix} + \frac{1}{4}\begin{bmatrix}0\\2\end{bmatrix} = \begin{bmatrix}-1\\ \frac{3}{2}\end{bmatrix}$$

因为 $\boldsymbol{g}_3 = \begin{bmatrix}0\\0\end{bmatrix}$,故 $\boldsymbol{x}^{(3)}$ 是极小点。

此例验证了共轭梯度法的二次终止性。

9.6 变尺度法

一、拟牛顿条件

前面介绍过牛顿法,它的显著特点是收敛很快。但是,运用牛顿法需要计算二阶导数矩阵并求逆,而且目标函数的海赛矩阵可能非正定。为了克服牛顿法的缺点,人们提出了拟牛顿法。它的基本思想是只用一阶导数的数据就能近似牛顿法中的海赛矩阵的逆矩阵。因为构造近似矩阵的方法不同,所以出现不同的拟牛顿法。现在,拟牛顿法已经成为一类公认的很有效的算法。

下面分析怎样构造近似矩阵并用它取代牛顿法中的海赛矩阵的逆矩阵。

前面已经给出牛顿法的迭代公式，即

$$\boldsymbol{x}^{(k+1)} = \boldsymbol{x}^{(k)} + \lambda_k \boldsymbol{d}^{(k)}$$
$$\boldsymbol{d}^{(k)} = -(\boldsymbol{H}(\boldsymbol{x}^{(k)}))^{-1} \nabla f(\boldsymbol{x}^{(k)}) = -(\nabla^2 f(\boldsymbol{x}^{(k)}))^{-1} \nabla f(\boldsymbol{x}^{(k)})$$

其中，$\boldsymbol{d}^{(k)}$是点$\boldsymbol{x}^{(k)}$处的牛顿方向，λ_k是从$\boldsymbol{x}^{(k)}$出发沿牛顿方向搜索的最优步长。

为构造$(\boldsymbol{H}(\boldsymbol{x}^{(k)}))^{-1}$的近似矩阵$\boldsymbol{H}_k$，先分析$(\boldsymbol{H}(\boldsymbol{x}^{(k)}))^{-1}$与一阶导数的关系。

设在第k次迭代后，得到点$\boldsymbol{x}^{(k+1)}$，我们将目标函数$f(\boldsymbol{x})$在点$\boldsymbol{x}^{(k+1)}$展开成泰勒级数，并取二阶近似，得到

$$f(\boldsymbol{x}) \approx f(\boldsymbol{x}^{(k+1)}) + \nabla f(\boldsymbol{x}^{(k+1)})^{\mathrm{T}}(\boldsymbol{x} - \boldsymbol{x}^{(k+1)}) + \frac{1}{2}(\boldsymbol{x} - \boldsymbol{x}^{(k+1)})^{\mathrm{T}} \nabla^2 f(\boldsymbol{x}^{(k+1)})(\boldsymbol{x} - \boldsymbol{x}^{(k+1)})$$

由此可知，在$\boldsymbol{x}^{(k+1)}$附近有

$$\nabla f(\boldsymbol{x}) \approx \nabla f(\boldsymbol{x}^{(k+1)}) + \nabla^2 f(\boldsymbol{x}^{(k+1)})(\boldsymbol{x} - \boldsymbol{x}^{(k+1)})$$

令

$$\boldsymbol{x} = \boldsymbol{x}^{(k)}$$

则

$$\nabla f(\boldsymbol{x}^{(k)}) \approx \nabla f(\boldsymbol{x}^{(k+1)}) + \nabla^2 f(\boldsymbol{x}^{(k+1)})(\boldsymbol{x}^{(k)} - \boldsymbol{x}^{(k+1)})$$

记

$$\boldsymbol{p}^{(k)} = \boldsymbol{x}^{(k+1)} - \boldsymbol{x}^{(k)}$$
$$\boldsymbol{q}^{(k)} = \nabla f(\boldsymbol{x}^{(k+1)}) - \nabla f(\boldsymbol{x}^{(k)})$$

则有

$$\boldsymbol{q}^{(k)} \approx \nabla^2 f(\boldsymbol{x}^{(k+1)}) \boldsymbol{p}^{(k)}$$

又设海赛矩阵$\nabla^2 f(\boldsymbol{x}^{(k+1)})$可逆，则

$$\boldsymbol{p}^{(k)} \approx (\nabla^2 f(\boldsymbol{x}^{(k+1)}))^{-1} \boldsymbol{q}^{(k)} \tag{9.6.1}$$

这样，计算出$\boldsymbol{p}^{(k)}$和$\boldsymbol{q}^{(k)}$后，可以根据式(9.6.1)估计在$\boldsymbol{x}^{(k+1)}$处的海赛矩阵的逆阵。为了用不包含二阶导数的矩阵$\boldsymbol{H}_{k+1}$取代牛顿法中的海赛矩阵$\nabla^2 f(\boldsymbol{x}^{(k+1)})$的逆阵，有理由令$\boldsymbol{H}_{k+1}$满足

$$\boldsymbol{p}^{(k)} = \boldsymbol{H}_{k+1} \boldsymbol{q}^{(k)} \tag{9.6.2}$$

式(9.6.2)称为拟牛顿条件。怎样确定满足这个条件的矩阵$\boldsymbol{H}_{k+1}$呢？

当$(\nabla^2 f(\boldsymbol{x}^{(k+1)}))^{-1}$是$n$阶对称正定矩阵时，满足拟牛顿条件的矩阵$\boldsymbol{H}_{k+1}$也应是$n$阶对称正定矩阵。构造这样的近似矩阵的一般策略是，任意给定一个n阶对称正定矩阵为初始矩阵$\boldsymbol{H}_1$(通常选择$\boldsymbol{H}_1$为n阶单位矩阵$\boldsymbol{I}_n$)，然后根据式(9.6.3)不断迭代，通过校正$\boldsymbol{H}_k$给出$\boldsymbol{H}_{k+1}$

$$\boldsymbol{H}_{k+1} = \boldsymbol{H}_k + \Delta \boldsymbol{H}_k \tag{9.6.3}$$

其中，$\Delta \boldsymbol{H}_k$称为校正矩阵，$\boldsymbol{H}_{k+1}$称为尺度矩阵。

二、算法步骤

这里介绍的变尺度法即著名的 DFP 方法，它是由 Davidon 首先提出，后来又被 Fletcher 和 Powell 改进的算法。在这种方法中，定义校正矩阵为

$$\Delta \boldsymbol{H}_k = \frac{\boldsymbol{p}^{(k)}(\boldsymbol{p}^{(k)})^{\mathrm{T}}}{(\boldsymbol{p}^{(k)})^{\mathrm{T}}\boldsymbol{q}^{(k)}} - \frac{\boldsymbol{H}_k\boldsymbol{q}^{(k)}(\boldsymbol{q}^{(k)})^{\mathrm{T}}\boldsymbol{H}_k}{(\boldsymbol{q}^{(k)})^{\mathrm{T}}\boldsymbol{H}_k\boldsymbol{q}^{(k)}}$$

根据式(9.6.3)有

$$\boldsymbol{H}_{k+1} = \boldsymbol{H}_k + \frac{\boldsymbol{p}^{(k)}(\boldsymbol{p}^{(k)})^{\mathrm{T}}}{(\boldsymbol{p}^{(k)})^{\mathrm{T}}\boldsymbol{q}^{(k)}} - \frac{\boldsymbol{H}_k\boldsymbol{q}^{(k)}(\boldsymbol{q}^{(k)})^{\mathrm{T}}\boldsymbol{H}_k}{(\boldsymbol{q}^{(k)})^{\mathrm{T}}\boldsymbol{H}_k\boldsymbol{q}^{(k)}} \tag{9.6.4}$$

将式(9.6.4)两端右乘 $\boldsymbol{q}^{(k)}$,经整理得到

$$\boldsymbol{H}_{k+1}\boldsymbol{q}^{(k)} = \boldsymbol{p}^{(k)}$$

故 $\boldsymbol{H}_{k+1}$满足拟牛顿条件,因而变尺度法是拟牛顿法的一种。式(9.6.4)称为 DFP 公式。

DFP 方法的计算步骤如下:

(1) 给定初始点 $\boldsymbol{x}^{(1)} \in E^n$,允许误差 $\varepsilon > 0$。

(2) 计算 $\boldsymbol{x}^{(1)}$点的梯度 $\boldsymbol{g}_1$,并令 $\boldsymbol{H}_1 = \boldsymbol{I}_n$(单位矩阵),$k=1$。

$$\boldsymbol{g}_1 = \nabla f(\boldsymbol{x}^{(1)})$$

(3) 计算 $\boldsymbol{d}^{(k)} = -\boldsymbol{H}_k\boldsymbol{g}_k$。

(4) 从 $\boldsymbol{x}^{(k)}$出发,沿 $\boldsymbol{d}^{(k)}$方向作一维搜索(步长变量为 λ),以求出最优步长 λ_k,进而得到新点 $\boldsymbol{x}^{(k+1)}$,并计算 $\boldsymbol{g}_{k+1}$。各计算式如下:

$$f(\boldsymbol{x}^{(k)} + \lambda_k\boldsymbol{d}^{(k)}) = \min_{\lambda \geqslant 0} f(\boldsymbol{x}^{(k)} + \lambda\boldsymbol{d}^{(k)})$$

$$\boldsymbol{x}^{(k+1)} = \boldsymbol{x}^{(k)} + \lambda_k\boldsymbol{d}^{(k)}$$

$$\boldsymbol{g}_{k+1} = \nabla f(\boldsymbol{x}^{(k+1)})$$

(5) 判断精度。

若 $\|\nabla f(\boldsymbol{x}^{(k+1)})\| < \varepsilon$,则停止迭代,得到近似极小点 $\boldsymbol{x}^* = \boldsymbol{x}^{(k+1)}$;否则,转步骤(6)。

(6) 若 $k=n$,则令 $\boldsymbol{x}^{(1)} = \boldsymbol{x}^{(k+1)}$,返回步骤(2);否则,转步骤(7)。

(7) 计算 $\boldsymbol{p}^{(k)} = \boldsymbol{x}^{(k+1)} - \boldsymbol{x}^{(k)}$,$\boldsymbol{q}^{(k)} = \boldsymbol{g}_{k+1} - \boldsymbol{g}_k$,利用式(9.6.4)计算 $\boldsymbol{H}_{k+1}$。令 $k=k+1$,返回步骤(3)。

三、计算举例

例 9.6 仍用 9.3 节的例 9.3。

用 DFP 方法解下列问题:

$$\min f(\boldsymbol{x}) = x_1 - x_2 + 2x_1^2 + 2x_1x_2 + x_2^2$$

给定初始点 $\boldsymbol{x}^{(1)} = (0,0)^{\mathrm{T}}$,初始矩阵 $\boldsymbol{H}_1 = \begin{bmatrix} 1 & 0 \\ 0 & 1 \end{bmatrix}$。

解 目标函数 $f(\boldsymbol{x})$的梯度

$$\nabla f(\boldsymbol{x}) = \begin{bmatrix} 1 + 4x_1 + 2x_2 \\ -1 + 2x_1 + 2x_2 \end{bmatrix}$$

因为 DFP 方法搜索的第一步与最速下降法相同,故直接引用 9.3 节例 9.3 的第一步迭代结果如下

$$\boldsymbol{g}_1 = \nabla f(\boldsymbol{x}^{(1)}) = \begin{bmatrix} 1 \\ -1 \end{bmatrix}$$

$$\boldsymbol{d}^{(1)} = \begin{bmatrix} -1 \\ 1 \end{bmatrix}$$

$$\lambda_1 = 1$$

$$\boldsymbol{x}^{(2)} = \begin{bmatrix} -1 \\ 1 \end{bmatrix}$$

得到 $\boldsymbol{x}^{(2)}$ 点之后,计算

$$\boldsymbol{g}_2 = \nabla f(\boldsymbol{x}^{(2)}) = \begin{bmatrix} -1 \\ -1 \end{bmatrix}$$

$$\boldsymbol{p}^{(1)} = \boldsymbol{x}^{(2)} - \boldsymbol{x}^{(1)} = \lambda_1 \boldsymbol{d}^{(1)} = \begin{bmatrix} -1 \\ 1 \end{bmatrix}$$

$$\boldsymbol{q}^{(1)} = \boldsymbol{g}_2 - \boldsymbol{g}_1 = \begin{bmatrix} -1 \\ -1 \end{bmatrix} - \begin{bmatrix} 1 \\ -1 \end{bmatrix} = \begin{bmatrix} -2 \\ 0 \end{bmatrix}$$

计算矩阵 $\boldsymbol{H}_2$

$$\boldsymbol{H}_2 = \boldsymbol{H}_1 + \frac{\boldsymbol{p}^{(1)}(\boldsymbol{p}^{(1)})^{\mathrm{T}}}{(\boldsymbol{p}^{(1)})^{\mathrm{T}}\boldsymbol{q}^{(1)}} - \frac{\boldsymbol{H}_1\boldsymbol{q}^{(1)}(\boldsymbol{q}^{(1)})^{\mathrm{T}}\boldsymbol{H}_1}{(\boldsymbol{q}^{(1)})^{\mathrm{T}}\boldsymbol{H}_1\boldsymbol{q}^{(1)}}$$

$$= \begin{bmatrix} 1 & 0 \\ 0 & 1 \end{bmatrix} + \frac{\begin{bmatrix} -1 \\ 1 \end{bmatrix}(-1,1)}{(-1,1)\begin{bmatrix} -2 \\ 0 \end{bmatrix}} - \frac{\begin{bmatrix} 1 & 0 \\ 0 & 1 \end{bmatrix}\begin{bmatrix} -2 \\ 0 \end{bmatrix}(-2,0)\begin{bmatrix} 1 & 0 \\ 0 & 1 \end{bmatrix}}{(-2,0)\begin{bmatrix} 1 & 0 \\ 0 & 1 \end{bmatrix}\begin{bmatrix} -2 \\ 0 \end{bmatrix}}$$

$$= \begin{bmatrix} 1 & 0 \\ 0 & 1 \end{bmatrix} + \frac{1}{2}\begin{bmatrix} 1 & -1 \\ -1 & 1 \end{bmatrix} - \frac{1}{4}\begin{bmatrix} 4 & 0 \\ 0 & 0 \end{bmatrix} = \begin{bmatrix} \frac{1}{2} & -\frac{1}{2} \\ -\frac{1}{2} & \frac{3}{2} \end{bmatrix}$$

计算 $\boldsymbol{d}^{(2)}$

$$\boldsymbol{d}^{(2)} = -\boldsymbol{H}_2\boldsymbol{g}_2 = -\begin{bmatrix} \frac{1}{2} & -\frac{1}{2} \\ -\frac{1}{2} & \frac{3}{2} \end{bmatrix}\begin{bmatrix} -1 \\ -1 \end{bmatrix} = \begin{bmatrix} 0 \\ 1 \end{bmatrix}$$

从 $\boldsymbol{x}^{(2)}$ 出发,沿 $\boldsymbol{d}^{(2)}$ 方向作一维搜索,设步长变量为 λ,最优步长为 λ_2,则有

$$f(\boldsymbol{x}^{(2)} + \lambda_2\boldsymbol{d}^{(2)}) = \min_{\lambda \geqslant 0} f(\boldsymbol{x}^{(2)} + \lambda\boldsymbol{d}^{(2)})$$

令

$$\varphi_2(\lambda) = f(\boldsymbol{x}^{(2)} + \lambda\boldsymbol{d}^{(2)})$$

因为

$$\boldsymbol{x}^{(2)} + \lambda\boldsymbol{d}^{(2)} = \begin{bmatrix} -1 \\ 1 \end{bmatrix} + \lambda\begin{bmatrix} 0 \\ 1 \end{bmatrix} = \begin{bmatrix} -1 \\ 1+\lambda \end{bmatrix}$$

故

$$\varphi_2(\lambda) = \lambda^2 - \lambda - 1$$

令

$$\varphi_2'(\lambda) = 2\lambda - 1 = 0$$

得

$$\lambda_2 = \frac{1}{2}$$

得新点 $\boldsymbol{x}^{(3)}$

$$\boldsymbol{x}^{(3)}=\boldsymbol{x}^{(2)}+\lambda_2\boldsymbol{d}^{(2)}=\begin{bmatrix}-1\\1\end{bmatrix}+\frac{1}{2}\begin{bmatrix}0\\1\end{bmatrix}=\begin{bmatrix}-1\\ \frac{3}{2}\end{bmatrix}$$

因为 $\boldsymbol{g}_3=(0,0)^{\mathrm{T}}$，故 $\boldsymbol{x}^{(3)}$ 是极小点。

此例经两次搜索即达到极小点，这不是偶然的。

可以证明，若梯度 $\boldsymbol{g}_i\neq\boldsymbol{0}(i=1,2,\cdots,n)$，则 DFP 方法构造的矩阵 $\boldsymbol{H}_i(i=1,2,\cdots,n)$ 为对称正定矩阵。还可以证明，对于正定二次函数，如果令 $\boldsymbol{H}_1$ 是 n 阶对称正定矩阵，则 DFP 方法中构造出来的搜索方向是一组 $\boldsymbol{A}$ 共轭方向，DFP 方法具有二次终止性。这种情况下，如果令 $\boldsymbol{H}_1$ 为单位矩阵，则 DFP 方法就与共轭梯度法一样了。有关上述结论的分析证明，详见参考文献[5]。

以上介绍的 DFP 变尺度法仅是拟牛顿法中的一种，拟牛顿法是无约束最优化方法中最有效的一类算法。它在迭代中仅需一阶导数，不必计算海赛矩阵及求逆，当 $\boldsymbol{H}_k$ 正定时，算法产生的方向均为下降方向，一般收敛较快。拟牛顿法确实集中了许多算法的长处，它的主要缺点是所需存储量较大。

第10章 约束条件下多变量函数的寻优方法

实际中的绝大多数问题,都是有约束条件的问题。求解约束极值问题要比求解无约束极值问题困难得多。对约束极小化问题来说,除了要使目标函数在每次迭代时有所下降之外,还要时刻注意解的可行性问题(某些算法除外),这就给寻优工作带来很大困难。求解带有约束条件的非线性规划问题的常见方法是:将约束问题化为无约束问题,将非线性规划问题化为线性规划问题,以及能将复杂问题变换为较简单问题的其他方法。

10.1 约束极值问题的最优性条件

约束条件下求极小值的非线性规划问题的数学模型如下

$$\left.\begin{aligned}&\min f(\boldsymbol{x})\\&h_i(\boldsymbol{x})=0\quad(i=1,2,\cdots,m)\\&g_j(\boldsymbol{x})\geqslant 0\quad(j=1,2,\cdots,l)\end{aligned}\right\}\tag{10.1.1}$$

一、基本概念

1. 起作用约束

设 $\boldsymbol{x}^{(1)}$ 是非线性规划问题(10.1.1)的一个可行点,它当然满足所有约束条件。现考虑某一不等式约束条件 $g_j(\boldsymbol{x})\geqslant 0$,$\boldsymbol{x}^{(1)}$ 满足它有两种可能:其一为 $g_j(\boldsymbol{x}^{(1)})>0$,这时,点 $\boldsymbol{x}^{(1)}$ 不是处于由这一约束条件形成的可行域边界上,因此当点不论沿什么方向稍微离开 $\boldsymbol{x}^{(1)}$ 时,都不会违背这一约束条件,这样的约束就称为 $\boldsymbol{x}^{(1)}$ 点的不起作用约束,它对 $\boldsymbol{x}^{(1)}$ 点的微小摄动不起限制作用;其二为 $g_j(\boldsymbol{x}^{(1)})=0$,这时 $\boldsymbol{x}^{(1)}$ 点处于该约束条件形成的可行域边界上,它对 $\boldsymbol{x}^{(1)}$ 点的摄动起到了某种限制作用,即当点沿某些方向稍微离开 $\boldsymbol{x}^{(1)}$ 时,仍能满足该约束条件;而当点沿另一些方向离开 $\boldsymbol{x}^{(1)}$ 时,不论步长多么小,都将违背该约束条件。这样的约束称为 $\boldsymbol{x}^{(1)}$ 点的起作用约束。显然,等式约束对所有可行点来说都是起作用约束。

2. 正则点

对于非线性规划问题(10.1.1),如果可行点 $\boldsymbol{x}^{(1)}$ 处,各起作用约束的梯度线性无关,则 $\boldsymbol{x}^{(1)}$ 是约束条件的一个正则点。

3. 可行方向

我们用 R 表示由问题式(10.1.1)的全部约束条件形成的可行域。设 $\boldsymbol{x}^{(1)}$ 是一个可行点,对于某个方向 $\boldsymbol{d}$ 来说,若存在实数 $\lambda_1>0$,使对于任意的 $\lambda(0<\lambda<\lambda_1)$ 均有

$$\boldsymbol{x}^{(1)}+\lambda\boldsymbol{d}\in R$$

则称方向 $\boldsymbol{d}$ 是点 $\boldsymbol{x}^{(1)}$ 处的一个可行方向。

令 J 为 $\boldsymbol{x}^{(1)}$ 点所有起作用约束的下标的集合,即

$$J=\{j \mid g_j(\boldsymbol{x}^{(1)})=0,\quad 1\leqslant j\leqslant l\}$$

若 $\boldsymbol{d}$ 是可行点 $\boldsymbol{x}^{(1)}$ 处的任一可行方向,则存在实数 $\lambda_1>0$,使对于任意的 $\lambda(0<\lambda<\lambda_1)$ 均有

$$(\boldsymbol{x}^{(1)}+\lambda\boldsymbol{d})\in R$$

即

$$g_j(\boldsymbol{x}^{(1)}+\lambda\boldsymbol{d})\geqslant 0$$

亦即

$$g_j(\boldsymbol{x}^{(1)}+\lambda\boldsymbol{d})\geqslant g_j(\boldsymbol{x}^{(1)})=0\quad(j\in J)$$

因此有

$$\left.\frac{\mathrm{d}g_j(\boldsymbol{x}^{(1)}+\lambda\boldsymbol{d})}{\mathrm{d}\lambda}\right|_{\lambda\to 0}=\nabla g_j(\boldsymbol{x}^{(1)})^{\mathrm{T}}\boldsymbol{d}\geqslant 0\quad(j\in J)$$

也就是说,如果 $\boldsymbol{d}$ 是可行点 $\boldsymbol{x}^{(1)}$ 处的可行方向,那么一定有 $\nabla g_j(\boldsymbol{x}^{(1)})^{\mathrm{T}}\boldsymbol{d}\geqslant 0(j\in J)$。

另一方面,若 $\boldsymbol{d}$ 是可行点 $\boldsymbol{x}^{(1)}$ 处的某一方向,由泰勒公式有

$$g_j(\boldsymbol{x}^{(1)}+\lambda\boldsymbol{d})=g_j(\boldsymbol{x}^{(1)})+\lambda\nabla g_j(\boldsymbol{x}^{(1)})^{\mathrm{T}}\boldsymbol{d}+O_1(\lambda)\tag{10.1.2}$$

先考虑 $\boldsymbol{x}^{(1)}$ 点的所有起作用约束:因为 $g_j(\boldsymbol{x}^{(1)})=0$,故当 $\lambda>0$ 足够小时,由式(10.1.2)可知,只要

$$\nabla g_j(\boldsymbol{x}^{(1)})^{\mathrm{T}}\boldsymbol{d}>0\quad(j\in J)\tag{10.1.3}$$

就有

$$g_j(\boldsymbol{x}^{(1)}+\lambda\boldsymbol{d})\geqslant 0\quad(j\in J)$$

即 $(\boldsymbol{x}^{(1)}+\lambda\boldsymbol{d})\in R$,$\boldsymbol{d}$ 是可行方向。

再考虑 $\boldsymbol{x}^{(1)}$ 点的不起作用约束:因为 $g_j(\boldsymbol{x}^{(1)})>0$,故当 $\lambda>0$ 足够小时,即在 $\boldsymbol{d}$ 方向上点稍稍离开 $\boldsymbol{x}^{(1)}$ 时,根据函数 $g_j(\boldsymbol{x})$ 的连续性,必然有

$$g_j(\boldsymbol{x}^{(1)}+\lambda\boldsymbol{d})\geqslant 0\quad(j\,\overline{\in}\,J)$$

即 $(\boldsymbol{x}^{(1)}+\lambda\boldsymbol{d})\in R$,$\boldsymbol{d}$ 是可行方向。

综上所述,只要方向 $\boldsymbol{d}$ 满足式(10.1.3),即可保证它是点 $\boldsymbol{x}^{(1)}$ 的可行方向。可行方向与该点处各起作用约束的梯度方向的夹角为锐角。

4. 下降方向

考虑非线性规划问题(10.1.1)的某一可行点 $\boldsymbol{x}^{(1)}$,对该点的任一方向 $\boldsymbol{d}$ 来说,若存在实数 $\lambda_1>0$,使对任意 $\lambda(0<\lambda<\lambda_1)$ 均有

$$f(\boldsymbol{x}^{(1)}+\lambda\boldsymbol{d})<f(\boldsymbol{x}^{(1)})$$

就称方向 $\boldsymbol{d}$ 为 $\boldsymbol{x}^{(1)}$ 点的一个下降方向。

若 $\boldsymbol{d}$ 是可行点 $\boldsymbol{x}^{(1)}$ 处的某一方向,由泰勒公式有

$$f(\boldsymbol{x}^{(1)}+\lambda\boldsymbol{d})=f(\boldsymbol{x}^{(1)})+\lambda\nabla f(\boldsymbol{x}^{(1)})^{\mathrm{T}}\boldsymbol{d}+O_2(\lambda)\tag{10.1.4}$$

由式(10.1.4)可知，当 λ 足够小时，只要

$$\nabla f(\boldsymbol{x}^{(1)})^{\mathrm{T}}\boldsymbol{d}<0 \tag{10.1.5}$$

就有 $f(\boldsymbol{x}^{(1)}+\lambda\boldsymbol{d})<f(\boldsymbol{x}^{(1)})$，也就是说，只要方向 $\boldsymbol{d}$ 满足式(10.1.5)，即可保证它为 $\boldsymbol{x}^{(1)}$ 点的下降方向。在 $\boldsymbol{x}^{(1)}$ 点，下降方向与该点处目标函数的负梯度方向的夹角为锐角。

5. 可行下降方向

如果方向 $\boldsymbol{d}$ 同时满足式(10.1.3)和式(10.1.5)，也就是说，方向 $\boldsymbol{d}$ 既是 $\boldsymbol{x}^{(1)}$ 点的可行方向，又是 $\boldsymbol{x}^{(1)}$ 点的下降方向，就称它是该点的可行下降方向。

假如 $\boldsymbol{x}^{(1)}$ 点不是极小点，继续寻优时的搜索方向就应从该点的可行下降方向中去找。显然，若某点存在可行下降方向，它就不会是极小点；若某点为极小点，则在该点不存在可行下降方向。

可行下降方向的几何意义十分明显。点 $\boldsymbol{x}^{(1)}$ 处的可行下降方向 $\boldsymbol{d}$ 与该点处目标函数的负梯度方向的夹角为锐角，与该点处各起作用约束的梯度方向的夹角也为锐角。

二、库恩-塔克条件

库恩-塔克(Kuhn-Tucker)条件是非线性规划领域中最重要的理论成果之一，是确定某点为最优点的一阶必要条件。只要是最优点(且为正则点)就必定满足这个条件；但一般来说它并不是充分条件，因而满足这个条件的点不一定是最优点。但对于凸规划，库恩-塔克条件既是最优点存在的必要条件，同时也是充分条件。

1. 一阶必要条件定理

定理 10.1：对非线性规划问题(10.1.1)而言，若 $\boldsymbol{x}^*$ 是局部(或全局)极小点且为上述约束条件的正则点，则一定存在向量 $\boldsymbol{\lambda}^*=(\lambda_1^*,\lambda_2^*,\cdots,\lambda_m^*)^{\mathrm{T}}$ 及 $\boldsymbol{\gamma}^*=(\gamma_1^*,\gamma_2^*,\cdots,\gamma_l^*)^{\mathrm{T}}$，使得下述条件成立

$$\nabla f(\boldsymbol{x}^*)-\sum_{i=1}^{m}\lambda_i^*\ \nabla h_i(\boldsymbol{x}^*)-\sum_{j=1}^{l}\gamma_j^*\ \nabla g_j(\boldsymbol{x}^*)=0 \tag{10.1.6}$$

$$\gamma_j^* g_j(\boldsymbol{x}^*)=0\quad(j=1,2,\cdots,l) \tag{10.1.7}$$

$$\gamma_j^*\geqslant 0\quad(j=1,2,\cdots,l) \tag{10.1.8}$$

在上述库恩-塔克条件中，$\boldsymbol{x}^*$ 是 n 维变量，$\boldsymbol{\lambda}^*$ 是 m 维变量，$\boldsymbol{\gamma}^*$ 是 l 维变量，共计$(n+m+l)$个未知数；而式(10.1.6)中包含 n 个方程，式(10.1.7)中包含 l 个方程，又有 m 个等式约束方程，共计$(n+m+l)$个方程；因此一般可以求出极小点。由式(10.1.7)可知，当不等式约束 $g_j(\boldsymbol{x})\geqslant 0$ 在 $\boldsymbol{x}^*$ 处为不起作用约束时，γ_j^* 必为零。

习惯上常称函数 $\left[f(\boldsymbol{x})-\sum_{i=1}^{m}\lambda_i h_i(\boldsymbol{x})-\sum_{j=1}^{l}\gamma_j g_j(\boldsymbol{x})\right]$ 为问题(10.1.1)的广义拉格朗日函数，称乘子 $\lambda_1^*,\lambda_2^*,\cdots,\lambda_m^*$ 和 $\gamma_1^*,\gamma_2^*,\cdots,\gamma_l^*$ 为广义拉格朗日乘子。

2. 求满足库恩-塔克条件的点

满足库恩-塔克条件的点，称为库恩-塔克点(或 K-T 点)。下面，通过一个例题来介绍这部分内容。

例 10.1　求下列非线性规划问题的 K-T 点。

$$\min f(\boldsymbol{x})=2x_1^2+2x_1x_2+x_2^2-10x_1-10x_2$$

约束条件

$$g_1(\boldsymbol{x}) = 5 - x_1^2 - x_2^2 \geqslant 0$$
$$g_2(\boldsymbol{x}) = 6 - 3x_1 - x_2 \geqslant 0$$

解 设 K-T 点为 $\boldsymbol{x}^* = \begin{bmatrix} x_1 \\ x_2 \end{bmatrix}$,因为

$$\nabla f(\boldsymbol{x}^*) = \begin{bmatrix} 4x_1 + 2x_2 - 10 \\ 2x_1 + 2x_2 - 10 \end{bmatrix}$$

$$\nabla g_1(\boldsymbol{x}^*) = \begin{bmatrix} -2x_1 \\ -2x_2 \end{bmatrix}$$

$$\nabla g_2(\boldsymbol{x}^*) = \begin{bmatrix} -3 \\ -1 \end{bmatrix}$$

故根据 K-T 条件有

$$\begin{cases} 4x_1 + 2x_2 - 10 + 2\gamma_1 x_1 + 3\gamma_2 = 0 \\ 2x_1 + 2x_2 - 10 + 2\gamma_1 x_2 + \gamma_2 = 0 \\ \gamma_1(5 - x_1^2 - x_2^2) = 0 \\ \gamma_2(6 - 3x_1 - x_2) = 0 \\ \gamma_1 \geqslant 0 \\ \gamma_2 \geqslant 0 \end{cases}$$

联立求解上述方程组(若原问题含有等式约束,还要把各等式约束也作为方程加到联立方程组中),即可求出 γ_1、γ_2、x_1、x_2,得到满足 K-T 条件的点。

重要的问题是确定点 $\boldsymbol{x}^* = (x_1, x_2)^{\mathrm{T}}$ 处两个不等式约束中哪个是不起作用约束,以便得出相应的 $\gamma_j = 0$。下面分四种情况讨论。

(1) 假设两个约束全不起作用。

这时,$\gamma_1 = \gamma_2 = 0$,故有

$$\begin{cases} 4x_1 + 2x_2 - 10 = 0 \\ 2x_1 + 2x_2 - 10 = 0 \end{cases}$$

解出

$$\begin{cases} x_1 = 0 \\ x_2 = 5 \end{cases}$$

将上述解代入原问题约束中,它不是可行点。

(2) 假设第一个约束起作用,第二个约束不起作用。

这时,$\gamma_1 \geqslant 0$,$\gamma_2 = 0$,故有

$$\begin{cases} 4x_1 + 2x_2 - 10 + 2\gamma_1 x_1 = 0 \\ 2x_1 + 2x_2 - 10 + 2\gamma_1 x_2 = 0 \\ \gamma_1(5 - x_1^2 - x_2^2) = 0 \\ \gamma_1 \geqslant 0 \end{cases}$$

解出

$$\begin{cases} x_1 = 1 \\ x_2 = 2 \\ \gamma_1 = 1 \\ \gamma_2 = 0 \end{cases}$$

检验后可知，$\boldsymbol{x}=(1,2)^{\mathrm{T}}$ 是可行点且符合原假设，又是正则点，故它是一个 K-T 点。而由 $\gamma_1=\gamma_2=0$求出的解点，情况(1)中已检验过不是可行点。

(3) 假设第一个约束不起作用，第二个约束起作用。

这时，$\gamma_1=0,\gamma_2\geqslant0$，故有

$$\begin{cases} 4x_1+2x_2-10+3\gamma_2=0 \\ 2x_1+2x_2-10+\gamma_2=0 \\ \gamma_2(6-3x_1-x_2)=0 \\ \gamma_2\geqslant 0 \end{cases}$$

求解上述方程组可知，γ_2 有两组解：$\gamma_2=0$ 或 $\gamma_2=-\dfrac{2}{5}$。舍去 $\gamma_2=-\dfrac{2}{5}$，而由 $\gamma_1=\gamma_2=0$ 求出的解点，情况(1)中已检验过不是可行点。

(4) 假设两个约束均起作用。

这时，$\gamma_1\geqslant0,\gamma_2\geqslant0$，故有

$$\begin{cases} 4x_1+2x_2-10+2\gamma_1x_1+3\gamma_2=0 \\ 2x_1+2x_2-10+2\gamma_1x_2+\gamma_2=0 \\ 5-x_1^2-x_2^2=0 \\ 6-3x_1-x_2=0 \end{cases}$$

求解上述方程组，得到的解不满足 $\gamma_1\geqslant0$ 与 $\gamma_2\geqslant0$，故舍去。

综上所述，求出满足 K-T 条件的点是

$$\boldsymbol{x}^*=(1,2)^{\mathrm{T}}$$

三、凸规划的全局最优解定理

定理 10.2：对非线性规划问题式(10.1.1)而言，若 $f(\boldsymbol{x})$是凸函数，$g_j(\boldsymbol{x})(j=1,2,\cdots,l)$是凹函数，$h_i(\boldsymbol{x})(i=1,2,\cdots,m)$是线性函数，可行域为 R，$\boldsymbol{x}^*\in R$，且在 $\boldsymbol{x}^*$ 处有库恩-塔克条件式(10.1.6)～式(10.1.8)成立，则 $\boldsymbol{x}^*$ 是全局最优解。

显然，上述定理中的可行域 R 是凸集，又目标函数 $f(\boldsymbol{x})$是凸函数，故问题属于凸规划。由上述定理可知，对凸规划问题而言，库恩-塔克条件是局部极小点的一阶必要条件，同时也是充分条件，而且局部极小点就是全局极小点。

四、二阶充分条件

1. 二阶充分条件定理

定理 10.3：对非线性规划问题(10.1.1)而言，若 $f(\boldsymbol{x})$、$g_j(\boldsymbol{x})(j=1,2,\cdots,l)$、$h_i(\boldsymbol{x})(i=1,2,\cdots,m)$二次连续可微，$\boldsymbol{x}^*$ 是可行点，又存在向量$\boldsymbol{\lambda}^*=(\lambda_1^*,\lambda_2^*,\cdots,\lambda_m^*)^{\mathrm{T}}$ 和$\boldsymbol{\gamma}^*=(\gamma_1^*,\gamma_2^*,\cdots,\gamma_l^*)^{\mathrm{T}}$ 使库恩-塔克条件式(10.1.6)～式(10.1.8)成立，且对满足(10.1.9)～(10.1.11)三条件的任意非零向量 $\boldsymbol{z}$ 有式(10.1.12)成立，则 $\boldsymbol{x}^*$ 是问题(10.1.1)的严格局部极小点。

$$\begin{cases} \boldsymbol{z}^{\mathrm{T}} \cdot \nabla g_j(\boldsymbol{x}^*) = 0 & j \in J \text{ 且 } \gamma_j^* > 0 & (10.1.9) \\ \boldsymbol{z}^{\mathrm{T}} \cdot \nabla g_j(\boldsymbol{x}^*) \geqslant 0 & j \in J \text{ 且 } \gamma_j^* = 0 & (10.1.10) \\ \boldsymbol{z}^{\mathrm{T}} \cdot \nabla h_i(\boldsymbol{x}^*) = 0 & i = 1,2,\cdots,m & (10.1.11) \end{cases}$$

$$\boldsymbol{z}^{\mathrm{T}}\left[\boldsymbol{\nabla}^2 f(\boldsymbol{x}^*) - \sum_{i=1}^{m}\lambda_i^* \ \nabla^2 h_i(\boldsymbol{x}^*) - \sum_{j=1}^{l}\gamma_j^* \ \nabla^2 g_j(\boldsymbol{x}^*)\right]\boldsymbol{z} > 0 \qquad (10.1.12)$$

其中 J 是点 $\boldsymbol{x}^*$ 处起作用的不等式约束的下标 j 的集合。

显然，上述二阶充分条件中式(10.1.12)的

$$\left[\boldsymbol{\nabla}^2 f(\boldsymbol{x}^*) - \sum_{i=1}^{m}\lambda_i^* \ \nabla^2 h_i(\boldsymbol{x}^*) - \sum_{j=1}^{l}\gamma_j^* \ \nabla^2 g_j(\boldsymbol{x}^*)\right]$$

即广义拉格朗日函数在点 $\boldsymbol{x}^*$ 处的海赛矩阵。若令满足(10.1.9)～(10.1.11)三条件的非零向量 $\boldsymbol{z}$ 的集合为 M，则式(10.1.12)表明，广义拉格朗日函数在点 $\boldsymbol{x}^*$ 处的海赛矩阵对每个向量 $\boldsymbol{z}\in M$ 都是正定的。

定理10.1～定理10.3的证明，详见参考文献[5]。

2. 利用库恩-塔克条件和二阶充分条件求约束极小

(1) 第一种情况

如果能用其他方法(如几何作图或通过解约束方程组求出约束条件的交点等)先求出一个点 $\boldsymbol{x}^*$，这个点是约束极小的可能性很大，不妨先假设其为约束极小，再逐一求证之。

① 证明 $\boldsymbol{x}^*$ 是可行点。

② 证明 $\boldsymbol{x}^*$ 是正则点。

③ 把 $\boldsymbol{x}^*$ 代入库恩-塔克条件式(10.1.6)～式(10.1.8)中，应能求出符合条件的向量 $\boldsymbol{\lambda}^*$ 和 $\boldsymbol{\gamma}^*$。

④ 证明广义拉格朗日函数在点 $\boldsymbol{x}^*$ 处的海赛矩阵对每个向量 $\boldsymbol{z}\in M$ 都是正定的。

若能证明上述四点，则 $\boldsymbol{x}^*$ 是一个严格局部极小点。

(2) 第二种情况

若不能先求出一个可能极小点的具体值，就先求出满足库恩-塔克条件的点 $\boldsymbol{x}^*$，再证明上述④，则 $\boldsymbol{x}^*$ 是一个严格局部极小点。

3. 计算举例

例10.2　求解非线性规划问题

$$\begin{aligned} &\min f(\boldsymbol{x}) = x_1^2 + x_2 \\ &h(\boldsymbol{x}) = x_1^2 + x_2^2 - 9 = 0 \\ &g_1(\boldsymbol{x}) = -(x_1 + x_2^2) + 1 \geqslant 0 \\ &g_2(\boldsymbol{x}) = -(x_1 + x_2) - 1 \geqslant 0 \end{aligned}$$

解　先作图(见图10.1.1)求出问题的可行域——圆弧 BA 段，其中 A 点是 $h(\boldsymbol{x})=0$ 和 $g_1(\boldsymbol{x})=0$ 的一个交点，其坐标 $\boldsymbol{x}^*=(-2.37,-1.84)^{\mathrm{T}}$，再用虚线画出目标函数的等值线。

下面我们来研究 $\boldsymbol{x}^*$ 是否是极小点。

(1) 检查 $\boldsymbol{x}^*$ 是否是可行点。

把 $\boldsymbol{x}^*$ 代入所有约束条件，均满足，故 $\boldsymbol{x}^*$ 是可行点。

(2) 检查 $\boldsymbol{x}^*$ 是否是约束条件的正则点。

已知在点 $\boldsymbol{x}^*$，起作用约束为 $h(\boldsymbol{x})=0$ 和 $g_j(\boldsymbol{x})\geqslant 0$。令

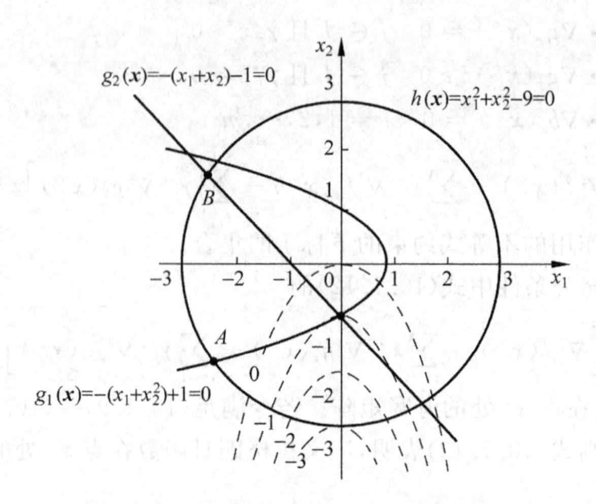

图 10.1.1　有约束的非线性规划问题

$$C_1\ \nabla h(\boldsymbol{x}^*)+C_2\ \nabla g_1(\boldsymbol{x}^*)=0$$

即

$$C_1\begin{bmatrix}2x_1^*\\2x_2^*\end{bmatrix}+C_2\begin{bmatrix}-1\\-2x_2^*\end{bmatrix}=\begin{bmatrix}0\\0\end{bmatrix}$$

显然，只有当 $C_1=C_2=0$ 时上式才能成立，故在点 $\boldsymbol{x}^*$ 处起作用约束的梯度线性无关，$\boldsymbol{x}^*$ 是约束条件的正则点。

(3) 求解符合库恩-塔克条件的向量$\boldsymbol{\lambda}^*$ 和$\boldsymbol{\gamma}^*$。

根据库恩 -塔克条件，列出：

$$\begin{cases}\begin{bmatrix}2x_1^*\\1\end{bmatrix}-\lambda^*\begin{bmatrix}2x_1^*\\2x_2^*\end{bmatrix}-\gamma_1^*\begin{bmatrix}-1\\-2x_2^*\end{bmatrix}-\gamma_2^*\begin{bmatrix}-1\\-1\end{bmatrix}=\begin{bmatrix}0\\0\end{bmatrix}\\ \gamma_1^*(1-x_1^*-(x_2^*)^2)=0\\ \gamma_2^*(-1-x_1^*-x_2^*)=0\\ \gamma_1^*\geqslant 0\quad \gamma_2^*\geqslant 0\end{cases}$$

求解上述方程组，可得

$$\gamma_2^*=0\quad \gamma_1^*=1.05\quad \lambda^*=0.778$$

故 $\boldsymbol{x}^*$ 点满足库恩-塔克条件。

(4) 检查广义拉格朗日函数在点 $\boldsymbol{x}^*$ 处的海赛矩阵对每个向量 $\boldsymbol{z}\in M$ 是否正定。

因为

$$\boldsymbol{\nabla}^2 f(\boldsymbol{x}^*)=\begin{bmatrix}2&0\\0&0\end{bmatrix},\quad \nabla^2 h(\boldsymbol{x}^*)=\begin{bmatrix}2&0\\0&2\end{bmatrix}$$

$$\nabla^2 g_1(\boldsymbol{x}^*)=\begin{bmatrix}0&0\\0&-2\end{bmatrix},\quad \nabla^2 g_2(\boldsymbol{x}^*)=\begin{bmatrix}0&0\\0&0\end{bmatrix}$$

故

$$(z_1,z_2)\left(\begin{bmatrix}2&0\\0&0\end{bmatrix}-\lambda^*\begin{bmatrix}2&0\\0&2\end{bmatrix}-\gamma_1^*\begin{bmatrix}0&0\\0&-2\end{bmatrix}\right)\begin{bmatrix}z_1\\z_2\end{bmatrix}$$

$$=(z_1,z_2)\left(\begin{bmatrix}2&0\\0&0\end{bmatrix}-0.778\begin{bmatrix}2&0\\0&2\end{bmatrix}-1.05\begin{bmatrix}0&0\\0&-2\end{bmatrix}\right)\begin{bmatrix}z_1\\z_2\end{bmatrix}$$

$$=(z_1,z_2)\begin{bmatrix}0.444&0\\0&0.544\end{bmatrix}\begin{bmatrix}z_1\\z_2\end{bmatrix}$$

$$=0.444z_1^2+0.544z_2^2$$

可见,不管 $\boldsymbol{z}=(z_1,z_2)^{\mathrm{T}}\neq 0$ 取什么实数值,上式均大于零,也就是说在点 $\boldsymbol{x}^*$ 处有式(10.1.12)成立。因此,$\boldsymbol{x}^*$ 确实为严格极小点,有 $\min f(\boldsymbol{x}^*)=3.7769$。

10.2 近似规划法

近似规划法(MAP),亦称小步梯度法,它是一种线性化方法。

考虑非线性规划问题

$$\left.\begin{array}{l}\min f(\boldsymbol{x})\\ h_i(\boldsymbol{x})=0 \quad (i=1,2,\cdots,m)\\ g_j(\boldsymbol{x})\geqslant 0 \quad (j=1,2,\cdots,l)\\ \boldsymbol{x}\in R\subset E^n\end{array}\right\} \tag{10.2.1}$$

其中 R 是可行域,E^n 是 n 维欧氏空间。$f(\boldsymbol{x})$、$h_i(\boldsymbol{x})(i=1,2,\cdots,m)$、$g_j(\boldsymbol{x})(j=1,2,\cdots,l)$均存在一阶连续偏导数。

近似规划法的基本思想是:将问题(10.2.1)中的目标函数 $f(\boldsymbol{x})$和约束函数 $h_i(\boldsymbol{x})$ $(i=1,2,\cdots,m)$、$g_j(\boldsymbol{x})(j=1,2,\cdots,l)$近似为线性函数,并对变量的取值范围加以限制,从而得到一近似线性规划,再用单纯形法求解之,把其符合原始约束的最优解作为问题(10.2.1)的解的近似。每得到一个近似解后,都从这点出发,重复以上步骤。这样,通过求解一系列线性规划,产生一个由线性规划最优解组成的序列,经验表明,这样的序列往往收敛于非线性规划问题的解。

一、基本原理和算法步骤

(1) 给定初始可行点 $\boldsymbol{x}^{(1)}$,初始步长限制 $\delta_j^{(1)}(j=1,2,\cdots,n)$,步长缩小系数 $\beta\in(0,1)$,允许误差 $\varepsilon_1,\varepsilon_2$,令 $k=1$。

(2) 在点 $\boldsymbol{x}^{(k)}$处,将 $f(\boldsymbol{x})$、$h_i(\boldsymbol{x})$、$g_j(\boldsymbol{x})$按泰勒级数展开并取一阶近似,得到近似线性规划问题

$$\min f(\boldsymbol{x})\approx f(\boldsymbol{x}^{(k)})+\nabla f(\boldsymbol{x}^{(k)})^{\mathrm{T}}(\boldsymbol{x}-\boldsymbol{x}^{(k)})$$

$$h_i(\boldsymbol{x})\approx h_i(\boldsymbol{x}^{(k)})+\nabla h_i(\boldsymbol{x}^{(k)})^{\mathrm{T}}(\boldsymbol{x}-\boldsymbol{x}^{(k)})=0 \quad (i=1,2,\cdots,m)$$

$$g_j(\boldsymbol{x})\approx g_j(\boldsymbol{x}^{(k)})+\nabla g_j(\boldsymbol{x}^{(k)})^{\mathrm{T}}(\boldsymbol{x}-\boldsymbol{x}^{(k)})\geqslant 0 \quad (j=1,2,\cdots,l)$$

(3) 在上述近似线性规划问题的基础上增加一组限制步长的线性约束条件后,求解之,得到最优解 $\boldsymbol{x}^{(k+1)}$。

因为线性近似通常只在展开点附近近似程度较高,故需要对变量的取值范围加以限制,所增加的约束条件是

$$|x_j-x_j^{(k)}|\leqslant\delta_j^{(k)} \quad (j=1,2,\cdots,n)$$

求解该线性规划问题,得到最优解 $\boldsymbol{x}^{(k+1)}$。

(4) 检验 $\boldsymbol{x}^{(k+1)}$ 点对原始约束是否可行。

若 $\boldsymbol{x}^{(k+1)}$ 对原始约束可行,则转步骤(5);否则,缩小步长限制,令 $\delta_j^{(k)}=\beta\delta_j^{(k)}$ $(j=1,2,\cdots,n)$,返回步骤(3),重解当前的线性规划问题。

(5) 判断精度。

若 $|f(\boldsymbol{x}^{(k+1)})-f(\boldsymbol{x}^{(k)})|<\varepsilon_1$,且满足 $\|\boldsymbol{x}^{(k+1)}-\boldsymbol{x}^{(k)}\|<\varepsilon_2$ 或者 $|\delta_j^{(k)}|<\varepsilon_2$ $(j=1,2,\cdots,n)$,则点 $\boldsymbol{x}^{(k+1)}$ 为近似最优解;否则,令 $\delta_j^{(k+1)}=\delta_j^{(k)}$ $(j=1,2,\cdots,n)$,置 $k=k+1$,返回步骤(2)。

用近似规划法求解非线性规划问题时,步长限制向量 $\boldsymbol{\delta}^{(k)}$ 的选择对算法的影响很大。如果 $\boldsymbol{\delta}^{(k)}$ 取值太小,则收敛很慢;如果 $\boldsymbol{\delta}^{(k)}$ 取值太大,则线性规划的最优解往往会越出原始可行域,这样,只得再减小 $\boldsymbol{\delta}^{(k)}$,重解当前的线性规划,因而增加计算量。$\boldsymbol{\delta}^{(k)}$ 大小的选择与初始点、函数的性态等有关,须视具体情况而定。

二、计算举例

例 10.3　用近似规划法求解下列问题:

$$\begin{aligned}&\min f(\boldsymbol{x})=-2x_1-x_2\\&g_1(\boldsymbol{x})=25-x_1^2-x_2^2\geqslant 0\\&g_2(\boldsymbol{x})=7-x_1^2+x_2^2\geqslant 0\\&5\geqslant x_1\geqslant 0\\&10\geqslant x_2\geqslant 0\end{aligned}$$

给定初始可行点 $\boldsymbol{x}^{(1)}=(3,2.5)^{\mathrm{T}}$,$\boldsymbol{\delta}^{(1)}=(2,1)^{\mathrm{T}}$,$\beta=0.5$。

解

$$f(\boldsymbol{x})=-2x_1-x_2$$

第一次迭代:在点 $\boldsymbol{x}^{(1)}$ 处将 $g_1(\boldsymbol{x})$ 和 $g_2(\boldsymbol{x})$ 线性化

$$\begin{aligned}g_1(\boldsymbol{x})&\approx g_1(\boldsymbol{x}^{(1)})+\nabla g_1(\boldsymbol{x}^{(1)})^{\mathrm{T}}(\boldsymbol{x}-\boldsymbol{x}^{(1)})\\&=9.75+\begin{bmatrix}-6\\-5\end{bmatrix}^{\mathrm{T}}\begin{bmatrix}x_1-3\\x_2-2.5\end{bmatrix}\\&=40.25-6x_1-5x_2\geqslant 0\end{aligned}$$

$$\begin{aligned}g_2(\boldsymbol{x})&\approx g_2(\boldsymbol{x}^{(1)})+\nabla g_2(\boldsymbol{x}^{(1)})^{\mathrm{T}}(\boldsymbol{x}-\boldsymbol{x}^{(1)})\\&=4.25+\begin{bmatrix}-6\\5\end{bmatrix}^{\mathrm{T}}\begin{bmatrix}x_1-3\\x_2-2.5\end{bmatrix}\\&=9.75-6x_1+5x_2\geqslant 0\end{aligned}$$

步长限制

$$|\boldsymbol{x}-\boldsymbol{x}^{(1)}|\leqslant\boldsymbol{\delta}^{(1)}$$

即

$$-2\leqslant x_1-3\leqslant 2$$

$$-1\leqslant x_2-2.5\leqslant 1$$

又有

$$0\leqslant x_1\leqslant 5$$

$$0 \leqslant x_2 \leqslant 10$$

因此,得到近似线性规划问题

$$\begin{aligned}
&\min f(\boldsymbol{x}) = -2x_1 - x_2 \\
&40.25 - 6x_1 - 5x_2 \geqslant 0 \\
&9.75 - 6x_1 + 5x_2 \geqslant 0 \\
&1 \leqslant x_1 \leqslant 5 \\
&1.5 \leqslant x_2 \leqslant 3.5
\end{aligned}$$

把上述问题化为线性规划标准型:令

$$\begin{aligned}
y_1 &= x_1 - 1 \\
y_2 &= x_2 - 1.5
\end{aligned}$$

得到

$$\begin{aligned}
&\min (-2y_1 - y_2 - 3.5) \\
&6y_1 + 5y_2 + y_3 = 26.75 \\
&6y_1 - 5y_2 + y_4 = 11.25 \\
&y_1 \leqslant 4 \\
&y_2 \leqslant 2 \\
&y_1 \geqslant 0 \\
&y_2 \geqslant 0
\end{aligned}$$

用单纯形法求解之,可得

$$\boldsymbol{x}^{(2)} = \begin{bmatrix} 4\dfrac{1}{6} \\ 3\dfrac{1}{20} \end{bmatrix}$$

经检验,$\boldsymbol{x}^{(2)}$不满足原始约束。

第二次迭代:取 $\beta=0.5$,减小步长限制为$\boldsymbol{\delta}^{(1)}=(1,0.5)^{\mathrm{T}}$,返回去修改上述近似线性规划中的步长限制约束,得新的近似线性规划问题为

$$\begin{aligned}
&\min f(\boldsymbol{x}) = -2x_1 - x_2 \\
&40.25 - 6x_1 - 5x_2 \geqslant 0 \\
&9.75 - 6x_1 + 5x_2 \geqslant 0 \\
&2 \leqslant x_1 \leqslant 4 \\
&2 \leqslant x_2 \leqslant 3
\end{aligned}$$

与第一次迭代相类似,先把上述问题化为线性规划标准型,再用单纯形法求解之,即可得

$$\boldsymbol{x}^{(2)} = \begin{bmatrix} 4 \\ 3 \end{bmatrix}$$

$$f(\boldsymbol{x}^{(2)}) = -11$$

经检验可知,此 $\boldsymbol{x}^{(2)}$ 点已是原问题的最小点。

本例还可以采用图解法来求解近似线性规划问题,见图 10.2.1。

图 10.2.1 中，直线①是 $40.25-6x_1-5x_2=0$，直线②是 $9.75-6x_1+5x_2=0$，直线①、②的交点为 $A\left(4\frac{1}{6},3\frac{1}{20}\right)$，虚线③是目标函数等值线 $f(\boldsymbol{x})=-5$。第一次迭代所得的近似线性规划问题的可行域为凸集 $ABCDE$，最优点为 A。第二次迭代所得的近似线性规划问题的可行域为凸集 $FGHIJ$，最优点为 F。本例题的最优点为 $F(4,3)$。

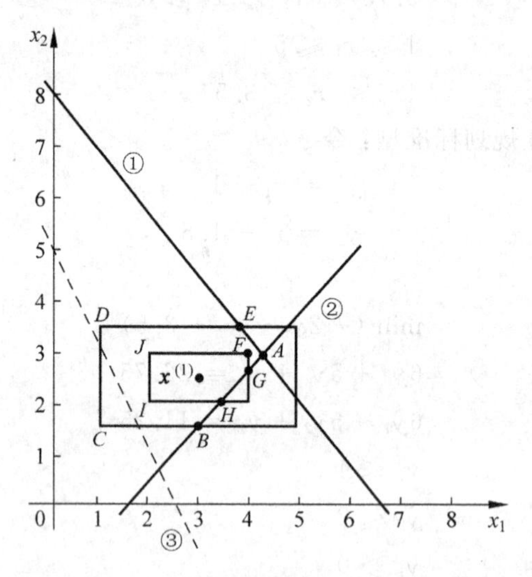

图 10.2.1　采用图解法求解近似线性规划

10.3 可行方向法

考虑非线性规划问题

$$
\begin{aligned}
&\min\ f(\boldsymbol{x})\\
&g_j(\boldsymbol{x})\geqslant 0 \quad (j=1,2,\cdots,l)\\
&\boldsymbol{x}\in R\subset \boldsymbol{E}^n
\end{aligned}
$$

设 $\boldsymbol{x}^{(k)}$ 是它的一个可行点，但不是要求的极小点，可行域为 R。为了求近似极小点，应在 $\boldsymbol{x}^{(k)}$ 点的可行下降方向中选取某一方向 $\boldsymbol{d}^{(k)}$，并确定该方向上的步长 λ_k，使

$$
\begin{cases}
\boldsymbol{x}^{(k+1)}=\boldsymbol{x}^{(k)}+\lambda_k\boldsymbol{d}^{(k)} \quad (\boldsymbol{x}^{(k+1)}\in R)\\
f(\boldsymbol{x}^{(k+1)})<f(\boldsymbol{x}^{(k)})
\end{cases}
$$

若满足精度要求，迭代停止，$\boldsymbol{x}^{(k+1)}$ 就是所要的点；否则，从 $\boldsymbol{x}^{(k+1)}$ 出发继续迭代，直到满足要求为止。上述方法称为可行方向法。显然，很多方法都可归入可行方向法一类，这类方法可以看作无约束下降迭代算法的自然推广。但通常说的可行方向法，指的是 Zoutendijk 在 1960 年提出的算法及其变形，下面便来介绍 Zoutendijk 的可行方向法。这是一种线性化方法。

一、基本原理和算法步骤

(1) 给定初始可行点 $\boldsymbol{x}^{(1)}\in R$，允许误差 $\varepsilon_1>0$、$\varepsilon_2>0$，并令 $k=1$。

(2) 确定在 $\boldsymbol{x}^{(k)}$ 点的起作用约束的下标的集合 J。

$$J=\{j \mid g_j(\boldsymbol{x}^{(k)})=0, 1 \leqslant j \leqslant l\}$$

① 若 $J=\varnothing$(空集),而且 $\|\nabla f(\boldsymbol{x}^{(k)})\|^2<\varepsilon_1$,则停止迭代,得到近似极小点 $\boldsymbol{x}^{(k)}$。

② 若 $J=\varnothing$,但 $\|\nabla f(\boldsymbol{x}^{(k)})\|^2 \geqslant \varepsilon_1$,则取搜索方向 $\boldsymbol{d}^{(k)}=-\nabla f(\boldsymbol{x}^{(k)})$,然后转步骤(5)。

这种情况即是 $\boldsymbol{x}^{(k)}$ 点在可行域 R 的内部,任一方向均是可行方向,类似于"无约束"情况。因此可按最速下降法找到下一个点 $\boldsymbol{x}^{(k+1)}$,但要保证 $\boldsymbol{x}^{(k+1)} \in R$,即步长不能太大,这毕竟与真正的"无约束"不同。这种情况下,可行方向法可以看做是无约束的最速下降法在有约束下的推广。

③ 若 $J \neq \varnothing$,转步骤(3)。

这种情况即是 $\boldsymbol{x}^{(k)}$ 点在可行域 R 的边界上,这时,关键的问题是要找到一个可行下降方向作为搜索方向。下面通过求解一个线性规划问题来得到搜索方向。

(3) 求解线性规划问题,得最优解$(\boldsymbol{d}^{(k)}, \eta_k)$。

设 $\boldsymbol{x}^{(k)}$ 点的起作用约束集非空,为求 $\boldsymbol{x}^{(k)}$ 点的可行下降方向,可由下述不等式组

$$\begin{cases}\nabla f(\boldsymbol{x}^{(k)})^{\mathrm{T}} \boldsymbol{d}<0 \\ \nabla g_j(\boldsymbol{x}^{(k)})^{\mathrm{T}} \boldsymbol{d}>0 \quad (j \in J)\end{cases}$$

确定向量 $\boldsymbol{d}$,这等价于由下面的不等式组

$$\begin{cases}\nabla f(\boldsymbol{x}^{(k)})^{\mathrm{T}} \boldsymbol{d} \leqslant \eta \\ -\nabla g_j(\boldsymbol{x}^{(k)})^{\mathrm{T}} \boldsymbol{d} \leqslant \eta \quad (j \in J) \\ \eta<0\end{cases}$$

求向量 $\boldsymbol{d}$ 和实数 η。因为满足上述不等式组的可行下降方向 $\boldsymbol{d}$ 和 η 一般有多个,故将问题转化为求解下面的线性规划问题,得最优解$(\boldsymbol{d}^{(k)}, \eta_k)$。

$$\left.\begin{array}{l}\min \eta \\ \nabla f(\boldsymbol{x}^{(k)})^{\mathrm{T}} \boldsymbol{d} \leqslant \eta \\ -\nabla g_j(\boldsymbol{x}^{(k)})^{\mathrm{T}} \boldsymbol{d} \leqslant \eta \quad (j \in J) \\ -1 \leqslant d_i \leqslant 1 \quad (i=1,2,\cdots,n)\end{array}\right\} \tag{10.3.1}$$

式中 $d_i(i=1,2,\cdots,n)$ 为向量 $\boldsymbol{d}$ 的分量。式(10.3.1)中的最后一个约束条件,是为了使该线性规划有有限最优解,它并不影响寻找向量 $\boldsymbol{d}$,因为我们只要知道 $\boldsymbol{d}$ 的各分量的相对大小即可。

(4) 判断精度。

若满足 $|\eta_k|<\varepsilon_2$,则停止迭代,得到库恩-塔克点 $\boldsymbol{x}^{(k)}$(假定 $\boldsymbol{x}^{(k)}$ 点是正则点);否则,以 $\boldsymbol{d}^{(k)}$ 为搜索方向,并转步骤(5)。

(5) 在搜索方向 $\boldsymbol{d}^{(k)}$ 上,确定可行的最优步长 λ_k。

λ_k 的选择要保证$(\boldsymbol{x}^{(k)}+\lambda_k \boldsymbol{d}^{(k)})$点的可行性,还要使目标函数值尽可能减小。即

$$f(\boldsymbol{x}^{(k)}+\lambda_k \boldsymbol{d}^{(k)})=\min_{0 \leqslant \lambda \leqslant \bar{\lambda}} f(\boldsymbol{x}^{(k)}+\lambda \boldsymbol{d}^{(k)})$$

其中 $\bar{\lambda}=\max\{\lambda \mid \boldsymbol{x}^{(k)}+\lambda \boldsymbol{d}^{(k)} \in R\}$,即 $\bar{\lambda}$ 是满足点的可行性的步长 λ 的上限。

(6) 令 $\boldsymbol{x}^{(k+1)}=\boldsymbol{x}^{(k)}+\lambda_k \boldsymbol{d}^{(k)}$, $k=k+1$,返回步骤(2)。

值得注意的是,Zoutendijk 可行方向法的迭代可能不收敛于 K-T 点,为此,Topkis-Veinott 对该方法进行了修正。

二、Topkis-Veinott 修正

Topkis 和 Veinott 对 Zoutendijk 可行方向法的修正仅仅在于将问题(10.3.1)改变为

$$\left.\begin{array}{ll}\min \eta & \\ \nabla f(\boldsymbol{x}^{(k)})^{\mathrm{T}}\boldsymbol{d} \leqslant \eta & \\ -g_j(\boldsymbol{x}^{(k)}) - \nabla g_j(\boldsymbol{x}^{(k)})^{\mathrm{T}}\boldsymbol{d} \leqslant \eta & (j=1,2,\cdots,l) \\ -1 \leqslant d_i \leqslant 1 & (i=1,2,\cdots,n)\end{array}\right\} \tag{10.3.2}$$

这样,在求解可行下降方向 $\boldsymbol{d}$ 时,起作用约束与不起作用约束均发挥作用,而且在靠近不起作用约束的边界时,方向不至于突然改变。显然,当 $j\in J$ 时,有 $g_j(\boldsymbol{x}^{(k)})=0$,问题(10.3.2)即变为问题(10.3.1)。经过上述修正后,可行方向法保证收敛于 K-T 点(详见参考文献[5])。

三、计算举例

例 10.4 用 Zoutendijk 可行方向法解下述非线性规划问题

$$\min f(\boldsymbol{x}) = -4x_1 - 4x_2 + x_1^2 + x_2^2$$
$$g_1(\boldsymbol{x}) = -x_1 - 2x_2 + 3 \geqslant 0$$

给定初始可行点 $\boldsymbol{x}^{(1)}=(0,0)^{\mathrm{T}}$。

解

$$f(\boldsymbol{x}^{(1)}) = 0$$

$$\nabla f(\boldsymbol{x}) = \begin{bmatrix} 2x_1-4 \\ 2x_2-4 \end{bmatrix}$$

$$\nabla f(\boldsymbol{x}^{(1)}) = \begin{bmatrix} -4 \\ -4 \end{bmatrix}$$

$$\nabla g_1(\boldsymbol{x}) = \begin{bmatrix} -1 \\ -2 \end{bmatrix}$$

因为 $g_1(\boldsymbol{x}^{(1)})=3>0$,故 $J=\varnothing$。又因为

$$\|\nabla f(\boldsymbol{x}^{(1)})\|^2 = (-4)^2 + (-4)^2 = 32$$

故 $\boldsymbol{x}^{(1)}$ 不是极小点。现取搜索方向

$$\boldsymbol{d}^{(1)} = -\nabla f(\boldsymbol{x}^{(1)}) = (4,4)^{\mathrm{T}}$$

假设

$$\boldsymbol{x}^{(2)} = \boldsymbol{x}^{(1)} + \lambda \boldsymbol{d}^{(1)} = \begin{bmatrix} 0 \\ 0 \end{bmatrix} + \lambda \begin{bmatrix} 4 \\ 4 \end{bmatrix} = \begin{bmatrix} 4\lambda \\ 4\lambda \end{bmatrix}$$

为保证 $\boldsymbol{x}^{(2)}$ 是可行点,应有 $g_1(\boldsymbol{x}^{(2)})\geqslant 0$,即

$$-4\lambda - 8\lambda + 3 \geqslant 0$$

$$\lambda \leqslant \frac{1}{4}$$

即满足约束条件的步长 λ 的上限 $\bar{\lambda}_1=\frac{1}{4}$。

将 $\boldsymbol{x}^{(2)}$ 代入目标函数,有

$$f(\boldsymbol{x}^{(2)}) = -16\lambda - 16\lambda + 16\lambda^2 + 16\lambda^2$$

令

$$\frac{\mathrm{d}f(\boldsymbol{x}^{(2)})}{\mathrm{d}\lambda} = 64\lambda - 32 = 0$$

可得

$$\lambda_1^* = \frac{1}{2}$$

因为$\lambda_1^* > \bar{\lambda}_1$，故舍去$\lambda_1^*$。求满足

$$\min_{0 \leqslant \lambda \leqslant \bar{\lambda}_1} f(\boldsymbol{x}^{(1)} + \lambda \boldsymbol{d}^{(1)})$$

的λ值，令其为可行的最优步长λ_1，有$\lambda_1 = \bar{\lambda}_1 = \frac{1}{4}$。故

$$\boldsymbol{x}^{(2)} = \boldsymbol{x}^{(1)} + \lambda_1 \boldsymbol{d}^{(1)} = \begin{bmatrix} 1 \\ 1 \end{bmatrix}$$

$$f(\boldsymbol{x}^{(2)}) = -6$$

$$\nabla f(\boldsymbol{x}^{(2)}) = \begin{bmatrix} -2 \\ -2 \end{bmatrix}$$

$$g_1(\boldsymbol{x}^{(2)}) = 0$$

现构成下述线性规划问题

$$\begin{aligned} &\min \eta \\ &-2d_1 - 2d_2 \leqslant \eta \\ &d_1 + 2d_2 \leqslant \eta \\ &-1 \leqslant d_1 \leqslant 1 \\ &-1 \leqslant d_2 \leqslant 1 \end{aligned}$$

为便于用单纯形法求解，令

$$\begin{aligned} y_1 &= d_1 + 1 \\ y_2 &= d_2 + 1 \\ y_3 &= -\eta \end{aligned}$$

从而得到

$$\begin{aligned} &\min(-y_3) \\ &2y_1 + 2y_2 - y_3 \geqslant 4 \\ &y_1 + 2y_2 + y_3 \leqslant 3 \\ &y_1 \leqslant 2 \\ &y_2 \leqslant 2 \\ &y_j \geqslant 0 \quad (j = 1,2,3) \end{aligned}$$

再将其化为线性规划标准型，得

$$\begin{aligned} &\min(-y_3 + My_8) \\ &2y_1 + 2y_2 - y_3 - y_4 + y_8 = 4 \\ &y_1 + 2y_2 + y_3 + y_5 = 3 \\ &y_1 + y_6 = 2 \end{aligned}$$

$$y_2 + y_7 = 2$$
$$y_j \geqslant 0 \quad (j = 1,2,\cdots,8)$$

用单纯形法求解之,可得最优结果为

$$y_1 = 2$$
$$y_2 = \frac{1}{4}$$
$$y_3 = \frac{1}{2}$$
$$y_7 = \frac{7}{4}$$
$$y_4 = y_5 = y_6 = y_8 = 0$$

故

$$\eta = -\frac{1}{2}$$

η 可用来判断精度。

搜索方向

$$\boldsymbol{d}^{(2)} = \begin{bmatrix} d_1 \\ d_2 \end{bmatrix} = \begin{bmatrix} y_1 - 1 \\ y_2 - 1 \end{bmatrix} = \begin{bmatrix} 1 \\ -\frac{3}{4} \end{bmatrix}$$

假设

$$\boldsymbol{x}^{(3)} = \boldsymbol{x}^{(2)} + \lambda \boldsymbol{d}^{(2)} = \begin{bmatrix} 1 + \lambda \\ 1 - \frac{3}{4}\lambda \end{bmatrix}$$

将 $\boldsymbol{x}^{(3)}$ 代入目标函数,有

$$f(\boldsymbol{x}^{(3)}) = \frac{25}{16}\lambda^2 - \frac{1}{2}\lambda - 6$$

令

$$\frac{\mathrm{d}f(\boldsymbol{x}^{(3)})}{\mathrm{d}\lambda} = \frac{25}{8}\lambda - \frac{1}{2} = 0$$

可得

$$\lambda_2^* = 0.16$$

现暂定可行的最优步长 $\lambda_2 = \lambda_2^*$,则有

$$\boldsymbol{x}^{(3)} = \boldsymbol{x}^{(2)} + \lambda_2 \boldsymbol{d}^{(2)} = \begin{bmatrix} 1.16 \\ 0.88 \end{bmatrix}$$

将 $\boldsymbol{x}^{(3)}$ 代入约束条件,有

$$g_1(\boldsymbol{x}^{(3)}) = 0.08 > 0$$

故 $\boldsymbol{x}^{(3)}$ 为可行点,即选取 $\lambda_2 = \lambda_2^* = 0.16$ 是正确的,有 $f(\boldsymbol{x}^{(3)}) = -6.04$。

如此继续迭代下去,一定可得最优解。限于篇幅,不再赘述。

10.4　罚函数法

罚函数法的基本思想是，通过构造罚函数把约束问题转化为一系列的无约束问题，进而用无约束最优化方法去求解，因此该方法也叫序列无约束最小化方法(SUMT)。需要注意的是，这一系列无约束问题是相互关联又相互区别的，而且每求解一个新的无约束问题时，其初始点都可以重新给定。因此，罚函数法与通常意义的迭代算法有所不同。下面分别介绍罚函数法中的外点法、内点法和混合法。

一、外点法

考虑非线性规划问题

$$\left.\begin{array}{ll} \min f(\boldsymbol{x}) & \\ h_i(\boldsymbol{x}) = 0 & (i = 1,2,\cdots,m) \\ g_j(\boldsymbol{x}) \geqslant 0 & (j = 1,2,\cdots,l) \\ \boldsymbol{x} \in R \subset E^n & \end{array}\right\} \tag{10.4.1}$$

其中，$f(\boldsymbol{x})$、$h_i(\boldsymbol{x})$和 $g_j(\boldsymbol{x})$是 E^n 上的连续函数，R 是可行域。

外点法可以用来求解凸规划或非凸规划的问题，它对于只含有等式约束、只含有不等式约束或同时含有等式约束和不等式约束的问题都适用。

1. 构造罚函数

罚函数由目标函数和约束函数组成，这样，就把原来的约束问题转化为求罚函数极小的无约束问题。

例如，对于等式约束问题

$$\begin{array}{l} \min f(\boldsymbol{x}) \\ h_i(\boldsymbol{x}) = 0 \quad (i = 1,2,\cdots,m) \end{array}$$

可以定义罚函数

$$p_1(\boldsymbol{x},M) = f(\boldsymbol{x}) + M\sum_{i=1}^{m}[h_i(\boldsymbol{x})]^2$$

其中，M 是很大的正数。通常称 M 为罚因子，称 $M\sum\limits_{i=1}^{m}[h_i(\boldsymbol{x})]^2$ 为罚项。

这里的罚函数只对不满足约束条件的点实行惩罚：当 $\boldsymbol{x}\in R$ 时，满足各 $h_i(\boldsymbol{x})=0$，故罚项$=0$，不受惩罚；当 $\boldsymbol{x}\overline{\in} R$ 时，必有 $h_i(\boldsymbol{x})\neq 0$，故罚项$>0$，对于极小化罚函数的问题而言，要受惩罚。

又如，对于不等式约束问题

$$\begin{array}{l} \min f(\boldsymbol{x}) \\ g_j(\boldsymbol{x}) \geqslant 0 \quad (j = 1,2,\cdots,l) \end{array}$$

可以定义罚函数

$$p_2(\boldsymbol{x},M) = f(\boldsymbol{x}) + M\sum_{j=1}^{l}[\min(0,g_j(\boldsymbol{x}))]^2$$

其中，M 是很大的正数。通常称 M 为罚因子，称 $M\sum\limits_{j=1}^{l}[\min(0,g_j(\boldsymbol{x}))]^2$ 为罚项。

这里的罚函数也是只对不满足约束条件的点实行惩罚。当 $x \in R$ 时,满足各 $g_j(x) \geqslant 0$,故罚项=0,不受惩罚;当 $x \overline{\in} R$ 时,必有 $g_j(x) < 0$,故罚项>0,对于极小化罚函数的问题而言,要受惩罚。

同理,对原问题(10.4.1),可以定义罚函数

$$p(x,M) = f(x) + M\left\{ \sum_{i=1}^{m} [h_i(x)]^2 + \sum_{j=1}^{l} [\min(0, g_j(x))]^2 \right\}$$

当然,罚函数不是唯一的,它还可以取其他多种多样的形式。

实际计算中,罚因子 M 的值选得过小、过大都不好。如果 M 的值选得过小,则罚函数的极小点远离原问题的极小点,计算效率很差。如果 M 的值选得过大,则给罚函数的极小化增加计算上的困难。因此,一般的方法是从某个值 M_1 开始,逐渐加大 M_k 的值,取一个趋向无穷大的严格递增正数列 $\{M_k\}$,对每个 M_k 值,求解罚函数的无约束极小点 $x^{(k)}$。随着 M_k 值的增加,罚函数中罚项所起的作用越来越大,即对点脱离可行域 R 的惩罚越来越重,这就迫使罚函数的极小点 $x^{(k)}$ 与可行域 R 的"距离"越来越近。当 M_k 趋于正无穷大时,点列 $\{x_k\}$ 就从可行域外部趋于原问题的极小点(假设该点列收敛)。"外点法"正因此而得名。

显然,外点法中,罚函数 $p(x,M_k)$ 是在整个 E^n 空间内进行优化,因此,初始点可以任意给定,这是外点法的一个特点,它给计算带来了方便。

2. 算法步骤

(1) 给定初始点 $x^{(0)}$,初始罚因子 $M_1 > 0$(例如取 $M_1 = 1$),放大系数 $C > 1$(例如取 $C=5$ 或 10),允许误差 $\varepsilon > 0$,令 $k=1$。

(2) 求解罚函数 $p(x,M_k)$ 的无约束极小。

可以 $x^{(k-1)}$ 为初始点,也可另外给定初始点,求解 $\min p(x,M_k)$,得其极小点 $x^{(k)}$。

(3) 判断精度。

在 $x^{(k)}$ 点,若罚项 $< \varepsilon$,则停止计算,得到原问题的近似极小点 $x^{(k)}$;否则,令 $M_{k+1} = CM_k$,$k=k+1$,返回步骤(2)。

3. 计算举例

例 10.5 试用外点法求解非线性规划

$$\min f(x) = (x_1 - 2)^2 + x_2^2$$
$$g(x) = x_2 - 1 \geqslant 0$$

解 构造罚函数

$$\begin{aligned} p(x,M_k) &= f(x) + M_k[\min(0, g(x))]^2 \\ &= (x_1-2)^2 + x_2^2 + M_k[\min(0, x_2-1)]^2 \\ &= \begin{cases} (x_1-2)^2 + x_2^2 & (\text{当 } x_2 \geqslant 1) \\ (x_1-2)^2 + x_2^2 + M_k(x_2-1)^2 & (\text{当 } x_2 < 1) \end{cases} \end{aligned}$$

本题可以用解析法求罚函数的无约束极小点。

因为

$$\frac{\partial p}{\partial x_1} = 2(x_1 - 2)$$

$$\frac{\partial p}{\partial x_2} = \begin{cases} 2x_2 & (\text{当 } x_2 \geqslant 1) \\ 2x_2 + 2M_k(x_2-1) & (\text{当 } x_2 < 1) \end{cases}$$

令

$$\frac{\partial p}{\partial x_1} = \frac{\partial p}{\partial x_2} = 0$$

即

$$2(x_1 - 2) = 0$$

$$\begin{cases} 2x_2 = 0 & (当\ x_2 \geqslant 1)\quad (舍去) \\ 2x_2 + 2M_k(x_2 - 1) = 0 & (当\ x_2 < 1) \end{cases}$$

故

$$\boldsymbol{x} = \begin{bmatrix} x_1 \\ x_2 \end{bmatrix} = \begin{bmatrix} 2 \\ \dfrac{M_k}{1 + M_k} \end{bmatrix}$$

将 M_k 取不同值时的计算结果列于表 10.4.1 中。

表 10.4.1 外点法

M_k	1	10	100	1000	10 000	$M_k \to \infty$
x_1	2	2	2	2	2	2
x_2	0.5	0.909	0.990	0.999	0.9999	1

从表 10.4.1 可知，在 M_k 从 $1\to\infty$ 逐渐增加的过程中，罚函数的一系列无约束极小点是从可行域外部趋向 $\boldsymbol{x}^*$ 的。本例题的最优结果是：

$$\boldsymbol{x}^* = \begin{bmatrix} 2 \\ 1 \end{bmatrix}$$

$$f(\boldsymbol{x}^*) = 1$$

二、内点法

考虑非线性规划问题

$$\min f(\boldsymbol{x})$$

$$g_j(\boldsymbol{x}) \geqslant 0 \quad (j = 1,2,\cdots,l)$$

$$R_1 = \{\boldsymbol{x} \mid g_j(\boldsymbol{x}) > 0, j = 1,2,\cdots,l\}$$

其中，$f(\boldsymbol{x})$和 $g_j(\boldsymbol{x})$都是连续函数，R_1 是可行域中所有严格内点(即不包括可行域边界上的点)的集合。

内点法和外点法不同，它要求整个求解过程始终在可行域内部进行。首先，初始点必须是严格内点；其次，内点法在可行域的边界上设置了一道“障碍”，以阻止搜索点到可行域的边界上去，迫使它始终留在可行域内部。内点法适用于只含有不等式约束的问题。

1. 构造障碍函数

类似于外点法中构造罚函数，在内点法中，我们构造障碍函数

$$p(\boldsymbol{x}, r_k) = f(\boldsymbol{x}) + r_k \sum_{j=1}^{l} \frac{1}{g_j(\boldsymbol{x})}$$

或

$$p(\boldsymbol{x}, r_k) = f(\boldsymbol{x}) - r_k \sum_{j=1}^{l} \lg(g_j(\boldsymbol{x}))$$

其中,r_k 是很小的正数。通常称 r_k 为障碍因子,称 $r_k\sum_{j=1}^{l}\frac{1}{g_j(\boldsymbol{x})}$ 或 $-r_k\sum_{j=1}^{l}\lg(g_j(\boldsymbol{x}))$ 为障碍项。障碍函数也是一种罚函数。

由于 r_k 很小,因此在可行域内部距离边界较远的地方,障碍函数与目标函数 $f(\boldsymbol{x})$ 的值可以很接近;而当 $\boldsymbol{x}$ 趋于边界时,障碍函数趋于 $+\infty$。显然,r_k 取值越小,障碍函数的无约束极小点越接近原问题的极小点。但是,r_k 取值过小,将给障碍函数的极小化计算带来很大困难,故一般仍采用序列无约束最小化方法(SUMT),取一个严格单调减且趋于零的障碍因子数列 $\{r_k\}$,对每个 r_k 值,求解障碍函数的无约束极小点 $\boldsymbol{x}^{(k)}$。当 r_k 趋于零时,点列 $\{\boldsymbol{x}_k\}$ 就从可行域内部趋于原问题的极小点。若原问题的极小点在可行域的边界上,则随着 r_k 的减小,障碍作用逐步降低,所求出的障碍函数的无约束极小点不断靠近边界,直至满足某一精度要求为止。

2. 算法步骤

(1) 给定严格内点 $\boldsymbol{x}^{(0)}$ 为初始点,初始障碍因子 $r_1>0$(例如取 $r_1=1$),缩小系数 $\beta\in(0,1)$(例如取 $\beta=0.1$ 或 0.2),允许误差 $\varepsilon>0$,令 $k=1$。

(2) 求解障碍函数 $p(\boldsymbol{x},r_k)$ 的无约束极小。

以 $\boldsymbol{x}^{(k-1)}$ 为初始点,求解

$$\min\ p(\boldsymbol{x},r_k)$$
$$\boldsymbol{x}\in R_1$$

得其极小点 $\boldsymbol{x}^{(k)}$。式中 R_1 是可行域中所有严格内点的集合。

(3) 判断精度。

在 $\boldsymbol{x}^{(k)}$ 点,若障碍项 $<\varepsilon$,则停止计算,得到原问题的近似极小点 $\boldsymbol{x}^{(k)}$;否则,令 $r_{k+1}=\beta r_k$,$k=k+1$,返回步骤(2)。

3. 初始内点的求法

如果不能找出某个严格内点作为初始点,内点法就不能应用,而求初始内点,也需要采用序列无约束最小化方法。下面介绍求初始内点的步骤。

(1) 任意给定初始点 $\boldsymbol{x}^{(1)}\in E^n$,初始障碍因子 $r_1>0$(例如取 $r_1=1$),缩小系数 $\beta\in(0,1)$(例如取 $\beta=0.1$ 或 0.2),令 $k=1$。

(2) 对 $\boldsymbol{x}^{(k)}$ 点,确定不等式约束的下标集合 T_k、S_k 及可行域 R_k、R_1。

$$T_k=\{j\mid g_j(\boldsymbol{x}^{(k)})>0,1\leqslant j\leqslant l\}$$
$$S_k=\{j\mid g_j(\boldsymbol{x}^{(k)})\leqslant 0,1\leqslant j\leqslant l\}$$
$$R_k=\{\boldsymbol{x}\mid g_j(\boldsymbol{x})>0,j\in T_k\}$$
$$R_1=\{\boldsymbol{x}\mid g_j(\boldsymbol{x})>0,j=1,2,\cdots,l\}$$

(3) 若 $S_k=\varnothing$(空集),则 $\boldsymbol{x}^{(k)}\in R_1$,$\boldsymbol{x}^{(k)}$ 即为初始内点,停止搜索。否则,转步骤(4)。

(4) 构造障碍函数

$$Q(\boldsymbol{x},r_k)=-\sum_{j\in S_k}g_j(\boldsymbol{x})+r_k\sum_{j\in T_k}\frac{1}{g_j(\boldsymbol{x})}\quad(r_k>0)$$

对照前面介绍的内点法的障碍函数可知,这里障碍函数的第一项是虚拟目标函数,它是由 $g_j(\boldsymbol{x})\leqslant 0$ 的那些约束函数之和的相反数构成,其最小值为 0。第二项由虚拟约束条件即满足 $g_j(\boldsymbol{x})>0$ 的那些约束条件构成,也就是说,在 R_k 域的边界上设置了一道"障碍",它阻止

已得到满足的约束条件再变为不满足。

(5) 以 $\boldsymbol{x}^{(k)}$ 为初始点，在 R_k 域内，求障碍函数 $Q(\boldsymbol{x},r_k)$ 的无约束极小，得其极小点 $\boldsymbol{x}^{(k+1)}\in R_k$。

(6) 减小 r_k 的大小，令 $r_{k+1}=\beta r_k$，置 $k=k+1$。返回步骤(2)。

由上可知，求初始内点的过程，就是在 R_k 域内，反复使用内点法的过程。随着得到满足的约束条件的个数的增加，R_k 域逐渐缩小以趋近于 R_1 域。

4. 计算举例

例 10.6 试用内点法求解非线性规划

$$\min f(\boldsymbol{x}) = (x+1)^2$$
$$x \geqslant 0$$

解 构造障碍函数

$$p(\boldsymbol{x},r_k) = f(\boldsymbol{x}) - r_k \ln x = (x+1)^2 - r_k \ln x \quad (r_k > 0)$$

用解析法求障碍函数的无约束极小点。

令

$$\frac{\partial p}{\partial x} = 2(x+1) - \frac{r_k}{x} = 0$$

解得

$$x = \frac{-1 \pm \sqrt{1+2r_k}}{2}$$

舍去负根，则

$$x = \frac{-1 + \sqrt{1+2r_k}}{2}$$

将 r_k 取不同值时的计算结果列于表 10.4.2 中。

表 10.4.2 内点法

r_k	1	0.1	0.01	0.001	0.0001	$r_k \to 0$
x	0.366	0.0477	0.004 975	0.000 499 75	0.000 049 997	$x \to 0$

从表 10.4.2 可知，在 r_k 从 1→0 逐渐减小的过程中，障碍函数的一系列无约束极小点是从可行域内部趋向 x^* 的。本例题的最优结果是：

$$x^* = 0$$
$$f(x^*) = 1$$

三、混合法

所谓混合法，就是外点法和内点法结合起来使用，即对等式约束和当前不被满足的不等式约束，使用外点法(构造罚函数)；对已满足的那些不等式约束，使用内点法(构造障碍函数)。和外点法、内点法相类似，混合法也是一种序列无约束最小化方法。下面简要介绍混合法的几个问题。

1. 适用问题

$$\min f(\boldsymbol{x})$$

$$h_i(\boldsymbol{x}) = 0 \quad (i = 1,2,\cdots,m)$$

$$g_j(\boldsymbol{x}) \geqslant 0 \quad (j = 1,2,\cdots,l)$$

2. 罚函数的形式

$$p(\boldsymbol{x},r_k) = f(\boldsymbol{x}) + \frac{1}{r_k}\left\{\sum_{i=1}^{m}[h_i(\boldsymbol{x})]^2 + \sum_{j\in S_k}[\min(0,g_j(\boldsymbol{x}))]^2\right\}$$

$$-r_k\sum_{j\in T_k}\ln(g_j(\boldsymbol{x})) \quad (r_k > 0)$$

其中 $T_k=\{j\mid g_j(\boldsymbol{x}^{(k)})>0,1\leqslant j\leqslant l\}$

$S_k=\{j\mid g_j(\boldsymbol{x}^{(k)})\leqslant 0,1\leqslant j\leqslant l\}$

3. 初始点 $\boldsymbol{x}^{(0)}$ 及初始障碍因子 r_0 的选择

初始点 $\boldsymbol{x}^{(0)}$ 可任意给定。但是无论什么时候,只要可能就应当使用一个可行的初始点,即使给不出可行的初始点,也要使它满足尽可能多的约束条件,否则,可能将大量时间耗费在确定一个可行的初始点上。

对于初始障碍因子 r_0,一般取为1,而选 $r_{k+1}=\dfrac{r_k}{C}$,其中 C 是大于1的常数,通常取 $C=4$ 或5。

4. 计算举例

例 10.7 用混合法求解下列非线性规划

$$\min f(\boldsymbol{x}) = \lg x_1 - x_2$$

$$h(\boldsymbol{x}) = x_1^2 + x_2^2 - 4 = 0$$

$$g(\boldsymbol{x}) = x_1 - 1 \geqslant 0$$

解 对上述等式约束按外点法构造罚函数,对不等式约束按内点法构造障碍函数,这样即可得混合法的罚函数,有

$$p(\boldsymbol{x},r_k) = (\lg x_1 - x_2) + \frac{1}{r_k}(x_1^2 + x_2^2 - 4)^2 - r_k\lg(x_1 - 1)$$

给定初始点 $\boldsymbol{x}^{(0)}$($\boldsymbol{x}^{(0)}$ 应满足 $x_1>1$),选择初始障碍因子 $r_0=1$,用无约束条件下多变量函数的寻优方法,求罚函数 $p(\boldsymbol{x},r_k)$ 的无约束极小,得近似极小点 $\boldsymbol{x}^{(1)}$。然后,减小障碍因子 r_k 的值,仍然用无约束条件下多变量函数的寻优方法,求罚函数 $p(\boldsymbol{x},r_k)$ 的无约束极小……如此继续,采用序列无约束最小化方法,可得一近似极小点点列,其极限即原问题的最优解。将 r_k 取不同值时得到的近似极小点列于表10.4.3中。

表 10.4.3 混合法

r_k	1	$\frac{1}{4}$	$\frac{1}{16}$	$\frac{1}{64}$	$\frac{1}{256}$	$r_k\to 0$
$\begin{bmatrix}x_1\\x_2\end{bmatrix}$	$\begin{bmatrix}1.553\\1.334\end{bmatrix}$	$\begin{bmatrix}1.159\\1.641\end{bmatrix}$	$\begin{bmatrix}1.040\\1.711\end{bmatrix}$	$\begin{bmatrix}1.010\\1.727\end{bmatrix}$	$\begin{bmatrix}1.002\\1.731\end{bmatrix}$	$\begin{bmatrix}x_1\\x_2\end{bmatrix}\to\begin{bmatrix}1\\\sqrt{3}\end{bmatrix}$

从表10.4.3可知,近似极小点点列是从可行域外部(但满足 $x_1>1$)趋向原问题的极小点的。本例题的最优结果是:

$$\boldsymbol{x}^* = (1,\sqrt{3})^{\mathrm{T}}$$

$$f(\boldsymbol{x}^*) = -\sqrt{3}$$

以上介绍了外点法、内点法、混合法等几种常见的罚函数法。它们均采用序列无约束最小化方法，不必计算导数，方法简单，使用方便，因此在实际中得到了广泛的应用。但上述罚函数法存在着固有的缺点，即随着罚因子或障碍因子趋向其极限，罚函数的海赛矩阵变得越来越病态，罚函数的这种性态给无约束极小化带来了很大的困难。为克服这一缺点，Powell和 Hestenes 于 1969 年各自独立地提出了乘子法。

10.5 乘子法

可以说，乘子法是对罚函数法的一种改进。为了与前面介绍的罚函数法相区别，我们称乘子法中的罚函数为乘子罚函数。乘子罚函数是在罚函数的基础上增加了拉格朗日乘子项，从而成为增广拉格朗日函数。因此，乘子罚函数的性态既不同于拉格朗日函数，也不同于罚函数。在乘子法中，罚因子不必趋于无穷大，只要足够大，就可以通过极小化乘子罚函数，得到原约束问题的局部最优解，故避免了罚函数法中的病态问题。实践表明，乘子法优于罚函数法。乘子法已经受到广大使用者的普遍欢迎。

一、只有等式约束的问题

1. 基本原理

对于只有等式约束的问题

$$\left.\begin{aligned} &\min f(\boldsymbol{x}) \\ &h_i(\boldsymbol{x}) = 0 \quad (i = 1,2,\cdots,m) \end{aligned}\right\} \tag{10.5.1}$$

构造乘子罚函数

$$\varphi(\boldsymbol{x},\boldsymbol{\lambda},M) = f(\boldsymbol{x}) - \sum_{i=1}^{m}\lambda_i h_i(\boldsymbol{x}) + \frac{M}{2}\sum_{i=1}^{m}[h_i(\boldsymbol{x})]^2 \quad (M > 0) \tag{10.5.2}$$

其中，等式约束的拉格朗日乘子向量$\boldsymbol{\lambda} = (\lambda_1,\lambda_2,\cdots,\lambda_m)^{\mathrm{T}}$。

$\varphi(\boldsymbol{x},\boldsymbol{\lambda},M)$与拉格朗日函数的区别是增加了罚项$\frac{M}{2}\sum\limits_{i=1}^{m}[h_i(\boldsymbol{x})]^2$，而与罚函数的区别是增加了乘子项$\left[-\sum\limits_{i=1}^{m}\lambda_i h_i(\boldsymbol{x})\right]$。

如果知道最优拉格朗日乘子向量$\boldsymbol{\lambda}^* = (\lambda_1^*,\lambda_2^*,\cdots,\lambda_m^*)^{\mathrm{T}}$，再给定一个足够大的罚因子$M$(不必趋于无穷大)，就可通过极小化$\varphi(\boldsymbol{x},\boldsymbol{\lambda}^*,M)$得到问题(10.5.1)的局部最优解。但实际上事先并不知道$\boldsymbol{\lambda}^*$，故先给定一个足够大的M，再给定一个初始估计$\boldsymbol{\lambda}^{(1)}$并在迭代过程中不断修正它，使它逐渐趋于$\boldsymbol{\lambda}^*$。假设在第$k$次迭代中，拉格朗日乘子向量的估计为$\boldsymbol{\lambda}^{(k)}$，罚因子取为$M$，得到$\varphi(\boldsymbol{x},\boldsymbol{\lambda}^{(k)},M)$的极小点$\boldsymbol{x}^{(k)}$，此时修正拉格朗日乘子向量的公式为

$$\lambda_i^{(k+1)} = \lambda_i^{(k)} - Mh_i(\boldsymbol{x}^{(k)}) \quad (i = 1,2,\cdots,m) \tag{10.5.3}$$

然后再进行第$k+1$次迭代，求$\varphi(\boldsymbol{x},\boldsymbol{\lambda}^{(k+1)},M)$的无约束极小点。这样继续做下去，可望向量$\boldsymbol{\lambda}^{(k)}$趋于$\boldsymbol{\lambda}^*$，从而$\boldsymbol{x}^{(k)}$趋于$\boldsymbol{x}^*$。如果$\{\boldsymbol{\lambda}^{(k)}\}$不收敛或收敛很慢，可增大罚因子$M$，再进行迭代。衡量收敛快慢的一般标准是

$$\frac{\|\boldsymbol{h}(\boldsymbol{x}^{(k)})\|}{\|\boldsymbol{h}(\boldsymbol{x}^{(k-1)})\|}$$

其中

$$h(x^{(k)})=\begin{bmatrix}h_1(x^{(k)})\\h_2(x^{(k)})\\\vdots\\h_m(x^{(k)})\end{bmatrix}$$

2. 算法步骤

(1) 给定初始点 $x^{(0)}$，拉格朗日乘子向量的初始估计 $\boldsymbol{\lambda}^{(1)}$，初始罚因子 M，常数 $\alpha>1$，$\beta\in(0,1)$，允许误差 $\varepsilon>0$。令 $k=1$。

(2) 以 $x^{(k-1)}$ 为初始点，求解无约束问题

$$\min\ \varphi(x,\boldsymbol{\lambda}^{(k)},M)$$

得到点 $x^{(k)}$。

(3) 若 $\|h(x^{(k)})\|<\varepsilon$，则停止计算，得到点 $x^{(k)}$。否则，转步骤(4)。

(4) 若

$$\frac{\|h(x^{(k)})\|}{\|h(x^{(k-1)})\|}\geqslant\beta$$

则令 $M=\alpha M$，转步骤(5)。否则，进行步骤(5)。

(5) 用式(10.5.3)计算 $\lambda_i^{(k+1)}(i=1,2,\cdots,m)$，令 $k=k+1$，返回步骤(2)。

3. 计算举例

例 10.8 用乘子法求解下列问题

$$\min\ f(x)=2x_1^2-x_1x_2+x_2^2$$
$$h_1(x)=x_1+x_2-2=0$$

解 构造乘子罚函数

$$\varphi(x,\boldsymbol{\lambda},M)=(2x_1^2-x_1x_2+x_2^2)-\lambda_1^{(1)}(x_1+x_2-2)+\frac{M}{2}(x_1+x_2-2)^2$$

给定罚因子 $M=2$，拉格朗日乘子向量的初始估计 $\boldsymbol{\lambda}^{(1)}=\lambda_1^{(1)}=1$，下面采用解析方法求 $\varphi(x,\boldsymbol{\lambda},M)$ 的无约束极小点。

$$\varphi(x,\boldsymbol{\lambda}^{(1)},M)=(2x_1^2-x_1x_2+x_2^2)-(x_1+x_2-2)+(x_1+x_2-2)^2$$

令

$$\frac{\partial\varphi}{\partial x_1}=6x_1+x_2-5=0$$
$$\frac{\partial\varphi}{\partial x_2}=x_1+4x_2-5=0$$

得

$$x^{(1)}=\begin{bmatrix}x_1^{(1)}\\x_2^{(1)}\end{bmatrix}=\begin{bmatrix}\frac{15}{23}\\\frac{25}{23}\end{bmatrix}$$

一般而言，假设第 k 次迭代时，取罚因子 $M=2$，拉格朗日乘子向量为 $\boldsymbol{\lambda}^{(k)}=\lambda_1^{(k)}$，则乘子罚函数为

$$\varphi(x,\boldsymbol{\lambda}^{(k)},M)=(2x_1^2-x_1x_2+x_2^2)-\lambda_1^{(k)}(x_1+x_2-2)+(x_1+x_2-2)^2$$

仍然采用上述解析方法求得 $\varphi(\boldsymbol{x},\boldsymbol{\lambda}^{(k)},M)$ 的无约束极小点(把 $\lambda_1^{(k)}$ 当作常数),即有

$$\boldsymbol{x}^{(k)}=\begin{bmatrix}x_1^{(k)}\\x_2^{(k)}\end{bmatrix}=\begin{bmatrix}\dfrac{3\lambda_1^{(k)}+12}{23}\\\dfrac{5\lambda_1^{(k)}+20}{23}\end{bmatrix}\tag{10.5.4}$$

然后,再根据式(10.5.3)及式(10.5.4)修正 $\lambda_1^{(k)}$ 而得到 $\lambda_1^{(k+1)}$

$$\begin{aligned}\lambda_1^{(k+1)}&=\lambda_1^{(k)}-Mh_1(\boldsymbol{x}^{(k)})\\&=\lambda_1^{(k)}-2(x_1^{(k)}+x_2^{(k)}-2)\\&=\frac{7}{23}\lambda_1^{(k)}+\frac{28}{23}\end{aligned}\tag{10.5.5}$$

式(10.5.5)中的 $\lambda_1^{(k+1)}$ 即 $\boldsymbol{\lambda}^{(k+1)}$。

将 $\lambda_1^{(1)}$ 代入式(10.5.5),可求出 $\lambda_1^{(2)}$。如此反复计算,可得

$$\begin{aligned}\boldsymbol{\lambda}^{(2)}&\approx 1.522\\\boldsymbol{\lambda}^{(3)}&\approx 1.681\\\boldsymbol{\lambda}^{(4)}&\approx 1.729\\\boldsymbol{\lambda}^{(5)}&\approx 1.744\\\boldsymbol{\lambda}^{(6)}&\approx 1.748\\\boldsymbol{\lambda}^{(7)}&\approx 1.749\\\boldsymbol{\lambda}^{(8)}&\approx 1.7497\\\boldsymbol{\lambda}^{(9)}&\approx 1.75\\\boldsymbol{\lambda}^{(10)}&\approx 1.75\end{aligned}$$

故序列$\{\boldsymbol{\lambda}^{(k)}\}$收敛,得到最优拉格朗日乘子

$$\boldsymbol{\lambda}^*=\lambda_1^*=1.75$$

将$\boldsymbol{\lambda}^*$代入式(10.5.4),可得原约束问题的最优结果

$$\boldsymbol{x}^*=\begin{bmatrix}\dfrac{3}{4}\\\dfrac{5}{4}\end{bmatrix}$$

$$f(\boldsymbol{x}^*)=\frac{7}{4}$$

从本例可以看出,罚因子 M 确实不必趋于无穷大,就能得到原约束问题的局部最优解。

二、只有不等式约束的问题

1. 基本原理及算法步骤

对于只有不等式约束的问题

$$\left.\begin{aligned}&\min f(\boldsymbol{x})\\&g_j(\boldsymbol{x})\geqslant 0\quad(j=1,2,\cdots,l)\end{aligned}\right\}\tag{10.5.6}$$

引入变量 y_j,把问题式(10.5.6)化为只有等式约束的问题

$$\begin{aligned}&\min f(\boldsymbol{x})\\&g_j(\boldsymbol{x})-y_j^2=0\quad(j=1,2,\cdots,l)\end{aligned}$$

利用前面得到的关于等式约束问题的结果，可知乘子罚函数为

$$\varphi_1(\boldsymbol{x},\boldsymbol{y},\boldsymbol{\gamma},M)=f(\boldsymbol{x})-\sum_{j=1}^{l}\gamma_j(g_j(\boldsymbol{x})-y_j^2)+\frac{M}{2}\sum_{j=1}^{l}(g_j(\boldsymbol{x})-y_j^2)^2 \tag{10.5.7}$$

其中，不等式约束的拉格朗日乘子向量$\boldsymbol{\gamma}=(\gamma_1,\gamma_2,\cdots,\gamma_l)^{\mathrm{T}}$。

这样，问题式(10.5.6)就转化为求解

$$\min\ \varphi_1(\boldsymbol{x},\boldsymbol{y},\boldsymbol{\gamma},M) \tag{10.5.8}$$

为了求解问题式(10.5.8)，我们先用解析方法求 $\varphi_1(\boldsymbol{x},\boldsymbol{y},\boldsymbol{\gamma},M)$对于 $\boldsymbol{y}$ 的极小，由此解出 $\boldsymbol{y}$，并代回式(10.5.8)，将其化为只对于 $\boldsymbol{x}$ 求极小的问题。

为了求解

$$\min_{y}\varphi_1(\boldsymbol{x},\boldsymbol{y},\boldsymbol{\gamma},M)$$

先用配方法将 $\varphi_1(\boldsymbol{x},\boldsymbol{y},\boldsymbol{\gamma},M)$化为

$$\begin{aligned}\varphi_1(\boldsymbol{x},\boldsymbol{y},\boldsymbol{\gamma},M)&=f(\boldsymbol{x})+\sum_{j=1}^{l}\left(-\gamma_j(g_j(\boldsymbol{x})-y_j^2)+\frac{M}{2}(g_j(\boldsymbol{x})-y_j^2)^2\right)\\&=f(\boldsymbol{x})+\sum_{j=1}^{l}\left\{\frac{M}{2}\left[y_j^2-\frac{1}{M}(Mg_j(\boldsymbol{x})-\gamma_j)\right]^2-\frac{\gamma_j^2}{2M}\right\}\end{aligned} \tag{10.5.9}$$

令

$$\frac{\partial\varphi_1}{\partial y_j}=2My_j\left[y_j^2-\frac{1}{M}(Mg_j(\boldsymbol{x})-\gamma_j)\right]=0\quad(j=1,2,\cdots,l)$$

则 $\varphi_1(\boldsymbol{x},\boldsymbol{y},\boldsymbol{\gamma},M)$对于 y_j 取极小时，y_j 的取值如下：

当 $Mg_j(\boldsymbol{x})-\gamma_j\geqslant 0$ 时

$$y_j^2=\frac{1}{M}(Mg_j(\boldsymbol{x})-\gamma_j)$$

当 $Mg_j(\boldsymbol{x})-\gamma_j<0$ 时

$$y_j=0$$

将上述两种情况统一为一个表达式，即有

$$y_j^2=\frac{1}{M}\max\{0,Mg_j(\boldsymbol{x})-\gamma_j\} \tag{10.5.10}$$

将式(10.5.10)代入式(10.5.9)，即得不等式约束问题的乘子罚函数

$$\varphi(\boldsymbol{x},\boldsymbol{\gamma},M)=f(\boldsymbol{x})+\frac{1}{2M}\sum_{j=1}^{l}\{[\max(0,\gamma_j-Mg_j(\boldsymbol{x}))]^2-\gamma_j^2\} \tag{10.5.11}$$

因此，原问题式(10.5.6)即转化为求解乘子罚函数 $\varphi(\boldsymbol{x},\boldsymbol{\gamma},M)$的无约束极小问题。在迭代过程中，与只有等式约束的问题类似，也是给定足够大的罚因子 M，并给定不等式约束的拉格朗日乘子向量的初始估计$\boldsymbol{\gamma}^{(1)}$，然后通过修正第 k 次迭代中的$\boldsymbol{\gamma}^{(k)}$，得到第 $k+1$ 次迭代的$\boldsymbol{\gamma}^{(k+1)}$。修正公式如下

$$\gamma_j^{(k+1)}=\max(0,\gamma_j^{(k)}-Mg_j(\boldsymbol{x}^{(k)}))\quad(j=1,2,\cdots,l) \tag{10.5.12}$$

只有不等式约束的问题的算法步骤与只有等式约束的问题相同，此处不再赘述。

2. 计算举例

例 10.9　用乘子法求解下列问题：

$$\min\ f(\boldsymbol{x})=2x_1^2-x_1x_2+x_2^2$$

$$g_1(\boldsymbol{x}) = x_1 + x_2 - 2 \geqslant 0$$

解 根据式(10.5.11)构造乘子罚函数,即有

$$\varphi(\boldsymbol{x},\boldsymbol{\gamma},M) = f(\boldsymbol{x}) + \frac{1}{2M}\{[\max(0,\gamma_1 - Mg_1(\boldsymbol{x}))]^2 - \gamma_1^2\}$$

$$= 2x_1^2 - x_1x_2 + x_2^2 + \frac{1}{2M}\{[\max(0,\gamma_1 - M(x_1 + x_2 - 2))]^2 - \gamma_1^2\}$$

当 $x_1 + x_2 - 2 \leqslant \frac{\gamma_1}{M}$ 时

$$\varphi(\boldsymbol{x},\boldsymbol{\gamma},M) = 2x_1^2 - x_1x_2 + x_2^2 + \frac{1}{2M}\{[\gamma_1 - M(x_1 + x_2 - 2)]^2 - \gamma_1^2\}$$

$$\frac{\partial\varphi}{\partial x_1} = 4x_1 - x_2 - \gamma_1 + M(x_1 + x_2 - 2)$$

$$\frac{\partial\varphi}{\partial x_2} = -x_1 + 2x_2 - \gamma_1 + M(x_1 + x_2 - 2)$$

令

$$\frac{\partial\varphi}{\partial x_1} = \frac{\partial\varphi}{\partial x_2} = 0$$

即

$$4x_1 - x_2 - \gamma_1 + M(x_1 + x_2 - 2) = 0 \tag{10.5.13}$$

$$-x_1 + 2x_2 - \gamma_1 + M(x_1 + x_2 - 2) = 0 \tag{10.5.14}$$

将方程式(10.5.13)和式(10.5.14)联立求解,可得 $\varphi(\boldsymbol{x},\boldsymbol{\gamma},M)$ 的无约束极小点

$$x_1 = \frac{6M + 3\gamma_1}{8M + 7} \tag{10.5.15}$$

$$x_2 = \frac{10M + 5\gamma_1}{8M + 7} \tag{10.5.16}$$

当 $x_1 + x_2 - 2 > \frac{\gamma_1}{M}$ 时

$$\varphi(\boldsymbol{x},\boldsymbol{\gamma},M) = 2x_1^2 - x_1x_2 + x_2^2 - \frac{\gamma_1^2}{2M}$$

$$\frac{\partial\varphi}{\partial x_1} = 4x_1 - x_2$$

$$\frac{\partial\varphi}{\partial x_2} = -x_1 + 2x_2$$

令

$$\frac{\partial\varphi}{\partial x_1} = \frac{\partial\varphi}{\partial x_2} = 0$$

即

$$4x_1 - x_2 = 0 \tag{10.5.17}$$

$$-x_1 + 2x_2 = 0 \tag{10.5.18}$$

将方程式(10.5.17)和式(10.5.18)联立求解,得

$$x_1 = x_2 = 0 \tag{10.5.19}$$

因结果式(10.5.19)不能满足原约束式 $g_1(\boldsymbol{x}) \geqslant 0$,故舍去。

假设给定罚因子 $M=2$,不等式约束的拉格朗日乘子向量的初始估计$\boldsymbol{\gamma}^{(1)}=\gamma_1^{(1)}=1$,根据式(10.5.15)和式(10.5.16),可得到 $\varphi(\boldsymbol{x},\boldsymbol{\gamma}^{(1)},M)$的无约束极小点

$$\boldsymbol{x}^{(1)}=\begin{bmatrix}x_1^{(1)}\\x_2^{(1)}\end{bmatrix}=\begin{bmatrix}\frac{15}{23}\\\frac{25}{23}\end{bmatrix}$$

再根据公式(10.5.12)修正 $\gamma_1^{(k)}$ 而得到 $\gamma_1^{(k+1)}$

$$\gamma_1^{(k+1)}=\max\left[0,\gamma_1^{(k)}-2(x_1^{(k)}+x_2^{(k)}-2)\right] \tag{10.5.20}$$

式(10.5.20)中的 $\gamma_1^{(k+1)}$ 即$\boldsymbol{\gamma}^{(k+1)}$。

将已知的 $\gamma_1^{(1)}$、$\boldsymbol{x}^{(1)}$代入式(10.5.20)中,可求出 $\gamma_1^{(2)}$

$$\gamma_1^{(2)}=\max\left[0,\gamma_1^{(1)}-2(x_1^{(1)}+x_2^{(1)}-2)\right]$$

即

$$\gamma_1^{(2)}\approx 1.522 \tag{10.5.21}$$

将式(10.5.21)代入式(10.5.15)和式(10.5.16),可得到 $\varphi(\boldsymbol{x},\boldsymbol{\gamma}^{(2)},M)$的无约束极小点

$$\boldsymbol{x}^{(2)}=\begin{bmatrix}x_1^{(2)}\\x_2^{(2)}\end{bmatrix}\approx\begin{bmatrix}0.720\\1.200\end{bmatrix} \tag{10.5.22}$$

类似地,将式(10.5.21)和式(10.5.22)代入式(10.5.20)中,可求出 $\gamma_1^{(3)}$

$$\gamma_1^{(3)}\approx 1.682 \tag{10.5.23}$$

将式(10.5.23)代入式(10.5.15)和式(10.5.16),可得到 $\varphi(\boldsymbol{x},\boldsymbol{\gamma}^{(3)},M)$的无约束极小点

$$\boldsymbol{x}^{(3)}=\begin{bmatrix}x_1^{(3)}\\x_2^{(3)}\end{bmatrix}\approx\begin{bmatrix}0.741\\1.235\end{bmatrix}$$

如此继续迭代下去,当 $k\to\infty$时,序列$\{\boldsymbol{\gamma}^{(k)}\}$收敛,得到原约束问题的最优结果

$$\boldsymbol{\gamma}^*=\gamma_1^*=1.75$$

$$\boldsymbol{x}^*=\begin{bmatrix}\frac{3}{4}\\\frac{5}{4}\end{bmatrix}$$

$$f(\boldsymbol{x}^*)=\frac{7}{4}$$

三、同时含有等式约束与不等式约束的问题

对于既有等式约束又有不等式约束的问题

$$\begin{aligned}&\min f(\boldsymbol{x})\\&h_i(\boldsymbol{x})=0\quad(i=1,2,\cdots,m)\\&g_j(\boldsymbol{x})\geqslant 0\quad(j=1,2,\cdots,l)\end{aligned}$$

其乘子罚函数为

$$\begin{aligned}\varphi(\boldsymbol{x},\boldsymbol{\lambda},\boldsymbol{\gamma},M)=&f(\boldsymbol{x})-\sum_{i=1}^{m}\lambda_i h_i(\boldsymbol{x})+\frac{M}{2}\sum_{i=1}^{m}\left[h_i(\boldsymbol{x})\right]^2\\&+\frac{1}{2M}\sum_{j=1}^{l}\{\left[\max(0,\gamma_j-Mg_j(\boldsymbol{x}))\right]^2-\gamma_j^2\}\end{aligned} \tag{10.5.24}$$

式(10.5.24)其实就是式(10.5.2)与式(10.5.11)的综合。

在迭代过程中,与只有等式约束的问题类似,也是给定足够大的罚因子 M,另外,还要给定等式约束的拉格朗日乘子向量的初始估计 $\boldsymbol{\lambda}^{(1)}$ 和不等式约束的拉格朗日乘子向量的初始估计 $\boldsymbol{\gamma}^{(1)}$,然后通过修正第 k 次迭代中的 $\boldsymbol{\lambda}^{(k)}$ 和 $\boldsymbol{\gamma}^{(k)}$,得到第 $k+1$ 次迭代的 $\boldsymbol{\lambda}^{(k+1)}$ 和 $\boldsymbol{\gamma}^{(k+1)}$。修正公式详见式(10.5.3)和式(10.5.12)。

既有等式约束又有不等式约束的问题的算法步骤与只有等式约束的问题相同,此处不再赘述。

以上,我们介绍了乘子法,有关乘子法的定理及其证明等,详见参考文献[5]。

10.6 复合形搜索法

复合形搜索法又称复合形法、复形法、复形调优法等。它由无约束多变量寻优的单纯形搜索法推广而来,是求解约束条件下多变量函数极值问题常用的一种直接法。它原理简单,使用方便,适用面比较广。

一、基本原理

复合形搜索法可以求解具有不等式约束的非线性规划问题。这里的不等式约束一般包括 n 个变量的边界约束条件及 m 个函数约束条件。问题的数学模型如下

$$\begin{cases} \min f(\boldsymbol{x}) & \boldsymbol{x} \in E^n \\ a_i \leqslant x_i \leqslant b_i & (i=1,2,\cdots,n) \\ C_j(\boldsymbol{x}) \leqslant W_j(\boldsymbol{x}) \leqslant D_j(\boldsymbol{x}) & (j=1,2,\cdots,m) \end{cases}$$

对 n 维问题而言,单纯形搜索法中的单纯形顶点数为 $n+1$,而复合形搜索法中的复合形顶点数则为 k,有 $n+1\leqslant k\leqslant 2n$,通常选择 k 为 $2n$。初始复合形顶点的选取一般借助于随机方法。它首先在 n 维空间选取 $2n$ 个可行点作为初始复合形的顶点,然后计算各顶点的目标函数值并求出其中的最大值 f_{H}、次大值 f_{G}、最小值 f_{L}。以最坏点之外其余$(2n-1)$个顶点的形心为反射中心,求最坏点的反射点。如果反射点的目标函数值小于 f_{H},则用反射点取代最坏点,并与原复合形中除最坏点之外的其余顶点构成 $2n$ 个顶点的新复合形继续迭代。如此反复迭代计算,使新复合形不断向最优点收缩,直至收缩到复合形的各顶点都与形心非常接近、满足迭代精度要求时停止迭代计算,得到近似最优解。在迭代过程中,要特别注意保证每一次迭代的形心与反射点都在可行域内,这是有约束问题与无约束问题的主要区别。

二、确定初始复合形的 $2n$ 个顶点

初始复合形的 $2n$ 个顶点必须全部是可行点。它们可以由使用者给定一个、几个或全部,也可以一个都不给定,全部由随机方法产生。通常,只有对维数较低、约束条件较少、较简单的优化问题,给定其顶点才比较容易。

可以根据已知各维变量 x_i 的边界约束条件的上界 b_i 与下界 $a_i(i=1,2,\cdots,n)$,利用$[0,1]$区间内均匀分布的伪随机数 $\gamma_i^{(j)}$,产生第 j 个随机点 $\boldsymbol{x}^{(j)}$ 的各维坐标 $x_i^{(j)}$

$$\boldsymbol{x}^{(j)} = (x_1^{(j)}, x_2^{(j)}, \cdots, x_n^{(j)})^{\mathrm{T}} \quad j=1,2,3,\cdots,2n$$

其中 $x_i^{(j)}=a_i+\gamma_i^{(j)}(b_i-a_i) \quad i=1,2,\cdots,n;j=1,2,3,\cdots,2n$

显然，这样得到的随机点一定符合边界约束条件，但不一定符合函数约束条件，因此不一定是可行点。

若初始复合形的顶点全部由随机方法产生，则第一个随机点产生后，要检查它是否满足所有约束条件。如满足，则得到第一个顶点；否则重新产生一个随机点，并检查它是否可行(必要时可改变随机选点的边界约束值并重新选点)……直到获得第一个顶点。多次重复以上过程，直到获得初始复合形的 $2n$ 个顶点。

三、复合形搜索法算法步骤

(1) 给定问题的变量维数 n，目标函数 $f(\boldsymbol{x})$，变量 x_i 的边界约束条件的上界 b_i、下界 $a_i(i=1,2,\cdots,n)$，m 个函数约束条件，$C_j(\boldsymbol{x})\leqslant W_j(\boldsymbol{x})\leqslant D_j(\boldsymbol{x})(j=1,2,\cdots,m)$，反射系数 α，修正搜索方向的条件 δ，迭代计算的精度要求 ε。

(2) 确定初始复合形的 $2n$ 个顶点。

(3) 计算所有顶点 $\boldsymbol{x}^{(j)}$ 的目标函数值 $f_j(j=1,2,\cdots,2n)$，并确定其中的最大值 f_{H}、次大值 f_{G}、最小值 f_{L}。

$$f_j=f(\boldsymbol{x}^{(j)}) \quad j=1,2,\cdots,2n$$

$$f_{\mathrm{H}}=f(\boldsymbol{x}^{(H)})=\max(f_1,f_2,\cdots,f_{2n})$$

$$f_{\mathrm{G}}=f(\boldsymbol{x}^{(G)})=\max_{1\leqslant j\leqslant 2n}(f(\boldsymbol{x}^{(j)})\mid \boldsymbol{x}^{(j)}\neq\boldsymbol{x}^{(H)})$$

$$f_{\mathrm{L}}=f(\boldsymbol{x}^{(L)})=\min(f_1,f_2,\cdots,f_{2n})$$

(4) 计算除最坏点 $\boldsymbol{x}^{(H)}$ 之外其余 $(2n-1)$ 个顶点的形心 $\boldsymbol{x}^{(C)}$，并检查形心 $\boldsymbol{x}^{(C)}$ 是否可行？

$$\boldsymbol{x}^{(C)}=\frac{1}{2n-1}\left[\left(\sum_{j=1}^{2n}\boldsymbol{x}^{(j)}\right)-\boldsymbol{x}^{(H)}\right]$$

若 $\boldsymbol{x}^{(C)}$ 可行，令反射系数 $\alpha=1.3$，转步骤(5)；

若 $\boldsymbol{x}^{(C)}$ 不可行，转步骤(6)。

(5) 在最坏点 $\boldsymbol{x}^{(H)}$ 与形心 $\boldsymbol{x}^{(C)}$ 的连线上取反射点 $\boldsymbol{x}^{(R)}$，并检查反射点 $\boldsymbol{x}^{(R)}$ 是否可行

$$\boldsymbol{x}^{(R)}=\boldsymbol{x}^{(C)}+\alpha(\boldsymbol{x}^{(C)}-\boldsymbol{x}^{(H)})$$

若 $\boldsymbol{x}^{(R)}$ 可行，转步骤(7)；

若 $\boldsymbol{x}^{(R)}$ 不可行，则将反射系数 α 减为一半，重新执行步骤(5)，……直到反射点 $\boldsymbol{x}^{(R)}$ 变为可行。上述将 $\boldsymbol{x}^{(R)}$ 由不可行变为可行的过程，是 α 减小的过程，即 $\boldsymbol{x}^{(R)}$ 向形心 $\boldsymbol{x}^{(C)}$ 靠拢的过程，前提是形心 $\boldsymbol{x}^{(C)}$ 可行。

需要注意的是，这里的反射系数 α 与单纯形搜索法中的反射系数 α 是有差别的。在单纯形搜索法中，一般 α 取 1，即反射点是最坏点关于形心的对称点。而在复合形搜索法中，一般 $0<\alpha\leqslant 2$(初始值多取 $\alpha=1.3$)，即把单纯形搜索法中的反射、扩张、内缩统称为“反射”，只是 α 值不同而已。

(6) 根据形心 $\boldsymbol{x}^{(C)}$ 和最好点 $\boldsymbol{x}^{(L)}$ 的值，修改各维变量 x_i 的上界 b_i 与下界 a_i，然后转步骤(2)，重新确定复合形的 $2n$ 个顶点。

① 若 $x_i^{(C)}<x_i^{(L)} \quad (i=1,2,\cdots,n)$ 则

$$a_i=x_i^{(C)}$$

$$b_i = x_i^{(L)}$$

② 若 $x_i^{(C)} \geqslant x_i^{(L)} \quad (i=1,2,\cdots,n)$ 则

$$a_i = x_i^{(L)}$$
$$b_i = x_i^{(C)}$$

(7) 若 $f_R < f_H$，则用反射点 $\boldsymbol{x}^{(R)}$ 代替最坏点 $\boldsymbol{x}^{(H)}$，并与原复合形中除 $\boldsymbol{x}^{(H)}$ 之外的其余顶点构成新的复合形，即已完成一次迭代，转步骤(9)；否则转步骤(8)。

(8) 检查是否反射系数 $\alpha < \delta$?

① 若 $\alpha \geqslant \delta$，令 $\alpha = 0.5\alpha$，转步骤(5)；

② 若 $\alpha < \delta$，则可能搜索方向不利，将次坏点 $\boldsymbol{x}^{(G)}$ 及其 f_G 与最坏点 $\boldsymbol{x}^{(H)}$ 及其 f_H 分别互换，以修正搜索方向。转步骤(4)。

式中 δ 是修正搜索方向的条件，它是很小的正数，例如 $\delta = 10^{-5}$。

(9) 检验是否满足收敛标准？

若

$$\left\{\frac{1}{2n}\sum_{j=1}^{2n}\left[f(\boldsymbol{x}^{(j)}) - f(\boldsymbol{x}^{(C)})\right]^2\right\}^{\frac{1}{2}} < \varepsilon$$

则停止计算，现行的 $\boldsymbol{x}^{(L)}$ 即可作为极小点的近似；否则，转步骤(3)。

四、计算举例

例 10.10 用复合形搜索法求解下述非线性规划问题：

$$\min f(\boldsymbol{x}) = -4x_1 - 4x_2 + x_1^2 + x_2^2$$
$$-x_1 - 2x_2 + 3 \geqslant 0$$
$$0 \leqslant x_1 \leqslant 3$$
$$0 \leqslant x_2 \leqslant 1.5$$

给定 $\varepsilon = 0.01, \delta = 0.01, \alpha = 1.3$，初始复合形的 4 个顶点为

$$\boldsymbol{x}^{(1)} = \begin{bmatrix}0\\0\end{bmatrix},\quad \boldsymbol{x}^{(2)} = \begin{bmatrix}0\\1\end{bmatrix},\quad \boldsymbol{x}^{(3)} = \begin{bmatrix}1\\0\end{bmatrix},\quad \boldsymbol{x}^{(4)} = \begin{bmatrix}1\\1\end{bmatrix}$$

解 按照复合形搜索法算法步骤依次计算。先进行第 1 次迭代：

$$\boldsymbol{x}^{(1)} = \begin{bmatrix}0\\0\end{bmatrix}\quad \boldsymbol{x}^{(2)} = \begin{bmatrix}0\\1\end{bmatrix}\quad \boldsymbol{x}^{(3)} = \begin{bmatrix}1\\0\end{bmatrix}\quad \boldsymbol{x}^{(4)} = \begin{bmatrix}1\\1\end{bmatrix}$$

$$f_1 = 0 \qquad f_2 = -3 \qquad f_3 = -3 \qquad f_4 = -6$$

$$f_1 = f_H \qquad f_2 = f_G \qquad\qquad f_4 = f_L$$

形心 $\boldsymbol{x}^{(C)} = \frac{1}{3}(\boldsymbol{x}^{(2)} + \boldsymbol{x}^{(3)} + \boldsymbol{x}^{(4)}) = \begin{bmatrix}\frac{2}{3}\\ \frac{2}{3}\end{bmatrix}$，是可行点。

$$f_C = -4.44$$

令反射系数 $\alpha = 1.3$

反射点 $\boldsymbol{x}^{(R)} = \boldsymbol{x}^{(C)} + 1.3(\boldsymbol{x}^{(C)} - \boldsymbol{x}^{(H)}) = \begin{bmatrix}\frac{23}{15}\\ \frac{23}{15}\end{bmatrix}$，是不可行点。将 α 缩小为一半，即 $\alpha =$

$0.5\times1.3=0.65$,重新计算 $\boldsymbol{x}^{(R)}$

$\boldsymbol{x}^{(R)}=\boldsymbol{x}^{(C)}+0.65(\boldsymbol{x}^{(C)}-\boldsymbol{x}^{(H)})=\begin{bmatrix}1.1\\1.1\end{bmatrix}$,是不可行点。继续将 α 缩小为一半,即 $\alpha=0.5\times0.65=0.325$,重新计算 $\boldsymbol{x}^{(R)}$

$$\boldsymbol{x}^{(R)}=\boldsymbol{x}^{(C)}+0.325(\boldsymbol{x}^{(C)}-\boldsymbol{x}^{(H)})=\begin{bmatrix}\frac{53}{60}\\\frac{53}{60}\end{bmatrix}\text{,是可行点。}$$

$$f_{\mathrm{R}}=-5.51<f_{\mathrm{H}}$$

则用反射点 $\boldsymbol{x}^{(R)}$ 代替最坏点 $\boldsymbol{x}^{(H)}$,与 $\boldsymbol{x}^{(2)}$、$\boldsymbol{x}^{(3)}$、$\boldsymbol{x}^{(4)}$ 构成新的复合形

$$\boldsymbol{x}^{(1)}=\begin{bmatrix}\frac{53}{60}\\\frac{53}{60}\end{bmatrix}\quad\boldsymbol{x}^{(2)}=\begin{bmatrix}0\\1\end{bmatrix}\quad\boldsymbol{x}^{(3)}=\begin{bmatrix}1\\0\end{bmatrix}\quad\boldsymbol{x}^{(4)}=\begin{bmatrix}1\\1\end{bmatrix}$$

$$f_1=-5.51\quad f_2=-3\quad f_3=-3\quad f_4=-6$$

$$f_2=f_{\mathrm{H}}$$

上面已计算出 $f_{\mathrm{C}}=-4.44$

计算精度:

$$\left\{\frac{1}{4}[(f_1-f_{\mathrm{C}})^2+(f_2-f_{\mathrm{C}})^2+(f_3-f_{\mathrm{C}})^2+(f_4-f_{\mathrm{C}})^2]\right\}^{\frac{1}{2}}$$

$$=\left\{\frac{1}{4}[(-5.51+4.44)^2+(-3+4.44)^2+(-3+4.44)^2+(-6+4.44)^2]\right\}^{\frac{1}{2}}$$

$$=1.39$$

下面进行第 2 次迭代:

计算形心 $\boldsymbol{x}^{(C)}=\frac{1}{3}(\boldsymbol{x}^{(1)}+\boldsymbol{x}^{(3)}+\boldsymbol{x}^{(4)})=\begin{bmatrix}\frac{173}{180}\\\frac{113}{180}\end{bmatrix}$,是可行点。

$$f_{\mathrm{C}}=-5.04$$

令反射系数 $\alpha=1.3$

计算反射点 $\boldsymbol{x}^{(R)}=\boldsymbol{x}^{(C)}+1.3(\boldsymbol{x}^{(C)}-\boldsymbol{x}^{(H)})=\begin{bmatrix}\frac{3979}{1800}\\\frac{259}{1800}\end{bmatrix}$,是可行点。

$$f_{\mathrm{R}}=-4.51<f_{\mathrm{H}}$$

则用反射点 $\boldsymbol{x}^{(R)}$ 代替最坏点 $\boldsymbol{x}^{(H)}$,与 $\boldsymbol{x}^{(1)}$、$\boldsymbol{x}^{(3)}$、$\boldsymbol{x}^{(4)}$ 构成新的复合形

$$\boldsymbol{x}^{(1)}=\begin{bmatrix}\frac{53}{60}\\\frac{53}{60}\end{bmatrix}\quad\boldsymbol{x}^{(2)}=\begin{bmatrix}\frac{3979}{1800}\\\frac{259}{1800}\end{bmatrix}\quad\boldsymbol{x}^{(3)}=\begin{bmatrix}1\\0\end{bmatrix}\quad\boldsymbol{x}^{(4)}=\begin{bmatrix}1\\1\end{bmatrix}$$

$$f_1=-5.51\quad f_2=-4.51\quad f_3=-3\quad f_4=-6$$

上面已计算出 $f_C = -5.04$

计算精度：

$$\left\{\frac{1}{4}[(f_1 - f_C)^2 + (f_2 - f_C)^2 + (f_3 - f_C)^2 + (f_4 - f_C)^2]\right\}^{\frac{1}{2}}$$

$$= \left\{\frac{1}{4}[(-5.51 + 5.04)^2 + (-4.51 + 5.04)^2 + (-3 + 5.04)^2 + (-6 + 5.04)^2]\right\}^{\frac{1}{2}}$$

$$= 1.18$$

如此继续迭代下去，一定可得最优解。限于篇幅，不再赘述。

习 题 四

4.1 某厂生产一种混合物，它由原料 A 和 B 组成，估计生产量是 $3.6x_1-0.4x_1^2+1.6x_2-0.2x_2^2$，其中 x_1 和 x_2 分别为原料 A 和 B 的使用量(吨)。该厂拥有资金 5 万元，A 种原料每吨的单价为 1 万元，B 种为 5 千元，试写出使生产量最大化的数学模型。

4.2 某电视机厂要制定下年度的生产计划。由于该厂生产能力和仓库大小的限制，它的月生产量不能超过 b 台，存储量不能大于 C 台。按照合同规定，该厂于第 i 月份月底需交付商业部门的电视机台数为 d_i。现以 x_i 和 y_i 分别表示该厂第 i 个月份电视机的生产台数和存储台数，其月生产费用和存储费用分别是 $f_i(x_i)$ 和 $g_i(y_i)$。假定本年度结束时的存储量为零，试确定使下年度费用(包括生产费用和存储费用)最低的生产计划(即确定每月的生产量)。请写出上述问题的数学模型。

4.3 试计算以下函数的梯度和海赛矩阵：

(1) $f(\boldsymbol{x})=x_1^2+x_2^2+x_3^2$

(2) $f(\boldsymbol{x})=\ln(x_1^2+x_1x_2+x_2^2)$

4.4 试确定以下矩阵是正定、负定、半正定、半负定或不定?

(1) $\boldsymbol{H}=\begin{bmatrix}2 & 1 & 2\\ 1 & 3 & 0\\ 2 & 0 & 5\end{bmatrix}$

(2) $\boldsymbol{H}=\begin{bmatrix}1 & 1 & 0\\ 1 & 1 & 0\\ 0 & 0 & 1\end{bmatrix}$

4.5 试求函数 $f(\boldsymbol{x})=x_1^2-4x_1x_2+6x_1x_3+5x_2^2-10x_2x_3+8x_3^2$ 的驻点，并判定它们是极大点、极小点还是鞍点?

4.6 试判断以下函数的凸凹性：

(1) $f(\boldsymbol{x})=(4-x)^3 \quad x\leqslant 4$

(2) $f(\boldsymbol{x})=x_1^2+2x_1x_2+3x_2^2$

(3) $f(\boldsymbol{x})=\dfrac{1}{x} \quad x<0$

(4) $f(\boldsymbol{x})=x_1x_2$

4.7 求 $f(x)=x^2-6x+2$ 的极小点。

(1) 用黄金分割法求解,要求迭代三次,并求出所达精度。

(2) 用牛顿法求解,给定初始点 $x_1=1$。

4.8 用抛物线逼近法求 $f(x)=e^x-5x$ 在区间[1,2]上的极小点,给定初始点 $x_1=1$,初始步长 $h_1=0.1$,只迭代两次。

4.9 求 $f(\boldsymbol{x})=x_1^2+2x_2^2-4x_1-2x_1x_2$ 的极小点,给定初始点 $\boldsymbol{x}^{(1)}=(1,1)^T$。
试用变量轮换法、单纯形搜索法、最速下降法、阻尼牛顿法、共轭梯度法、变尺度法分别求解本题,只迭代两次,并求出所达精度(单纯形搜索法中,给定初始步长 $h_1=2$)。

4.10 试用库恩-塔克条件和二阶充分条件求解下列非线性规划问题,并画图说明之。

$$\min f(\boldsymbol{x}) = (x_1-1)^2+(x_2-2)^2$$
$$x_2-x_1=1$$
$$x_1+x_2\leqslant 2$$
$$x_1\geqslant 0 \quad x_2\geqslant 0$$

4.11 试分析非线性规划:

$$\min f(\boldsymbol{x}) = (x_1-2)^2+(x_2-3)^2$$
$$x_1^2+(x_2-2)^2\geqslant 4$$
$$x_2\leqslant 2$$

在下列各点的可行下降方向:

(1) $\boldsymbol{x}^{(1)}=(2,2)^T$

(2) $\boldsymbol{x}^{(2)}=(3,2)^T$

(3) $\boldsymbol{x}^{(3)}=(0,0)^T$

并绘图表示各点的可行下降方向的范围。

4.12 用近似规划法求解下列问题:

$$\min f(\boldsymbol{x}) = (x_1-3)^2+(x_2-3)^2$$
$$g_1(\boldsymbol{x}) = 8-x_1^2-x_2^2\geqslant 0$$
$$g_2(\boldsymbol{x}) = x_1+x_2-1\geqslant 0$$
$$g_3(\boldsymbol{x}) = x_1\geqslant 0$$
$$g_4(\boldsymbol{x}) = x_2\geqslant 0$$

给定初始可行点 $\boldsymbol{x}^{(1)}=(1,1)^T$,步长限制 $\boldsymbol{\delta}^{(1)}=(2,2)^T$,步长缩小系数 $\beta=0.25$。(求出一个新的下降的可行点即可)

4.13 用可行方向法求解下列非线性规划问题

$$\min f(\boldsymbol{x})=x_1^2+x_2^2-2x_1-4x_2+6$$
$$g_1(\boldsymbol{x})=-2x_1+x_2+1\geqslant 0$$
$$g_2(\boldsymbol{x})=-x_1-x_2+2\geqslant 0$$
$$g_3(\boldsymbol{x})=x_1\geqslant 0$$
$$g_4(\boldsymbol{x})=x_2\geqslant 0$$

给定初始点 $\boldsymbol{x}^{(0)}=(0,0)^T$。

4.14 试用 SUMT 的外点法求解下列问题:

$$\min f(\boldsymbol{x}) = x_1^2+x_2^2$$
$$x_2=1$$

4.15 试用 SUMT 的内点法求解下列问题：

$\min f(\boldsymbol{x}) = \frac{1}{12}(x_1+1)^3 + x_2$

$x_1 - 1 \geqslant 0$

$x_2 \geqslant 0$

4.16 试用 SUMT 的混合法重新求解题 4.10。

4.17 试用乘子法求解下列非线性规划问题：

(1) $\min f(\boldsymbol{x})=\frac{1}{6}x_1^2+\frac{1}{2}x_2^2$

$x_1+x_2-1=0$

(2) $\min f(\boldsymbol{x})=x_1^2+x_2^2$

$x_1\geqslant 1$

(3) $\min f(\boldsymbol{x})=x_1+\frac{1}{3}(x_2+1)^2$

$x_1\geqslant 0$

$x_1+x_2=1$

4.18 求下列非线性规划问题的库恩-塔克点。

$\min f(\boldsymbol{x}) = x_1$

$(x_1-3)^2+(x_2-2)^2 = 13$

$(x_1-4)^2+x_2^2 \leqslant 16$

4.19 试用 SUMT 的外点法重新求解题 4.15。

4.20 试用 SUMT 方法求解下列问题：

$\min f(\boldsymbol{x}) = x_1^2+x_2^2$

$x_2 = 1$

$x_1 \leqslant 2$

(1) 用外点法求解

(2) 用混合法求解

4.21 用复合形搜索法求解下列非线性规划问题：

$\min f(\boldsymbol{x}) = x_1^2+x_2^2-x_1x_2-10x_1-4x_2+60$

$x_1+x_2-10 \geqslant 0$

$0 \leqslant x_1 \leqslant 6$

$0 \leqslant x_2 \leqslant 6$

给定反射系数 $\alpha=1.3$，初始复合形顶点为：$\boldsymbol{x}^{(1)}=(5,5)^{\mathrm{T}}$，$\boldsymbol{x}^{(2)}=(5,6)^{\mathrm{T}}$，$\boldsymbol{x}^{(3)}=(6,5)^{\mathrm{T}}$，$\boldsymbol{x}^{(4)}=(6,6)^{\mathrm{T}}$

要求迭代两次，并求出每次迭代所达到的精度。

4.22 试比较单变量函数牛顿法、原始牛顿法、阻尼牛顿法以及拟牛顿法。

第五部分　动态规划

动态规划(dynamic programming)是运筹学的一个分支,它包括确定型动态规划和随机型动态规划。本部分只讨论确定型动态规划。1951 年,美国数学家贝尔曼(R. Bellman)提出了解决多阶段决策过程最优化问题的著名的“最优化原理”,将多阶段问题转化为多个互相联系的单阶段问题,逐阶段加以求解,创建了动态规划方法。1957 年,贝尔曼的《动态规划》一书出版,这是该领域的第一本著作。

前面介绍过的线性规划、非线性规划等属于静态规划,它只有空间的寻优,而动态规划不仅有空间寻优,还有时间寻优。但静态规划与动态规划本质上都是若干约束条件下非线性函数的极值问题,故动态规划问题原则上可以用非线性规划方法求解,而人为引入时间因素后,一些难以解决的静态规划问题也可以用动态规划方法比较方便地求出全局最优解。

动态规划方法具有广泛的应用。比如,用于求解最短路问题、生产计划问题、货物存储问题、设备更新问题、资源分配问题、系统可靠性问题、任务均衡问题、排序问题、推销商问题、线性系统的二次指标函数问题、不定期决策过程问题、随机型多阶段决策过程问题、连续决策过程问题,等等。

动态规划方法具有与静态规划方法完全不同的独特思路和独特求解方法。本部分将重点介绍确定型多阶段决策过程最优化问题,包括其动态规划模型的构成、最优化理论、基本方程、递推计算及应用实例等。

第11章　动态规划的基本概念和基本理论

11.1　多阶段决策过程最优化问题举例

在这里，我们以最短路径问题为例。

一、最短路径问题

例 11.1　如图 11.1.1，给定一个运输网络，两点之间连线上的数字表示两点间的距离。试求一条从 A 到 E 的运输线路，使总距离为最短。

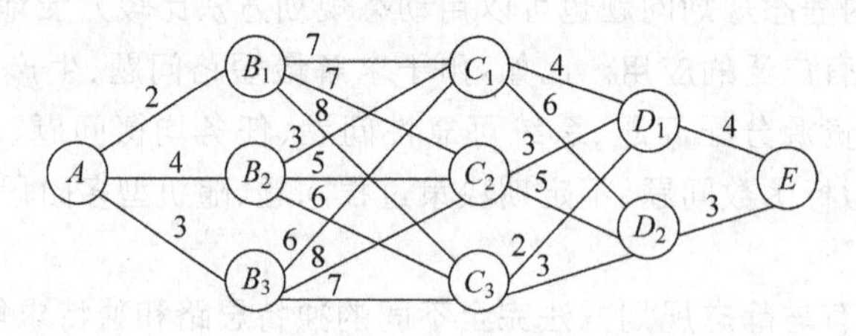

图 11.1.1　最短路径问题

从图 11.1.1 可以看出，在始点 A 和终点 E 之间，有一些"中间站"，我们可以把从 A 到 E 的全过程分成若干个阶段，这里可分为四个阶段（见图 11.1.3）。处于每个阶段时，都要选择走哪条支路——决策，一个阶段的决策除了影响该阶段的效果之外，还影响到下一阶段的初始状态，从而也就影响到整个过程此后的进程。因此，在进行某一阶段的决策时，就不能只从这一阶段本身考虑，而要把它看成是整个决策过程中的一个环节，我们的目的是为了求得整个过程的效果最优，即从 A 到 E 的总距离最短。

最短路径问题具有如下重要性质：若已经给定从点 A'到点 C'的最短路径如图 11.1.2 中实线所示，则从其上任一中间点 B'到点 C'的部分路径也必然是从 B'到 C'的所有可能选择的路径中的最短路径。该性质极易用反证法加以证明。因为如果不是这样，则从点 B'到点 C'必然有另一条距离更短的路径（如图 11.1.2 中虚线所示）存在，把它和原来最短路径上由

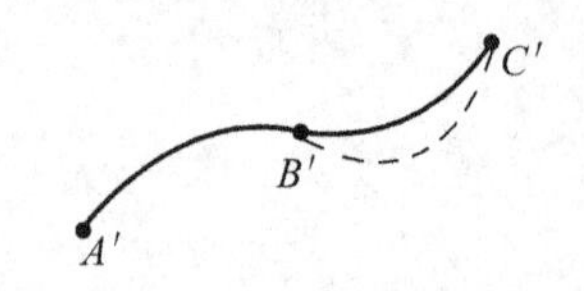

图 11.1.2　最短路径的重要性质

点 A' 到点 B' 的那部分连接起来，就会得到一条由点 A' 到点 C' 的新路径，它比原来那条最短路径的总距离还要短，这与给定的前提条件相矛盾，所以是不可能的。

根据最短路径问题的这一重要性质，我们可以从最后一个阶段开始，由终点向始点方向逐阶段递推，寻找各点到终点的最短路径，当递推到始点时，即得到了从始点到终点的全过程最短路径。这种由后向前逆序递推的方法，正是动态规划通常采用的寻优途径。

需要特别说明的是：图 11.1.1 中，省略了指示每条支路方向的箭头，其方向都是由该阶段的始点指向该阶段的终点。

二、逆序递推

下面，我们来求解图 11.1.1 所示的例 11.1。把从 A 到 E 的全过程分为四个阶段，用 k 表示阶段变量，见图 11.1.3。第 1 阶段，有一个初始状态 A，三条可供选择的支路 AB_1、AB_2、AB_3；第 2 阶段，有三个初始状态 B_1、B_2、B_3，它们各有三条可供选择的支路……下面，我们用 $d_k(x_k, x_{k+1})$ 表示在第 k 阶段由初始状态 x_k 到下阶段的初始状态 x_{k+1} 的支路距离。例如，$d_3(C_2, D_1)$ 表示第 3 阶段内由 C_2 到 D_1 的距离，即 $d_3(C_2, D_1)=3$。我们还用 $f_k(x_k)$ 表示从第 k 阶段的 x_k 到终点 E 的最短距离，例如 $f_2(B_1)$ 表示从第 2 阶段的 B_1 到终点 E 的最短距离。

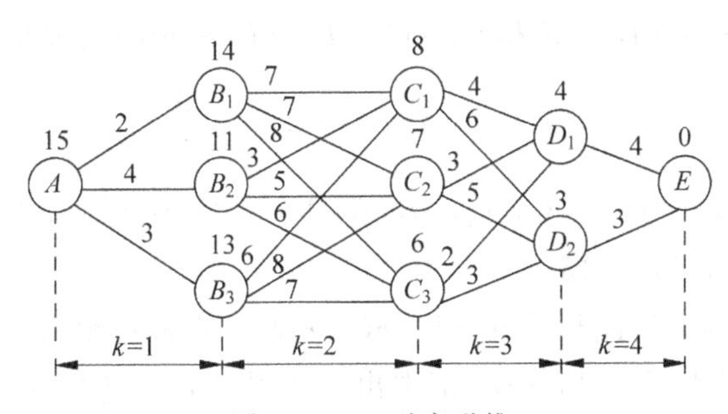

图 11.1.3 逆序递推

图 11.1.3 中，过程的始点是 A，终点是 E，过程的实际行进方向是由 A 经第 1、2、3、4 阶段到达终点 E。所谓逆序递推，就是逆着过程的行进方向，由终点到始点，一个阶段一个阶段地递推。

1. $k=4$ 阶段

第 4 阶段有两个初始状态 D_1 和 D_2。那么，从 $A \to E$ 的全过程最短路径，在第 4 阶段究竟经过 D_1、D_2 中的哪一个呢？目前，我们还不得而知，因此只能各种可能都考虑：若全过程最短路径经过 D_1，则有 $f_4(D_1)=4$；若全过程最短路径经过 D_2，则有 $f_4(D_2)=3$。

2. $k=3$ 阶段

假设全过程最短路径在第 3 阶段经过 C_1 点：

若由 $C_1 \to D_1 \to E$，则有 $d_3(C_1, D_1)+f_4(D_1)=4+4=8$

若由 $C_1 \to D_2 \to E$，则有 $d_3(C_1, D_2)+f_4(D_2)=6+3=9$

因此，$f_3(C_1)=\min(8,9)=8$，即由 $C_1 \to E$ 的最短路径是由 $C_1 \to D_1 \to E$，最短距离是 8。

类似地，假设全过程最短路径在第 3 阶段经过 C_2 点，则有

$$
\begin{aligned}
f_3(C_2) &= \min\{[d_3(C_2, D_1)+f_4(D_1)], [d_3(C_2, D_2)+f_4(D_2)]\} \\
&= \min(7,8) = 7
\end{aligned}
$$

即由 $C_2 \to E$ 的最短路径是由 $C_2 \to D_1 \to E$,最短距离是 7。

假设全过程最短路径在第 3 阶段经过 C_3 点,则有

$$f_3(C_3) = \min\{[d_3(C_3,D_1)+f_4(D_1)],[d_3(C_3,D_2)+f_4(D_2)]\}$$
$$= \min(6,6) = 6$$

即由 $C_3 \to E$ 的最短路径有两条:$C_3 \to D_1 \to E$ 和 $C_3 \to D_2 \to E$,其最短距离都是 6。

3. $k=2$ 阶段

类似地,可计算 $f_2(B_1)$、$f_2(B_2)$、$f_2(B_3)$如下:

$$f_2(B_1) = \min\{[d_2(B_1,C_1)+f_3(C_1)],[d_2(B_1,C_2)+f_3(C_2)],[d_2(B_1,C_3)+f_3(C_3)]\}$$
$$= \min(15,14,14) = 14$$
$$f_2(B_2) = \min\{[d_2(B_2,C_1)+f_3(C_1)],[d_2(B_2,C_2)+f_3(C_2)],[d_2(B_2,C_3)+f_3(C_3)]\}$$
$$= \min(11,12,12) = 11$$
$$f_2(B_3) = \min\{[d_2(B_3,C_1)+f_3(C_1)],[d_2(B_3,C_2)+f_3(C_2)],[d_2(B_3,C_3)+f_3(C_3)]\}$$
$$= \min(14,15,13) = 13$$

因此,由 $B_1 \to E$ 的最短路径有三条:$B_1 \to C_2 \to D_1 \to E$、$B_1 \to C_3 \to D_1 \to E$ 和 $B_1 \to C_3 \to D_2 \to E$,最短距离都是 14;由 $B_2 \to E$ 的最短路径是 $B_2 \to C_1 \to D_1 \to E$,最短距离是 11;由 $B_3 \to E$ 的最短路径有两条:$B_3 \to C_3 \to D_1 \to E$ 和 $B_3 \to C_3 \to D_2 \to E$,最短距离都是 13。

4. $k=1$ 阶段

计算 $f_1(A)$如下:

$$f_1(A) = \min\{[d_1(A,B_1)+f_2(B_1)],[d_1(A,B_2)+f_2(B_2)],[d_1(A,B_3)+f_2(B_3)]\}$$
$$= \min(16,15,16) = 15$$

因此,由 $A \to E$ 的全过程最短路径是 $A \to B_2 \to C_1 \to D_1 \to E$,最短距离是 15。

从以上过程可以看出,每个阶段中,都求出本阶段的各个初始状态到过程终点 E 的最短路径和最短距离,当逆序递推到过程始点 A 时,便得到全过程的最短路径及其最短距离,同时附带得到一族最优结果(即各阶段的各状态到终点 E 的最优结果)。和穷举法相比,逆序递推方法大大减少了计算量,且大大丰富了计算结果。

三、顺序递推

例 11.2 用顺序递推方法求解例 11.1。

顺序递推是与逆序递推相对而言的。下面,用顺序递推来求解图 11.1.1 所示例 11.1。所谓顺序递推,就是顺着过程的实际行进方向从始点 A 到终点 E 逐阶段递推,在这里,假设阶段的划分与逆序递推时相同。需要注意的是,在顺序递推中,求出的是始点 A 到各状态节点的最短路径及其最短距离值。顺序递推的求解参见图 11.1.4。

1. $k=1$ 阶段

第 1 阶段有三个末端状态 B_1、B_2、B_3,如果由 $A \to E$ 的全过程最短路径在第 1 阶段经过 B_1,则有 $f_1(B_1)=2$,类似地,有 $f_1(B_2)=4$,$f_1(B_3)=3$。

2. $k=2$ 阶段

第 2 阶段有三个末端状态 C_1、C_2、C_3,它们各有三条可供选择的支路。计算如下:

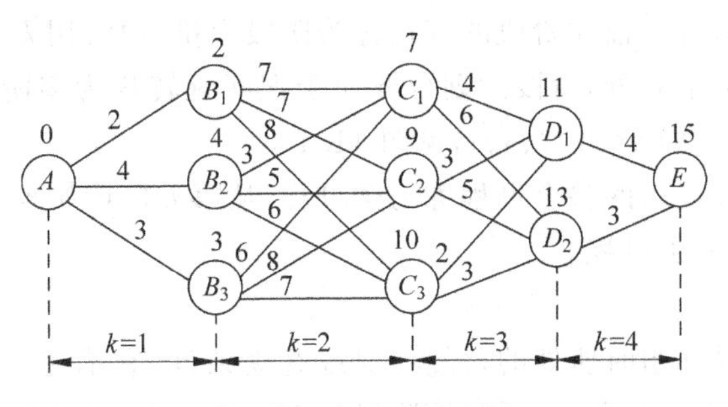

图 11.1.4 顺序递推

$$f_2(C_1)=\min\{[d_2(C_1,B_1)+f_1(B_1)],[d_2(C_1,B_2)+f_1(B_2)],[d_2(C_1,B_3)+f_1(B_3)]\}$$
$$=\min(9,7,9)=7$$
$$f_2(C_2)=\min\{[d_2(C_2,B_1)+f_1(B_1)],[d_2(C_2,B_2)+f_1(B_2)],[d_2(C_2,B_3)+f_1(B_3)]\}$$
$$=\min(9,9,11)=9$$
$$f_2(C_3)=\min\{[d_2(C_3,B_1)+f_1(B_1)],[d_2(C_3,B_2)+f_1(B_2)],[d_2(C_3,B_3)+f_1(B_3)]\}$$
$$=\min(10,10,10)=10$$

$f_2(C_1)$相应的最短路径是 $A\to B_2\to C_1$，$f_2(C_2)$相应的最短路径有两条：$A\to B_1\to C_2$ 和 $A\to B_2\to C_2$，$f_2(C_3)$相应的最短路径有三条：$A\to B_1\to C_3$、$A\to B_2\to C_3$ 和 $A\to B_3\to C_3$。

3. $k=3$ 阶段

类似地，可计算 $f_3(D_1)$、$f_3(D_2)$如下：

$$f_3(D_1)=\min\{[d_3(D_1,C_1)+f_2(C_1)],[d_3(D_1,C_2)+f_2(C_2)],[d_3(D_1,C_3)+f_2(C_3)]\}$$
$$=\min(11,12,12)=11$$
$$f_3(D_2)=\min\{[d_3(D_2,C_1)+f_2(C_1)],[d_3(D_2,C_2)+f_2(C_2)],[d_3(D_2,C_3)+f_2(C_3)]\}$$
$$=\min(13,14,13)=13$$

$f_3(D_1)$相应的最短路径是 $A\to B_2\to C_1\to D_1$，$f_3(D_2)$相应的最短路径是 $A\to B_2\to C_1\to D_2$ 和 $A\to B_2\to C_3\to D_2$。

4. $k=4$ 阶段

计算 $f_4(E)$如下：

$$f_4(E)=\min\{[d_4(E,D_1)+f_3(D_1)],[d_4(E,D_2)+f_3(D_2)]\}$$
$$=\min(15,16)=15$$

因此，由 $A\to E$ 的全过程最短路径是 $A\to B_2\to C_1\to D_1\to E$，相应的最短距离是 15，这与逆序递推求出的最优结果完全相同。从始点 A 到各个状态节点的最短距离值标在图 11.1.4 上。

11.2 动态规划的基本概念和模型构成

一、动态规划的基本概念

这里仍以 11.1 节中的例 11.1 为例加以介绍。

1. 阶段

用动态规划方法求解问题时，需要将问题的全过程恰当地分为若干个相互联系的阶段，以便按一定的次序去求解。描述阶段的变量称为阶段变量,通常用 k 表示,阶段一般是根据时间和空间的自然特征来划分,阶段的划分要便于把问题转化为多阶段决策的过程。如上述例题可分为4个阶段,即 $k=1、2、3、4$,见图11.1.3。

从过程始点到过程终点的整个过程称为全过程,从第 k 阶段始点到过程终点的过程,称为后部子过程,或称为 k 子过程。

2. 状态

状态表示每个阶段开始时所处的自然状况或客观条件,它描述了过程的状况。在例题中,状态就是各阶段的起始位置,它既是该阶段某支路的始点,又是前一阶段某支路的终点。通常一个阶段有若干个状态,例题中,第1阶段有一个状态 A,第2阶段有三个状态,即点 B_1,B_2,B_3。

描述过程状态的变量称为状态变量,它可用一个数、一组数或一个向量(n 维情况)来描述。我们用 x_k 表示第 k 阶段的状态变量。例题中,第3阶段有三个状态,即状态变量可取3个值: C_1,C_2,C_3。第 k 阶段所有状态的集合,称为第 k 阶段可达状态的集合,一般记为 X_k,例题中,$X_3=\{C_1,C_2,C_3\}$。

3. 决策

当过程处于某个阶段的某个状态时,从该状态演变到下一阶段某状态的选择,称为决策,决策是在某一阶段内的抉择。描述决策的变量,称为决策变量,通常用 $u_k(x_k)$ 表示第 k 阶段处于 x_k 状态时的决策变量,它等于所到达的下一阶段的状态。例题中,有 $u_2(B_1)=C_2$,它表示第2阶段处于 B_1 时选择了由 B_1 到 C_2 的决策。第 k 阶段 x_k 状态下决策变量的所有可能取值(取值范围),称为第 k 阶段 x_k 状态下的允许决策的集合,用 $U_k(x_k)$ 表示,例题中,有 $U_2(B_1)=\{C_1,C_2,C_3\}$。

4. 策略

由所有各阶段的决策组成的决策函数序列称为全过程策略,简称策略,记作 $p_{1,n}(x_1)$。可供选择的所有全过程策略构成允许策略集合,即策略的取值范围,用 $P_{1,n}(x_1)$ 表示。能够达到总体最优的全过程策略称为最优策略。相应于后部子过程的决策函数序列,称为子策略,记作 $p_{k,n}(x_k)$。

5. 指标函数

任何决策过程都必须有一个度量其策略好坏的尺度,它是定义在全过程或后部子过程上的一种数量函数,称为指标函数。定义在全过程上的指标函数,即相当于静态规划中的目标函数。指标函数记作 $V_{1,n}(x_1;p_{1,n})$ 或 $V_{k,n}(x_k;p_{k,n})$,有时也简写为 $V_{1,n}$ 或 $V_{k,n}$,$V_{k,n}$ 指的是从第 k 阶段的始点到第 n 阶段的终点即过程终点的指标函数。

指标函数的最优值称为最优指标函数,记作 $f_1(x_1)$ 或 $f_k(x_k)$。

指标函数在第 k 阶段一个阶段内的数值,称为第 k 阶段的指标函数,记作 $v_k(x_k,u_k)$,在例题中,它就是某一支路的距离值,如 $v_3(C_1,D_2)=d_3(C_1,D_2)=6$。

二、动态规划的模型构成

构成动态规划模型,需进行以下几方面的工作:

(1) 正确选择阶段变量 k。

(2) 正确选择状态变量 x_k。

状态变量的选择要能满足下面两个条件：

① 要能正确描述受控过程的演变特性。

② 要满足无后效性。

所谓无后效性，是指这样一种重要性质：某阶段的状态一旦确定，则此后过程的演变不再受此前各状态及决策的影响。也就是说，"未来与过去无关"，当前的状态是此前历史的一个完整的总结，此前的历史只能通过当前的状态去影响过程未来的演变。即由第 k 阶段的状态 x_k 出发的后部子过程，可以看作是一个以 x_k 为初始状态的独立过程。

(3) 正确选择决策变量 u_k。

(4) 列出状态转移方程

$$x_{k+1} = T_k(x_k, u_k) \tag{11.2.1}$$

这里函数关系 T_k 因问题的不同而不同。

从状态转移方程的一般形式可以看出，未来的状态 x_{k+1} 仅由 x_k、u_k 来确定，而与 x_k 以前的各状态、决策无关，这也体现了无后效性。

(5) 列出指标函数 $V_{k,n}$，它要具有按阶段可分性，并满足递推关系

$$V_{k,n} = V_{k,n}(x_k; p_{k,n}) = \sum_{j=k}^{n} v_j(x_j, u_j) = v_k(x_k, u_k) + V_{k+1,n}(x_{k+1}; p_{k+1}, n)$$

在构成动态规划的模型时，状态变量的无后效性常常是不容易被满足的。

11.3 基本理论和基本方程

一、最优性定理

最优性定理是策略最优性的充分必要条件，它是动态规划的理论基础。其内容如下：

定理 11.1：设有一多阶段决策过程，阶段变量 $k=1,2,\cdots,n$。允许策略 $p_{1,n}^* = (u_1^*, u_2^*, \cdots, u_n^*)$ 为最优策略的充要条件是：对任一个 $k(1<k<n)$，当初始状态为 x_1 时，有

$$V_{1,n}(x_1; p_{1,n}^*) = \min_{P_{1,k-1}(x_1)} \{V_{1,k-1}(x_1; p_{1,k-1}) + \min_{P_{k,n}(\bar{x}_k)} V_{k,n}(\bar{x}_k; p_{k,n})\} \tag{11.3.1}$$

式中 $p_{1,n} = (p_{1,k-1}; p_{k,n})$，$\bar{x}_k = T_{k-1}(x_{k-1}, u_{k-1})$，$\bar{x}_k$ 是由给定的初始状态 x_1 和子策略 $p_{1,k-1}$ 所确定的第 k 阶段的状态。

证明：先证必要性。即如果 $p_{1,n}^*$ 是最优策略，则必有式(11.3.1)成立。

设 $p_{1,n}^*$ 是最优策略，则有

$$V_{1,n}(x_1; p_{1,n}^*) = \min_{P_{1,n}} V_{1,n}(x_1; p_{1,n}) = \min_{P_{1,n}} [V_{1,k-1}(x_1; p_{1,k-1}) + V_{k,n}(\bar{x}_k; p_{k,n})]$$

对于从 k 至 n 阶段的后部子过程而言，它的指标函数取决于该子过程的初始状态 $\bar{x}_k$ 和子策略 $p_{k,n}$，而 $\bar{x}_k$ 是由 x_1 及子策略 $p_{1,k-1}$ 确定的。因此，在策略集合 $P_{1,n}$ 上求最优解，就等价于先在子策略集合 $P_{k,n}(\bar{x}_k)$ 上求子最优解，然后再求这些子最优解在子策略集合 $P_{1,k-1}(x_1)$ 上的最优解。故上式可写为

$$V_{1,n}(x_1; p_{1,n}^*) = \min_{P_{1,k-1}(x_1)} \{ \min_{P_{k,n}(\bar{x}_k)} [V_{1,k-1}(x_1; p_{1,k-1}) + V_{k,n}(\bar{x}_k; p_{k,n})]\}$$

但中括号内第一项与子策略 $p_{k,n}$ 无关，故得

$$V_{1,n}(x_1; p_{1,n}^*) = \min_{P_{1,k-1}(x_1)} \{V_{1,k-1}(x_1; p_{1,k-1}) + \min_{P_{k,n}(\bar{x}_k)} V_{k,n}(\bar{x}_k; p_{k,n})\}$$

再证充分性。即如果允许策略 $p_{1,n}^*$ 使得式(11.3.1)成立，则 $p_{1,n}^*$ 必为最优策略。

设 $p_{1,n}=(p_{1,k-1};p_{k,n})$ 为任一策略，$\bar{x}_k$ 为 x_1 及 $p_{1,k-1}$ 所确定的第 k 阶段的初始状态，则有

$$V_{k,n}(\bar{x}_k;p_{k,n}) \geqslant \min_{P_{k,n}(\bar{x}_k)} V_{k,n}(\bar{x}_k;p_{k,n})$$

又因为

$$\begin{aligned} V_{1,n}(x_1;p_{1,n}) &= V_{1,k-1}(x_1;p_{1,k-1}) + V_{k,n}(\bar{x}_k;p_{k,n}) \\ &\geqslant V_{1,k-1}(x_1;p_{1,k-1}) + \min_{P_{k,n}(\bar{x}_k)} V_{k,n}(\bar{x}_k;p_{k,n}) \\ &\geqslant \min_{P_{1,k-1}(x_1)} \{V_{1,k-1}(x_1;p_{1,k-1} + \min_{P_{k,n}(\bar{x}_k)} V_{k,n}(\bar{x}_k;p_{k,n})\} \\ &= V_{1,n}(x_1;p_{1,n}^*) \end{aligned}$$

即允许策略 $p_{1,n}^*$ 使式(11.3.1)成立。也就是说，对任一策略 $p_{1,n}$ 都有

$$V_{1,n}(x_1;p_{1,n}) \geqslant V_{1,n}(x_1;p_{1,n}^*)$$

因此 $p_{1,n}^*$ 是最优策略

若问题为求 max，则把上述各"$\geqslant$"不等号换成"$\leqslant$"不等号即可。

二、最优化原理

20 世纪 50 年代，R. Bellman 根据研究一类多阶段决策问题，首先提出了著名的最优化原理："作为整个过程的最优策略具有这样的性质：不管该最优策略上某状态以前的状态和决策如何，对该状态而言，余下的诸决策必定构成最优子策略。"即最优策略的任一后部子策略都是最优的。

其实，上述最优化原理仅仅是最优策略的必要条件，是最优性定理的一个推论，其内容如下：

定理 11.2：当初始状态为 x_1 时，若允许策略 $p_{1,n}^*$ 是最优策略，则对任意阶段 $k(1<k<n)$，它的子策略 $p_{k,n}^*$ 对于以 $x_k^*=T_{k-1}(x_{k-1}^*,u_{k-1}^*)$ 为始点的后部子过程而言，必是最优的(注意：x_k^* 是由 x_1 和 $p_{1,k-1}^*$ 确定的)。

定理 11.2 用反证法很容易证明。显然，如果把定理 11.2 中的"后部子策略"改为"前部子策略"，则采用类似的方法可证明其仍然成立。

三、基本方程

动态规划中，有逆序递推和顺序递推两种递推方法。在这两种不同的递推方法中，阶段变量 k 的定义是相同的，且一般都定义第 1 阶段的初始状态为 x_1，第 1 阶段的终止状态即第 2 阶段的初始状态为 x_2，……，定义全过程的终点即第 n 阶段的终止状态为 x_{n+1}。

逆序递推和顺序递推各有相应的基本方程，下面将分别加以介绍。

1. 逆序递推的基本方程

这里先介绍动态规划逆序递推的基本方程，假设问题为求 min。

因为

$$f_k(x_k) = \min_{P_{k,n}} V_{k,n}(x_k;p_{k,n}) = \min_{P_{k,n}} [v_k(x_k,u_k) + V_{k+1,n}(x_{k+1};p_{k+1,n})]$$

$$= \min_{U_k}[v_k(x_k,u_k) + \min_{P_{k+1,n}} V_{k+1,n}(x_{k+1};p_{k+1,n})] = \min_{U_k}[v_k(x_k,u_k) + f_{k+1}(x_{k+1})]$$

所以有基本方程如下：

$$\begin{cases} f_k(x_k) = \min_{U_k}[v_k(x_k,u_k) + f_{k+1}(x_{k+1})] \qquad k = n,n-1,\cdots,2,1 \\ \text{终端条件：} f_{n+1}(x_{n+1}) = 0 \end{cases} \tag{11.3.2}$$

式中 $x_{k+1}=T_k(x_k,u_k)$。

在应用基本方程求解动态规划问题时，一般都是根据终端条件，从 $k=n$ 开始，由终点向始点逐阶段逆序递推，当最后求出 $f_1(x_1)$时，即得到整个问题的最优解。

逆序递推时，常采用图 11.3.1 来形象地表示各阶段、各变量之间的关系。图中，第 k 阶段的输出 $f_k(x_k)$是逆序递推过程中第 k 阶段计算出的最优指标函数值，其计算式见基本方程。

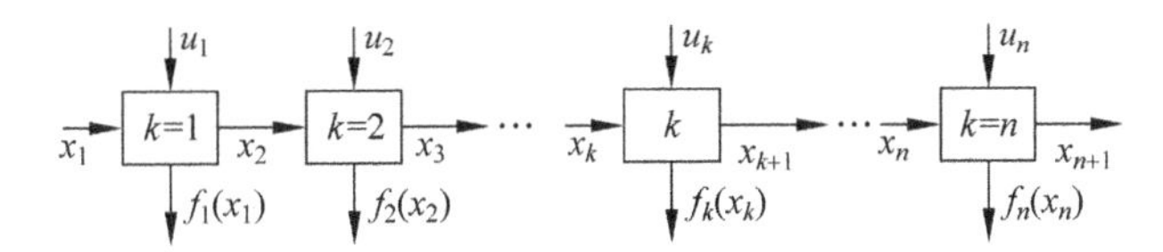

图 11.3.1 逆序递推时各量之间的关系

逆序递推中，第 k 阶段的状态变量一般选择第 k 阶段初的状态，状态转移方程为 $x_{k+1}=T_k(x_k,u_k)$，也就是说，决策变量 u_k 使得状态由 x_k 演变到 x_{k+1}。对第 k 阶段而言，假设 x_k、u_k 是已知的输入(用向内的箭头表示)，而 x_{k+1}与 $f_k(x_k)$是可根据状态转移方程和基本方程计算的输出(用向外的箭头表示)。图 11.3.1 中的指标函数 $f_k(x_k)$是后部子过程上的最优指标函数，它是相对于过程终点而言的。

一般地说，当过程始点给定时，用逆序递推比较方便。

2. 顺序递推的基本方程

在顺序递推时，常采用图 11.3.2 来形象地表示各阶段、各变量之间的关系。图中，第 k 阶段的输出 $f_k(x_{k+1})$是顺序递推过程中第 k 阶段计算出的最优指标函数值，其计算式见基本方程。

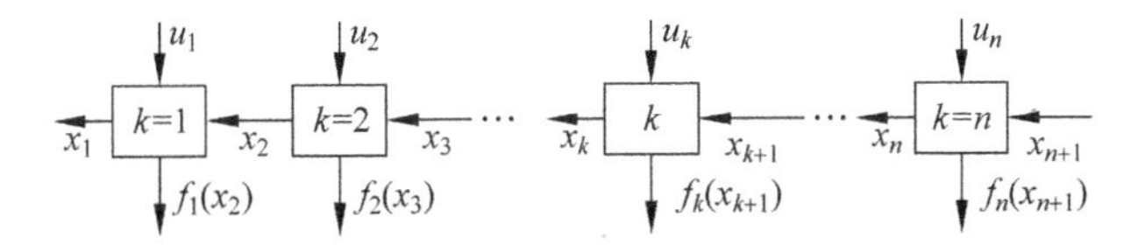

图 11.3.2 顺序递推时各量之间的关系

顺序递推中，第 k 阶段的状态变量一般选择第 k 阶段末即第 $k+1$ 阶段初的状态，状态转移方程为 $x_k=T'_k(x_{k+1},u_k)$，也就是说，决策变量 u_k 使得状态由 x_{k+1}演变到 x_k，这里的函数关系 T'_k是式(11.2.1)中 T_k 的逆变换。图 11.3.2 中的指标函数 $f_k(x_{k+1})$是相对于过程始点的最优指标函数。

动态规划顺序递推的基本方程如下：

$$\begin{cases} f_k(x_{k+1}) = \min_{U_k}[v_k(x_{k+1},u_k) + f_{k-1}(x_k)] \qquad k = 1,2,\cdots,n \\ \text{始端条件：} f_0(x_1) = 0 \end{cases} \tag{11.3.3}$$

一般地说,当过程终点给定时,用顺序递推比较方便。

对于一个给定的问题,如果有一个固定的过程始点和一个固定的过程终点,则顺序递推和逆序递推会得到相同的最优结果。如果所给定的问题,既未指定过程始点,又未指定过程终点,但却给定了始点的指标函数和终点的指标函数,则顺序递推和逆序递推也会得出相同的最优结果、相同的过程始点以及相同的过程终点。

第12章　确定性决策过程

在这一章里，我们结合几个应用实例，先学习确定性定期决策过程，再学习确定性不定期决策过程。所谓"定期"，即过程的总阶段数在求解前已经确定；而"不定期"，其过程的最优阶段数需求解结束时才能确定。

12.1　生产与存储问题

一、问题举例

例 12.1　某工厂生产某种产品，每千件的成本费为 2 千元；每季度开工的固定费用为 3 千元，第 1、2、3、4 季度市场对该产品的需求量分别为 2、3、2、4 千件，工厂每一季度的最大生产能力为 6 千件，设每季度每千件的存储费为 1 千元(按每季度初的库存量计算存储费)，还规定年初和年末这种产品均无库存。

问：如何合理安排各个季度的产量，使全年的总费用最小？

二、构造动态规划模型

1. 阶段变量 k

显然，应把每季度作为一个阶段，$k=1,2,3,4$。

2. 状态变量 x_k

选择每阶段初的库存量为状态变量 x_k 可满足无后效性。由已知条件得：$x_1=x_5=0$，x_k 的单位为千件。

3. 决策变量 u_k

选择每阶段的生产量为决策变量 u_k，由已知条件得：$0\leqslant u_k\leqslant 6$，$u_k$ 的单位为千件。

4. 状态转移方程

状态转移方程为：$x_{k+1}=x_k+u_k-d_k$　　(d_k 是第 k 季度的市场需求量)

5. 阶段指标 v_k

第 k 阶段的指标(费用)

$$v_k(x_k,u_k)=x_k+\begin{cases}3+2u_k & (u_k>0)\\ 0 & (u_k=0)\end{cases}$$

v_k 的单位为千元。

三、建立基本方程

记最优值函数 $f_k(x_k)$ 是从第 k 阶段的 x_k 状态出发到过程终结(年末)的最小费用，按动态规划的逆序解法的基本方程，有

$$\begin{cases} f_k(x_k) = \min\limits_{U_k}[v_k(x_k,u_k) + f_{k+1}(x_{k+1})] \quad (k = 4,3,2,1) \\ f_5(x_5) = 0 \end{cases}$$

四、逆序递推计算

1. $k=4$ 时

(1) 根据问题的各种约束条件，确定状态变量 x_4 的取值范围

这里，要根据具体问题的各个约束条件，按照穷举法的思路，在量化的精度之内，确定状态变量 x_4 的全部可能取值。

状态转移方程 $\qquad x_5 = x_4 + u_4 - d_4$

因为 $\qquad x_5 = 0 \qquad d_4 = 4$

故 $\qquad x_4 + u_4 = 4$

又因为每季度最大生产能力为 6 千件，第 1、2、3 季度的市场需求量分别为 2、3、2 千件，故

$$x_4 = 0,1,2,3,4$$

(2) 对 x_4 的每个确定取值，分别求出决策变量 u_4 的取值范围

当 $x_4 = 0$ 时， $u_4 = 4$

当 $x_4 = 1$ 时， $u_4 = 3$

当 $x_4 = 2$ 时， $u_4 = 2$

当 $x_4 = 3$ 时， $u_4 = 1$

当 $x_4 = 4$ 时， $u_4 = 0$

从以上可知，u_4 与 x_4 一一对应，即对于每一个确定的状态，只有一种决策，故这唯一决策的结果就是最优的。

(3) 根据第 4 阶段的基本方程计算

$$\begin{aligned} f_4(x_4) &= \min_{U_4}[v_4(x_4,u_4) + f_5(x_5)] \\ &= \min_{u_4}[v_4(x_4,u_4)] \\ &= v_4(x_4,u_4) \\ &= x_4 + \begin{cases} 3 + 2u_4 & (u_4 > 0) \\ 0 & (u_4 = 0) \end{cases} \end{aligned}$$

计算结果列于表 12.1.1 中。

在表 12.1.1～表 12.1.4 中，x_k：第 k 阶段初的库存量；u_k：第 k 阶段的生产量；x_{k+1}：第 k 阶段末即第 $k+1$ 阶段初的库存量；v_k：第 k 阶段的费用；$f_{k+1}(x_{k+1})$：后部 $(k+1)$ 子过程的最小费用；$v_k + f_{k+1}(x_{k+1})$：两部分的总费用。

2. $k=3$ 时

因为 $d_3=2,d_4=4,x_1=x_5=0$,又 $d_1=2,d_2=3$,每季度最大生产能力为 6,故 $0\leqslant x_3\leqslant 6$。

(1) 确定 x_3 的取值范围

$$x_3=0,1,2,3,4,5,6$$

表 12.1.1 生产与存储问题(逆序递推,$k=4$)

x_k	u_k	x_{k+1}	v_k	$f_{k+1}(x_{k+1})$	$v_k+f_{k+1}(x_{k+1})$
0^*	4^*	0^*	11	0	$11^*=f_4(0)$
1	3	0	10	0	$10=f_4(1)$
2	2	0	9	0	$9=f_4(2)$
3	1	0	8	0	$8=f_4(3)$
4	0	0	4	0	$4=f_4(4)$

(2) 对 x_3 的每个确定取值,分别求出 u_3 的取值范围

当 $x_3=0$ 时, 因为 $d_3=2$, $d_4=4$, $x_5=0$,故 $2\leqslant u_3\leqslant 6$, 即 $u_3=2,3,4,5,6$。

在这里,状态变量 x_3 的一个取值,对应决策变量 u_3 的五个可能取值,要分别计算出各个 u_3 取值相应的指标函数值,再挑其中最小者作为这个状态下的最优指标函数值 $f_3(0)$。

同理,可求出 x_3 取其他值时,u_3 的相应取值范围。有

$$\begin{aligned}
&\text{当 } x_3=0 \text{ 时}, && u_3=2,3,4,5,6\\
&\text{当 } x_3=1 \text{ 时}, && u_3=1,2,3,4,5\\
&\text{当 } x_3=2 \text{ 时}, && u_3=0,1,2,3,4\\
&\text{当 } x_3=3 \text{ 时}, && u_3=0,1,2,3\\
&\text{当 } x_3=4 \text{ 时}, && u_3=0,1,2\\
&\text{当 } x_3=5 \text{ 时}, && u_3=0,1\\
&\text{当 } x_3=6 \text{ 时}, && u_3=0
\end{aligned}$$

(3) 根据第 3 阶段的基本方程计算

基本方程

$$f_3(x_3)=\min_{U_3}[v_3(x_3,u_3)+f_4(x_4)]$$

其中

$$v_3(x_3,u_3)=x_3+\begin{cases}3+2u_3 & (u_3>0)\\ 0 & (u_3=0)\end{cases}$$

状态转移方程

$$x_4=x_3+u_3-2$$

计算结果列于表 12.1.2 中。

3. $k=2$ 时

(1) 确定 x_2 的取值范围

因为 $x_1=0,0\leqslant u_1\leqslant 6,d_1=2,d_2=3,d_3=2,d_4=4,x_5=0$,故 $0\leqslant x_2\leqslant 4$,即 $x_2=0,1,2,3,4$。

(2) 对 x_2 的每个确定取值,分别求出 u_2 的取值范围。

当 $x_2=0$ 时,因为 $d_2=3,d_3=2,d_4=4$,故 $3\leqslant u_2\leqslant 6$,即 $u_2=3,4,5,6$。

同理,可求出 x_2 为其他值时,u_2 的相应取值范围。即有

$$\text{当 } x_2=0 \text{ 时}, \quad u_2=3,4,5,6$$

表 12.1.2 生产与存储问题(逆序递推,$k=3$)

x_k	u_k	x_{k+1}	v_k	$f_{k+1}(x_{k+1})$	$v_k+f_{k+1}(x_{k+1})$
0	2	0	7	11	$18=f_3(0)$
	3	1	9	10	19
	4	2	11	9	20
	5	3	13	8	21
	6	4	15	4	19
1	1	0	6	11	$17=f_3(1)$
	2	1	8	10	18
	3	2	10	9	19
	4	3	12	8	20
	5	4	14	4	18
2^*	0^*	0^*	2	11	$13^*=f_3(2)$
	1	1	7	10	17
	2	2	9	9	18
	3	3	11	8	19
	4	4	13	4	17
3	0	1	3	10	$13=f_3(3)$
	1	2	8	9	17
	2	3	10	8	18
	3	4	12	4	16
4	0	2	4	9	$13=f_3(4)$
	1	3	9	8	17
	2	4	11	4	15
5	0	3	5	8	$13=f_3(5)$
	1	4	10	4	14
6	0	4	6	4	$10=f_3(6)$

$$\text{当 } x_2=1 \text{ 时}, \quad u_2=2,3,4,5,6$$
$$\text{当 } x_2=2 \text{ 时}, \quad u_2=1,2,3,4,5,6$$
$$\text{当 } x_2=3 \text{ 时}, \quad u_2=0,1,2,3,4,5,6$$
$$\text{当 } x_2=4 \text{ 时}, \quad u_2=0,1,2,3,4,5$$

(3) 根据第 2 阶段的基本方程计算

基本方程

$$f_2(x_2)=\min_{U_2}[v_2(x_2,u_2)+f_3(x_3)]$$

其中

$$v_2(x_2,u_2) = x_2 + \begin{cases} 3+2u_2 & (u_2>0) \\ 0 & (u_2=0) \end{cases}$$

状态转移方程

$$x_3 = x_2 + u_2 - 3$$

计算结果列于表 12.1.3 中。

表 12.1.3 生产与存储问题(逆序递推,$k=2$)

x_k	u_k	x_{k+1}	v_k	$f_{k+1}(x_{k+1})$	$v_k+f_{k+1}(x_{k+1})$
0*	3	0	9	18	27
	4	1	11	17	28
	5*	2*	13	13	$26^*=f_2(0)$
	6	3	15	13	28
1	2	0	8	18	26
	3	1	10	17	27
	4	2	12	13	$25=f_2(1)$
	5	3	14	13	27
	6	4	16	13	29
2	1	0	7	18	25
	2	1	9	17	26
	3	2	11	13	$24=f_2(2)$
	4	3	13	13	26
	5	4	15	13	28
	6	5	17	13	30
3	0	0	3	18	$21=f_2(3)$
	1	1	8	17	25
	2	2	10	13	23
	3	3	12	13	25
	4	4	14	13	27
	5	5	16	13	29
	6	6	18	10	28
4	0	1	4	17	$21=f_2(4)$
	1	2	9	13	22
	2	3	11	13	24
	3	4	13	13	26
	4	5	15	13	28
	5	6	17	10	27

4. $k=1$ 时

(1) 确定 x_1 的取值范围

$$x_1 = 0$$

(2) 确定 u_1 的取值范围

因为 $d_1=2$,$x_1=0$,故 $2\leqslant u_1\leqslant 6$,有:当 $x_1=0$ 时,$u_1=2,3,4,5,6$。

(3) 根据第1阶段的基本方程计算

基本方程

$$f_1(x_1) = \min_{U_1}[v_1(x_1, u_1) + f_2(x_2)]$$

其中

$$v_1(x_1, u_1) = x_1 + \begin{cases} 3 + 2u_1 & (u_1 > 0) \\ 0 & (u_1 = 0) \end{cases}$$

状态转移方程

$$x_2 = x_1 + u_1 - 2$$

计算结果列于表12.1.4中。

表12.1.4　生产与存储问题(逆序递推,$k=1$)

x_k	u_k	x_{k+1}	v_k	$f_{k+1}(x_{k+1})$	$v_k + f_{k+1}(x_{k+1})$
0^*	2^*	0^*	7	26	$33^* = f_1(0)$
	3	1	9	25	34
	4	2	11	24	35
	5	3	13	21	34
	6	4	15	21	36

5. 求全过程最优指标函数与最优策略

由 $k=1$ 的表,可以求出全过程最优指标函数 $f_1(x_1)$;由 $k=1$ 至 $k=4$ 各表,可以依次求出第1、2、3、4各阶段的最优决策,进而得到最优策略。

由表12.1.4($k=1$)可知,在年初无库存($x_1^*=0$)的情况下,全年的最小费用 $f_1(0)$ 为33,且第1阶段的最优决策 $u_1^*=2$,第1阶段末即第2阶段初的最优库存 $x_2^*=0$。

根据 $x_2^*=0$,查表12.1.3($k=2$)可知,第2阶段的最优决策 $u_2^*=5$,因此最优库存 $x_3^*=2$。

根据 $x_3^*=2$,查表12.1.2($k=3$)可知,第3阶段的最优决策 $u_3^*=0$,因此最优库存 $x_4^*=0$。

根据 $x_4^*=0$,查表12.1.1($k=4$)可知,第4阶段的最优决策 $u_4^*=4$,这样,到年末恰好无库存,即 $x_5^*=0$。

综上所述,该生产与存储问题的最优安排是:

第1季度生产2千件,费用为7千元,

第2季度生产5千件,费用为13千元,

第3季度不生产,费用为2千元,

第4季度生产4千件,费用为11千元,

全年的最小总费用为33千元。

上述生产与存储问题,属于确定性定期决策过程,且就这个具体例题而言,它具有过程始点固定($x_1=0$)、过程终点也固定($x_5=0$)的特点,因此,如果采用顺序递推,也将得到与逆序递推相同的最优结果。下面,我们就用顺序递推进行计算。

五、顺序递推计算

例12.2　用顺序递推方法求解例12.1。

顺序递推与逆序递推的不同之处在于:顺序递推时,选择第 k 阶段末即第 $k+1$ 阶段初

的库存量 x_{k+1} 为第 k 阶段的状态变量，第 k 阶段的存储费按第 k 阶段末的库存量计算，因此，第 k 阶段的阶段费用为

$$v_k(x_{k+1}, u_k) = x_{k+1} + \begin{cases} 3 + 2u_k & (u_k > 0) \\ 0 & (u_k = 0) \end{cases}$$

另外，顺序递推时，状态转移方程的形式也变为

$$x_k = x_{k+1} - u_k + d_k$$

顺序递推的基本方程见式(11.3.3)

1. $k=1$ 时

(1) 根据问题的各种约束条件，确定状态变量 x_2 的取值范围。

因为 $x_1=0, d_1=2$，每季度最大生产能力为6，故

$$x_2 = 0,1,2,3,4 \tag{12.1.1}$$

(2) 对 x_2 的每个确定取值，分别求出决策变量 u_1 的取值范围。

根据状态转移方程 $x_1=x_2-u_1+d_1$ 可知

$$\begin{aligned} &当\ x_2 = 0\ 时，\quad u_1 = 2 \\ &当\ x_2 = 1\ 时，\quad u_1 = 3 \\ &当\ x_2 = 2\ 时，\quad u_1 = 4 \\ &当\ x_2 = 3\ 时，\quad u_1 = 5 \\ &当\ x_2 = 4\ 时，\quad u_1 = 6 \end{aligned}$$

从以上可知，x_2 与 u_1 是一一对应的。

(3) 根据第1阶段的基本方程计算

$$\begin{cases} f_1(x_2) = \min\limits_{U_1}[v_1(x_2, u_1) + f_0(x_1)] \\ 始端条件：f_0(x_1) = 0 \end{cases}$$

阶段费用为

$$v_1(x_2, u_1) = x_2 + \begin{cases} 3 + 2u_1 & (u_1 > 0) \\ 0 & (u_1 = 0) \end{cases}$$

计算结果列于表12.1.5中。

表12.1.5 生产与存储问题(顺序递推，$k=1$)

x_{k+1}	u_k	x_k	v_k	$f_{k-1}(x_k)$	$v_k+f_{k-1}(x_k)$
0*	2*	0*	7	0	$7^*=f_1(0)$
1	3	0	10	0	$10=f_1(1)$
2	4	0	13	0	$13=f_1(2)$
3	5	0	16	0	$16=f_1(3)$
4	6	0	19	0	$19=f_1(4)$

2. $k=2$ 时

(1) 确定状态变量 x_3 的取值范围。

已知 $x_1=0, d_1=2, d_2=3$，若第1、2季度均按最大生产能力生产，则第2季度末最大可

能库存量为 7；又 $d_3=2,d_4=4,x_5=0$，则第 3、4 两季度的总需求量为 6，综合上述分析可知

$$x_3 = 0,1,2,3,4,5,6 \tag{12.1.2}$$

(2) 对 x_3 的每个确定取值，分别求出决策变量 u_2 的取值范围。

根据状态转移方程 $x_2=x_3-u_2+d_2$ 可知

$$x_2 + u_2 = x_3 + 3$$

因为 $x_2\geqslant 0, u_2\geqslant 0$，故 $u_2\leqslant x_3+3$ 且 $u_2\leqslant 6$，又根据式(12.1.1)知，$x_2\leqslant 4$，因此有

当 $x_3 = 0$ 时， $u_2 = 0,1,2,3$

当 $x_3 = 1$ 时， $u_2 = 0,1,2,3,4$

当 $x_3 = 2$ 时， $u_2 = 1,2,3,4,5$

当 $x_3 = 3$ 时， $u_2 = 2,3,4,5,6$

当 $x_3 = 4$ 时， $u_2 = 3,4,5,6$

当 $x_3 = 5$ 时， $u_2 = 4,5,6$

当 $x_3 = 6$ 时， $u_2 = 5,6$

(3) 根据第 2 阶段的基本方程计算

$$f_2(x_3) = \min_{U_2}[v_2(x_3,u_2) + f_1(x_2)]$$

阶段费用为

$$v_2(x_3,u_2) = x_3 + \begin{cases} 3+2u_2 & (u_2>0) \\ 0 & (u_2=0) \end{cases}$$

计算结果列于表 12.1.6 中。

表 12.1.6　生产与存储问题(顺序递推，$k=2$)

x_{k+1}	u_k	x_k	v_k	$f_{k-1}(x_k)$	$v_k+f_{k-1}(x_k)$
0	0	3	0	16	$16=f_2(0)$
	1	2	5	13	18
	2	1	7	10	17
	3	0	9	7	$16=f_2(0)$
1	0	4	1	19	20
	1	3	6	16	22
	2	2	8	13	21
	3	1	10	10	20
	4	0	12	7	$19=f_2(1)$
2*	1	4	7	19	26
	2	3	9	16	25
	3	2	11	13	24
	4	1	13	10	23
	5*	0*	15	7	$22^*=f_2(2)$
3	2	4	10	19	29
	3	3	12	16	28
	4	2	14	13	27
	5	1	16	10	26
	6	0	18	7	$25=f_2(3)$

续表

x_{k+1}	u_k	x_k	v_k	$f_{k-1}(x_k)$	$v_k+f_{k-1}(x_k)$
4	3	4	13	19	32
	4	3	15	16	31
	5	2	17	13	30
	6	1	19	10	$29=f_2(4)$
5	4	4	16	19	35
	5	3	18	16	34
	6	2	20	13	$33=f_2(5)$
6	5	4	19	19	38
	6	3	21	16	$37=f_2(6)$

3. $k=3$ 时

(1) 确定状态变量 x_4 的取值范围。

因为 $x_5=0, d_4=4$,故

$$x_4 = 0,1,2,3,4 \tag{12.1.3}$$

(2) 对 x_4 的每个确定取值,分别求出决策变量 u_3 的取值范围。

根据状态转移方程 $x_3=x_4-u_3+d_3$ 可知

$$x_3+u_3 = x_4+2$$

因为 $x_3\geqslant 0, u_3\geqslant 0$,故 $u_3\leqslant x_4+2$ 且 $u_3\leqslant 6$,又根据式(12.1.2)知,$x_3\leqslant 6$,因此有

$$\text{当 } x_4=0 \text{ 时,}\quad u_3=0,1,2$$
$$\text{当 } x_4=1 \text{ 时,}\quad u_3=0,1,2,3$$
$$\text{当 } x_4=2 \text{ 时,}\quad u_3=0,1,2,3,4$$
$$\text{当 } x_4=3 \text{ 时,}\quad u_3=0,1,2,3,4,5$$
$$\text{当 } x_4=4 \text{ 时,}\quad u_3=0,1,2,3,4,5,6$$

(3) 根据第 3 阶段的基本方程计算

$$f_3(x_4) = \min_{U_3}[v_3(x_4,u_3)+f_2(x_3)]$$

阶段费用为

$$v_3(x_4,u_3) = x_4+\begin{cases}3+2u_3 & (u_3>0)\\ 0 & (u_3=0)\end{cases}$$

计算结果列于表 12.1.7 中。

表 12.1.7 生产与存储问题(顺序递推,$k=3$)

x_{k+1}	u_k	x_k	v_k	$f_{k-1}(x_k)$	$v_k+f_{k-1}(x_k)$
0^*	0^*	2^*	0	22	$22^*=f_3(0)$
	1	1	5	19	24
	2	0	7	16	23
1	0	3	1	25	$26=f_3(1)$
	1	2	6	22	28
	2	1	8	19	27
	3	0	10	16	$26=f_3(1)$

续表

x_{k+1}	u_k	x_k	v_k	$f_{k-1}(x_k)$	$v_k+f_{k-1}(x_k)$
2	0	4	2	29	31
	1	3	7	25	32
	2	2	9	22	31
	3	1	11	19	30
	4	0	13	16	$29=f_3(2)$
3	0	5	3	33	36
	1	4	8	29	37
	2	3	10	25	35
	3	2	12	22	34
	4	1	14	19	33
	5	0	16	16	$32=f_3(3)$
4	0	6	4	37	41
	1	5	9	33	42
	2	4	11	29	40
	3	3	13	25	38
	4	2	15	22	37
	5	1	17	19	36
	6	0	19	16	$35=f_3(4)$

4. $k=4$ 时

(1) 确定状态变量 x_5 的取值范围。

根据已知条件,有 $x_5=0$。

(2) 对 $x_5=0$,求出决策变量 u_4 的取值范围。

根据状态转移方程 $x_4=x_5-u_4+d_4$ 可知

$$x_4+u_4=x_5+4=4$$

因为 $x_4\geqslant 0,u_4\geqslant 0$,故 $u_4\leqslant 4$,又根据式(12.1.3)知,$x_4\leqslant 4$,因此有

$$\text{当 } x_5=0 \text{ 时}, \quad u_4=0,1,2,3,4$$

(3) 根据第4阶段的基本方程计算

$$f_4(x_5)=\min_{U_4}[v_4(x_5,u_4)+f_3(x_4)]$$

阶段费用为

$$v_4(x_5,u_4)=x_5+\begin{cases}3+2u_4 & (u_4>0)\\ 0 & (u_4=0)\end{cases}$$

计算结果列于表12.1.8中。

表12.1.8 生产与存储问题(顺序递推,$k=4$)

x_{k+1}	u_k	x_k	v_k	$f_{k-1}(x_k)$	$v_k+f_{k-1}(x_k)$
0^*	0	4	0	35	35
	1	3	5	32	37
	2	2	7	29	36
	3	1	9	26	35
	4^*	0^*	11	22	$33^*=f_4(0)$

5. 求全过程最优指标函数与最优策略

由表 12.1.8($k=4$)可知,在年末无库存($x_5^*=0$)的情况下,全年的最小费用 $f_4(0)$ 为 33,且第 4 阶段的最优决策 $u_4^*=4$,第 3 阶段末即第 4 阶段初的最优库存 $x_4^*=0$。

根据 $x_4^*=0$,查表 12.1.7($k=3$)可知,第 3 阶段的最优决策 $u_3^*=0$,因此最优库存 $x_3^*=2$。

根据 $x_3^*=2$,查表 12.1.6($k=2$)可知,第 2 阶段的最优决策 $u_2^*=5$,因此最优库存 $x_2^*=0$。

根据 $x_2^*=0$,查表 12.1.5($k=1$)可知,第 1 阶段的最优决策 $u_1^*=2$,这样,年初恰好无库存,即 $x_1^*=0$。

综上所述,该问题的最优安排是:

第 1 季度生产 2 千件,费用为 7 千元;

第 2 季度生产 5 千件,费用为 15 千元;

第 3 季度不生产,费用为 0;

第 4 季度生产 4 千件,费用为 11 千元;

全年的最小总费用为 33 千元。

上述顺序递推得到的全过程的最优策略及最优指标函数值与逆序递推时的结果相同。

除了生产与存储问题之外,常见的确定性定期决策过程还有设备更新问题、机器负荷分配问题等等。它们的基本分析方法和生产与存储问题类似,不再一一介绍。

12.2 资源分配问题

所谓资源分配问题,就是将数量一定的资源(例如原材料、资金、机器设备、劳动力、食品等)恰当地分配给若干个使用者,而使总的目标函数值为最优。

资源分配问题,属于线性规划、非线性规划这样一类静态规划问题,它通常是与时间无关的,而动态规划所研究的问题是与时间有关的,但是,这类静态问题,可以人为地引入时间因素,把它看做是按阶段进行的一个多阶段决策问题,这就使得动态规划成为求解这类线性规划、非线性规划的有效方法。

下面我们就用动态规划方法来求解一种资源的分配问题,即一维资源分配问题。

一、问题举例

例 12.3 现有某种设备共四台,拟分给用户 1、用户 2、用户 3 三个工厂,各工厂利用这些设备为国家提供的盈利 $g_k(u_k)$ 各不相同(见表 12.2.1)。

表 12.2.1 资源分配问题

设备台数 u_k \ 盈利 $g_k(u_k)$ \ 用户 k	$k=1$	$k=2$	$k=3$
0	0	0	0
1	4	2	3
2	6	5	5
3	7	6	7
4	7	8	8

问：应如何分配这四台设备，使国家总盈利为最大？

若用静态规划的方法求解此问题，需要列出它的静态规划模型。

设分给用户1、用户2、用户3的设备数分别为u_1、u_2、u_3台，则有

$$\max z = g_1(u_1) + g_2(u_2) + g_3(u_3)$$

$$u_1 + u_2 + u_3 = 4$$

$$u_k \geqslant 0 \text{且为整数}(k = 1,2,3)$$

其中$g_1(u_1)$、$g_2(u_2)$、$g_3(u_3)$分别是三个用户的盈利函数，见表12.2.1。

上述静态规划模型，属于整数非线性规划问题。一般而言，整数非线性规划问题，若用静态规划方法求解，非常困难，甚至不可能；而采用动态规划方法，则能够有效地解决问题。下面，我们就介绍这种动态规划方法。

二、构造动态规划模型

1. 阶段变量 k

对于这种非时序的静态问题，如何划分阶段呢？这是本问题区别于一般动态问题的特点。

划分阶段的原则是：若有N个用户，就把问题分成N个阶段。现在，$N=3$，把问题分成三个阶段：

$k=3$时，把第3阶段初分配者手中拥有的设备全部分给用户3(这种情况相当于单一用户的分配问题。)

$k=2$时，把第2阶段初分配者手中拥有的设备全部分给用户2和用户3(这种情况相当于两个用户的分配问题)。

$k=1$时，把第1阶段初分配者手中拥有的总共四台设备全部分给用户1、用户2、用户3(这种情况相当于三个用户的分配问题)。

从以上可以看出，第k阶段，就是把第k阶段初分配者手中拥有的设备全部分给从用户k至用户N。

2. 状态变量 x_k

选择第k阶段初分配者手中拥有的设备总数为x_k。由题意知，$x_1=4$，$x_4=0$。

3. 决策变量 u_k

第k阶段时，总数为x_k的设备要分给用户k至用户N，我们把其中分给用户k的设备数选为u_k。

4. 状态转移方程

状态转移方程为

$$x_{k+1} = x_k - u_k$$

5. 阶段指标 v_k

令第k阶段指标为用户k利用所分到的资源u_k产生的盈利，即

$$v_k(x_k, u_k) = g_k(u_k)$$

三、建立基本方程

令最优值函数$f_k(x_k)$为将资源x_k分配给用户k至用户N所能获得的最大盈利，有基本方程

$$\begin{cases} f_k(x_k) = \max\limits_{0 \leqslant u_k \leqslant x_k} [v_k(x_k, u_k) + f_{k+1}(x_{k+1})] \\ \qquad\quad = \max\limits_{0 \leqslant u_k \leqslant x_k} [g_k(u_k) + f_{k+1}(x_{k+1})] \qquad (k = N, N-1, \cdots, 1) \\ f_{N+1}(x_{N+1}) = 0 \end{cases}$$

上述例题中,$N=3$。

四、逆序递推计算

1. $k=3$ 时

(1) 确定状态变量 x_3 的取值范围

$$x_3 = 0,1,2,3,4$$

(2) 对 x_3 的每个确定取值,分别求出决策变量 u_3 的取值范围。

因为 $u_3 = x_3$,故有

当 $x_3 = 0$ 时, $u_3 = 0$

当 $x_3 = 1$ 时, $u_3 = 1$

当 $x_3 = 2$ 时, $u_3 = 2$

当 $x_3 = 3$ 时, $u_3 = 3$

当 $x_3 = 4$ 时, $u_3 = 4$

(3) 根据第 3 阶段的基本方程计算

$$\begin{aligned} f_3(x_3) &= \max_{0 \leqslant u_3 \leqslant x_3} [v_3(x_3, u_3) + f_4(x_4)] \\ &= \max_{0 \leqslant u_3 \leqslant x_3} [v_3(x_3, u_3)] \\ &= v_3(x_3, u_3) \\ &= g_3(u_3) \end{aligned}$$

状态转移方程

$$x_4 = x_3 - u_3 = 0$$

计算结果列于表 12.2.2 中。

表 12.2.2 资源分配问题($k=3$)

x_k	u_k	x_{k+1}	v_k	$f_{k+1}(x_{k+1})$	$v_k + f_{k+1}(x_{k+1})$
0	0	0	0	0	$0 = f_3(0)$
1^*	1^*	0^*	3	0	$3^* = f_3(1)$
2	2	0	5	0	$5 = f_3(2)$
3	3	0	7	0	$7 = f_3(3)$
4	4	0	8	0	$8 = f_3(4)$

2. $k=2$ 时

(1) 确定状态变量 x_2 的取值范围。

$$x_2 = 0,1,2,3,4$$

(2) 对 x_2 的每个确定取值,分别求出决策变量 u_2 的取值范围。

当 $x_2 = 0$ 时, $u_2 = 0$

当 $x_2 = 1$ 时， $u_2 = 0,1$

当 $x_2 = 2$ 时， $u_2 = 0,1,2$

当 $x_2 = 3$ 时， $u_2 = 0,1,2,3$

当 $x_2 = 4$ 时， $u_2 = 0,1,2,3,4$

(3) 根据第 2 阶段的基本方程计算

$$f_2(x_2) = \max_{0 \leqslant u_2 \leqslant x_2} [v_2(x_2, u_2) + f_3(x_3)]$$
$$= \max_{0 \leqslant u_2 \leqslant x_2} [g_2(u_2) + f_3(x_3)]$$

状态转移方程

$$x_3 = x_2 - u_2$$

计算结果列于表 12.2.3 中。

表 12.2.3 资源分配问题($k=2$)

x_k	u_k	x_{k+1}	v_k	$f_{k+1}(x_{k+1})$	$v_k + f_{k+1}(x_{k+1})$
0	0	0	0	0	$0 = f_2(0)$
1	0	1	0	3	$3 = f_2(1)$
	1	0	2	0	2
2	0	2	0	5	5= } $f_2(2)$
	1	1	2	3	5= } $f_2(2)$
	2	0	5	0	5= } $f_2(2)$
3*	0	3	0	7	7
	1	2	2	5	7
	2*	1*	5	3	$8^* = f_2(3)$
	3	0	6	0	6
4	0	4	0	8	8
	1	3	2	7	9
	2	2	5	5	$10 = f_2(4)$
	3	1	6	3	9
	4	0	8	0	8

3. $k=1$ 时

(1) 确定 x_1 的取值范围

$$x_1 = 4$$

(2) 确定 u_1 的取值范围

$$u_1 = 0,1,2,3,4$$

(3) 根据第 1 阶段的基本方程计算

$$f_1(x_1) = \max_{0 \leqslant u_1 \leqslant 4} [v_1(x_1, u_1) + f_2(x_2)]$$
$$= \max_{0 \leqslant u_1 \leqslant 4} [g_1(u_1) + f_2(x_2)]$$

状态转移方程

$$x_2 = x_1 - u_1$$

计算结果列于表 12.2.4 中。

表 12.2.4 资源分配问题($k=1$)

x_k	u_k	x_{k+1}	v_k	$f_{k+1}(x_{k+1})$	$v_k+f_{k+1}(x_{k+1})$
	0	4	0	10	10
	1*	3*	4	8	12* $=f_1(4)$
4*	2	2	6	5	11
	3	1	7	3	10
	4	0	7	0	7

4. 求全过程最优指标函数与最优策略

由 $k=1$ 的表,可以求出全过程最优指标函数 $f_1(x_1)$;由 $k=1$ 至 $k=3$ 各表,可以依次求出第 1、2、3 各阶段的最优决策,进而得到最优策略。

由表 12.2.4($k=1$)可知,该分配问题可使国家得到的最大盈利为 12,第 1 阶段的最优决策 $u_1^*=1$,第 2 阶段初的最优状态为 $x_2^*=3$。

根据 $x_2^*=3$,查表 12.2.3($k=2$)可知,第 2 阶段的最优决策 $u_2^*=2$,第 3 阶段初的最优状态为 $x_3^*=1$。

根据 $x_3^*=1$,查表 12.2.2($k=3$)可知,第 3 阶段的最优决策 $u_3^*=1$,这样,四台设备刚好分配完。

综上所述,这四台设备的最优分配方案是:分配给用户 1 设备 1 台,可盈利 4;分配给用户 2 设备 2 台,可盈利 5;分配给用户 3 设备 1 台,可盈利 3。四台设备为国家提供的最大盈利为 12。

以上求解的一些问题,都是采用一个状态变量即可描述系统的状态,它们属于一维变量问题。下面我们再简要介绍一下多维变量问题。

12.3 多维变量问题

所谓多维,就是描述系统的状态需要两个或更多个状态变量。在每一阶段选择两个或更多个决策变量的情况,也属于多维问题。多维问题的复杂性以及数值的计算量、存储量都大大增加。

一、问题举例

例 12.4 载重车的运动。

一辆载重车在无阻力的轨道上滑行,初始位置和初始速度为 X_0 和 $\dot{X}_0$,用加外力的方式控制它,使之在规定时间 T 停在原点,即 $X=\dot{X}=0$,费用与所加外力的平方成正比。

求出分阶段控制过程中,各阶段所加外力 F,使在满足上述条件下的费用最小。

在这个例子中,其状态必须用位置和速度两个状态变量来描述(二维),若第 k 阶段初的状态只用位置一个状态变量来描述,则不足以完全反映出此前的状态和决策的作用效果,即不能满足无后效性。

例 12.5 二维资源分配问题。

现有设备 A 和设备 B 两种资源要分配给 N 个不同用户,这两种资源的总量分别为 a

台和 b 台,已知用户 $k(1\leqslant k\leqslant N)$利用数量为 u_{kA} 的设备 A 和数量为 u_{kB} 的设备 B 可以产生 $g_k(u_{kA},u_{kB})$的效益。应如何分配这两种资源,使 N 个用户所产生的总效益最大?

二、构造动态规划模型

1. 阶段变量 k

二维资源分配问题例 12.5 划分阶段的方法与一维资源分配问题的相同。现有 N 个用户,就把问题分为 N 个阶段。第 k 阶段时,把第 k 阶段初分配者手中拥有的设备 A、设备 B 全部分给从用户 k 至用户 N。

2. 状态变量——二维

选择第 k 阶段初分配者手中拥有的设备 A 的总数 x_{kA} 为状态变量 1。

选择第 k 阶段初分配者手中拥有的设备 B 的总数 x_{kB} 为状态变量 2。

3. 决策变量——二维

第 k 阶段时,选择分配给第 k 个用户的设备 A 的数量 u_{kA} 为决策变量 1。

第 k 阶段时,选择分配给第 k 个用户的设备 B 的数量 u_{kB} 为决策变量 2。

4. 状态转移方程——两个

$$x_{(k+1)A}=x_{kA}-u_{kA}$$

$$x_{(k+1)B}=x_{kB}-u_{kB}$$

5. 阶段指标函数

第 k 阶段指标函数:$v_k=g_k(u_{kA},u_{kB})$,这是第 k 个用户利用所分到的资源 u_{kA}、u_{kB} 产生的效益。

三、建立基本方程

后部子过程上的最优指标函数 $f_k(x_{kA},x_{kB})$是第 k 个用户至第 N 个用户利用资源 x_{kA}、x_{kB} 所产生的最大效益。

基本方程如下

$$\begin{cases} f_k(x_{kA},\ x_{kB})=\max\limits_{U_{kA},U_{kB}}[g_k(u_{kA},\ u_{kB})+f_{k+1}(x_{(k+1)A},x_{(k+1)B})] & k=N,N-1,\cdots,1 \\ f_{N+1}(0,0)=0 \end{cases}$$

四、维数障碍

当利用基本方程进行逆序递推计算时,维数的增加,将带来计算量和存储量的急剧增加,下面我们来粗略地计算一下。

上述例题中,如果状态变量 x_{kA}、x_{kB} 各有 10 种可能的取值,组合起来就有 10^2 个状态。对于每一个状态,如果决策变量 u_{kA}、u_{kB} 各有 10 种可能的取值,组合起来就有 10^2 种决策。这就是说,对于一个状态取值,要计算 10^2 个待比较的指标函数值,并将它们一一比较,从中挑选出最优值存储起来。而总共有 10^2 个状态取值,要计算 $10^2\times10^2$ 个待比较的指标函数值,要挑出 10^2 个最优值存储起来。

上面说的,只是一个阶段内的计算量与存储量,如果有 10 个阶段呢?如果状态变量、决策变量的离散精度更高呢?如果维数更大呢?

从上述分析可知，当状态变量的维数增加时，计算量、存储量是呈指数形式增加的。因此，最优化原理直接用于解决多维问题时，一般将限于维数比较小的问题，否则，计算与存储的要求将会超过我们所能想象的最大和最快的计算机的可能。实际上，当状态变量的维数大于 2 或 3 时，采用通常的动态规划方法已经比较困难了。

五、多维问题的处理方法

这里，以前述二维资源分配问题例 12.5 为例，介绍两种最基本的处理多维问题的方法。

1. 疏密格子点法

例中，状态变量 $\boldsymbol{x}$ 是二维的，即 $\boldsymbol{x}=(x_A,x_B)^{\mathrm{T}}$，故状态个数大大增加。因为 x_A、x_B 分别在区间$[0,a]$和$[0,b]$上变化，可分别将$[0,a]$和$[0,b]$划分成 m_1 和 m_2 等分，这样就得到$(m_1+1)(m_2+1)$个格子点（如图 12.3.1），相应地也就有$(m_1+1)(m_2+1)$个状态。

显然，随着状态变量维数的增加，状态个数急剧增加。为减少计算量和存储量，在开始时，可以采用较稀疏的格子点（即离散的精度比较低），并求出这时的最优解；然后，在这种“粗略”的最优解附近将格子点加密，以便能求出更精确的最优解。当然，这种方法也可能“漏掉”最优解，故应用此法时，要加强对指标函数特性的分析。

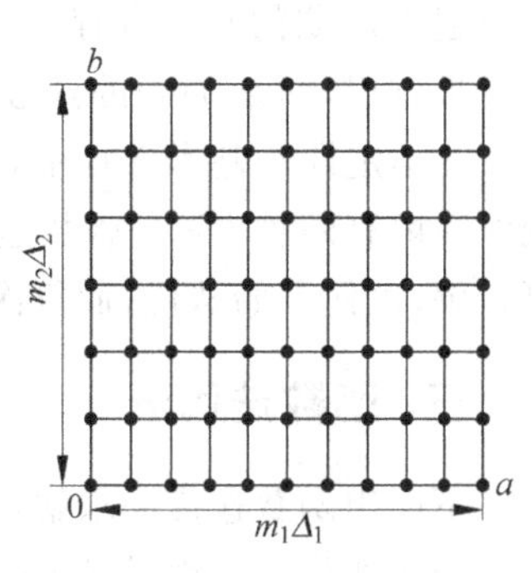

图 12.3.1 疏密格子点法

2. 逐次逼近法

逐次逼近法是一种降低状态维数的近似法。它的基本思想类似于非线性规划中的变量轮换法，其思路非常简单。

例中，要求分配两种资源：设备 A 和设备 B，状态变量是二维的。应用逐次逼近法时，首先对总数为 a 的设备 A 的分配给定一组可行的分配值。这组分配值要满足：每个用户得到的设备 A 的数量是非负整数，且全部 N 个用户得到的设备 A 的总数恰为 a。将设备 A 的分配固定于这组可行的分配值（即暂时认为设备 A 的分配问题已经得到解决），问题变为设备 B 一种资源的分配问题，利用 12.2 节介绍的方法即可求出其最优解。然后将设备 B 的分配固定于刚刚求出的最优解，再去求设备 A 的一维资源分配问题的最优解……如此轮换下去，可得一系列可行解。当达到精度要求时，即停止计算。

由以上分析可知，应用逐次逼近法，可以把 n 维状态变量问题转化为 n 个一维状态变量问题，通过多次迭代求得原问题的解。

值得指出的是，上述疏密格子点法和逐次逼近法与前面介绍的动态规划方法不同，它们有可能仅收敛到局部最优解。

12.4 不定期最短路径问题

一、问题举例

例 12.6 设总共有 N 个城市，c_{ij} 是任两城第 i 城与第 j 城间的距离，有 $0\leqslant c_{ij}\leqslant\infty$。求各城市到第 N 城的最短路径和最短距离（不限定步数）。

图 12.4.1 是 $N=5$ 的一个例子。所谓“不定期”，就是最优的总阶段数事先不知，即从第 i 城到第 N 城的最短路径的总步数事先不知，但肯定不会超过 $N-1$ 步，因为若超过 $N-1$ 步，必然出现回路，不会是最短的，故有

$$1 \leqslant 最优总步数 \leqslant N-1$$

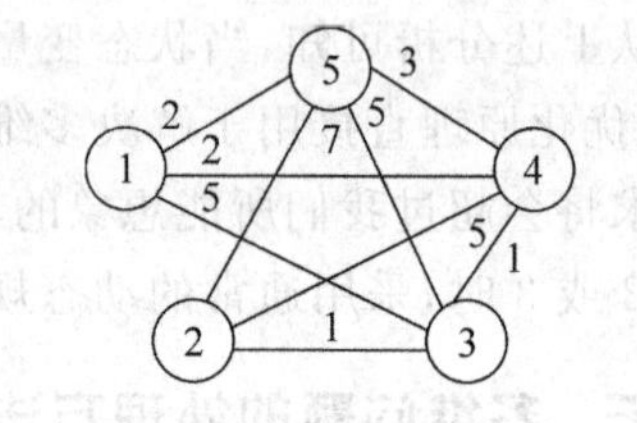

图 12.4.1 不定期最短路径问题

二、不定期的基本方程

设第 i 城到第 N 城的最短距离(不定期)为 $f(i)$，则 $f(i)$ 应满足下面的基本方程

$$\begin{cases} f(i) = \min\limits_{j}[c_{ij} + f(j)] & i = 1,2,\cdots,(N-1); \quad j = 1,2,\cdots,N \\ f(N) = 0 \end{cases}$$

把上述不定期的基本方程与定期的基本方程加以比较，就可以知道：不定期的基本方程不是递推方程，而是 $f(i)$ 的函数方程。

在不定期的基本方程中，方程左、右两端都有未知的指标函数 $f(i)$ 或 $f(j)$，怎么求解呢？一般有两种方法：函数迭代法和策略迭代法，这两种迭代方法都是先给定一个初始的可行解，以便开始迭代，而每次迭代，结果都改善一些，只有到最后才得到最优结果。

三、函数迭代法

下面用函数迭代法求解不定期的最短路径问题例 12.6。

函数迭代法是由给定的各初始指标函数值开始，通过逐次迭代，求出各最优指标函数值。

(1) 给定可行的各初始指标函数值 $f_1(i)$，令 $k=1$。

令
$$f_1(i) = c_{i5} \qquad (i = 1,2,3,4)$$
$$f_1(5) = 0$$

见表 12.4.1。

表 12.4.1 函数迭代法的初始指标函数值

i	1	2	3	4	5
$f_1(i)$	2	7	5	3	0

这里的 $f_1(i)$ 给定为由第 i 城一步到达第 N 城的真实距离值，即初始解是“可行”的，“$f_1(i)$”的下标“1”表示迭代次数。当然，$f_1(i)$ 也可以按其他形式给定，但也要求是真实距离值。

(2) 由 $f_k(i) \to f_{k+1}(i)$。

迭代方程为

$$\begin{cases} f_{k+1}(i) = \min\limits_{j=1,2,3,4,5}[c_{ij} + f_k(j)] \qquad (i = 1,2,3,4) \\ f_{k+1}(5) = 0 \end{cases}$$

迭代方程中，当 i 为某一确定值时，对各 j 寻优。$k=1$ 时的计算结果见表 12.4.2。

表 12.4.2 函数迭代法($k=1$)

$c_{ij}+f_1(j)$ \ j / i	1	2	3	4	5	$f_2(i)$
1	0+2	∞+7	5+5	2+3	2+0*	2
2	∞+2	0+7	1+5*	5+3	7+0	6
3	5+2	1+7	0+5	1+3*	5+0	4
4	2+2	5+7	1+5	0+3	3+0*	3

(3) 令 $k=k+1$,返回步骤(2)继续迭代。当迭代到 $f_k(i)=f_{k+1}(i)$时,即得最优结果。由 $f_2(i)\to f_3(i)$继续迭代,结果见表 12.4.3。

表 12.4.3 函数迭代法($k=2$)

i	$f_3(i)$	i	$f_3(i)$
1	2	3	4
2	5	4	3

由 $f_3(i)\to f_4(i)$继续迭代,结果见表 12.4.4。

表 12.4.4 函数迭代法($k=3$)

$c_{ij}+f_3(j)$ \ j / i	1	2	3	4	5	$f_4(i)$
1	0+2	∞+5	5+4	2+3	2+0*	2
2	∞+2	0+5	1+4*	5+3	7+0	5
3	5+2	1+5	0+4	1+3*	5+0	4
4	2+2	5+5	1+4	0+3	3+0*	3

当迭代到 $f_k(i)=f_{k+1}(i)$时,即得到最优指标函数 $f(i)$,同时确定了最优总步数及最优策略,停止迭代。

因为 $f_4(i)=f_3(i)$,故表 12.4.4 已是最优表,分析这张最优表,可得全部最优结果,见表 12.4.5。

表 12.4.5 函数迭代法(最优结果)

i	$f(i)$	最优策略	最优步数
1	2	①→⑤	1
2	5	②→③→④→⑤	3
3	4	③→④→⑤	2
4	3	④→⑤	1

四、策略迭代法

例 12.7 用策略迭代法求解不定期的最短路径问题例 12.6。

策略迭代法是由给定的各初始策略开始,通过逐次迭代,求出各最优策略。

(1) 给定各可行的初始决策 $u_1(i)$,以构成初始策略。令 $k=1$。

令

$$u_1(1)=5$$
$$u_1(2)=4$$
$$u_1(3)=5$$
$$u_1(4)=3$$

则各初始策略为

①→⑤

②→④→③→⑤

③→⑤

④→③→⑤

需要注意的是,在给定初始策略时,必须无回路,这样,在策略迭代过程中,也不会产生回路(证明从略)。另外,在给定初始策略时,还应尽可能接近最优策略。

(2) 由 $u_k(i) \to f_k(i)$。

这里有两种方法。下面以 $k=1$ 为例分别加以介绍。

方法一:按已知初始策略,逐段距离累加。例如

$$\begin{aligned} f_1(2) &= c_{24}+c_{43}+c_{35} \\ &= 5+1+5=11 \end{aligned}$$

方法二:解函数方程组,求出各 $f_1(i)$。当迭代次数 $k=1$ 时,有

$$\begin{cases} f_1(i)=c_{i,u_1(i)}+f_1(u_1(i)) \\ f_1(5)=0 \end{cases}$$

即

$$\begin{aligned} \text{当} i=1 \text{时}, &\quad f_1(1)=c_{15}+f_1(5) \\ i=2 \text{时}, &\quad f_1(2)=c_{24}+f_1(4) \\ i=3 \text{时}, &\quad f_1(3)=c_{35}+f_1(5) \\ i=4 \text{时}, &\quad f_1(4)=c_{43}+f_1(3) \\ i=5 \text{时}, &\quad f_1(5)=0 \end{aligned}$$

求解上述方程组,可得

$$\begin{cases} f_1(1)=2 \\ f_1(2)=11 \\ f_1(3)=5 \\ f_1(4)=6 \\ f_1(5)=0 \end{cases}$$

一般而言,第 k 次迭代结果的第 i 城到第 N 城的距离 $f_k(i)$,等于由 i 到 $j=u_k(i)$ 的一步距离,再加上由 j 到第 N 城的距离,即有

$$\begin{cases} f_k(i)=c_{i,u_k(i)}+f_k(u_k(i)) \qquad (i=1,2,\cdots,N-1) \\ f_k(N)=0 \end{cases}$$

利用上述迭代方程,可求解出各 $f_k(i)$。

(3) 由 $f_k(i) \to u_{k+1}(i)$。

这是策略迭代法中重要的一步。

对每一个确定的 i 值($i=1,2,3,4$)，将上一步刚刚求出的 $f_k(j)$代入式

$$A = \min_j [c_{ij} + f_k(j)]$$

由此式求 A，以便确定由 i 开始一步先到哪城为最好。A 所对应的 j 即为 $u_{k+1}(i)$。$k=1$ 时的计算结果见表 12.4.6。

表 12.4.6 策略迭代法

$c_{ij}+f_1(j)$ \ j / i	1	2	3	4	5	$u_2(i)$
1	$0+2$	$\infty+11$	$5+5$	$2+6$	$2+0^*$	5
2	$\infty+2$	$0+11$	$1+5^*$	$5+6$	$7+0$	3
3	$5+2$	$1+11$	$0+5$	$1+6$	$5+0^*$	5
4	$2+2$	$5+11$	$1+5$	$0+6$	$3+0^*$	5

以上计算即

$$u_{k+1}(i) = \{j \mid \min_j [C_{ij} + f_k(j)]\}$$

(4) 令 $k=k+1$。按第(2)、(3)两步反复迭代，直到各 $u_k(i)=u_{k+1}(i)$为止。

当迭代到各 $u_k(i)=u_{k+1}(i)$时，即得最优策略，停止迭代。本例迭代到 $f_3(i) \to u_4(i)$时，即得最优策略

$$u_4(1) = 5$$

$$u_4(2) = 3$$

$$u_4(3) = 4$$

$$u_4(4) = 5$$

$$u_4(5) = 5$$

以上我们介绍了求解确定性不定期决策过程的函数迭代法和策略迭代法。一般来说，给定初始策略比给定初始指标函数值要容易些，因此，策略迭代法比函数迭代法使用起来要方便些，其收敛速度也快些。

12.5 动态规划方法的优点与限制

任何一个多阶段决策过程的最优化问题，都可以用非线性规划模型来描述，原则上也可以用非线性规划方法求解。那么，用动态规划方法有什么优越性呢?

一、有能力处理广泛类型的状态转移方程和指标函数

动态规划方法对广泛类型的状态转移方程和指标函数，不需在解析性质方面作任何限制、要求，例如非线性的，非二次型的，非连续的，非解析的，以及列成表格的数据等许多类型都能应用动态规划方法。

二、处理某些类型的约束条件很方便

对其他最优化方法而言，各类约束都会引出严重的麻烦，增加求解问题的难度，而对于动态规划，约束条件恰恰减少了状态变量和决策变量的取值范围，从而减少了计算量。即变量的某些类型的约束(例如变量是整数或非负)有利于动态规划，却破坏了其他一些计算方法应用的可能性。

三、固有的简单性

动态规划方法把一个多变量的全过程最优化问题分解成以阶段为单位的若干个类似的子问题，每个子问题的变量数比原问题少得多，其约束集合也简单得多，故大大简化了问题的求解。这是经典极值方法做不到的。

四、总是求出全局最优结果

动态规划方法总求出全局最优结果，而其他方法求出的往往只是局部最优(甚至是驻点)。在这一点上，它几乎超越了所有其他计算方法，特别是经典极值方法。当然，它是在离散精度内的全局最优结果。

五、总是得到一族最优结果

动态规划方法不仅能得到全局最优结果，还能得到一族最优结果。有了这一族最优结果，便于分析、比较不同的结果，且如果由于某种原因使前面阶段的策略偏离了原始最优轨迹，也可以很方便地找出余下阶段的新的最优子策略。

六、应用动态规划方法的限制

应用动态规划方法的主要限制是维数障碍，直接应用动态规划方法只适于维数比较低的问题，这是动态规划明显的不足之处。虽然有了一些降低维数的处理技术与方法，也只是在一定范围内、一定程度上克服这个障碍，寻找求解高维问题的更有效的手段，仍然是动态规划领域中重要的研究课题。

在构造动态规划模型时，状态变量必须满足无后效性，而不少实际问题取其自然特征作为状态变量往往不能满足这个条件，因此限制了动态规划的适用范围。

另外，动态规划尚无统一的标准模型，只能针对不同的实际问题建立不同的模型，这也降低了它的通用性。

虽然动态规划存在一些不足之处，但其应用是广泛的，应用动态规划方法已成功地解决了许多实际问题。

习 题 五

5.1 试用逆序递推和顺序递推两种方法分别计算图题 5.1 所示的从 A 到 G 的最短路径及其最短距离值。

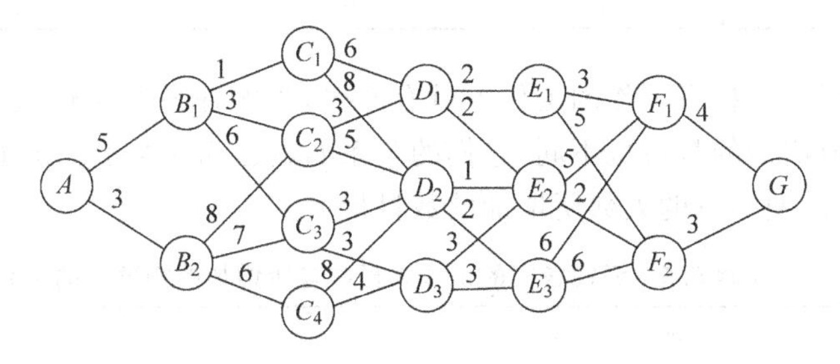

图题 5.1 A 与 G 之间的各路径及其距离值

5.2 分别采用逆序递推、顺序递推方法计算如图题 5.2 所示的从 A 到 E 的最短路线及其长度。

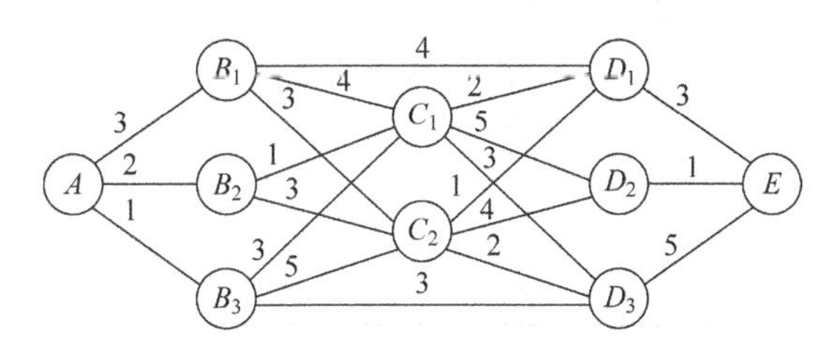

图题 5.2 A 与 E 之间的各路径及其距离值

5.3 计算图题 5.3 中从 A 到 B、C 和 D 的最短路线，其中各段路线的长度如图题 5.3 所示。

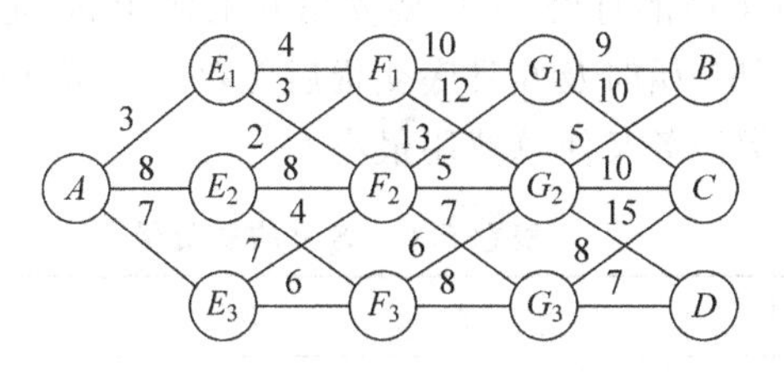

图题 5.3 A 与 B、C、D 之间的各路径及其距离值

5.4 有一部货车每天沿着公路的四个零售店卸下 6 箱货物,如果各零售店因出售该货物所得的利润如表题 5.4,试求在各零售店各卸下几箱,能使获得总利润最大?

表题 5.4 各零售店出售货物所得的利润 (单位:百元)

利润 箱数 \ 零售店	1	2	3	4
0	0	0	0	0
1	4	2	3	4
2	6	4	5	5
3	7	6	7	6
4	7	8	8	6
5	7	9	8	6
6	7	10	8	6

5.5 设某县从事区农村扫盲工作的工作人员有 6 名,当派往各区工作人员人数不同时,其扫盲的人数所增加的数目也不同,它们的关系如表题 5.5 所示。试求应派往各区多少工作人员,才能使扫盲的人数所增加的数目最大?

表题 5.5 派往各区的工作人员数与所增加的扫盲数的关系

增加的扫盲数 工作人员数 \ 区名	1	2	3	4
0	0	0	0	0
1	20	25	18	28
2	42	45	39	47
3	60	57	61	65
4	75	65	78	74
5	85	70	90	80
6	90	73	95	85

5.6 某工厂根据国家的需要其交货任务如表题 5.6 所示,表中数字为月底的交货量。该厂的生产能力为每月 4 百件,该厂仓库的存货能力为 3 百件,已知每百件货物的成本费为 10 000 元,在进行生产的月份,工厂要支出开工费 4000 元,仓库保管费为每百件货物每月 1000 元。假定开始时及 6 月底交货后无存货。试问应在每个月各生产多少件货物,才能既满足交货任务又使总费用最小?

表题 5.6 各月的交货量

月 份	1	2	3	4	5	6
货物量(百件)	1	2	5	3	2	1

5.7 设有 1,2,3,4,5 五个城市,相互间的距离如图题 5.7 所示。试用函数迭代法和策略迭代法求各城到第 5 城的最短路线和最短距离。

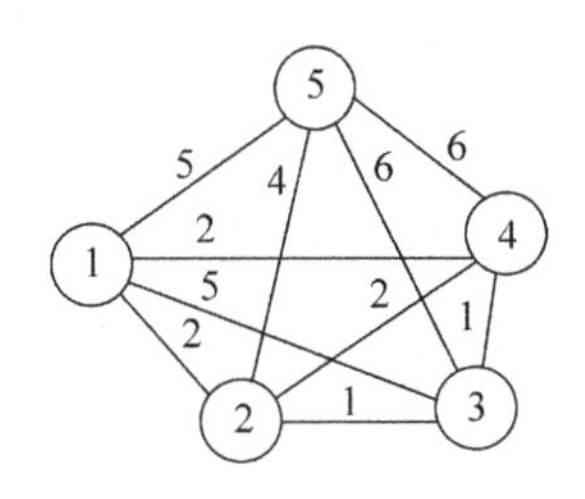

图题 5.7 五个城市相互间的距离

5.8 试用动态规划方法求解下列整数非线性规划问题:

$$\min f(\boldsymbol{x}) = x_1^2 + 2x_2^2 + x_3^2 - 2x_1 - 4x_2 - 2x_3$$

$$x_1 + x_2 + x_3 = 3$$

x_1, x_2, x_3 均是非负整数

第六部分　图与网络分析

图论(graph theory)是运筹学的一个确定型模型分支，图与网络分析是图论的重要组成部分。实际中很多问题都可以形象直观地采用图形方式描述与分析，例如最短路问题。把图形分析上升为一般的最优化方法和理论，就是图论。

1736年，瑞士数学家欧拉(E. Euler)用图解决了著名的"哥尼斯堡七桥"难题，并发表了"依据几何位置的解题方法"的论文，这是图论方面的第一篇论文，欧拉也因此成为图论的创始人。此后的200年间，图论的进展相当缓慢。20世纪40年代以后，图论才得到迅速发展。现在，图论的内容已十分丰富，应用也很广泛。

这里，特别要提一下邮递员最短投递路线问题："一个邮递员应如何选择一条路线，使他能从邮局出发，走遍他负责送信的所有街道，最后回到邮局，并且所走的路程为最短。"这个问题是中国学者管梅谷于1960年最早提出并加以研究的，他还给出了求解这个问题的第一个算法，因此国际上称之为"中国邮路问题"。1965年以后，国内外学者对中国邮路问题做了大量研究，对原问题进行了许多推广与变形，故现在提到中国邮路问题时，指的是一大类问题。几十年来，中国邮路问题得到了广泛应用。对该问题感兴趣的读者，可参阅参考文献[28]。

本部分将重点介绍图论中的最短路问题、最大流问题、最小费用最大流问题。这几种典型问题的数学模型都是线性规划，用图论方法可以比较简便地求解它们。

第13章　图与网络分析

13.1　图与网络的基本知识

我们以哥尼斯堡七桥问题为例对图论中的“图”加以说明。

例 13.1　哥尼斯堡七桥问题。

哥尼斯堡城中有一条普雷格尔河，河中有两个岛 B、D，河上有七座桥，如图 13.1.1(a)所示。当时那里的居民热衷于这样的问题：一个散步者能否走过七座桥，且每座桥只走过一次，最后回到出发点。

1736 年欧拉将此问题归结为如图 13.1.1(b)所示图形的一笔画问题。即能否从某一点开始一笔画出这个图形，最后回到起点而不重复。欧拉证明了这是不可能的。道理很容易理解。一个连通的图形，如能实现一笔画，则必须是从某一顶点 v_1 出发，经某一边进入另一顶点 v_2，再经 v_2 的另一“新”边出去。这样，对每个顶点的每一进一出，都要涉及与该顶点相关联的一对“新”边。如此画下去，最后再经一“新”边回到出发点 v_1。因此，当且仅当图中全部顶点都与偶数条线相关联时，该图才能一笔画成。而图 13.1.1(b)中的每个点都只与奇数条线相关联，不可能将这个图形不重复地一笔画成。这是古典图论中的一个著名问题。

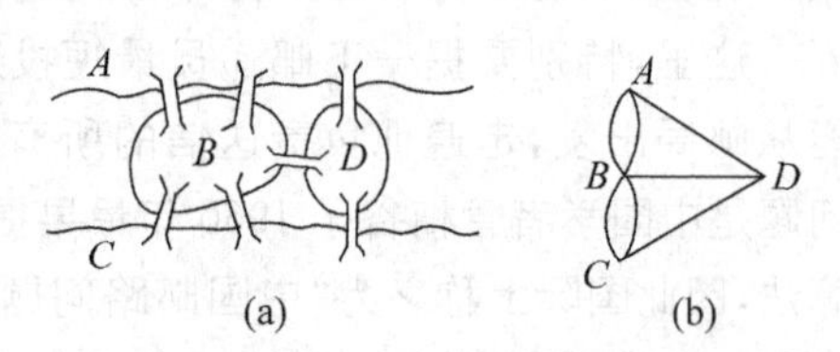

图 13.1.1　哥尼斯堡七桥问题

图 13.1.1(b)就是哥尼斯堡七桥问题的一个示意图，它由 A、B、C、D 四个点以及点之间的一些连线组成。这里，四个点分别代表四块陆地，两点之间的连线则代表连接那两块陆地的桥，共有七条连线即七座桥。

一般而言，图论中的图是由点以及点与点之间的连线组成的示意图，通常用点代表所研究的对象，用连线代表两个对象之间的特定的关系，至于图中点的相对位置如何，点与点之间连线的长短曲直，对于反映对象之间的关系，并不是重要的。因此，图论中的图与几何图形、函数图形等是不同的。

下面介绍有关图的基本概念。

一、无向图

1. 无向图

图中，若点与点之间的连线是没有方向性的，则这种连线叫边。由点和边构成的图叫无向图，记作 $G=(V,E)$，式中 V 是图 G 的点集合，这些点称为图的顶点，E 是图 G 的边集合。一条连接 V 中两点 v_i、v_j 的边记作$[v_i,v_j]$或$[v_j,v_i]$。

图 13.1.2 即为无向图，图中

$$V=\{v_1,v_2,v_3,v_4,v_5\}$$

$$E=\{e_1,e_2,e_3,e_4,e_5,e_6,e_7,e_8,e_9\}$$

$$e_1=[v_1,v_2]=[v_2,v_1]$$

2. 简单图

(1) 环

两个端点重合的边叫环，例如图 13.1.2 中的 e_7。

(2) 多重边

两个端点之间的边数大于等于 2 时，叫多重边。例如图 13.1.2 中，v_1 与 v_2 之间，v_3 与 v_4 之间均是二重边。

(3) 简单图

无环也无多重边的图叫简单图。以后我们说到图，如无特殊说明，均指简单图。

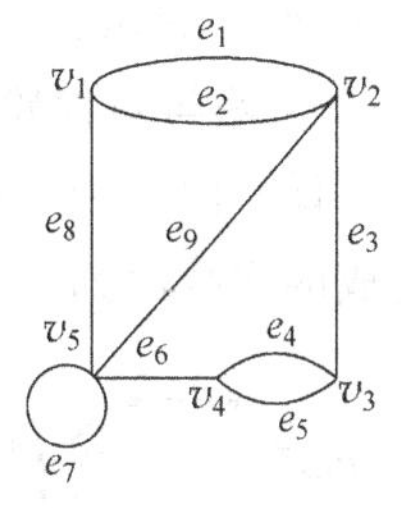

图 13.1.2 无向图

3. 连通图

(1) 路

图 G 中，一个以顶点始、以顶点终的顶点和边的交替序列叫 G 的一条路。路中，允许有顶点的重复和边的重复。图 13.1.2 中，$(v_3,e_3,v_2,e_1,v_1,e_8,v_5,e_9,v_2,e_1,v_1)$就是一条路。

(2) 简单路

如果出现在一条路中的边都互相不同，则这条路叫简单路。简单路中，边不重复，但允许有顶点重复。图 13.1.2 中，$(v_3,e_3,v_2,e_1,v_1,e_8,v_5,e_9,v_2)$就是一条简单路。

(3) 初级路

如果出现在一条路中的顶点都互相不同，则这条路叫初级路。初级路中，顶点不重复，边当然也不重复。一般情况下，我们寻求的都是初级路，因此初级路是各种路中最有意义的。图 13.1.2 中，(v_3,e_3,v_2,e_1,v_1)就是一条初级路。

(4) 连通图

图 G 中，若任何两个不同的顶点之间，至少存在一条路，则称 G 是连通图。

二、有向图

1. 有向图

图中，若点与点之间的连线是有方向性的(用箭头表示方向)，则这种连线叫弧。由点和弧构成的图叫有向图，记作 $D=(V,A)$，式中 V 是图 D 的点集合，A 是图 D 的弧集合。若 D 中的一条弧 $a=(v_i,v_j)$，则称 v_i 为 a 的始点，v_j 为 a 的终点，弧 a 是从 v_i 指向 v_j 的。

图 13.1.3 即为有向图，图中

$$V=\{v_1,v_2,v_3,v_4,v_5\}$$
$$A=\{a_1,a_2,a_3,a_4,a_5,a_6,a_7,a_8,a_9\}$$
$$a_1=(v_1,v_2)\neq(v_2,v_1)$$

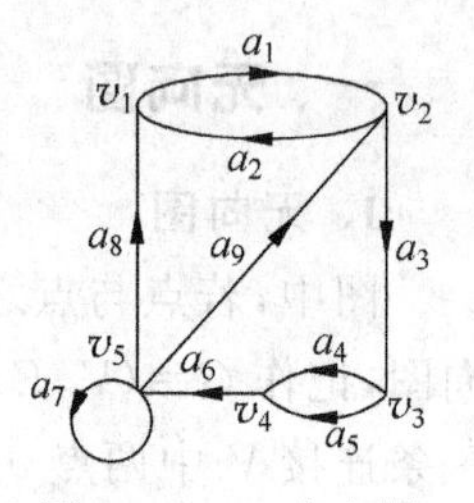

图 13.1.3 有向图

2. 简单有向图

(1) 环

两个端点重合的弧叫环，例如图 13.1.3 中的 a_7。

(2) 多重弧

两个端点之间的同向弧数大于等于 2 时，叫多重弧。例如图 13.1.3 中，v_1 与 v_2 之间的 a_1、a_2 不是二重弧，而 v_3 与 v_4 之间的 a_4、a_5 是二重弧。

(3) 简单有向图

无环也无多重弧的有向图叫简单有向图。简单有向图中，可以简单地用(i,j)来表示从 v_i 指向 v_j 的弧。

3. 路与有向路

设有向图为 $D=(V,A)$，$P=\{v_1,a_1,v_2,a_2,\cdots,v_{k-1},a_{k-1},v_k\}$是一个由 D 的顶点和弧组成的交替序列。

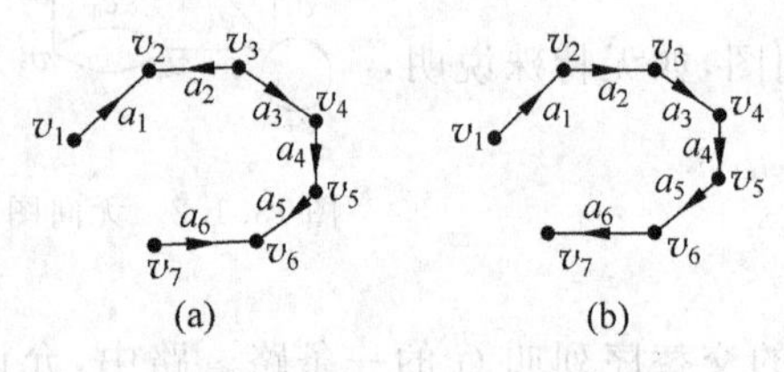

图 13.1.4 路与有向路

(1) 若有 $a_i=(v_i,v_{i+1})$或$(v_{i+1},v_i)(i=1,2,\cdots,k-1)$，则称 P 是一条连接 v_1 与 v_k 的路。例如图 13.1.4(a)。

(2) 若有 $a_i=(v_i,v_{i+1})(i=1,2,\cdots,k-1)$，则称 P 是一条从 v_1 到 v_k 的有向路，例如图 13.1.4(b)。

4. 前向弧与后向弧

有一条连接顶点 v_1 与 v_k 的路(不一定是有向路)，我们给这条路假定一个方向，例如从 v_1 到 v_k，则路上的弧就可以分成两类：一类是方向与路的假定方向相同的弧，叫“前向弧”，另一类是方向与路的假定方向相反的弧，叫“后向弧”。在图 13.1.4(a)中，若假定路的方向是由 v_1 到 v_7，则其中 a_2、a_6 是后向弧，其他均为前向弧。

三、网络

给定一个有向图 $D=(V,A)$，在 V 中指定了两个点，一个称为起点(或发点)，记作 v_1(或 v_s)；另一个称为终点(或收点)，记作 v_n(或 v_t)；其余的点称为中间点。对于每一条弧$(v_i,v_j)\in A$，对应有一个数 C_{ij}，称为弧上的“权”。通常把这种赋权的有向图 D 称为网络。

网络中，“权”的含义可以是各种各样的：在路径问题的网络中，“权”可以是路径的长度；在运输网络中，“权”可以是最大运输能力，也可以是单位运输量的费用……网络中，每条弧可以只有一个“权”，也可以有多个“权”。

13.2 最短路问题

一、最短路问题概述

最短路问题可以表述如下：

设 $D=(V,A)$ 是一个简单有向图，它的每条弧 (i,j) 都有一个长度 c_{ij}，又 $V=\{v_1, v_2, \cdots, v_n\}$，求：始点 v_1 到其余各点的最短路长度及最短路径。

实际上，最短路问题属于线性规划问题，它是运输问题的一个特例：假设运输网络上的总运量为1吨，求总的吨公里数最小的运输方案。

最短路问题可以有多种的求解方法，图论中的 Dijkstra 算法是公认的很简便、很有效的一种，它是由 Dijkstra 于 1959 年提出来的，基本做法是从起点开始，一步一步地向外探寻最短路。该算法适用于每条弧的长度 $C_{ij}\geqslant 0$ 的情况。它可以求出图中某顶点到其余各点的最短路长度及最短路径。Dijkstra 算法的基本原理依据动态规划中介绍的最优化原理，只要将"后部子策略"改为"前部子策略"即可。在后面的"计算举例"中，将结合例题的求解，做进一步的说明。

二、Dijkstra 算法中的四种标号和四个集合

1. 四种标号

Dijkstra 算法是一种双标号法。所谓"双标号"，即对每个顶点 v_i 都赋予两个标号：第一个标号表示迄今为止得到的从起点 v_1 到 v_i 的"最短路长度"；第二个标号 λ 标号——$\lambda(v_i)$ 为正整数，它是迄今为止得到的"最短路径"上 v_i 点前面一个邻点的下标，即 v_i 点是从 $v_{\lambda(v_i)}$ 点得到标号的。若 $\lambda(v_i)=0$，则表示不存在从 v_1 到 v_i 的有向路。一般迭代开始时对起点 v_1 之外的其他点的 λ 标号初值均设为 0。

在 Dijkstra 算法的迭代过程中，一般顶点 v_i 的第一个标号又有三种可能的形式。第一种是 N 标号 $N(v_i)$，它是迭代开始时对起点 v_1 到其余各点 v_i 的最短路长度设的初值，可令 $N(v_i)=+\infty$（表示不存在从 v_1 到 v_i 的有向路），即取最短路长度的上限。具有 N 标号的点，实质上是还未参与迭代运算的点。第二种是 T 标号 $T(v_i)$。当迭代过程从起点 v_1 推进到 v_i 点时，v_i 点的标号即由 N 标号变为 T 标号，其值介于 $+\infty$ 与最短路长度之间，随迭代而逐渐减小。具有 T 标号的点，是正处于迭代过程中的点。第三种是 P 标号 $P(v_i)$。当迭代到求出从 v_1 到 v_i 的最短路长度时，v_i 点的第一个标号就由 T 标号变为 P 标号，其值为从 v_1 到 v_i 的最短路长度，并不再改变。具有 P 标号的点，实质上不再参与迭代运算。一般迭代开始时设定起点 v_1 的标号是 $P(v_1)=0, \lambda(v_1)=1$。

在 Dijkstra 算法的迭代中，各顶点的第一个标号一般都要经历由 N 标号变为 T 标号，再变为 P 标号的过程。每迭代一次，至少可以使一个顶点得到 P 标号，对于有 n 个顶点的有向图，最多经 $n-1$ 次迭代，即可得到从 v_1 到所有各点的最短路。若到迭代结束时，仍有顶点为 N 标号，则表明不存在从 v_1 到该点的有向路。迭代开始时与迭代结束时，都没有 T 标号点。任何时刻，N 标号点、T 标号点、P 标号点三种顶点数之和都为总顶点数 n。λ 标号一般都是 P 标号点的下标，特殊情况下为 0。某点的 λ 标号，可以随最短路问题的迭代过程

逐步求，也可以在该点的 P 标号确定后一次求出。

从以上介绍可知，Dijkstra 算法中采用的四种标号分别为 N 标号、T 标号、P 标号和 λ 标号。

2. 四个集合

在 Dijkstra 算法中，有四个重要的集合 N、T、P、J。用 N、T、P 分别表示当前所有的 N 标号点、T 标号点、P 标号点的下标的集合；而 J 是刚刚获得 P 标号的 v_k 点在 N 和 T 中的所有邻点 v_j 的下标的集合。

三、Dijkstra 算法的基本步骤

(1) 给所有顶点赋初始标号。

令 $P(v_1)=0,\lambda(v_1)=1,N(v_i)=+\infty,\lambda(v_i)=0(i=2,3,\cdots,n)$，则 $P=\{1\},N=\{2,3,\cdots,n\},T=\phi$

(2) 若 $P=\{1,2,\cdots,n\}$，则迭代结束。否则，确定刚刚获得 P 标号的 v_k 点在 N 和 T 中的所有邻点 v_j 的下标的集合 J。

① 若 $J=\phi$，则转步骤(3)。否则转下步。

② 若 $J\neq\phi$，则依次检查 J 中各点 v_j。

a. 若 $j\in N$，则各 v_j 均由 N 标号点变为 T 标号点，有 $T(v_j)=P(v_k)+c_{kj}$，将各 j 从 N 中转到 T 中，转步骤(3)。否则转下步。

b. 若 $j\in T$，假设各 v_j 原标号为 $T(v_j)$，则有 $T(v_j)=\min[T(v_j),P(v_k)+c_{kj}]$，转步骤(3)。

(3) 比较当前所有 T 标号的值。

① 若 $T\neq\phi$，则将当前所有 T 标号值中最小者的标号改为 P 标号，将该点下标从 T 中转到 P 中，并求该点的 λ 标号：从起点 v_1 到该点的最短路径上，该点前面一个邻点(P 标号点)的下标。返回步骤(2)。否则转下步。

② 若 $T=\phi$，则迭代结束。

四、计算举例

例 13.2 求图 13.2.1 中从 v_1 到其余各点的最短路长度及最短路径。图中每条弧旁的数字是其长度 c_{ij}。

解 采用 Dijkstra 算法(双标号法)求解。

(1) 给所有顶点赋初始标号。

令 $P(v_1)=0,\lambda(v_1)=1,N(v_i)=+\infty,\lambda(v_i)=0(i=2,3,\cdots,9)$，则 $P=\{1\},N=\{2,3,\cdots,9\},T=\phi$

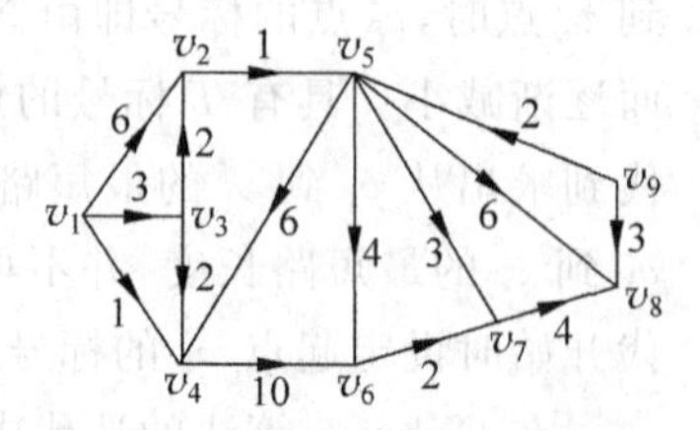

图 13.2.1 最短路问题

(2) v_1 是刚刚得到 P 标号的点，v_1 相应的 $J=\{2,3,4\}$。从 v_1 沿 (v_1,v_2) 到达邻点 v_2，v_2 的标号由 N 标号变为 T 标号，$T(v_2)=P(v_1)+c_{12}=6$。同样地，邻点 v_3、v_4 有 $T(v_3)=3$、$T(v_4)=1$。此时 $T=\{2,3,4\},N=\{5,6,7,8,9\}$。

(3) 比较当前所有的 T 标号，$\min\{T(v_2),T(v_3),T(v_4)\}=T(v_4)=1$，令 $P(v_4)=1$，$\lambda(v_4)=1$。此时，$P=\{1,4\},T=\{2,3\}$。至此，从 v_1 到 v_4 的最短路已求出：其长度为 1，路径为从 v_1 经弧 (v_1,v_4) 到达 v_4。

为什么这条路是最短的呢？因为图中从 v_1 到 v_4 的任一条可行路，如果不是 (v_1,v_4)，只能是从 v_1 沿 (v_1,v_2) 到 v_2，可能的话再辗转绕到 v_4（其长度肯定大于 6）；或从 v_1 沿 (v_1,v_3) 到 v_3，可能的话再辗转绕到 v_4（其长度肯定大于 3），它们都不会小于 (v_1,v_4) 的长度 1。

(4) v_4 是刚刚得到 P 标号的点，v_4 相应的 $J=\{6\}$。因为 $P(v_4)<T(v_3)$，那么，从 v_1 经 (v_1,v_4) 到 v_4 后，若能辗转绕到 v_3，其长度是否会比 $T(v_3)$ 更小呢？为了寻找最短路，从 v_4 向外延伸一步。从 v_4 走一步只能到 v_6，v_6 由 N 标号变为 T 标号，$T(v_6)=P(v_4)+c_{46}=11$，此时 $T=\{2,3,6\}$，$N=\{5,7,8,9\}$。看来，从 v_1 经 v_4 再辗转绕到 v_3 的路即使有，其长度也不可能小于 11。

(5) 比较当前所有的 T 标号，$\min\{T(v_2),T(v_3),T(v_6)\}=T(v_3)=3$，故 $P(v_3)=3$，$\lambda(v_3)=1$。此时 $P=\{1,4,3\}$，$T=\{2,6\}$，$N=\{5,7,8,9\}$。

(6) v_3 是刚刚得到 P 标号的点，v_3 相应的 $J=\{2\}$。因为 $P(v_3)+c_{32}<T(v_2)$，故修改原标号得到 $T(v_2)=5$。

(7) 比较当前所有的 T 标号，$\min\{T(v_2),T(v_6)\}=T(v_2)=5$，故 $P(v_2)=5$，$\lambda(v_2)=3$。

(8) v_2 相应的 $J=\{5\}$。由 v_2 走到 v_5，有 $T(v_5)=P(v_2)+c_{25}=6$，$\min\{T(v_6),T(v_5)\}=T(v_5)=6$，故 $P(v_5)=6$，$\lambda(v_5)=2$。

(9) v_5 相应的 $J=\{6,7,8\}$。v_6 已得 T 标号，但因 $P(v_5)+c_{56}<T(v_6)$，故修改原标号为 $T(v_6)=10$。又有 $T(v_7)=P(v_5)+c_{57}=9$，　$T(v_8)=P(v_5)+c_{58}=12$，　$\min\{T(v_6),T(v_7),T(v_8)\}=T(v_7)=9$，故 $P(v_7)=9$，$\lambda(v_7)=5$。

(10) v_7 相应的 $J=\{8\}$。从 v_7 走到 v_8。因为 $P(v_7)+c_{78}>T(v_8)$，故 v_8 的原标号不变。$\min\{T(v_6),T(v_8)\}=T(v_6)=10$，故 $P(v_6)=10$，$\lambda(v_6)=5$。

(11) v_6 相应的 $J=\phi$。比较当前所有的 T 标号，$\min\{T(v_8)\}=T(v_8)=12$，故 $P(v_8)=12$，$\lambda(v_8)=5$。

(12) v_8 相应的 $J=\phi$。因为此时 $T=\phi$，故迭代结束。迭代结束时，有 $P=\{1,4,3,2,5,7,6,8\}$，$N=\{9\}$，$T=\phi$。

回顾例 13.2 的求解过程可知，各 P 标号按以下顺序依次得到：$P(v_1)=0$，$P(v_4)=1$，$P(v_3)=3$，$P(v_2)=5$，$P(v_5)=6$，$P(v_7)=9$，$P(v_6)=10$，$P(v_8)=12$，另有 $N(v_9)=+\infty$。这一顺序，正好是 P 标号值递增排列的顺序。

至此，已得到本例题的最优结果：

$P(v_1)=0$，　$\lambda(v_1)=1$　$(v_1\to v_1)$

$P(v_2)=5$，　$\lambda(v_2)=3$　$(v_1\to v_3\to v_2)$

$P(v_3)=3$，　$\lambda(v_3)=1$　$(v_1\to v_3)$

$P(v_4)=1$，　$\lambda(v_4)=1$　$(v_1\to v_4)$

$P(v_5)=6$，　$\lambda(v_5)=2$　$(v_1\to v_3\to v_2\to v_5)$

$P(v_6)=10$，　$\lambda(v_6)=5$　$(v_1\to v_3\to v_2\to v_5\to v_6)$

$P(v_7)=9$，　$\lambda(v_7)=5$　$(v_1\to v_3\to v_2\to v_5\to v_7)$

$P(v_8)=12$，　$\lambda(v_8)=5$　$(v_1\to v_3\to v_2\to v_5\to v_8)$

$N(v_9)=+\infty$，$\lambda(v_9)=0$　（不存在从 v_1 到 v_9 的有向路）

Dijkstra 算法是公认的好算法。在图论中，所谓“好算法”，即在任何图上施行这个算法所需要的计算步数都可以该图顶点数 n 和弧数 m 的一个多项式（例如 $3n^2m$）为其上界。若一个算法的施行需要指数步数(例如 2^n),则对某些大的图而言,它将是无效的。

五、无向图上的 Dijkstra 算法

无向图中的任一条边$[v_i,v_j]$均可用方向相反的两条弧(v_i,v_j)和(v_j,v_i)来代替。把原来的无向图变为有向图后,即可用前述 Dijkstra 算法求解。

当然,也可以直接在原来的无向图上用 Dijkstra 算法求解。在无向图上求解与在有向图上求解的区别主要在于寻找邻点时可能不同:在无向图上,只要两顶点之间有连线,就是邻点。因此,在无向图上求解和在相应的有向图上求解相比,计算过程中的邻点个数可能增多。计算结束时,一定是所有顶点都得到了标号,且其最优结果不会劣于相应有向图的最优结果。

最后再强调一下,Dijkstra 算法只适用于权值为非负实数的情况。如果权值有负的,则最短路问题可采用动态规划中不定期最短路径问题的解法(例如函数迭代法)来求解,需要注意的是有向图中的权 c_{ij} 一般不等于 c_{ji}。

13.3 最大流问题

许多系统中包含了流量问题。例如,公路系统中有车辆流,控制系统中有信息流,供水系统中有水流,金融系统中有现金流,等等。

一、网络上的最大流问题

1. 网络上的最大流问题举例

例 13.3 图 13.3.1 所示网络中,每条弧旁的数字即该弧的容量 c_{ij},弧的方向就是允许流的方向。现在,要把一批货物由起点 v_1 运到终点 v_7 去,每条弧上通过的货物总量不能超过这条弧的容量。问:怎样安排运输,才能使从起点 v_1 到终点 v_7 的总运量达到最大?

上面这个问题就称为网络上的最大流问题。显然,在研究该问题时,可以把网络中指向起点 v_1 的弧以及从终点 v_7 出发的弧都去掉,而不会影响问题的解。

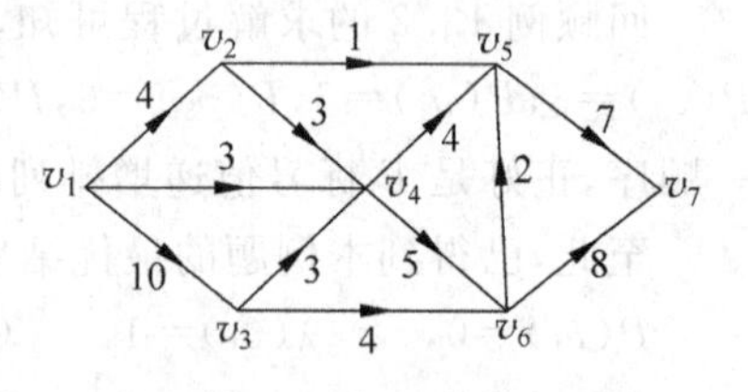

图 13.3.1 最大流问题

2. 什么叫可行流

设 f_{ij} 是通过弧(i,j)的运输量,则满足下面两个条件的一组网络流$\{f_{ij}\}$叫可行流:

(1) 可行条件

对每一条弧(i,j)有 $0\leqslant f_{ij}\leqslant c_{ij}$。

(2) 守恒条件

对顶点 v_i 而言,有

$$\sum_{(i,j)\in A} f_{ij}-\sum_{(k,i)\in B} f_{ki}=\begin{cases}F & (\text{当 } i=1)\\ 0 & (\text{当 } i=2,3,\cdots,n-1)\\ -F & (\text{当 } i=n)\end{cases}$$

式中 A 是所有以 v_i 为起点的弧的集合,B 是所有以 v_i 为终点的弧的集合。

上述 $F\geqslant 0$,称为这个可行流的值,即从起点 v_1 运出的货物总量,也就是终点 v_n 收到的

总量。

3. 网络上的最大流问题是线性规划问题

让我们来列写例13.3的数学模型。设弧(i,j)上的可行流为f_{ij}，总的可行流的值为F。

目标函数 $\max F$

约束条件
$$
\begin{aligned}
&f_{12}+f_{13}+f_{14}=F\\
&f_{24}+f_{25}-f_{12}=0\\
&f_{34}+f_{36}-f_{13}=0\\
&f_{45}+f_{46}-f_{14}-f_{24}-f_{34}=0\\
&f_{57}-f_{25}-f_{45}-f_{65}=0\\
&f_{65}+f_{67}-f_{36}-f_{46}=0\\
&-f_{57}-f_{67}=-F\\
&f_{ij}\leqslant c_{ij}\\
&f_{ij}\geqslant 0\\
&(i=1,2,\cdots,6;\ j=2,3,\cdots,7)
\end{aligned}
$$

上述模型显然是线性规划，当然可以用单纯形法求解，但由于这一问题的特殊性，用网络图论的方法求解，更直观、简便。下面介绍两种常用方法。

二、Ford-Fulkerson 方法

这种方法是由Ford，Fulkerson在1956年提出的，它是一种迭代法。下面介绍这种方法的基本原理和算法步骤。

1. 什么叫可扩充路

设$\{f_{ij}\}$是一组可行流，如果存在一条连接v_1与v_n的路P（假设其方向是由v_1到v_n），满足

(1) 在P的所有前向弧上$f_{ij}<c_{ij}$

(2) 在P的所有后向弧上$f_{ij}>0$

则称P是关于流$\{f_{ij}\}$的一条可扩充路。

定理13.1：对于一个可行流$\{f_{ij}^{(1)}\}$来说，如果能找到一条可扩充路P，那么$\{f_{ij}^{(1)}\}$就可以改进成一个值更大的可行流$\{f_{ij}^{(2)}\}$。

证明：

按照下述办法来构造$\{f_{ij}^{(2)}\}$：首先确定一个增流量ε。令

$$\varepsilon_1=\min\{c_{ij}-f_{ij}^{(1)}\mid(i,j)\text{ 是 }P\text{ 的前向弧}\} \tag{13.3.1}$$

如果P上没有前向弧，则令$\varepsilon_1=+\infty$。又令

$$\varepsilon_2=\min\{f_{ij}^{(1)}\mid(i,j)\text{ 是 }P\text{ 的后向弧}\} \tag{13.3.2}$$

如果P上没有后向弧，则令$\varepsilon_2=+\infty$。定义

$$\varepsilon=\min(\varepsilon_1,\varepsilon_2) \tag{13.3.3}$$

由可扩充路定义可知，$\varepsilon>0$。

再来定义$\{f_{ij}^{(2)}\}$

$$f_{ij}^{(2)}=\begin{cases}f_{ij}^{(1)} & (\text{若}(i,j)\text{不在} P \text{上})\\ f_{ij}^{(1)}+\varepsilon & (\text{若}(i,j)\text{是} P \text{的前向弧})\\ f_{ij}^{(1)}-\varepsilon & (\text{若}(i,j)\text{是} P \text{的后向弧})\end{cases} \tag{13.3.4}$$

不难看出,$f_{ij}^{(2)}$ 仍是可行流,并且若$\{f_{ij}^{(1)}\}$的值是 $F^{(1)}$,则$\{f_{ij}^{(2)}\}$的值就是 $F^{(1)}+\varepsilon$,即$\{f_{ij}^{(2)}\}$的值比$\{f_{ij}^{(1)}\}$的值大。

定理 13.2:已知$\{f_{ij}\}$是网络的一个可行流,并且对于$\{f_{ij}\}$来说,不存在可扩充路,则$\{f_{ij}\}$是最大流。

定理 13.2 的证明,详见参考文献[6]。

2. 算法步骤

(1) 给定一组初始可行流$\{f_{ij}^{(1)}\}$及其值 $F^{(1)}$。

例如,可给定初始值为全零。

(2) 寻找一条可扩充路 P。

若不存在可扩充路,则已得最大流,计算结束;若找到一条可扩充路 P,则转第(3)步。

(3) 在 P 上将$\{f_{ij}^{(1)}\}$增流为$\{f_{ij}^{(2)}\}$。

首先按照式(13.3.1)、式(13.3.2)、式(13.3.3)确定增流量 ε,再按照式(13.3.4)计算新的可行流$\{f_{ij}^{(2)}\}$。

返回第(2)步,继续迭代。

在一条可扩充路上改进流时,一定是:或者至少有一条前向弧上的流量 f_{ij} 上升到 c_{ij},成了"饱和弧";或者至少有一条后向弧上的流量 f_{ij} 下降为 0(相当于逆着弧的方向上有一个值为 f_{ij} 的增流量),成了"零流弧"。我们称"饱和弧"或"零流弧"为"临界"的。

3. 寻找可扩充路 *P* 的双标号法

寻找可扩充路 P 时,是从 v_1 开始逐步向 v_n 寻找的。在寻找过程中,给每个顶点 v_j 赋两个标号:第一个标号是 k,它表明 v_j 是由 v_k 得到标号的;第二个标号是"+"号或"−"号,"+"号表示 v_k 与 v_j 之间的这条弧沿箭头方向的可行流还可增加,"−"号则表示"还可减少"。

图 13.3.2 表示寻找可扩充路 P 的过程。下面仅对其中标有 * 的那部分作一介绍。

"取一个点 v_i 进行检查",这里的 v_i 是一个已标号而未检查的点,所谓对 v_i 的检查,即是对 v_i 的所有未标号的邻点 v_j 进行标号(当弧为"临界"时,不标号)。具体的检查方法如下:

(1) 检查所有以 v_i 为起点的弧(i,j),如果(i,j)满足 $f_{ij}<c_{ij}$,且 v_j 未标号,则给 v_j 以标号$(i,+)$,v_j 成为已标号未检查点。

(2) 检查所有以 v_i 为终点的弧(j,i),如果(j,i)满足 $f_{ji}>0$,且 v_j 未标号,则给 v_j 以标号$(i,-)$,v_j 成为已标号未检查点。

(3) 如果前向弧(i,j)上有 $f_{ij}=c_{ij}$,或后向弧(j,i)上有 $f_{ji}=0$,则弧是临界的,此时对点 v_j 不赋标记。

若对 v_i 点的上述所有未标号的邻点 v_j 都已处理完,则在 v_i 点的第二个标号上加一个小圈,呈⊕或⊖,表示该点已检查过。

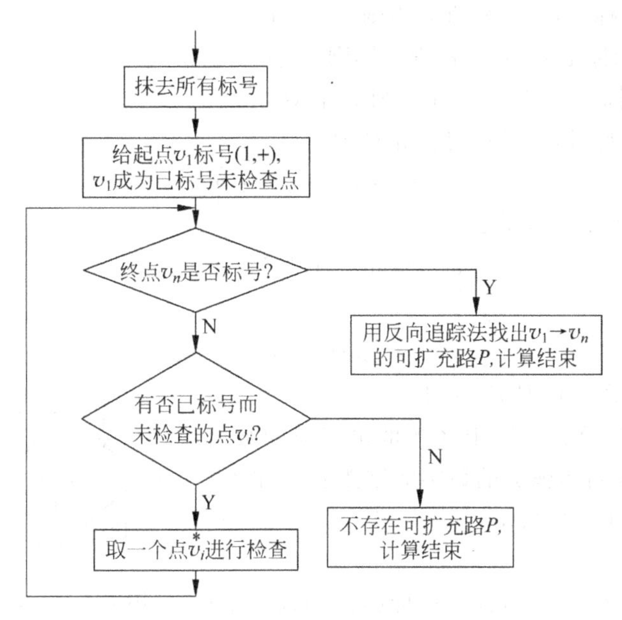

图 13.3.2 寻找可扩充路 P 的双标号法

4. Ford-Fulkerson 方法的缺点

有例子可以说明：当网络的容量可以取无理数时，用 Ford-Fulkerson 方法可能找不到最大流。另有例子可以说明：在容量全是正整数时，有时需要进行许多次迭代才能得到最大流，并且迭代的次数不仅依赖于网络中的顶点数 n 和弧数 m，还依赖于容量和最大流的值。

上述 Ford-Fulkerson 方法的缺点和我们选取可扩充路时的任意性有关，如果在选择可扩充路时加上一定的限制，这些缺点可以得到克服。

三、Edmonds-Karp 方法

1. Edmonds-Karp 方法的特点

该方法是 Edmonds 和 Karp 在 1972 年提出的一种求网络最大流的方法，它克服了上述 Ford-Fulkerson 方法的缺点。

Edmonds-Karp 方法的基本轮廓和 Ford-Fulkerson 方法相同，唯一的不同之处是：在迭代的每一步如果存在可扩充路，那么必须在“最短”的(即包含的弧数最少的)可扩充路上来改进可行流。

实际上，为了把“最短”的可扩充路找出来，只需在 Ford-Fulkerson 方法的基础上，对标有 * 的那部分遵循“先标号的顶点先检查”这一原则就可以了。

2. 计算举例

例 13.4 用 Edmonds-Karp 方法求解例 13.3。

解 第一次迭代：给定初始可行流为全零流，即 $F^{(0)}=0$。

给起点 v_1 标(1,+)。

检查 v_1：给 v_2 标(1,+)，给 v_4 标(1,+)，给 v_3 标(1,+)，检查完毕则 v_1 标(1,⊕)。

检查 v_2：给 v_5 标(2,+)，检查完毕则 v_2 标(1,⊕)。

检查 v_4：给 v_6 标(4,+)，检查完毕则 v_4 标(1,⊕)。

检查 v_3：没有未标记的邻点，检查完毕则 v_3 标(1,⊕)。

检查 v_5：给 v_7 标(5,+)，检查完毕则 v_5 标(2,⊕)。

因为终点 v_7 已标号，故已得可扩充路 $P^{(1)}$

$$v_1 \rightarrow v_2 \rightarrow v_5 \rightarrow v_7$$

下面在 $P^{(1)}$ 上确定增流量 $\varepsilon^{(1)}$

$$\varepsilon_1^{(1)} = \min\{4,1,7\} = 1$$

$$\varepsilon_2^{(1)} = \infty$$

$$\varepsilon^{(1)} = \min\{\varepsilon_1^{(1)}, \varepsilon_2^{(1)}\} = 1$$

故可行流的值由 0 增为 1，即 $F^{(1)}=1$。

按上述计算结果修改 $P^{(1)}$ 上各弧的可行流的数值，得到图 13.3.3，图中每条弧旁的数字即该弧的 c_{ij} 和 f_{ij}。

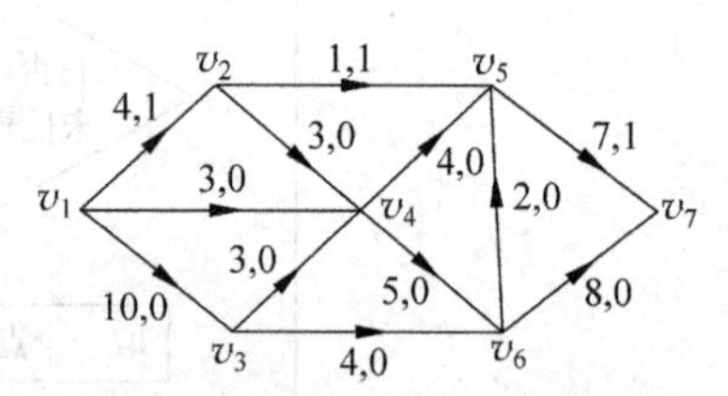

图 13.3.3　Edmonds-Karp 方法
(第一次迭代结果)

第二次迭代(在图 13.3.3 上)：

给起点 v_1 标(1,+)。

检查 v_1：给 v_2 标(1,+)，给 v_4 标(1,+)，给 v_3 标(1,+)，检查完毕则 v_1 标(1,⊕)。

检查 v_2：v_5 不标，检查完毕则 v_2 标(1,⊕)。

检查 v_4：给 v_5 标(4,+)，给 v_6 标(4,+)，检查完毕则 v_4 标(1,⊕)。

检查 v_3：没有未标记的邻点，检查完毕则 v_3 标(1,⊕)。

检查 v_5：给 v_7 标(5,+)，检查完毕则 v_5 标(4,⊕)。

因为终点 v_7 已标号，故已得可扩充路 $P^{(2)}$

$$v_1 \rightarrow v_4 \rightarrow v_5 \rightarrow v_7$$

下面在 $P^{(2)}$ 上确定增流量 $\varepsilon^{(2)}$

$$\varepsilon_1^{(2)} = \min\{3,4,6\} = 3$$

$$\varepsilon_2^{(2)} = \infty$$

$$\varepsilon^{(2)} = \min\{\varepsilon_1^{(2)}, \varepsilon_2^{(2)}\} = 3$$

故可行流的值由原来的 1 增为 4，即 $F^{(2)}=4$。

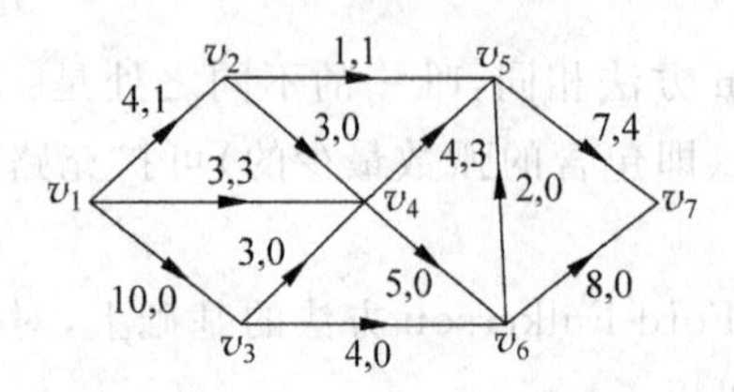

图 13.3.4　Edmonds-Karp 方法
(第二次迭代结果)

按上述计算结果修改 $P^{(2)}$ 上各弧的可行流的数值，得到图 13.3.4。

在图 13.3.4 上，进行第三次迭代，可得可扩充路 $P^{(3)}$

$$v_1 \rightarrow v_3 \rightarrow v_6 \rightarrow v_7$$

$$\varepsilon^{(3)} = 4$$

$$F^{(3)} = 8$$

继续进行第四次迭代，可得可扩充路 $P^{(4)}$

$$v_1 \rightarrow v_2 \rightarrow v_4 \rightarrow v_5 \rightarrow v_7$$

$$\varepsilon^{(4)} = 1$$

$$F^{(4)} = 9$$

进行第五次迭代，可得可扩充路 $P^{(5)}$

$$v_1 \to v_2 \to v_4 \to v_6 \to v_7$$
$$\varepsilon^{(5)} = 2$$
$$F^{(5)} = 11$$

进行第六次迭代，可得可扩充路 $P^{(6)}$

$$v_1 \to v_3 \to v_4 \to v_6 \to v_7$$
$$\varepsilon^{(6)} = 2$$
$$F^{(6)} = 13$$

进行第七次迭代，可得可扩充路 $P^{(7)}$

$$v_1 \to v_3 \to v_4 \to v_6 \to v_5 \to v_7$$
$$\varepsilon^{(7)} = 1$$
$$F^{(7)} = 14$$

14 即为最大流的值，此时各条弧上的可行流的值如图 13.3.5。

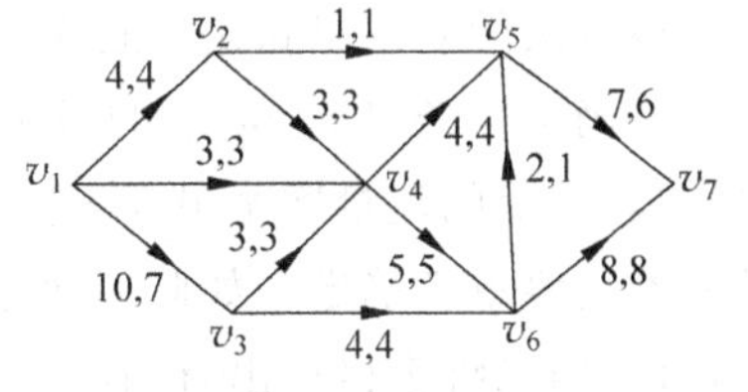

图 13.3.5 Edmonds-Karp 方法（最终迭代结果）

从本例题的求解过程可以看出，应用 Edmonds-Karp 方法确实可以保证每次迭代都在“最短”的可扩充路上改进可行流。

四、算法的收敛性

定理 13.3：设 $D=(V,A)$ 是一个网络，且每条弧 (i,j) 的容量 c_{ij} 都是非负整数，那么用 Ford-Fulkerson 方法一定可以在有限步运算中，把最大流找出来，并且在最大流中，所有 f_{ij} 都是整数。

如果所有容量 c_{ij} 都是有理数，仍旧可以在有限步内找到最大流。但当 c_{ij} 是无理数时，与定理 13.3 相似的定理就不成立了。Ford 与 Fulkerson 曾经举过一个很有趣的例子，说明当有些弧的容量是无理数时，用 Ford-Fulkerson 方法在有限步内找不到最大流。

定理 13.4：如果可行流的每次改进都在“最短的”可扩充路上进行，那么至多进行 $mn/2$ 次改进，一定会得到最大流，这里的 m 和 n 分别为网络中的弧数和顶点数。

定理 13.3 与定理 13.4 的证明，详见参考文献[35,36]。

13.4 最小费用最大流问题

前面讨论了网络上的最大流问题。实际上，涉及“流”的时候，往往不只考虑“流量”，还考虑“费用”，本节介绍的最小费用最大流问题就属于这类问题。

一、最小费用最大流问题的提法

假设有网络 $D=(V,A)$，其每一条弧 $(i,j)\in A$ 上，除了给定容量 c_{ij} 外，还给定一个单位流量的费用 $b_{ij}\geqslant 0$。最小费用最大流问题的实质是：要求解使各条弧上的总费用 $\sum b_{ij} f_{ij}$ 为最小值的自起点 v_1 至终点 v_n 的最大流，式中 f_{ij} 为可行流。求解过程中，每一次增流都在费用最小的可扩充路上进行，直至得到最大流。

和最短路问题、最大流问题相类似，最小费用最大流问题也是线性规划问题，而且用网络图论方法求解比用一般线性规划求解要简便得多。

二、最小费用最大流问题的求解

最小费用最大流问题的求解方法有多种，它们都是在求最大流的算法上，做一些改变，使得到的解是网络上最大流(或预定值)，且总费用最小。下面我们介绍一种应用较广的“最短路法”。

该解法的基本思路是：把各条弧上单位流量的费用看成某种长度，用求解最短路问题的方法确定一条自 v_1 至 v_n 的最短路；再将这条最短路作为可扩充路，用求解最大流问题的方法，将其上的流量增至最大可能值；而这条最短路上的流量增加后，其上各条弧的单位流量的费用要重新确定。如此多次迭代，最终得到最小费用最大流。在求解带负权的最短路时，可先用二维表格给出有向图 $W(f_{ij}^{(k)})$ 上的各个 b_{ij} 值($i=1,2,\cdots,n$；$j=1,2,\cdots,n$)。

下面介绍该解法的求解步骤。

(1) 给定最小费用的初始可行流 $\{f_{ij}^{(0)}\}=0$，显然此时费用为0。令 $k=0$。

(2) 按给定的各条弧的初始单位流量的费用 b_{ij}，构造初始费用有向图 $W(f_{ij}^{(0)})$，并以费用 b_{ij} 为某种长度，求出图 $W(f_{ij}^{(0)})$ 上从 v_1 至 v_n 的最短路 $P^{(1)}$。如果不存在从 v_1 至 v_n 的最短路，则已得到最小费用最大流，停止迭代。否则，转下步。

(3) 根据已知的各条弧的容量 c_{ij} 及可行流 $f_{ij}^{(k)}$，把刚求出的最短路 $P^{(k+1)}$ 作为可扩充路，将其上的流量增至最大可能值，从而得到一组新的可行流 $\{f_{ij}^{(k+1)}\}$。

(4) 构造与 $\{f_{ij}^{(k+1)}\}$ 相应的新的费用有向图 $W(f_{ij}^{(k+1)})$。

对最短路 $P^{(k+1)}$，因为各条弧上的可行流变化了，故相应的单位流量的费用也要重新确定。假设在这条最短路上有一条弧 (i,j)，其初始费用为 b_{ij}：如弧 (i,j) 已达饱和，则费用变为 ∞，将此弧去掉，换上一条方向相反的弧 (j,i)，令其费用为 $-b_{ij}$；如弧 (i,j) 未达饱和，则保留之，其费用仍为 b_{ij}，同时添上一条方向相反的弧 (j,i)，令其费用为 $-b_{ij}$；如弧 (i,j) 上的可行流为零，则其状态与给定的全零流的初始状态相同。这样，就得到了 $W(f_{ij}^{(k+1)})$。

值得注意的是，在最短路 $P^{(k+1)}$ 上，只有前向弧，但这些前向弧的单位流量费用可能有正有负。

(5) 求出图 $W(f_{ij}^{(k+1)})$ 上从 v_1 至 v_n 的最短路 $P^{(k+2)}$。如果不存在从 v_1 至 v_n 的最短路，则已得到最小费用最大流，停止迭代。否则，令 $k=k+1$，返回步骤(3)。

三、计算举例

例 13.5 求图 13.4.1 所示网络中从 v_1 至 v_5 的最小费用最大流，弧旁的数字为 c_{ij}，b_{ij}。

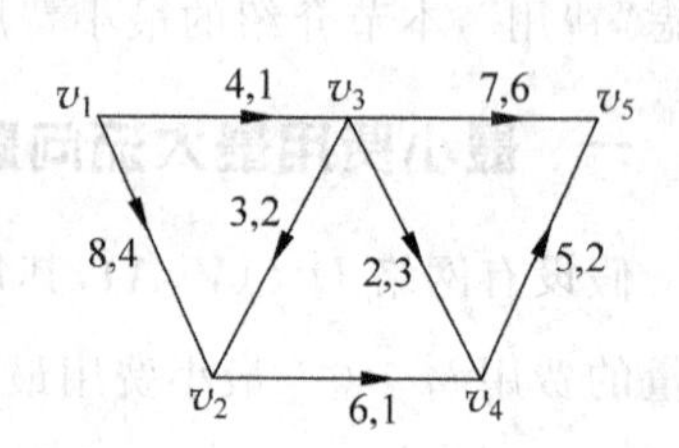

图 13.4.1 最小费用最大流问题

图 13.4.2 中，双线所示路径为最短路径。费用有向图 $W(f_{ij}^{(5)})$ 中，不存在从 v_1 至 v_5 的最短路，故已得到最小费用最大流。从图 13.4.2(11)可知，最大流为 9，最小费用为：$4\times1+5\times4+5\times1+4\times6+5\times2=63$。

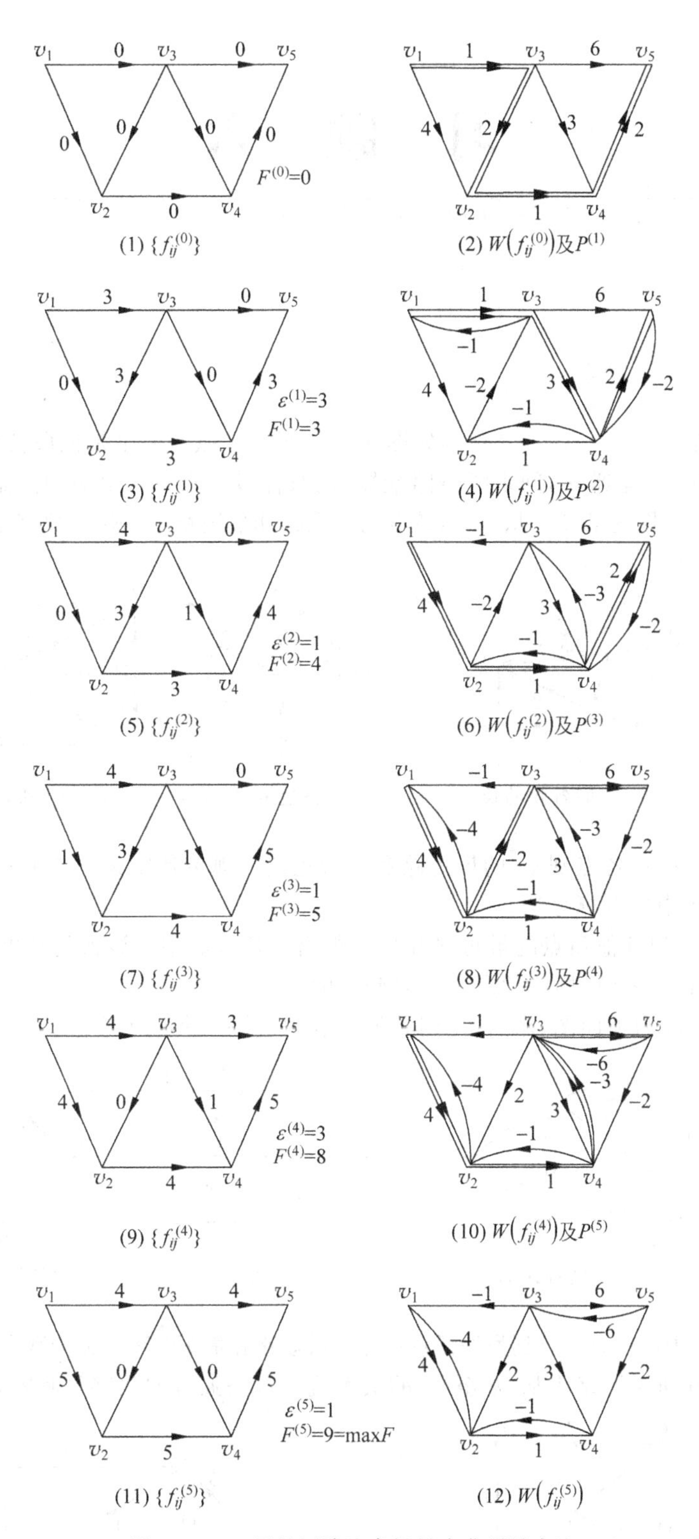

图 13.4.2 用最短路法求解最小费用最大流

习　题　六

6.1　有九个城镇 $v_1, v_2, \cdots, v_9$，公路网如图题 6.1 所示。弧旁数字是该段公路的长度，有一批货物要从 v_1 运到 v_9，问走哪条路最短(用双标号法求解)，最短距离是多少？

6.2　用双标号法求图题 6.2 中从 v_1 到各点的最短路和最短距离。弧旁数字是该弧的长度。

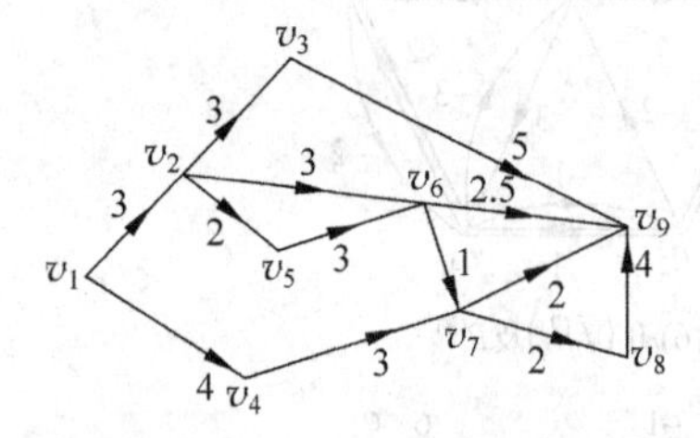

图题 6.1　$v_1, v_2, \cdots, v_9$ 间各弧的长度

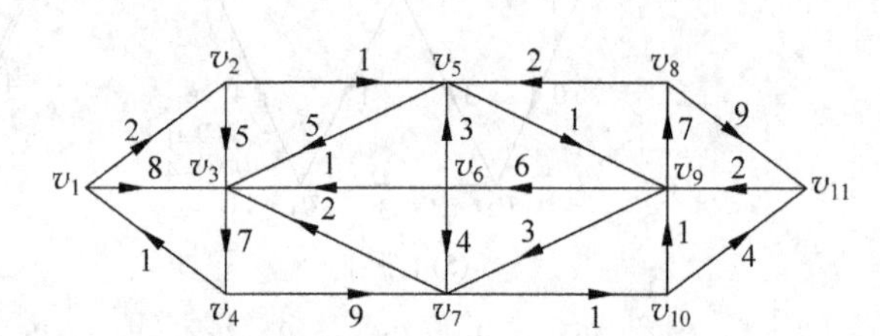

图题 6.2　$v_1, v_2, \cdots, v_{11}$ 间各弧的长度

6.3　求图题 6.3 中从各点到 v_6 的最短路和最短距离。弧旁数字是该弧的长度。

6.4　在图题 6.4 中用双标号法：

(1) 求从 v_1 到其他顶点的最短路和最短距离。弧旁数字是该弧的长度。

(2) 指出对 v_1 来说，哪些顶点是不可到达的。

(3) 将该图改为无向图，求从 v_1 到其他顶点的最短路和最短距离。

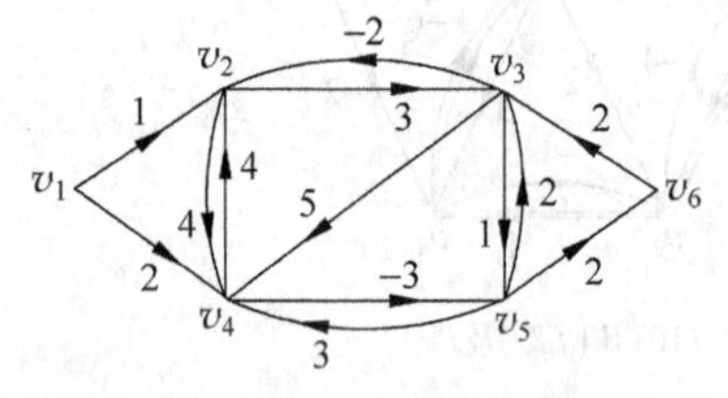

图题 6.3　v_1 与 v_6 之间各弧的长度

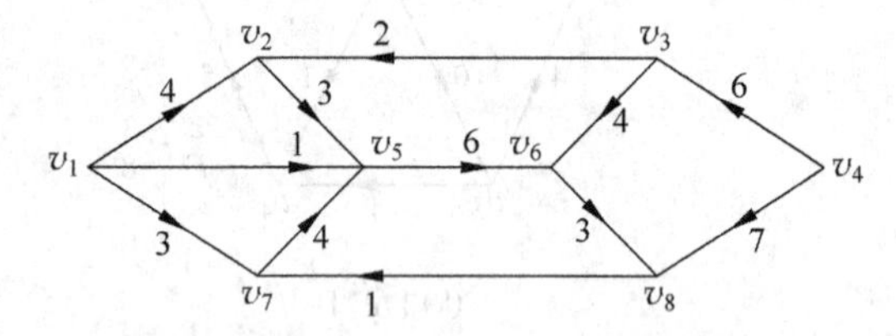

图题 6.4　$v_1, v_2, \cdots, v_8$ 间各弧的长度

6.5　求图题 6.5 中从任意一点到另外任意一点的最短路和最短距离。弧旁数字是该弧的长度。

6.6　求图题 6.6 所示网络中从 v_1 至 v_6 的最大流。每条弧旁的数字是其容量 c_{ij}。

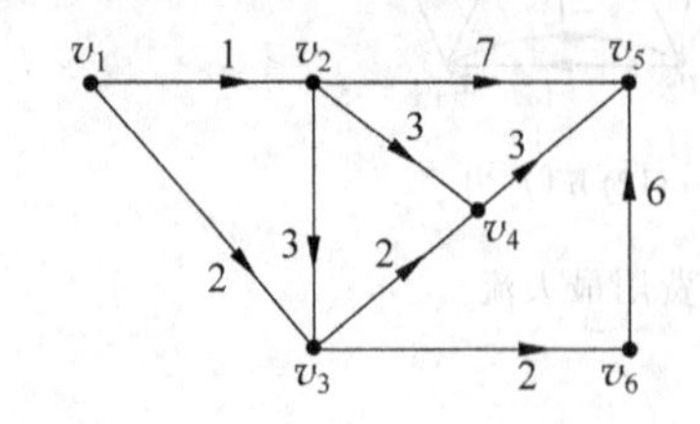

图题 6.5　$v_1, v_2, \cdots, v_6$ 间各弧的长度

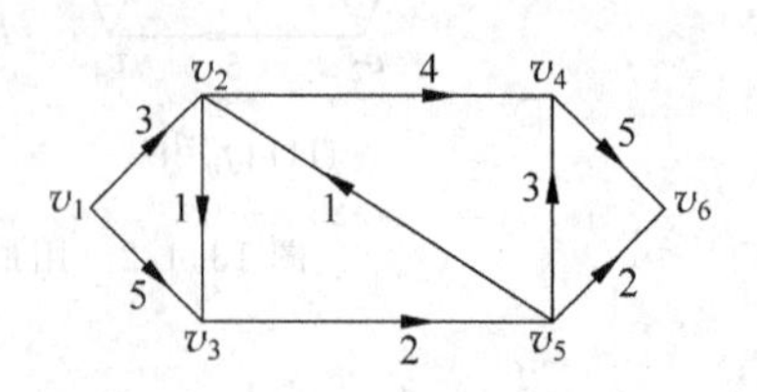

图题 6.6　v_1 与 v_6 之间各弧的容量

6.7 求图题 6.7 所示网络中从 v_1 至 v_{10} 的最大流。每条弧旁的数字是其容量 c_{ij}。

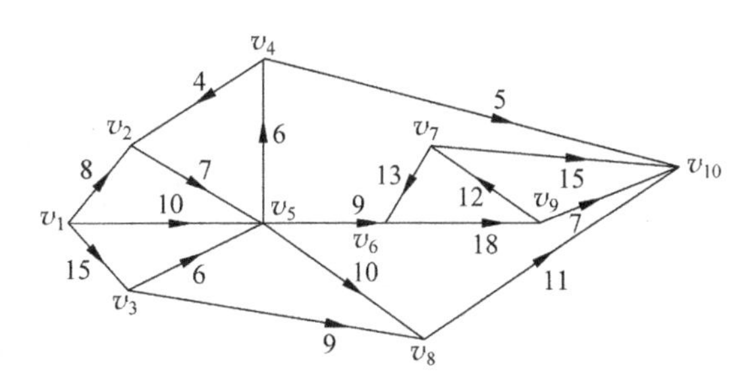

图题 6.7 $v_1,v_2,\cdots,v_{10}$ 间各弧的容量

6.8 两家工厂 x_1 和 x_2 生产同一种产品，产品通过图题 6.8 所示网络运送到市场 y_1、y_2、y_3，试确定从工厂到市场所能运送的最大总量。每条弧旁的数字是其容量 c_{ij}。

6.9 求图题 6.9 所示网络中从 v_1 至 v_6 的最小费用最大流。每条弧旁的数字是 c_{ij}, b_{ij}。

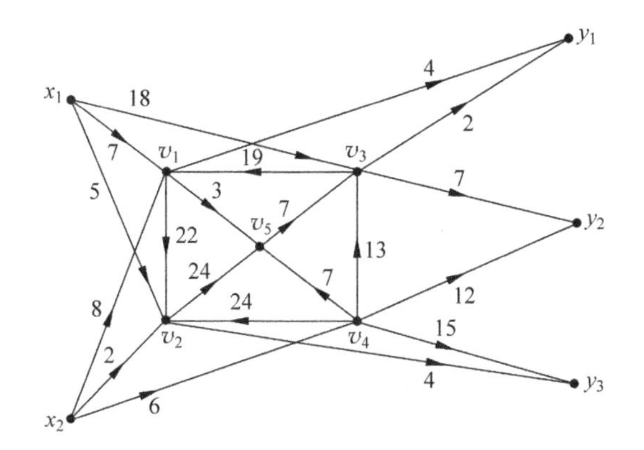

图题 6.8 工厂与市场之间各弧的容量

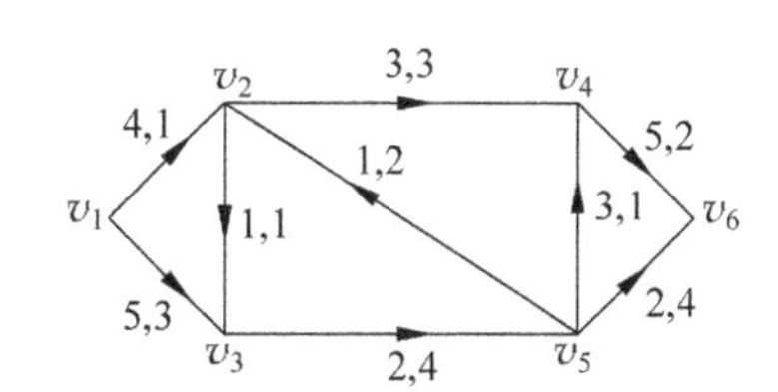

图题 6.9 $v_1,v_2,\cdots,v_6$ 间各弧的容量及单位流量的费用

6.10 求图题 6.10 所示网络中从 v_s 至 v_t 的最小费用最大流。每条弧旁的数字是 c_{ij}, b_{ij}。

6.11 试用 Dijkstra 算法求图题 6.11 中 v_5 至各点的最短有向路及最短距离。图上每条弧旁的数字是其长度，其中常数 $a>0$。

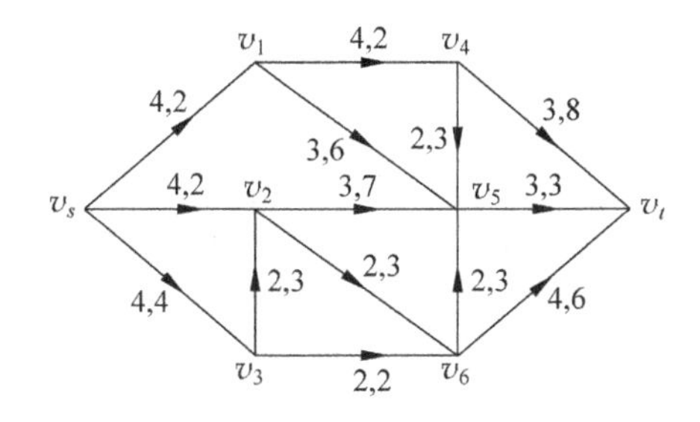

图题 6.10 v_s 与 v_t 之间各弧的容量及单位流量的费用

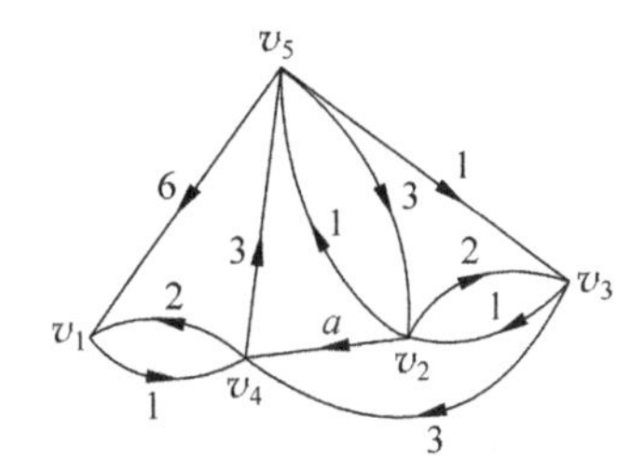

图题 6.11 $v_1,v_2,\cdots,v_5$ 间各弧的长度

第七部分　决策论

决策论(decision theory)是运筹学的一个随机型模型分支。决策问题的三要素是：自然状态、策略(行动方案)、益损值。决策是依据一定的准则，从全部可能的策略中选择最优策略的过程。根据对未来自然状态的把握程度的不同，可将决策问题分为确定型决策、风险型决策和不确定型决策三类。

本书的第一部分至第六部分，是运筹学的确定型模型部分，从决策论角度看，也可以说是确定型决策部分。第七部分将重点介绍风险型决策和不确定型决策，包括有关基本概念、基本理论、常用的决策准则、决策方法等。在决策论中，决策者的对手是"自然"。

由于情况总是在不断地变化，所以小至个人生活琐事，大到国家的内外政策、方针，时时处处都有需要决策的问题。决策论的应用极其广泛。决策论中，除了单目标决策，还有多目标决策。对多目标决策问题，可以采取将多个目标转化为少数目标的方法、对多个目标按重要性排序后逐个目标优化的方法或层次分析法(AHP 法)这一定性与定量分析相结合的方法等加以求解。对多目标决策感兴趣的读者，可参阅参考文献[6]、[21]。

第14章　决　策　论

14.1　决策问题三要素及分类

一、决策问题举例

例 14.1　已知条件如表 14.1.1,请选择所用策略。表中损失值的单位为元。

表 14.1.1　日常生活中的决策问题

损失值(元) 自然状态 / 策略	下雨	不下雨
带雨衣	0	2
不带雨衣	5	0

例 14.2　已知条件如表 14.1.2,请选择所用策略。表中效益值 a_{ij} 的单位为万元。

表 14.1.2　生产企业中的决策问题

自然状态 S_j 及概率 $P(S_j)$ / 效益值 a_{ij}(万元) / 策略 d_i	S_1(产品销路好) $P(S_1)=0.3$	S_2(产品销路一般) $P(S_2)=0.5$	S_3(产品销路差) $P(S_3)=0.2$
d_1(按甲方案——大批量生产)	40	26	15
d_2(按乙方案——中批量生产)	35	30	20
d_3(按丙方案——小批量生产)	30	24	20

二、决策问题三要素

从上面的例子可以看出,一般的决策模型都包含以下三个最基本的因素。

1. 自然状态

例 14.1 中的“下雨”、“不下雨”,例 14.2 中的“产品销路好”、“产品销路一般”、“产品销路差”等等,都是自然状态,这是决策者无法控制的因素。假定共有 n 个可能的状态: S_1, S_2, $\cdots$, S_n,则状态集合 S(也称状态空间)为

$$S = \{S_1, S_2, \cdots, S_n\}$$

2. 策略

策略即决策者可以采取的行动方案。采用哪一个行动方案,完全由决策者决定。若所有可能的策略为 $d_1, d_2, \cdots, d_m$,则策略集合(也称策略空间)为

$$D = \{d_1, d_2, \cdots, d_m\}$$

3. 益损值

益损值即不同策略在不同自然状态下的收益值或损失值。益损值是策略和自然状态的函数。

决策者根据上述三个基本因素,按照一定的决策准则,即可进行决策。决策是依据一定的准则,从全部可能的策略中选择最优策略的过程。需要注意的是:决策不仅需要对各行动方案做定量分析,而且与决策者的主观条件——诸如经济地位、价值观、心理素质、个人气质、对风险的态度等密切相关。

三、决策问题的分类

从不同角度出发,可以对决策进行不同的分类。例如,根据决策者地位的高低,可将决策分为高层决策、中层决策和基层决策;根据所需作出决策的次数,可分为一次决策和多阶段决策;根据决策的内容可分为战略决策和战术决策;根据决策目标的个数可分为单目标决策和多目标决策……下面我们着重说明另一种分类方法。

决策就是要决定未来的行动方案。未来必将出现什么状态,或可能出现什么状态,这对决策分析的方法和结果有着重大的影响。根据对未来状态的把握程度的不同,决策问题可分为以下三类。

1. 确定型决策

若未来的自然状态是确定的,则这种问题的决策就称为确定型决策。当可供选择的方案不多时,对这种问题很容易作出决策。但是,实际问题中,可供选择的方案往往很多,就需要根据问题的性质选用线性规划、动态规划或其他有效的方法来解决。

2. 风险型决策

在具有多个可能的自然状态的决策问题中,决策者虽然不知道未来哪一个状态一定发生,但知道(或可估计)每个状态发生的可能性有多大,即知道(或可估计)各自然状态发生的概率。这时,决策者即可根据概率论和统计学的知识,作出统计意义下的最优决策。由于这时决策者总要冒一定的风险,故称为风险型决策(或概率型决策、统计决策)。一般情况下,决策者总要设法获得关于状态发生的一些信息,因此,这种决策问题在实际中大量存在。本章重点介绍这种类型的决策方法。

3. 不确定型决策

在具有多个可能的自然状态的决策问题中,如果对各自然状态在未来发生的可能性一无所知,也就是在进行决策时,决策者不知道哪个状态会发生,哪个状态不会发生,哪个状态发生的可能性大,哪个状态发生的可能性小,那么,对这种问题的决策,就是不确定型决策,我们将简要介绍几种有关的决策方法。

14.2 风险型决策

一、最优期望益损值决策准则

对于风险型决策,因为已知各自然状态 S_j 发生的概率 P_j,故当采取某一策略 d_i 时,可算出相应于这一策略的期望益损值如下

$$E(d_i)=\sum_{j=1}^{n}a_{ij}P_j \quad (i=1,2,\cdots,m)$$

式中 a_{ij} 是策略 d_i 在自然状态 S_j 发生情况下的益损值。

比较各策略的期望益损值 $E(d_i)$,以最大期望收益值或最小期望损失值相应的策略为选定策略,这一决策准则即最优期望益损值决策准则。

如 14.1 节中的例 14.2,首先计算出各个策略(行动方案)的效益值的期望值,然后选择其中期望效益值最大的策略,即有

$$E(d_1)=40\times0.3+26\times0.5+15\times0.2=28$$
$$E(d_2)=35\times0.3+30\times0.5+20\times0.2=29.5$$
$$E(d_3)=30\times0.3+24\times0.5+20\times0.2=25$$

因此,应选择 d_2 方案。

显然,最优期望益损值决策准则是建立在统计基础上的,它可使大量的重复类型的决策问题得到最优平均益损效果。

二、决策树法

决策树是一种树状图,它是决策分析最常使用的方法之一。

1. 决策树的构成

决策树一般由四种元素组成:

(1) 决策节点

在决策树中,决策节点用图符□表示,决策者需要在决策节点处进行策略(方案)的决策。从它引出的每一分枝,都是策略分枝,都代表决策者可能选取的一个策略,总的分枝数即可能的策略数。最后选中的策略的期望益损值要写在决策节点上方,未被选上的方案要“剪枝”(在相应的策略分枝上标上╫)。

(2) 策略节点

在决策树中,策略节点位于策略分枝的末端,用图符○表示。其上方的数字为该策略的期望益损值。从策略节点引出的分枝叫概率分枝,每个分枝上面都写明它代表的自然状态及其出现的概率。总的分枝数即为可能的自然状态数。

(3) 结果节点

在决策树中,结果节点用图符△表示,它是概率分枝的末梢。它旁边的数字是相应策略在该状态下的益损值。

(4) 分枝

分枝包含策略分枝和概率分枝。最终决策结果求出之后,应对未选上的策略分枝进行

剪枝。

2. 单级决策

单级决策问题中只包含一级决策。

例 14.3 用决策树法求解 14.1 节的例 14.2。

解 首先画出该问题的决策树(见图 14.2.1),并把原始数据标在上面。决策树是由左→右即由粗→细逐步画出的。画出决策树后,再由右→左,计算各策略节点的期望效益值,并标在相应的策略节点上。最后根据最大期望效益值准则,对决策节点上的各个方案进行比较、选择,并把决策结果标在图上。图中益损值的单位为万元。

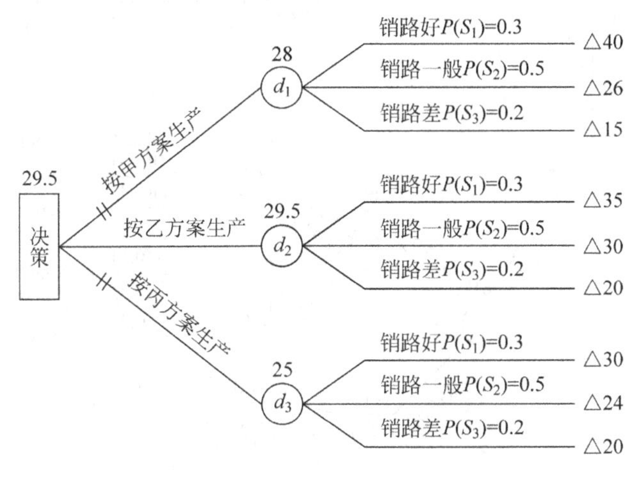

图 14.2.1 决策树法

3. 多级决策

多级决策问题中,包含有两级或两级以上的决策。下面我们来看一个例题。

例 14.4 有一个化工原料厂,在编制五年计划时欲用某项新工艺代替原来的旧工艺。取得新工艺有两种途径,一是自行研究,其成功的可能性是 0.6;二是购买专利,估计谈判成功的可能性是 0.8。不论研究成功或谈判成功,生产规模都考虑两种方案,一是产量不变,二是产量增加。如果研究或谈判失败,则仍采用原工艺进行生产,并保持原产量不变。

根据市场预测,今后五年内这种产品价格低、价格中等、价格高的可能性分别为 0.1、0.5、0.4,各种情况下的益损值矩阵见表 14.2.1,试用决策树法进行决策。

表 14.2.1 工艺改革问题的决策 单位:百万元

益损值 / 方案 / 价格状态(概率)	按原工艺生产	购买专利成功(0.8)		自行研究成功(0.6)	
		产量不变	产量增加	产量不变	产量增加
价格低(0.1)	−150	−200	−300	−200	−300
价格中等(0.5)	0	50	50	0	−250
价格高(0.4)	100	150	250	200	600

解 第一步:画出决策树(图 14.2.2,从左到右)。

第二步:计算各节点的期望益损值(从右到左)。

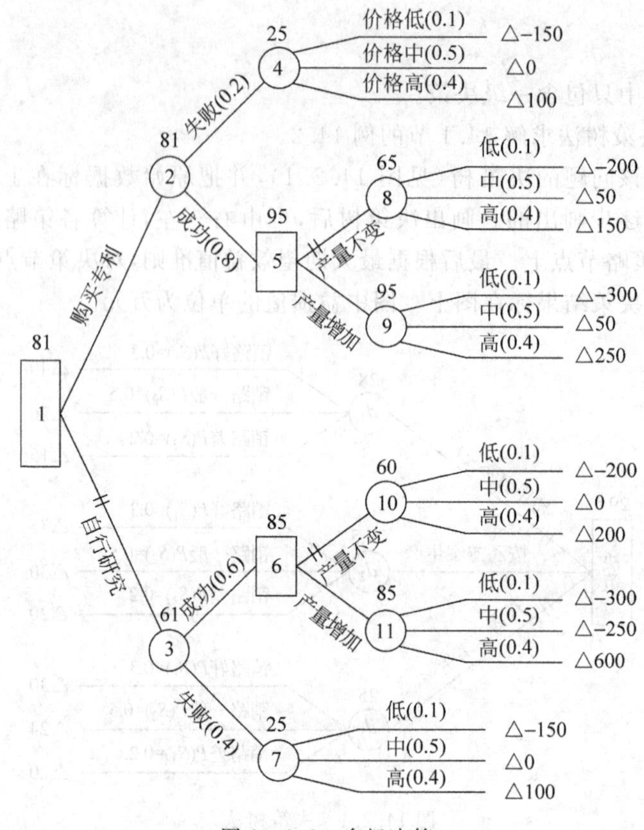

图 14.2.2 多级决策

$$点4：0.1\times(-150)+0.5\times 0+0.4\times 100=25$$
$$点8：0.1\times(-200)+0.5\times 50+0.4\times 150=65$$
$$点9：0.1\times(-300)+0.5\times 50+0.4\times 250=95$$

因此，在决策节点 5 上，选择产量增加的方案。

通过类似的计算可知，在决策节点 6 上，应选择产量增加的方案。

$$点2：0.2\times 25+0.8\times 95=81$$
$$点3：0.6\times 85+0.4\times 25=61$$

第三步：最终确定方案。

点 2 与点 3 比较，点 2 的期望效益值更大，故合理的决策应该是购买专利，购买专利成功后应增加产量。

三、完全情报及其价值

正确的决策来源于可靠的情报或信息。情报、信息越全面、可靠，对自然状态发生的概率的估计就越准确，据此作出的决策也就越合理。能完全肯定某一状态发生的情报称为完全情报，否则，称为不完全情报。有了完全情报，决策者在决策时即可准确预料将出现什么状态，从而把风险型决策转化为确定型决策。

实际上，获得完全情报是十分困难的，大多数情报属于不完全情报。

为了得到情报，需要进行必要的调查、试验、统计等，或直接从别人手中购买，总之，要花费一定的代价。若决策者支付的费用过低，则难于得到所要求的情报，若需支付的费用过高，则决策者可能难以承受且可能不合算。另外，在得到完全情报之前，并不知道哪个状态将会出现，因此也无法准确算出这一情报会给决策者带来多大利益，但为了决定是否值得去采集这项情报，必须先估计出该情报的价值。完全情报的价值，等于因获得了这项情报而使决策者的期望收益增加的数值。如果它大于采集该情报所花费用，则采集这一情报是值得的，否则就不值得了。因此，完全情报的价值给出了支付情报费用的上限。

例 14.5 如前 14.1 节中例 14.2，假定花费 0.7 万元可以买到关于产品销路好坏的完全情报，请问是否购买之？

解 假如完全情报指出产品销路好，就选取策略 d_1，可获得 40 万元效益。假如完全情报指出产品销路一般，就选取策略 d_2，可获得 30 万元效益；假如完全情报指出产品销路差，就选取策略 d_2 或 d_3，可获得 20 万元效益。因为在决定是否购买这一完全情报时还不知道它的内容，故决策时无法计算出确切的效益，只能根据各自然状态出现的概率求出期望效益值

$$0.3\times40+0.5\times30+0.2\times20=31$$

该问题的决策树如图 14.2.3。图中效益值的单位为万元。

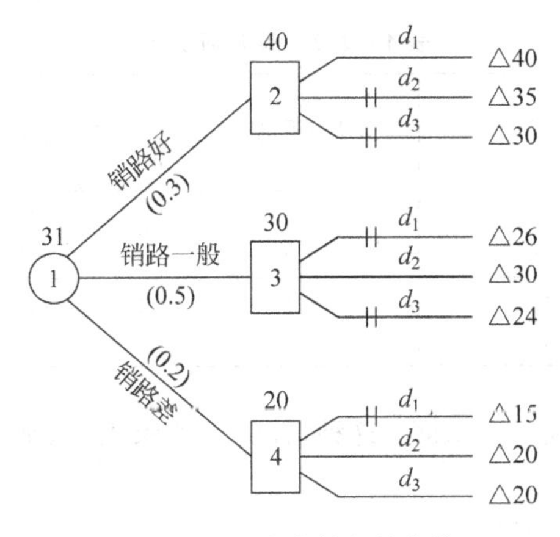

图 14.2.3 完全情报的价值

对照图 14.2.1 可知，由于得到了完全情报，使期望效益值增加了 1.5 万元，即该完全情报的价值为 1.5 万元。因此，花费 0.7 万元购买该完全情报，还是合算的。

四、贝叶斯(Bayes)决策

1. 先验概率和后验概率

在风险型决策中，有时不可能得到完全情报，有时为了得到完全情报花费的代价太大而无法承受。这种情况下，如果需要改进原来的决策结果，可以采用抽样检验、请专家估计等方法，采集不完全情报作为补充情报，以此来修正原来的概率估计。通常，把根据补充情报进行修正之前的各自然状态的概率估计称为先验概率，而把根据补充情报进行修正之后的各自然状态的概率估计称为后验概率。一般来说，后验概率要比先验概率更加准确可靠。和完全情报相类似，获取不完全情报也要付出一定的代价，也有一个是否值得的问题。

2. 贝叶斯公式

贝叶斯公式是概率论中的一个公式，该公式为

$$P(B_i \mid A) = \frac{P(B_i)P(A \mid B_i)}{\sum_{j=1}^{n} P(B_j)P(A \mid B_j)} \quad (i = 1,2,\cdots,n) \tag{14.2.1}$$

式(14.2.1)中：事件 B_i 可表示自然状态，$B_1, B_2, \cdots, B_n$ 是所有可能出现的自然状态，且其中任意两个自然状态不可能同时发生，即$\{B_1, B_2, \cdots, B_n\}$是两两互斥的完备事件组。

$P(B_i)$是自然状态 B_i 出现的概率，即先验概率。

$P(A|B_i)$是自然状态 B_i 出现的情况下，事件 A 发生的条件概率。

$P(B_i|A)$是事件 A 发生的情况下，自然状态 B_i 出现的条件概率，即后验概率。

"发生了一次事件 A"作为补充情报，据此对先验概率加以修正，以得到后验概率。

显然，贝叶斯公式就是根据补充情报，由先验概率计算后验概率的公式。在风险型决策中，利用贝叶斯公式进行概率修正的决策方法，通常称为贝叶斯决策。

3. 应用举例

例 14.6 有朋友自远方来。他可能乘火车、乘船、乘汽车或乘飞机来，已知概率如表 14.2.2 所示。

表 14.2.2 贝叶斯决策

概率 \ 自然状态	B_1(乘火车)	B_2(乘船)	B_3(乘汽车)	B_4(乘飞机)
$P(B_i)$	$\frac{3}{10}$	$\frac{1}{5}$	$\frac{1}{10}$	$\frac{2}{5}$
$P(A\|B_i)$	$\frac{1}{4}$	$\frac{1}{3}$	$\frac{1}{12}$	0

事情的结果是：他迟到了。试问：这种情况下，他乘火车、乘船、乘汽车、乘飞机来的概率各是多少？

解 以事件 A 表示"迟到"。

根据贝叶斯公式得

$$P(B_1 \mid A) = \frac{P(B_1)P(A \mid B_1)}{\sum_{j=1}^{4} P(B_j)P(A \mid B_j)} = \frac{\frac{3}{10} \times \frac{1}{4}}{\frac{3}{10} \times \frac{1}{4} + \frac{1}{5} \times \frac{1}{3} + \frac{1}{10} \times \frac{1}{12} + \frac{2}{5} \times 0} = \frac{1}{2}$$

上述 $P(B_1)$是乘火车来的概率，$P(A|B_1)$是乘火车来的情况下迟到的概率，而 $P(B_1|A)$是"迟到"发生的情况下乘火车来的概率。

类似地，可求出

$$P(B_2 \mid A) = \frac{4}{9}$$

$$P(B_3 \mid A) = \frac{1}{18}$$

$$P(B_4 \mid A) = 0$$

因此，在"迟到"发生的情况下，他乘火车、乘船、乘汽车、乘飞机来的概率分别是$\frac{1}{2}$、$\frac{4}{9}$、$\frac{1}{18}$和0。

例 14.7 某公司有50 000元多余资金，如用于某项开发事业，估计成功率为96%，成功时可获利12%，若一旦失败，将丧失全部资金。如果把资金存到银行中，则可稳得利息6%。为获取更多情报，该公司可求助于咨询服务，咨询费用为500元，但咨询意见只能提供参考。该咨询公司过去类似的200例咨询意见实施结果如表14.2.3所示。

表 14.2.3 咨询与投资

实施结果 / 咨询意见	投资成功	投资失败	合计
可以投资	154次	2次	156次
不宜投资	38次	6次	44次
合计	192次	8次	200次

试用决策树法决定：该公司是否值得求助于咨询服务？该公司的多余资金应如何使用？

解 根据已知条件，有

$$50\,000\times 12\% = 6000$$

$$50\,000\times 6\% = 3000$$

即多余资金用于开发事业成功时可获利6000元，如果存入银行可获利3000元。设

T_1——咨询公司意见为可以投资；

T_2——咨询公司意见为不宜投资；

E_1——投资成功；

E_2——投资失败。

由题意可知

$$P(E_1)=0.96,\quad P(E_2)=0.04,\quad P(T_1)=\frac{156}{200}=0.78,\quad P(T_2)=\frac{44}{200}=0.22$$

又根据概率论中"积"的定义可知，T、E二者的积的概率是T与E同时发生的概率。由表14.2.3提供的数据可以算出

$$P(T_1E_1)=\frac{154}{200}=0.77,\quad P(T_1E_2)=\frac{2}{200}=0.01$$

$$P(T_2E_1)=\frac{38}{200}=0.19,\quad P(T_2E_2)=\frac{6}{200}=0.03$$

因为有乘法定理$P(TE)=P(T)P(E|T)=P(E)P(T|E)$，故

$$P(E\mid T)=\frac{P(TE)}{P(T)} \tag{14.2.2}$$

利用式(14.2.2)可以计算出：

$$P(E_1\mid T_1)=0.987,\quad P(E_2\mid T_1)=0.013$$

$$P(E_1\mid T_2)=0.864,\quad P(E_2\mid T_2)=0.136$$

上述$P(E_1)$、$P(E_2)$为先验概率，$P(E_1|T_1)$、$P(E_2|T_1)$、$P(E_1|T_2)$、$P(E_2|T_2)$为后验

概率。这里,求后验概率时没有用到贝叶斯公式。当然,也可以先根据乘法定理求出条件概率 $P(T|E)$,再利用贝叶斯公式求后验概率,但那样算会比较麻烦。

该问题的决策树见图 14.2.4。

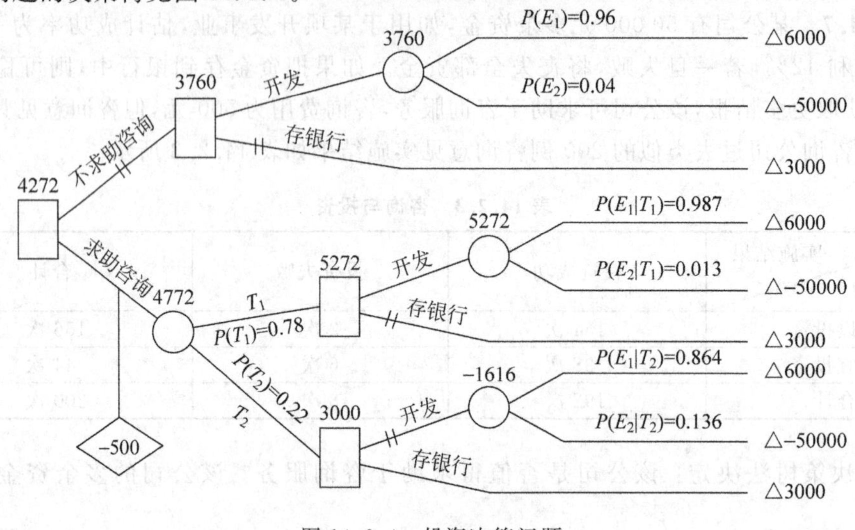

图 14.2.4 投资决策问题

图 14.2.4 中,菱形框里的"-500"表示为获取更多情报需支付 500 元。

本问题的结论是,该公司应求助于咨询服务。如果咨询意见是可投资开发,则投资于开发事业,如果咨询意见是不宜投资开发,则将多余资金存入银行。

14.3 效用理论

在本节之前所讲的决策方法中,我们是以期望益损值作为决策准则的,即认为期望益损值相同的各种随机事件是等价的,且认为同一期望益损值对不同决策者的吸引力都一样。实际上,期望益损值相同的各种随机事件的风险程度可能相差甚远,而不同的决策者对风险的态度也可能大不相同。因此,如果是大量、重复地进行同样的决策,期望益损值可代表其平均益损效果,这种情况下,用最优期望益损值准则进行决策是合理的。而另外一些情况下,用这个准则进行决策就显得不合理了。下面举一个简单的例子加以说明。

例 14.8 某单位空运一件价值 100 万元的精密仪器,如果发生事故,仪器就要损坏,单位需自己承担全部损失。而如果该单位花 0.2 万元参加保险,则一旦发生事故,保险公司会赔偿全部损失。假设飞机发生事故的概率为 0.001,问这种情况下,是否参加保险?

解 我们用最小期望损失值准则进行决策,其决策树如图 14.3.1 所示。

从图 14.3.1 可知,如果按最小期望损失值准则进行决策,应选择不参加保险的策略。但事实上绝大多数人都会选择参加保险的策略。尽管出事故的可能性很小,也很少有人愿意为节省 0.2 万元而冒损失 100 万元的风险。除非该单位在不同时间或不同地点,还要许多次地重复同样的运输。

从这个例题可以看出,如果决策仅仅进行一次或很少几次,而涉及的益损值又很大时,

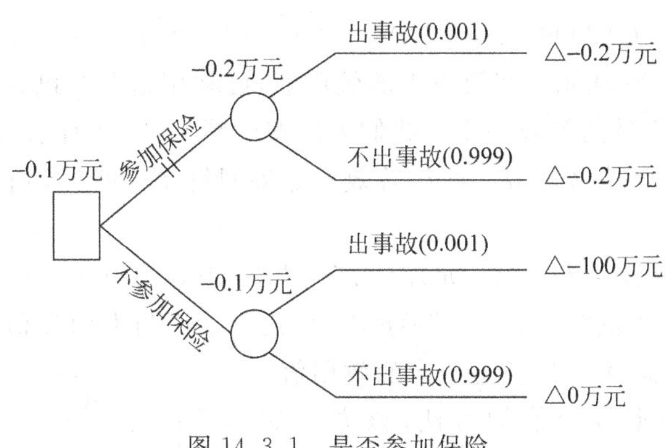

图 14.3.1 是否参加保险

便不宜使用最优期望益损值准则进行决策。这种情况下，应该根据效用理论进行决策分析。下面就来介绍效用理论。

一、效用及效用曲线

1. 效用

例 14.9 假设要发给某甲一笔奖金，有三种领奖方式可以选择：

方案 d_1：直接发给某甲 1000 元。

方案 d_2：采取抽签方式，共有“中”与“不中”两张签。抽到“中”，发给 2000 元；抽到“不中”，不给钱。

方案 d_3：采取抽签方式，共 100 张签，其中只有一张是“中”。抽到“中”，发给 100 万元；抽到其他签，均要罚 9091 元。

试问：某甲愿意采取哪种领奖方式？

虽然 d_1、d_2、d_3 的期望益损值都是 1000 元，但多数人还是会认为它们的“得失效果”或“价值”不同。到底选择哪种呢？这就需要决策者比较它们的“价值”。d_1 是确定性事件，其“价值”已十分明确；d_2 是随机事件，其得失效果如何估计呢？我们的办法是：让决策者自己把这个随机事件的“价值”等效为一个确定性事件的价值。即询问某甲：你认为 d_2 的“价值”与肯定地得到多少元是等效的？若回答为 600 元，则可以用这确定性的 600 元来反映随机事件 d_2 的效用。对 d_3 也做类似的“等效”后即可确定领奖方式。

同一个随机事件，对于不同的决策者，有着不同的效用，这与各个决策者的经济地位、冒险精神、个人气质等因素有关。因此，“效用”是决策者的一种“主观价值”。

上述“效用”的概念可以用图 14.3.2 加以说明，图中节点⍨表示其右面的各方案分枝都是等效的。

2. 效用值

我们用效用值(U)表示效用的相对大小。

在一个决策问题中，通常将决策者可能得到的最大收益值相应的效用值指定为 1(或 100)，而把可能得到的最小收益值(或最大损失值)相应的效用值指定为 0。

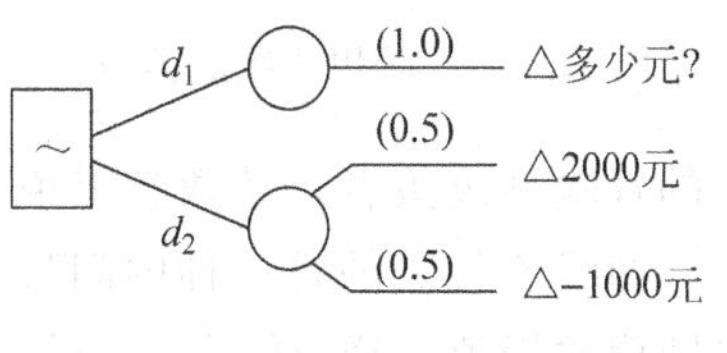

图 14.3.2 效用

在上面的例子中，决策者可能得到的最大收益值为 2000 元，最大损失值为 1000 元，故可得两个点的效用值：

$$U(2000\text{ 元})=1.0 \qquad U(-1000\text{ 元})=0.0$$

为求－1000元到2000元之间第三点的效用值，可利用这两个已知点的效用值，并借助于确定性事件和随机事件的等效关系。我们可以按照图14.3.2所示询问决策者：当d_1的收益值为多少元时，你认为选取d_2与d_1等效？如果回答是300元，则可计算出收益值300元相应的效用值

$$U(300\text{ 元})=U(2000\text{ 元})\times 0.5+U(-1000\text{ 元})\times 0.5=0.5$$

如果把图14.3.2中的"－1000元"换成"300元"，采用与上面类似的作法，可得又一个点的效用值。以此类推，可求出任意个点的效用值。

还有一种常用的求效用值的方法，该方法如图14.3.3所示。图中欲求收益值1000元的效用值。询问决策者：当概率P等于多少时，你认为方案d_1与d_2是等效的？若决策者考虑后回答$P=0.7$，则可计算出收益值1000元的效用值

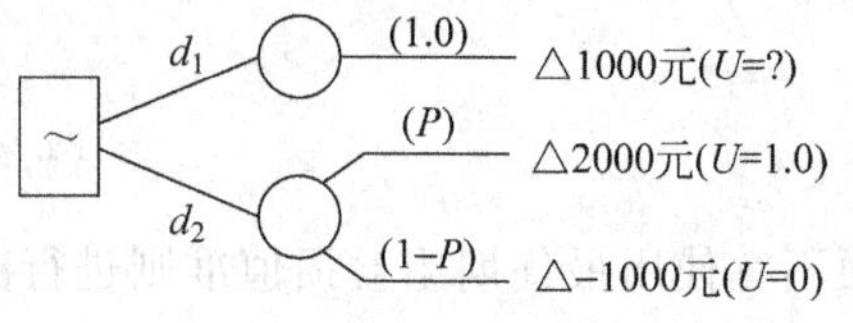

图14.3.3　效用值

$$\begin{aligned}U(1000\text{ 元})&=U(2000\text{ 元})\times P+U(-1000\text{ 元})\times(1-P)\\&=1.0\times P+0\times(1-P)=0.7\end{aligned}$$

如果把图14.3.3中的"1000元$(U=?)$"换成"1500元$(U=?)$"，把"－1000元$(U=0)$"换成"1000元$(U=0.7)$"，采用类似的做法，可得1500元的效用值。以此类推，可求出任意个点的效用值。

3. 效用曲线及其类型

若以x代表益损值，以U代表x相应的效用值，则函数$U(x)$即称为效用函数；若以x为横坐标，U为纵坐标，画出效用函数$U(x)$的图像，就得到效用曲线(对某决策者而言)。实际中，也常常通过询问决策者得到若干个点的效用值，据此描出效用曲线，或进一步拟合出他的效用函数。

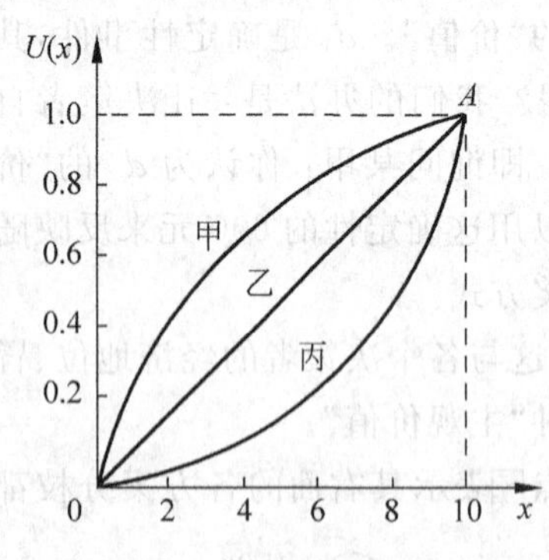

图14.3.4　效用曲线的类型

图14.3.4示出了甲、乙、丙三种不同类型的决策者的效用曲线。图中的三条曲线有两个共同的交点，这是为了便于比较。

曲线甲代表的是一种谨慎小心、不求大利、避免风险的保守型决策者。其效用曲线开始时的切线斜率较大，以后逐渐减小。这表明每增加单位收益时效用的增加量递减。这种决策者对损失的增加比较敏感，而对收益的增加比较迟钝。从数学上说，这种效用函数属于凹函数。

曲线丙代表的决策者的特点恰与上述决策者相反。这种人对收益的增加比较敏感，是一种不怕风险、谋求大利的冒险型决策者。从数学上说，这种效用函数属于凸函数。

曲线乙代表的是一种中间型决策者。对他们来说，不管是确定性事件还是随机事件，只要期望益损值一样，效用就一样，他们完全根据期望益损值的大小来选择自己的行动方案。从数学上说，这种效用函数属于线性函数。

不同的决策者对待风险的态度不同，某一个决策者可能主要属于某一个类型，但在不同的时间和条件下，他对风险的态度也可能发生变化。

二、最大期望效用值决策准则及其应用

最大期望效用值决策准则，就是根据效用理论，借助于效用函数或效用曲线，算出各个策略的期望效用值，以期望效用值最大的策略为选定策略。

下面应用最大期望效用值决策准则来分析两个例子。

例 14.10 某工厂正在考虑两种可能的改革方案 d_1 与 d_2，有关数据见表 14.3.1，表中益损值的单位为万元。

表 14.3.1 最大期望效用值决策准则

益损值 / 策略 \ 产品销路及其概率	产品销路好 $P_1=0.2$	产品销路一般 $P_2=0.5$	产品销路差 $P_3=0.3$
改革方案 d_1	10	8	−1
改革方案 d_2	8	6	1

已知反映该厂决策者的效用观念的资料如下：

(1) 肯定地得到 8 万元等效于：以 0.9 的概率得到 10 万元和以 0.1 的概率损失 1 万元。

(2) 肯定地得到 6 万元等效于：以 0.8 的概率得到 10 万元和以 0.2 的概率损失 1 万元。

(3) 肯定地得到 1 万元等效于：以 0.25 的概率得到 10 万元和以 0.75 的概率损失 1 万元。

试用最大期望效用值准则进行决策。

解 令 $U(10\text{ 万元})=100, U(-1\text{ 万元})=0$

则

$$U(8\text{ 万元}) = U(10\text{ 万元}) \times 0.9 + U(-1\text{ 万元}) \times 0.1 = 90$$
$$U(6\text{ 万元}) = U(10\text{ 万元}) \times 0.8 + U(-1\text{ 万元}) \times 0.2 = 80$$
$$U(1\text{ 万元}) = U(10\text{ 万元}) \times 0.25 + U(-1\text{ 万元}) \times 0.75 = 25$$

因此，方案 d_1 的期望效用值为

$$100 \times 0.2 + 90 \times 0.5 + 0 \times 0.3 = 65$$

方案 d_2 的期望效用值为

$$90 \times 0.2 + 80 \times 0.5 + 25 \times 0.3 = 65.5$$

由上述分析可知，按最大期望效用值准则决策的结果是：选择改革方案 d_2。

例 14.11 某公司欲购置一批汽车，现考查两项指标：功率和价格。决策者认为最合适的功率为 70kW，若低于 60kW 则不宜使用；而最满意的价格为 3.9 万元，若超过 5.5 万元则不能接受。目前，能满足上述基本要求的汽车型号有两种：S 牌和 B 牌，其数据见表 14.3.2，问：购买哪一种为好？

表 14.3.2 购买汽车问题的决策

型号 \ 指标	功率(kW)	价格(万元)
S 牌	65	4.2
B 牌	70	5.2

解 这是一个简化的多目标决策问题。功率和价格这两个目标彼此矛盾,已知的两个型号中没有功率大价格又低的,且功率和价格的量纲不同,难以比较。

这种情况下,可以应用效用理论,把每个方案的各项指标分别折算成效用值,然后加权相加,得出每个方案的总的效用值,便可进行方案比较。

(1) 绘出决策者的功率效用曲线 $U_1(x_1)$(见图 14.3.5)和价格效用曲线 $U_2(x_2)$(见图 14.3.6)。

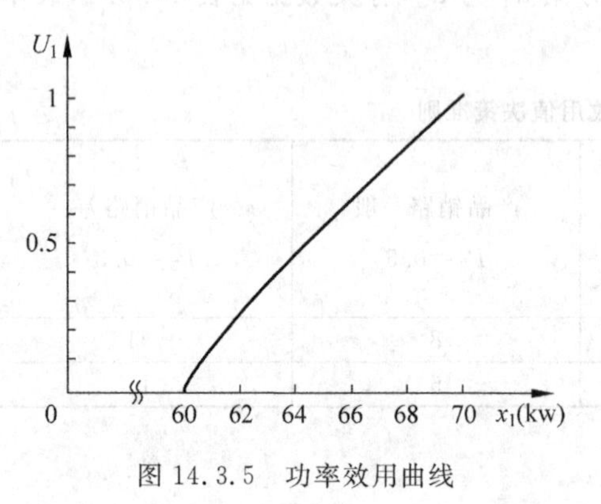

图 14.3.5 功率效用曲线

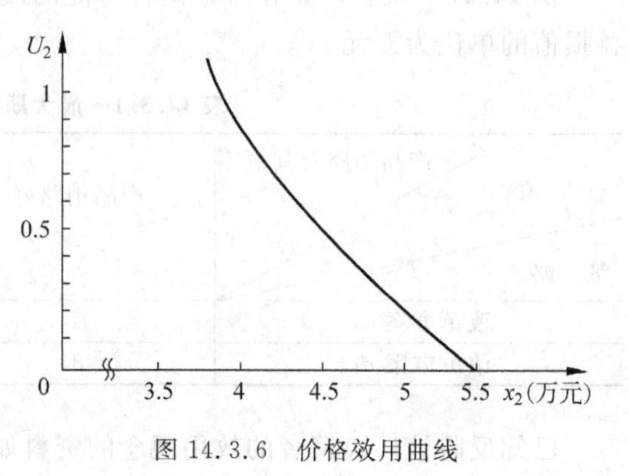

图 14.3.6 价格效用曲线

图 14.3.5 中

$$U_1(60\text{kW}) = 0,\quad U_1(70\text{kW}) = 1,\quad U_1(65\text{kW}) = 0.55$$

图 14.3.6 中

$$U_2(5.5\text{万元}) = 0,\qquad U_2(3.9\text{万元}) = 1,$$
$$U_2(4.2\text{万元}) = 0.7,\quad U_2(5.2\text{万元}) = 0.15$$

(2) 计算每个方案的多目标综合效用值。

因为是两个目标的效用值进行综合,故决策者要赋予每个目标一个权系数。这两个权系数 w_1、w_2 要满足

$$0 < w_1 < 1,\quad 0 < w_2 < 1,\quad w_1 + w_2 = 1$$

假设给定功率权系数 $w_1=0.6$,价格权系数 $w_2=0.4$。下面分别计算 S 牌汽车和 B 牌汽车的综合效用值

$$U_S = U_1(65\text{kW}) \times w_1 + U_2(4.2\text{万元}) \times w_2$$
$$= 0.55 \times 0.6 + 0.7 \times 0.4 = 0.61$$
$$U_B = U_1(70\text{kW}) \times w_1 + U_2(5.2\text{万元}) \times w_2$$
$$= 1 \times 0.6 + 0.15 \times 0.4 = 0.66$$

结论是:购买 B 牌汽车为好。

14.4 不确定型决策

下面介绍几种不确定型问题的决策准则。在不同的情况下,或具有不同观点、不同心理、不同冒险精神的人,可以选用不同的准则。

一、等可能性准则

等可能性准则是十九世纪的数学家 Laplace 提出的。他认为:当一个人面对着 n 种自

然状态可能发生时，如果没有确切理由说明这一自然状态比那一自然状态有更多的发生机会，那么只能认为它们发生的机会是均等的，即每一种自然状态发生的概率都是 $1/n$。

当各种自然状态的概率知道以后，问题已经由不确定型转化为风险型，可按以前介绍过的准则决策，此处不再赘述。

二、乐观准则

按乐观准则决策时，对自然状态的估计总是最乐观的，决策者不放弃任何一个可能获得最好结果的机会，充满着乐观、冒险的精神。

例 14.12 已知数据见表 14.4.1，试用乐观准则决策。

表 14.4.1 不确定型决策问题的效益矩阵

状态(S_j) 效益阵(a_{ij}) 方案(d_i)	S_1	S_2	S_3	S_4
d_1	4	4	6	7
d_2	2	4	6	9
d_3	5	7	3	5
d_4	3	5	6	8
d_5	3	5	5	5

解 决策方法如下：

首先把每个方案的最大效益值挑出来，再从各个方案的最大效益值中挑出最大值，其相应方案即为所选方案。因此，乐观准则又称 max max 准则。例中

$$\max(4,4,6,7)=7$$

$$\max(2,4,6,9)=9$$

$$\max(5,7,3,5)=7$$

$$\max(3,5,6,8)=8$$

$$\max(3,5,5,5)=5$$

而

$$\max(7,9,7,8,5)=9$$

故选方案 d_2。

按乐观准则决策，实际上是瞄准整个效益矩阵中的最大者，这当然不会丧失获得最好结果的机会，但有时不能避免落到最坏的结局。比如例题中，选择了方案 d_2，若自然状态 S_4 发生，则获得最好结果，而若自然状态 S_1 发生，则将落到最坏结局。

三、悲观准则

按悲观准则决策时，决策者是非常谨慎保守的，他总是从每个方案的最坏情况出发，从各个方案的最坏结果中选择一个相对最好的结果。因此，悲观准则又称 max min 准则。

例 14.13 已知数据见表 14.4.1，试用悲观准则决策。

解

$$\min(4,4,6,7)=4$$

$$\min(2,4,6,9)=2$$
$$\min(5,7,3,5)=3$$
$$\min(3,5,6,8)=3$$
$$\min(3,5,5,5)=3$$

而
$$\max(4,2,3,3,3)=4$$

故选择方案 d_1。

按悲观准则决策,可能丧失掉获得最好结果的机会,但不管最终哪个自然状态发生,决策者得到的效益值不会少于各方案最小效益值中的最大者,且一般而言,它能避免最坏的结局。比如例 14.13 中,选择了方案 d_1,则不管哪个状态发生,决策者真正得到的效益值至少是 4,还可能是 6 或 7,虽然整个效益矩阵中的最大值 9 已不可能达到,但也不会落到效益值为 2 的最坏结局。

四、折中准则

所谓折中,即指在乐观准则与悲观准则之间的折中。在折中准则中,用乐观系数 α 表示乐观的程度,有 $0\leqslant\alpha\leqslant 1$,而 $(1-\alpha)$ 就是悲观系数,它表示悲观的程度。

例 14.14 已知数据见表 14.4.1,假设乐观系数 $\alpha=0.45$,试用折中准则决策。

解 先求出每个方案 d_i 的折中效益值 c_i,根据

$$c_i=\alpha\max_j\{a_{ij}\}+(1-\alpha)\min_j\{a_{ij}\}\quad(i=1,2,\cdots,5)$$

可得

$$c_1=0.45\times 7+0.55\times 4=5.35$$
$$c_2=0.45\times 9+0.55\times 2=5.15$$
$$c_3=0.45\times 7+0.55\times 3=4.8$$
$$c_4=0.45\times 8+0.55\times 3=5.25$$
$$c_5=0.45\times 5+0.55\times 3=3.9$$

再从各个方案的折中效益值中选择一个最大值,其相应方案即为所选方案,即有

$$\max_i\{c_i\}=\max(5.35,5.15,4.8,5.25,3.9)=5.35$$

故选择方案 d_1。

当乐观系数 α 取不同值时,选择的方案可能不同。当 α 为 1 时,折中准则即成为乐观准则,而当 α 为 0 时,折中准则成为悲观准则。

五、后悔值准则

决策者作出决策之后,若不够理想,必有后悔之感。后悔值准则就是把每一自然状态对应的最大效益值视为理想目标,把它与该状态下的其他效益值之差作为未达到理想目标的后悔值,这样可得一个后悔矩阵。再把后悔矩阵中每行的最大值求出来,这些最大值中的最小者对应的方案,即为所求。这个准则也叫最小后悔值准则或 Savage 准则。和悲观准则类似,按后悔值准则决策时,决策者也是非常谨慎保守的。

例 14.15 已知数据见表 14.4.1,试用后悔值准则决策。

解 表 14.4.1 中的效益矩阵相应的后悔矩阵如表 14.4.2 所示。

表 14.4.2 不确定型决策问题的后悔矩阵

状态(S_j)及最大后悔值 / 后悔阵(b_{ij}) / 方案(d_i)	S_1	S_2	S_3	S_4	方案 d_i 的最大后悔值
d_1	1	3	0	2	3
d_2	3	3	0	0	3
d_3	0	0	3	4	4
d_4	2	2	0	1	2
d_5	2	2	1	4	4

因为各个方案的最大后悔值中的最小者为 2,故选择方案 d_4。

对于不确定型问题,采用不同的决策准则作出的决策往往是不同的。为了使决策更准确可靠,最好设法了解各自然状态发生的概率,以便将不确定型问题转化为风险型问题。

习 题 七

7.1 某商店在夏季决定从外地运来一批西瓜销售，根据以往的经验，当地人的需要量可能为10 000、15 000、20 000或25 000千克，商店的支出为0.25元/千克，而售价为0.35元/千克。要求：

(1) 写出该问题的益损值表；

(2) 分别用等可能性准则、乐观准则、悲观准则、折中准则、后悔值准则，确定商店应进货的数量。

7.2 某农场需决定种植作物的种类：土豆、棉花或玉米。种植不同作物的收益(元)主要取决于天气(见表题7.2)，要求：

(1) 分别用各种不确定型决策的方法，决定种植哪一种作物(其折中准则的乐观系数为0.6)。

(2) 如天气预报给出好天气的概率为0.3，中等天气的概率为0.4，坏天气的概率为0.3。用风险型决策法决定种植什么作物。

(3) 假定事先能以500元购买到准确的天气预报，该农场应买这个预报吗？

表题7.2 不同作物的收益与天气

收益值(元) 自然状态 / 策略	好天气	中等天气	坏天气
种土豆	25 000	18 000	10 000
种棉花	30 000	12 000	8000
种玉米	20 000	16 000	12 000

7.3 某工厂有资产100 000元，由于某种原因现考虑有可能向甲地或乙地迁移，已知迁移费分别为10 000元和15 000元。要求：

(1) 计算每一策略一年后总资产的期望值；

(2) 如按4年后的总资产考虑，工厂的最优决策(使总资产最多)是什么？

已知在不同地点时工厂资产的年增长数额和概率如表题7.3所示，表中“资产年增长”的单位为元。

表题 7.3 工厂设在不同地点时的资产年增长额及概率

原地		甲地		乙地	
资产年增长	概率	资产年增长	概率	资产年增长	概率
5000	0.3	8000	0.3	6000	0.4
7000	0.5	9000	0.5	10 000	0.3
9000	0.2	10 000	0.2	11 000	0.3

7.4 某技术员在考虑是否参加一项资格考试，如果她参加考试并合格，她的年收入可增加1000元，如果她参加了考试但不合格，她的年收入将减少300元。她自己估计考试合格的可能性有60%。此外，附近有一所职业学校，可帮助学员复习并有助于通过资格考试，参加这个学校学习要收费200元。这个学校过去曾培训过500人，毕业前学员在该校进行过类似的考试，然后参加统一的资格考试。这500个人在上述两次考试中的成绩示于表题7.4中。

表题 7.4 职业学校的培训情况

学校考试＼资格考试	合格	不合格
合格	100人	50人
不合格	200人	150人

(1) 用决策树法决定她是否参加资格考试。

(2) 她要不要参加职业学校培训?

7.5 某商店打算进一批电冰箱，根据过去的经验，本地顾客的需要量及各需要量的概率如表题7.5所示。如售出一台电冰箱，商店可赚150元，但如进货后售不出去，则需降价出售，不但赚不了钱，每台还要损失100元。试问商店应进多少台电冰箱才能使自己的赢利最大?

表题 7.5 电冰箱的需要量及概率

需要量(台)	10	11	12	13	14	15	16
概率	0.04	0.10	0.20	0.25	0.16	0.15	0.10

7.6 现再考虑习题7.5。若某人愿意对周围的顾客进行逐户调查，并办理预约订购手续，商店最多能付给这个人多少费用?

7.7 有一种游戏分两阶段进行，第一阶段参加者需先付10元，然后从含45%白球和55%红球的罐子中任摸一球，并决定是否继续进行第二阶段。如继续，则需再付10元，并根据第一阶段摸到的球的颜色在相同颜色的罐子中再摸一球。已知白色罐子中含70%蓝球和30%绿球，红色罐子中含10%蓝球和90%绿球。当第二阶段摸到蓝球时，参加者可得奖金100元，如摸到的是绿球或不参加第二阶段游戏者均无所得。试用决策树法确定最优策略(采用最优期望益损值准则)。

7.8 有一块海上油田需进行勘探和开采的招标。据资料分析，找到大油田的概率为0.3，开采期内可赚取利润20亿元；找到中油田的概率为0.4，开采期内可赚取利润10亿元；找到小油田的概率为0.2,开采期内可赚取利润3亿元；油田无工业开采价值的概率为0.1。按招标规定,开采前的勘探等费用均由中标者负担,预计需1.2亿元,以后不论油田规模如何,开采期内赚取的利润,中标者分成30%。现有一家公司,其效用函数为

$$U(x)=(x+1.2)^{0.8}-2$$

(1) 画出该问题的决策树。

(2) 试用效用理论决策该公司是否参加投标。

7.9 某工程施工中,使用了一台大型设备,现考虑雨季到来时该设备的处理方案问题。已知资料如下：

(1) 洪水水情及其概率估计。

根据过去的资料可知：

S_1：一般洪水,其发生概率 $P(S_1)=0.73$；

S_2：大洪水,其发生概率 $P(S_2)=0.25$；

S_3：特大洪水,其发生概率 $P(S_3)=0.02$。

(2) 对设备的可能处理方案。

d_1：运走,需支付运费20万元；

d_2：就地放置,并筑护提,需支付5万元；

d_3：就地放置,不作任何保护,不需支出。

(3) 设备损失费用分析。

当采用策略 d_1 时,不管洪水大小,都不会使设备受损。

当采用策略 d_2 时,在一般洪水和大洪水情况下,设备不会受损；若出现特大洪水,则会冲走设备,造成设备损失500万元。

当采用策略 d_3 时,如出现一般洪水,设备不会受损；出现大洪水时,将损失100万元；出现特大洪水时,将损失500万元。

(4) 可专门委托附近的气象部门作洪水预报。根据已往经验,其预报的可靠性见表题7.9。气象部门要求支付洪水预报费3万元。

表题7.9 预报的可靠性

$P(S_j' \mid S_i)$　预报的状态 S_j' / 实际的状态 S_i	预报为一般洪水 (S_1')	预报为大洪水 (S_2')	预报为特大洪水 (S_3')
实际为一般洪水(S_1)	0.70	0.20	0.10
实际为大洪水(S_2)	0.15	0.70	0.15
实际为特大洪水(S_3)	0.10	0.20	0.70

试确定该大型设备的最优处理方案。

第八部分　对策论

对策论(game theory)是运筹学的一个随机型模型分支。日常生活中存在着很多对抗或竞争,例如下棋、打牌、比赛、谈判、军事战争、商业竞争等。对策问题的三要素是:局中人、策略集、赢得函数。对策论又称博弈论,它为处于激烈对抗、竞争等高度不确定环境中的局中人提供选择最优策略的理论与方法。

1928 年,德国数学家冯·诺依曼创立了二人零和博弈理论(矩阵对策)。1944 年,冯·诺依曼与摩根斯滕合著的《博弈论与经济行为》一书出版,标志着现代系统博弈理论的初步形成。20 世纪 50 年代,美国数学家约翰·纳什建立了非合作博弈的"纳什均衡"理论,它对经济领域具有划时代意义。1994 年,约翰·纳什与另一位美国数学家约翰·海萨尼及德国数学家莱因哈德·泽尔腾一起获得了诺贝尔经济学奖,以表彰他们对博弈论和经济学的杰出贡献。目前,博弈论已广泛应用于经济学、管理学、社会学、政治学、军事科学等许多领域。

本部分将重点介绍矩阵对策的数学模型、基本理论、基本算法,简要介绍其他对策。对于对策问题,其实我们已经学过了它的一个特例——决策问题,其局中人是决策者与"自然"。

第15章 对 策 论

15.1 对策问题三要素及分类

一、对策问题举例

例 15.1 田忌与齐王赛马。

战国时代(公元前 475 年—公元前 221 年),有一次齐王提出要与大将田忌赛马。已知马分为上、中、下三个等级,在同等级的马中,田忌的马不如齐王的马,但若田忌的马高出一个等级,则可取胜。双方均有上马、中马、下马各一匹,每场比赛双方各出一匹马,每匹马只能参赛一场,每场的负者要付给胜者千金。著名军事家孙膑给田忌出了一个主意:每场比赛时都让齐王先牵出参赛的马,然后用下马对齐王的上马,用中马对齐王的下马,用上马对齐王的中马。全部三场比赛下来,田忌两胜一负净得千金。而若每场双方均是同等级的马相赛,则田忌必输三千金。看来每场比赛时都让齐王先牵出参赛的马是问题的关键。

例 15.2 无限策略。

设甲、乙二人互相独立地从[0,1]中分别选择实数 x 和 y,甲的所得为 $H(x,y)=2x^2-y^2$,乙的所得为 $-H(x,y)$。这里 x、y 均有无限多种取法。

例 15.3 费用分摊。

假设沿某河流有相邻三个城市 A、B、C,各城市可单独建立水厂,也可以合作建一个大水厂。经估算,合建一个大水厂,加上敷设管道的费用,要比单独建三个小水厂的总费用少。但合建方案能否实施,取决于总费用分摊得是否合理。如何分摊总费用?

例 15.4 囚犯难题。

假设有两个嫌疑犯因涉嫌作案被警方拘留,警方分别对两人进行审讯。根据该地区法律,若两人都承认此案是他们干的,则每人各判刑 7 年;若两人都不承认,则由于证据不足,两人各判刑 1 年;若只有一人承认并揭发对方,则承认者予以宽大释放,而不承认者将判刑 9 年。因此,对两个囚犯来说,面临着在“承认”和“不承认”之间抉择的难题。

例 15.5 人与自然的对策(见表 15.1.1)。

表 15.1.1 日常生活中的对策问题

人的损失值(元) 自然的策略 / 人的策略	下雨	不下雨
带雨衣	0	2
不带雨衣	5	0

例 15.5 与第 14 章决策论中不确定型决策的例 14.1 实际上是同一个例子。

二、对策问题三要素

1. 局中人

有权决定自己的策略(行动方案)的对策参加者称为局中人。一个对策问题中至少有两个局中人。局中人可以是一个人,或利益相同的一个集体,特殊情况下也可以是"自然"。局中人用 P_1、P_2、…、P_n 表示。例 15.1 中的两个局中人是田忌与齐王,例 15.5 中的两个局中人是人与自然。

需要说明的是,在对策问题中总是假设每一个局中人都是"理智的",即不可能利用其他局中人的决策失误来扩大自己的利益。

2. 策略集

(1) 策略:一个完整的行动方案就是一个策略。例 15.1 中,一个完整的三匹马的出马顺序,例如(上中下)就是一个策略。

(2) 策略集:局中人 P_i 的所有策略的集合称为策略集,用 S_i 表示。策略集合中的策略个数可以是有限的,也可以是无限的。一般每个局中人的策略集中至少包括两个策略。例 15.1 中,$S_1=S_2=\{$(上中下),(上下中),(中上下),(中下上),(下上中),(下中上)$\}$。

(3) 局势:每个局中人分别从自己的策略集中选取一个策略所组成的策略组称为一个局势。例 15.1 中共有 6×6 个局势。一个局势确定后,这一局对策的结果也就确定了。

3. 赢得函数(赢得)

一局对策结束后,局中人所获得的结果称为赢得。显然,每个局中人的赢得都是各个局中人策略的函数,即局势的函数。因此,赢得也称为赢得函数,它是定义在局势集合上的数值函数。如果在任一局势中,各局中人的赢得函数之和总为零,则称这个对策为零和对策,否则称为非零和对策。

三、对策问题分类

现实生活中,对策问题广泛存在,对策的种类繁多,可依据不同原则进行分类,通常的分类方式有:

(1) 根据局中人的个数,可分为二人对策与 n 人对策。

(2) 根据局中人策略的个数,可分为有限对策与无限对策。

(3) 根据各局中人赢得函数之和是否为零,可分为零和对策与非零和对策。

(4) 根据各局中人之间是否允许合作,可分为合作对策与非合作对策。

(5) 根据对策的过程是否与时间有关,可分为静态对策与动态对策,动态对策又称为微分对策。

(6) 根据对策模型的数学特征,还可分为矩阵对策、连续对策、微分对策、凸对策、随机对策等等。

在众多对策模型中,二人有限零和对策即矩阵对策是我们介绍的重点,它是研究其他对策模型的基础,也是到目前为止理论研究与求解方法都比较成熟的一类对策。

15.2 矩阵对策

一、矩阵对策的数学模型

1. 田忌与齐王赛马

例 15.1 的田忌与齐王赛马是典型的矩阵对策问题,其三要素可用表 15.2.1 表示。

表 15.2.1 田忌与齐王赛马

田忌的赢得(千金) 齐王的策略 / 田忌的策略	β_1(上中下)	β_2(上下中)	β_3(中上下)	β_4(中下上)	β_5(下上中)	β_6(下中上)
α_1(上中下)	−3	−1	−1	1	−1	−1
α_2(上下中)	−1	−3	1	−1	−1	−1
α_3(中上下)	−1	−1	−3	−1	−1	1
α_4(中下上)	−1	−1	−1	−3	1	−1
α_5(下上中)	1	−1	−1	−1	−3	−1
α_6(下中上)	−1	1	−1	−1	−1	−3

表 15.2.1 中,田忌与齐王各有 6 种可能的策略。一般而言,每场比赛时两个局中人都应该同时牵出自己的参赛马匹,因而有 36 种可能的比赛结果。

实际上,因为田忌采纳了孙膑的意见,每场比赛时都让齐王先牵出参赛的马,所以针对齐王可能采取的六种策略中的每一种策略,田忌都只有唯一一种策略(使田忌的赢得为 1 的策略)相对应,而且都能保证净赢得千金。用表 15.2.2 表示这种实际上的田忌与齐王赛马的三要素。

表 15.2.2 孙膑策略下的田忌与齐王赛马

齐王的策略	田忌的策略	田忌的赢得(千金)
β_1(上中下)	α_5(下上中)	1
β_2(上下中)	α_6(下中上)	1
β_3(中上下)	α_2(上下中)	1
β_4(中下上)	α_1(上中下)	1
β_5(下上中)	α_4(中下上)	1
β_6(下中上)	α_3(中上下)	1

比较表 15.2.1 与表 15.2.2 可看出，田忌与齐王赛马问题（稍后的学习即知，该矩阵对策不存在鞍点）中，博弈双方在开局前均应对自己的策略保密。否则，不保密的一方就要吃亏。

2. 矩阵对策的数学模型

矩阵对策，即二人有限零和对策，这是一种二人非合作对策。这里，将前面讲的“策略”称为“纯策略”（为了与后面的“混合策略”相区别）。

在矩阵对策中，一般设局中人 P_1 有 m 个纯策略，即 $S_1=\{\alpha_1,\alpha_2,\cdots,\alpha_m\}$，局中人 P_2 有 n 个纯策略，即 $S_2=\{\beta_1,\beta_2,\cdots,\beta_n\}$。当 P_1 选定纯策略 α_i，P_2 选定纯策略 β_j 后，就形成了一个纯局势 (α_i,β_j)，共有 $m\times n$ 个纯局势。对任一纯局势 (α_i,β_j)，记 P_1 的赢得为 a_{ij}，P_2 的赢得为 $-a_{ij}$，称

$$\boldsymbol{A}=\begin{bmatrix} a_{11} & a_{12} & \cdots & a_{1n} \\ a_{21} & a_{22} & \cdots & a_{2n} \\ \vdots & \vdots & \vdots & \vdots \\ a_{m1} & a_{m2} & \cdots & a_{mn} \end{bmatrix}$$

为 P_1 的赢得矩阵（即 P_2 的付出矩阵），显然 $-\boldsymbol{A}$ 是 P_2 的赢得矩阵。

通常将矩阵对策记为 $G=\{S_1,S_2,\boldsymbol{A}\}$。当 P_1、P_2 的策略集 S_1、S_2 及 P_1 的赢得矩阵 $\boldsymbol{A}$ 确定后，一个矩阵对策的数学模型就给定了。此时，各局中人面临的主要问题是如何选取自己的最优纯策略，以争取最大的赢得（或最小付出）。

二、有鞍点的矩阵对策及其最优纯策略

1. 悲观准则（最大最小赢得准则与最小最大付出准则）

例 15.6 已知矩阵对策 $G=\{S_1,S_2,\boldsymbol{A}\}$，其中 $S_1=\{\alpha_1,\alpha_2,\alpha_3,\alpha_4\}$，$S_2=\{\beta_1,\beta_2,\beta_3\}$，

$$\boldsymbol{A}=\begin{bmatrix} 5 & -7 & 2 \\ 4 & 7 & 3 \\ 10 & -9 & 0 \\ -1 & 9 & 1 \end{bmatrix}$$

求局中人 P_1、P_2 的最优纯策略。

解 将已知条件列成表 15.2.3

表 15.2.3 悲观准则

A \ S_2 / S_1	β_1	β_2	β_3	min
α_1	5	−7	2 →	−7
α_2	4	7	3 →	3
α_3	10	−9	0 →	−9
α_4	−1 ↓	9 ↓	1 ↓	−1
max	10	9	3	$a_{23}=3$

对 P_1：求 **A** 阵每行最小中的最大

即求 $\max\limits_i \min\limits_j a_{ij}$

(最大最小赢得准则)

对 P_2：求 **A** 阵每列最大中的最小

即求 $\min\limits_j \max\limits_i a_{ij}$

(最小最大付出准则)

本例 $\max\limits_i \min\limits_j a_{ij} = \min\limits_j \max\limits_i a_{ij} = a_{23}$

a_{23} 是它所在行中最小的，又是它所在列中最大的。因此，局中人 P_1 按最大最小赢得准则选择 α_2，P_2 按最小最大付出准则选择 β_3，这对双方而言，都是最稳妥的。否则，无论是对 P_1 而言，还是对 P_2 而言，都有可能更吃亏(悲观准则下的最优结果)。

2. 最优纯策略与鞍点

定义 1：设矩阵对策 $G=\{S_1,S_2,\boldsymbol{A}\}$，其中 $S_1=\{\alpha_1,\alpha_2,\cdots,\alpha_m\}$，$S_2=\{\beta_1,\beta_2,\cdots,\beta_n\}$，$\boldsymbol{A}=(a_{ij})_{m\times n}$。若有等式

$$\max_i \min_j a_{ij} = \min_j \max_i a_{ij} = a_{i^*j^*}$$

成立，则：

(1) 称 α_{i^*}、β_{j^*} 分别为局中人 P_1、P_2 的最优纯策略。

(2) 称纯局势 $(\alpha_{i^*},\beta_{j^*})$ 为对策 G 在纯策略意义下的解(或平衡局势)。

(3) 称 $a_{i^*j^*}$ 为对策 G 的值，记作 $V_G=a_{i^*j^*}$。

(4) 称纯局势 $(\alpha_{i^*},\beta_{j^*})$ 为矩阵 **A** 的鞍点或对策 G 的鞍点。

3. 纯策略意义下有解的充要条件

定理 15.1：矩阵对策 $G=\{S_1,S_2,\boldsymbol{A}\}$ 在纯策略意义下有解的充要条件是：存在纯局势 $(\alpha_{i^*},\beta_{j^*})$ 使得对一切 $i=1,2,\cdots,m$；$j=1,2,\cdots,n$，均有 $a_{ij^*}\leqslant a_{i^*j^*}\leqslant a_{i^*j}$ 成立。

4. 有鞍点情况下多重解的性质

在矩阵对策 $G=\{S_1,S_2,\boldsymbol{A}\}$ 中，若 $(\alpha_{i_1},\beta_{j_1})$ 和 $(\alpha_{i_2},\beta_{j_2})$ 是 G 的两个解，则有

(1) 对策值的无差别性：$a_{i_1j_1}=a_{i_2j_2}$

(2) 对策解的可交换性：$(\alpha_{i_1},\beta_{j_2})$ 和 $(\alpha_{i_2},\beta_{j_1})$ 也是 G 的两个解。

例 15.7 已知矩阵对策 $G=\{S_1,S_2,\boldsymbol{A}\}$，$S_1=\{\alpha_1,\alpha_2,\alpha_3,\alpha_4\}$，$S_2=\{\beta_1,\beta_2,\beta_3,\beta_4\}$，

$$\boldsymbol{A}=\begin{bmatrix} 8 & 6 & 8 & 6 \\ 2 & 4 & 1 & -1 \\ 7 & 6 & 8 & 6 \\ 6 & 2 & 0 & 2 \end{bmatrix}$$

求对策 G 的解和值。

解

$$\begin{array}{rccccc} & & & & & \min \\ \boldsymbol{A}= & \left[\begin{matrix} 8 & 6 & 8 & 6 \\ 2 & 4 & 1 & -1 \\ 7 & 6 & 8 & 6 \\ 6 & 2 & 0 & 2 \end{matrix}\right] & \begin{matrix} 6 \\ -1 \\ 6 \\ 0 \end{matrix} \\ \max & \begin{matrix} 8 & 6 & 8 & 6 \end{matrix} & 6 \end{array}$$

对策的解为(α_1,β_2)，(α_1,β_4)，(α_3,β_2)，(α_3,β_4)；
对策的值为 $a_{12}=a_{14}=a_{32}=a_{34}=6$。

三、无鞍点的矩阵对策及其最优混合策略

例 15.8 已知矩阵对策 $G=\{S_1,S_2,\boldsymbol{A}\}$，其中 $S_1=\{\alpha_1,\alpha_2\}$，$S_2=\{\beta_1,\beta_2\}$，$\boldsymbol{A}=\begin{bmatrix}6 & 1\\2 & 4\end{bmatrix}$

求对策 G 的鞍点。

解 先按照悲观准则求对策 G 的鞍点

$$\begin{array}{cccc} & & & \min \\ \boldsymbol{A}= & \left[\begin{matrix}6 & 1\\2 & 4\end{matrix}\right. & \left.\right] & \begin{matrix}1\\2\end{matrix} \\ \max & 6 \quad 4 & & ? \end{array}$$

对 P_1：$\max\limits_i \min\limits_j a_{ij}=2$ 即 P_1 的赢得至少是 2

对 P_2：$\min\limits_j \max\limits_i a_{ij}=4$ 即 P_2 的付出至多是 4

因$\max\limits_i \min\limits_j a_{ij}=2<\min\limits_j \max\limits_i a_{ij}=4$，故无鞍点，即对策在纯策略意义下无解。

这种情况下，各局中人该怎样进行对策呢？局中人 P_1 选择 α_1、α_2 的可能性都存在，局中人 P_2 选择 β_1、β_2 的可能性也都存在。假定 P_1 分别以 x_1、x_2 的概率选择 α_1、$\alpha_2$$(x_1+x_2=1,x_i\geqslant 0,i=1,2)$，概率向量 $\boldsymbol{x}=(x_1,x_2)$，P_2 分别以 y_1、y_2 的概率选择 β_1、$\beta_2$$(y_1+y_2=1,y_j\geqslant 0,j=1,2)$，概率向量 $\boldsymbol{y}=(y_1,y_2)$，则 P_1 赢得的期望值

$$\begin{aligned}E(\boldsymbol{x},\boldsymbol{y})&=\sum_{i=1}^{2}\sum_{j=1}^{2}a_{ij}x_iy_j\\&=6x_1y_1+x_1y_2+2x_2y_1+4x_2y_2\end{aligned}\tag{15.2.1}$$

下面，根据表 15.2.4 中列出的已知条件，计算上述 P_1 赢得的期望值。

表 15.2.4 计算 P_1 赢得的期望值

$\boldsymbol{x}$ \ S_1 \ $\boldsymbol{A}$ \ S_2 \ $\boldsymbol{y}$		y_1	y_2
		β_1	β_2
x_1	α_1	6	1
x_2	α_2	2	4

从式(15.2.1)可知，$E(\boldsymbol{x},\boldsymbol{y})$由四项($m\times n$ 项)组成，而每项都是表 15.2.4 中矩阵 $\boldsymbol{A}$ 的一个元素 $a_{ij}$$(i=1,2,j=1,2)$乘以与该元素同行的 $\boldsymbol{x}$ 向量的分量 x_i，再乘以与该元素同列的 $\boldsymbol{y}$ 向量的分量 y_j。

若推广到矩阵对策的一般情况，则得到表 15.2.5。

局中人 P_1 分别以 $x_1,x_2,\cdots,x_i,\cdots,x_m$ 的概率 $\left(\sum\limits_{i=1}^{m}x_i=1,x_i\geqslant 0\right)$ 混合使用他的 m 种纯策略；

表 15.2.5 一般情况下计算 P_1 赢得的期望值

$\boldsymbol{x}$ \ S_1 \ $\boldsymbol{A}$ \ S_2 \ $\boldsymbol{y}$		y_1	y_2	…	y_j	…	y_n
		β_1	β_2	…	β_j	…	β_n
x_1	α_1	a_{11}	a_{12}	…	a_{1j}	…	a_{1n}
x_2	α_2	a_{21}	a_{22}	…	a_{2j}	…	a_{2n}
⋮	⋮	⋮	⋮		⋮		⋮
x_i	α_i	a_{i1}	a_{i2}	…	a_{ij}	…	a_{in}
⋮	⋮	⋮	⋮		⋮		⋮
x_m	α_m	a_{m1}	a_{m2}	…	a_{mj}	…	a_{mn}

局中人 P_2 分别以 $y_1, y_2, \cdots, y_j, \cdots, y_n$ 的概率 $\left(\sum_{j=1}^{n} y_j = 1, y_j \geqslant 0\right)$ 混合使用他的 n 种纯策略；

$$
\begin{aligned}
E(\boldsymbol{x},\boldsymbol{y}) =& \sum_{i=1}^{m}\sum_{j=1}^{n} a_{ij}x_i y_j \\
=& a_{11}x_1y_1 + a_{12}x_1y_2 + \cdots + a_{1j}x_1y_j + \cdots + a_{1n}x_1y_n \\
&+ a_{21}x_2y_1 + a_{22}x_2y_2 + \cdots + a_{2j}x_2y_j + \cdots + a_{2n}x_2y_n \\
&+ \cdots \\
&+ a_{i1}x_iy_1 + a_{i2}x_iy_2 + \cdots + a_{ij}x_iy_j + \cdots + a_{in}x_iy_n \\
&+ \cdots \\
&+ a_{m1}x_my_1 + a_{m2}x_my_2 + \cdots + a_{mj}x_my_j + \cdots + a_{mn}x_my_n \\
=& E
\end{aligned}
$$

1. 混合策略与混合扩充

定义 2：设矩阵对策 $G=\{S_1, S_2, \boldsymbol{A}\}$，其中 $S_1=\{\alpha_1, \alpha_2, \cdots, \alpha_m\}$，$S_2=\{\beta_1, \beta_2, \cdots, \beta_n\}$，$\boldsymbol{A}=(a_{ij})_{m\times n}$。将纯策略集 S_1、S_2 上对应的概率向量 $\boldsymbol{x}=(x_1, x_2, \cdots, x_m)$ $\left(其中\ x_i\geqslant 0, i=1,2,\cdots,m, \sum_{i=1}^{m} x_i = 1\right)$、$\boldsymbol{y}=(y_1, y_2, \cdots, y_n)$ $\left(其中\ y_j \geqslant 0, j=1,2,\cdots,n, \sum_{j=1}^{n} y_j = 1\right)$ 分别称为局中人 P_1、P_2 的混合策略(或策略)；$(\boldsymbol{x},\boldsymbol{y})$称为混合局势(或局势)。

将局中人 P_1、P_2 各自的所有混合策略的集合分别记为 $S_1^* = \{\boldsymbol{x}\in E^m\}$、$S_2^* = \{\boldsymbol{y}\in E^n\}$，称期望函数

$$E(\boldsymbol{x},\boldsymbol{y}) = \sum_{i=1}^{m}\sum_{j=1}^{n} a_{ij}x_i y_j = E$$

为局中人 P_1 的赢得函数，称 $G^* = \{S_1^*, S_2^*, E\}$为对策 G 的混合扩充。

一个混合策略 $\boldsymbol{x}=(x_1, x_2, \cdots, x_m)$可理解为两个局中人大量、重复进行对策 G 时，局中人 P_1 分别采取纯策略 $\alpha_1, \alpha_2, \cdots, \alpha_m$ 的频率。若只进行一次对策 G，混合策略 $\boldsymbol{x}=(x_1, x_2, \cdots, x_m)$可理解为局中人 P_1 对各纯策略的偏爱程度。显然，纯策略是相应的混合策略的特例。例如，局中人 P_1 的纯策略 α_k 即局中人 P_1 的混合策略 $\boldsymbol{x}=(x_1, x_2, \cdots, x_m)$，其中

$$x_i = \begin{cases} 1 & (i = k) \\ 0 & (i \neq k) \end{cases}$$

2. 最优混合策略与混合策略意义下的解

定义 3：设 $G^*=\{S_1^*,S_2^*,E\}$ 是矩阵对策 $G=\{S_1,S_2,\boldsymbol{A}\}$ 的混合扩充，若有等式

$$\max_{x\in S_1^*}\min_{y\in S_2^*}E(\boldsymbol{x},\boldsymbol{y})=\min_{y\in S_2^*}\max_{x\in S_1^*}E(\boldsymbol{x},\boldsymbol{y}) \tag{15.2.2}$$

成立，则

(1) 称使等式(15.2.2)成立的混合策略 $\boldsymbol{x}^*$、$\boldsymbol{y}^*$ 分别为局中人 P_1、P_2 的最优混合策略(或最优策略)。

(2) 称混合局势($\boldsymbol{x}^*,\boldsymbol{y}^*$)为对策 G 在混合策略意义下的解(或平衡局势)。

(3) 称等式(15.2.2)的值为对策 G 在混合策略意义下的值，记作 V_{G^*}。

现约定，以下对 $G=\{S_1,S_2,\boldsymbol{A}\}$ 及其混合扩充 $G^*=\{S_1^*,S_2^*,E\}$ 一般不加区别，通常都用前者表示。当 G 在纯策略意义下的解不存在时，自动认为讨论的是混合策略意义下的解，相应局中人 P_1 的赢得函数为 $E(\boldsymbol{x},\boldsymbol{y})$。

3. 混合策略意义下解的存在性

定理 15.2：对任一矩阵对策 $G=\{S_1,S_2,\boldsymbol{A}\}$，一定存在混合策略意义下的解。

4. 混合策略意义下有解的充要条件

定理 15.3：矩阵对策 $G=\{S_1,S_2,\boldsymbol{A}\}$ 在混合策略意义下有解的充要条件是：存在 $\boldsymbol{x}^*\in S_1^*$、$\boldsymbol{y}^*\in S_2^*$，使($\boldsymbol{x}^*,\boldsymbol{y}^*$)对一切 $\boldsymbol{x}\in S_1^*$、$\boldsymbol{y}\in S_2^*$，有

$$E(\boldsymbol{x},\boldsymbol{y}^*)\leqslant E(\boldsymbol{x}^*,\boldsymbol{y}^*)\leqslant E(\boldsymbol{x}^*,\boldsymbol{y})$$

成立。

定理 15.4：设 $\boldsymbol{x}^*\in S_1^*$，$\boldsymbol{y}^*\in S_2^*$，则($\boldsymbol{x}^*,\boldsymbol{y}^*$)为对策 G 的解的充要条件是：存在数 v，使得 $\boldsymbol{x}^*$ 和 $\boldsymbol{y}^*$ 分别是不等式组(Ⅰ)和(Ⅱ)的解，且 $v=V_G$。

$$(\mathrm{I})\begin{cases}\sum_{i=1}^{m}a_{ij}x_i\geqslant v & j=1,2,\cdots,n\\ \sum_{i=1}^{m}x_i=1 & \\ x_i\geqslant 0 & i=1,2,\cdots,m\end{cases}$$

$$(\mathrm{II})\begin{cases}\sum_{j=1}^{n}a_{ij}y_j\leqslant v & i=1,2,\cdots,m\\ \sum_{j=1}^{n}y_j=1 & \\ y_j\geqslant 0 & j=1,2,\cdots,n\end{cases}$$

5. 策略的优超

定义 4：纯策略的优超与严格优超。

设矩阵对策 $G=\{S_1,S_2,\boldsymbol{A}\}$，其中 $S_1=\{\alpha_1,\alpha_2,\cdots,\alpha_m\}$，$S_2=\{\beta_1,\beta_2,\cdots,\beta_n\}$，$\boldsymbol{A}=(a_{ij})_{m\times n}$。如果

$$a_{kj}\geqslant a_{lj}\quad j=1,2,\cdots,n$$

则称局中人 P_1 的纯策略 α_k 优超于纯策略 α_l。

如果

$$a_{ik}\leqslant a_{il}\quad i=1,2,\cdots,m$$

则称局中人 P_2 的纯策略 β_k 优超于纯策略 β_l。

如果在上述两不等式中成立严格不等式，则称局中人 P_1 的纯策略 α_k 严格优超于纯策略 α_l，称局中人 P_2 的纯策略 β_k 严格优超于纯策略 β_l。

类似地，还可以定义一个纯策略被另外若干个纯策略的凸组合所优超或严格优超的情形。

根据上述策略的优超性可以将赢得矩阵化简。可以证明，如果是严格优超，将被优超的那个纯策略相应的行或列去掉，由剩下的阶数较低的矩阵对策的最优策略，就可以得到原对策的最优策略(只要将去掉的那一行或列相应的纯策略赋以概率 0 即可)。如果只是优超而不是严格优超，仍然可以从剩下的阶数较低的矩阵对策的解得到原对策的解，但有可能丢失某些解，也就是说，可能得不到原对策的全部最优策略。如果问题只要求得到一个解(通常的情况正是如此)，当然可以根据这种优超性来化简矩阵，简化求解过程。

例 15.9 根据策略的优超性，化简例 15.7 中的矩阵 $\boldsymbol{A}$。

解 $\boldsymbol{A}=\begin{bmatrix}8 & 6 & 8 & 6\\2 & 4 & 1 & -1\\7 & 6 & 8 & 6\\6 & 2 & 0 & 2\end{bmatrix}\to\begin{bmatrix}8 & 6 & 8 & 6\end{bmatrix}\to\begin{bmatrix}6\end{bmatrix}$

根据定义 4，有局中人 P_1 的策略 α_1 优超于策略 α_2、α_3、α_4，故矩阵 $\boldsymbol{A}$ 化简为 $[8\ \ 6\ \ 8\ \ 6]$；此时局中人 P_2 的策略 β_4 优超于策略 β_1、β_2、β_3，故 $[8\ \ 6\ \ 8\ \ 6]$ 化简后只剩 $a_{14}=6$ 这一个元素了，直接得到该对策的一个解 (α_1,β_4)，对策的值为 $a_{14}=6$。如果按照悲观准则求解矩阵 $\boldsymbol{A}$ 相应的对策问题(见本章的例 15.7)，则能够得到全部对策的解(共四个)，它们的对策的值均为 6。

6. 两矩阵对策的解集相同

定理 15.5：设有两个矩阵对策

$$G_1=\{S_1,S_2,\boldsymbol{A}_1\},\quad G_2=\{S_1,S_2,\boldsymbol{A}_2\}$$

其中 $\boldsymbol{A}_1=(a_{ij})_{m\times n}$，$\boldsymbol{A}_2=(a_{ij}+L)_{m\times n}$，$L$ 为任一常数，记 G_1、G_2 的解集分别为 $T(G_1)$、$T(G_2)$，则有

(1) $T(\mathrm{G}_1)=T(G_2)$

(2) $V_{\mathrm{G}_2}=V_{\mathrm{G}_1}+L$

定理 15.6：设有两个矩阵对策

$$G_1=\{S_1,S_2,\boldsymbol{A}\},\quad G_2=\{S_1,S_2,\alpha\boldsymbol{A}\}$$

其中 $\alpha>0$ 为任一常数。记 G_1、G_2 的解集分别为 $T(G_1)$、$T(G_2)$，则有

(1) $T(G_1)=T(\mathrm{G}_2)$

(2) $V_{\mathrm{G}_2}=\alpha V_{\mathrm{G}_1}$

7. 用线性规划方法求解矩阵对策的定理

定理 15.7：已知矩阵对策 $G=\{S_1,S_2,\boldsymbol{A}\}$，其中 $a_{ij}>0(i=1,2,\cdots,m;j=1,2,\cdots,n)$；又互为对偶的线性规划问题

$$(\mathrm{P})\begin{cases}\min z=\sum\limits_{i=1}^{m}x_i\\ \sum\limits_{i=1}^{m}a_{ij}x_i\geqslant 1 & (j=1,2,\cdots,n)\\ x_i\geqslant 0 & (i=1,2,\cdots,m)\end{cases}$$

$$
(D)\begin{cases}\max w=\sum_{j=1}^{n}y_j \\ \sum_{j=1}^{n}a_{ij}y_j\leqslant 1 & (i=1,2,\cdots,m) \\ y_j\geqslant 0 & (j=1,2,\cdots,n)\end{cases}
$$

有最优解 $\boldsymbol{x}=(x_1,x_2,\cdots,x_m)$，$\boldsymbol{y}=(y_1,y_2,\cdots,y_n)$，最优值 $\sum_{i=1}^{m}x_i=\sum_{j=1}^{n}y_j=\frac{1}{V}$；则 $\boldsymbol{x}^*=V\cdot\boldsymbol{x}$，$\boldsymbol{y}^*=V\cdot\boldsymbol{y}$，$(\boldsymbol{x}^*,\boldsymbol{y}^*)$是对策 G 的解，$V_G=V$ 是对策 G 的值。

在求解线性规划问题(P)与(D)时，一般先将问题(D)化为标准型，其附加变量恰为初始基变量，可用单纯形法求出问题(D)的最优结果，然后再从问题(D)的最优表上得到问题(P)的最优结果。

四、矩阵对策的求解步骤

这里介绍矩阵对策的通用解法——线性规划方法，并通过求解例题总结出线性规划方法的一般步骤。

例 15.10 已知矩阵对策 $G=\{S_1,S_2,\boldsymbol{C}\}$，其中

$$
\boldsymbol{C}=\begin{bmatrix}3 & -2 & 1 & 4\\ -1 & 4 & 2 & 0\\ 2 & 2 & 3 & 3\end{bmatrix}
$$

求对策 G 的解$(\boldsymbol{x}^*,\boldsymbol{y}^*)$和值 V_G。

矩阵对策的求解步骤如下。

1. 根据悲观准则求鞍点。若不存在鞍点，则转入下一步

本例不存在鞍点。

2. 根据策略的优超性，化简矩阵 C，得到矩阵 B

$$
\boldsymbol{B}=\begin{bmatrix}3 & -2 & 1\\ -1 & 4 & 2\\ 2 & 2 & 3\end{bmatrix}
$$

3. 根据定理 15.5，选择常数 L，将矩阵 B 的所有元素变为正数，得到矩阵 A

令 $L=3$，得到

$$
\boldsymbol{A}=\begin{bmatrix}6 & 1 & 4\\ 2 & 7 & 5\\ 5 & 5 & 6\end{bmatrix}
$$

4. 根据定理 15.7，由矩阵 A 写出一对对偶的线性规划问题(P)与(D)

$$
(P)\begin{cases}\min z=x_1+x_2+x_3 \\ 6x_1+2x_2+5x_3\geqslant 1 \\ x_1+7x_2+5x_3\geqslant 1 \\ 4x_1+5x_2+6x_3\geqslant 1 \\ x_1\geqslant 0\quad x_2\geqslant 0\quad x_3\geqslant 0\end{cases}
$$

$$(\text{D})\begin{cases}\max w=y_1+y_2+y_3\\ 6y_1+y_2+4y_3\leqslant 1\\ 2y_1+7y_2+5y_3\leqslant 1\\ 5y_1+5y_2+6y_3\leqslant 1\\ y_1\geqslant 0\quad y_2\geqslant 0\quad y_3\geqslant 0\end{cases}$$

5. 求解线性规划问题(P)与(D)

求解后得到最优解 $\boldsymbol{x}=(x_1,x_2,\cdots,x_m)$,$\boldsymbol{y}=(y_1,y_2,\cdots,y_n)$,并计算

$$V=\frac{1}{\sum_{i=1}^{m}x_i}=\frac{1}{\sum_{j=1}^{n}y_j}$$

本例中,$\boldsymbol{x}=\left(0,0,\frac{1}{5}\right)\quad \boldsymbol{y}=\left(\frac{4}{25},\frac{1}{25},0\right)\quad V=5$

6. 根据定理 15.7,求原矩阵对策 G 的解和值

$$\boldsymbol{x}^*=V\cdot\boldsymbol{x},\quad \boldsymbol{y}^*=V\cdot\boldsymbol{y},\quad V_G=V-L$$

本例中

$$\boldsymbol{x}^*=5\times\left(0,0,\frac{1}{5}\right)=(0,0,1)$$

$$\boldsymbol{y}^*=5\times\left(\frac{4}{25},\frac{1}{25},0\right)=\left(\frac{4}{5},\frac{1}{5},0\right)$$

$$V_G=5-3=2$$

因为被优超掉的行或列相应的概率为 0,所以有

$$\boldsymbol{y}^{**}=\left(\frac{4}{5},\frac{1}{5},0,0\right)$$

15.3 其他对策

一、n 人非合作对策

前面介绍的矩阵对策就是一种二人非合作对策。下面简要介绍 n 人非合作对策。

1. 非合作对策

非合作对策即对策各方独立行动,相互之间没有合作和交流。

2. 平衡点

平衡点即均衡点或称平衡局势,它是 n 个局中人的一组特殊的策略选择。它对 n 个局中人都有利,当其他局中人策略选择不变的情况下,任何局中人都不可能通过改变策略使自己的期望赢得得到改善。在纯策略意义下,n 人非合作对策的平衡点不一定存在(例如,矩阵对策的鞍点不一定存在);但在混合策略意义下,n 人非合作对策的平衡点(纳什平衡点)一定存在。

3. 纳什定理

定理 15.8:任何 n 人非合作对策在混合策略意义下的平衡点(纳什平衡点)一定存在。

纳什定理指出了 n 人非合作对策的纳什平衡点的存在性。但如果求解计算一般的 n 人非合作对策的纳什平衡点,尚有许多需要研究解决的困难问题。

4. 双矩阵对策的求解

二人有限非零和对策中，两个局中人各有一个赢得矩阵，因此这种对策也称为双矩阵对策。与矩阵对策不同的是，一般双矩阵对策以及一般 n 人非合作对策平衡点的计算问题还远未解决。下面只简单介绍 2×2 双矩阵对策在纯策略意义下平衡点的求法。

定理 15.9：设 $G=\{S_1,S_2,\boldsymbol{A},\boldsymbol{B}\}$ 为双矩阵对策，若存在 $1\leqslant i_0\leqslant m,1\leqslant j_0\leqslant n$，使得

$$a_{ij_0}\leqslant a_{i_0j_0}\quad i=1,2,\cdots,m$$

$$b_{i_0j}\leqslant b_{i_0j_0}\quad j=1,2,\cdots,n$$

则 $(\alpha_{i_0},\beta_{j_0})$ 是 G 的平衡点。

定理 15.9 实际上给出了求 2×2 双矩阵对策 G 在纯策略意义下的平衡点的方法：分别将 $\boldsymbol{A}$ 每列元素之最大者和 $\boldsymbol{B}$ 每行元素之最大者均标以“*”号(有多个元素同时为最大者，则都标以“*”号)。若存在 $1\leqslant i_0\leqslant m,1\leqslant j_0\leqslant n$，使得 $a_{i_0j_0}$ 和 $b_{i_0j_0}$ 都标有“*”号，则纯局势 $(\alpha_{i_0},\beta_{j_0})$ 就是 G 的平衡点。

本章定理 15.1～定理 15.9 的证明，详见参考文献[24,28]。

5. 求 n 人非合作对策的平衡点

求矩阵对策的解：求解线性规划问题。

求双矩阵对策的平衡点：求解二次规划问题。

求 n 人非合作对策的平衡点：求解非线性规划问题。

6. 应用举例

例 15.11 求解囚犯难题例 15.4。

解 囚犯难题是双矩阵对策问题，根据定理 15.9 给矩阵 $\boldsymbol{A}$、$\boldsymbol{B}$ 的元素标 * 号：

$$\boldsymbol{A}=\begin{bmatrix}-7^* & 0^* \\ -9 & -1\end{bmatrix}\qquad \boldsymbol{B}=\begin{bmatrix}-7^* & -9 \\ 0^* & -1\end{bmatrix}$$

显然该对策有唯一平衡点：两个人都承认犯罪，各判刑 7 年。从赢得矩阵 $\boldsymbol{A}$、$\boldsymbol{B}$ 可知，这个平衡点显然不是最有利的。如果两人合作，都不承认犯罪，则各判刑 1 年，这才是最有利的结果。但是，在非合作情况下，每个囚犯都担心对方揭发自己，因此，这个最有利的结果也是难以实现的。

二、n 人合作对策

由于非合作对策模型在理论和适用性方面存在的局限性，使人们开始研究合作对策问题。

1. 合作对策

在两人合作对策中，对策双方的利益既不完全对立，也不完全一致。使用合作一词，是因为我们假设两个个体可以一起讨论面临的情况，并就一个理性的共同行动计划达成一致，也即达成一个假定具有强制性的协议。

合作对策理论是一门比非合作对策理论更加灵活的学科。这里的合作包含了“谈判”、“讨价还价”、“威胁”等。早在 20 世纪 60 年代，人们就开始意识到合作对策实际上是个谈判过程，是各个局中人通过谈判达成协议结为联盟的过程。

2. 合作对策研究的核心问题是最优分配问题

在合作对策中，各个局中人如何选择策略已不是最重要的问题，最重要的问题是与哪些局中人结成联盟，以及如何分配联盟所获得的总赢得，尤其是后者——分配问题。若分配不

合理,任何联盟都将无法形成,已形成的联盟也可能破裂。因此,合作对策研究的核心问题就是最优分配问题,要使每个局中人都满意,也就是找这个对策的解。如何定义最优分配?是否存在最优分配?怎样求解最优分配?这些都是需要解决的困难问题。多年来,已经从不同角度提出了多种解的定义,例如核心、稳定集、核仁、核、谈判集、Shapley 值等等。

3. 应用举例

例 15.12 两厂商的价格联盟。

已知厂商 A、厂商 B 为同一市场生产同样产品,可选择的竞争策略是价格,目的是赚取最多的利润。厂商 A、B 的价格与利润见表 15.3.1。

表 15.3.1 价格联盟问题 单位:元

A、B 的利润 \ B 的价格 \ A 的价格	4	6
4	12,12	20,4
6	4,20	15,15

解 若按非合作对策计算,双矩阵对策的解为厂商 A、B 的价格均为 4 元,利润均为 12 元。

若二人结为联盟,价格均定为 6 元,则利润均可达 15 元。但同时二人均担心对方违反合作协议擅自降价为 4 元。

此例也说明了囚犯难题模型具有十分广泛的应用背景。

习　题　八

8.1　试述对策问题的三要素及其含义。

8.2　解释下列概念，并说明同组概念之间的联系与区别。

(1) 策略，纯策略，混合策略。

(2) 鞍点，平衡局势，纯局势，纯策略意义下的解。

(3) 混合扩充，混合局势，混合策略意义下的解。

(4) 优超，某纯策略被另一个纯策略优超，严格优超。

8.3　求解下列矩阵对策，已知局中人 P_1 的赢得矩阵 $\boldsymbol{A}$ 如下：

(1) $\begin{bmatrix} 2 & 7 & 2 & 1 \\ 2 & 2 & 3 & 4 \\ 3 & 5 & 4 & 4 \\ 2 & 3 & 1 & 6 \end{bmatrix}$　　(2) $\begin{bmatrix} 9 & 3 & 1 & 8 & 0 \\ 6 & 5 & 4 & 6 & 7 \\ 2 & 4 & 3 & 3 & 8 \\ 5 & 6 & 2 & 2 & 1 \\ 3 & 2 & 3 & 5 & 4 \end{bmatrix}$

8.4　应用策略的优超性化简下列赢得矩阵 $\boldsymbol{A}$：

(1) $\begin{bmatrix} 1 & 0 & 3 & 4 \\ -1 & 4 & 0 & 1 \\ 2 & 2 & 2 & 3 \\ 0 & 4 & 1 & 1 \end{bmatrix}$　　(2) $\begin{bmatrix} 3 & 4 & 0 & 3 & 0 \\ 5 & 0 & 2 & 5 & 9 \\ 7 & 3 & 9 & 5 & 9 \\ 4 & 6 & 8 & 7 & 6 \\ 6 & 0 & 8 & 8 & 3 \end{bmatrix}$

8.5　用线性规划方法求解下列矩阵对策，已知局中人 P_1 的赢得矩阵 $\boldsymbol{A}$ 如下：

(1) $\boldsymbol{A}=\begin{bmatrix} 1 & -1 \\ -1 & 2 \\ 0 & 1 \end{bmatrix}$　　(2) $\boldsymbol{A}=\begin{bmatrix} 2 & 3 & 1 & 5 \\ 4 & 1 & 6 & 0 \end{bmatrix}$

(3) $\boldsymbol{A}=\begin{bmatrix} -1 & 2 & 1 \\ 1 & -2 & 2 \\ 3 & 4 & -3 \end{bmatrix}$　　(4) $\boldsymbol{A}=\begin{bmatrix} 6 & -4 & -14 \\ -9 & 6 & -4 \\ 1 & -9 & 1 \end{bmatrix}$

(5) $\boldsymbol{A}=\begin{bmatrix} 2 & 5 & 4 \\ 6 & 1 & 3 \\ 4 & 6 & 1 \end{bmatrix}$　　(6) $\boldsymbol{A}=\begin{bmatrix} 1 & 2 & 3 \\ 4 & 0 & 1 \\ 2 & 3 & 0 \end{bmatrix}$

8.6 已知矩阵对策 $G=(S_1,S_2,\boldsymbol{A})$

$$\boldsymbol{A}=\begin{bmatrix}1 & 2 & 5\\ 8 & 4 & 7\\ -1 & 5 & -6\end{bmatrix}$$

双方的最优策略为 $\boldsymbol{x}^*=\left(0,\frac{11}{14},\frac{3}{14}\right)$，$\boldsymbol{y}^*=\left(0,\frac{13}{14},\frac{1}{14}\right)$，对策值 $V=\frac{59}{14}$。求以下列矩阵为局中人 P_1 的赢得矩阵的矩阵对策的最优解和对策值：

(1) $\begin{bmatrix}7 & 10 & 19\\ 28 & 16 & 25\\ 1 & 19 & -14\end{bmatrix}$　　(2) $\begin{bmatrix}10 & 12 & 18\\ 24 & 16 & 22\\ 6 & 18 & -4\end{bmatrix}$

8.7 下述矩阵为 A、B 二人零和对策时 A 的赢得矩阵。试问什么条件下该矩阵对角线上的三个零元素(1,1)，(2,2)，(3,3)分别单独对应于鞍点？

$$\begin{bmatrix}0 & a & b\\ -a & 0 & c\\ -b & -c & 0\end{bmatrix}$$

8.8 已知 A、B 二人零和对策时 A 的赢得矩阵如下，求双方各自的最优策略及对策值。

(1) $\begin{bmatrix}8 & -5 & -4\\ 9 & 5 & 4\\ 6 & 4 & 3\end{bmatrix}$　　(2) $\begin{bmatrix}4 & -4 & -10 & 6\\ -3 & -4 & -9 & -2\\ 6 & 7 & -8 & -7\\ 7 & 4 & -12 & 5\end{bmatrix}$

8.9 求解田忌与齐王赛马问题(已知条件见表 15.2.1)。

第九部分　存储论

存储论(inventory theory)是运筹学的一个分支。它包括确定型存储模型和随机型存储模型,一般将它划为随机型模型分支。它起源于1915年,20世纪50年代之后才迅速发展起来。所谓存储,就是把诸如企业生产所需的原材料、商店销售所需的商品等物资暂时地保存起来,以备将来之需求。一般而言,存储必须支付一定的费用,存储量过大、过小都不好。存储论研究的基本问题是最优库存量问题,即对库存何时补充、补充多少的问题。存储问题的三要素是:需求、补充、费用。根据需求和补充中是否包含随机因素,将存储模型分为确定型存储模型和随机型存储模型。本部分将重点介绍四种确定型存储模型(基本的EOQ模型、生产速度恒定的EOQ模型、允许延期交货的EOQ模型、单价有数量折扣的EOQ模型)、四种随机型存储模型(离散型随机需求的单周期存储模型、连续型随机需求的单周期存储模型、定期检查(s,S)策略的存储模型、ABC分类存储方法)及其求解方法。存储论在实际中有广泛的应用。

第16章　存　储　论

16.1　存储问题三要素及分类

一、存储问题举例

例 16.1　机床厂的存储问题。

某机床厂生产某种型号的机床，其生产需要多种原材料。如果储存数量不足，会出现停工待料，影响生产效率及生产计划的完成，造成违约等多项经济损失。如果储存过多，又会增加存储费用，占用过多的流动资金，影响资金周转，降低利润。那么，每种原材料究竟存储多少为好呢？或者说，对每种原材料的库存需要多长时间补充一次、每次补充多少呢？

在生产该种型号机床的各个环节之间，也有存储问题。该机床由若干种部件装配而成，每个部件由若干种零件构成，每个零件又需经若干道工序才能加工完成。因此，每生产一台该型号机床，都需要经过一系列确定性的环节，每一个环节完成后都生产出下一个环节需要的生产备件，也就产生了环节间的存储问题。那么，每个环节上的生产备件究竟存储多少为好呢？

例 16.2　商店的存储问题。

为了满足顾客购买商品的需求，商店对各种商品应有一定的存储量。问题的难点在于顾客对各种商品的需求量具有随机性。在这种情况下，各种商品究竟存储多少最合适呢？若存储数量不足，会出现缺货，因失去销售机会而使利润下降。若经常缺货，还会影响商店信誉，使顾客减少。若存储数量过多，容易造成存储商品长时间积压，增加变质、失效、损坏等损失，增加存储费用，占用过多流动资金等，都会使利润下降。那么，对各种商品的库存，究竟何时补充、补充多少最好呢？

二、存储问题三要素

一般的存储问题可以用图 16.1.1 来表示。

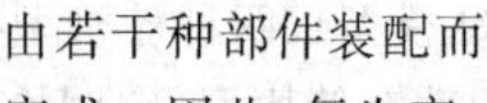

存储问题的三要素包括需求、补充和费用。

补充 → 存储 → 需求

图 16.1.1　存储问题

1. 需求

存储的目的是为了满足需求。随着需求的发生与满足，存储将减少，因此需求是存储的输出。需求有多种不同的类型，有连续性的或间断性的；有均匀的或不均匀的；有确定性的或随机性的……在确定性需求中，需求发生的时间与数量是确定的，例如自动生产线上某道工序对某种零件的需求。在随机性需求中，需求发生的时间或数量是不确定的，例如非合同环境下对产品或商品的需求。对于随机性需求，应该了解需求发生时间与数量的统计规律。一般而言，需求是客观存在的，是不以人的意志为转移的。我们只能努力满足需求。

2. 补充

(1) 什么是补充

补充是存储的输入。补充是为了弥补因满足需求而减少的存储，以便继续满足需求。补充一般通过外部订购或内部生产来实现。若采取外部订购，从订货到货物进入"存储"所需的时间叫做"拖后时间"或"交付周期"。从另一个角度看，为了能及时补充库存，必须提前订货，故"拖后时间"也叫做"提前时间"。拖后时间可能较长，也可能较短，可能是确定性的，也可能是随机性的。若采取内部生产，与上述"拖后时间"相应的叫做"生产时间"。

在存储问题中，补充是存储的输入，补充应能满足需求，其费用也应尽可能小。补充方案即补充策略，亦即存储策略。补充策略要解决的问题是：多少时间补充一次？每次补充多少数量？究竟采用哪一种补充策略，完全由决策者决定。

(2) 补充策略(存储策略)

常见的补充策略有以下三种。

第一种：T 循环策略。每隔固定时间 T 补充固定的存储量 Q。该策略为定时、定量补充。

第二种：(T,S)策略。这里的 T 表示每隔固定时间 T 检查一次库存情况，大写字母 S 表示最大存储量。若当前存储量为 I，则本次补充数量 $Q=S-I$。该策略为定时补充，每次补充数量不同，但均由当前存储量 I 补足到最大存储量 S("补差")。

第三种：(s,S)策略。这里的小写字母 s 是存储量的某一特定值，称为订货点，即决策是否订货的一个点；大写字母 S 是最大存储量。当前存储量 $I \geqslant s$ 时，不需要订货，即不需要对存储进行补充；当前存储量 $I<s$ 时，需要订货，即需要对存储进行补充，补充数量 $Q=S-I$，即由当前存储量 I 补足到最大存储量 S("补差")。

在(s,S)策略中，可以通过连续检查或定期检查获知当前存储量 I。一般而言，定期检查比连续检查容易实现。采用定期检查的(s,S)策略也称为(T,s,S)策略，这里的 T 是定期检查当前存储量 I 的时间间隔。

3. 费用

存储问题中的主要费用包括订货费、生产费、存储费、缺货费等。

(1) 订货费

如果补充需要外部订购，则要支付订货费。订货费包括两项费用：一项是订购费 C_1，包括通讯费、手续费、差旅费等，它是与订购次数有关的固定费用，与订货量无关。另一项是购置费，它是与订货量有关的可变费用，它等于购置费单价 K_1 与订货量的乘积。

(2) 生产费

如果补充需要内部生产，则要支付生产费。生产费包括两项费用：一项是装配费 C_2，包括为该生产而进行的准备工作与结束工作的费用，如更换模具、夹具、生产线，添置某些专用设备等，它属于固定费用，与生产量无关。另一项是生产成本费，它是与生产量有关的可变费用，它等于生产成本费单价 K_2 与生产量的乘积。

(3) 存储费

存储费包括货物占用资金应付的利息、仓库费、保管费、保险费、货物损坏支出的费用等。存储费一般与货物的存储量成正比，与货物的存储时间成正比。设单位时间内单位货物的存储费为存储费单价 K_3，则

$$存储费=K_3\times存储量\times存储时间$$

(4) 缺货费

缺货费是因存储供不应求引起的损失。如丧失销售机会的损失，停工待料的损失，改变生产计划的损失，不能按时履行合同的损失等。缺货费通常比订货费、生产费、存储费更难以衡量。设单位时间内单位货物的缺货费为缺货费单价 K_4，则

$$缺货费=K_4\times缺货量\times缺货时间$$

综上所述，存储问题中费用的分类与基本计算见图 16.1.2。

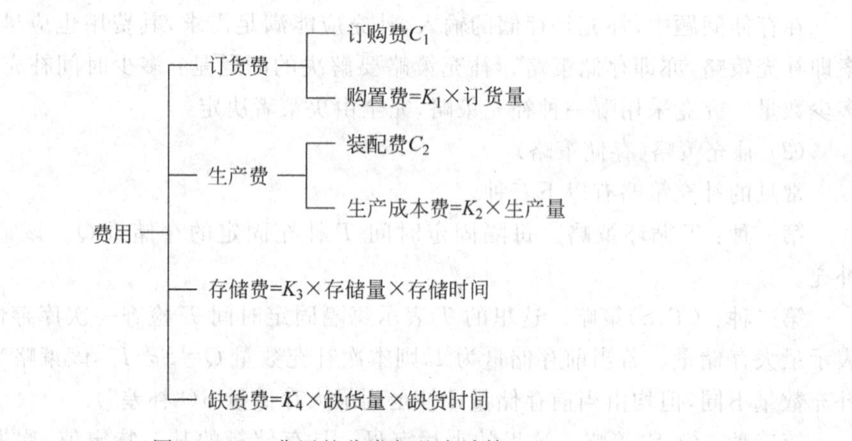

图 16.1.2 费用的分类与基本计算

三、存储问题分类

存储问题有多种分类方法，最常用的是根据需求和补充中是否包含随机因素来划分，本章即按照此种分类方法将存储问题分为确定型存储模型与随机型存储模型。

1. 确定型存储模型

如果需求和补充中没有随机因素，即存储模型中的数据都是确定性的，则这类存储模型称为确定型存储模型。

2. 随机型存储模型

如果需求和(或)补充中包含随机因素，即存储模型中有随机变量，则这类存储模型称为随机型存储模型。

本章重点介绍一些基本的确定型、随机型存储模型及其求解方法。

16.2 确定型存储模型

本节以存储论中著名的经济订购批量(economic ordering quantity，EOQ)模型为基础，依次介绍基本的 EOQ 模型，生产速度恒定的 EOQ 模型，允许延期交货的 EOQ 模型及单价

有数量折扣的EOQ模型。对每种模型均介绍其主要特点及求解方法,并有计算举例。模型求解的目的是:寻找最优补充策略,它应能满足需求且平均费用最小。具体地说,模型求解就是要确定最优订货周期及每周期的最优订货量。

一、模型1:基本的EOQ模型

1. 模型1特点

(1) 需求是连续、均匀的,需求速度(单位时间的需求量)为常数$R(R>0)$。

(2) 存储的补充通过外部订购来实现。拖后时间近似为零,即存储量降为零时订货,可立即得到补充。

(3) 每周期的订货量相同。每周期的订购费为C_1,购置费单价为K_1。

(4) 存储费单价为K_3。

(5) 不允许缺货,即缺货费单价K_4为无穷大。

存储量Q随时间t变化的图叫做存储状态图。模型1的存储状态图见图16.2.1。

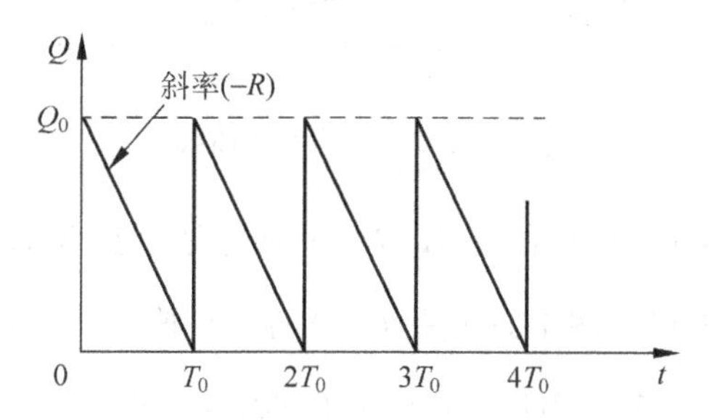

图16.2.1 模型1的存储状态图

2. 模型1求解

(1) 设未知变量

参见图16.2.1。

设所求的最优订货周期为T_0、每周期最优订货量为Q_0,Q_0应能满足T_0时间内的需求,即有$Q_0=RT_0$。最大存储量S与最优订货量Q_0相等。

(2) 求出每周期内的总费用

每周期内的各项费用

$$订购费 = C_1$$

$$购置费 = K_1 \times Q_0 = K_1RT_0$$

$$存储费 = K_3 \times 存储量 \times 存储时间$$

因为T_0内存储量的值随时间变化(从Q_0匀速下降到零),故计算一个周期内的存储费时,存储量取Q_0和0之间的平均值$\frac{1}{2}Q_0$,即

$$存储费 = K_3 \times \frac{1}{2}Q_0 \times T_0 = \frac{1}{2}K_3RT_0^2$$

$$每周期内的总费用 = C_1 + K_1RT_0 + \frac{1}{2}K_3RT_0^2$$

(3) 求出平均每单位时间的费用 $C(T_0)$

$$C(T_0)=\frac{C_1}{T_0}+K_1R+\frac{1}{2}K_3RT_0 \tag{16.2.1}$$

显然，函数 $C(T_0)$ 是由 $\frac{C_1}{T_0}$、$\frac{1}{2}K_3RT_0$ 及常数 K_1R 迭加而成的下单峰函数，有唯一极小点，参见图 16.2.2。

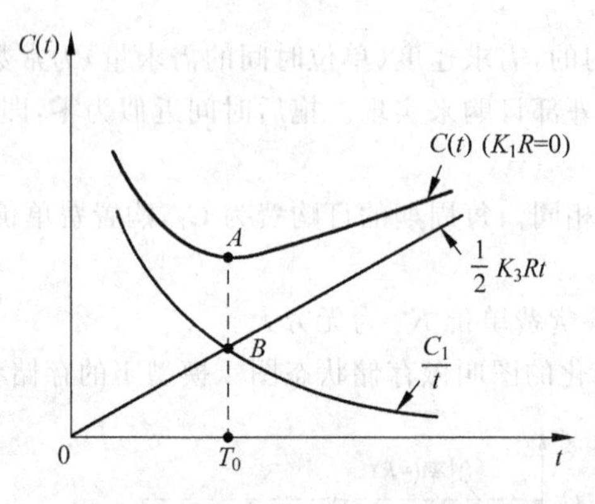

图 16.2.2　平均费用曲线

图 16.2.2 中的曲线 $C(t)$ 描述的是 $K_1R=0$ 的情况。若 $K_1R>0$，只需将图中的曲线 $C(t)$ 向上平移 K_1R 距离即可。图中 A 点是 $C(t)$ 的极小值点，B 点是 $\frac{C_1}{t}$ 与 $\frac{1}{2}K_3Rt$ 的交点，A、B 的横坐标均为 T_0，且有 $AB=BT_0$，即当 $t=T_0$ 时，订购费与存储费恰好相等(证明如下)。

(4) 求 $C(T_0)$ 的最优解 T_0、Q_0 与最优值 C_0

令

$$\frac{\mathrm{d}C(T_0)}{\mathrm{d}T_0}=-\frac{C_1}{T_0^2}+\frac{1}{2}K_3R=0$$

因为

$$T_0>0$$

所以

$$T_0=\sqrt{\frac{2C_1}{K_3R}} \tag{16.2.2}$$

$$Q_0=RT_0=\sqrt{\frac{2C_1R}{K_3}} \tag{16.2.3}$$

式(16.2.3)即存储论中著名的经济订购批量公式，简称 EOQ 公式或经济批量公式。将式(16.2.2)代入到式(16.2.1)中，即得到最小的平均每单位时间的费用 C_0

$$C_0=C(T_0)=\sqrt{2K_3C_1R}+K_1R \tag{16.2.4}$$

其中

$$\text{最小的平均每单位时间的订购费}\frac{C_1}{T_0}=\sqrt{\frac{K_3C_1R}{2}}$$

$$\text{最小的平均每单位时间的存储费}\frac{1}{2}K_3RT_0=\sqrt{\frac{K_3C_1R}{2}}$$

即最优情况下订购费与存储费恰是相等的。

另外，从式(16.2.2)、式(16.2.3)可知，最优订货周期 T_0 及最优订货量 Q_0 皆与 K_1 无关，也就是说购置费单价 K_1 不影响最优解，它只是通过 K_1R 影响最优值 C_0 的大小。

最后，再强调一点：在应用本模型或后面其他模型的各公式进行计算时，一定要注意各量的单位统一问题，比如有关时间的单位要一致，有关存储量的单位要一致，有关费用的单位要一致等。

3. 模型1计算举例

例16.3 某机械厂对某种材料的需求量为1010吨/年，不允许缺货，其单价为1200元/吨。该种材料每次采购时的订购费为2050元，拖后时间为0，每年的存储费为180元/吨。试求机械厂对该材料的每周期最优订货量、每年订货次数及全年的最小平均费用。

解 令单位时间为年，则

$$R = 1010 \quad K_1 = 1200 \quad C_1 = 2050 \quad K_3 = 180 \quad K_4 = \infty$$

根据模型1的式(16.2.2)、式(16.2.3)、式(16.2.4)可得

$$T_0 = \sqrt{\frac{2C_1}{K_3R}} = \left(\frac{2\times 2050}{180\times 1010}\right)^{\frac{1}{2}} = 0.150$$

$$Q_0 = \sqrt{\frac{2C_1R}{K_3}} = \left(\frac{2\times 2050\times 1010}{180}\right)^{\frac{1}{2}} = 151.676$$

$$C_0 = \sqrt{2K_3C_1R} + K_1R = (2\times 180\times 2050\times 1010)^{\frac{1}{2}} + 1200\times 1010$$
$$= 1\,239\,301.648$$

因此，每年订货次数应为

$$\frac{1}{T_0} = \frac{1}{0.150} = 6.67$$

由于订货次数一般为正整数，故比较订货次数分别为6次与7次的平均费用，选其中费用较小者。

若每年订货6次，则 $T_0=1/6$，将其代入式(16.2.1)，得

$$C\left(\frac{1}{6}\right) = C(T_0) = \frac{2050}{1/6} + 1200\times 1010 + \frac{1}{2}\times 180\times 1010\times\frac{1}{6} = 1\,239\,450$$

若每年订货7次，则 $T_0=1/7$，将其代入式(16.2.1)，得

$$C\left(\frac{1}{7}\right) = C(T_0) = \frac{2050}{1/7} + 1200\times 1010 + \frac{1}{2}\times 180\times 1010\times\frac{1}{7} = 1\,239\,335.7$$

因此，每年应订货7次，每次订货量为1010/7=144.3吨，最小每年平均费用为1 239 335.7元。

二、模型2：生产速度恒定的EOQ模型

1. 模型2特点

(1) 需求是连续、均匀的，需求速度(单位时间的需求量)为常数 $R(R>0)$。

(2) 存储的补充通过内部生产来实现。生产需要一定时间，生产速度(单位时间的生产量)为常数 $P(P>R)$。

(3) 每周期的生产量相同。每周期的装配费为 C_2，生产成本费单价为 K_2。

(4) 存储费单价为 K_3。

(5) 不允许缺货,即缺货费单价 K_4 为无穷大。

比较模型 2 与模型 1 可知,两个模型实质的区别只有一点:模型 2 中存储的补充需要一定时间,而模型 1 中拖后时间近似为零。至于存储的补充由外部订购变为内部生产,只是由参数 C_1、K_1 相应变为 C_2、K_2 而已,并无实质不同。

模型 2 的存储状态图见图 16.2.3。

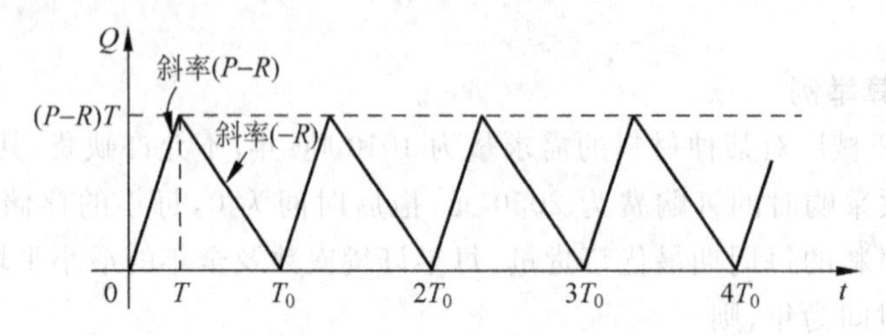

图 16.2.3 模型 2 的存储状态图

图 16.2.3 中,当 $t=0$ 时,存储量 $Q=0$,即开始生产。$[0,T]$时段是生产时段,其间边生产边满足需求,生产量多于需求的部分则存储起来。已知生产速度为 P,需求速度为 R,$(P-R)$为存储量增加的速度。$[0,T]$时段的生产量为 PT,这里仍用 Q_0 表示生产量,它就相当于模型 1 中的订货量,有 $Q_0=PT$;在 T 时刻,停止生产,此时可达最大存储量$(P-R)T$。在$[T,T_0]$时段,单纯靠存储来满足需求,有$(P-R)T=R(T_0-T)$,即 $PT=RT_0$($[0,T]$时段的生产量等于一个周期的需求量)。到 T_0 时刻,存储降为零,一个新的周期又将开始。模型 1 中的 T_0 称为最优订货周期,相应地,模型 2 中的 T_0 称为最优生产周期。

2. 模型 2 求解

(1) 设未知变量

参见图 16.2.3。

设所求的最优生产周期为 T_0、每周期最优生产量为 Q_0。因为

$$Q_0 = PT = RT_0 \tag{16.2.5}$$

其中,T 为最优生产时间。由式(16.2.5)可得

$$T = \frac{R}{P}T_0 \tag{16.2.6}$$

(2) 求出每周期内的总费用

每周期内的各项费用

$$\text{装配费} = C_2$$

$$\text{生产成本费} = K_2 \times Q_0 = K_2RT_0$$

$$\begin{aligned}\text{存储费} &= K_3 \times \text{存储量} \times \text{存储时间} \\ &= \frac{1}{2}(P-R)T \cdot K_3 \cdot T_0 \\ &= \frac{1}{2}K_3R\frac{P-R}{P}T_0^2\end{aligned}$$

每周期内的总费用$=C_2+K_2RT_0+\frac{1}{2}K_3R\frac{P-R}{P}T_0^2$

(3) 求出平均每单位时间的费用 $C(T_0)$

$$C(T_0) = \frac{C_2}{T_0} + K_2R + \frac{1}{2}K_3R\frac{P-R}{P}T_0 \tag{16.2.7}$$

(4) 求 $C(T_0)$ 的最优解 T_0、Q_0 与最优值 C_0

令

$$\frac{dC(T_0)}{dT_0} = -\frac{C_2}{T_0^2} + \frac{1}{2}K_3R \cdot \frac{P-R}{P} = 0$$

因为

$$T_0 > 0$$

所以

$$T_0 = \sqrt{\frac{2C_2}{K_3R}} \cdot \sqrt{\frac{P}{P-R}} \tag{16.2.8}$$

$$Q_0 = RT_0 = \sqrt{\frac{2C_2R}{K_3}} \cdot \sqrt{\frac{P}{P-R}} \tag{16.2.9}$$

$$C_0 = C(T_0) = \sqrt{2K_3C_2R} \cdot \sqrt{\frac{P-R}{P}} + K_2R \tag{16.2.10}$$

式中,C_0 是最小的平均每单位时间的费用。

将式(16.2.8)代入式(16.2.6),得到最优生产时间

$$T = \frac{R}{P} \cdot T_0 = \sqrt{\frac{2C_2R}{K_3P(P-R)}} \tag{16.2.11}$$

令模型 2 中的最大存储量为 S,则有

$$S = (P-R)T = \sqrt{\frac{2C_2R}{K_3}} \cdot \sqrt{\frac{P-R}{P}} \tag{16.2.12}$$

3. 模型 2 计算举例

例 16.4 某工厂每月需要某产品 200 件,该产品的生产速度为 500 件/月,生产成本费单价为 200 元/件,存储费为 30 元/月·件,每月生产的装配费为 5000 元,不允许缺货。试求:该工厂生产该产品的最优生产周期 T_0、每周期最优生产量 Q_0、最优生产时间 T、最大存储量 S 及全月最小费用 C_0。

解 令单位时间为月,则有

$$R = 200 \quad P = 500 \quad K_2 = 200 \quad K_3 = 30 \quad C_2 = 5000 \quad K_4 = \infty$$

根据式(16.2.8)~式(16.2.12),可得

$$T_0 = \sqrt{\frac{2 \times 5000}{30 \times 200} \times \frac{500}{500-200}} = 1.67$$

$$Q_0 = 200 \times 1.67 = 334$$

$$T = \frac{200}{500} \times 1.67 = 0.668$$

$$S = (500-200) \times 0.668 = 200.4$$

$$C_0 = \sqrt{2 \times 30 \times 5000 \times 200} \times \sqrt{\frac{500-200}{500}} + 200 \times 200 = 46\,000$$

三、模型 3:允许延期交货的 EOQ 模型

一般来说,当缺货损失不大时,可以允许缺货。这里说的允许缺货,是指存储降为零时,还可以再等一段时间后订货,货到立即补上所欠数量,也就是允许延期交货。这种情况比不

允许缺货的订货周期要长,即订货次数要少,因而订购费减少,而且存储费也减少,但要多支出一项缺货费。

1. 模型3特点

(1) 需求是连续、均匀的,需求速度(单位时间的需求量)为常数$R(R>0)$。

(2) 存储的补充通过外部订购来实现。拖后时间近似为零,即存储量降为0时订货,可立即得到补充。

(3) 每周期的订货量相同。每周期的订购费为C_1,购置费单价为K_1。

(4) 存储费单价为K_3。

(5) 允许缺货,即指允许延期交货。缺货费单价为K_4。

比较模型3与模型1可知,两个模型实质的区别只有一点:模型3允许延期交货,而模型1不允许缺货。

模型3的存储状态图见图16.2.4。

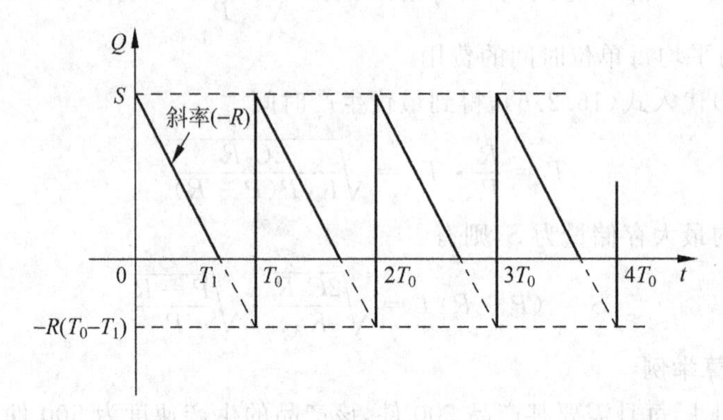

图16.2.4 模型3的存储状态图

2. 模型3求解

(1) 设未知变量

参见图16.2.4。

设所求的最优订货周期为T_0、每周期最优订货量为Q_0、最大存储量为S。显然,Q_0应能满足$[0,T_0]$时段内的需求,S应能满足$[0,T_1]$时段内的需求,即有

$$Q_0 = RT_0 \tag{16.2.13}$$
$$S = RT_1$$

所以

$$T_1 = \frac{S}{R} \tag{16.2.14}$$

(2) 求出每周期内的总费用

每周期内的各项费用(用T_0、S表示)

$$订购费 = C_1$$

$$购置费 = K_1 \times Q_0 = K_1 RT_0$$

$$存储费 = K_3 \times 存储量 \times 存储时间$$
$$= K_3 \times \frac{1}{2} S \times T_1$$

$$= \frac{1}{2R}K_3S^2$$

$$缺货费 = K_4 \times 缺货量 \times 缺货时间$$

$$= K_4 \times \frac{1}{2}(RT_0 - S) \times (T_0 - T_1)$$

$$= \frac{1}{2R}K_4(RT_0 - S)^2$$

$$每周期内的总费用 = C_1 + K_1RT_0 + \frac{1}{2R}K_3S^2 + \frac{1}{2R}K_4(RT_0 - S)^2$$

(3) 求出平均每单位时间的费用 $C(T_0,S)$

$$C(T_0,S) = \frac{1}{T_0}\left[C_1 + K_1RT_0 + \frac{1}{2R}K_3S^2 + \frac{1}{2R}K_4(RT_0 - S)^2\right] \quad (16.2.15)$$

(4) 求 $C(T_0,S)$的最优解 T_0、Q_0 与最优值 C_0

令

$$\frac{\partial C}{\partial S} = \frac{1}{T_0}\left[\frac{K_3S}{R} - \frac{K_4(RT_0 - S)}{R}\right] = \frac{(K_3 + K_4)S}{T_0R} - K_4 = 0$$

$$\frac{(K_3 + K_4)S}{T_0R} = K_4$$

因为

$$T_0 > 0, \quad R > 0$$

所以

$$S = \frac{K_4RT_0}{K_3 + K_4} \quad (16.2.16)$$

令

$$\frac{\partial C}{\partial T_0} = -\frac{1}{T_0^2}\left[C_1 + K_1RT_0 + \frac{1}{2R}K_3S^2 + \frac{1}{2R}K_4(RT_0 - S)^2\right] + \frac{1}{T_0}[K_1R + K_4(RT_0 - S)] = 0$$

整理后有

$$-C_1R - \frac{1}{2}(K_3 + K_4)S^2 + \frac{1}{2}K_4R^2T_0^2 = 0$$

将式(16.2.16)代入上式,以消去 S,只剩变量 T_0

$$-C_1R + \frac{1}{2}R^2T_0^2\frac{K_3K_4}{K_3 + K_4} = 0$$

所以

$$T_0 = \sqrt{\frac{2C_1}{K_3R}} \cdot \sqrt{\frac{K_3 + K_4}{K_4}} \quad (16.2.17)$$

$$Q_0 = RT_0 = \sqrt{\frac{2C_1R}{K_3}} \cdot \sqrt{\frac{K_3 + K_4}{K_4}} \quad (16.2.18)$$

$$S = \frac{K_4RT_0}{K_3 + K_4} = \sqrt{\frac{2C_1R}{K_3}} \cdot \sqrt{\frac{K_4}{K_3 + K_4}} \quad (16.2.19)$$

$$Q_0 - S = \sqrt{\frac{2K_3C_1R}{K_4(K_3+K_4)}} \tag{16.2.20}$$

式(16.2.20)中的(Q_0-S)是每周期内最大缺货量。

将式(16.2.17)、式(16.2.19)代入式(16.2.15),可得到最小的平均每单位时间的费用C_0

$$\begin{aligned}C_0 &= K_1R + \frac{2C_1R + (K_3+K_4)S^2 + K_4R^2T_0^2 - 2RT_0SK_4}{2RT_0} \\ &= K_1R + \frac{1}{2RT_0}\left[2C_1R + \frac{2C_1RK_4}{K_3} + \frac{2C_1R(K_3+K_4)}{K_3} - \frac{4C_1RK_4}{K_3}\right] \\ &= K_1R + \frac{1}{2RT_0}[4C_1R] \\ &= \sqrt{2K_3C_1R} \cdot \sqrt{\frac{K_4}{K_3+K_4}} + K_1R \end{aligned} \tag{16.2.21}$$

3. 模型3计算举例

例16.5 若本节模型1的例16.3改为允许延期交货,并设缺货损失费为500元/吨·年,其他不变。试求解。

解 令单位时间为年,则

$$R = 1010 \quad K_1 = 1200 \quad C_1 = 2050 \quad K_3 = 180 \quad K_4 = 500$$

根据式(16.2.17)、式(16.2.18)、式(16.2.21)可得

$$T_0 = \sqrt{\frac{2\times 2050\times(180+500)}{180\times 1010\times 500}} = 0.175$$

$$\frac{1}{T_0} = \frac{1}{0.175} = 5.714$$

$$Q_0 = RT_0 = 1010\times 0.175 = 176.75$$

$$C_0 = \sqrt{2\times 180\times 2050\times 1010}\times\sqrt{\frac{500}{180+500}} + 1200\times 1010 = 1\,235\,410.97$$

由于订货次数一般为正整数,故比较订货次数分别为5次与6次的平均费用,选其中费用较小者。

若每年订货5次,则$T_0=\frac{1}{5}$,将其代入式(16.2.16)、式(16.2.15),得

$$S = \frac{500\times 1010\times 0.2}{180+500} = 148.53$$

$$\begin{aligned}C\left(\frac{1}{5}\right) &= 5\left[2050 + 1200\times 1010\times 0.2 + \frac{180\times 148.53^2}{2\times 1010} + \frac{500\times(1010\times 0.2 - 148.53)^2}{2\times 1010}\right] \\ &= 5[2050 + 242\,400 + 1965.846 + 707.683] \\ &= 1\,235\,617.65\end{aligned}$$

若每年订货6次,则$T_0=\frac{1}{6}$,与上类似的计算可得

$$S = 123.775$$

$$C\left(\frac{1}{6}\right) = 1\,235\,439.71$$

显然，应选择每年订货 6 次，每次订货量为 1010/6=168.3 吨，最小每年平均费用为 1 235 439.71 元。

对比本例与例 16.3 的计算结果可知，这里的允许缺货比不允许缺货的最优订货周期要长，最优订货量要大，最小的平均每单位时间的费用要小。当然，允许缺货模型的这些优越性是在缺货费不大的前提下才成立的。

4. 模型 1、模型 2、模型 3 的比较

说明：

模型 1：基本的 EOQ 模型

模型 2：生产速度恒定的 EOQ 模型

模型 3：允许延期交货的 EOQ 模型

T_0：最优订货周期或最优生产周期

Q_0：最优订货量或最优生产量

S：最大存储量

C_0：最小的平均每单位时间的费用

T：模型 2 中的最优生产时间

Q_0-S：模型 3 中的最大缺货量

R：需求速度(单位时间的需求量)

P：模型 2 中的生产速度(单位时间的生产量)

K_1：购置费单价

K_2：生产成本费单价

K_3：存储费单价

K_4：缺货费单价

C_1：订购费

C_2：装配费

模型 1、模型 2、模型 3 的比较见表 16.2.1。从该表可以看出，三个模型中以模型 1 最为基本、最为重要。因为模型 2 的主要指标都是由模型 1 的相应指标乘以某个系数得到的，这种系数只有两个，且其乘积为 1。模型 3 的主要指标也可以用类似的方法得到。

表 16.2.1　模型 1、模型 2、模型 3 的比较

指标＼模型	模　型　1	模　型　2	模　型　3
T_0	$\sqrt{\frac{2C_1}{K_3R}}$	$\sqrt{\frac{2C_2}{K_3R}}\cdot\sqrt{\frac{P}{P-R}}$	$\sqrt{\frac{2C_1}{K_3R}}\cdot\sqrt{\frac{K_3+K_4}{K_4}}$
Q_0	$\sqrt{\frac{2C_1R}{K_3}}$	$\sqrt{\frac{2C_2R}{K_3}}\cdot\sqrt{\frac{P}{P-R}}$	$\sqrt{\frac{2C_1R}{K_3}}\cdot\sqrt{\frac{K_3+K_4}{K_4}}$
S	$\sqrt{\frac{2C_1R}{K_3}}$	$\sqrt{\frac{2C_2R}{K_3}}\cdot\sqrt{\frac{P-R}{P}}$	$\sqrt{\frac{2C_1R}{K_3}}\cdot\sqrt{\frac{K_4}{K_3+K_4}}$
C_0	$\sqrt{2K_3C_1R}+K_1R$	$\sqrt{2K_3C_2R}\cdot\sqrt{\frac{P-R}{P}}+K_2R$	$\sqrt{2K_3C_1R}\cdot\sqrt{\frac{K_4}{K_3+K_4}}+K_1R$

续表

指标＼模型	模型1	模型2	模型3
T		$\sqrt{\dfrac{2C_2R}{K_3P(P-R)}}$	
Q_0-S			$\sqrt{\dfrac{2K_3C_1R}{K_4(K_3+K_4)}}$

四、模型4：单价有数量折扣的EOQ模型

前面介绍的几个模型的购置费单价 K_1（或生产成本费单价 K_2）都是常数，得到的最优订货周期 T_0、最优订货量 Q_0 也与 K_1（或 K_2）无关。而在模型4中，购置费单价将随订货量的不同而不同。一般情况下，订货量越大，购置费单价越小。这一点是模型4与模型1的唯一区别。

1. 模型4特点

(1) 需求是连续、均匀的，需求速度（单位时间的需求量）为常数 $R(R>0)$。

(2) 存储的补充通过外部订购来实现。拖后时间近似为零，即存储量降为零时订货，可立即得到补充。

(3) 每周期的订货量相同。每周期的订购费为 C_1，购置费单价根据订货量 Q 的不同分为 a_1、a_2、a_3 三个等级（$a_1>a_2>a_3>0$）。

a_1　　当 $0\leqslant Q<Q_1$　　（第一区段定义域上的单价为 a_1，左边界点为0）

a_2　　当 $Q_1\leqslant Q<Q_2$　　（第二区段定义域上的单价为 a_2，左边界点为 Q_1）

a_3　　当 $Q_2\leqslant Q$　　（第三区段定义域上的单价为 a_3，左边界点为 Q_2）

其中，Q_1 与 Q_2 为已知常数，a_1、a_2、a_3 也为已知常数。

(4) 存储费单价为 K_3。

(5) 不允许缺货，即缺货费单价 K_4 为无穷大。

2. 模型4求解

(1) 设未知变量

设每周期订货量为 Q，因为 Q 可能位于三种不同区段的定义域，故分别按单价 a_1、a_2、a_3 进行计算。

(2) 求出每周期内的总费用

当 $0\leqslant Q<Q_1$ 时：每周期内的各项费用

$$\text{订购费}=C_1$$

$$\text{购置费}=a_1Q$$

$$\text{存储费}=K_3\times\text{存储量}\times\text{存储时间}=K_3\times\frac{1}{2}Q\times\frac{Q}{R}=\frac{K_3}{2R}Q^2$$

$$\text{每周期内的总费用}=C_1+a_1Q+\frac{K_3}{2R}Q^2$$

同理

当 $Q_1 \leqslant Q < Q_2$ 时

$$每周期内的总费用 = C_1 + a_2 Q + \frac{K_3}{2R} Q^2$$

当 $Q_2 \leqslant Q$ 时

$$每周期内的总费用 = C_1 + a_3 Q + \frac{K_3}{2R} Q^2$$

(3) 求出平均每单位货物的费用 $C(Q)$

当 $0 \leqslant Q < Q_1$ 时

$$C(Q) = C_1(Q) = \frac{K_3}{2R} Q + \frac{C_1}{Q} + a_1 \tag{16.2.22}$$

当 $Q_1 \leqslant Q < Q_2$ 时

$$C(Q) = C_2(Q) = \frac{K_3}{2R} Q + \frac{C_1}{Q} + a_2 \tag{16.2.23}$$

当 $Q_2 \leqslant Q$ 时

$$C(Q) = C_3(Q) = \frac{K_3}{2R} Q + \frac{C_1}{Q} + a_3 \tag{16.2.24}$$

(4) 求 $C(Q)$(不考虑定义域)的极小点 Q^*

若不考虑 $C_1(Q)$、$C_2(Q)$、$C_3(Q)$的定义域,它们之间只差一个常数,因此它们的导函数一样,求出的极小点也一样。为求极小,令 $C(Q)$的导数为零,可解出 Q^*。有

$$\frac{\partial C}{\partial Q} = \frac{K_3}{2R} - \frac{C_1}{Q^2} = 0$$

$$Q^* = \sqrt{\frac{2C_1 R}{K_3}} \tag{16.2.25}$$

(5) 求模型 4 的最优订货量 Q_0

若考虑模型 4 给定的三区段定义域,极小点 Q^* 究竟会落在哪一区段呢?答案是:Q^* 落在哪一区段的可能性都有。下面将这三种情况逐一加以分析,求出各自的最优订货量 Q_0。

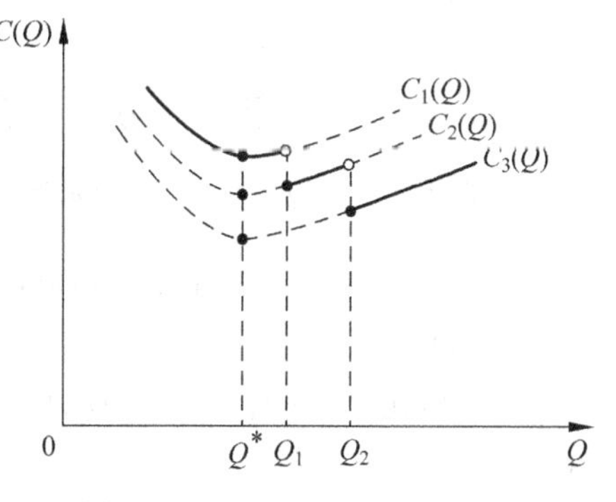

图 16.2.5 $0 \leqslant Q^* < Q_1$ 时示例

第一种情况:若 $0 \leqslant Q^* < Q_1$(见图 16.2.5)

计算:求第一区段定义域(曲线 $C_1(Q)$的实线部分,$0 \leqslant Q^* < Q_1$)上的平均费用极小值

$$C_1(Q^*) = \frac{K_3}{2R} Q^* + \frac{C_1}{Q^*} + a_1 (在极小点)$$

求第二区段定义域(曲线 $C_2(Q)$的实线部分,$Q_1 \leqslant Q < Q_2$)上的平均费用极小值

$$C_2(Q_1) = \frac{K_3}{2R} Q_1 + \frac{C_1}{Q_1} + a_2 (在左边界点)$$

求第三区段定义域(曲线 $C_3(Q)$的实线部分,$Q_2 \leqslant Q$)上的平均费用极小值

$$C_3(Q_2) = \frac{K_3}{2R} Q_2 + \frac{C_1}{Q_2} + a_3 (在左边界点)$$

再根据 $\min\{C_1(Q^*), C_2(Q_1), C_3(Q_2)\}$得到模型 4 的最优订货量 Q_0。例如

$$\min\{C_1(Q^*), C_2(Q_1), C_3(Q_2)\} = C_3(Q_2),则有 Q_0 = Q_2。$$

需要注意的是,图 16.2.5 所示的仅仅是 $0\leqslant Q^*<Q_1$ 时 Q_0 取值的某些可能的情况,并不是全部可能的情况。模型 4 中给定 Q_1、Q_2 为常数,而当 Q_1、Q_2 取不同数值时,图中 $C_1(Q^*)$、$C_2(Q_1)$、$C_3(Q_2)$之间相对的大小关系可能改变。同样的,当常数 a_1、a_2、a_3 取不同数值时,图中曲线 $C_1(Q)$、$C_2(Q)$、$C_3(Q)$之间高度的差值可能改变。因此,常数 Q_1、Q_2、a_1、a_2、a_3 的数值直接影响着最终的 Q_0 的大小。

第二种情况:若 $Q_1\leqslant Q^*<Q_2$(见图 16.2.6)

计算:显然,第一区段定义域(曲线 $C_1(Q)$的实线部分,$0\leqslant Q<Q_1$)上的平均费用极小值大于$C_2(Q^*)$。

求第二区段定义域(曲线 $C_2(Q)$的实线部分,$Q_1\leqslant Q^*<Q_2$)上的平均费用极小值

$$C_2(Q^*)=\frac{K_3}{2R}Q^*+\frac{C_1}{Q^*}+a_2$$

求第三区段定义域(曲线 $C_3(Q)$的实线部分,$Q_2\leqslant Q$)上的平均费用极小值

$$C_3(Q_2)=\frac{K_3}{2R}Q_2+\frac{C_1}{Q_2}+a_3$$

再根据 $\min\{C_2(Q^*),C_3(Q_2)\}$得到模型 4 的最优订货量 Q_0。

第三种情况:若 $Q_2\leqslant Q^*$(见图 16.2.7)

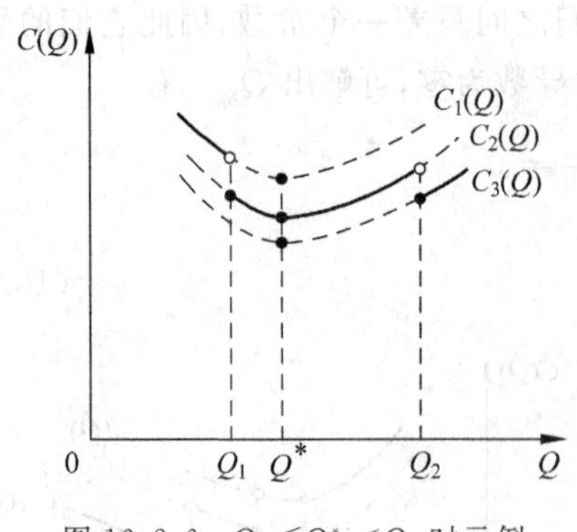

图 16.2.6 $Q_1\leqslant Q^*<Q_2$ 时示例

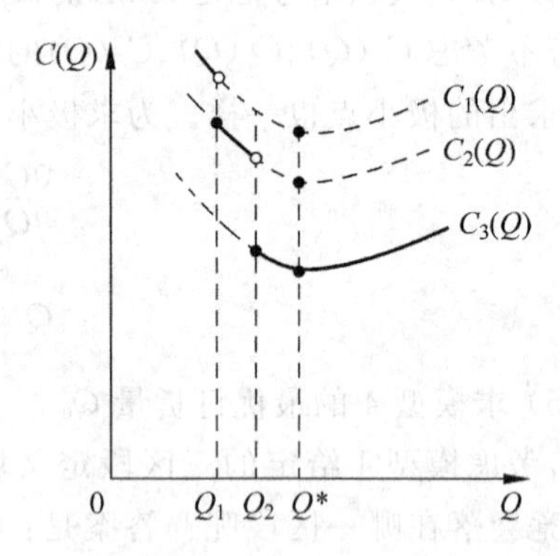

图 16.2.7 $Q_2\leqslant Q^*$ 时示例

计算:显然,第一区段定义域(曲线 $C_1(Q)$的实线部分,$0\leqslant Q<Q_1$)上的平均费用极小值大于 $C_3(Q^*)$。

第二区段定义域(曲线 $C_2(Q)$的实线部分,$Q_1\leqslant Q<Q_2$)上的平均费用极小值也大于 $C_3(Q^*)$。

求第三区段定义域(曲线 $C_3(Q)$的实线部分,$Q_2\leqslant Q^*$)上的平均费用极小值

$$C_3(Q^*)=\frac{K_3}{2R}Q^*+\frac{C_1}{Q^*}+a_3$$

因此,模型 4 的最优订货量 $Q_0=Q^*$。

综上可知,因平均每单位货物的费用函数是下单峰函数,故最优订货量 Q_0 只可能是某区段定义域上的 Q^* 与比 Q^* 所在区段定义域的单价更低的那些区段定义域的左边界点中的一个(其平均费用最小)。

(6) 推广到单价有 m 个等级的情况

已知:模型 4 中的单价由三个等级变为如下的 m 个等级。

$$
\begin{array}{ll}
a_1 & \text{当 } 0 \leqslant Q < Q_1 \\
a_2 & \text{当 } Q_1 \leqslant Q < Q_2 \\
a_3 & \text{当 } Q_2 \leqslant Q < Q_3 \\
\vdots & \qquad \vdots \\
a_j & \text{当 } Q_{j-1} \leqslant Q < Q_j \qquad (\text{第 } j \text{ 区段定义域}) \\
\vdots & \qquad \vdots \\
a_m & \text{当 } Q_{m-1} \leqslant Q
\end{array}
$$

求：最优订货量 Q_0。

模型 4 的一般求解步骤如下：

步骤 1：求出任一区段(例如第 j 区段)定义域上的平均每单位货物的费用函数 $C_j(Q)$

$$C_j(Q) = \frac{K_3}{2R}Q + \frac{C_1}{Q} + a_j \quad j = 1,2,\cdots,m \tag{16.2.26}$$

步骤 2：不考虑定义域，求 $C_j(Q)$的极小点 Q^*。令

$$\frac{\partial C_j}{\partial Q} = \frac{K_3}{2R} - \frac{C_1}{Q^2} = 0$$

$$Q^* = \sqrt{\frac{2C_1R}{K_3}}$$

步骤 3：确定 Q^* 所在的区段定义域，假设有 $Q_{j-1} \leqslant Q^* < Q_j$(其单价为 a_j)，再将 Q^* 代入式(16.2.26)求出该区段的最小平均费用 $C_j(Q^*)$。

步骤 4：求出单价小于 a_j 的所有区段定义域的左边界点的最小平均费用 $C_{j+1}(Q_j)$，$C_{j+2}(Q_{j+1})$，$\cdots$，$C_m(Q_{m-1})$。

步骤 5：若 $\min\{C_j(Q^*), C_{j+1}(Q_j), C_{j+2}(Q_{j+1}), \cdots, C_m(Q_{m-1})\} = C^*$，则 C^* 相应的订货量即推广后模型 4 的最优订货量 Q_0。

3. 模型 4 计算举例

例 16.6 某厂每年需要某种零件 10 000 件，每次订购费为 200 元，拖后时间为 0，存储费单价为 6 元/年·件，不允许缺货。又知该零件的单价有数量折扣

$$
\begin{array}{ll}
20.00 \text{ 元} & \text{当 } 0 \leqslant Q < 1500 \\
19.70 \text{ 元} & \text{当 } 1500 \leqslant Q < 3000 \\
19.40 \text{ 元} & \text{当 } 3000 \leqslant Q
\end{array}
$$

试求该零件的最优订货量。

解 令单位时间为年，则

$$R = 10\,000 \quad C_1 = 200 \quad K_3 = 6 \quad K_4 = \infty \quad a_1 = 20.00$$

$$a_2 = 19.70 \quad a_3 = 19.40 \quad Q_1 = 1500 \quad Q_2 = 3000$$

根据式(16.2.25)有

$$Q^* = \sqrt{\frac{2C_1R}{K_3}} = \sqrt{\frac{2 \times 200 \times 10\,000}{6}} = 816.497$$

显然 Q^* 位于第一区段定义域内，即 $j=1$。

根据式(16.2.26)，当 $j=1$ 时，有

$$C_1(Q^*) = \frac{6 \times 816.497}{2 \times 10\,000} + \frac{200}{816.497} + 20.00 = 20.490$$

根据式(16.2.26)，当 $j=2$ 时，有

$$C_2(1500)=\frac{6\times1500}{2\times10\,000}+\frac{200}{1500}+19.70=20.283$$

根据式(16.2.26)，当 $j=3$ 时，有

$$C_3(3000)=\frac{6\times3000}{2\times10\,000}+\frac{200}{3000}+19.40=20.367$$

$$\min\{C_1(Q^*),C_2(1500),C_3(3000)\}=20.283$$

因此，该零件的最优订货量为 1500 件。

16.3 随机型存储模型

本节介绍几种需求为随机变量的基本存储模型。内容包括离散型随机需求的单周期存储模型，连续型随机需求的单周期存储模型，定期检查、(s,S)策略的存储模型，ABC 分类存储方法等。对每种模型均介绍其主要特点及求解方法，并有计算举例。所谓"单周期存储问题"，即整个需求期内只订货一次的存储问题。报童问题是典型的单周期存储问题。报童手中今天的报纸如果未卖完，明天就没有多少价值了，故不能存储起来以供明天之需求，只能降价处理掉。报童每天订货一次，且假设两次订货之间互相独立。

一、模型 5：离散型随机需求的单周期存储模型

1. 模型 5 特点

(1) 在整个需求期内只订货一次。初始库存量为 0，订购费为 0，购置费单价为 K_1。

(2) 需求量是一个离散型随机变量，已知需求量为 r 的概率是 $P(r)$。

(3) 在需求期内，货物售出的单价为 $U(U>K_1)$。需求期结束时，未售出的货物不存储而降价处理掉，处理单价为 $V(V<K_1)$。

试求最优订货量 Q(Q 为非负整数)。

2. 模型 5 求解

(1) 设未知变量

设最优订货量为 Q(Q 为非负整数)、需求量为 r，已知需求量为 r 的概率是 $P(r)$，则有 $\sum\limits_{r=0}^{\infty}P(r)=1$。

(2) 写出损失期望值的最小值 $C(Q)$

首先根据 r 与 Q，求出售出货物的数量

$$\text{售出货物数量}=\begin{cases}r & \text{当 } Q\geqslant r \text{ 时(供大于等于求)}\\ Q & \text{当 } Q<r \text{ 时(供不应求)}\end{cases}$$

然后求出 $Q\geqslant r$(即 $r=0,1,2,\cdots,Q$)时，未售出的货物因降价处理赔钱的损失，其期望值为

$$\sum_{r=0}^{Q}(K_1-V)(Q-r)P(r)$$

再求出 $Q<r$(即 $r=Q+1,Q+2,Q+3,\cdots,\infty$)时，因缺货而少赚钱的损失，其期望值为

$$\sum_{r=Q+1}^{\infty}(U-K_1)(r-Q)P(r)$$

综合以上两项损失，订货量为 Q 时的总损失的期望值 $C(Q)$ 为

$$C(Q)=(K_1-V)\sum_{r=0}^{Q}(Q-r)P(r)+(U-K_1)\sum_{r=Q+1}^{\infty}(r-Q)P(r) \qquad (16.3.1)$$

因为 Q 是最优订货量，所以 $C(Q)$ 就是损失期望值的最小值，即有

$$C(Q)\leqslant C(Q+1)$$
$$C(Q)\leqslant C(Q-1)$$

(3) 根据 $C(Q)\leqslant C(Q+1)$ 得到 Q 应满足的一个不等式

首先写出 $C(Q+1)$

$$\begin{aligned}C(Q+1)&=(K_1-V)\sum_{r=0}^{Q+1}(Q+1-r)P(r)+(U-K_1)\sum_{r=Q+2}^{\infty}(r-Q-1)P(r)\\&=(K_1-V)\sum_{r=0}^{Q}(Q+1-r)P(r)+(U-K_1)\sum_{r=Q+1}^{\infty}(r-Q-1)P(r) \qquad (16.3.2)\end{aligned}$$

根据 $C(Q)\leqslant C(Q+1)$，有式(16.3.2)右端 $\geqslant$ 式(16.3.1)右端，即

$$(K_1-V)\sum_{r=0}^{Q}P(r)-(U-K_1)\sum_{r=Q+1}^{\infty}P(r)\geqslant 0$$

即

$$(K_1-V)\sum_{r=0}^{Q}P(r)-(U-K_1)\left[1-\sum_{r=0}^{Q}P(r)\right]\geqslant 0$$

得

$$\sum_{r=0}^{Q}P(r)\geqslant\frac{U-K_1}{U-V} \qquad (16.3.3)$$

(4) 根据 $C(Q)\leqslant C(Q-1)$ 得到 Q 应满足的另一不等式

按照 $C(Q)\leqslant C(Q+1)$ 时类似的计算，最终可得到如下不等式

$$\sum_{r=0}^{Q-1}P(r)\leqslant\frac{U-K_1}{U-V} \qquad (16.3.4)$$

限于篇幅，详细过程不再赘述。

(5) 确定最优订货量 Q

综合式(16.3.3)与式(16.3.4)，即得到确定最优订货量 Q 的不等式关系

$$\sum_{r=0}^{Q-1}P(r)<\frac{U-K_1}{U-V}\leqslant\sum_{r=0}^{Q}P(r) \qquad (16.3.5)$$

式(16.3.5)是根据损失期望值最小准则得到的最优订货量 Q 应满足的条件。其中 $(U-K_1)$ 是每单位货物售出所赚的钱，$(U-V)$ 是每单位货物售出所赚的钱 $(U-K_1)$ 与每单位货物降价处理所赔的钱 (K_1-V) 二者之和。比值 $\frac{U-K_1}{U-V}$ 称为临界值，临界值通常用 N 表示。

如果采用利润期望值最大准则，最优订货量 Q 相应的利润期望值的最大值 $D(Q)$ 计算如下。

当 $Q\geqslant r$ 时，售出量 r 所赚利润和未售出货物降价处理赔钱的损失合计的利润期望值为

$$\sum_{r=0}^{Q}[(U-K_1)r-(K_1-V)(Q-r)]P(r)$$

当 $Q<r$ 时，订货量 Q 全部售出，此时的利润期望值为

$$\sum_{r=Q+1}^{\infty}(U-K_1)QP(r)$$

综合以上两项可得总的利润期望值的最大值为

$$D(Q)=\sum_{r=0}^{Q}[(U-K_1)r-(K_1-V)(Q-r)]P(r)+\sum_{r=Q+1}^{\infty}(U-K_1)QP(r) \tag{16.3.6}$$

因为 Q 是最优订货量，所以有

$$D(Q)\geqslant D(Q+1) \tag{16.3.7}$$

$$D(Q)\geqslant D(Q-1) \tag{16.3.8}$$

根据式(16.3.6)、式(16.3.7)、式(16.3.8)，采用与损失期望值最小准则时类似的推导，最终得到的利润期望值最大准则下最优订货量 Q 应满足的条件仍旧为式(16.3.5)；详细过程不再赘述。

3. 模型 5 计算举例

例 16.7 某新年贺卡在销售旺季需求量为 r 时的概率 $P(r)$ 如表 16.3.1 所示。已知元旦前每售出 1 百张获利 350 元；如果过了元旦还未售出，必须降价处理，此时可保证售完但每百张赔 100 元。试求：每年只能订货一次的最优订货量 Q 及利润期望值的最大值 $D(Q)$。

表 16.3.1 新年贺卡的存储问题

需求量 r(百张)	0	1	2	3	4	5	6
概率 $P(r)$	0.05	0.10	0.15	0.30	0.20	0.15	0.05

解 已知 $U-K_1=350, U-V=350+100=450$

根据式(16.3.5)

$$\sum_{r=0}^{Q-1}P(r)<\frac{U-K_1}{U-V}\leqslant\sum_{r=0}^{Q}P(r)$$

$$\text{临界值 } N=\frac{U-K_1}{U-V}=\frac{350}{450}=0.778$$

$$\sum_{r=0}^{3}P(r)=0.6$$

$$\sum_{r=0}^{4}P(r)=0.8$$

故最优订货量 Q 为 4 百张。

根据式(16.3.6)

$$D(Q)=\sum_{r=0}^{Q}[(U-K_1)r-(K_1-V)(Q-r)]P(r)+\sum_{r=Q+1}^{\infty}(U-K_1)QP(r)$$

又知 $Q=4$，可计算出 $D(Q)$ 如下

$$\begin{aligned}D(Q)=&[(350\times 0-100\times 4)\times 0.05+(350\times 1-100\times 3)\times 0.10\\&+(350\times 2-100\times 2)\times 0.15+(350\times 3-100\times 1)\times 0.30\\&+(350\times 4-100\times 0)\times 0.20]+350\times 4\times 0.15+350\times 4\times 0.05\\=&905\end{aligned}$$

故利润期望值的最大值为905元。

二、模型6：连续型随机需求的单周期存储模型

1. 模型6特点

(1) 在整个需求期内只订货一次。初始库存量为0，订购费为0，购置费单价为K_1。

(2) 需求量r是一个连续型随机变量，其概率密度函数为$\phi(r)$。

(3) 在需求期内，货物售出的单价为$U(U>K_1)$。需求期结束时，未售出的货物不存储而降价处理掉，处理单价为$V(V<K_1)$。

试求最优订货量Q，以使期望利润最大。

比较模型6与模型5可知，两个模型实质的区别只有一点：模型6中需求量是连续型随机变量，而模型5中需求量是离散型随机变量。

2. 模型6求解

(1) 设未知变量

设最优订货量为Q、需求量为r(r是一个连续型随机变量，其概率密度函数为$\phi(r)$)。

(2) 写出利润期望值的最大值$D(Q)$

采用与式(16.3.6)类似的推导过程，可得到式(16.3.9)

$$D(Q)=\int_0^Q[(U-K_1)r-(K_1-V)(Q-r)]\phi(r)\mathrm{d}r+\int_Q^{\infty}(U-K_1)Q\phi(r)\mathrm{d}r \tag{16.3.9}$$

式(16.3.6)适用于需求量是离散型随机变量的情况，而式(16.3.9)适用于需求量是连续型随机变量的情况。比较式(16.3.6)与式(16.3.9)可知，将前式中的$P(r)$换成$\phi(r)\mathrm{d}r$；$\sum\limits_{r=0}^{Q}$换成$\int_0^Q$；$\sum\limits_{r=Q+1}^{\infty}$换成$\int_Q^{\infty}$；即得到后式。

下面继续化简式(16.3.9)

$$\begin{aligned}D(Q)&=\int_0^Q[(U-K_1)r+(U-K_1)Q-(U-K_1)Q-(K_1-V)(Q-r)]\phi(r)\mathrm{d}r\\&\quad+\int_Q^{\infty}(U-K_1)Q\phi(r)\mathrm{d}r\\&=\int_0^Q[(U-K_1)Q-(U-V)(Q-r)]\phi(r)\mathrm{d}r+\int_Q^{\infty}(U-K_1)Q\phi(r)\mathrm{d}r\end{aligned}$$

因为

$$\int_0^{\infty}\phi(r)\mathrm{d}r=\int_0^Q\phi(r)\mathrm{d}r+\int_Q^{\infty}\phi(r)\mathrm{d}r=1$$

所以

$$D(Q)=(U-K_1)Q-(U-V)\int_0^Q(Q-r)\phi(r)\mathrm{d}r$$

(3) 求$D(Q)$对Q的一阶导数并令之为0

$$\frac{\mathrm{d}[D(Q)]}{\mathrm{d}Q}=(U-K_1)-(U-V)\int_0^Q\phi(r)\mathrm{d}r=0$$

得到

$$\int_0^Q\phi(r)\mathrm{d}r=\frac{U-K_1}{U-V} \tag{16.3.10}$$

式(16.3.10)中的比值$\frac{U-K_1}{U-V}$称为临界值,临界值通常用N表示。

(4) 求$D(Q)$对Q的二阶导数

$$\frac{d^2[D(Q)]}{dQ^2}=-(U-V)\phi(Q)$$

因为

$$-(U-V)\phi(Q)<0$$

所以满足式(16.3.10)的Q值(驻点)一定是使利润期望值最大的最优订货量。

3. 模型6计算举例

例16.8 某商店有一种粉末状商品,其销售旺季的需求量r在区间[7,16](单位:公斤)上服从均匀分布,即概率密度$\phi(r)=\frac{1}{16-7}$。已知该商品在销售旺季只订货一次,初始库存量为0,订购费为0,商品进价为15元/kg,旺季售价为20元/kg,若旺季结束时商品仍有剩余,则以12元/kg处理掉。

试求最优订货量Q,以使期望利润最大。

解 根据式(16.3.10)

$$\int_0^Q \phi(r)\,dr=\frac{U-K_1}{U-V}$$

有

$$\int_7^Q \frac{1}{9}dr=\frac{20-15}{20-12}$$

即

$$\frac{1}{9}Q-\frac{1}{9}\times 7=\frac{5}{8}$$

故最优订货量Q为12.625kg。

三、模型7:定期检查、(s,S)策略的存储模型

模型7是一个多周期问题的存储模型。模型中,前一周期剩余的货物需存储起来,以供后一周期继续使用。每周期初定期检查库存量。每个周期不一定都需要订货;即使需要订货的周期,订货数量一般也不相同。求解模型7的主要任务就是在损失期望值最小的准则(或利润期望值最大的准则)下求出(s,S)策略中最优的最大存储量S与最优的订货点s,以便容易地确定各个周期是否订货、最优订货量是多少。

1. 模型7特点

(1) 每周期初定期检查库存量I,采用(s,S)存储策略。每次订购费(如果本周期需要订货)为C_1,购置费单价为K_1,存储费单价为K_3。拖后时间为0。

(2) 每个周期内的需求量r是一个连续型随机变量,其概率密度函数为$\phi(r)$。

(3) 每个周期内,若发生缺货,则采取缺货不供应的处理方式,但需要计算缺货损失,缺货费单价为K_4。

试求(s,S)策略中最优的最大存储量S与最优的订货点s,以使损失期望值最小。

2. 模型7求解

(1) 设未知变量

设(s,S)策略中最优的最大存储量为S、最优的订货点为s;又设每周期初定期检查所

得的库存量为常量 I、最优订货量为 Q,则有 $S=I+Q$; 已知需求量 r 是一个连续型随机变量,其概率密度为 $\phi(r)$。

(2) 写出 $I<s$ 需要订货时的损失期望值 $C(S)$

$C(S)$ 中包括三部分。其中

订货费:

$$C_1+K_1Q=C_1+K_1(S-I)$$

存储费期望值:当 $S\geqslant r$ 时,用以满足需求的量为 r,存储量为 $(S-r)$,存储费期望值为

$$\int_0^S K_3(S-r)\phi(r)\mathrm{d}r$$

缺货费期望值:当 $S<r$ 时,用以满足需求的量为 S,缺货量为 $(r-S)$,缺货费期望值为

$$\int_S^\infty K_4(r-S)\phi(r)\mathrm{d}r$$

所以

$$C(S)=C_1+K_1(S-I)+\int_0^S K_3(S-r)\phi(r)\mathrm{d}r+\int_S^\infty K_4(r-S)\phi(r)\mathrm{d}r \tag{16.3.11}$$

式(16.3.11)是一个重要的基本关系式,下面将多次用到它。

(3) 求解最优的最大存储量 S

求 $C(S)$ 的极小值点

$$\frac{\mathrm{d}C(S)}{\mathrm{d}S}=K_1+K_3\int_0^S\phi(r)\mathrm{d}r-K_4\left[1-\int_0^S\phi(r)\mathrm{d}r\right]$$

令 $\frac{\mathrm{d}C(S)}{\mathrm{d}S}=0$,有

$$(K_1-K_4)+(K_3+K_4)\int_0^S\phi(r)\mathrm{d}r=0$$

所以

$$\int_0^S\phi(r)\mathrm{d}r=\frac{K_4-K_1}{K_3+K_4} \tag{16.3.12}$$

由式(16.3.12)即可求出最优的最大存储量 S(也记作 S^*),其中比值 $\frac{K_4-K_1}{K_3+K_4}$ 称为临界值,临界值通常用 N 表示,它小于 1。显然,S^* 的确定与订货点 s 无关。

(4) 写出临界点 $I=s$ 时订货与不订货两个损失期望值之间的关系不等式

显然,$I=s$ 是一个十分特殊的临界状态。(s,S) 策略规定,当 $I<s$ 时,需要订货;当 $I\geqslant s$ 时,不需要订货。

当 $I=s$ 时,若订货,则令式(16.3.11)右端的 $S=S^*$,$I=s$,即得其损失期望值(见式(16.3.13))。

$$C_1+K_1(S^*-s)+\int_0^{S^*}K_3(S^*-r)\phi(r)\mathrm{d}r+\int_{S^*}^\infty K_4(r-S^*)\phi(r)\mathrm{d}r \tag{16.3.13}$$

当 $I=s$ 时,若不订货,则令式(16.3.11)右端的 $Q=0$,$C_1=0$,$S=s$,即得其损失期望值(见式(16.3.14))。

$$\int_0^s K_3(s-r)\phi(r)\mathrm{d}r+\int_s^\infty K_4(r-s)\phi(r)\mathrm{d}r \tag{16.3.14}$$

式(16.3.13)与式(16.3.14)究竟孰大孰小?

首先,(s,S)最优策略规定:当 $I\geqslant s$ 时,不订货。即 $I=s$ 时不订货是优化计算后的选择,这就意味着有式(16.3.14)≤式(16.3.13),即有

$$K_3\int_0^s (s-r)\phi(r)\mathrm{d}r + K_4\int_s^\infty (r-s)\phi(r)\mathrm{d}r$$

$$\leqslant C_1 + K_1(S^* - s) + K_3\int_0^{S^*}(S^* - r)\phi(r)\mathrm{d}r + K_4\int_{S^*}^\infty (r-S^*)\phi(r)\mathrm{d}r \quad (16.3.15)$$

其次,容易验证,当 $s=S^*$ 时,式(16.3.15)变为 $0\leqslant C_1$,即有式(16.3.15)成立。当然,$s=S^*$ 是一个十分特殊的 s 的解。是否还有比 S^* 更小的 s 的解呢?

(5) 将"$-K_1 s$"项从式(16.3.15)的右端移到左端得到式(16.3.16)

$$K_1 s + K_3\int_0^s (s-r)\phi(r)\mathrm{d}r + K_4\int_s^\infty (r-s)\phi(r)\mathrm{d}r$$

$$\leqslant C_1 + K_1 S^* + K_3\int_0^{S^*}(S^* - r)\phi(r)\mathrm{d}r + K_4\int_{S^*}^\infty (r-S^*)\phi(r)\mathrm{d}r \quad (16.3.16)$$

式(16.3.16)的左端集中了全部含有未知变量 s 的项。

(6) 求解最优的订货点 s

当式(16.3.16)中 s 的值由 S^* 逐渐减小时,左端的 $K_1 s$ 小于右端的 $K_1 S^*$;左端的存储费期望值小于右端的存储费期望值;而左端的缺货费期望值大于右端的缺货费期望值。因此,可能存在比 S^* 小的 s 的解。假设满足式(16.3.16)的最小的 s 为 s^*,则 s^* 为(s,S)策略中的最优订货点 s。

上面已经求出了(s,S)存储策略中的两个最优参数 S^* 与 s^*。在实际应用这种存储策略时,如果存储数量不容易清点,可以将全部存储分两箱存放:第一箱存放的数量为订货点 s^*,剩余的存放在第二箱。先从第二箱中取用,当第二箱用光后,再从第一箱中取用。只有动用了第一箱的存储后,才在紧接着的下一个周期初的定期检查后马上订货。当所订之货到达时,首先将第一箱存放的数量补足为订货点 s^*,剩余的存放在第二箱。因此,这种存储策略俗称"双箱策略"或"两堆法"。

3. 模型 7 计算举例

例 16.9 某食品店订购一种液态食品,每次订购费 C_1 为 5.0 单位,购置费单价 K_1 为 3.0 单位,存储费单价 K_3 为 1.0 单位,缺货费单价 K_4 为 5.0 单位。假设期初库存量为 0,拖后时间为 0,缺货一律不供应。又知需求量 r 的概率密度函数为

$$\phi(r)=\begin{cases}\dfrac{1}{5} & \text{当 } 5\leqslant r\leqslant 10\\ 0 & \text{当 } r \text{ 为其他值}\end{cases}$$

试求采用定期检查、(s,S)策略时最优的 s 与 S 值。

解 先根据式(16.3.12)求解最优的 S:

$$\text{临界值 } N=\frac{K_4-K_1}{K_3+K_4}=\frac{5.0-3.0}{1.0+5.0}=0.333$$

$$\int_0^S \phi(r)\mathrm{d}r=\int_5^S \frac{1}{5}\mathrm{d}r=\frac{1}{5}S-\frac{1}{5}\times 5=0.333$$

所以

$$S=6.665=S^*$$

再根据式(16.3.16)求解最优的 s：

根据式(16.3.16)

$$K_1 s + K_3\int_0^s (s-r)\phi(r)\mathrm{d}r + K_4\int_s^\infty (r-s)\phi(r)\mathrm{d}r$$

$$\leqslant C_1 + K_1 S^* + K_3\int_0^{S^*} (S^*-r)\phi(r)\mathrm{d}r + K_4\int_{S^*}^\infty (r-S^*)\phi(r)\mathrm{d}r$$

将已知数据代入上式，得

$$3.0s + 0.2\int_5^s (s-r)\mathrm{d}r + \int_s^{10} (r-s)\mathrm{d}r$$

$$\leqslant 24.995 + 0.2\int_5^{6.665} (6.665-r)\mathrm{d}r + \int_{6.665}^{10} (r-6.665)\mathrm{d}r$$

计算 $0.2\int_5^s (s-r)\mathrm{d}r$：首先令 $f(r)=s-r$，因为 $f(r)$ 在给定区间$[5,s]$上的一个原函数为 $\left(sr-\frac{1}{2}r^2\right)$，令 $F(r)=sr-\frac{1}{2}r^2$，根据牛顿-莱布尼茨公式，有

$$\begin{aligned}0.2\int_5^s (s-r)\mathrm{d}r &= 0.2\int_5^s f(r)\mathrm{d}r \\ &= 0.2[F(s)-F(5)] \\ &= 0.2\left[\left(s^2-\frac{1}{2}s^2\right)-\left(5s-\frac{1}{2}\times 5^2\right)\right] \\ &= 0.1s^2 - s + 2.5\end{aligned}$$

经过类似的计算，可得

$$\int_s^{10} (r-s)\mathrm{d}r = \frac{1}{2}s^2 - 10s + 50$$

$$0.2\int_5^{6.665} (6.665-r)\mathrm{d}r = 0.277$$

$$\int_{6.665}^{10} (r-6.665)\mathrm{d}r = 5.561$$

将上述计算结果代入式(16.3.16)，得

$$0.6s^2 - 8s + 21.667 \leqslant 0$$

因为有 $5\leqslant r\leqslant 10$，故 r 的最小取值为 5，又有 $s\leqslant S^*$。将 $s=5$ 代入式$(0.6s^2-8s+21.667)$，其值<0，满足式(16.3.16)，故最优订货点 s^* 为 5。

四、*ABC* 分类存储方法

ABC 分类存储方法是将 *ABC* 分类法应用于存储问题。这些存储问题中存储的物品都有很多种。

1. *ABC* 分类法

ABC 分类法的基本原理是意大利经济学家维尔弗雷多·帕累托于 19 世纪首创的。该法因为将众多的研究对象按重要性划分为 *A*、*B*、*C* 三类而得名。一般而言，*A* 类在全部研究对象中仅占少数，但对所研究的问题却起着很大、很关键的作用；*C* 类则正相反，虽占多数，起的作用却相当小；*B* 类介于 *A*、*C* 之间。*ABC* 分类法的核心思想是分层次、抓重点，从众多研究对象中识别出“关键的少数”与“次要的多数”，以进行有区别、高效率的管理。现在，该法已广泛应用于库存管理、质量管理、成本管理、营销管理等许多方面，成为一种提高

效率的基本的管理方法。

2. *ABC* 分类法基本步骤

下面,结合例 16.10 的求解,介绍 *ABC* 分类法的基本步骤。

例 16.10 试将某商店存储的商品进行 *ABC* 分类。

解 (1) 针对具体问题,确定 *ABC* 分类的依据

例 16.10 是一个商店的存储问题。存储问题的 *ABC* 分类依据通常是每种商品的年度销售额,年度销售额越大的商品,其重要性也越大。本例即以每种商品的年度销售额为分类依据。

(2) 收集数据

通过调查研究,得知该商店存储有 10 种商品,每种商品的年度销售量及平均单价见表 16.3.2。

表 16.3.2 商店存储问题

商品序号	年度销售量(公斤)	平均单价(元/公斤)	商品序号	年度销售量(公斤)	平均单价(元/公斤)
1	20 000	20	6	10 000	11
2	23 000	10	7	1300	30
3	25 000	3	8	2000	16
4	30 000	2	9	2900	10
5	4000	10	10	5000	6

(3) 处理数据

处理数据,就是对收集来的基本数据进行分析、整理、计算,以得到新的、进一步的数据供 *ABC* 分类使用。

本例中,首先利用表 16.3.2 的数据计算出每种商品的年度销售额,然后按每种商品的年度销售额从大到小排序得到表 16.3.3,其中

$$\text{年度销售额} = \text{平均单价} \times \text{年度销售量}$$

表 16.3.3 年度销售额的排序

商品序号	年度销售额(元)	年度销售额排序(从大到小)	商品序号	年度销售额(元)	年度销售额排序(从大到小)
1	400 000	1	6	110 000	3
2	230 000	2	7	39 000	7
3	75 000	4	8	32 000	8
4	60 000	5	9	29 000	10
5	40 000	6	10	30 000	9

将本例全部商品(共 10 种)按表 16.3.3 中年度销售额从大到小的顺序重新排列成品目 1,品目 2,品目 3,…,品目 10。这里的“品目”代指物品。品目 1,即年度销售额最大的商品 1;品目 2,即年度销售额居第 2 位的商品 2;品目 3,即年度销售额居第 3 位的商品 6,…,品目 10,即年度销售额居第 10 位(最小)的商品 9。

为了方便 *ABC* 分类,还需要计算累计品目数百分数,年度销售额百分数,累计年度销售额百分数。计算结果见表 16.3.4。

表 16.3.4 ABC 分析表格

品目序号（累计品目数）	累计品目数百分数(%)	年度销售额(元)	年度销售额百分数(%)	累计年度销售额百分数(%)
1	10	400 000	38.28	38.28
2	20	230 000	22.01	60.29
3	30	110 000	10.53	70.82
4	40	75 000	7.18	78.00
5	50	60 000	5.74	83.74
6	60	40 000	3.83	87.57
7	70	39 000	3.73	91.30
8	80	32 000	3.06	94.36
9	90	30 000	2.87	97.23
10	100	29 000	2.77	100

表 16.3.4 中，品目序号就是累计品目数。

$$累计品目数百分数 = \frac{累计品目数}{品目总数}$$

$$年度销售额百分数 = \frac{年度销售额}{年度销售额总数}$$

$$累计年度销售额百分数 = \frac{累计年度销售额}{年度销售额总数}$$

表 16.3.4 中各项计算示例：例如累计品目数=5 时，有

$$累计品目数百分数 = \frac{5}{10} = 50\%$$

$$年度销售额百分数 = \frac{品目\ 5\ 的年度销售额}{年度销售额总数} = \frac{60\ 000}{1\ 045\ 000} = 5.74\%$$

$$累计年度销售额百分数 = 38.28\% + 22.01\% + 10.53\% + 7.18\% + 5.74\% = 83.74\%$$

(4) 编制 *ABC* 分析表格

在前面处理数据过程中得到的表 16.3.4，就是 *ABC* 分析表格，依据该表格中的数据即可对全部商品进行 *ABC* 分类。如果先利用 *ABC* 分析表格中的数据绘制出 *ABC* 分析曲线，再进行 *ABC* 分类，则更直观。

(5) 绘制 *ABC* 分析曲线

以 *ABC* 分析表格(表 16.3.4)中的累计品目数百分数为横坐标，累计年度销售额百分数为纵坐标，描出各累计品目数相应的点：(10,38.28)，(20,60.29)，(30,70.82)，(40,78.00)，…，(100,100)。将这些点连成光滑曲线，即得到 *ABC* 分析曲线(见图 16.3.1)。

(6) 确定 *ABC* 分类结果并标于 *ABC* 分析曲线图上

ABC 分类的结果，关系到存储管理的安全与效率，关系到存储问题的总费用等重要问题，因此要慎重决策。下面介绍几个基本原则。

第一：根据各品目的重要性进行分类。

在 *ABC* 分析表格(表 16.3.4)中，年度销售额百分数一栏定量地反映了各品目在全局中的重要性程度。这是 *ABC* 分类的基本依据。将该栏从上到下划分成三段，每段内的数

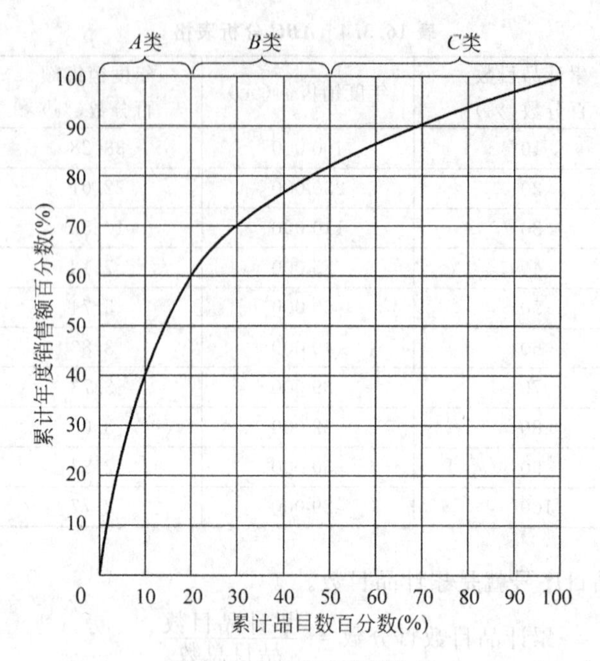

图 16.3.1 *ABC* 分析曲线

据应相对比较接近,不同段的数据应差距比较明显。这样从上到下的三段,即是基本的 *A*、*B*、*C* 三类,下面还可对其进行调整。

第二:*ABC* 分类的参考标准。

ABC 分类法广泛应用于存储问题中,但对 *A* 类、*B* 类、*C* 类的具体分类标准,没有也不可能有严格、统一的规定,必须具体问题具体分析。这里列举两个适用较广的分类标准,仅供参考。参考标准 1 见表 16.3.5(详见参考文献[26]),参考标准 2 见表 16.3.6(详见参考文献[21])。

表 16.3.5 *ABC* 分类参考标准 1

各类的累计品目数百分数(%)	各类的累计年度销售额百分数(%)	分类
10～20	75～80	*A*
20～25	10～15	*B*
60～65	5～10	*C*

表 16.3.6 *ABC* 分类参考标准 2

各类的累计品目数百分数(%)	各类的累计年度销售额百分数(%)	分类
5～20	55～65	*A*
20～30	20～40	*B*
50～75	5～25	*C*

第三:必须具体问题具体分析。

每一个存储问题都有自己的特殊性,没有也不可能有哪一个具体的 *ABC* 分类标准能覆盖一切存储问题。在进行 *ABC* 分类时,决策者必须从"这一个"具体问题的基本情况出发，坚持具体问题具体分析。例如，一般情况下，ABC 分类法是将研究对象划分为三类。但有时也可能根据具体问题的研究对象数量、重要性分布等特征，将研究对象划分为两类、四类等。另外，以年度销售额作为分类依据，非常简单、实用，但有些情况下不能很全面地反映每一种商品在全局中的重要程度。例如，有的商品年度销售额虽小，但对全局却有着举足轻重的关键作用，这样的商品显然不应该划为 C 类。也就是说，这种情况下应该对单一的年度销售额分类依据进行适当的补充修正。

例 16.10 具体的分类结果见表 16.3.7。最后，将 ABC 分类结果标于 ABC 分析曲线图（见图 16.3.1）上。

表 16.3.7 商店存储问题的 *ABC* 分类结果

类　别	品 目 序 号	商 品 序 号	各类的累计品目数百分数(%)	各类的累计年度销售额百分数(%)
A	1,2	1,2	20	60.29
B	3,4,5	6,3,4	30	23.45
C	6,7,8,9,10	5,7,8,10,9	50	16.26

3. *ABC* 分类法应用于存储问题

ABC 分类完成后，就可以按类进行有区别的存储管理了。

(1) A 类的存储管理

A 类是“关键的少数”，需要进行重点管理。A 类管理严格、及时、数量上尽可能精准。例如，频繁地或连续地检测存储水平；严格管理、控制订购过程，尽一切努力缩短拖后时间（交付周期）；为 A 类中的每一种物品精心预测需求量，制定最优存储策略，计算最优订货量；频繁地检查与统计一些重要参数，如年度平均需求量、年度需求量的标准差、拖后时间、缺货费用等。可以看出，对 A 类物品，是通过各种科学的管理手段尽量保证各种物品的供应，同时最大限度地减少存储费用。

(2) B 类的存储管理

B 类的存储管理介于 A 类的与 C 类的之间。例如，B 类检测重要参数的频率就低于 A 类的而高于 C 类的。B 类存储管理的具体做法可根据实际情况决定。

(3) C 类的存储管理

C 类是“次要的多数”。一般情况下，预测物品的需求量可以用简单的方法；检测重要参数的频率可以相当低；采用的存储策略也比较简单；可考虑适当增加每次的订货量，减少全年的订购次数等。总之，C 类的存储管理与 A 类的不是同一数量级的问题。

在按类进行有区别的存储管理时，必不可少地要给各类中的每一种物品制定或简单或复杂的存储策略，这样又回到单一物品的存储问题了，可参考前面介绍的多种经典模型加以处理，此处不再赘述。

习题九

9.1　依次说明下述概念：订购费，购置费，订货费，装配费，生产成本费，存储费，缺货费，拖后时间，订货点，经济订购批量(EOQ)，单周期存储问题，*ABC* 分类法，*T* 循环策略，(T,S)策略，(s,S)策略，(T,s,S)策略，双箱策略。

9.2　判断下列说法是否正确。

(1) 订购费为每订一次货发生的费用，它与每次订货的数量有关。

(2) 在同一存储模型中，存储费用与缺货费用不可能同时存在。

(3) 在其他费用不变的条件下，随着单位缺货费用的增加，最优订货批量将相应增加。

(4) 在其他费用不变的条件下，随着单位存储费用的减少，最优订货批量将相应减少。

(5)允许延期交货的 EOQ 模型与相应的基本 EOQ 模型相比，前者的最优订货批量要大，最小年平均费用要小。

(6) 在单周期的随机存储模型中，计算费用时都不包括订购费，这是因为该项费用通常很小可忽略不计。

9.3　某产品中有一外购件，单价为 120 元/件，需求量为 20 000 件/年，不允许缺货。由于该外购件可到商店采购，故拖后时间近似为零。已知每组织一次采购需 2400 元，该外购件每件每年的存储费为其单价的 20%。试求该外购件的最优订货量、每年订货次数及全年的最小平均费用。

9.4　某企业每年需要 *A* 元件 6000 件，单价为 5 元/件，每件的年存储费为单价的 20%，不允许缺货。已知每次订购费为 50 元，拖后时间为零。若一次购买 1000～2499 件时，单价给予 3%的折扣；购买 2500 件以上(含 2500 件)时，单价给予 5%的折扣。试确定 *A* 元件的最优订货量。

9.5　将习题 9.3 中的“不允许缺货”改为“允许延期交货，并设缺货损失费为 80 元/件・年”，其他不变。试求解。

9.6　一条生产线如果全部生产 *B* 型号产品，其年生产能力为 60 000 件，而预测 *B* 型号产品的年需求量为 26 000 件，且全年内的需求基本保持平衡，故该生产线还可生产其他产品。已知在生产线上更换一次产品时，要支付装配费 1500 元，*B* 型号产品的生产成本为60 元/件，每件的年存储费为生产成本的 25%，不允许缺货。试求该产品的最优生产批量、最大存储量及全年最小费用。

9.7　某单位对某食品的需求量服从正态分布，有数学期望 $\mu=160$，标准差 $\sigma=30$。该食品只订货一次，初始库存量为 0，订购费为 0，进价 9 元/kg，售价 16 元/kg。需求期结束时，未售出的食品按 6 元/kg 处理掉。试求该食品的最优订货量。

9.8 某大型超市准备订购一批圣诞树迎接圣诞节。根据历史资料统计，销售旺季圣诞树需求量为 r 时的概率 $P(r)$ 如表题 9.8 所示。已知节前每售出 100 棵可获利 1000 元，而如果节后仍未售出，则每 100 棵要赔 800 元。试求：每年只能订货一次的最优订货量及利润期望值的最大值。

表题 9.8 圣诞树的需求量与概率

需求量 r(百棵)	0	1	2	3	4	5
概率 $P(r)$	0.05	0.10	0.20	0.35	0.20	0.10

9.9 某超市长期供应一种特殊面粉，每次订购费为 30 元，进价为 10 元/kg，存储费为进价的 22%，缺货费为 18 元/kg。假设期初库存量为 0，拖后时间为 0，缺货一律不供应。又知需求量 r 的概率密度函数为

$$\phi(r)=\begin{cases}\dfrac{1}{6} & \text{当 } 10\leqslant r\leqslant 20\\ 0 & \text{当 } r \text{ 为其他值}\end{cases}$$

试求采用定期检查、(s,S)策略时最优的 s 与 S 值。

9.10 某商场存储的各种商品的年度销售量及平均单价见表题 9.10，试对其进行 ABC 分类。

表题 9.10 某商场存储的商品

商品序号	年度销售量(单位)	平均单价(百元/单位)	商品序号	年度销售量(单位)	平均单价(百元/单位)
1	14	4	11	10	0.6
2	31	10	12	5	1
3	250	5	13	5	2.4
4	48	18	14	15	0.4
5	8	5	15	51	7
6	37	3	16	9	20
7	17	3	17	4	2
8	19	13	18	15	1.4
9	262	41	19	6	10
10	4	0.5	20	19	1

第十部分　排队论

排队论(queueing theory)是运筹学的一个随机型模型分支。排队是日常生活中经常遇到的现象。例如,顾客到超市购物后付款时,在收款台前往往要排队。另外,故障机器等待维修人员修理、进入机场上空的飞机等待降落、电话占线等,都属于有形、无形的排队现象。在排队系统中,把要求得到服务的人或物统称为“顾客”,把给予顾客服务的人或物统称为“服务台”。一般情况下,顾客相继到达的时间间隔和对每个顾客的服务时间都是随机的,所以排队难以避免。若增加服务台的数量,确实可以减少顾客等待时间、提高服务质量,但顾客来得少时,又会造成服务台空闲的浪费。在这里,提高服务质量与降低服务成本是一对矛盾。

排队论,又称随机服务系统理论。本部分将介绍排队论有关基本概念、基本理论,分析各种典型的排队系统,计算它们的各种基本性能指标。其中,重点介绍四种单服务台、负指数分布的排队系统($M/M/1$ 等待制系统、$M/M/1/1$ 损失制系统、$M/M/1/K$ 混合制系统、$M/M/1/m/m$ 有限源系统),四种多服务台、负指数分布的排队系统($M/M/S$ 等待制系统、$M/M/S/S$ 损失制系统、$M/M/S/K$ 混合制系统、$M/M/S/m/m$ 有限源系统),还有一般服务时间的排队系统以及各种排队系统的模拟与优化。

排队论自20世纪初丹麦电话工程师爱尔朗(A. K. Erlang)的开创性论文“概率论和电话通话”发表以来,已经经历了大约一个世纪的发展。目前,它已广泛应用于各个领域。

第17章　排　队　论

17.1　排队系统的基本知识

一、排队系统的组成

在排队系统中，一个顾客需要经过由到达、排队等待、接受服务直至离去的过程(见图 17.1.1)。

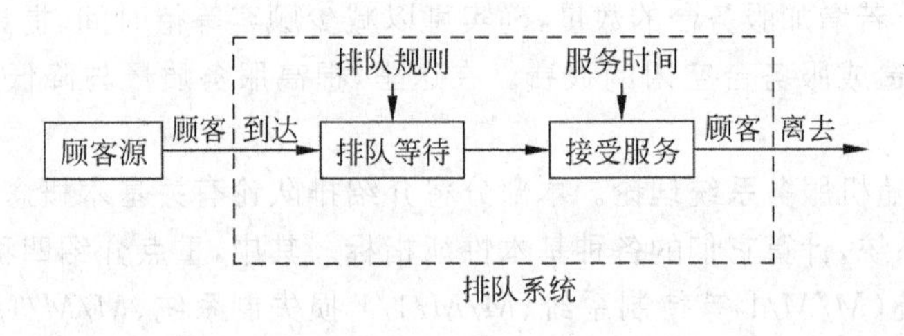

图 17.1.1　排队过程

1. 输入过程

输入过程是用来描述顾客的到达规律的，一般可采用随机过程$\{M(t),t\geqslant 0\}$或$\{\tau_k,k=1,2,3,\cdots\}$来描述。其中$M(t)$为$[0,t)$时间区间内到达系统的顾客数；若用$s_k$表示第$k$个顾客到达系统的时刻，则$\tau_k=s_k-s_{k-1}$，$s_0=0$，即$\tau_k$表示第$k-1$个顾客与第$k$个顾客相继到达的时间间隔。

2. 排队规则

排队规则首先取决于排队系统属于等待制系统、损失制系统、混合制系统、有限源系统等多种类型中的哪一种(几种基本的排队系统将在后面加以介绍)；其次，在等待的顾客中，接受服务的顺序又取决于服务规则是先到先服务，后到先服务，具有优先权的服务，还是按随机顺序服务等。

3. 服务台

服务台有单台、多台之分。多服务台之间的连接方式又有串联、并联、混联、网络等。由服务台完成对顾客的服务，对每个顾客的服务时间一般是随机的。

二、排队系统的分类

为了方便对多种多样排队模型的分类表达，D. G. Kendall 于 1953 年提出了一种分类记号方法，目前排队论中广泛采用的仍然是 Kendall 记号，其一般形式为：$X/Y/Z/A/B/C$，各项含义如下。

X——顾客相继到达的时间间隔的分布。例如定长分布输入(D)，负指数分布输入(M)(这里的 M 是 Markov 的字头)，k 阶爱尔朗分布输入(E_k)，一般相互独立的时间间隔分布输入(GI)等。

Y——服务时间的分布。例如定长分布服务(D)，负指数分布服务(M)，k 阶爱尔朗分布服务(E_k)，一般分布服务(G)等。

Z——并联的服务台的个数 S。例如服务台为单个或多个。

A——排队系统的容量 K，即排队系统能容纳的最大顾客数。例如系统容量 K 为有限值或∞。当 $K=\infty$时，为等待制系统；当 $K=S$ 时，为损失制系统；当 $S<K<\infty$时，为等待制与损失制的混合系统，简称混合制系统。

B——顾客源的顾客总数，简称顾客源数。例如顾客源数为有限值或∞。

C——服务规则。例如先到先服务(FCFS)、后到先服务(LCFS)、具有优先权的服务(PS)、按随机顺序服务(SIRO)等。

综上所述，我们可以将 Kendall 记号的含义简记为：到达间隔/服务时间/服务台数/系统容量/顾客源数/服务规则。在 Kendall 记号中，一般约定如下：如果服务规则为先到先服务，则可省略最后一项；如果顾客源数为∞，服务规则为先到先服务，则可省略后面两项；如果系统容量与顾客源数均为∞，服务规则为先到先服务，则可省略后面三项。由于本章中讨论的问题均采用先到先服务规则，所以 Kendall 记号中的最后一项一般都是省略的。

三、排队系统的性能指标

对于排队系统，需要了解它的运行状况、运行效率，研究它的服务质量，以便进行调整与控制，使它处于最佳状态。因此，需要建立排队系统的性能指标体系。

排队系统一般是随机服务系统。在一个排队系统运行的初期，系统的各种性能指标都与时间 t 有关，这些瞬态的性能指标很难求解，即使求出来也很难在实际中应用。因此，排队论中通常采用稳态时的性能指标。所谓稳态，就是 $t\to\infty$时极限概率分布存在，且与初始条件无关。稳态时，可以认为系统状态的概率分布不再随时间 t 变化。实际上，一般的排队系统都能比较快地趋于稳态，并不需要等到 $t\to\infty$。而稳态时的性能指标，通常是指一些重要的瞬态指标在稳态时的概率分布或期望值等。下面介绍四个基本的性能指标。

1. 稳态下的四个基本性能指标

(1) 平均逗留队长 L：系统中正在接受服务与排队等待服务的顾客总数的期望值。

(2) 平均等待队长 L_q：系统中排队等待服务的顾客数的期望值。

(3) 平均逗留时间 W：顾客在系统中排队等待服务的时间与接受服务的时间之和的期望值。

(4) 平均等待时间 W_q：顾客在系统中排队等待服务的时间的期望值。

2. 稳态下的四个基本关系式

先介绍几个稳态时的重要参数。

λ：单位时间内到达系统的平均顾客数(平均到达率)；

λ_e：单位时间内到达并进入系统的平均顾客数(有效平均到达率)，在等待制系统中，有$\lambda=\lambda_e$；

μ：单位时间内一个服务台能够服务完的平均顾客数(平均服务率)。

下面介绍稳态下的四个基本关系式。

(1) $L=L_q+\overline{S}$ (17.1.1)

式(17.1.1)揭示了指标L与L_q之间的数量关系，式中$\overline{S}$是平均忙的服务台数，即正在接受服务的平均顾客数。该式的物理意义是：平均逗留队长是平均等待队长与正在接受服务的平均顾客数之和。如何计算$\overline{S}$呢？因为排队系统达到稳态时，单位时间内到达并进入系统的平均顾客数λ_e等于单位时间内接受服务完毕离开系统的平均顾客数$\overline{S}\cdot\mu$，即有$\lambda_e=\overline{S}\cdot\mu$，故

$$\overline{S}=\frac{\lambda_e}{\mu} \tag{17.1.2}$$

(2) $W=W_q+V$ (17.1.3)

式(17.1.3)揭示了指标W与W_q之间的数量关系，式中V是对每个顾客的平均服务时间。该式的物理意义是：平均逗留时间是平均等待时间与对每个顾客的平均服务时间之和。如何计算V呢？因为每个服务台的平均服务率为μ，故

$$V=\frac{1}{\mu} \tag{17.1.4}$$

(3) $L=\lambda_e W$ (17.1.5)

式(17.1.5)揭示了指标L与W之间的数量关系。该式的物理意义是：平均逗留队长等于单位时间内到达并进入系统的平均顾客数乘以平均逗留时间，即等于平均逗留时间内进入系统的总的平均顾客数。

(4) $L_q=\lambda_e W_q$ (17.1.6)

式(17.1.6)揭示了指标L_q与W_q之间的数量关系。该式的物理意义是：平均等待队长等于单位时间内到达并进入系统的平均顾客数乘以平均等待时间，即等于平均等待时间内进入系统的总的平均顾客数。

3. little 公式

式(17.1.5)与式(17.1.6)统称为 little 公式，其形式类似于公式"距离＝速度×时间"，它是排队论中的一个著名公式，适用于存在稳态分布的任何排队系统。

little 公式揭示了排队系统中四个基本性能指标L与W之间、L_q与W_q之间的数量关系。从上述四个基本关系式可以看出：若已知$\overline{S}$与V，则四个基本性能指标中只要再知道任何一个，就能够很方便地求出其他三个。四个基本性能指标之间的数量关系见图 17.1.2。

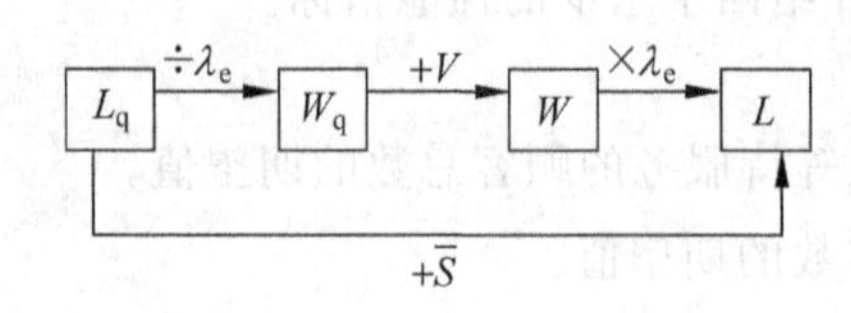

图 17.1.2 四个基本性能指标的关系

需要注意的是，为了求得排队系统的各项稳态性能指标，必须先计算出稳态时系统中有j个顾客的概率P_j，有关计算方法及公式将在下一节中介绍。

17.2 常用概率分布与生灭过程

排队系统中,顾客相继到达的时间间隔和对顾客的服务时间一般都是随机的。本节先介绍这些随机变量常用的概率分布,再介绍生灭过程及其稳态解。生灭过程排队系统是一类广泛存在的基本的排队系统。

设 $M(t)$ 为 $[0,t)$ 时间区间内到达系统的顾客数;设 $N(t)$ 为 t 时刻系统中存在的顾客总数,即 t 时刻系统的状态。

为了有助于学习、理解各种理论分布,先介绍一下经验分布,用一个简单的例子说明排队系统原始数据的收集与整理。

一、经验分布

例 17.1 已知某单服务台排队系统,采用先到先服务规则。对连续 30 位顾客(编号为 i)统计了到达时刻 s_i 与服务时间 v_i(详见表 17.2.1 中的 i、s_i、v_i 项)。令 $\tau_i=s_{i+1}-s_i$,$s_1=0$。试计算各到达间隔 τ_i、等待时间 d_i 以及平均到达率 λ、平均服务率 μ 等(计算结果见表 17.2.1 中的 τ_i、d_i 项)。

表 17.2.1 经验分布 单位:分钟

i	s_i	τ_i	d_i	v_i	i	s_i	τ_i	d_i	v_i
1	0	2	0	6	16	49	1	0	8
2	2	1	4	3	17	50	5	7	2
3	3	8	6	1	18	55	2	4	3
4	11	2	0	3	19	57	4	5	1
5	13	3	1	2	20	61	1	2	4
6	16	2	0	2	21	62	3	5	2
7	18	2	0	1	22	65	3	4	5
8	20	4	0	4	23	68	2	6	4
9	24	3	0	4	24	70	5	8	1
10	27	1	1	1	25	75	1	4	3
11	28	5	1	1	26	76	3	6	2
12	33	2	0	3	27	79	2	5	2
13	35	7	1	2	28	81	6	5	7
14	42	3	0	5	29	87	4	6	6
15	45	4	2	1	30	91		8	5

解 根据表 17.2.1 中给出的 s_i 与 v_i,可以很方便地算出 τ_i、d_i(见表 17.2.1)。其中,$\tau_i=s_{i+1}-s_i$;当 $d_i+v_i-\tau_i\geqslant0$ 时,$d_{i+1}=d_i+v_i-\tau_i$(参见图 17.2.1);当 $d_i+v_i-\tau_i\leqslant0$ 时,$d_{i+1}=0$(参见图 17.2.2)。

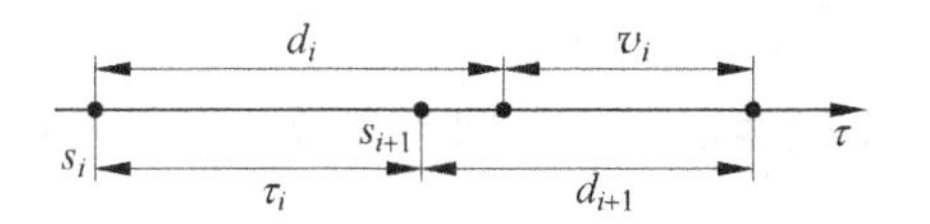

图 17.2.1 计算 d_{i+1} 示意图(当 $d_i+v_i-\tau_i\geqslant0$ 时)

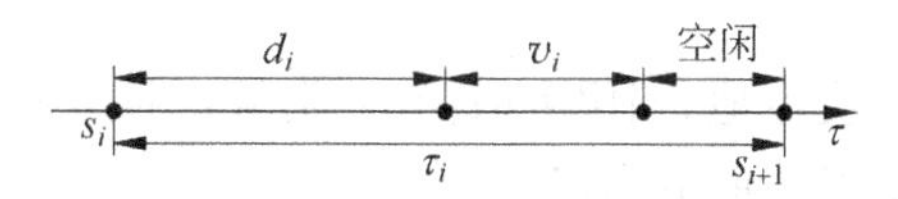

图 17.2.2 计算 d_{i+1} 示意图(当 $d_i+v_i-\tau_i\leqslant0$ 时)

下面，用图 17.2.3 直观地表示该排队系统的基本情况(请读者补充第 30 分钟以后的情况)。

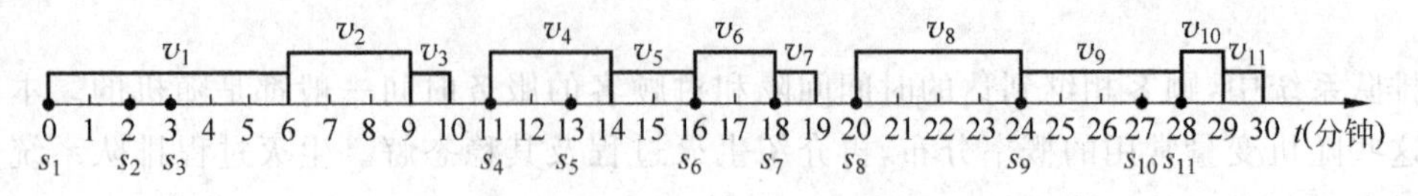

图 17.2.3　表 17.2.1 中的 s_i 与 v_i

根据表 17.2.1 中的 τ_i 与 v_i，可以整理出到达间隔的分布表 17.2.2 和服务时间的分布表 17.2.3。

表 17.2.2　到达间隔分布表

到达间隔(分钟/人)	个数
1	5
2	8
3	6
4	4
5	3
6	1
7	1
8	1
总计	29

表 17.2.3　服务时间分布表

服务时间(分钟/人)	个数
1	7
2	7
3	5
4	4
5	3
6	2
7	1
8	1
总计	30

因为在 91 分钟内总共到达了 30 个顾客，所以平均到达率 $\lambda=30/91=0.33$ 人/分钟；因为 $\sum_{i=1}^{29}\tau_i = s_{30} = 91$，所以平均到达间隔 $=91/29=3.14$ 分钟/人；因为 $\sum_{i=1}^{30} v_i = 94$，所以平均服务率 $\mu=30/94=0.32$ 人/分钟，平均服务时间 $V=\frac{1}{\mu}=94/30=3.13$ 分钟/人。

在得到了上述经验分布后，可根据统计学方法进一步确定其符合哪种理论分布，并估计其参数值。

二、定长分布(D)

定长分布是最简单的一种常用概率分布。它既能代表某些到达间隔的分布，也能代表某些服务时间的分布。

在定长输入中，顾客等间隔地有规律到达，即每隔固定时间 $c_1(c_1>0)$ 到达一位，有间隔 $\tau_k=c_1$，即 $P(\tau_k=c_1)=1$，某些自动装配生产线上的装配件就是如此。顾客相继到达的时间间隔的分布函数为

$$A(t) = P(\tau_k \leqslant t) = \begin{cases} 1 & \text{当 } t \geqslant c_1 \text{ 时} \\ 0 & \text{当 } t < c_1 \text{ 时} \end{cases}$$

类似地，当服务时间 v_k 服从定长分布时，若每个顾客的服务时间为常数 $c_2(c_2>0)$，则服务时间的分布函数为

$$B(t)=P(v_k \leqslant t)=\begin{cases}1 & \text{当 } t \geqslant c_2 \text{ 时} \\ 0 & \text{当 } t < c_2 \text{ 时}\end{cases}$$

三、负指数分布(M)

负指数分布是排队论中最常用、最重要的一种分布。它既能代表某些到达间隔的分布，也能代表某些服务时间的分布。

若随机变量 T 的概率密度为

$$f(t)=\begin{cases}\lambda e^{-\lambda t} & t \geqslant 0 \\ 0 & t<0\end{cases}$$

其中常数 $\lambda>0$，则称 T 服从参数为 λ 的负指数分布。其数学期望 $E(T)=\frac{1}{\lambda}$，方差 $D(T)=\frac{1}{\lambda^2}$。$E(T)$表示顾客相继到达时的平均间隔时间。

以上的负指数分布是描述输入情况的，随机变量是到达间隔。若将上述 $f(t)$、$E(T)$、$D(T)$式中的 λ 换成 μ，则变为描述服务时间的参数为 μ 的负指数分布。

负指数分布的重要特性是无后效性，亦称“无记忆性”或“马尔可夫性”。无后效性给排队系统的数学处理带来了很大的方便。例如，某输入的到达间隔服从负指数分布，则不管如何选择时间起点，剩余的到达间隔仍是同一参数的负指数分布。又如，当服从负指数分布的服务时间 T 已占用了时间 s 时，剩余服务时间的分布独立于已服务过的时间并与原分布相同。

四、泊松过程(Poisson 过程)

排队论中，泊松过程是一种最典型的输入过程，具有广泛的代表性。在这种输入过程中，随机变量 $M(t)$是$[0,t)$时间区间内到达系统的顾客数。

1. 泊松过程与泊松分布

若随机过程$\{M(t),t \geqslant 0\}$有 $M(0)=0$ 且满足下列三个条件：

(1) 独立性：任意两个不相重叠的时间区间内顾客的到达数相互独立。

(2) 平稳性：对充分小的 Δt，在$[t,t+\Delta t)$时间区间内有一个顾客到达的概率为 $\lambda\Delta t+o(\Delta t)$。

(3) 普通性：对充分小的 Δt，在$[t,t+\Delta t)$时间区间内有两个或两个以上顾客到达的概率为 $o(\Delta t)$。

则该随机过程称作强度为 λ 的泊松过程，相应的顾客流称作强度为 λ 的泊松流或最简单流。其中，常数 $\lambda>0$，$o(\Delta t)$是 $\Delta t \to 0$ 时关于 Δt 的高阶无穷小量。这里强度 λ 表示单位时间内到达的平均顾客数。

由上述条件(1)可知，在不相重叠的时间区间内顾客到达数是相互独立的，而具有增量独立性的过程必然具有无后效性。由条件(2)可知，在充分小的时间区间 Δt 内，有一个顾客到达的概率与区间起点 t 无关，而与区间长度 Δt 成正比。由条件(3)可知，在充分小的时间区间 Δt 内，有两个或两个以上顾客到达的概率与有一个顾客到达的概率相比，可以忽略不计。

基于以上泊松过程的定义，可计算出长为 t 的时间区间内到达 k 个顾客的概率 $P_k(t)$

$$P_k(t)=\frac{(\lambda t)^k}{k!}\mathrm{e}^{-\lambda t}$$

$$t>0 \qquad k=0,1,2,\cdots$$

即随机变量 $M(t)$ 服从参数为 λt 的泊松分布。其数学期望 $E(M(t))=\lambda t$，方差 $D(M(t))=\lambda t$。数学期望与方差相等，是泊松分布的一个重要特征。

2. 泊松过程与负指数分布的关系

在本章开头介绍输入过程时曾谈到，可用 $\{M(t),t\geqslant 0\}$ 或 $\{\tau_k,k=1,2,3,\cdots\}$ 描述顾客的到达规律。前面已经分别介绍了负指数分布与泊松过程，下面的定理 17.1 将揭示这二者之间的密切关系。

定理 17.1：随机过程 $\{M(t),t\geqslant 0\}$ 是强度为 λ 的泊松过程的充分必要条件是：顾客相继到达的时间间隔 $\{\tau_k,k=1,2,3,\cdots\}$ 相互独立，且服从参数为 λ 的负指数分布。

定理 17.1 的证明，详见参考文献[25]。

五、爱尔朗分布(E_k)

爱尔朗分布既能代表某些到达间隔的分布，也能代表某些服务时间的分布。如果到达间隔或服务时间不服从负指数分布，通常可以采用爱尔朗分布来描述它们。

1. k 阶爱尔朗分布(E_k)

若随机变量 T 的概率密度为

$$a(t)=\frac{\lambda(\lambda t)^{k-1}}{(k-1)!}\mathrm{e}^{-\lambda t} \qquad t\geqslant 0$$

其中，常数 $\lambda>0$，k 为正整数，则称 T 服从参数为 λ 的 k 阶爱尔朗分布。

它的数学期望和方差如下

$$E(T)=\frac{k}{\lambda}$$

$$D(T)=\frac{k}{\lambda^2}$$

以上的 k 阶爱尔朗分布是描述输入情况的。若将上述 $a(t)$、$E(T)$、$D(T)$ 式中的 λ 换成 μ，则变为描述服务时间的参数为 μ 的 k 阶爱尔朗分布。

若将上述 $a(t)$、$E(T)$、$D(T)$ 式中的 λ 换成 $k\mu$，则变为描述服务时间的参数为 $k\mu$ 的 k 阶爱尔朗分布，其概率密度为

$$\frac{k\mu(k\mu t)^{k-1}}{(k-1)!}\mathrm{e}^{-k\mu t} \qquad t\geqslant 0$$

其中，常数 $\mu>0$，k 为正整数。

它的数学期望和方差如下

$$E(T)=\frac{1}{\mu}$$

$$D(T)=\frac{1}{k\mu^2}$$

2. k 阶爱尔朗分布与负指数分布的关系

定理 17.2：若 $v_1,v_2,\cdots,v_k$ 是相互独立、具有相同参数 μ 的负指数分布的随机变量，则 $V=v_1+v_2+\cdots+v_k$ 服从参数为 μ 的 k 阶爱尔朗分布，即它的概率密度为

$$\frac{\mu(\mu t)^{k-1}}{(k-1)!}e^{-\mu t} \qquad t \geqslant 0$$

其中，常数 $\mu>0$，k 为正整数。

定理 17.2 的证明，详见参考文献[25]。

根据定理 17.2，如果每个顾客要连续接受 k 个串联服务台的服务，已知各服务台的服务时间相互独立，且均服从参数为 μ 的负指数分布，那么，k 个服务台对每个顾客的总服务时间服从参数为 μ 的 k 阶爱尔朗分布（假设 k 个服务台全部完成对某个顾客的服务后，下一个顾客才能进入第 1 个服务台）。也就是说，虽然爱尔朗分布本身不具有无后效性，但由于它与负指数分布有密切关系，故按照定理 17.2 将爱尔朗分布分解后，即可用无后效性处理爱尔朗分布的有关问题。

当参数 k 变化时，爱尔朗分布的概率密度函数呈现多种不同的形状。当 $k=1$ 时，爱尔朗分布即负指数分布；当 $k=30$ 左右时，爱尔朗分布近似于正态分布；当 $k\to\infty$时，爱尔朗分布即定长分布。因此，当 k 变化时，爱尔朗分布在随机与确定之间、不对称与对称之间变化。

六、生灭过程

生灭现象是广泛存在的一种现象，例如自然界中细菌的繁殖与死亡、服务台前顾客的到达与离去等等。生灭过程是描述生灭现象的一种典型的随机过程，它具有无后效性，即马尔可夫性。生灭过程的基本理论是排队论中对一类广泛存在的、基本的排队系统进行定量分析、计算的基础。

1. 生灭过程的定义

一个具有有限状态空间 $I=\{0,1,2,\cdots,m\}$或可列状态空间 $I=\{0,1,2,\cdots\}$的随机过程 $\{N(t),t\geqslant 0\}$称为生灭过程，若其满足如下特性：

(1) $P(N(t+\Delta t)=j+1 \mid N(t)=j)=\lambda_j \Delta t+o(\Delta t) \quad j\in I$

(2) $P(N(t+\Delta t)=j-1 \mid N(t)=j)=\mu_j \Delta t+o(\Delta t) \quad j\in I$

(3) $P(N(t+\Delta t)=j \mid N(t)=j)=1-(\lambda_j+\mu_j)\Delta t+o(\Delta t) \quad j\in I$

(4) 在 Δt 时间内发生两个或两个以上状态转移事件的概率是 $o(\Delta t)$。

其中 $N(t)$为 t 时刻系统中存在的顾客总数，即 t 时刻系统的状态；常数 $\lambda_j>0$ 是状态 $N(t)=j$ 时顾客增加的强度，也叫增长率；常数 $\mu_j>0$ 是状态$N(t)=j$ 时顾客减少的强度，也叫消亡率；$o(\Delta t)$是 $\Delta t\to 0$ 时关于 Δt 的高阶无穷小量。

上述特性(1)(2)(3)表明：若 t 时刻排队系统内的顾客数为 j，在很小的时间间隔 Δt 内，系统状态只能转移到相邻的状态 $N(t+\Delta t)=j+1$ 或 $j-1$，或保持 j 不变。即只能来一个顾客或走一个顾客，或顾客不来也不走，这三者必居其一，且认为 Δt 内发生两个或两个以上状态转移事件是不可能的。

显然，泊松过程是纯生过程。

2. 生灭过程的微分方程组

下面首先介绍有限状态空间的生灭过程的微分方程组。

由生灭过程定义，可得到下列微分差分方程组。

用 $P_j(t)$表示系统在 t 时刻处于状态 j 的概率，则系统在$(t+\Delta t)$时刻处于状态 j 的概率由三种互不相容的情况计算得出：

当 $1\leqslant j\leqslant m-1$ 时，有

$$P_j(t+\Delta t)=P_{j-1}(t)\lambda_{j-1}\Delta t+P_{j+1}(t)\mu_{j+1}\Delta t+P_j(t)(1-\lambda_j\Delta t-\mu_j\Delta t)+o(\Delta t) \tag{17.2.1}$$

当 $j=0$ 时，不可能有离去的顾客，有

$$P_0(t+\Delta t)=P_1(t)\mu_1\Delta t+P_0(t)(1-\lambda_0\Delta t)+o(\Delta t) \tag{17.2.2}$$

当系统中最多能容纳 m 个顾客时，j 不能大于 m。当 $j=m$ 时，有

$$P_m(t+\Delta t)=P_{m-1}(t)\lambda_{m-1}\Delta t+P_m(t)(1-\mu_m\Delta t)+o(\Delta t) \tag{17.2.3}$$

将方程(17.2.1)、方程(17.2.2)、方程(17.2.3)两边分别同减 $P_j(t)$、$P_0(t)$、$P_m(t)$，再同除以 Δt，并令 $\Delta t\to 0$，即得有限状态空间的生灭过程的微分方程组：

当 $j=0$ 时，有

$$P'_0(t)=\mu_1P_1(t)-\lambda_0P_0(t) \tag{17.2.4}$$

当 $1\leqslant j\leqslant m-1$ 时，有

$$P'_j(t)=\lambda_{j-1}P_{j-1}(t)+\mu_{j+1}P_{j+1}(t)-(\lambda_j+\mu_j)P_j(t) \tag{17.2.5}$$

当 $j=m$ 时，有

$$P'_m(t)=\lambda_{m-1}P_{m-1}(t)-\mu_mP_m(t) \tag{17.2.6}$$

对可列状态空间的生灭过程，只要去掉式(17.2.6)，并将式(17.2.5)的条件改为"当 $1\leqslant j<\infty$ 时"即可得其微分方程组。

3. 生灭过程的稳态解

根据上述有限状态空间的生灭过程的微分方程组求解 $P_j(t)$ 的瞬态解，是相当困难的。即使求出瞬态解，也很难在实际排队系统中应用。排队论中通常采用生灭过程的稳态解，也称统计平衡解。

在稳态下，状态概率 $P_j(t)$ 不再随时间 t 改变，可用 P_j 表示稳态概率。稳态下，有 $P'_j(t)=0$，由式(17.2.4)、式(17.2.5)、式(17.2.6)可得到稳态方程组：

当 $j=0$ 时，有

$$\mu_1P_1=\lambda_0P_0 \tag{17.2.7}$$

当 $1\leqslant j\leqslant m-1$ 时，有

$$\lambda_{j-1}P_{j-1}+\mu_{j+1}P_{j+1}=(\lambda_j+\mu_j)P_j \tag{17.2.8}$$

当 $j=m$ 时，有

$$\lambda_{m-1}P_{m-1}=\mu_mP_m$$

稳态下排队系统状态的转移可用图 17.2.4 表示。

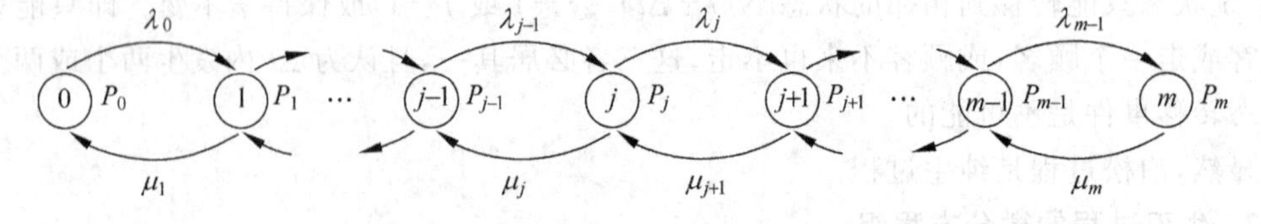

图 17.2.4　稳态时的状态转移

根据图 17.2.4 可以很方便地写出各状态下的稳态方程式。例如对状态 j 而言，"流出"该状态的有 λ_jP_j 和 μ_jP_j，"流入"该状态的有 $\lambda_{j-1}P_{j-1}$ 和 $\mu_{j+1}P_{j+1}$，将"流入＝流出"，即得到该状态 j 的稳态方程式(17.2.8)。

求解稳态方程式,即得到生灭过程的稳态解:

由式(17.2.7),可得

$$P_1 = \frac{\lambda_0}{\mu_1} P_0$$

式(17.2.8)中,令 $j=1$,有

$$P_2 = \frac{\lambda_1}{\mu_2} P_1 = \frac{\lambda_0 \lambda_1}{\mu_1 \mu_2} P_0$$

令 j 逐次增加1,反复利用式(17.2.8),可得

$$P_j = \frac{\lambda_{j-1}}{\mu_j} P_{j-1} = \frac{\lambda_0 \lambda_1 \cdots \lambda_{j-2} \lambda_{j-1}}{\mu_1 \mu_2 \cdots \mu_{j-1} \mu_j} P_0 \tag{17.2.9}$$

式(17.2.9)表明:稳态时相邻两状态 j 与 $j-1$ 之间的互相转移率是相等的,即 $\lambda_{j-1} P_{j-1} = \mu_j P_j$。令

$$\frac{\lambda_0 \lambda_1 \cdots \lambda_{j-2} \lambda_{j-1}}{\mu_1 \mu_2 \cdots \mu_{j-1} \mu_j} = \theta_j \quad (j = 1, 2, \cdots, m) \tag{17.2.10}$$

则有

$$P_j = \theta_j P_0 \quad (j = 1, 2, \cdots, m) \tag{17.2.11}$$

令 $\theta_0 = 1$,因为

$$\sum_{j=0}^{m} P_j = 1 \tag{17.2.12}$$

将式(17.2.11)代入式(17.2.12),可解得

$$P_0 = \left(\sum_{j=0}^{m} \theta_j \right)^{-1} \tag{17.2.13}$$

再将式(17.2.13)代入式(17.2.11),可解得由 λ_j 和 μ_j 确定的各个 P_j。

利用式(17.2.10)、式(17.2.11)、式(17.2.13)即可求出有限状态空间的生灭过程的稳态解。

采用类似的方法,可以求出可列状态空间的生灭过程的稳态解,限于篇幅,此处不再赘述。

4. 生灭过程稳态解的两个定理

定理 17.3:生灭过程(有限状态集)的稳态解。

设生灭过程 $\{N(t), t \geqslant 0\}$ 的状态集为有限状态集 $I = \{0, 1, 2, \cdots, m\}$,则该生灭过程恒有稳态解 P_j,且

$$P_0 = \left(\sum_{j=0}^{m} \theta_j \right)^{-1}$$

$$P_j = \theta_j P_0 \qquad j \in I$$

其中,$\theta_0 = 1$,$\theta_j = \frac{\lambda_0 \lambda_1 \cdots \lambda_{j-2} \lambda_{j-1}}{\mu_1 \mu_2 \cdots \mu_{j-1} \mu_j} \quad (j = 1, 2, \cdots, m)$。

定理 17.4:生灭过程(可列状态集)的稳态解。

设生灭过程 $\{N(t), t \geqslant 0\}$ 的状态集为可列状态集 $I = \{0, 1, 2, \cdots\}$,则该生灭过程具有稳态解 P_j 的充要条件为

$$\sum_{j=0}^{\infty} \theta_j < \infty \tag{17.2.14}$$

$$\sum_{j=0}^{\infty} \frac{1}{\lambda_j \theta_j} = \infty \tag{17.2.15}$$

稳态解 P_j 可由下式求得

$$P_0 = \left(\sum_{j=0}^{\infty}\theta_j\right)^{-1} \tag{17.2.16}$$

$$P_j = \theta_j P_0 \qquad j \in I \tag{17.2.17}$$

其中,$\theta_0=1,\theta_j=\dfrac{\lambda_0\lambda_1\cdots\lambda_{j-2}\lambda_{j-1}}{\mu_1\mu_2\cdots\mu_{j-1}\mu_j}$ $(j=1,2,\cdots)$。(17.2.18)

这里只简单地说明一下：定理 17.4 中的式(17.2.14)等价于 $\sum_{j=S}^{\infty}\theta_j < \infty$,即等价于 $\dfrac{\lambda}{S\mu}<1$；类似地,式(17.2.15)等价于$\dfrac{\lambda}{S\mu}\leqslant 1$；式中 S 是系统中并联的服务台数。显然,式(17.2.14)、式(17.2.15)相"与"的结果是$\dfrac{\lambda}{S\mu}<1$。定理 17.3 与定理 17.4 的证明,详见参考文献[25]。

定理 17.3 与定理 17.4 表明,一个生灭过程达到稳态时,因为各 λ_j、μ_j 是确定的,所以任一时刻排队系统处于状态 $j(j\geqslant 0)$的概率 P_0、P_1、$P_2\cdots$分别为常数。这是稳态的基本特征,也是计算各种排队系统性能指标的基础。

17.3 单服务台、负指数分布的排队系统

单服务台、负指数分布(指到达间隔与服务时间)的排队系统是一类生灭过程系统,它包括顾客无限源与顾客有限源两种情况。在顾客无限源情况下,又分为等待制系统、损失制系统、混合制系统三种类型。本节重点介绍 $M/M/1$、$M/M/1/1$、$M/M/1/K$、$M/M/1/m/m$ 等系统的基本特点与性能指标计算。

在上述单服务台情况下,设 $\rho=\dfrac{\lambda}{\mu}$,$\rho$ 称作单服务台的服务强度(单位时间内的平均服务时间),它表示服务台的利用率,即服务台处于忙碌的时间所占的比例。

一、*M/M/1* 等待制系统

等待制系统的基本特点是：排队空间无限大,等待时间也没有限制,每一位到达的顾客均进入系统排队等待,其状态集为可列状态集,$j=0,1,2,\cdots$有 $\lambda_e=\lambda$。

省略写法的 $M/M/1$ 即 $M/M/1/\infty/\infty/FCFS$,其具体含义是：

(1) 输入过程$\{M(t),t\geqslant 0\}$是强度为 λ 的泊松流,设平均到达率 $\lambda>0$。

(2) 对每个顾客的服务时间 v_i 相互独立,且具有相同的参数为 μ 的负指数分布。设平均服务率 $\mu>0$,平均服务时间 $V=E(v_i)=\dfrac{1}{\mu}$。

(3) 单服务台,先到先服务。

(4) 系统容量∞,为等待制系统,有效平均到达率 $\lambda_e=\lambda$。其状态集为可列状态集。

(5) 顾客源数∞。

(6) 输入过程与服务过程相互独立。

由于系统中顾客源的数量与系统容量都是没有限制的,当 $\rho\geqslant 1$ 时,系统的输入速率大

于或等于系统的输出速率，即顾客到达形成的服务需求大于或等于系统的服务能力。这种情况下，因为到达和服务的随机性，当系统运行了很长时间之后，系统中的顾客数就会“爆炸”，队列将排至无限远处，无法达到稳态。若 $\rho<1$，则生灭过程具有稳态解。

下面先计算稳态时 $M/M/1$ 系统状态为 j 的概率 P_j，再计算各性能指标，最后是计算举例。

1. 计算 P_0、P_j、λ_e

在 $M/M/1$ 等待制系统中，其状态集为可列状态集，根据第 17.2 节定理 17.4 的式(17.2.16)、式(17.2.17)与等比级数求和公式，可算出 P_0、P_j。

显然，服务台数 $S=1$ 且有 $\lambda_0=\lambda_1=\cdots=\lambda_{j-1}=\lambda$，$\mu_1=\mu_2=\cdots=\mu_j=\mu$，故

$$\theta_j=\frac{\lambda_0\lambda_1\cdots\lambda_{j-2}\lambda_{j-1}}{\mu_1\mu_2\cdots\mu_{j-1}\mu_j}=\rho^j \quad (j=1,2,\cdots)$$

$$P_0=\left(\sum_{j=0}^{\infty}\theta_j\right)^{-1}=(\theta_0+\theta_1+\theta_2+\theta_3+\cdots)^{-1}=(1+\rho+\rho^2+\rho^3+\cdots)^{-1}=1-\rho$$

$$P_j=\theta_jP_0=\rho^j(1-\rho) \tag{17.3.1}$$

$$\lambda_e=\lambda$$

2. 计算平均逗留队长 L

稳态时，系统中逗留的顾客数可能为 0，1，2，…相应的概率为 P_0，P_1，P_2，…因此有

$$\begin{aligned}L&=\sum_{j=0}^{\infty}jP_j=\sum_{j=1}^{\infty}jP_j=\sum_{j=1}^{\infty}j\rho^j(1-\rho)=\rho+\rho^2+\rho^3+\rho^4+\cdots\\&=\frac{\rho}{1-\rho}=\frac{\lambda}{\mu-\lambda}\end{aligned} \tag{17.3.2}$$

3. 计算平均等待队长 L_q

现服务台数 $S=1$，设顾客总数为 j，当 $j\geqslant 2$ 时，才会出现排队等待，其排队等待的人数为$(j-1)$。则

$$\begin{aligned}L_q&=\sum_{j=1}^{\infty}(j-1)P_j=\sum_{j=1}^{\infty}jP_j-\sum_{j=1}^{\infty}P_j=L-(1-P_0)\\&=L-(1-(1-\rho))=L-\rho=\frac{\rho^2}{1-\rho}=\frac{\lambda^2}{\mu(\mu-\lambda)}\end{aligned} \tag{17.3.3}$$

4. 计算平均逗留时间 W

根据 little 公式有

$$W=\frac{L}{\lambda_e}=\frac{L}{\lambda}=\frac{1}{\mu-\lambda} \tag{17.3.4}$$

5. 计算平均等待时间 W_q

根据 little 公式有

$$W_q=\frac{L_q}{\lambda_e}=\frac{L_q}{\lambda}=\frac{\lambda}{\mu(\mu-\lambda)} \tag{17.3.5}$$

6. 计算平均忙期长度 $\overline{D}$

从顾客到达空闲的服务台开始接受服务起，到服务台再次变成空闲止的这段时间，是服务台连续服务的时间，即忙碌的时间，称为忙期。它是一个随机变量，在稳态时的期望值称为平均忙期长度，用 $\overline{D}$ 表示。

与忙期相对应的是闲期，即服务台连续保持空闲的时间长度。排队系统中，忙期与闲期总是交替出现的。

在 $M/M/1$ 系统中，由泊松流的性质可知，闲期长度服从参数为 λ 的负指数分布，故平均闲期长度为 $\frac{1}{\lambda}$。又 $P_0=1-\rho$，$\sum_{j=1}^{\infty}P_j=\rho$，可以认为平均闲期长度与平均忙期长度的比为 $(1-\rho):\rho$，所以有

$$\frac{1-\rho}{\rho}=\frac{\frac{1}{\lambda}}{\overline{D}}$$

$$\overline{D}=\frac{\rho}{1-\rho}\cdot\frac{1}{\lambda}=\frac{1}{\mu-\lambda}$$

而一个平均忙期中所服务的平均顾客数为

$$\overline{D}\cdot\mu=\frac{1}{1-\rho}=\frac{\mu}{\mu-\lambda}$$

上面简要计算了平均忙期长度 $\overline{D}$ 与一个平均忙期中所服务的平均顾客数，有关推导证明详见参考文献[23]。

从以上计算可知：平均忙期长度 $\overline{D}$ 与平均逗留时间 W 恰好相等，即一个服务台连续忙的平均时间与顾客在系统内的平均逗留时间恰好相等。

7. 计算举例

例 17.2 我们以每 2.5 分钟为一个时段，对某邮局统计了 100 个时段的顾客到达情况及对 100 个顾客的服务时间，统计结果见表 17.3.1 与表 17.3.2。

表 17.3.1 顾客的到达情况

到达人数(个)	0	1	2	3	4	5	6
时段数(个)	14	27	27	18	9	4	1

表 17.3.2 对顾客的服务时间

服务时间 V(秒)	$0\leqslant V<30$	$30\leqslant V<60$	$60\leqslant V<90$	$90\leqslant V<120$	$120\leqslant V<150$	$150\leqslant V<180$	180 以上
顾客数(个)	38	25	17	9	6	5	0

假设此服务系统是 $M/M/1$ 排队系统，试求顾客到达邮局后，需要排队等待服务的概率、不需要排队等待服务的概率以及四个最基本的性能指标 L、L_q、W、W_q。

解 先求出每时段内到达顾客的平均数

$$\frac{0\times14+1\times27+2\times27+3\times18+4\times9+5\times4+6\times1}{100}=1.97$$

故顾客的平均到达率为

$$\lambda=\frac{1.97}{2.5}=0.788(\text{个}/\text{分钟})$$

再计算每个顾客所需的平均服务时间 $\frac{1}{\mu}$（采用表 17.3.2 中每档服务时间的中值进行计算）

$$\frac{1}{\mu}=\frac{1}{100}(15\times38+45\times25+75\times17+105\times9+135\times6+165\times5)$$

$$= 55.50(秒) = 0.925(分钟)$$

$$\mu = 1.081(个/分钟)$$

$$\rho = \frac{\lambda}{\mu} = 0.729$$

这说明邮局有72.9%的时间是繁忙的，有27.1%的时间是空闲的。

利用式(17.3.1)～式(17.3.5)可得其他指标。其中，顾客不必等待的概率为P_0，顾客需要等待的概率为$(1-P_0)$。

$$P_0 = 1-\rho = 0.271$$

$$1-P_0 = \rho = 0.729$$

$$L = \frac{\lambda}{\mu-\lambda} = 2.689$$

$$L_q = \frac{\lambda^2}{\mu(\mu-\lambda)} = 1.960$$

$$W = \frac{1}{\mu-\lambda} = 3.413$$

$$W_q = \frac{\lambda}{\mu(\mu-\lambda)} = 2.488$$

例17.3 有一个理发店，可以看做是$M/M/1$排队系统。已知$\lambda=3$人/小时，$\mu=4$人/小时，求该系统的P_0、λ_e、L、L_q、W、W_q。

解 $\rho = \frac{\lambda}{\mu} = 0.75$

在$M/M/1$系统中，有

$$P_0 = 1-\rho = 1-0.75 = 0.25$$

$$\lambda_e = \lambda = 3$$

$$L = \frac{\lambda}{\mu-\lambda} = \frac{3}{4-3} = 3$$

$$L_q = \frac{\lambda^2}{\mu(\mu-\lambda)} = \frac{9}{4\times(4-3)} = 2.25$$

$$W = \frac{1}{\mu-\lambda} = \frac{1}{4-3} = 1$$

$$W_q = \frac{\lambda}{\mu(\mu-\lambda)} = \frac{3}{4\times(4-3)} = 0.75$$

二、$M/M/1/1$损失制系统

损失制系统的基本特点是：系统容量K恰好等于服务台数S。顾客到达时，若所有服务台未被占满，立即可得到服务，否则因没有排队等待的空间，只能自动消失。其自动消失的概率$P_{失}=P_K$。在损失制系统中，有$\lambda_e<\lambda$，其状态集为有限状态集，$j=0,\cdots,K$。一般在利用little公式或计算$\overline{S}$(见式(17.1.1))前，要先求出λ_e。

省略写法的$M/M/1/1$即$M/M/1/1/\infty/FCFS$，其具体含义是：

(1) 输入过程$\{M(t),t\geqslant 0\}$是强度为λ的泊松流，设平均到达率$\lambda>0$。

(2) 对每个顾客的服务时间v_i相互独立，且具有相同的参数为μ的负指数分布。设平均

服务率 $\mu>0$,平均服务时间 $V=E(v_i)=\frac{1}{\mu}$。

(3) 单服务台,先到先服务。

(4) 系统容量 $K=S=1$,为损失制系统。

(5) 顾客源数∞。

(6) 输入过程与服务过程相互独立。

下面计算 $M/M/1/1$ 系统的四个基本性能指标。

1. 计算 P_0、P_j、λ_e

在 $M/M/1/1$ 系统中,$S=K=1$,$j=0,1$;且 $\lambda_0=\lambda$,$\mu_1=\mu$,根据第 17.2 节定理 17.3,有 $\theta_0=1$,$\theta_1=\frac{\lambda_0}{\mu_1}=\frac{\lambda}{\mu}=\rho$,故

$$P_0=\left(\sum_{j=0}^{1}\theta_j\right)^{-1}=(\theta_0+\theta_1)^{-1}=\frac{1}{1+\rho}=\frac{\mu}{\mu+\lambda}$$

$$P_1=\theta_1 P_0=\frac{\rho}{1+\rho}=\frac{\lambda}{\mu+\lambda}$$

$$P_{失}=P_K=P_1$$

$$\lambda_e=\lambda(1-P_1)=\lambda P_0=\frac{\lambda}{1+\rho}=\frac{\mu\lambda}{\mu+\lambda}$$

2. 计算平均逗留队长 L

$$L=\sum_{j=0}^{1}jP_j=0P_0+1P_1=P_1=\frac{\rho}{1+\rho}=\frac{\lambda}{\mu+\lambda}$$

3. 计算平均等待队长 L_q

因为损失制系统中不允许排队等待,故

$$L_q=0$$

4. 计算平均逗留时间 W

根据 little 公式有

$$W=\frac{L}{\lambda_e}=\frac{\lambda}{\mu+\lambda}\div\frac{\mu\lambda}{\mu+\lambda}=\frac{1}{\mu}$$

5. 计算平均等待时间 W_q

因为损失制系统中不允许排队等待,故

$$W_q=0$$

6. 计算举例

例 17.4 将例 17.3 中的 $M/M/1$ 排队系统改为 $M/M/1/1$ 排队系统,除增加计算 $P_{失}$ 外,其他内容不变。

解 已知 $\lambda=3$,$\mu=4$

在 $M/M/1/1$ 系统中,有 $K=1$

$$P_0=\frac{\mu}{\mu+\lambda}=\frac{4}{4+3}=0.57$$

$$P_{失}=P_K=\frac{\lambda}{\mu+\lambda}=\frac{3}{7}=0.43$$

$$\lambda_e = \frac{\mu\lambda}{\mu+\lambda} = \frac{12}{7} = 1.71$$

$$L = \frac{\lambda}{\mu+\lambda} = 0.43$$

$$L_q = 0$$

$$W = \frac{1}{\mu} = \frac{1}{4} = 0.25$$

$$W_q = 0$$

三、*M/M/1/K* 混合制系统

混合制系统的基本特点是：$S<K<\infty$，即系统容量 K 大于服务台数 S 而小于∞，属于等待制与损失制混合的系统，系统中的顾客数 $j=0,\cdots,S,\cdots,K$，为有限状态集。当 $0\leqslant j<S$ 时，到达的顾客可立即得到服务；当 $S\leqslant j<K$ 时，到达的顾客可排队等待服务；当 $j=K$ 时，到达的顾客自动消失。

省略写法的 $M/M/1/K$ 即 $M/M/1/K/\infty/FCFS$，其具体含义是：

(1) 输入过程$\{M(t),t\geqslant 0\}$是强度为 λ 的泊松流，设平均到达率 $\lambda>0$。

(2) 对每个顾客的服务时间 v_i 相互独立，且具有相同的参数为 μ 的负指数分布。设平均服务率 $\mu>0$，平均服务时间 $V=E(v_i)=\dfrac{1}{\mu}$。

(3) 单服务台，先到先服务。

(4) 系统容量为 K，$S<K<\infty$，允许有限排队，为混合制系统。

(5) 顾客源数∞。

(6) 输入过程与服务过程相互独立。

下面计算 $M/M/1/K$ 系统的四个基本性能指标。

1. 计算 P_0、P_j、λ_e

在 $M/M/1/K$ 系统中，其状态集为有限状态集，根据第 17.2 节定理 17.3 可算出 P_0、P_j。设 $\rho=\dfrac{\lambda}{\mu}$。

显然，$S=1$ 且有 $\lambda_0=\lambda_1=\cdots=\lambda_{K-1}=\lambda$，$\mu_1=\mu_2=\cdots=\mu_K=\mu$，故

$$\theta_j = \frac{\lambda_0\lambda_1\cdots\lambda_{j-2}\lambda_{j-1}}{\mu_1\mu_2\cdots\mu_{j-1}\mu_j} = \rho^j \quad (j=1,2,\cdots,K)$$

$$P_0 = \left(\sum_{j=0}^{K}\theta_j\right)^{-1} = (\theta_0+\theta_1+\theta_2+\cdots+\theta_K)^{-1} = (1+\rho+\rho^2+\cdots+\rho^K)^{-1}$$

$$= \begin{cases} \dfrac{1-\rho}{1-\rho^{K+1}} & \rho\neq 1 \\ \dfrac{1}{K+1} & \rho=1 \end{cases}$$

$$P_j = \theta_j P_0 = \begin{cases} \dfrac{\rho^j(1-\rho)}{1-\rho^{K+1}} & \rho\neq 1 \\ \dfrac{1}{K+1} & \rho=1 \end{cases}$$

$$\lambda_e = \lambda(1-P_K)$$

2. 计算平均逗留队长 L

$$L=\sum_{j=0}^{K}jP_j=\sum_{j=1}^{K}jP_j=\sum_{j=1}^{K}j(\theta_jP_0)=\sum_{j=1}^{K}(j\rho^jP_0)$$

$$=P_0\rho\left(\sum_{j=1}^{K}j\rho^{j-1}\right)=P_0\rho\left[\frac{\mathrm{d}}{\mathrm{d}\rho}\left(\sum_{j=1}^{K}\rho^j\right)\right]=P_0\rho\frac{\mathrm{d}}{\mathrm{d}\rho}(\rho+\rho^2+\rho^3+\cdots+\rho^K)$$

$$=P_0\rho\frac{\mathrm{d}}{\mathrm{d}\rho}\left[\frac{\rho(1-\rho^K)}{1-\rho}\right]=\frac{P_0\rho}{(1-\rho)^2}[1-(K+1)\rho^K+K\rho^{K+1}]$$

$$=\frac{\rho}{1-\rho}-\frac{(K+1)\rho^{K+1}}{1-\rho^{K+1}}\qquad\rho\neq1$$

$$L=\frac{K}{2}\qquad\rho=1$$

3. 计算平均等待队长 L_q

根据式(17.1.1)、式(17.1.2)有

$$L_q=L-\overline{S}$$

$$\overline{S}=\frac{\lambda_e}{\mu}$$

又 $\lambda_e=\lambda(1-P_K)=\lambda\left(1-\dfrac{\rho^K(1-\rho)}{1-\rho^{K+1}}\right)$，故

$$L_q=\begin{cases}\dfrac{\rho}{1-\rho}-\dfrac{\rho(1+K\rho^K)}{1-\rho^{K+1}} & \rho\neq1\\[2ex] \dfrac{K(K-1)}{2(K+1)} & \rho=1\end{cases}$$

4. 计算平均逗留时间 W

根据 little 公式有

$$W=\frac{L}{\lambda_e}$$

5. 计算平均等待时间 W_q

根据 little 公式有

$$W_q=\frac{L_q}{\lambda_e}$$

显然，前面介绍的 $M/M/1/1$ 系统是 $M/M/1/K$ 系统在 $K=1$ 时的特例，而 $M/M/1$ 系统是 $M/M/1/K$ 系统在 $K=\infty$时的特例。

6. 计算举例

例 17.5　将例 17.3 中的 $M/M/1$ 排队系统改为 $M/M/1/3$ 排队系统，除增加计算 $P_{失}$ 外，其他内容不变。

解　$\rho=\dfrac{\lambda}{\mu}=0.75\quad K=3$

在 $M/M/1/3$ 系统中，有

$$P_0=\frac{1-\rho}{1-\rho^{K+1}}=0.366$$

$$P_{失}=P_K=\frac{\rho^3(1-\rho)}{1-\rho^4}=0.154$$

$$\lambda_e=\lambda(1-P_K)=3\times(1-0.154)=2.538$$

$$L = \frac{\rho}{1-\rho} - \frac{(K+1)\rho^{K+1}}{1-\rho^{K+1}} = 1.15$$

$$L_q = \frac{\rho}{1-\rho} - \frac{\rho(1+K\rho^K)}{1-\rho^{K+1}} = 0.51$$

$$W = \frac{L}{\lambda_e} = 0.453$$

$$W_q = \frac{L_q}{\lambda_e} = 0.20$$

例 17.6 将例 17.3 中的 $M/M/1$ 排队系统改为 $M/M/1/7$ 排队系统，除增加计算 $P_{失}$ 外，其他内容不变。

解 $\rho=\frac{\lambda}{\mu}=0.75 \quad K=7$

在 $M/M/1/7$ 系统中，有

$$P_0 = \frac{1-\rho}{1-\rho^{K+1}} = 0.278$$

$$P_{失} = P_K = \frac{\rho^7(1-\rho)}{1-\rho^8} = 0.037$$

$$\lambda_e = \lambda(1-P_K) = 2.89$$

$$L = \frac{\rho}{1-\rho} - \frac{(K+1)\rho^{K+1}}{1-\rho^{K+1}} = 2.11$$

$$L_q = \frac{\rho}{1-\rho} - \frac{\rho(1+K\rho^K)}{1-\rho^{K+1}} = 1.39$$

$$W = \frac{L}{\lambda_e} = 0.73$$

$$W_q = \frac{L_q}{\lambda_e} = 0.48$$

例 17.7 试将以上例 17.3、例 17.4、例 17.5、例 17.6 的计算结果全部列在一张表格中，并将有关结果分别进行简单的分析比较。

解 将本节例 17.3、例 17.4、例 17.5、例 17.6 的计算结果全部列于表 17.3.3 中。

表 17.3.3 四个排队系统的性能指标比较

例题	系统	P_0	$P_{失}$	λ_e	L	L_q	W	W_q
例 17.4	$M/M/1/1$	0.57	$P_1=0.43$	1.71	0.43	0	0.25	0
例 17.5	$M/M/1/3$	0.366	$P_3=0.154$	2.538	1.15	0.51	0.453	0.20
例 17.6	$M/M/1/7$	0.278	$P_7=0.037$	2.89	2.11	1.39	0.73	0.48
例 17.3	$M/M/1$	0.25	$P_\infty=0$	3	3	2.25	1	0.75

显然，表 17.3.3 中数据的变化还是很有规律的。请读者自行分析比较(根据 $P_{失}$ 的定义，容易得到例 17.3 中的 $P_{失}=P_\infty=0$)。

四、$M/M/1/m/m$ 有限源系统

前面介绍的几种排队系统，其顾客源都是无限的，下面讨论顾客源有限的情况。

1. 典型实例——机器维修问题

$M/M/1/m/m$ 排队系统的典型实例是机器维修问题。假设某车间只有 1 个修理工负

责维修 m 台机器。若修理工处于空闲状态时，有一台机器发生了故障，则修理工立即会去修理，使其消除故障恢复生产。在这里，出故障的机器就是顾客，修理工相当于服务台。若修理工正忙于修理故障机器时，再发生故障的机器只能排队等待修理了。假定如下。

第一：每台机器连续正常运转的时间服从相同的参数为 λ 的负指数分布，平均连续运转时间为$\frac{1}{\lambda}$，λ 是一台机器在单位运转时间内发生故障的平均次数。

第二：每台故障机器的修理时间服从相同的参数为 μ 的负指数分布，平均修理时间(服务时间)为$\frac{1}{\mu}$。

第三：各台机器在任意时段内连续运转的时间与故障机器的修理时间相互独立。

在机器维修问题中，某一台机器出了故障(到达排队系统)并经修好(接受服务完毕离开排队系统)，然后仍可能再出故障。在 $M/M/1/m/m$ 系统中，顾客数 j 就是出故障的平均机器台数，$(j-1)$是排队等待修理的平均机器台数；$(m-j)$是正在运转的平均机器台数，单位时间内出故障的平均次数为$(m-j)\lambda$。上述有限源排队系统也可写作 $M/M/1/\infty/m$，其系统容量为∞，但实际使用时绝不会超过 m，因此它与 $M/M/1/m/m$ 的意义相同。

$M/M/1/m/m$ 有限源排队系统也是一类生灭过程排队系统，省略写法的 $M/M/1/m/m$ 即 $M/M/1/m/m/FCFS$，其具体含义是：

(1) 输入过程$\{M(t),t\geqslant 0\}$是强度为 λ 的泊松流，设 λ 是一台机器在单位运转时间内发生故障的平均次数。

(2) 对每个顾客的服务时间 v_i 相互独立，且具有相同的参数为 μ 的负指数分布。设平均服务率 $\mu>0$，平均服务时间 $V=E(v_i)=\frac{1}{\mu}$。

(3) 单服务台，先到先服务。

(4) 系统容量为 m。

(5) 顾客源数与系统容量相等，均为有限值 m，即系统中最多有 m 个顾客。若系统中已有 m 个顾客，就不会再来新的顾客；只有当系统中的顾客接受服务完毕离开系统后重又返回顾客源时，系统才可能有顾客继续到达。这是一种有限源的等待制系统。

(6) 输入过程与服务过程相互独立。

2. 计算 P_0、P_j、λ_e

已知 λ 是每台机器在单位运转时间内发生故障的平均次数，有

$$\lambda_j = (m-j)\lambda \quad (j = 0,1,\cdots,m-1)$$

$$\mu_j = \mu \quad (j = 1,2,\cdots,m)$$

$M/M/1/m/m$ 系统稳态时的状态转移关系见图 17.3.1。

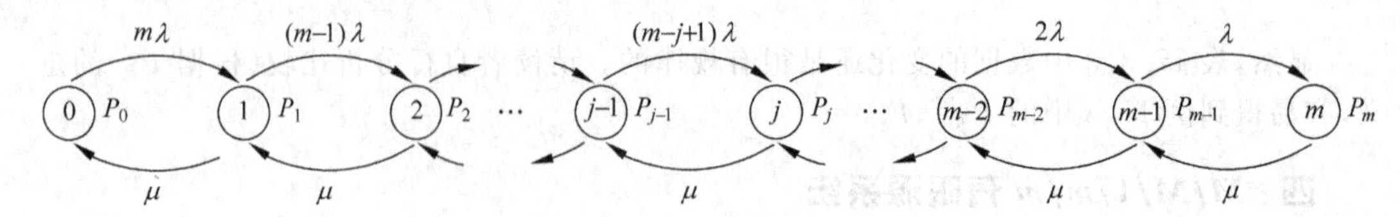

图 17.3.1 $M/M/1/m/m$ 系统稳态时的状态转移

由图 17.3.1 可得：当 $j=1$ 时

$$P_1=\frac{m\lambda}{\mu}P_0 \tag{17.3.6}$$

当 $j=2$ 时

$$P_2=\frac{(m-1)\lambda}{\mu}P_1 \tag{17.3.7}$$

当 $j=3$ 时

$$P_3=\frac{(m-2)\lambda}{\mu}P_2 \tag{17.3.8}$$

⋮

当 $j=m$ 时

$$P_m=\frac{\lambda}{\mu}P_{m-1}$$

综上，有

$$P_j=\frac{(m-j+1)\lambda}{\mu}P_{j-1}\quad (j=1,2,\cdots,m) \tag{17.3.9}$$

下面求解 P_0 与 P_j。

将式(17.3.6)代入式(17.3.7)中，得

$$P_2 = m(m-1)\left(\frac{\lambda}{\mu}\right)^2 P_0 \tag{17.3.10}$$

将式(17.3.10)代入式(17.3.8)中，得

$$P_3 = m(m-1)(m-2)\left(\frac{\lambda}{\mu}\right)^3 P_0 \tag{17.3.11}$$

⋮

以此类推，可以得到用 P_0 表示的 $P_1,P_2,P_3,\cdots,P_m$ 各式。将各式的左侧、右侧分别相加，左侧得到

$$\sum_{j=1}^{m}P_j = 1-P_0$$

右侧也得到只含 P_0 的式子。因为左侧相加等于右侧相加，故可解得 P_0,P_j 如下

$$P_0 = \left[\sum_{j=0}^{m}\frac{m!}{(m-j)!}\left(\frac{\lambda}{\mu}\right)^j\right]^{-1} \tag{17.3.12}$$

$$P_j = \frac{m!}{(m-j)!}\left(\frac{\lambda}{\mu}\right)^j P_0\quad (j=1,2,\cdots,m) \tag{17.3.13}$$

下面计算 λ_e：设系统中逗留的平均顾客数(故障机器的平均台数)为 L，则系统外正在运转的无故障机器的平均台数为 $m-L$。需要注意的是，这里的顾客有效平均到达率不是 λ 而是 λ_e。稳态下，有效平均到达率等于有效平均离去率，即有

$$\lambda_e = (m-L)\lambda = (1-P_0)\mu \tag{17.3.14}$$

3. 计算平均逗留队长 L

由式(17.3.14)可以求解出 L 为

$$L = m-\frac{\mu}{\lambda}(1-P_0)$$

4. 计算平均等待队长 L_q

根据式(17.1.2)，有 $\bar{S}=\frac{\lambda_e}{\mu}$，又根据式(17.3.14)故

$$L_q = L - \overline{S} = L - \frac{\lambda_e}{\mu} = L - (1 - P_0) = m - (1 - P_0)\left(1 + \frac{\mu}{\lambda}\right)$$

5. 计算平均逗留时间 W

$$W = \frac{L}{\lambda_e} = \frac{m}{(1 - P_0)\mu} - \frac{1}{\lambda}$$

6. 计算平均等待时间 W_q

$$W_q = W - \frac{1}{\mu} = \frac{m}{(1 - P_0)\mu} - \frac{1}{\lambda} - \frac{1}{\mu}$$

7. 计算举例

例 17.8 有一个修理人员负责维修 3 台同型号设备。每台设备连续正常运转的时间服从负指数分布,平均故障率为每周 1 次,修理时间服从负指数分布,平均服务率为每周 4 台次。试求该系统的有关性能指标。

解 这是一个 $M/M/1/3/3$ 系统,有

$$S = 1 \quad m = 3 \quad \lambda = 1 \quad \mu = 4 \quad \frac{\lambda}{\mu} = 0.25$$

$$\begin{aligned} P_0 &= \left[\frac{3!}{3!}\left(\frac{\lambda}{\mu}\right)^0 + \frac{3!}{2!}\left(\frac{\lambda}{\mu}\right)^1 + \frac{3!}{1!}\left(\frac{\lambda}{\mu}\right)^2 + \frac{3!}{1}\left(\frac{\lambda}{\mu}\right)^3\right]^{-1} \\ &= [1 + 3 \times 0.25 + 6 \times 0.25^2 + 6 \times 0.25^3]^{-1} \\ &= 0.4507 \end{aligned}$$

$$P_1 = m \cdot \frac{\lambda}{\mu} \cdot P_0 = 3 \times 0.25 \times 0.4507 = 0.3380$$

$$P_2 = \frac{m!}{(m-2)!}\left(\frac{\lambda}{\mu}\right)^2 P_0 = 6 \times 0.25^2 \times 0.4507 = 0.1690$$

$$P_3 = \frac{m!}{1}\left(\frac{\lambda}{\mu}\right)^3 \cdot P_0 = 6 \times 0.25^3 \times 0.4507 = 0.0423$$

$$\lambda_e = (1 - P_0)\mu = (1 - 0.4507) \times 4 = 2.1972$$

$$L = m - \frac{\mu}{\lambda}(1 - P_0) = 3 - 4(1 - 0.4507) = 0.8028$$

$$L_q = L - (1 - P_0) = 0.8028 - (1 - 0.4507) = 0.2535$$

$$W = \frac{L}{\lambda_e} = 0.8028/2.1972 = 0.3654$$

$$W_q = W - \frac{1}{\mu} = 0.3654 - 0.25 = 0.1154$$

平均设备完好台数 $n_1 = m - L = 3 - 0.8028 = 2.1972$

平均设备完好率 $n_2 = \frac{m-L}{m} = 2.1972/3 = 73.24\%$

17.4 多服务台、负指数分布的排队系统

与单服务台、负指数分布的排队系统相类似,多服务台、负指数分布的排队系统也是一类生灭过程系统,也包括顾客无限源与顾客有限源两种情况。在顾客无限源情况下,也分为等待制系统、损失制系统、混合制系统三种类型。所不同的是:多服务台、负指数分布的排

队系统都由 $S(S>1)$ 个相互独立的服务台并行服务，顾客排成一队，假设每个服务台的平均服务率都是 μ，遵循先到先服务的规则。显然，$S=1$ 的单服务台、负指数分布的排队系统是其特例。在本节中，设 $\rho=\dfrac{\lambda}{S\mu}$，$\rho$ 称作 S 个服务台情况下每个服务台的平均服务强度，当 $S=1$ 时，$\rho=\dfrac{\lambda}{\mu}$。另设 $\sigma=\dfrac{\lambda}{\mu}$，在 S 个服务台情况下，有 $\sigma=S\rho$，当 $S=1$ 时，$\sigma=\rho$。下面重点介绍 $M/M/S$、$M/M/S/S$、$M/M/S/K$、$M/M/S/m/m$ 等系统的性能指标计算。

一、M/M/S 等待制系统

省略写法的 $M/M/S$ 即 $M/M/S/\infty/\infty/FCFS$，其具体含义参考 $M/M/1$ 等待制系统。

1. 计算 P_0、P_j、λ_e

在 $M/M/S$ 系统中，有可列状态集，$j=0,1,2,\cdots$；在等待制系统中，有 $\lambda_e=\lambda$，已知

$$\lambda_j=\lambda \quad j=0,1,2,\cdots$$

$$\mu_j=\begin{cases} j\mu & j=1,2,\cdots,S-1 \\ S\mu & j=S,S+1,S+2,\cdots \end{cases}$$

令 $\sigma=\dfrac{\lambda}{\mu}$，若 $\rho=\dfrac{\lambda}{S\mu}<1$，则系统有稳态解。

先求 θ_j。

例如，当 $S=3$ 时，有 $\mu_1=1\mu$，$\mu_2=2\mu$，$\mu_3=3\mu$，$\mu_4=3\mu$，$\mu_5=3\mu$，$\cdots$ 显然各 μ_j 的值不全相等。根据第 17.2 节定理 17.4 可得

$$\theta_1=\frac{\lambda_0}{\mu_1}=\frac{\lambda}{\mu}=\frac{\sigma}{1!}$$

$$\theta_2=\frac{\lambda_0\lambda_1}{\mu_1\mu_2}=\frac{\lambda^2}{2\mu^2}=\frac{\sigma^2}{2!}=\frac{\sigma^j}{j!}$$

$$\theta_3=\frac{\lambda_0\lambda_1\lambda_2}{\mu_1\mu_2\mu_3}=\frac{\sigma^3}{3!}=\frac{\sigma^S}{S!}$$

$$\theta_4=\frac{\lambda_0\lambda_1\lambda_2\lambda_3}{\mu_1\mu_2\mu_3\mu_4}=\frac{\sigma^3}{3!}\cdot\frac{\lambda_3}{\mu_4}=\frac{\sigma^S}{S!}\frac{\lambda}{3\mu}=\frac{\sigma^S}{S!}\frac{\sigma^{j-S}}{S^{j-S}}=\frac{\sigma^j}{S!S^{j-S}}$$

因此，一般有

$$\theta_j=\begin{cases} \dfrac{\sigma^j}{j!} & j=1,2,\cdots,S-1 \\ \dfrac{\sigma^j}{S!S^{j-S}} & j=S,S+1,S+2,\cdots \end{cases} \tag{17.4.1}$$

$$P_0=\left(\sum_{j=0}^{\infty}\theta_j\right)^{-1}=\left(\sum_{j=0}^{S-1}\frac{\sigma^j}{j!}+\sum_{j=S}^{\infty}\frac{\sigma^j}{S!S^{j-S}}\right)^{-1}$$

$$=\left(\sum_{j=0}^{S-1}\frac{\sigma^j}{j!}+\frac{\sigma^S}{S!(1-\rho)}\right)^{-1} \tag{17.4.2}$$

$$P_j=\theta_jP_0=\begin{cases} \dfrac{\sigma^j}{j!}P_0 & j=1,2,\cdots,S-1 \\ \dfrac{\sigma^j}{S!S^{j-S}}P_0 & j=S,S+1,S+2,\cdots \end{cases} \tag{17.4.3}$$

在 $M/M/S$ 系统中，只有当顾客数 $j\geqslant S$ 时，再到达的顾客才会等待。因此，由式(17.4.3)

与等比级数求和公式可以容易地得到顾客到达后必须等待的概率

$$\begin{aligned}P(j \geqslant S) &= \sum_{j=S}^{\infty} P_j = P_S + P_{S+1} + P_{S+2} + \cdots \\ &= (\theta_S + \theta_{S+1} + \theta_{S+2} + \cdots) P_0 = \left(\frac{\sigma^S}{S!} + \frac{\sigma^{S+1}}{S!S} + \frac{\sigma^{S+2}}{S!S^2} + \cdots\right) P_0 \\ &= \frac{\dfrac{\sigma^S}{S!}}{1 - \dfrac{\sigma}{S}} \cdot P_0 = \frac{\sigma^S}{S!(1-\rho)} \cdot P_0 \end{aligned} \tag{17.4.4}$$

式(17.4.4)称为 Erlang 等待公式。

2. 计算 $\bar{S}$ 与 V

这里的 $\bar{S}$ 是平均忙的服务台数，V 是对每个顾客的平均服务时间，详见第 17.1 节。已知 $\lambda_e = \lambda$，根据式(17.1.2)与式(17.1.4)，有

$$\bar{S} = \frac{\lambda_e}{\mu} = \frac{\lambda}{\mu} = \sigma$$

$$V = E(v_i) = \frac{1}{\mu}$$

3. 计算 L_q、L、W_q、W

$$L_q = \sum_{j=S}^{\infty} (j - S) P_j = \frac{\sigma^S \cdot \rho}{S!(1-\rho)^2} \cdot P_0 \tag{17.4.5}$$

求出 L_q 后，可利用稳态下的四个基本关系式(17.1.1)～式(17.1.6)再求出 L、W_q、W 三项指标。

$$L = L_q + \bar{S} = L_q + \sigma$$

$$W_q = \frac{L_q}{\lambda_e} = \frac{L_q}{\lambda}$$

$$W = W_q + V = W_q + \frac{1}{\mu} \quad 或 \quad W = \frac{L}{\lambda_e} = \frac{L}{\lambda}$$

显然，前面介绍的 $M/M/1$ 系统是 $M/M/S$ 系统在 $S=1$ 时的特例。

4. 计算举例

例 17.9 某超市有三个收款台，顾客的到达为泊松流，平均到达率 λ 为 1.2 人/分钟，收款时间服从负指数分布，平均服务率 μ 为 0.5 人/分钟。现设顾客到达后排成一队，依次到空闲的收款台付款，这一排队系统可以认为是 $M/M/S$ 系统。其中，$S=3$，$\sigma=\dfrac{\lambda}{\mu}=2.4$，$\rho=\dfrac{\lambda}{S\mu}=0.8<1$。试求

(1) 各收款台都空闲的概率；

(2) 顾客到达后必须等待的概率；

(3) 指标 L_q、L、W_q、W。

解 (1) 各收款台都空闲的概率

根据式(17.4.2)，有

$$P_0=\left(\sum_{j=0}^{S-1}\frac{\sigma^j}{j!}+\frac{\sigma^S}{S!(1-\rho)}\right)^{-1}=\left(\frac{(2.4)^0}{0!}+\frac{(2.4)^1}{1!}+\frac{(2.4)^2}{2!}+\frac{(2.4)^3}{3!(1-0.8)}\right)^{-1}$$

$$=0.0562$$

(2) 顾客到达后必须等待的概率

根据式(17.4.4),顾客到达后必须等待的概率为

$$\sum_{j=S}^{\infty}P_j=\frac{\sigma^S}{S!(1-\rho)}\cdot P_0=\frac{(2.4)^3}{3!(1-0.8)}\times 0.0562=0.6474$$

(3) 指标 L_q、L、W_q、W

根据式(17.4.5),有

$$L_q=\frac{\sigma^S\cdot\rho}{S!(1-\rho)^2}\cdot P_0=\frac{(2.4)^3\times 0.8}{6\times(1-0.8)^2}\times 0.0562=2.5897$$

再求出 L、W_q、W

$$L=L_q+\bar{S}=L_q+\sigma=2.5897+2.4=4.9897$$

$$W_q=\frac{L_q}{\lambda_e}=\frac{L_q}{\lambda}=\frac{2.5897}{1.2}=2.1581$$

$$W=W_q+V=W_q+\frac{1}{\mu}=2.1581+\frac{1}{0.5}=4.1581$$

例 17.10 现将例 17.9 中的三个收款台改变成三个独立的 $M/M/1$ 子系统组成的系统,顾客到达后在每个收款台前各排一队,且进入某队后不允许再换队,每个队列的平均到达率 λ 都为 $1.2/3=0.4$ 人/分钟,其他已知条件同例 17.9。试求:

(1) 每个子系统的收款台空闲的概率;

(2) 顾客到达后必须等待的概率;

(3) 指标 L_q、L、W_q、W。

解 对每个 $M/M/1$ 子系统,有

$$\lambda=0.4\quad \mu=0.5\quad \rho=\frac{\lambda}{\mu}=0.8<1$$

可根据式(17.3.1)~式(17.3.5)计算每个 $M/M/1$ 子系统的指标。

(1) 每个收款台空闲的概率

$$P_0=1-\rho=1-0.8=0.2$$

(2) 顾客到达后必须等待的概率

$$1-P_0=1-0.2=0.8$$

(3) 指标 L_q、L、W_q、W

$$L_q=\frac{\lambda^2}{\mu(\mu-\lambda)}\qquad\text{(每个 } M/M/1 \text{ 子系统)}$$

$$=\frac{0.4^2}{0.5(0.5-0.4)}$$

$$=3.2$$

$$L=\frac{\lambda}{\mu-\lambda}\qquad\text{(每个 } M/M/1 \text{ 子系统)}$$

$$=\frac{0.4}{0.5-0.4}$$

$$=4$$

$$L \times 3 = 12 \qquad \text{(整个系统)}$$

$$W_q = \frac{\lambda}{\mu(\mu-\lambda)} \qquad \text{(每个 } M/M/1 \text{ 子系统)}$$

$$= \frac{0.4}{0.5(0.5-0.4)}$$

$$= 8$$

$$W = \frac{1}{\mu-\lambda} \qquad \text{(每个 } M/M/1 \text{ 子系统)}$$

$$= \frac{1}{0.5-0.4}$$

$$= 10$$

现将例 17.9 与例 17.10 的结果列于表 17.4.1 中，显然，$M/M/3$ 系统的各项指标均比三个 $M/M/1$ 子系统的优越。

表 17.4.1　M/M/3 系统与三个 M/M/1 子系统的比较

指标 \ 系统	$M/M/3$ 系统	三个 $M/M/1$ 子系统
收款台空闲的概率	0.0562(整个系统)	0.2(每个子系统)
顾客必须等待的概率	0.6474	0.8
平均等待队长 L_q	2.5897	3.2(每个子系统)
平均逗留队长 L	4.9897	12(整个系统)
平均等待时间 W_q(分钟)	2.1581	8
平均逗留时间 W(分钟)	4.1581	10

二、M/M/S/S 损失制系统

省略写法的 $M/M/S/S$ 即 $M/M/S/S/\infty/FCFS$，其具体含义参考 $M/M/1/1$ 损失制系统。

1. 计算 P_j

在 $M/M/S/S$ 系统中有

$$\lambda_j = \lambda \qquad j = 0,1,2,\cdots,S-1$$

$$\mu_j = j\mu \qquad j = 1,2,\cdots,S$$

设 $\sigma=\frac{\lambda}{\mu}$，$\rho=\frac{\lambda}{S\mu}$

$$\theta_j = \frac{\sigma^j}{j\,!} \qquad j = 1,2,\cdots,S$$

$$P_0 = \left(\sum_{j=0}^{S} \frac{\sigma^j}{j\,!}\right)^{-1}$$

$$P_j = \frac{\sigma^j}{j\,!}P_0 \qquad j = 1,2,\cdots,S$$

2. 计算 $P_{失}$ 与 λ_e

当系统中的 S 个服务台全部被占用，也就是顾客数为 S 时，再来的顾客将自动消失。设顾客到达系统时由于不能进入系统而消失的概率为 $P_{失}$，则有

$$P_{失} = P_S$$

$$\lambda_e = \lambda(1 - P_S)$$

3. 计算 L_q、L、W_q、W

在损失制系统中,因为不允许排队等待,故

$$L_q = 0$$

$$W_q = 0$$

该排队系统达到稳态时,单位时间内到达并进入系统的平均顾客数 λ_e 应等于单位时间内接受服务完毕离开系统的平均顾客数 $\bar{S} \cdot \mu$,故有

$$\lambda_e = \lambda(1 - P_S) = \bar{S} \cdot \mu$$

$$\bar{S} = \frac{\lambda_e}{\mu} = \sigma(1 - P_S)$$

$$L = L_q + \bar{S} = \sigma(1 - P_S)$$

$$W = \frac{L}{\lambda_e} = \frac{1}{\mu}$$

显然,前面介绍的 $M/M/1/1$ 系统是 $M/M/S/S$ 系统在 $S=1$ 时的特例。

4. 计算举例

例 17.11 某电话站有 n 条线路,可同时供 n 对用户通话。当所有线路均占线时,再要求通话的用户可视为自动消失;当其重新要求通话时,可看作另一新用户到达。设用户呼唤流为泊松流,平均到达率 $\lambda=3$ 次/分钟,每个用户的通话时间服从负指数分布,平均服务率 $\mu=2$ 次/分钟。试求:稳态下,任一用户打不通电话的概率小于5%时所需的最少线路数 C,以及此时该电话站平均占用线路数 $\bar{C}$。

解 可将该电话站看作 $M/M/C/C$ 系统,有

$$\lambda = 3\ 次/分钟, \mu = 2\ 次/分钟, \sigma = \frac{\lambda}{\mu} = 1.5$$

顾客打不通电话的概率 $P_{失}$ 为

$$P_{失} = P_c = \frac{\sigma^c}{C!}\left(\sum_{j=0}^{c}\frac{\sigma^j}{j!}\right)^{-1}$$

$$= \frac{\sigma^c}{C!\left(1 + \frac{\sigma}{1!} + \frac{\sigma^2}{2!} + \frac{\sigma^3}{3!} + \cdots + \frac{\sigma^c}{c!}\right)}$$

分别以 $C=1,2,3,4,\cdots$ 代入上述 $P_{失}$ 式,将所得各 P_c 值列于表 17.4.2。

表 17.4.2 服务台数 C 与顾客自动消失的概率 P_c

C	1	2	3	4
P_c	0.6	0.31	0.1343	0.048

由表 17.4.2 可知,所求 C 为 4;平均忙的线路数 $\bar{C}$ 为

$$\bar{C} = \sigma(1 - P_4) = 1.5 \times (1 - 0.048) = 1.428$$

三、$M/M/S/K$ 混合制系统

省略写法的 $M/M/S/K$ 即 $M/M/S/K/\infty/FCFS$,其具体含义参考 $M/M/1/K$ 混合制系统。

1. 计算 P_j

在 $M/M/S/K$ 系统中

$$\lambda_j = \lambda \quad j = 0,1,2,\cdots,K-1$$

$$\mu_j = \begin{cases} j\mu & j = 1,2,\cdots,S-1 \\ S\mu & j = S,S+1,\cdots,K \end{cases}$$

设 $\sigma=\dfrac{\lambda}{\mu},\rho=\dfrac{\lambda}{S\mu}$

根据第17.2节定理17.3,有

$$\theta_j = \begin{cases} \dfrac{\sigma^j}{j\,!} & j = 1,2,\cdots,S-1 \\ \dfrac{\sigma^j}{S\,!S^{j-S}} & j = S,S+1,\cdots,K \end{cases}$$

$$P_0 = \left(\sum_{j=0}^{S-1}\frac{\sigma^j}{j\,!} + \sum_{j=S}^{K}\frac{\sigma^j}{S\,!S^{j-S}}\right)^{-1} = \begin{cases} \left(\displaystyle\sum_{j=0}^{S-1}\frac{\sigma^j}{j\,!} + \frac{\sigma^S(1-\rho^{K-S+1})}{S!(1-\rho)}\right)^{-1} & \rho \neq 1 \\ \left(\displaystyle\sum_{j=0}^{S-1}\frac{\sigma^j}{j\,!} + \frac{\sigma^S}{S!}(K-S+1)\right)^{-1} & \rho = 1 \end{cases}$$

注意,P_0 式化简中利用了等比数列前 n 项和公式。

$$P_j = \begin{cases} \dfrac{\sigma^j}{j\,!}P_0 & j = 1,2,\cdots,S-1 \\ \dfrac{\sigma^j}{S!S^{j-S}}P_0 & j = S,S+1,\cdots,K \end{cases}$$

当 $j=S$ 时,有 $P_S=\dfrac{\sigma^S}{S!}P_0$ 成立。

2. 计算 $P_{失}$ 与 λ_e

当系统容量 K 全部被占满,也就是顾客数为 K 时,再来的顾客将自动消失。因此有

$$P_{失} = P_K$$

$$\lambda_e = \lambda(1-P_K)$$

3. 计算 L_q、L、W_q、W

当系统中顾客数 $S<j\leqslant K$ 时,会有顾客排队等待,其等待队长为 $j-S$。平均等待队长为

$$L_q = \sum_{j=0}^{K-S} jP_{j+S} = \sum_{j=S}^{K}(j-S)P_j$$

$$= \begin{cases} P_S\cdot\dfrac{\rho}{(1-\rho)^2}[1-(K-S+1)\rho^{K-S}+(K-S)\rho^{K-S+1}] & \rho\neq 1 \\ P_S\cdot\dfrac{(K-S+1)(K-S)}{2} & \rho = 1 \end{cases}$$

$$\overline{S} = \frac{\lambda_e}{\mu} = \sigma(1-P_K)$$

$$L = L_q + \overline{S}$$

$$W_q = \frac{L_q}{\lambda_e}$$

$$W = \frac{L}{\lambda_e} = W_q + \frac{1}{\mu}$$

显然,前面介绍的 $M/M/S$、$M/M/S/S$、$M/M/1/K$ 系统分别是 $M/M/S/K$ 系统在 $K=\infty$、$K=S$、$S=1$ 时的特例。

4. 计算举例

例 17.12 某加油站有两台油泵为汽车加油,站内最多只能容纳 4 辆汽车。已知需加油的汽车按泊松流到达,平均每小时 4 辆。每辆车加油所需时间服从负指数分布,平均每辆车需 12 分钟。试求排队系统的各项基本指标。

解 该系统是 $M/M/2/4$ 排队系统,有

$$\lambda = 4(\text{辆} / \text{小时})$$

$$\mu = 5(\text{辆} / \text{小时})$$

$$S = 2, K = 4$$

$$\sigma = \frac{\lambda}{\mu} = 0.8 \quad \rho = \frac{\lambda}{S\mu} = 0.4$$

$$P_0 = \left(1+\sigma+\frac{\sigma^2}{2}+\frac{\sigma^3}{4}+\frac{\sigma^4}{8}\right)^{-1} = \left[1+\sigma+\frac{\sigma^2(1-\rho^3)}{2(1-\rho)}\right]^{-1} = 0.435$$

$$P_1 = \sigma \cdot P_0 = 0.8 \times 0.435 = 0.348$$

$$P_2 = \frac{\sigma^2}{2}P_0 = \frac{0.8^2}{2} \times 0.435 = 0.139$$

$$P_3 = \frac{\sigma^3}{4}P_0 = 0.056$$

$$P_4 = \frac{\sigma^4}{8}P_0 = 0.022$$

$$L_q = \sum_{j=0}^{K-S} jP_{j+S} = 1P_3 + 2P_4 = 0.056 + 2 \times 0.022 = 0.100(\text{辆})$$

$$\lambda_e = \lambda(1-P_K) = \lambda(1-P_4) = 4 \times (1-0.022) = 3.912(\text{辆} / \text{小时})$$

$$W_q = \frac{L_q}{\lambda_e} = \frac{0.100}{3.912} = 0.026(\text{小时})$$

$$W = W_q + \frac{1}{\mu} = 0.026 + 0.2 = 0.226(\text{小时})$$

$$L = W \cdot \lambda_e = 0.226 \times 3.912 = 0.884(\text{辆})$$

四、*M/M/S/m/m* 有限源系统

$M/M/S/m/m$ 系统是顾客源有限的多服务台排队系统。省略写法的 $M/M/S/m/m$ 即 $M/M/S/m/m/FCFS$,其具体含义参考 $M/M/1/m/m$ 有限源系统。

1. 计算 P_j

设 λ 是每台机器在单位运转时间内发生故障的平均次数,有

$$\lambda_j = (m-j)\lambda \qquad j = 0,1,\cdots,m-1$$

$$\mu_j = \begin{cases} j\mu & j = 1,2,\cdots,S-1 \\ S\mu & j = S,S+1,\cdots,m \end{cases}$$

$M/M/S/m/m$ 系统稳态时的状态转移关系见图 17.4.1。

图 17.4.1 与图 17.3.1 稍有不同,采用类似的方法即可得到 P_0、P_j 的计算公式

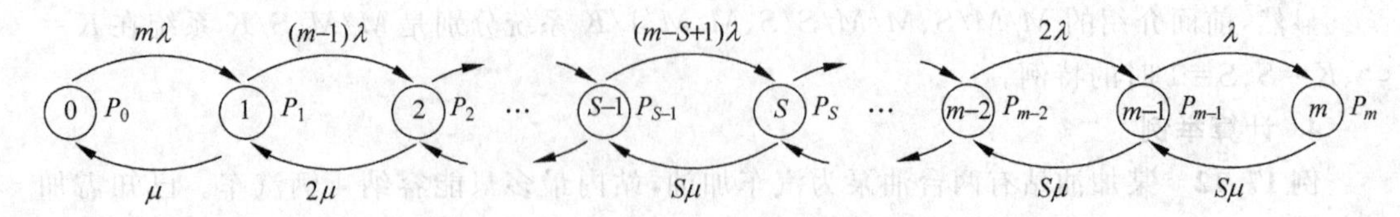

图 17.4.1 $M/M/S/m/m$ 系统稳态时的状态转移

$$P_0=\left[\sum_{j=0}^{S}\frac{m!}{j!(m-j)!}\left(\frac{\lambda}{\mu}\right)^j+\sum_{j=S+1}^{m}\frac{m!}{S!(m-j)!S^{j-S}}\left(\frac{\lambda}{\mu}\right)^j\right]^{-1}$$

$$P_j=\begin{cases}\dfrac{m!}{j!(m-j)!}\left(\dfrac{\lambda}{\mu}\right)^jP_0 & j=1,2,\cdots,S-1\\[2ex]\dfrac{m!}{S!(m-j)!S^{j-S}}\left(\dfrac{\lambda}{\mu}\right)^jP_0 & j=S,S+1,\cdots,m\end{cases}$$

2. 计算 λ_e

与 $M/M/1/m/m$ 系统一样,在 $M/M/S/m/m$ 系统中,有效的顾客平均到达率也不是 λ 而是 λ_e

$$\lambda_e=(m-L)\lambda$$

3. 计算 L_q、L、W_q、W

$$L_q=\sum_{j=S}^{m}(j-S)P_j=\sum_{j=0}^{m-S}jP_{j+S}$$

$$L=L_q+\bar{S}=L_q+\frac{\lambda_e}{\mu}=L_q+\frac{(m-L)\lambda}{\mu}\qquad(17.4.6)$$

由式(17.4.6)可以解出 L

$$L=\frac{L_q\mu+m\lambda}{\mu+\lambda}=\sum_{j=0}^{m}jP_j$$

$$W_q=\frac{L_q}{\lambda_e}$$

$$W=\frac{L}{\lambda_e}=\frac{L}{\lambda(m-L)}$$

显然,前面介绍的 $M/M/1/m/m$ 系统是 $M/M/S/m/m$ 系统在 $S=1$ 时的特例。

4. 计算举例

例 17.13 将上节例 17.8 中的已知条件改为有两个同等的修理人员,其他均不改变。

解 这是一个 $M/M/2/3/3$ 系统,有

$$S=2,m=3,\lambda=1,\mu=4,\frac{\lambda}{\mu}=0.25$$

$$P_0=\left[1+3\times\left(\frac{\lambda}{\mu}\right)+\frac{3!}{2!1!}\left(\frac{\lambda}{\mu}\right)^2+\frac{3!}{2!(3-3)!2}\left(\frac{\lambda}{\mu}\right)^3\right]^{-1}$$
$$=[1+3\times0.25+3\times0.25^2+1.5\times0.25^3]^{-1}=0.5100$$

$$P_1=\frac{3!}{1!2!}\left(\frac{\lambda}{\mu}\right)\cdot P_0=3\times0.25\times0.5100=0.3825$$

$$P_2=\frac{3!}{1!2!}\left(\frac{\lambda}{\mu}\right)^2\cdot P_0=3\times0.25^2\times0.5100=0.0956$$

$$P_3 = \frac{3!}{2!0!2}\left(\frac{\lambda}{\mu}\right)^3 P_0 = 1.5 \times 0.25^3 \times 0.5100 = 0.0120$$

$$L_q = 0P_2 + 1P_3 = P_3 = 0.0120$$

$$L = 0P_0 + 1P_1 + 2P_2 + 3P_3 = 0.3825 + 2 \times 0.0956 + 3 \times 0.0120 = 0.6097$$

$$\lambda_e = (3 - 0.6097) \times 1 = 2.3903$$

$$W_q = \frac{0.0120}{2.3903} = 0.0050$$

$$W = \frac{0.6097}{2.3903} = 0.2551$$

平均设备完好台数 $n_1 = m - L = 2.3903$

平均设备完好率 $n_2 = \frac{m-L}{m} = 79.68\%$

下面将上节例 17.8 与本节例 17.13 的各项指标列于表 17.4.3 中，可以看到，增加了一个修理人员后，指标明显变好。

表 17.4.3 M/M/1/3/3 与 M/M/2/3/3 系统的性能指标比较

指标 \ 系统	$M/M/1/3/3$	$M/M/2/3/3$
P_0	0.4507	0.5100
P_1	0.3380	0.3825
P_2	0.1690	0.0956
P_3	0.0423	0.0120
L_q	0.2535	0.0120
L	0.8028	0.6097
λ_e	2.1972	2.3903
W_q	0.1154	0.0050
W	0.3654	0.2551
n_1	2.1972	2.3903
n_2	73.24%	79.68%

五、八种基本排队系统的小结

在 17.3 节、17.4 节两节中，我们先学习了单服务台排队系统中的等待制系统 $M/M/1$、损失制系统 $M/M/1/1$、混合制系统 $M/M/1/K$ 以及有限源系统 $M/M/1/m/m$，然后学习了多服务台排队系统中的等待制系统 $M/M/S$、损失制系统 $M/M/S/S$、混合制系统 $M/M/S/K$ 以及有限源系统 $M/M/S/m/m$。这样的顺序安排遵循由简单到复杂、由特殊到一般的认识规律，希望能给初学者学习带来方便。在学习了全部八种基本排队系统之后，我们很容易发现：$M/M/1$ 系统是 $M/M/S$ 系统的特例(见图 17.4.2)。也就是说，令 $M/M/S$ 各项性能指标式中的 $S=1$，即可得到 $M/M/1$ 的性能指标。类似地，其他基本排队系统之间的一般与特殊关系见图 17.4.2 与图 17.4.3。在经历了由特殊到一般，又由一般到特殊之后，我们对这八种基本排队系统及其相互关系应该有更深刻的理解。

M/M/S
S=1
M/M/1
K=∞
K=∞
M/M/S/S
K=S
M/M/S/K
S=1
M/M/1/K
K=1
M/M/1/1
S=1

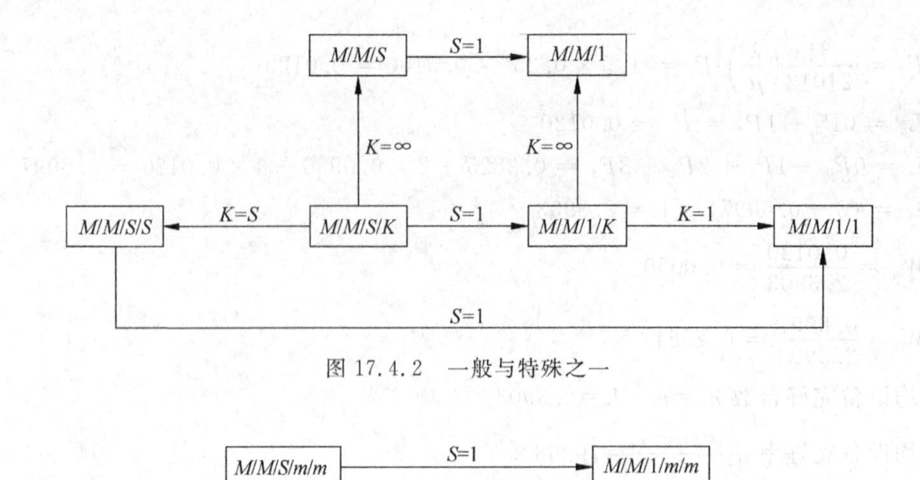

图 17.4.2 一般与特殊之一

M/M/S/m/m
S=1
M/M/1/m/m

图 17.4.3 一般与特殊之二

17.5 一般服务时间的排队系统

前面第 17.3 节与第 17.4 节介绍的各种排队系统，其输入过程都是泊松流，服务时间都服从负指数分布，故也统称 Poisson 排队系统。它们都属于生灭过程排队系统。由于 Poisson 系统的到达间隔与服务时间分布的“无后效性”，可以直接应用马尔可夫过程的有关理论、方法研究系统的概率特性，大大简化了分析计算。当一个排队系统的输入过程非泊松流，或其服务时间不服从负指数分布，或二者兼有之，则称为非 Poisson 排队系统，其系统特性与 Poisson 系统有根本的不同。对一般非 Poisson 系统而言，因不再具有无后效性这一良好性质，必须引进新的分析方法(例如嵌入马氏链法)来求解问题。本节仅以一般服务时间排队系统 $M/G/1$ 为典型代表，重点介绍其性能指标的计算。

一、$M/G/1$ 一般服务时间系统

省略写法的 $M/G/1$ 即 $M/G/1/\infty/\infty/FCFS$，其具体含义是：

(1) 输入过程$\{M(t),t\geqslant 0\}$是强度为 λ 的泊松流，设平均到达率 $\lambda>0$。

(2) 对每个顾客的服务时间 v_i 是相互独立且具有相同分布的随机变量，其期望值为 $E(v_i)$，方差为 $D(v_i)$。

(3) 单服务台，先到先服务。

(4) 系统容量∞，为等待制系统，有效平均到达率 $\lambda_e=\lambda$。其状态集为可列状态集。

(5) 顾客源数∞。

(6) 输入过程与服务过程相互独立。

采用嵌入马氏链法，可以分析与求解 $M/G/1$ 系统。限于篇幅，下面直接引入 Pollaczek-Khintchine($P-K$)公式，需要进一步了解的读者可参阅参考文献[25]。

1. 性能指标

Pollaczek-Khintchine($P-K$)公式：

在 $M/G/1$ 系统中，设顾客平均到达率 $\lambda>0$，一般服务时间 v_i 的期望值为 $E(v_i)$、方差

为 $D(v_i)$。当 $\rho=\lambda E(v_i)<1$ 时，排队系统有稳态解，且有

$$L_q=\frac{\rho^2+\lambda^2 D(v_i)}{2(1-\rho)}$$

根据上述 $P-K$ 公式和第 17.1 节给出的稳态下的四个基本关系式，可得到 $M/G/1$ 系统的性能指标计算公式

$$L_q=\frac{\rho^2+\lambda^2 D(v_i)}{2(1-\rho)} \tag{17.5.1}$$

$$L=L_q+\bar{S}=L_q+\rho \tag{17.5.2}$$

$$W_q=\frac{L_q}{\lambda_e}=\frac{L_q}{\lambda} \tag{17.5.3}$$

$$W=W_q+E(v_i) \tag{17.5.4}$$

显然，已知 λ、$E(v_i)$、$D(v_i)$，就可以求出 L_q，进而求出 L、W_q、W，而不管随机变量 v_i 有怎样的分布。不过各项指标的值都与方差 $D(v_i)$ 有关，只有方差 $D(v_i)$ 为 0 时，随机性的波动才不会影响各指标的大小。

2. 计算举例

例 17.14 利用本节所得到的 $M/G/1$ 系统的性能指标计算公式，求解 $M/M/1$ 系统稳态下的基本性能指标。

解 $M/M/1$ 系统是 $M/G/1$ 的一个特例。在 $M/M/1$ 系统中，服务时间服从相同的负指数分布。设平均服务率 $\mu>0$，平均服务时间 $E(v_i)=\frac{1}{\mu}$，方差 $D(v_i)=\frac{1}{\mu^2}$。

根据式(17.5.1)至式(17.5.4)可得

$$L_q=\frac{\rho^2+\lambda^2\cdot\frac{1}{\mu^2}}{2(1-\rho)}=\frac{\rho^2}{1-\rho}=\frac{\lambda^2}{\mu(\mu-\lambda)}$$

$$L=L_q+\rho=\frac{\lambda^2}{\mu(\mu-\lambda)}+\frac{\lambda}{\mu}=\frac{\lambda}{\mu-\lambda}$$

$$W_q=\frac{L_q}{\lambda}=\frac{\lambda^2}{\mu(\mu-\lambda)}\div\lambda=\frac{\lambda}{\mu(\mu-\lambda)}$$

$$W=W_q+E(v_i)=\frac{\lambda}{\mu(\mu-\lambda)}+\frac{1}{\mu}=\frac{1}{\mu-\lambda}$$

以上结果与第 17.3 节中式(17.3.2)至式(17.3.5)的结果相同。

二、*M/D/1* 定长服务时间系统

$M/D/1$ 是最简单的一种 $M/G/1$ 系统。D 表示服务时间 v_i 是一个确定常数，设 $v_i=\frac{1}{\mu}>0$，有 $E(v_i)=\frac{1}{\mu}$，$D(v_i)=0$。

1. 性能指标

在 $M/D/1$ 系统中，当 $\rho=\frac{\lambda}{\mu}<1$ 时，有稳态解。将 $E(v_i)=\frac{1}{\mu}$、$D(v_i)=0$ 代入式(17.5.1)～式(17.5.4)，可得各项性能指标

$$L_q = \frac{\rho^2 + \lambda^2 \cdot D(v_i)}{2(1-\rho)} = \frac{\rho^2}{2(1-\rho)} = \frac{\lambda^2}{2\mu(\mu-\lambda)} \tag{17.5.5}$$

$$L = L_q + \rho = \frac{\rho^2}{2(1-\rho)} + \rho = \frac{\lambda(2\mu-\lambda)}{2\mu(\mu-\lambda)} \tag{17.5.6}$$

$$W_q = \frac{L_q}{\lambda} = \frac{\rho^2}{2(1-\rho)\lambda} = \frac{\lambda}{2\mu(\mu-\lambda)} \tag{17.5.7}$$

$$W = W_q + E(v_i) = \frac{\rho^2}{2(1-\rho)\lambda} + \frac{1}{\mu} = \frac{2\mu-\lambda}{2\mu(\mu-\lambda)} \tag{17.5.8}$$

可以证明,在一般服务时间分布的情况下,以定长分布时的 L_q、W_q 为最小。比较式(17.5.5)、式(17.5.7)与式(17.3.3)、式(17.3.5)可知,负指数分布时的 L_q、W_q 已增大为定长分布时的 2 倍。

2. 计算举例

例 17.15 某公司有一台自动检测某大型仪表性能指标的机器,其检测每台仪表需要 10 分钟,已知前来检测的仪表按泊松流到达,每小时平均来 4 台。试求该排队系统的各性能指标。

解 这是一个 $M/D/1$ 系统。已知 $\lambda=4$ 台/小时,$E(v_i)=\frac{10}{60}$(小时),$\rho=\frac{4}{6}$,$D(v_i)=0$,将其代入式(17.5.5)~式(17.5.8)可得

$$L_q = \frac{\rho^2}{2(1-\rho)} = 0.667(\text{台})$$

$$L = L_q + \rho = 1.334(\text{台})$$

$$W_q = \frac{L_q}{\lambda} = 0.167(\text{小时})$$

$$W = W_q + E(v_i) = 0.334(\text{小时})$$

三、$M/E_k/1$ 爱尔朗服务时间系统

$M/E_k/1$ 是适用面广泛的一种 $M/G/1$ 系统。在第 17.2 节中已经介绍过:当服务时间 v_i 服从参数为 $k\mu$ 的 k 阶爱尔朗分布时,有 $E(v_i)=\frac{1}{\mu}$,$D(v_i)=\frac{1}{k\mu^2}$。

1. 性能指标

在 $M/E_k/1$ 系统中,当 $\rho=\frac{\lambda}{\mu}<1$ 时,有稳态解。将 $E(v_i)=\frac{1}{\mu}$、$D(v_i)=\frac{1}{k\mu^2}$ 代入式(17.5.1)~式(17.5.4),可得各项性能指标

$$L_q = \frac{\rho^2 + \lambda^2 \cdot \frac{1}{k\mu^2}}{2(1-\rho)} = \frac{\rho^2\left(1+\frac{1}{k}\right)}{2(1-\rho)} = \frac{(k+1)\rho^2}{2k(1-\rho)}$$

$$L = L_q + \rho = \frac{(k+1)\rho^2}{2k(1-\rho)} + \rho$$

$$W_q = \frac{L_q}{\lambda} = \frac{(k+1)\rho^2}{2k(1-\rho)} \cdot \frac{1}{\lambda} = \frac{(k+1)\rho}{2k\mu(1-\rho)}$$

$$W = W_q + E(v_i) = \frac{(k+1)\rho}{2k\mu(1-\rho)} + \frac{1}{\mu}$$

2. 计算举例

例 17.16 某裁缝店只有一位做西装的裁缝。设每套西装需要依次经过四道不同的工序才能制成，每道工序所需时间服从同参数的负指数分布且平均需 2 小时。设顾客前来定制西装的过程为泊松过程，平均每周到达 4.5 人(每人定制一套西装，且规定每周工作 5 天，每天工作 8 小时)。试求一位顾客从订货到做好一套西装平均要多少时间？

解 设 x_1、x_2、x_3、x_4 分别是裁缝为第 j 位顾客缝制西装在四道工序上所花的时间，它们是相互独立且服从同参数的负指数分布的随机变量。因此，缝制该套西装所需的总时间

$$v_i = x_1 + x_2 + x_3 + x_4$$

是服从 4 阶爱尔朗分布的随机变量。

根据题意，有

$$\lambda = 4.5 \text{ 套 / 周}$$

$$\mu = 5 \text{ 套 / 周}$$

$$\rho = \frac{\lambda}{\mu} = 0.9$$

$$E(v_i) = \frac{1}{\mu} = 0.2$$

$$D(v_i) = \frac{1}{k\mu^2} = 0.01$$

$$L = \frac{(k+1)\rho^2}{2k(1-\rho)} + \rho = \frac{(4+1)\times 0.9^2}{2\times 4\times(1-0.9)} + 0.9 = 5.96$$

$$W = \frac{L}{\lambda} = \frac{5.96}{4.5} = 1.324(\text{周})$$

故所求平均时间为 1.324 周。

17.6 排队系统的模拟与优化

本节通过多个应用实例介绍排队系统的随机模拟法与基本的优化方法。

当排队系统的到达间隔和服务时间的概率分布很复杂或不能用公式描述时，就不能用解析法求解，这时可采用随机模拟法。另外，当排队系统的全部或局部还处于设计阶段时，也可采用随机模拟法对系统进行仿真研究。排队系统的优化，包括系统设计的优化(静态优化)与系统控制的优化(动态优化)。一般情况下，提高排队系统的服务水平可降低顾客的逗留损失，但常常要增加服务成本。因此，优化目标往往是求逗留损失与服务成本之和最小，或纯收入、利润(服务收入与服务成本之差)最大。至于优化的方法，对于连续变量问题，常用经典微分法；对于离散变量问题，常用边际分析法；对于一些更复杂的问题，也可以用线性规划、非线性规划或动态规划等方法。

一、汽车修理厂问题的随机模拟

例 17.17 某小型汽车修理厂共有 3 个停车位置，其中 1 个位置供正在修理的汽车使用。现以一天为一个时段，每天最多修好一辆车。每天到达修理厂的汽车数及其概率如表 17.6.1所示。

表 17.6.1　汽车的到达情况

到达数(辆)	0	1	2	≥3
概率	0.6	0.2	0.2	0

假设一个时段内一辆汽车能够修好的概率为 0.8，本时段内未能修好的汽车与正在等待修理的汽车一起进入下一时段。试问：每天夜里平均有几辆汽车停放在该厂？

解　这是一个单服务台、系统容量为 3 的混合制排队系统。下面采用随机模拟法求解。表 17.6.2 是两位数的随机数表(部分)。

表 17.6.2　两位数的随机数表(部分)

97	95	12	11	90	49	57	13	86	81
02	92	75	91	24	58	39	22	13	02
80	67	14	99	16	89	96	63	67	60
66	24	72	57	32	15	49	63	00	04
96	76	20	28	72	12	77	23	79	46
55	64	82	61	73	94	26	18	37	31
50	02	74	70	16	85	95	32	85	67
29	53	08	33	81	34	30	21	24	25
58	16	01	91	70	07	50	13	18	24
51	16	69	67	16	53	11	06	36	10
04	55	36	97	30	99	80	10	52	40
86	54	35	61	59	89	64	97	16	02
24	23	52	11	59	10	88	68	17	39
39	36	99	50	74	27	69	48	32	68
47	44	41	86	83	50	24	51	02	08
60	71	41	25	90	93	07	24	29	59
65	88	48	06	68	92	70	97	02	66
44	74	11	60	14	57	08	54	12	90
93	10	95	80	32	50	40	44	08	12
20	46	36	19	47	78	16	90	59	64
86	54	24	88	94	14	58	49	80	79
12	88	12	25	19	70	40	06	40	31
42	00	50	24	60	90	69	60	07	86
29	98	81	68	61	24	90	92	32	68
36	63	02	37	89	40	81	77	74	82
01	77	82	78	20	72	35	38	56	89
41	69	43	37	41	21	36	39	57	80
54	40	76	04	05	01	45	84	55	11
68	03	82	32	22	80	92	47	77	62
21	31	77	75	43	13	83	43	70	16
53	64	54	21	04	23	85	44	81	36
91	66	21	47	95	69	58	91	47	59
48	72	74	40	97	92	05	01	61	18
36	21	47	71	84	46	09	85	32	82
55	95	24	85	84	51	61	60	62	13
70	27	01	88	84	85	77	94	67	35
38	13	66	15	38	54	43	64	25	43
36	80	25	24	92	98	35	12	17	62
98	10	91	61	04	90	05	22	75	20
50	54	29	19	26	26	87	94	27	73

以一天为一个时段,共模拟30天。为了生成汽车到达的有关数据,可利用表17.6.2中的两位随机数(00~99):令00~59表示有0辆汽车到达(相应概率为0.6);60~79表示有1辆汽车到达(相应概率为0.2);80~99表示有2辆汽车到达(相应概率为0.2)。类似地,随机数00~79表示当天能修好一辆汽车;80~99表示当天不能修好一辆汽车。详细的模拟过程见表17.6.3。

表17.6.3 排队系统的随机模拟

时段	随机数1	到达车数	随机数2	能否修好	系统中车数
1	12	0	90	否	0
2	75	1	24	能	0
3	14	0	16	能	0
4	72	1	32	能	0
5	20	0	72	能	0
6	82	2	73	能	1
7	74	1	16	能	1
8	08	0	81	否	1
9	01	0	70	能	0
10	69	1	16	能	0
11	36	0	30	能	0
12	35	0	59	能	0
13	52	0	59	能	0
14	99	2	74	能	1
15	41	0	83	否	1
16	41	0	90	否	1
17	48	0	68	能	0
18	11	0	14	能	0
19	95	2	32	能	1
20	36	0	47	能	0
21	24	0	94	否	0
22	12	0	19	能	0
23	50	0	60	能	0
24	81	2	61	能	1
25	02	0	89	否	1
26	82	2	20	能	2
27	43	0	41	能	1
28	76	1	05	能	1
29	82	2	22	能	2
30	77	1	43	能	2

由统计表17.6.3中的数据可得

$$P_0 = \frac{16}{30} = 0.533$$

$$P_1 = \frac{11}{30} = 0.367$$

$$P_2 = \frac{3}{30} = 0.100$$

$$P_3 = \frac{0}{30} = 0$$

所求为

$$0 \times 0.533 + 1 \times 0.367 + 2 \times 0.100 + 3 \times 0 = 0.567$$

如果要得到更加精确的结果，可以延长模拟总时间，也可以重复进行多次模拟，再求其算术平均值。

二、卸货场问题的随机模拟

例 17.18 某仓库前有一卸货场，货车一般是夜里到达、白天卸货，每天只能卸 2 车货。若一天内到达数超过 2 车，则推迟到次日卸货。货车到达数的经验概率分布见表 17.6.4，平均每天到 1.89 车。求每天平均推迟卸货多少车？

表 17.6.4 到达车数的经验概率分布

到达车数(辆)	0	1	2	3	4	5	≥6
概率	0.10	0.30	0.30	0.23	0.05	0.02	0

解 这是单服务台的排队系统，可以验证到达车数不符合泊松分布，服务时间也不服从负指数分布，不能用以前几节的方法求解。下面采用随机模拟法求解。

首先，依据给定的到达车数的概率，给各种不同的到达车数分配相应的随机数(见表 17.6.5)。这样就可利用随机数表 17.6.2 模拟产生每天的到达车数。然后，计算当天需要卸货车数、当天实际卸货车数以及当天推迟卸货车数。

表 17.6.5 到达车数与对应的随机数

到达车数(辆)	概率	累积概率	对应的随机数
0	0.10	0.10	00—09
1	0.30	0.40	10—39
2	0.30	0.70	40—69
3	0.23	0.93	70—92
4	0.05	0.98	93—97
5	0.02	1.00	98—99
	$\sum = 1.00$		

当天需要卸货车数＝当天到达车数＋前一天推迟卸货车数

$$\text{当天实际卸货车数} = \begin{cases} \text{当天需要卸货车数} & (\text{当天需要卸货车数} \leqslant 2\text{ 时}) \\ 2 & (\text{当天需要卸货车数} > 2\text{ 时}) \end{cases}$$

为了使整个模拟从稳态过程中的任意点开始(更具一般性)，特将前三天作为模拟的预备期(其数据不参与统计分析，但预备期第三天的“推迟卸货车数”要在第 1 天的计算中使用)，其后依次是第 1 天、第 2 天……，设共模拟 30 天。该排队过程的模拟见表 17.6.6，其中 x 表示预备期。

表 17.6.6 卸货场问题的随机模拟

日期	随机数	到达车数	需要卸货车数	实际卸货车数	推迟卸货车数
x	97	4	4	2	2
x	02	0	2	2	0
x	80	3	3	2	1
1	66	2	3	2	1
2	96	4	5	2	3
3	55	2	5	2	3
4	50	2	5	2	3
5	29	1	4	2	2
6	58	2	4	2	2
7	51	2	4	2	2
8	04	0	2	2	0
9	86	3	3	2	1
10	24	1	2	2	0
11	39	1	1	1	0
12	47	2	2	2	0
13	60	2	2	2	0
14	65	2	2	2	0
15	44	2	2	2	0
16	93	4	4	2	2
17	20	1	3	2	1
18	86	3	4	2	2
19	12	1	3	2	1
20	42	2	3	2	1
21	29	1	2	2	0
22	36	1	1	1	0
23	01	0	0	0	0
24	41	2	2	2	0
25	54	2	2	2	0
26	68	2	2	2	0
27	21	1	1	1	0
28	53	2	2	2	0
29	91	3	3	2	1
30	48	2	3	2	1
总计		55			26
平均		1.83			0.87

三、$M/M/1$ 系统的最优服务率

1. 求解 $M/M/1$ 的最优服务率 μ^*

这里的 $M/M/1$ 即 $M/M/1/\infty/\infty/FCFS$。

在这个优化问题中，取目标函数 z 为服务台单位时间的服务成本与所有顾客在系统中逗留单位时间的损失费用之和的期望值最小。即

$$\min z = a\mu + bL$$

其中 a 为服务台以单位服务速度($\mu=1$)运行单位时间所需的服务成本,b 为每个顾客在系统中逗留单位时间的损失费用。

将式(17.3.2)$L=\dfrac{\lambda}{\mu-\lambda}$代入上述 z 式,得

$$z = a\mu + \frac{b\lambda}{\mu-\lambda} \tag{17.6.1}$$

先求$\dfrac{dz}{d\mu}$,再令其为 0,则

$$\frac{dz}{d\mu} = a - \frac{b\lambda}{(\mu-\lambda)^2} = 0$$

$$(\mu-\lambda)^2 = \frac{b\lambda}{a}$$

$$\mu - \lambda = \pm\sqrt{\frac{b}{a}\lambda}$$

因为 $\rho=\dfrac{\lambda}{\mu}<1$,所以 $\mu>\lambda$,于是

$$\mu^* = \lambda + \sqrt{\frac{b}{a}\lambda} \tag{17.6.2}$$

2. 计算举例

例 17.19 现需要设计一座只有一个装卸船只泊位的港口码头,其装卸能力用每日装卸的船只数表示。已知单位装卸能力时每日平均服务成本为 3 千元,每只船在港口每逗留一日要损失运输收入 2.25 千元,预计船只的平均到达率为 4 只/日,设船只到达的时间间隔和装卸时间都服从负指数分布。试问:港口装卸能力为多大时每天的总支出最少?

解 由题意可知优化目标是使每天的总支出最少。支出费用有两项:一项是与装卸能力 μ 成正比,另一项是与每天平均逗留的顾客数 L 成正比。即

$$\min z = a\mu + bL$$

将

$$\lambda = 4,\quad a = 3,\quad b = 2.25$$

代入式(17.6.2),可得

$$\mu^* = \lambda + \sqrt{\frac{b}{a}\lambda} = 4 + \sqrt{\frac{2.25}{3}\times 4} = 5.732$$

因此装卸能力应按每天平均装卸 5.732 只船进行设计。

四、$M/M/1/K$ 系统的最优服务率

1. 求解 $M/M/1/K$ 的最优服务率 μ^*

这里的 $M/M/1/K$ 即 $M/M/1/K/\infty/FCFS$。

在 $M/M/1/K$ 混合制系统中,如果已有 K 个顾客,则再来的顾客将自动消失。稳态时,单位时间内接受服务完毕的平均顾客数,应该等于单位时间内到达并进入系统的平均顾客数 λ_e,有 $\lambda_e=\lambda(1-P_K)$。

设服务台每服务完 1 个顾客的收入为 G 元,当 $\mu=1$ 时单位时间服务台的服务成本为 a

元，取目标函数 z 为单位时间的利润，则有

$$\max z = \lambda(1-P_K)G - a\mu$$

因为 $M/M/1/K$ 系统中，有

$$P_K = \frac{\rho^K(1-\rho)}{1-\rho^{K+1}} \quad \left(其中\ \rho = \frac{\lambda}{\mu} \neq 1\right)$$

故

$$z = \lambda G \cdot \frac{1-\rho^K}{1-\rho^{K+1}} - a\mu \tag{17.6.3}$$

$$= \lambda\mu G \cdot \frac{\mu^K - \lambda^K}{\mu^{K+1} - \lambda^{K+1}} - a\mu$$

先求 $\frac{dz}{d\mu}$，再令其为0，可得

$$\rho^{K+1}\left[\frac{K-(K+1)\rho+\rho^{K+1}}{(1-\rho^{K+1})^2}\right] = \frac{a}{G} \tag{17.6.4}$$

式(17.6.4)中，a、G、K、λ 均为已知。但一般情况下由该式求出 μ^* 是很困难的，通常采用查表17.6.7的方法求出 ρ，再由 $\mu^* = \frac{\lambda}{\rho}$ 求出 μ^*，进而利用式(17.6.3)求出单位时间的利润值 z。

表 17.6.7 M/M/1/K 系统 ρ 的最优值

ρ \ K ; a/G	1	2	3	4	5	6	7	8	9	10	12	14	16	18	20
0.05	0.29	0.36	0.44	0.50	0.55	0.59	0.63	0.66	0.68	0.70	0.74	0.77	0.79	0.81	0.83
0.10	0.46	0.50	0.55	0.60	0.64	0.68	0.71	0.73	0.75	0.77	0.80	0.82	0.84	0.85	0.87
0.15	0.63	0.61	0.64	0.68	0.71	0.74	0.76	0.78	0.80	0.81	0.84	0.86	0.87	0.88	0.89
0.20	0.81	0.71	0.73	0.75	0.77	0.80	0.81	0.83	0.84	0.85	0.87	0.88	0.90	0.91	0.91
0.25	1.00	0.82	0.81	0.82	0.83	0.84	0.86	0.87	0.88	0.88	0.90	0.91	0.92	0.93	0.93
0.30	1.21	0.93	0.88	0.88	0.88	0.89	0.90	0.90	0.91	0.91	0.92	0.93	0.94	0.94	0.95
0.35	1.45	1.03	0.96	0.94	0.93	0.93	0.93	0.94	0.94	0.94	0.95	0.95	0.96	0.96	0.96
0.40	1.72	1.16	1.04	1.00	0.98	0.98	0.97	0.97	0.97	0.97	0.97	0.97	0.97	0.98	0.98
0.45		1.28	1.12	1.06	1.03	1.02	1.01	1.00	1.00	1.00	0.99	0.99	0.99	0.99	0.99
0.50		1.43	1.21	1.13	1.09	1.06	1.05	1.04	1.03	1.03	1.02	1.01	1.01	1.01	1.01
0.55		1.59	1.31	1.20	1.15	1.11	1.09	1.07	1.06	1.05	1.04	1.03	1.03	1.02	1.02
0.60		1.77	1.42	1.28	1.21	1.16	1.13	1.11	1.10	1.09	1.07	1.05	1.05	1.04	1.04
0.65		1.98	1.55	1.37	1.27	1.22	1.18	1.15	1.13	1.12	1.09	1.08	1.07	1.06	1.05
0.70			1.69	1.47	1.35	1.28	1.24	1.20	1.17	1.15	1.12	1.10	1.09	1.08	1.07
0.75			1.86	1.58	1.44	1.35	1.30	1.25	1.22	1.19	1.16	1.13	1.11	1.10	1.09
0.80				1.73	1.55	1.43	1.36	1.31	1.28	1.24	1.20	1.16	1.14	1.12	1.11
0.85				1.93	1.69	1.55	1.46	1.39	1.34	1.30	1.24	1.20	1.18	1.15	1.14
0.90					1.89	1.70	1.58	1.50	1.44	1.38	1.31	1.26	1.22	1.19	1.17
0.95						1.98	1.79	1.67	1.58	1.51	1.41	1.35	1.30	1.26	1.23
0.99										1.84	1.67	1.55	1.47	1.41	1.36

2. 计算举例

例 17.20 现有一个 $M/M/1/3$ 排队系统,通过实测数据统计可得顾客平均到达率 $\lambda=3.6$ 人/小时,平均服务时间为 10 分钟。又知服务台每运行 1 小时(当 $\mu=1$ 时)的成本为 0.5(百元),为一个顾客服务的收入是 1(百元)。问:平均服务率 μ 是多少时可使单位时间的平均总利润最大?平均最大总利润是多少?

解 在 $M/M/1/3$ 系统中,$K=3$,实测的 $\lambda=3.6$ 人/小时,由平均服务时间为 10 分钟可知实测的 $\mu=6$ 人/小时,又每小时(当 $\mu=1$ 时)服务台的服务成本 $a=0.5$(百元),为一个顾客服务的收入 $G=1$(百元)。

由实测的 λ、μ,可计算出实际的 ρ

$$\rho=\frac{\lambda}{\mu}=\frac{3.6}{6}=0.6$$

将已知的 λ、μ、ρ、a、G、K 代入式(17.6.3)计算出实际的利润值 z

$$z=\lambda G\cdot\frac{1-\rho^{K}}{1-\rho^{K+1}}-a\mu=3.6\times1\times\frac{1-0.6^{3}}{1-0.6^{4}}-0.5\times6=0.2426$$

下面计算一下最优 μ^* 下的利润 z:表 17.6.7 是 $M/M/1/K$ 系统中根据 K、$\frac{a}{G}$ 求最优 ρ 的表格。当 $K=3$,$\frac{a}{G}=0.5$ 时,查表 17.6.7 可知,$\rho=1.21$。由 $\mu^*=\frac{\lambda}{\rho}$ 可求出最优服务率 $\mu^*=\frac{3.6}{1.21}=2.9752\doteq3$。将最优的 ρ、μ^* 及 λ、a、G、K 代入式(17.6.3)可计算出最大利润值 z

$$\max z=\lambda G\cdot\frac{1-\rho^{K}}{1-\rho^{K+1}}-a\mu^*=3.6\times1\times\frac{1-1.21^{3}}{1-1.21^{4}}-0.5\times3=0.9289$$

五、*M/M/1/m/m* 系统的最优服务率

1. 求解 $M/M/1/m/m$ 的最优服务率 μ^*

这里的 $M/M/1/m/m$ 即 $M/M/1/m/m/FCFS$。

假设仍按机器维修问题来考虑。设共有 m 台机器,各机器连续正常运转时间服从相同的负指数分布,有 1 个修理工,修理时间服从相同的负指数分布。已知一台机器在单位运转时间内发生故障的平均次数为 λ,当 $\mu=1$ 时单位时间的修理成本为 a 元,每台机器正常运转单位时间可收入 H 元。试确定平均服务率 μ 为多少时可使单位时间利润 z 最大。

因为平均正常运转的机器数为 $(m-L)$ 台,又 $M/M/1/m/m$ 系统中有 $L=m-\frac{\mu}{\lambda}(1-P_0)$,故

$$\max z=H(m-L)-a\mu=H(1-P_0)\frac{\mu}{\lambda}-a\mu$$

令

$$\varphi=\frac{\mu}{\lambda}$$

因为

$$P_0=\left[\sum_{j=0}^{m}\frac{m!}{(m-j)!}\left(\frac{\lambda}{\mu}\right)^j\right]^{-1}$$

所以 P_0 是 φ 的函数，令 $P_0=F(\varphi)$，则

$$z=H\varphi[1-F(\varphi)]-a\lambda\varphi \tag{17.6.5}$$

显然，m、λ、a、H 为已知，z 是 φ 的函数，或者说 z 是 μ 的函数。该问题是一个单变量函数的寻优问题，可以采用数值方法求解，有些情况下也可以令 $\frac{\mathrm{d}z}{\mathrm{d}\mu}=0$，解方程求出其根 μ^*。

2. 计算举例

例 17.21 某车间有两台相同的机器，有一名技工负责其故障修理工作。已知该系统可以看做是 $M/M/1/2/2$ 系统，每台机器平均每天发生 2 次故障。当 $\mu=1$ 时，每天的修理成本为 1(百元)；每台机器正常运转 1 天可收入 4(百元)。试求使每天利润 z 最大的平均服务率 μ^*。

解 在此 $M/M/1/2/2$ 系统中，已知

$$\lambda=2\text{ 次}/\text{天}\quad H=4(\text{百元})/\text{天}\qquad a=1(\text{百元})/\text{天}\qquad m=2$$

$$P_0=\left[\frac{2!}{2!}\left(\frac{2}{\mu}\right)^0+\frac{2!}{1!}\left(\frac{2}{\mu}\right)^1+\frac{2!}{0!}\left(\frac{2}{\mu}\right)^2\right]^{-1}=\left[1+\frac{4}{\mu}+\frac{8}{\mu^2}\right]^{-1}=\frac{\mu^2}{\mu^2+4\mu+8}$$

$$\varphi=\frac{\mu}{2}$$

$$\begin{aligned}z&=H(1-P_0)\frac{\mu}{\lambda}-a\mu=4\times\frac{\mu}{2}\left(1-\frac{\mu^2}{\mu^2+4\mu+8}\right)-\mu\\&=\frac{-\mu^3+4\mu^2+8\mu}{\mu^2+4\mu+8}\end{aligned}$$

令

$$\begin{aligned}\frac{\mathrm{d}z}{\mathrm{d}\mu}&=\frac{(-3\mu^2+8\mu+8)(\mu^2+4\mu+8)-(2\mu+4)(-\mu^3+4\mu^2+8\mu)}{(\mu^2+4\mu+8)^2}\\&=\frac{-\mu^4-8\mu^3-16\mu^2+64\mu+64}{(\mu^2+4\mu+8)^2}=0\end{aligned}$$

因为 $\mu>0$，所以 $(\mu^2+4\mu+8)^2>0$，有

$$\mu^4+8\mu^3+16\mu^2-64\mu-64=0$$

这是一般的一元四次方程，依据一系列求根公式可以解出 $\mu^*=2.306\,669$(限于篇幅，计算过程从略)。

六、$M/M/S$ 系统的最优服务台数

1. 求解 $M/M/S$ 的最优服务台数 S^*

这里的 $M/M/S$ 即 $M/M/S/\infty/\infty/FCFS$。

在这个优化问题中，取目标函数 z 为单位时间内所有服务台服务成本与所有顾客逗留的损失费用之和的期望值最小。即

$$\min z=CS+bL \tag{17.6.6}$$

其中 S 为服务台数，C 是每个服务台单位时间的服务成本，L 是系统中平均逗留的顾客数，b 是每个顾客在系统中逗留单位时间的损失费用。

式(17.6.6)中，C 与 b 是已知的，L 是 S 的函数，根据式(17.4.2)和式(17.4.5)，即

$$P_0=\left(\sum_{j=0}^{S-1}\frac{\sigma^j}{j\,!}+\frac{\sigma^S}{S\,!(1-\rho)}\right)^{-1}$$

$$L_q=\sum_{j=S}^{\infty}(j-S)P_j=\frac{\sigma^S\cdot\rho}{S\,!(1-\rho)^2}\cdot P_0$$

又

$$L=L_q+\overline{S}=L_q+\sigma\quad\left(\sigma=\frac{\lambda}{\mu},\rho=\frac{\lambda}{S\mu}\right)$$

可求出 L,进而求出 z,显然 z 也是 S 的函数。

因为 S 只取正整数,$z(S)$不是连续函数,故不能采用经典微分法,可采用边际分析法。假设最优服务台数为 S^*,总费用最小值为 $z(S^*)$,即有

$$\begin{cases}z(S^*)\leqslant z(S^*-1)\\ z(S^*)\leqslant z(S^*+1)\end{cases}\tag{17.6.7}$$

将式(17.6.6)代入式(17.6.7),得

$$\begin{cases}CS^*+bL(S^*)\leqslant C(S^*-1)+bL(S^*-1)\\ CS^*+bL(S^*)\leqslant C(S^*+1)+bL(S^*+1)\end{cases}$$

化简后得到

$$L(S^*)-L(S^*+1)\leqslant\frac{C}{b}\leqslant L(S^*-1)-L(S^*)\tag{17.6.8}$$

式(17.6.8)中 S 的取值范围是 1,2,3,…,对每个确定的 S 取值,都可计算出两个差值 $[L(S)-L(S+1)]$与$[L(S-1)-L(S)]$,而$\frac{C}{b}$是常数,这个常数刚好落在两个差值之间时的 S 值就是 S^*。最好能够根据具体问题的特点和实际经验给出 S^* 的一个较准确的估计值,在估计值附近连续计算若干个 S 值下的 $L(S)$及 $z(S)$,从而得到 S^*,这样可减少许多计算量。当然,如果将 $S=1,2,3,\cdots$时的 $L(S)$及 $z(S)$一一计算出来,根据其中 $z(S)$的最小值也可得到 S^*。

2. 计算举例

例 17.22 某车辆检验中心的车辆到达服从泊松流,平均到达率 λ 为 48 辆/天,每个来检验的车辆的运输损失费用为 6 百元/天,检验时间服从负指数分布,平均服务率 μ 为 25 辆/天。该系统可看做是 $M/M/S$ 系统。已知每设置一个检验台的服务成本为 4 百元/天,问应设几个检验台使每天总费用的平均值最小?

解 已知在 $M/M/S$ 系统中,$\lambda=48$,$\mu=25$,$\sigma=\frac{\lambda}{\mu}=1.92$,$\rho=\frac{\lambda}{S\mu}$,$C=4$,$b=6$,根据式(17.4.2)和式(17.4.5)等式可计算出

$$P_0=\left[\sum_{j=0}^{S-1}\frac{\sigma^j}{j\,!}+\frac{\sigma^S}{(S-1)\,!(S-\sigma)}\right]^{-1}$$

$$L(S)=L=L_q+\overline{S}=L_q+\sigma=\frac{\sigma^{S+1}P_0}{(S-1)\,!(S-\sigma)^2}+\sigma$$

$$z(S)=z=CS+bL$$

又为满足 $\rho<1$,应有 $S\geqslant 2$(当 $S=1$ 时,$L(1)=\infty$)。

将检验台数 $S=2,3,4,5$ 依次代入上述三式可得到表 17.6.8。

表 17.6.8 $M/M/S$ 系统的最优服务台数

S(台)	P_0	$L(S)$	$[L(S)-L(S+1)]\sim[L(S-1)-L(S)]$	$z(S)$(百元/天)
2	0.0204	24.4808	21.8361～∞	154.8848
3*	0.1244	2.6447	0.5818～21.8361	27.8682*
4	0.1422	2.0629	0.1108～0.5818	28.3774
5	0.1457	1.9521		31.7126

应设 3 个检验台以使每天总费用的平均值最小(27.8682 百元),此时有$[L(3)-L(4)]\leqslant\frac{C}{b}\leqslant[L(2)-L(3)]$成立。

习 题 十

10.1 试判断下列说法是否正确：

(1) 若到达排队系统的顾客来自两个方面，分别服从泊松分布，则这两部分顾客合起来的总顾客流仍为泊松分布。

(2) 对 $M/M/1$ 或 $M/M/S$ 排队系统，服务完毕离开系统的顾客流也是泊松流。

(3) 在排队系统中，一般假定服务时间的分布为负指数分布，这样做是为了简化问题。

(4) 若到达排队系统的顾客流为泊松流，则顾客相继到达的时间间隔服从负指数分布。

(5) 若顾客相继到达的时间间隔服从负指数分布，又将顾客按到达先后排序，则第1，3，5，7，…名顾客到达的时间间隔也服从负指数分布。

(6) 排队系统中，排队服务规则影响顾客等待时间的分布。

(7) 在顾客到达的分布相同的情况下，顾客的平均等待时间与服务时间分布的方差大小有关：服务时间分布的方差越大，顾客的平均等待时间越长。

(8) 不管顾客到达和服务时间的分布如何，只要排队系统运行足够长的时间，系统就会进入稳态。

(9) 在机器发生故障的概率及工人修复一台机器的时间分布不变的条件下，由1名工人看管5台机器，与由3名工人联合看管15台机器相比，故障机器等待工人修理的平均时间要长。

(10) 在顾客到达及服务时间分布相同的条件下，容量有限的排队系统的顾客平均等待时间将大于允许队长无限的系统。

10.2 某地区的人口出生数服从 $\lambda=0.5$ 人/小时的负指数分布，试计算：

(1) 某一天内无婴儿诞生的概率；

(2) 某一天恰好诞生10名婴儿的概率；

(3) 在3小时内诞生4名婴儿的概率；

(4) 在3小时内诞生4名以上婴儿的概率。

10.3 某电器修理店只有一个修理技工，送来修理的电器的到达服从泊松分布，平均4件/小时，每件的修理时间服从负指数分布，平均需12分钟。

试求：

(1) 修理店空闲的概率；

(2) 店内有 3 个顾客的概率；

(3) 店内至少有 1 个顾客的概率；

(4) 店内顾客的平均数；

(5) 顾客在店内的平均逗留时间；

(6) 等待服务的顾客平均数；

(7) 平均等待服务的时间。

10.4　若将 10.3 题中的修理技工改为 2 人(顾客到达后排成一队)，其他已知条件与所求各项均不变。试重新计算并与 10.3 题的结果进行比较。

10.5　某大型设备修理站只设置一名修理技工，拟在甲、乙两人中聘用一人。甲要求工资为 15 单位/小时，他平均每小时修理 4 台设备；乙要求工资为 12 单位/小时，他平均每小时修理 3 台设备。一台设备在修理站里逗留 1 小时，修理站要支付场地费用 5 个单位。若每小时平均有两台设备送来修理，修理站应聘用甲、乙中的哪位(服务时间为负指数分布，输入为最简单流)？

10.6　为开办一个单服务台的汽车冲洗站，必须决定汽车(包括正在冲洗的与等待冲洗的)占用场地的大小。假设需要冲洗的汽车的到达服从泊松分布，平均每 4 分钟到 1 辆；冲洗时间服从负指数分布，平均每 3 分钟冲洗 1 辆。试比较，当提供的场地仅容纳

(1) 1 辆汽车；

(2) 2 辆汽车；

(3) 4 辆汽车。

由于场地不足而转向其他冲洗站的汽车占需要冲洗汽车的百分比。

10.7　若将 10.6 题中的单服务台改为双服务台(顾客到达后排成一队)，且提供的场地仅容纳

(1) 2 辆汽车；

(2) 5 辆汽车。

其他不变，试计算并比较。

10.8　一个车间内有 10 台相同的机器，其发生故障的情况服从泊松分布，每台机器平均每小时发生故障一次。机器故障的修复时间服从负指数分布，一个修理工修复一台机器平均需 4 小时。已知每台机器正常运行时每小时可创造利润 5 元，一名修理工每小时工资 6.5 元，试求：

(1) 该车间应设多少名修理工，可使总利润最大？

(2) 若要求故障机器的期望值小于 5 台，则应设多少名修理工？

(3) 若要求故障机器等待修理的时间少于 5 小时，又应设多少名修理工？

10.9　某洗车服务部只有一套洗车设备，已知需要清洗的汽车按泊松分布到达，平均 5 辆/小时。试分别计算在下列服务时间分布情况下系统的 L、L_q、W 与 W_q 的值。

(1) 洗车时间为常数，每辆需 8 分钟；

(2) 负指数分布，$\frac{1}{\mu}=10$ 分钟；

(3) 爱尔朗分布，$k=3$，平均服务时间为 10 分钟。

10.10 有一个单服务台的排队系统，输入为强度 λ 的泊松流，假定服务时间的概率分布未知，但期望值为 $\frac{1}{\mu}$。

(1) 当服务时间的分布分别为定长分布、负指数分布、爱尔朗分布(其方差是负指数分布时方差的 1/4)时，试比较每个顾客的平均等待时间 W_q。

(2) 若 λ 与 μ 的值均增大到原来的 1.5 倍，方差也相应发生变化。求上述三种分布情况下，每个顾客的平均等待时间的变化。

10.11 某电器修理门市部承诺每件送来的电器在 1 小时内修理完毕，否则分文不取。已知该门市部只有一名修理工，每修理一件电器的平均收费为 10 元，平均成本为 4 元，需要修理的电器按泊松分布到达，平均每小时到 6 件，修理时间服从负指数分布，平均 7.5 分钟修完一件。试问：

(1) 该门市部在上述条件下能否盈利？

(2) 当每小时送达的电器为多少件时该门市部的经营处于盈亏平衡点。

10.12 两个理发店各有一名理发员，且每个店内都只能容纳 4 名顾客。两个店的顾客到达情况均服从泊松分布，平均每小时到达 10 人；对顾客的服务时间均服从负指数分布；当店内顾客满员时，新来的顾客均自动离去。已知第一个店内，对每个顾客的平均服务时间为 15 分钟，收费 11 元；第二个店内，对每个顾客的平均服务时间为 10 分钟，收费 7.6 元。若两个店每天的营业时间相同，而且均将收费的 30% 给理发员，问哪个店的理发员收入更高一些？

10.13 设到达某加工中心的零件服从泊松分布，平均每小时到 50 件，并全部进入该加工中心；该中心对零件的加工时间服从负指数分布，平均每小时加工能力为 80 件。试问：系统稳态时该加工中心的平均输出率是多少？为什么？

10.14 试证明：在 $M/M/1$ 排队系统中，顾客必须排队等待条件下的平均等待时间为 $\frac{1}{\mu-\lambda}$。

10.15 试证明：在 $M/M/S/K$ 排队系统中，有

$$L_q = \frac{\rho\left(\frac{\lambda}{\mu}\right)^S P_0}{S!(1-\rho)^2}[1-\rho^{K-S}-(1-\rho)(K-S)\rho^{K-S}]$$

其中 $\rho=\frac{\lambda}{S\mu}, \rho\neq 1$。

10.16 试证明：在 $M/M/S/m/m$ 排队系统中，有

$$\frac{L}{m} = \frac{W}{W+\frac{1}{\lambda}}$$

其中 $m>S$。

10.17 某修理站只有一个修理工，站内最多停放 4 台需要修理的机器(包括正在修理的一台)。设需修的机器按泊松流到达，平均每分钟到达 1 台；修理时间服从负指数分布，平均每 1.5 分钟修理 1 台。试求该系统的 L, L_q, W, W_q。若站内变为最多停放 1 台需修的机器(包括正在修理的一台)，其他条件与所求不变，试计算该系统的 L，L_q, W, W_q。

附录　学生自选题研究

附录一　运筹学课程学生自选题研究指导书

运筹学课程学生自选题研究是一种开放式、研究式的教学活动，我们从 1989 年起坚持开展学生自选题研究，力求通过这一教学活动授学生以渔、授学生以自信。学生只要认真、刻苦地参与全过程，就一定有难忘的收获。

一、学生自选题研究的目的

(1) 通过对一个实际的最优化问题建立数学模型，学习建模的方法与步骤，提高建模能力。这是应用运筹学知识解决实际问题的关键。

(2) 研究题目与研究方法因人而异，实践最充分的因材施教，力争使每个学生都得到最佳培养。

(3) 自选题研究的主动权自始至终掌握在学生手里。通过自己选题、自己学习、自己研究问题、解决问题，完成一次从"一无所知"到"知"或"知之较多"的成功转变，体会成就感，增强自信心，优化心理素质。

二、学生自选题研究的做法

1. 布置

在运筹学开课学期的第 1 周的第一次课上，教师讲绪论，简要介绍线性规划、整数规划、目标规划、非线性规划、动态规划、图与网络分析、决策论、对策论、存储论、排队论等十大分支，然后布置学生自选题研究并立即开始这项工作。可以说，这项工作是从学生对运筹学一无所知时开始的。为什么要这样做呢？其实，学生毕业参加工作后，经常会遇到类似情况：上级交给你一项业务工作，要求尽快完成，而你当时还不懂有关的业务知识，怎么办？学生自选题研究正是这种实战的预演。学生自选题研究是学生利用课外时间(从第 1 周到第 13 周)完成的。

2. 选题

运筹学的内容十分丰富，其中介绍的数学模型种类非常多。运筹学的应用更是深入到各行各业、各个领域。因此，运筹学课程开展学生自选题研究具有得天独厚的有利条件，可以充分满足大批学生自由选择感兴趣的课题。

在选题时，只要求学生选择一个实际的最优化问题（如果是自己感兴趣的、熟悉的问题则更好），准备建立其数学模型。而这个最优化问题，可以是任一运筹学分支的，可以是应用于任一领域的，可以是任一规模的……每个人研究题目的个数，也由学生根据自己的情况决定。每届总有少数人选做多个不同的题目。一般情况下，选题工作最迟应在第4周完成。

3. 研究

研究阶段是学生自选题研究最重要的阶段。研究阶段的教学要求是：必须有自学的新知识，必须有自己的新见解。必须有自学的新知识，就是研究报告中不能全是教师讲过的内容，至少必须有一部分是通过自学掌握的新知识，如果全部研究内容都是自学的更好。必须有自己的新见解，就是对所研究的问题不能人云亦云，要学习、借鉴他人的研究成果，也要独立思考，要有自己的创造性，至少必须有一点自己的新见解。努力做好这两个必须，保证学生自选题研究的质量。

研究阶段的主要工作参见“学生自选题研究的内容”。

4. 报告(论文)

研究阶段之后，是撰写研究报告（论文）。研究报告包括题目，中英文摘要，关键词，目录，正文，参考文献，创新情况，心得体会等。需要强调的是，报告中正文的后面必须列出全部的参考文献（包括名称与出处），正文中凡是引用他人成果之处必须一一注明参考文献序号，自己的成果与他人的成果绝不能混为一谈。“创新情况”需要明确指出你有哪些创新以及创新的具体程度。“心得体会”可写下你感触最深的收获体会或意见建议等。

第13周时，每个学生要从网上提交一份研究报告。

5. 抽查与交流

教师批改完研究报告后，要抽出部分学生向教师做口头汇报。通过师生面对面的交流，教师可以加强个别指导，更深入地了解学生自选题研究的质量，了解学生的反映，以利今后更好地开展这项工作。另外，教师还要挑出一些有代表性的优秀报告，供课程最后一周——第16周进行课堂交流或网上交流。

6. 成绩

学生自选题研究的成绩占课程总成绩的20％，即满分为20分。

三、学生自选题研究的内容

学生自选题研究的基本内容如下。

(1) 选择一个实际的最优化问题，准备建立其数学模型。

(2) 进行广泛的调查研究，深入细致地了解所选问题。

(3) 努力自学，掌握有关的运筹学知识及所选问题的专门知识。

(4) 通过书籍、期刊、网络资源等学习、借鉴他人的有关研究成果。

(5) 建立所选问题初步的数学模型。

(6) 对初步的数学模型加以改进。

(7) 自学求解该数学模型的算法（选做）。

(8) 根据算法自己编制程序或借助现成的程序求出最优解（选做）。

(9) 分析已有的最优解，并尽可能加以改进（选做）。

(10) 选择第二个实际的最优化问题，完成建立其数学模型的工作（选做）。

(11) 撰写并提交研究报告。

四、学生自选题研究的“帮助”

一般来说,学生自选题研究是有相当难度的,应该尽可能给学生以帮助。

(1) 提供《运筹学课程学生自选题研究指导书》,《历届运筹学课程学生自选题研究题目100例》,历届部分优秀的学生自选题研究报告等。

(2) 推荐自学的参考书

① 《运筹学》教材编写组编.运筹学.第三版.北京:清华大学出版社,2005年.

② 胡运权主编,郭耀煌副主编.运筹学教程.第二版.北京:清华大学出版社,2003年.

③ Wayne L. Winston著,杨振凯等译.运筹学应用范例与解法.第4版.北京:清华大学出版社,2006年.

④ Wayne L. Winston著,李乃文等译.运筹学概率模型应用范例与解法.第4版.北京:清华大学出版社,2006年.

⑤ 姜启源,谢金星,叶俊.数学模型.第三版.北京:高等教育出版社,2003年.

(3) 借助图书馆的书籍、期刊及网络资源

借助图书馆的书籍,中外文现刊、过刊。借助网络资源,如网上的各种中文电子期刊、西文电子期刊,中国期刊网(中国期刊全文数据库,中国优秀硕士论文全文数据库,中国博士论文全文数据库,中国重要会议论文全文数据库)等。

(4) 对需要上机的学生,提供一定的上机条件。

(5) 加强学生之间的讨论、研究、互相帮助与合作。

(6) 加强教师的答疑与辅导。

附录二　历届运筹学课程学生自选题研究题目100例

运筹学课程学生自选题研究是一种开放式、研究式的教学活动，我们从 1989 年起坚持开展学生自选题研究，力求通过这一教学活动授学生以渔、授学生以自信。学生只要认真、刻苦地参与全过程，就一定有难忘的收获。下面列举历届学生自选题研究的部分题目，仅供大家参考。

(1) 驰骋在香榭丽舍大道上——“环法”中的最优化问题研究

(2) 浅谈三国游戏之群英制胜策略——数学建模与求解

(3) 股市走向的预测模型

(4) 校园景点旅游路线设计

(5)“占座”现象的博弈论模型及对策分析

(6) 北京奥运会志愿者的招募与统筹

(7) 组播路由的优化问题

(8) 世界杯球票的预售策略

(9) 建筑工程的工期与成本优化

(10) 非典型肺炎传播的系统动力学模型

(11) 城市交通绿波带的最优设计

(12) 由“水房排队”浅析排队论的应用

(13) 中国手机市场的模型

(14) 书友会的会员制度模型

(15) 传染病模型

(16) 自动化系优良学风班评比决策分析

(17) 软件 Auto-dBASE 广告与销售数学模型的建立及求解

(18) 运筹学在篮球组队问题中的应用

(19) 多目标规划在 CIMS 中的应用

(20) 最佳存款问题

(21) 人口模型浅论

(22) ××矿务局涂料钛白粉厂工程进度及还贷策略

(23) 工科院校学生智能发展及教学计划的优化
(24) 多机场多空域的歼击机调遣
(25) 足球队训练和阵形决策
(26) 模糊线性规划在营养配餐上的应用
(27) 数学规划在公路交通网络优化中的应用
(28) 武器系统性能综合评价的一种方法
(29) 图书馆图书合理布局问题的探讨
(30) 改进的层次分析法在学生评估中的应用
(31) 基于 GIS 的 ATM 校内网点选址问题
(32) ××变压器厂浇铸车间的最优化生产问题
(33) 五子棋数学分析与软件实现——对策论及其应用
(34) 基于静力场结构的简化围棋模型
(35) 数学思想挑战商家智慧——论返券活动中购物的最优方案
(36) 企业投资与转让最优化
(37) 计算机内存动态页面管理的优化模型
(38) 机器字典查询策略的优化
(39) BP 神经网络在蠓虫分类问题中的应用
(40) 公交车的调度研究
(41) 灰色系统的建模、预测、决策
(42) 投入产出模型拓展——浅谈国际投入产出模型
(43) 五岔路口交通管理方法浅析
(44) 房地产交易建模初探
(45) 夹子棋人工智能的实现
(46) 学分制下选课问题的探讨
(47) ××汽车最佳更新期分析
(48) 人际关系中个人地位的图论定量方法
(49) 对美策略模拟
(50) 健美训练模型初探
(51) 学生分宿舍问题的数学模型与求解
(52) 师院附中课表排布的计算机实现
(53) 校金工车间作业计划的编制
(54) 电梯的优化控制模型
(55) 城市牛奶发放问题研究
(56) 随机动态规划在农产品销售中的应用
(57) 北京城近郊区大气污染治理及能源利用的规划
(58) 小型酒家的经营管理决策
(59)“非典”时期学生超市的物资分配问题
(60) 物流配送中心的选址研究
(61) 对一个不确定性采购问题的研究
(62) 基于最大概率准则的组合证券投资研究

(63) 程序员招聘方案及优化
(64) 关于我家房屋后期工程进度的最优安排——PERT 网络规划
(65) 对上市中低档轿车进行最优选择
(66) 清华大学素质拓展计划的合理性验证——人才综合素质的运筹学指标设计
(67) ××港国际集装箱运输系统规划
(68) 甲鱼养殖的优化模型
(69) 运筹学在校国标队训练规划中的应用
(70) 贷款分配的运筹学模型及解法
(71) 运筹学在数据挖掘方面的应用
(72) ××市包芯线厂的最优发展规划
(73) 关于连锁店商品最佳存储方案的研究
(74) 学校食堂的布点最优化
(75) 用动态规划解决国土防空问题
(76) 利用艾滨浩斯记忆曲线快速有效地记忆单词
(77) 出租汽车公司的利润最大化问题
(78) 雄蛛战斗行为进化稳定对策分析
(79) 紧急情况下教学楼内的人员撤离问题
(80) 基于均衡原则的划分问题初探——兼论蒙特卡罗方法与动态规划方法的优劣
(81) 航空公司与旅行社的票务协作机制研究
(82) P2P 下载策略分析
(83) 马拉松赛跑的最优策略研究
(84) 减肥计划——节食与运动
(85) 自习策略的分析与研究
(86) 运筹学在 F1 车队中的应用
(87) 清华大学学生军乐队梯队建设问题的研究
(88) 用线性规划设计 FIR 滤波器
(89) 非对称战条件下的战法——从游击战到城市战的理论模型
(90) 基于人流量分布测算的奥运场馆周边商业网点设计方案
(91) ××公司下属多个工厂的最优升级方案
(92) 电力市场与输电安全问题的研究
(93) 急性流行病公共卫生控制对策
(94) 北京交通路线查询系统
(95) 航空公司预订票问题的数学模型及最优解
(96) 洗衣机节水方案的优化设计
(97) 追击的策略与艺术
(98) 象棋估值函数的改进与基于熵的决策模型
(99) 劳资博弈的纳什均衡解
(100) 中国企业如何在全球竞争中立于不败之地?

参考文献

[1] F. S. Hillier and G. J. Lieberman. Introduction to Operations Research. McGraw-Hill,Inc. ,1990.

[2] D. G. Luenberger. Introduction to Linear and Nonlinear Programming. Addison-Wesley Publishing Company,1973.

[3] D. M. Himmelblau. Applied Nonlinear Programming. McGraw-Hill Book Company,1972.

[4] 郭耀煌等编著. 运筹学与工程系统分析. 北京：中国建筑工业出版社,1986 年.

[5] 陈宝林. 最优化理论与算法. 第 2 版. 北京：清华大学出版社,2005 年.

[6] 《运筹学》教材编写组编. 运筹学. 第三版. 北京：清华大学出版社,2005 年.

[7] 钱颂迪主编. 运筹学. 修订版. 北京：清华大学出版社,1990 年.

[8] 范鸣玉,张莹编著. 最优化技术基础. 北京：清华大学出版社,1982 年.

[9] 管梅谷,郑汉鼎. 线性规划. 济南：山东科学技术出版社,1983 年.

[10] D. M. 希梅尔布劳著,张义燊等译. 实用非线性规划. 北京：科学出版社,1983 年.

[11] J. P. 伊格尼齐奥著,闵仲求等译. 单目标和多目标系统线性规划. 上海：同济大学出版社,1986 年.

[12] J. P. 伊格尼齐奥著,胡运权译. 目标规划及其应用. 哈尔滨：哈尔滨工业大学出版社,1988 年.

[13] 张有为著. 动态规划. 长沙：湖南科学技术出版社,1991 年.

[14] 罗伯特 E. 拉森,约翰 L. 卡斯梯著,陈伟基等译. 动态规划原理. 北京：清华大学出版社,1984 年.

[15] B. E. 吉勒特著,蔡宣三等译. 运筹学导论——计算机算法. 北京：机械工业出版社,1982 年.

[16] 卢向华等编著. 运筹学教程. 北京：高等教育出版社,1992 年.

[17] 王永县编著. 运筹学——规划论及网络. 北京：清华大学出版社,1993 年.

[18] 胡运权主编. 运筹学习题集. 第三版. 北京：清华大学出版社,2002 年.

[19] 陈卫东,蔡荫林,于诗源编著. 工程优化方法. 哈尔滨：哈尔滨工程大学出版社,2006 年.

[20] Wayne L. Winston 著,杨振凯等译. 运筹学应用范例与解法. 第 4 版. 北京：清华大学出版社,2006 年.

[21] Wayne L. Winston 著,李乃文等译. 运筹学概率模型应用范例与解法. 第 4 版. 北京：清华大学出版社,2006 年.

[22] 魏国华等编著. 实用运筹学. 上海：复旦大学出版社,1987 年.

[23] 赵玮,王荫清. 随机运筹学. 北京：高等教育出版社,1993 年.

[24] 谢政编著. 对策论. 长沙：国防科技大学出版社,2004 年.

[25] 徐光烨. 随机服务系统. 第二版. 北京：科学出版社,1988 年.

[26] 金占明主编. 企业管理学. 第二版. 北京：清华大学出版社,2002 年.

[27] 成思危,胡清淮,刘敏. 大型线性目标规划及其应用. 郑州：河南科学技术出版社,2002 年.

[28] 胡运权主编,郭耀煌副主编. 运筹学教程. 第二版,北京：清华大学出版社,2003 年.

[29] 姜启源,谢金星,叶俊. 数学模型. 第三版. 北京：高等教育出版社,2003 年.

[30] Ying Zhang,Yong Zhao,Qiwei Lu,and Wenli Xu. Optimization model of truck flow at open-pit mines and standards for feasibility test. Journal of University of Science and Technology Beijing, 2004, 11(5)：389～393.

[31] 《现代应用数学手册》编委会. 现代应用数学手册　运筹学与最优化理论卷. 北京：清华大学出版社,1998 年.

[32] 孟玉珂. 排队论基础及应用. 上海：同济大学出版社,1989 年.

[33] 張瑩編著. 作業研究基礎. 台北：儒林圖書有限公司,1996 年.

[34] 胡运权主编. 运筹学基础及应用. 哈尔滨：哈尔滨工业大学出版社,1993 年.

[35] 徐光辉主编. 运筹学基础手册. 北京：科学出版社,1999 年.

[36] J. J. 摩特,S. E. 爱尔玛拉巴主编. 运筹学手册(基础和基本原理). 上海：上海科学技术出版社,1987 年.

教师反馈表

感谢您购买本书！清华大学出版社计算机与信息分社专心致力于为广大院校电子信息类及相关专业师生提供优质的教学用书及辅助教学资源。

我们十分重视对广大教师的服务，如果您确认将本书作为指定教材，请您务必填好以下表格并经系主任签字盖章后寄回我们的联系地址，我们将免费向您提供有关本书的其他教学资源。

您需要教辅的教材：	运筹学基础(第二版)　张莹		
您的姓名：			
院系：			
院/校：			
您所教的课程名称：			
学生人数/所在年级：	______人/　1　2　3　4　硕士　博士		
学时/学期	______学时/______学期		
您目前采用的教材：	作者：______ 书名：______ 出版社：______		
您准备何时用此书授课：			
通信地址：			
邮政编码：		联系电话	
E-mail：			
您对本书的意见/建议：	系主任签字 盖章		

我们的联系地址：

清华大学出版社　学研大厦 A907 室

邮编：100084

Tel：010-62770175-4409，3208

Fax：010-62770278

E-mail：liuli@tup.tsinghua.edu.cn；hanbh@tup.tsinghua.edu.cn